Christian Hesse
Alexander Meister

**Übungsbuch
zur angewandten
Wahrscheinlichkeitstheorie**

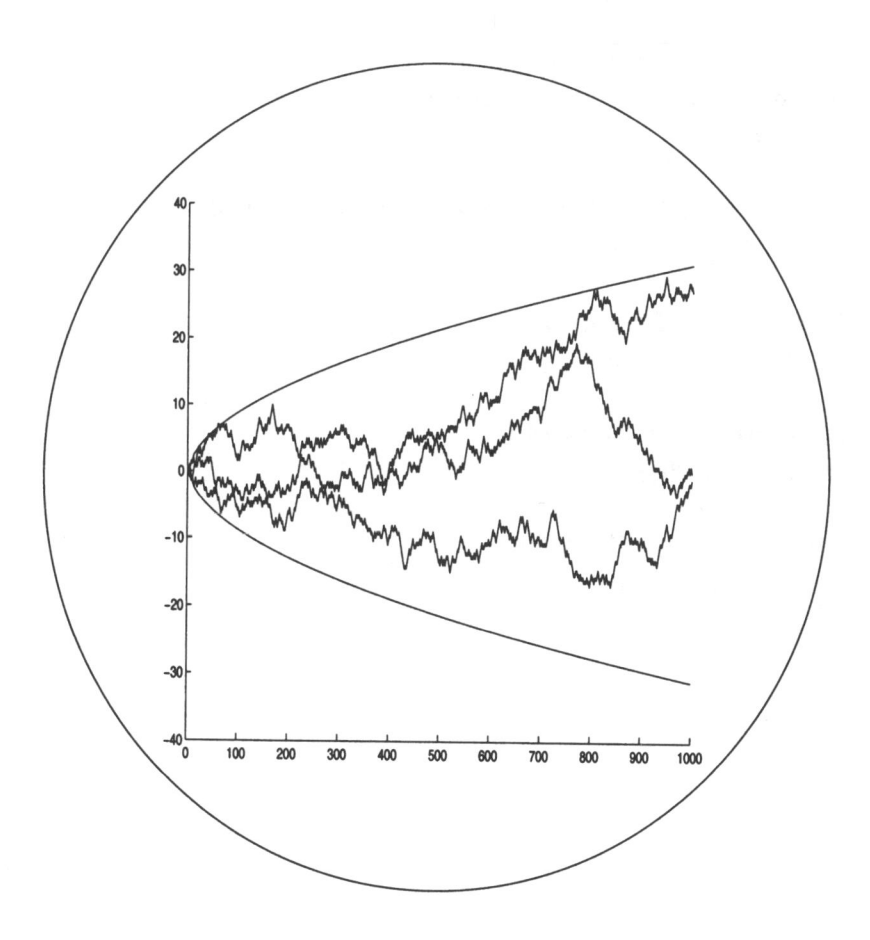

Aus dem Programm
Mathematik/Stochastik

Angewandte Wahrscheinlichkeitstheorie
von Christian Hesse

Einführung in die Wahrscheinlichkeitstheorie und Statistik
von Ulrich Krengel

Elementare Einführung in die Wahrscheinlichkeitstheorie
von Karl Bosch

Elementare Einführung in die angewandte Statistik
von Karl Bosch

Statistische Datenanalyse
von Werner A. Stahel

Stochastik einmal anders
von Gerd Fischer

Stochastik für Einsteiger
von Norbert Henze

vieweg

Christian Hesse
Alexander Meister

Übungsbuch zur angewandten Wahrscheinlichkeitstheorie

Aufgaben und Lösungen

Bibliografische Information Der Deutschen Bibliothek
Die Deutsche Bibliothek verzeichnet diese Publikation in der Deutschen Nationalbibliografie;
detaillierte bibliografische Daten sind im Internet über <http://dnb.ddb.de> abrufbar.

Prof. Dr. Christian Hesse
Universität Stuttgart
Institut für Stochastik und Anwendungen
Pfaffenwaldring 57
70569 Stuttgart

E-Mail: hesse@mathematik.uni-stuttgart.de

Dr. Alexander Meister
Center for Mathematics and its Applications
Mathematical Sciences Institute
Australian National University
Canberra, ACT 0200, Australia

E-Mail: alexander.meister@maths.anu.edu.au

1. Auflage Januar 2005

Alle Rechte vorbehalten
© Friedr. Vieweg & Sohn Verlag/GWV Fachverlage GmbH, Wiesbaden 2005

Lektorat: Ulrike Schmickler-Hirzebruch / Petra Rußkamp

Der Vieweg Verlag ist ein Unternehmen von Springer Science+Business Media.
www.vieweg.de

Das Werk einschließlich aller seiner Teile ist urheberrechtlich geschützt. Jede Verwertung außerhalb der engen Grenzen des Urheberrechtsgesetzes ist ohne Zustimmung des Verlags unzulässig und strafbar. Das gilt insbesondere für Vervielfältigungen, Übersetzungen, Mikroverfilmungen und die Einspeicherung und Verarbeitung in elektronischen Systemen.

Umschlaggestaltung: Ulrike Weigel, www.CorporateDesignGroup.de
Druck und buchbinderische Verarbeitung: Wilhelm & Adam, Heusenstamm
Gedruckt auf säurefreiem und chlorfrei gebleichtem Papier.
Printed in Germany

ISBN 3-528-03207-3

Vorwort

Die Wahrscheinlichkeitstheorie als Wissensgebiet tritt in zwei Erscheinungsformen auf. Zum einen ist sie eine Teildisziplin der Mathematik mit allen Anforderungen, die daraus erwachsen, zum anderen ist sie eine interdisziplinäre Wissenschaft, die vielfältige Anregungen und Anstöße von außerhalb der Mathematik erhält. Das im Januar 2003 im Vieweg-Verlag erschienene Lehrbuch *Hesse: Angewandte Wahrscheinlichkeitstheorie* (im Weiteren kurz als AW bezeichnet) bemüht sich, beiden Erscheinungsformen gerecht zu werden, wobei der Schwerpunkt auf den innermathematischen Aspekten der Wahrscheinlichkeitstheorie liegt. Das vorliegende Übungsbuch will nun das didaktische Konzept des Lehrbuches abrunden durch die Bearbeitung eines breiten Spektrums detailliert gelöster Aufgaben und Anwendungen aus vielen Gebieten, wie etwa Physik, Informatik, Operations Research, Medizin sowie den Ingenieur- und Wirtschaftswissenschaften. Darüber hinaus ist es ein eigenständiges Produkt und kann als sinnvolle Ergänzung zu jedem Lehrbuch über Wahrscheinlichkeitstheorie und als begleitender Text zu jeder entsprechenden Vorlesung eingesetzt werden.

Als zu erwartenden Lesernutzen sehen wir die effektive Möglichkeit, stochastische Problemlösungskompetenz gezielt und kompakt zu trainieren. Als Intensiv-Training zur Festigung und Vertiefung wahrscheinlichkeitstheoretischen Wissens und Könnens kann das Übungsbuch die Studierenden auch bei Prüfungsvorbereitungen unterstützen. Als Zielgruppe denken wir an Studierende der Mathematik (Diplom und Lehramt) an Universitäten und Fachhochschulen ab dem 3. Semester sowie an Studierende anderer Disziplinen (Physik, Informatik und Ingenieur- und Wirtschaftswissenschaften), deren Lehrplan eine Vorlesung über Stochastik vorsieht. Das Buch ist auch zum Selbststudium geeignet.

Die gelösten Aufgaben stammen (bis auf einige Korrekturen, Klarstellungen, Modifikationen) aus dem Lehrbuch AW, umfassen aber nur etwa zwei Drittel der dort notierten Aufgaben; dies einmal, um den Rahmen des Übungsbuches nicht zu sprengen, zum anderen, um für Lehrende noch weitere nicht gelöste Lehrbuchaufgaben bereit zu halten. Die gelösten Aufgaben decken das ganze Spektrum von relativ leicht bis ziemlich schwer ab. Die Nummerierung der Kapitel und Aufgaben des Lehrbuches wurde exakt übernommen, um das Auffinden der Lösungen zu erleichtern; auch alle weiteren Verweise (z.B. Satz 7.12, Beispiel 5.13) beziehen sich auf das Lehrbuch AW. Auf die Auswahl der Aufgaben wurde viel Zeit verwendet. Sie sind oft nicht nur theorieerläuternd, sondern auch theorieerweiternd, und wir waren bei anwendungsorientierten Aufgaben um Realitätsnähe und insgesamt um Interessantheit bemüht. Generell waren wir bestrebt, der faszinierenden und eleganten Theorie der Wahrscheinlichkeit Aufgaben ebensolcher

Qualität an die Seite zu stellen.

Wir danken Frau Ina Rosenberg, die uns in gewohnt kompetenter Weise bei der Erstellung des Buchsatzes in LaTeX unterstützt hat.

Dem Vieweg-Verlag, insbesondere Frau Schmickler-Hirzeburch, danken wir für die abermals gute und sehr erfreuliche Zusammenarbeit sowie auch für die Unterstützung dabei, dass knapp zwei Jahre nach dem Lehrbuch nun auch dieses Übungsbuch im Vieweg-Verlag erscheinen kann.

Wir wünschen eine aufschlussreiche Lektüre und viel Freude bei der Beschäftigung mit der überaus lebendigen und spannenden Wissenschaft der Stochastik.

Stuttgart, im September 2004
                                                                                         Christian Hesse

                                                                                             Alexander Meister

für Andrea, für Hanna und für Lennard (C.H.)

Inhaltsverzeichnis

2 Grundlagen   **1**
    2.1 Aufgaben 1
    2.2 Lösungen 15

3 Zufälligkeit   **55**
    3.1 Aufgaben 55
    3.2 Lösungen 60

4 Kombinatorik   **70**
    4.1 Aufgaben 70
    4.2 Lösungen 75

5 Verteilungen   **105**
    5.1 Aufgaben 105
    5.2 Lösungen 118

6 Konvergenz   **161**
    6.1 Aufgaben 161
    6.2 Lösungen 167

7 Grenzwertsätze   **195**
    7.1 Aufgaben 195
    7.2 Lösungen 202

8 Abhängigkeit   **233**
    8.1 Aufgaben 233
    8.2 Lösungen 247

9 Modelle   **300**
    9.1 Aufgaben 300
    9.2 Lösungen 317

10 Simulation		**360**
10.1 Aufgaben		360
10.2 Lösungen		362
A Wertetabelle		**372**
B Symbolverzeichnis		**373**
C Literaturverzeichnis		**377**
D Index		**382**

Kapitel 2

Grundlagen

2.1 Aufgaben

2.1 (Maßerhaltende Abbildungen) Der W-Raum $(\Omega, \mathcal{A}, P)$ sei gegeben durch

$$\Omega = [0, 1), \qquad \mathcal{A} = \mathcal{B}([0, 1))$$

und durch das Maß P, das für alle $A \in \mathcal{A}$ definiert ist als

$$P(A) = \frac{1}{\ln 2} \int_A \frac{1}{1+x} dx.$$

Dies ist das *Gauß'sche Maß*.
Eine messbare Abbildung $T : (\Omega, \mathcal{A}) \longrightarrow (\Omega, \mathcal{A})$ heißt μ-*maßerhaltend*, wenn für das durch $\mu^*(A) := \mu(T^{-1}(A))$ auf $\mathcal{A}$ definierte Maß gilt:

$$\mu^* = \mu.$$

Eine Abbildung T sei durch

$$T(x) = \begin{cases} \left(\frac{1}{x}\right), & \text{falls } x \in (0, 1) \\ 0, & \text{falls } x = 0 \end{cases}$$

definiert, wobei (z) den nichtganzzahligen Anteil von z bezeichnet, d.h.

$$(z) = z - \lfloor z \rfloor, \qquad \forall z > 0.$$

(Wiederholte Anwendung von T erzeugt die *Kettenbruchdarstellung* von x.)
Zeigen Sie:

(a) Die Abbildung T ist P-maßerhaltend.
(b) Die Abbildung T ist nicht λ-maßerhaltend, wobei λ das Lebesgue-Maß ist.

2.2 (Erfolgsserien) Ein Zufallsexperiment wird unabhängig wiederholt. Es sei A_n das Ereignis, einen Erfolg im n. Versuch zu erzielen und $P(A_n) = p$ für alle $n \in \mathbb{N}$. Das Ereignis
$$A_{n,m} := \bigcap_{n \le k < n+m} A_k$$
bezeichnet eine mit dem n. Versuch beginnende Erfolgsserie der Länge m. Erfolgsserien sind höchstens von logarithmischer Länge:
$$P(A_{n,\alpha \ln n} \ u.o.) = \begin{cases} 1, & \text{falls } \frac{1}{\alpha} > \ln \frac{1}{p} \\ 0, & \text{falls } \frac{1}{\alpha} < \ln \frac{1}{p}. \end{cases}$$

Beweisen Sie dies.

2.3 Sei Ω eine überabzählbare Menge und $\mathcal{A} := \{A \subseteq \Omega : A \text{ ist abzählbar oder } A^c \text{ ist abzählbar}\}$. Auf $\mathcal{A}$ seien die Maße μ und ν wie folgt definiert:

$$\mu(A) = \begin{cases} 0, & \text{falls } A \text{ abzählbar} \\ \infty, & \text{falls } A^c \text{ abzählbar}, \end{cases} \qquad \nu(A) = \begin{cases} \#A, & \text{falls } A \text{ endlich} \\ \infty, & \text{sonst}. \end{cases}$$

(a) Besitzt μ eine Dichte bezüglich ν?

(b) Ist μ stetig bezüglich ν?

Warum stehen die Antworten in (a) und (b) nicht im Widerspruch zum Satz von Radon-Nikodym?

2.4 (Gewinnen eines Verlustspiels) Ein Spiel besteht aus einer Reihe von Runden. In jeder Runde gewinnen Sie unabhängig von anderen Runden mit Wahrscheinlichkeit $p < \frac{1}{2}$, und Ihr Gegner gewinnt mit Wahrscheinlichkeit $q := 1 - p$. Die Zahl der Runden muss eine gerade Zahl $2k$ sein, $k \in \mathbb{N}$. Um das Spiel zu gewinnen, müssen Sie mehr als die Hälfte der Runden gewinnen. Sie kennen p und können die Zahl $2k$ der Runden frei wählen. Welche Wahl ist optimal, wenn Sie Ihre Gewinnwahrscheinlichkeit maximieren wollen? Was ergibt sich für $p = 0.45$?

2.6 (Barndorff-Nielsons Verschärfung des Borel-Cantelli-Lemmas) Es sei $(\Omega, \mathcal{A}, P)$ ein W-Raum und $(A_n)_{n \in \mathbb{N}}$ eine Folge von Ereignissen aus $\mathcal{A}$. Ist $\lim_{n \to \infty} P(A_n) = 0$ und
$$\sum_{n=1}^{\infty} P(A_n^c \cap A_{n+1}) < \infty,$$
dann gilt
$$P(A_n \ u.o.) = 0.$$

Beweisen Sie diese Aussage.

2.7 Es seien $\Omega_1 = \Omega_2 = \mathbb{N}$ Merkmalsräume, $\mathcal{A}_1 = \mathcal{A}_2 = \mathcal{P}(\mathbb{N})$ σ-Algebren und $\nu_1 = \nu_2$ Zählmaße auf der Potenzmenge $\mathcal{P}(\mathbb{N})$. Die Zufallsgröße $X : \Omega_1 \times \Omega_2 \to \mathbb{R}$ sei definiert durch

$$X(\omega_1, \omega_2) := \begin{cases} -1, & \text{falls } \omega_2 = \omega_1 + 1 \\ 0, & \text{falls } \omega_2 \notin \{\omega_1, \omega_1 + 1\} \\ +1, & \text{falls } \omega_2 = \omega_1. \end{cases}$$

Berechnen Sie die beiden Integrale

$$\int_{\Omega_1} \left(\int_{\Omega_2} X(\omega_1, \omega_2) d\nu_2(\omega_2) \right) d\nu_1(\omega_1),$$

$$\int_{\Omega_2} \left(\int_{\Omega_1} X(\omega_1, \omega_2) d\nu_1(\omega_1) \right) d\nu_2(\omega_2).$$

Warum ist in diesem Fall der Satz von Fubini nicht anwendbar?

2.10 Es seien X und Y unabhängige und identisch verteilte Zufallsgrößen mit Erwartungswert 0 und Varianz 1.
Beweisen Sie: Falls $\mathcal{L}\left(\frac{1}{\sqrt{2}}(X+Y)\right) = \mathcal{L}(X)$, dann sind X und Y normalverteilt.

2.14 (Genetik: Hardy-Weinberg-Gesetz) Ein bestimmtes Gen trete in zwei Versionen (Allelen) A und a auf. Jedes Individuum trägt ein Genpaar und die relativen Häufigkeiten der Genotypen AA, Aa (=aA), aa in einer Population seien durch $x, 2y, z$ mit $x + 2y + z = 1$ gegeben. Vater und Mutter vererben rein zufällig je eines ihrer beiden Gene an das Kind. Wir nehmen an, dass ein Partner nicht aufgrund seines Genotyps ausgewählt wird. Zeigen Sie, dass die Verteilung der Genotypen in der 1. Nachkommengeneration dieselbe ist wie in allen weiteren Generationen, und ermitteln Sie diese Verteilung.

2.15 Sei $([0,1], \mathcal{B} \cap [0,1], P)$ ein W-Raum, wobei für eine gegebene Abzählung $x_1, x_2, \ldots$ aller rationalen Zahlen in $[0,1]$ das W-Maß P definiert ist durch

$$P = \sum_{k=1}^{\infty} 2^{-k} \delta_{x_k},$$

δ_x bezeichnet das Dirac-Maß in x. Ermitteln Sie die Menge aller Stetigkeitspunkte der zugehörigen Verteilungsfunktion $F(x) = P([0,x])$.

2.18 Es werden $n \geq 2$ Münzen geworfen, und jede zeigt *Zahl* mit Wahrscheinlichkeit p. Die folgenden Ereignisse werden definiert:

A: alle Münzen zeigen dieselbe Seite,

B: höchstens eine Münze zeigt *Kopf*.

(a) Es sei $p = \frac{1}{2}$. Zeigen Sie, dass nur für $n = 3$ die Ereignisse A und B unabhängig sind.

(b) Zeigen Sie: Für jedes $n \geq 3$ gibt es genau ein $p \in (0,1)$, so dass A und B unabhängig sind.

Hinweis: Setzen Sie $p = (1+y)^{-1}$ für $0 < y < \infty$, und überzeugen Sie sich durch Vorzeichenüberlegungen, dass das Polynom $(y^n + 1)(ny + 1) - (1+y)^n$ für $n \geq 3$ genau eine positive reelle Nullstelle besitzt. Der Ausdruck y^2 in $(1+y)^n$ wird durch keinen Term in $(y^n + 1)(ny + 1)$ beseitigt.

2.20 (**Teilungsproblem des Luca Paccioli (1445 - 1514)**) Zwei Spieler A und B spielen gegeneinander um einen Geldpreis. Wer zuerst 6 Runden gewinnt, soll den Geldpreis erhalten. In jeder Runde ist die Gewinnwahrscheinlichkeit für beide $p = \frac{1}{2}$. Aufgrund unvorhergesehener Umstände muss die Spielserie vorzeitig abgebrochen werden, und zwar bei einem Spielstand von 5:2 zugunsten von Spieler A. Der Geldpreis soll im Verhältnis der Siegchancen beider Spieler (sofern die Spielserie fortgesetzt würde) aufgeteilt werden. Wie sollte dies geschehen? Lösen Sie das Problem allgemein für einen Spielstand von $n:m$, wenn k Siege erforderlich sind. (Das Problem findet sich in Pacciolis 1494 veröffentlichtem Buch *Summa de arithmetica, geometria, proportioni et proportionalità*, das die gesamte Mathematik des Mittelalters zusammenfasst. Paccioli selbst schlug eine Aufteilung des Geldpreises im Verhältnis der gewonnenen Runden vor.)

2.21 Zeigen Sie unter Verwendung charakteristischer Funktionen, dass

$$\sum_{k=1}^{\infty} \frac{1}{k^2} = \frac{\pi^2}{6}.$$

Hinweis: Für $\varepsilon \geq 0$ sei X_ε eine $\mathbb{Z}$-wertige Zufallsgröße mit

$$P(X_\varepsilon = k) = \begin{cases} 0, & \text{falls } k = 0 \\ c(\varepsilon)\frac{e^{-\varepsilon|k|}}{k^2}, & \text{falls } k \neq 0, \end{cases}$$

wobei $c(\varepsilon) > 0$ durch $\sum_{k=-\infty}^{+\infty} P(X_\varepsilon = k) = 1$ festgelegt ist. Bestimmen Sie die zweite Ableitung $\Psi_\varepsilon''(t)$ der charakteristischen Funktion $\Psi_\varepsilon(t)$ von X_ε und daraus $\Psi_0(t)$, um zu zeigen, dass $c(0) = \frac{3}{\pi^2}$ sein muss.

2.22 (**Probabilistische Einkleidung der Fermat'schen Vermutung**) Zwei Familien A und B haben dieselbe Anzahl von Kindern. Aus beiden Familien wird je eine Stichprobe von $n \geq 2$ Kindern mit Zurücklegen gezogen. Die beiden Wahrscheinlichkeiten

P(in der Stichprobe aus Familie A befinden sich nur Mädchen),

P(in der Stichprobe aus Familie B haben alle Kinder dasselbe Geschlecht)

sind gleich. Bestimmen Sie den Stichprobenumfang n.

2.24 (Probabilistische Arithmetik) Das W-Maß P_n auf der Menge $\mathcal{A}$ aller Teilmengen von $\Omega = \mathbb{N}$ sei definiert durch

$$P_n(A) = \frac{1}{n} \#\{k \in \mathbb{N} : 1 \leq k \leq n, k \in A\}, \qquad A \in \mathcal{A}.$$

Wenn der Grenzwert von $P_n(A)$ existiert, nennen wir

$$d(A) := \lim_{n \to \infty} P_n(A)$$

die *Dichte* von A und bezeichnen mit $\mathcal{D}$ die Menge aller Teilmengen von Ω, die eine Dichte besitzen.

(a) Zeigen Sie, dass $\emptyset \in \mathcal{D}, \Omega \in \mathcal{D}$ und dass $\mathcal{D}$ abgeschlossen ist unter der Bildung von Komplementen, Differenzen und von Vereinigungen endlich vieler disjunkter Mengen.

(b) Zeigen Sie, dass $\mathcal{D}$ *nicht* abgeschlossen ist unter der Bildung von Vereinigungen von abzählbar vielen disjunkten oder endlich vielen nichtdisjunkten Mengen.

(c) Sei $\mathcal{K}_a := \{ka : k \in \mathbb{N}\}, a \in \mathbb{N}$. Ermitteln Sie die Dichte $d(\mathcal{K}_a)$.

2.26 (Das Drei-Türen-Problem) In der US-amerikanischen Fernsehshow *Let's make a deal* ist als Hauptgewinn ein Auto zu gewinnen. In der letzten Spielrunde sind dabei 3 Türen aufgebaut, hinter einer von diesen befindet sich das Auto, hinter den beiden anderen jeweils eine Ziege. Der Kandidat darf eine Tür auswählen und gewinnt den dazugehörigen Preis, Auto oder Ziege. Sagen wir, er wählt Tür 1. Der Showmaster, der weiß, hinter welcher Tür sich das Auto befindet, öffnet anschließend nicht etwa die vom Kandidaten gewählte, sondern eine andere Tür: Hat der Kandidat die Ziegen-Tür gewählt, so öffnet der Showmaster die andere Ziegen-Tür. Hat der Kandidat die Tür gewählt, hinter der sich das Auto befindet, dann öffnet der Showmaster mit gleicher Wahrscheinlichkeit irgendeine der verbleibenden Türen. Nehmen wir an, der Showmaster öffnet Tür 3. Der Kandidat, der die Vorgehensweise des Showmasters kennt, hat nun die Möglichkeit, bei seiner Wahl zu bleiben oder sich für die andere noch verschlossene Tür, in diesem Fall also für Tür 2, zu entscheiden. Welche Entscheidung maximiert seine Chance auf den Hauptgewinn?

Anmerkung: Die Journalistin Marylin vos Savant hatte in ihrer Kolumne *Ask Marylin* der amerikanischen Wochenzeitschrift PARADE die richtige, aber unintuitive Lösung dieses *Drei-Türen-Problems* veröffentlicht und damit eine heftige Kontroverse ausgelöst. Etwa 10 000 Zuschriften erhielt sie auf ihre Kolumne. Weitaus die meisten Briefschreiber – darunter viele Mathematiker und Wissenschaftler – widersprachen ihrer Lösung. Auch in der deutschen Öffentlichkeit wurde das Problem diskutiert, besonders seit DIE ZEIT und DER SPIEGEL in ihren Ausgaben vom 19.07.1991 bzw. 19.08.1991 auf die Kontroverse aufmerksam machten.

2.27 (William-Lowell-Putnam-Mathematikwettbewerb) Die Temperaturen in Chicago und Detroit werden mit $X°$ bzw. $Y°$ Fahrenheit bezeichnet. Diese Zufallsgrößen können nicht als unabhängig vorausgesetzt werden. Gegeben sind:

- $P(X° = 70°)$, die Wahrscheinlichkeit, dass die Temperatur in Chicago 70° beträgt.
- $P(Y° = 70°)$, die Wahrscheinlichkeit, dass die Temperatur in Detroit 70° beträgt.
- $P(\max(X°, Y°) = 70°)$, die Wahrscheinlichkeit, dass das Maximum der beiden Temperaturen 70° beträgt.

Bestimmen Sie daraus $P(\min(X°, Y°) = 70°)$.

2.28 (Das Zara-Spiel) Im 13. und 14. Jahrhundert war das *Zara-Spiel* beliebt. Dabei werden gleichzeitig 3 Würfel geworfen, und man versucht, die Augensumme vorauszusagen. Welche Augensumme sollte man prognostizieren, um möglichst häufig Erfolg zu haben?

2.29 (Das Simpson'sche Paradoxon) Zwei Medikamente M_1 und M_2 werden in den Städten A und B getestet. In A werden von 16 Patienten, die das Medikament M_1 nehmen, 4 gesund, ebenso 11 von 40 Patienten, die Medikament M_2 nehmen. In B werden 29 von 40 Patienten nach Einnahme von M_1 und 12 von 16 Patienten nach Einnahme von M_2 gesund.

Überzeugen Sie sich, dass die Heilungsquote von Medikament 2 in beiden Städten größer ist als die von Medikament 1, dass aber bei einer Zusammenfassung der Daten für beide Städte Medikament 1 sich als das erfolgreichere erweist.

Anmerkung: Dies ist ein Beispiel für das *Simpson'sche Paradoxon*. Es bezeichnet die Möglichkeit, dass bei der Zusammenfassung von Daten aus verschiedenen Gruppen zu einer einzigen Gruppe sich die Richtung einer Beziehung ändert. Formal ausgedrückt: Sind A und B Ereignisse und ist $(C_j)_{j \in J}$ eine Partition von Ω mit $P(B \cap C_j) > 0, P(B^c \cap C_j) > 0, \forall j \in J$, dann liegt das Simpson'sche Paradoxon vor, wenn neben

$$P(A \mid B \cap C_j) > P(A \mid B^c \cap C_j), \qquad \forall j \in J, \tag{2.1}$$

auch die Ungleichung

$$P(A \mid B) < P(A \mid B^c) \tag{2.2}$$

erfüllt ist. Dies ist ohne weiteres möglich, denn es gilt

$$P(A \mid B) = \sum_{j \in J} P(C_j \mid B) P(A \mid B \cap C_j),$$

$$P(A \mid B^c) = \sum_{j \in J} P(C_j \mid B^c) P(A \mid B^c \cap C_j),$$

und (2.2) kann mit geeigneten Werten für die Gewichte $P(C_j|B)$ und $P(C_j|B^c)$ trotz (2.1) erreicht werden.

2.31 Es seien X und Y Zufallsgrößen, deren Verteilungen die Dichten

$$f_X(x) = e^{-x} \cdot 1_{\mathbb{R}_+^0}(x)$$

und
$$f_Y(y) = \frac{5}{3} y^{-8/3} \cdot 1_{[1,\infty)}(y)$$

bezüglich des Lebesgue-Maßes besitzen. Verwenden Sie die Hölder'sche Ungleichung, um $E(XY)$ nach oben abzuschätzen.

2.32 (Rademacher-Funktionen) Es sei $\Omega = [0,1), \mathcal{A} = \mathcal{B}([0,1))$ und $P = \lambda\!\!\!\lambda$ das Lebesgue-Maß. Für alle $n \in \mathbb{N}$ sei

$$A_n := [0, \frac{1}{2^n}) \cup [\frac{2}{2^n}, \frac{3}{2^n}) \cup \ldots \cup [\frac{2^n-2}{2^n}, \frac{2^n-1}{2^n}).$$

Die Indikatorfunktionen $R_n(\omega) := 1_{A_n}(\omega)$ heißen *Rademacher-Funktionen*. Zeigen Sie, dass $(R_n)_{n \in \mathbb{N}}$ eine unabhängige Folge von Zufallsgrößen auf $(\Omega, \mathcal{A}, P)$ ist.

2.33 (Stochastische Fraktale) *Fraktale* sind selbstähnliche mathematische Objekte. Durch den Begriff der Selbstähnlichkeit wird ausgedrückt, dass sie in beliebig kleine Teile unterteilt werden können, die alle der Gesamtstruktur ähnlich sind. Bei *stochastischen Fraktalen* besteht Selbstähnlichkeit nicht für jede ihrer Realisierungen, sondern für die Verteilung aller Realisierungen.

(a) **Zufällige Cantor-Menge**: Wir unterteilen das Einheitsintervall $I_0 := [0,1]$ in 3 Teilintervalle der Länge $\frac{1}{3}$. Wir bilden eine Teilmenge I_1 von I_0, indem wir eine Auswahl dieser 3 Teilintervalle von I_0 vereinigen. Jedes der Teilintervalle von I_0 gehört unabhängig von den anderen dieser Auswahl mit Wahrscheinlichkeit $p \in [0,1]$ an. Jedes der ausgewählten Intervalle wird wiederum in 3 gleich lange Teilintervalle geteilt. Aus diesen bilden wir eine Menge I_2, indem wir jedes Intervall unabhängig mit Wahrscheinlichkeit p auswählen und die ausgewählten Intervalle vereinigen. Dieser Prozess wird fortgesetzt: I_k, $k \in \mathbb{N}$, ist die Vereinigung einer zufälligen Anzahl von Teilintervallen der Länge 3^{-k}. Die Menge

$$\mathcal{F}(p) := \bigcap_{k=0}^{\infty} I_k$$

heißt *zufällige Cantor-Menge*.
Angenommen, es ist $p \in [0, \frac{1}{3}]$. Mit welcher Wahrscheinlichkeit ist $\mathcal{F}(p)$ leer?
Angenommen, es ist $p = \frac{1}{2}$. Mit welcher Wahrscheinlichkeit ist $\mathcal{F}(p)$ leer?

(b) **Zufällige 2-dimensionale Cantor-Menge**: Wir unterteilen das Einheitsquadrat $J_0 := [0,1]^2$ in 9 Quadrate der Seitenlänge $\frac{1}{3}$. Wir bilden eine Teilmenge J_1 von J_0, indem wir eine Auswahl der 9 Teilquadrate von J_0 vereinigen. Jedes der Teilquadrate von J_0 gehört unabhängig von den anderen dieser Auswahl mit Wahrscheinlichkeit $p \in [0,1]$ an. Jedes ausgewählte Quadrat wird wiederum in 9 gleich große Teilquadrate unterteilt. Aus diesen bilden wir eine Menge J_2, indem wir jedes Quadrat unabhängig mit Wahrscheinlichkeit p auswählen und die ausgewählten Quadrate vereinigen. Dieser

Prozess wird fortgesetzt: J_k, $k \in \mathbb{N}$, ist die Vereinigung einer zufälligen Anzahl von Teilquadraten der Seitenlänge 3^{-k}. Die Menge

$$G(p) := \bigcap_{k=0}^{\infty} J_k$$

heißt *zufällige 2-dimensionale Cantor-Menge*.
Zeigen Sie: Für $p \in [0,1]$ ist die Wahrscheinlichkeit s, dass die Menge $G(p)$ leer ist, als kleinste Lösung der Gleichung

$$s = (1 - p + ps)^9, \qquad s \in [0,1],$$

gegeben.

2.34 (Stratifizierte Stichproben) In einer Population der Größe N besitze eine unbekannte Zahl m von Mitgliedern ein Merkmal $\mathcal{M}$. Man denke etwa an die Zahl der Wähler einer gegebenen Partei in einem Wahlkreis. Der Anteil $p := m/N$ der Merkmalsträger soll mit einer Stichprobe vom Umfang n geschätzt werden. Angenommen, die Population ist in s disjunkte Teilmengen der Größen $N_1, \ldots, N_s$ mit $N_1 + \cdots + N_s = N$ eingeteilt (*stratifiziert*), in der i. Teilmenge (dem i. *Stratum*) gebe es m_i Träger des Merkmals $\mathcal{M}$ mit $m_1 + \cdots + m_s = m$.
Die Stichprobe kann auf verschiedene Weise gezogen werden. Eine einfache Zufallsstichprobe erhält man, wenn n-mal mit Zurücklegen aus der Gesamtpopulation rein zufällig ein Mitglied ausgewählt wird. Sei X die Zahl der Merkmalsträger in einer solchen Stichprobe.
Eine stratifizierte Stichprobe erhält man, wenn n_i-mal mit Zurücklegen aus dem i. Stratum rein zufällig ein Mitglied ausgewählt wird, für alle $i = 1, \ldots, s$. Sei X_i die Anzahl der Merkmalsträger in der Stichprobe aus dem i. Stratum und $n_1 + \cdots + n_s = n$.
Als Schätzer für p stehen im ersten Fall

$$\hat{p} = \frac{X}{n}$$

und im zweiten Fall

$$\tilde{p} = a_1 \hat{p}_1 + \cdots + a_s \hat{p}_s$$

mit

$$a_i = \frac{N_i}{N}, \qquad \forall i = 1, \ldots, s,$$

$$\hat{p}_i = \frac{X_i}{n_i}, \qquad \forall i = 1, \ldots, s,$$

zur Verfügung.

(a) Zeigen Sie, dass $E\hat{p} = E\tilde{p} = p$ ist.
(b) Ermitteln Sie $\operatorname{var} \hat{p}$ und $\operatorname{var} \tilde{p}$.
(c) Angenommen, die Stichprobenumfänge $n_1, \ldots, n_s$ werden proportional zu den Größen der einzelnen Strata gewählt, d.h. $n_i = a_i n$ für alle $i = 1, \ldots, s$. Unter welchen Bedingungen ist die stratifizierte Stichprobe informativer als die einfache Zufallsstichprobe in dem Sinne, dass der Schätzer $\tilde{p}$ eine geringere Varianz hat als $\hat{p}$?

2.35 (Die probabilistische Methode) Angenommen, wir möchten uns überzeugen, dass es in einer Menge $\mathcal{M}$ ein Element mit vorgegebenen Eigenschaften gibt. Die von Erdös eingeführte *probabilistische Methode* besteht darin zu beweisen, dass man bei zufälliger Wahl eines Elementes aus $\mathcal{M}$ mit positiver Wahrscheinlichkeit ein Element erhält, dass die gewünschten Eigenschaften besitzt. Wenden Sie die probabilistische Methode in den folgenden Aufgaben an:

(a) Insgesamt 12% der Oberfläche einer Kugel ist schwarz und der Rest ist weiß. Gibt es einen einbeschriebenen Würfel, dessen Ecken allesamt weiß sind?

(b) **(Ein Zuordnungsproblem)** Angenommen n Aufträge sollen n Mitarbeitern zugeordnet werden, je ein Auftrag für jeden Mitarbeiter. Der Mitarbeiter i benötigt $a_i \cdot \alpha_j$ Zeiteinheiten, um den Auftrag j auszuführen. Zeigen Sie, dass es eine Zuordnung der Aufträge gibt, deren zugehörige Gesamtbearbeitungszeit aller Aufträge nicht größer als $n\bar{a}\bar{\alpha}$ ist, mit

$$\bar{a} = \frac{1}{n}\sum_{i=1}^{n} a_i,$$

$$\bar{\alpha} = \frac{1}{n}\sum_{i=1}^{n} \alpha_i.$$

2.36 (Fingerabdrücke: Die Überprüfung auf Gleichheit) Zwei Objekte r und s sollen auf Gleichheit überprüft werden. Weil dazu häufig eine große Zahl von Merkmalen überprüft werden muss, ist es oft günstiger, statt der Objekte selbst, ihre Bilder unter einer Abbildung F zu vergleichen. Ist die Abbildung F geschickt gewählt, so lässt sich die Übereinstimmung oder Nichtübereinstimmung der «Fingerabdrücke» $F(r)$ und $F(s)$ oft wesentlich effizienter feststellen.
Wir illustrieren das Prinzip am Beispiel der Überprüfung zweier $0-1$-Folgen. Man stelle sich etwa vor, dass festgestellt werden soll, ob die Datenbanken zweier Computer R und S denselben Inhalt haben, also denselben $0-1$-String der Länge n. Statt die Folge Bit für Bit zu übertragen und zu vergleichen, wird ein probabilistisches Kommunikationsprotokoll gewählt. Dabei werden die Strings $r_1 r_2 \ldots$ von R und $s_1 s_2 \ldots$ von S mit den Zahlen $r := \sum_{i=1}^{n} r_i 2^{i-1}$ und $s := \sum_{i=1}^{n} s_i 2^{i-1}$ identifiziert. Die Fingerabdrücke bilden wir mittels der Funktion $F_p(x) = x \bmod p$, wobei p eine Primzahl ist.
R wählt rein zufällig eine Primzahl p unter den insgesamt $\pi(n^2)$ Primzahlen, die kleiner oder gleich n^2 sind. R überträgt die binäre Darstellung von p und $F_p(r)$ an S. S berechnet $F_p(s)$ und vergleicht dies mit $F_p(r)$. Falls $F_p(r) \neq F_p(s)$ ist, wird von S die Ungleichheit der Strings als Ergebnis verkündet. Andernfalls wird $r = s$ angenommen. Sind die Strings identisch, gilt also $r = s$, dann ist das von S erzielte Ergebnis sicher richtig und die Fehlerwahrscheinlichkeit also gleich 0. Im Fall $r \neq s$ kann ein Fehler auftreten.

(a) Wie viele Bits müssen beim probabilistischen Kommunikationsprotokoll höchstens übertragen und verglichen werden?

(b) Ermitteln Sie n_0 so, dass im Fall $r \neq s$ die Fehlerwahrscheinlichkeit für $n \geq n_0$ höchstens $\frac{2\ln n}{n}$ beträgt.

Hinweis: Ein Fehler wird begangen, wenn $d := |\sum_{i=1}^n (r_i - s_i) 2^{i-1}| < 2^n$ von p geteilt wird. Überlegen Sie sich, dass d höchstens $n-1$ verschiedene Primfaktoren besitzen kann. Bedenken Sie den Primzahlsatz aus der Zahlentheorie: Für $\pi(n)$ gilt
$$\lim_{n\to\infty} \frac{\pi(n)}{n/\ln n} = 1.$$
Wie genau die Approximation von $\pi(n)$ durch $n/\ln n$ ist, beweisen die Ungleichungen
$$\ln n - \frac{3}{2} < \frac{n}{\pi(n)} < \ln n - \frac{1}{2},$$
die für $n \geq 67$ gültig sind.

2.37 (Covers Spiel) A spielt gegen B nach folgenden Regeln: A schreibt auf 2 Zettel verdeckt je eine ganze Zahl. Die einzige Einschränkung besteht darin, dass diese verschieden sein müssen. B wählt nun einen der beiden Zettel und darf die darauf notierte Zahl in Augenschein nehmen. Anschließend muss er raten, ob dies die kleinere oder die größere der beiden notierten Zahlen ist. Rät er richtig, so gewinnt er einen Preis, rät er falsch, so erhält A den Preis.
Zeigen Sie, dass es – erstaunlicherweise – für B eine Strategie gibt, die seine Gewinnchance größer als $\frac{1}{2}$ macht.

Hinweis: Untersuchen Sie diese Strategie: B wählt eine beliebige Wahrscheinlichkeitsverteilung $\mathbb{P}$ auf $\mathbb{Z}$, die jedem $k \in \mathbb{Z}$ eine positive Wahrscheinlichkeit zuordnet. B verschafft sich eine Realisierung aus $\mathbb{P}$ und addiert $\frac{1}{2}$ dazu. Dies ist sein kritischer Wert W. Zwischen den Zetteln wählt B, indem er eine faire Münze wirft. Ist die notierte Zahl z größer als der kritische Wert W, so rät B, dass es sich dabei um die größere der beiden Zahlen handelt, ist $z < W$ so rät er, dass es die kleinere ist. Betrachten Sie die drei möglichen Fälle: dass die von A notierten Zahlen beide kleiner oder beide größer sind als W bzw. dass W zwischen ihnen liegt.

2.38 (Entropie) Die *Entropie* dient der Quantifizierung des Grades der Ungewissheit, der über den Ausgang eines Zufallsexperimentes besteht. Alternativ kann man sie auch als ein Maß für den Informationsgewinn deuten. Intuitiv gesprochen definieren wir die Entropie $H(p)$ eines Ereignisses A mit Wahrscheinlichkeit p als den Informationsgewinn durch Bekanntwerden, dass sich das Ereignis A bei der Durchführung des Zufallsexperimentes realisiert hat. Der Informationsgewinn hängt offenbar von der Wahrscheinlichkeit p ab. Ist $p = 1$, so besteht keine Ungewissheit über den Ausgang des Zufallsexperimentes, und der Informationsgewinn ist gleich Null. Er ist um so größer, je kleiner p ist. Aus diesen und ähnlichen Überlegungen leiten wir die folgenden Axiome ab, welche die Entropie sinnvollerweise erfüllen sollte.

Axiom 1: $H(1) = 0$.
Axiom 2: Aus $p_1 < p_2$ folgt $H(p_2) < H(p_1)$, $\quad \forall p_1, p_2 \in (0, 1]$.

Axiom 3: $H(p)$ ist stetig auf $(0,1]$.
Axiom 4: $H(p_1 p_2) = H(p_1) + H(p_2), \quad \forall p_1, p_2 \in (0,1]$.

Zwecks Standardisierung verlangen wir noch, dass die Entropie für die beiden möglichen Ausfälle eines idealen Münzwurfes gerade 1 (Bit) ist.

Axiom 5: $H(\frac{1}{2}) = 1$.

Beweisen Sie: Falls $H(p)$ die Axiome 1-5 erfüllt, dann ist

$$H(p) = -\log_2 p.$$

Hinweis: Es ist $H(p^2) = 2H(p)$ und per Induktion $H(p^k) = kH(p)$. Folgern Sie hieraus, dass $H(p^r) = rH(p)$ sein muss, für jede positive rationale Zahl r.

2.39 Nach dem in Aufgabe 2.38 Gesagten ist es sinnvoll, einem Zufallsexperiment, bei dem disjunkte Ereignisse $A_1, \ldots, A_n$ mit zugehörigen positiven Wahrscheinlichkeiten $p_1, \ldots, p_n$, $\sum_{i=1}^{n} p_i = 1$, eintreten können, den mittleren Informationsgewinn

$$-\sum_{i=1}^{n} p_i \log_2 p_i$$

als Entropie zuzuordnen. Wir erweitern auf beliebige Zufallsexperimente und definieren für die zugehörigen Wahrscheinlichkeitsmaße wie folgt: Sei ν ein Maß auf einem Messraum $(\Omega, \mathcal{A})$ und μ ein bezüglich ν stetiges W-Maß mit $f := d\mu/d\nu$. Dann ist

$$H(\mu) := -\int_\Omega f \log_2 f \, d\nu$$

die Entropie von μ. Sind $\mu = f\nu$ und $\tilde{\mu} = \tilde{f}\nu$ zwei bezüglich ν stetige W-Maße, dann ist

$$H(\tilde{\mu}|\mu) := \int_\Omega \tilde{f} \log_2(\tilde{f}/f) \, d\nu$$

die *relative Entropie* von $\tilde{\mu}$ bezüglich μ.

(a) Beweisen Sie die im Folgenden vermerkte *Gibbs'sche Ungleichung*: Es ist stets $0 \leq H(\tilde{\mu}|\mu) \leq \infty$, und es gilt $H(\tilde{\mu}|\mu) = 0$ genau dann, wenn $\mu = \tilde{\mu}$ ν-f.s.

(b) Sei Ω eine endliche Menge und ν das Zählmaß auf $\mathcal{P}(\Omega)$. Zeigen Sie: Unter allen Verteilungen auf Ω besitzt die Gleichverteilung maximale Entropie.

(c) Sei $\Omega = \mathbb{R}_+^0$ und ν das Lebesgue-Maß auf $\mathcal{B}(\mathbb{R}_+^0)$. Zeigen Sie: Unter allen Verteilungen auf Ω mit Erwartungswert $\lambda > 0$ besitzt die Verteilung mit der Dichte $f(x) = \frac{1}{\lambda} e^{-x/\lambda} \cdot 1_{\mathbb{R}_+^0}(x)$ bezüglich ν maximale Entropie. (Wir werden dieser Verteilung später als Exponentialverteilung mit Parameter $1/\lambda$ wieder begegnen.)

(d) Sei $\Omega = \mathbb{R}$ und ν das Lebesgue-Maß auf $\mathcal{B}$. Zeigen Sie: Unter allen Verteilungen auf Ω mit Erwartungswert λ und Varianz σ^2 besitzt die Normalverteilung mit den Parametern λ und σ^2 maximale Entropie.

Hinweis: Zeigen Sie, dass $H(\tilde{\mu}|\mu) = H(\mu) - H(\tilde{\mu})$ ist, und verwenden Sie die Gibbs'sche Ungleichung.

2.40 (**Empirische Entropie**) Sei $(X_n)_{n\in\mathbb{N}}$ eine Folge von unabhängigen Zufallsgrößen, deren Verteilung auf $\mathcal{M} := \{1,\ldots,m\}$ gegeben ist durch

$$P(X_n = k) = p_k, \qquad \forall n \in \mathbb{N}, \forall k \in \mathcal{M}.$$

Jemand beobachtet die Realisierungen von $X_1,\ldots,X_n$ und schätzt die unbekannten Wahrscheinlichkeiten p_k mittels

$$\hat{p}_k = \frac{1}{n}\sum_{i=1}^n 1_{\{X_i=k\}}, \qquad k = 1,\ldots,m.$$

Eine Schätzung der Entropie $H(\mathbb{P})$ von $\mathbb{P} := (p_1,\ldots,p_m)$ ist dann die *empirische Entropie*

$$\hat{H} := H((\hat{p}_1,\ldots,\hat{p}_m)) = -\sum_{k=1}^m \hat{p}_k \log_2 \hat{p}_k$$

mit der Vereinbarung $0 \cdot \log_2 0 = 0$.

(a) Zeigen Sie, dass die empirische Entropie die Entropie der Verteilung unterschätzt:

$$E\hat{H} \le H(\mathbb{P}). \tag{2.3}$$

(b) Unter welchen Voraussetzungen gilt in (2.3) Gleichheit.

2.41 Von einer Zufallsgröße wird die Realisierung $X = x$ beobachtet. Diese Information dient dazu, mittels der Regressionsgeraden die Vorhersage

$$y = EY + Corr(X,Y)\frac{\sqrt{var\,Y}}{\sqrt{var\,X}}(x - EX)$$

für eine Zufallsgröße Y zu treffen. Jemand hört von dieser Vorhersage, denkt aber irrtümlich, dass $Y = y$ beobachtet wurde. Mittels der Regressionsgeraden bestimmt er daraus die Vorhersage

$$x^* = EX + Corr(X,Y)\frac{\sqrt{var\,X}}{\sqrt{var\,Y}}(y - EY)$$

für X. Es sei $Corr(X,Y) \ne 0$.

(a) Zeigen Sie, dass $x^* \ge EX$ genau dann gilt, wenn $x \ge EX$ ist.

(b) Angenommen, es gilt $x \ne EX$ und $Corr^2(X,Y) < 1$. Zeigen Sie, dass dann $|x^* - EX| < |x - EX|$ ist. Damit liegt die Vorhersage x^* näher am Erwartungswert EX als die Beobachtung x.

2.42 (Expertensysteme) *Expertensysteme* sind Computerprogramme, in denen das Spezialwissen qualifizierter Fachleute nachgebildet wird. Sie enthalten Expertenwissen in Form von Fakten und Regeln sowie ein Inferenzsystem, dass die Beantwortung von Fragen durch formales Schließen aus dem vorhandenen Wissen erlaubt. Zu den verbreitetsten Expertensystemen gehören solche, die unterstützend in der medizinischen Diagnostik eingesetzt werden können. Wir geben ein vereinfachtes Beispiel.

Die Symptome S_1 und S_2 treten nur im Zusammenhang mit den Krankheiten K_1, K_2, K_3 auf. Sei $p_{ij} := P(S_j \,|\, K_i)$ die Wahrscheinlichkeit, dass Symptom S_j auftritt, wenn jemand an Krankheit K_i leidet. Wir stellen diese bedingten Wahrscheinlichkeiten in Matrixform dar:

$$P := (p_{ij})_{i,j} = \begin{Vmatrix} 0.8 & 0.4 \\ 0.3 & 0.8 \\ 0.5 & 0.7 \end{Vmatrix}.$$

Die Eintrittswahrscheinlichkeiten der Krankheiten K_1, K_2, K_3 seien die entsprechenden Komponenten des Vektors

$$(0.02, 0.05, 0.01)^t,$$

d.h. mit Wahrscheinlichkeit 0.02 bzw. 0.05 bzw. 0.01 leidet eine zufällig ausgewählte Person an der Krankheit K_1 bzw. K_2 bzw. K_3. Jede Person leidet höchstens an einer Krankheit.

(a) Ermitteln Sie die Eintrittswahrscheinlichkeiten der Symptome S_1 und S_2.

(b) Ermitteln Sie die bedingten Wahrscheinlichkeiten $P(K_i \,|\, S_j)$. Welche Krankheit ist am wahrscheinlichsten, wenn ein Patient das Symptom S_1 zeigt? Welche Krankheit ist es bei Symptom S_2?

(c) Es seien die bedingten Wahrscheinlichkeiten $P(S_1 \cap S_2 \,|\, K_i)$, $i = 1, 2, 3$, für das gleichzeitige Auftreten beider Symptome als Komponenten des Vektors

$$(0.3, 0.2, 0.4)^t$$

gegeben. Welche Krankheit ist am wahrscheinlichsten, wenn ein Patient das Symptom S_1 aufweist nicht aber S_2?

2.43 Der Titelkampf um die Schachweltmeisterschaft wurde lange Zeit nach dem folgenden Format durchgeführt: Zwischen Titelverteidiger und Herausforderer werden maximal $2n$ Partien gespielt, ein Sieg zählt 1 Punkt, ein Remis 1/2 Punkt und eine Niederlage 0 Punkte. Um den Titel zu gewinnen, muss der Titelträger mindestens n Punkte erreichen, während der Herausforderer mindestens $n + \frac{1}{2}$ Punkte benötigt. Angenommen, die beiden Spieler sind gleich stark, die Wahrscheinlichkeit für ein Unentschieden ist γ und die Spielergebnisse sind unabhängig voneinander.

(a) Wie groß ist die Wahrscheinlichkeit, dass der Titelträger seinen Titel verteidigt?

(b) Wachsen die Chancen des Titelträgers mit zunehmendem γ?

2.45 Zwei Würfel haben dieselbe Wahrscheinlichkeits-Verteilung $\mathbb{P} = (p_1, \ldots, p_6)$ und werden unabhängig ausgespielt. Zeigen Sie, dass die Wahrscheinlichkeit, mit beiden Würfeln dieselbe Zahl zu werfen, für jede Verteilung $\mathbb{P}$ mindestens $\frac{1}{6}$ ist.

Hinweis: Überzeugen Sie sich, dass für nichtnegative $p_1, \ldots, p_6$ mit $\sum_{i=1}^{6} p_i = 1$ stets $\left(\sum_{i=1}^{6} p_i\right)^2 \leq 6 \sum_{i=1}^{6} p_i^2$ ist.

2.46 Beweisen Sie die folgende Gleichung:

$$\frac{\sin t}{t} = \prod_{n=1}^{\infty} \cos\left(\frac{t}{2^n}\right).$$

Hinweis: Die rechte Seite ist die charakteristische Funktion einer Reihe, deren Summanden unabhängige Zufallsgrößen sind.

2.47 Sei X eine Zufallsgröße mit $P(X = k) = 1/n$, für alle $k \in \{0, \ldots, n-1\}$. Falls $n = ab$ mit $a, b \in \mathbb{N}$ ist, dann kann X als Summe zweier unabhängiger, $\mathbb{N}_0$-wertiger Zufallsgrößen dargestellt werden. Zeigen Sie dies.

2.48 Zeigen Sie, dass die Zufallsgröße X mit der Dichte $f(x) = \frac{1-\cos(x)}{\pi x^2}, \forall x \in \mathbb{R}$, bezüglich des Lebesgue-Maßes und die Zufallsgröße Y mit $P(Y = 0) = \frac{1}{2}$ und $P(Y = (2k-1)\pi) = \frac{2}{(2k-1)^2 \pi^2}, \forall k \in \mathbb{Z}$, für $|t| \leq 1$ dieselbe charakteristische Funktion haben.
Dieses Beispiel lehrt, dass die Werte der charakteristischen Funktion in einem endlichen Intervall die Verteilung nicht eindeutig bestimmen.

2.50 (Heisenberg'sche Unschärferelation) Die *Heisenberg'sche Unschärferelation* besagt, dass Ort und Impuls eines Teilchens nicht gleichzeitig beliebig genau bestimmt werden können. Im Kern resultiert diese Aussage aus der Tatsache, dass eine Funktion $f(x)$ und ihre Fourier-Transformierte $\hat{f}(s) = \int_{\mathbb{R}} f(x) e^{isx} dx$ nicht gleichzeitig stark lokalisiert sein können: Es gilt

$$\int_{\mathbb{R}} (x-a)^2 |f(x)|^2 dx \cdot \int_{\mathbb{R}} (s-\alpha)^2 |\hat{f}(s)|^2 ds \geq \frac{\pi}{2}, \qquad \forall a, \alpha \in \mathbb{R}, \qquad (2.4)$$

d.h. ist X eine Zufallsgröße mit Dichte $|f(x)|^2$, Y eine Zufallsgröße mit Dichte $|\hat{f}(s)|^2/2\pi$, so muss mit $a = EX$ und $\alpha = EY$

$$\sqrt{\operatorname{var} X} \cdot \sqrt{\operatorname{var} Y} \geq \frac{1}{2} \qquad (2.5)$$

sein.
Beweisen Sie diese Aussage unter geeigneten Voraussetzungen an die Funktion f.

Hinweis: Die Schwarz'sche Ungleichung

$$\left(\int_{\mathbb{R}} |g_1(x) g_2(x)| dx\right)^2 \leq \int_{\mathbb{R}} |g_1(x)|^2 dx \int_{\mathbb{R}} |g_2(x)|^2 dx$$

könnte nützlich sein.

Anmerkung: In der Quantenmechanik wird der Zustand eines Teilchens durch die Wellenfunktion $\psi(x,t)$ beschrieben: $|\psi(x,t)|^2$ ist die W-Dichte der (eindimensionalen) Teilchen-Position X zur Zeit t, und $|\varphi(p,t)|^2/2\pi$ mit

$$\varphi(p,t) = \frac{1}{\sqrt{\hbar}} \int_\mathbb{R} \psi(x,t) e^{-ipx/\hbar} dx$$

ist die W-Dichte des Teilchen-Impulses Y zur Zeit t. Wegen der unterschiedlichen Skalierung tritt in der Heisenberg'schen Unschärferelation auf der rechten Seite von (2.5) statt $\frac{1}{2}$ die Konstante $\frac{\hbar}{2}$ auf, welche das Planck'sche Wirkungsquantum $\hbar$ beinhaltet.

2.51 (Mandatszuteilung bei Verhältniswahlrecht) In einem Parlament, dessen Zusammensetzung durch Verhältniswahl bestimmt wird, sollen für jede Partei so viele Abgeordnete vertreten sein, wie ihrem Anteil s_i/S an der Gesamtzahl S der abgegebenen Stimmen entspricht. Ist M die Zahl der zu vergebenden Mandate, dann sollte die Partei P_i also für ihre s_i Stimmen genau s_iM/S Mandate erhalten. Da dies meist keine ganze Zahl ist, muss mit einem Zuteilungsverfahren eine Approximation an das Ideal der exakten proportionalen Mandatszuteilung erreicht werden. Bei Bundestagswahlen ist derzeit die *Quotenmethode* von Hare-Niemeyer in Gebrauch: in einem ersten Schritt werden $\lfloor s_iM/S \rfloor$ Mandate an die Partei P_i vergeben. Die Differenz zwischen M und den so zugeteilten Mandaten $\sum_i \lfloor s_iM/S \rfloor$ wird anschließend gemäß den Resten $s_iM/S - \lfloor s_iM/S \rfloor$ verteilt. Die Partei mit dem größten Rest erhält den ersten zusätzlichen Abgeordneten, die Partei mit dem zweitgrößten Rest den nächsten, usw.

Eine wichtige Frage ist, ob diese Zuteilungsmethode größere Parteien gegenüber kleineren bevorzugt. Wir gehen dieser Frage für ein 2-Parteien-Parlament nach. Sei P_1 die größere Partei und m_1 die ihr nach der Quotenmethode für s_1 Stimmen zugeteilten Mandate. Wir bilden

$$D := m_1 - s_1 M/S.$$

Ein Maß für die Fairness der Quotenmethode im Mittel ist der Erwartungswert dieser Differenz D, wenn der Stimmenanteil s_1/S der größeren Partei eine über $[\frac{1}{2}, 1]$ gleichverteilte Zufallsgröße ist.
Zeigen Sie, dass

$$ED = \begin{cases} 0, & \text{falls } M \text{ gerade} \\ \frac{1}{4M}, & \text{falls } M \text{ ungerade.} \end{cases}$$

2.2 Lösungen

2.1 (a) Wir fixieren ein beliebiges $A \in \mathcal{A}$ und betrachten das Gauß'sche Maß des Urbildes von A unter T:

$$P(T^{-1}(A)) = \frac{1}{\ln 2} \int_{T^{-1}(A)} \frac{1}{1+x}\,dx = \frac{1}{\ln 2} \sum_{n=1}^{\infty} \int_{A_n} \frac{1}{1+x}\,dx \qquad (2.6)$$

mit $A_n = T^{-1}(A) \cap \left(\frac{1}{n+1}, \frac{1}{n}\right]$ für $n \in \mathbb{N}$. Das Mengensystem $\{A_n : n \in \mathbb{N}\}$ ist dann eine Partition von $T^{-1}(A)\setminus\{0\}$. Die Abbildung T – eingeschränkt auf ein A_n – kann dargestellt werden als

$$T\,|_{A_n}:\ A_n \longrightarrow A$$
$$x \longmapsto \frac{1}{x} - n.$$

Diese eingeschränkte Funktion hat als Umkehrfunktion

$$T\,|_{A_n}^{-1}:\ A \longrightarrow A_n$$
$$x \longmapsto \frac{1}{x+n}.$$

Mit dieser Erkenntnis können die in (2.6) aufzusummierenden Integrale durch Substitution mit $T\,|_{A_n}^{-1}$ gelöst werden. Man beachte dabei die Feinheit, dass T in ihrer Einschränkung auf ein A_n monoton fällt und deshalb bei der Substitution ein Vorzeichenwechsel des Integrals stattfindet.

$$\int_{A_n} \frac{1}{1+x}\,dx = \int_{T(A_n)} \frac{1}{1+T\,|_{A_n}^{-1}(x)} \frac{dT\,|_{A_n}^{-1}(x)}{dx}\,dx$$
$$= -\int_A \frac{1}{1+\frac{1}{x+n}}\left(-\frac{1}{(x+n)^2}\right)dx$$
$$= \int_A \frac{1}{(x+n)(x+n+1)}\,dx$$
$$= \int_A \left(\frac{1}{x+n} - \frac{1}{x+n+1}\right)dx. \qquad (2.7)$$

Setzen wir dieses Ergebnis in (2.6) ein, so erhält man mittels Teleskopsummenbildung

$$P(T^{-1}(A)) = \frac{1}{\ln 2} \sum_{n=1}^{\infty} \int_A \left(\frac{1}{x+n} - \frac{1}{x+n+1}\right)dx$$
$$= \frac{1}{\ln 2} \lim_{N\to\infty} \sum_{n=1}^{N} \left(\int_A \frac{1}{x+n}\,dx - \int_A \frac{1}{x+n+1}\,dx\right)$$
$$= \frac{1}{\ln 2} \lim_{N\to\infty} \left(\int_A \frac{1}{x+1}\,dx - \int_A \frac{1}{x+N+1}\,dx\right)$$
$$= \frac{1}{\ln 2} \left(\int_A \frac{1}{x+1}\,dx - \lim_{N\to\infty} \int_A \frac{1}{x+N+1}\,dx\right).$$

Der Integrand $\frac{1}{x+N+1}$ besitzt $\frac{1}{x+1}$ als von N unabhängige, über $A \subseteq [0,1)$ integrable Majorante. Zudem konvergiert der Integrand für $N \to \infty$ für jedes $x \in A$ punktweise gegen 0. Nach dem Satz von der majorisierten Konvergenz konvergiert somit auch das Integral gegen 0. Insgesamt folgt

$$P(T^{-1}(A)) = \frac{1}{\ln 2} \int_A \frac{1}{1+x} \, dx = P(A)$$

für ein beliebig gewähltes $A \in \mathcal{A}$. Damit ist gezeigt, dass die Abbildung T P-maßerhaltend ist.

(b) Um zu widerlegen, dass T auch λ-maßerhaltend ist, kann die Menge

$$A := [0, 1/2] \in \mathcal{A}$$

mit dem Lebesgue-Maß $\lambda(A) = 1/2$ beispielhaft herangezogen werden. Eine kurze Überlegung zeigt, dass das Urbild dieser Menge unter T gegeben ist durch

$$T^{-1}(A) = \{0\} \cup \bigcup_{n \in \mathbb{N}} \left[\frac{2}{2n+1}, \frac{1}{n}\right).$$

Da es sich um eine abzählbare Vereinigung disjunkter Mengen handelt, berechnet man das Lebesgue-Maß mit Hilfe der Taylorreihe der Funktion $\ln(1+x)$ durch

$$\lambda(T^{-1}(A)) = \sum_{n=1}^{\infty} \lambda\left(\left[\frac{2}{2n+1}, \frac{1}{n}\right)\right) = \sum_{n=1}^{\infty} \left(\frac{1}{n} - \frac{2}{2n+1}\right)$$
$$= 2 \cdot \left(1 - \sum_{n=1}^{\infty} (-1)^{n+1} \frac{1}{n}\right) = 2(1 - \ln 2).$$

Somit ist $\lambda(A) \neq \lambda(T^{-1}(A))$ und die Abbildung T nicht λ-maßerhaltend.

2.2 Wir arbeiten auf eine Anwendung des Borel-Cantelli-Lemmas hin. Wegen der Unabhängigkeit der Ereignisse A_n ist

$$P(A_{i,\alpha \ln i}) = P\left(\bigcap_{i \leq k < i+\alpha \ln i} A_k\right) = p^{\lceil \alpha \ln i \rceil} \leq p^{\alpha \ln i} = i^{-\alpha \ln \frac{1}{p}}.$$

Ist also $\alpha \ln \frac{1}{p} > 1$, dann gilt

$$\sum_{i=1}^{\infty} P(A_{i,\alpha \ln i}) < \infty,$$

und das Borel-Cantelli-Lemma liefert

$$P(A_{n,\alpha \ln n} \text{ u.o.}) = 0$$

für diesen Fall. Im Fall $\alpha \ln \frac{1}{p} < 1$ ist das Borel-Cantelli-Lemma wegen mangelnder Unabhängigkeit der Ereignisse $A_{i,\alpha \ln i}$ nicht direkt anwendbar. Diese Schwierigkeit kann überwunden werden, wenn man zu einer Teilfolge übergeht: Für festes $\varepsilon > 0$ sei
$$A_i^* := A_{k_i, \alpha \ln k_i}$$
mit $i^{1+\varepsilon} - 1 < k_i \le i^{1+\varepsilon}$. Falls jeweils $k_{i+1} > k_i + \alpha \ln k_i$ ist, so sind an der Definition der A_i^* stets verschiedene Ereignisse A_i beteiligt, die Erfolgsserien A_i^* überlappen sich nicht mehr. Wegen
$$(i+1)^{1+\varepsilon} - i^{1+\varepsilon} \ge (1+\varepsilon)i^\varepsilon \tag{2.8}$$
ist dies tatsächlich erfüllt, denn (2.8) rechtfertigt wegen $\ln x \le x - 1, \forall x \ge 1$, den Schluss auf
$$(i+1)^{1+\varepsilon} - i^{1+\varepsilon} > 1 + (1+\varepsilon)\alpha \ln i$$
$$(i+1)^{1+\varepsilon} - 1 > i^{1+\varepsilon} + \alpha \ln i^{1+\varepsilon}$$
d.h.
$$k_{i+1} > k_i + \alpha \ln k_i.$$
Die Ungleichung (2.8) folgt dabei aus der Tatsache, dass die Ableitung $f'(x) = (1+\varepsilon)x^\varepsilon$ der Funktion $f(x) = x^{1+\varepsilon}$ für $x > 0$ monoton wachsend ist, denn dann hat man unter Einbeziehung des Mittelwertsatzes
$$f(i+1) - f(i) = f'(\xi) \ge f'(i), \qquad \xi \in [i, i+1].$$
Die Ereignisse A_i^* sind also unabhängig mit
$$P(A_i^*) = p^{\lceil \alpha \ln k_i \rceil} \ge p^{1+\alpha \ln k_i} \ge p \cdot p^{\alpha(1+\varepsilon)\ln i} \ge p \cdot i^{-\alpha(1+\varepsilon)\ln \frac{1}{p}}.$$
Die Reihe $\sum_{i=1}^\infty P(A_i^*)$ divergiert mithin im Fall $\alpha \ln \frac{1}{p} < 1$, falls ε hinreichend klein gewählt wird. Dann gibt uns das Borel-Cantelli-Lemma
$$P(A_n^* \text{ u.o.}) = 1,$$
und daraus erhalten wir
$$P(A_{n, \alpha \ln n} \text{ u.o.}) = 1.$$

2.3 (a) Wir nehmen an, μ besitze eine Dichte f bezüglich ν. Für alle $A \in \mathcal{A}$ besteht dann die Darstellung
$$\mu(A) = \int_A f\, d\nu. \tag{2.9}$$

Mit dem Ziel der Erzeugung eines Widerspruchs sei nun $a \in \Omega$ beliebig gewählt. Dann ist $\{a\}$ natürlich abzählbar und somit $\{a\} \in \mathcal{A}$. Da $\nu(\{a\}) = \#\{a\} = 1$ ist, liefert uns (2.9) die Gleichung
$$0 = \mu(\{a\}) = \int_{\{a\}} f\, d\nu = f(a) \cdot \nu(\{a\}) = f(a).$$

Deshalb ist f die Nullfunktion auf Ω. Da $\Omega^c = \emptyset$ und somit abzählbar ist, entsteht der Widerspruch durch

$$\infty = \mu(\Omega) = \int_\Omega f\,d\nu = \int_\Omega 0\,d\nu = 0.$$

Das Maß μ kann also keine Dichte bezüglich ν besitzen.

(b) Sei $A \in \Omega$ eine beliebige ν-Nullmenge. Aus $\nu(A) = 0$ folgt nach Definition des Maßes ν, dass $\#A = 0$ und A also die leere Menge ist. Da die leere Menge abzählbar ist, gilt auch $\mu(A) = 0$. Damit ist gezeigt, dass μ bezüglich ν stetig ist.

Die σ-Endlichkeit des Maßes ν ist eine Voraussetzung für die Anwendung des Satzes von Radon-Nikodym. Wir werden zeigen, dass sie hier nicht erfüllt ist. Angenommen, ν ist σ-endlich, so existieren Mengen $A_1, A_2, \ldots$ mit $\nu(A_n) < \infty$ für alle $n \in \mathbb{N}$ und mit

$$\Omega = \bigcup_{n \in \mathbb{N}} A_n.$$

Aufgrund der Definition des Maßes μ sind dann alle A_n endlich. Ω muss als abzählbare Vereinigung endlicher Mengen selbst abzählbar sein (Cantorsches Diagonalverfahren). Doch das verstößt gegen die in der in der Aufgabenstellung vorausgesetzte Überabzählbarkeit von Ω.

2.4 Die Wahrscheinlichkeit $P(2k)$, dass Sie ein $2k$-rundiges Spiel gewinnen, ist gleich der Wahrscheinlichkeit, dass Sie $k+1, k+2, \ldots$ oder $2k$ Runden gewinnen:

$$P(2k) = \sum_{i=k+1}^{2k} \binom{2k}{i} p^i q^{2k-i}.$$

Später werden wir die Anzahl der von Ihnen gewonnenen Runden in einem $2k$-rundigen Spiel als binomialverteilt mit Parametern $2k$ und p erkennen, woraus sich obige Wahrscheinlichkeit ergibt, doch ohne die Binomialverteilung kann man so argumentieren, um die angegebene Wahrscheinlichkeit für genau i Siege in $2k$ Runden zu verstehen: Jede gegebene Abfolge von i Siegen und $2k-i$ Niederlagen hat die Wahrscheinlichkeit $p^i q^{2k-i}$, und es gibt $\binom{2k}{i}$ verschiedene Möglichkeiten, die nötigen i Positionen für die Siege aus $2k$ Positionen auszuwählen, also gibt es $\binom{2k}{i}$ verschiedene Spielverläufe mit genau i Siegen.

Zur Beantwortung der Fragestellung ist es günstig, zunächst $P(2k+2)$ und $P(2k)$ zueinander in Beziehung zu setzen. Nun kann man sich ein $(2k+2)$-rundiges Spiel offensichtlich denken als ein $2k$-rundiges Spiel mit 2 weiteren Runden. Wenn Sie nicht entweder k oder $k+1$ der $2k$ Runden gewonnen haben, dann kann Ihr Status als Sieger oder Verlierer des $2k$-rundigen Spiels nicht anders sein als im erweiterten $(2k+2)$-rundigen Spiel. Nur in den folgenden beiden Fällen sind Sieger und Verlierer im $2k$-rundigen Spiel und im $(2k+2)$-rundigen Spiel verschieden:

(i) Sie gewinnen $k+1$ Spiele im $2k$-rundigen Spiel und verlieren die beiden weiteren Spiele.

(ii) Sie gewinnen k Spiele im $2k$-rundigen Spiel und gewinnen die beiden weiteren Spiele.

Die Wahrscheinlichkeit für das Ereignis in (i) ist

$$q^2 \binom{2k}{k+1} p^{k+1} q^{k-1}$$

und für das Ereignis in (ii)

$$p^2 \binom{2k}{k} p^k q^k.$$

Der Gedankengang hat deshalb als Zwischenergebnis die Beziehung

$$P(2k+2) = P(2k) + p^2 \binom{2k}{k} p^k q^k - q^2 \binom{2k}{k+1} p^{k+1} q^{k-1}.$$

Ist $2k_0$ die optimale Rundenzahl, dann muss

$$P(2k_0 - 2) \leq P(2k_0) \quad \text{und} \quad P(2k_0) \geq P(2k_0 + 2)$$

sein, d.h.

$$q^2 \binom{2k_0 - 2}{k_0} p^{k_0} q^{k_0 - 2} \leq p^2 \binom{2k_0 - 2}{k_0 - 1} p^{k_0 - 1} q^{k_0 - 1} \tag{2.10}$$

$$q^2 \binom{2k_0}{k_0 + 1} p^{k_0 + 1} q^{k_0 - 1} \geq p^2 \binom{2k_0}{k_0} p^{k_0} q^{k_0}. \tag{2.11}$$

Aus (2.10) und (2.11) erhält man bei Ausschluss des trivialen Falles $p = 0$ sofort

$$(k_0 - 1)q \leq k_0 p, \tag{2.12}$$

$$k_0 q \geq (k_0 + 1)p. \tag{2.13}$$

Aus (2.12) folgt

$$2k_0 \leq \frac{2q}{q-p} = \frac{2-2p}{1-2p} = \frac{1}{1-2p} + 1.$$

Aus (2.13) folgt

$$2k_0 \geq \frac{2p}{q-p} = \frac{2p-1+1}{1-2p} = \frac{1}{1-2p} - 1.$$

Aus beidem können wir das folgende Fazit ziehen. Sofern es sich bei $(1-2p)^{-1}$ nicht um eine ungerade natürliche Zahl handelt, ist die optimale Rundenzahl eindeutig bestimmt und gegeben durch die am nächsten an $(1-2p)^{-1}$ gelegene gerade natürliche Zahl. Ist dagegen $(1-2p)^{-1} = 2m+1$ für ein $m \in \mathbb{N}$, so gibt es zwei optimale Rundenzahlen, $2k_0 = 2m$ und $2k_0^* = 2m+2$. Im konkreten Fall $p = 0.45$ ist wegen $(1-2 \cdot 0.45)^{-1} = 10$ ein 10-rundiges Spiel optimal. (Weitere Informationen finden sich in Fox (1961).)

2.2 Lösungen

2.6 Unsere Argumentation beginnt mit der Hilfsüberlegung

$$\bigcup_{i=n}^{j+1} A_i = A_n \cup \bigcup_{i=n}^{j} (A_{i+1}\setminus A_i), \qquad \forall n \in \mathbb{N}, \forall j \geq n, \tag{2.14}$$

deren Gültigkeit man elementar mit vollständiger Induktion nach j belegen kann. Aus (2.14) folgt auch

$$\bigcup_{i=n}^{\infty} A_i = A_n \cup \bigcup_{i=n}^{\infty} (A_{i+1}\setminus A_i), \qquad \forall n \in \mathbb{N}.$$

Unter Verwendung der σ-Additivität erhalten wir daraus für alle $n \in \mathbb{N}$

$$0 \leq P\Big(\bigcup_{i=n}^{\infty} A_i\Big) = P\Big(A_n \cup \bigcup_{i=n}^{\infty} (A_{i+1}\setminus A_i)\Big) \leq P(A_n) + \sum_{i=n}^{\infty} P(A_{i+1} \cap A_i^c).$$

Wegen $P(A_n) \stackrel{n\to\infty}{\longrightarrow} 0$ und $\sum_{i=1}^{\infty} P(A_{i+1} \cap A_i^c) < \infty$ besagt die soeben gemachte Feststellung, dass

$$P\Big(\bigcup_{i=n}^{\infty} A_i\Big) \stackrel{n\to\infty}{\longrightarrow} 0$$

und

$$0 \leq P(A_n \text{ u.o.}) = P\Big(\bigcap_{n=1}^{\infty}\bigcup_{i=n}^{\infty} A_i\Big) \leq P\Big(\bigcup_{i=n}^{\infty} A_i\Big) \stackrel{n\to\infty}{\longrightarrow} 0.$$

Da $P(A_n \text{ u.o.})$ nicht von n abhängt, erzwingt dies

$$P(A_n \text{ u.o.}) = 0.$$

2.7 Wir beginnen mit der Berechnung des ersten Integrals:

$$\int_{\Omega_1} \Big(\int_{\Omega_2} X(\omega_1, \omega_2) d\nu_2(\omega_2)\Big) d\nu_1(\omega_1)$$
$$= \int_{\Omega_1} \Big[1 \cdot \underbrace{\nu_2(\{\omega_2 \in \Omega_2 : \omega_2 = \omega_1\})}_{=\#\{\omega_2 \in \Omega_2 : \omega_2 = \omega_1\} = 1} - 1 \cdot \underbrace{\nu_2(\{\omega_2 \in \Omega_2 : \omega_2 = \omega_1 + 1\})}_{=\#\{\omega_2 \in \Omega_2 : \omega_2 = \omega_1+1\} = 1}\Big] d\nu_1(\omega_1)$$
$$= \int_{\Omega_1} (1-1) \, d\nu_1(\omega_1) = 0.$$

Das zweite Integral berechnet man durch

$$\int_{\Omega_2} \left(\int_{\Omega_1} X(\omega_1,\omega_2) d\nu_1(\omega_1) \right) d\nu_2(\omega_2)$$
$$= \int_{\Omega_2} \Big[1 \cdot \underbrace{\nu_1(\{\omega_1 \in \Omega_1 \ : \ \omega_1 = \omega_2\})}_{=1} - 1 \cdot \underbrace{\nu_1(\{\omega_1 \in \Omega_1 \ : \ \omega_2 = \omega_1 + 1\})}_{=1_{\{\omega_2 \geq 2\}}} \Big] d\nu_2(\omega_2)$$
$$= \int_{\Omega_2} (1 - 1_{\{\omega_2 \geq 2\}}) d\nu_2(\omega_2) = \nu_2(\{1\}) = 1.$$

Um den Satz von Fubini anwenden zu können, bräuchte man die Voraussetzung

$$\int_{\Omega_1} \int_{\Omega_2} |X(\omega_1,\omega_2)| \, d\nu_2(\omega_2) \, d\nu_1(\omega_1) \ < \ \infty.$$

Doch das trifft nicht zu: Stattdessen ist

$$\int_{\Omega_1} \int_{\Omega_2} |X(\omega_1,\omega_2)| \, d\nu_2(\omega_2) \, d\nu_1(\omega_1)$$
$$= \int_{\Omega_1} \Big[\nu_2(\{\omega_2 \in \Omega_2 \ : \ \omega_2 = \omega_1\}) + \nu_2(\{\omega_2 \in \Omega_2 \ : \ \omega_2 = \omega_1 + 1\}) \Big] d\nu_1(\omega_1)$$
$$= \sum_{n \in \mathbb{N}} 2 = +\infty.$$

Damit sind die Voraussetzungen des Satzes von Fubini nicht erfüllt.

2.10 Unsere Lösungsstrategie basiert auf charakteristischen Funktionen als zentralem Hilfsmittel. Vorab sei notiert: Die Zufallsgrößen $\frac{1}{\sqrt{2}}(X+Y)$ und X sind nach Voraussetzung identisch verteilt. Daher stimmen ihre charakteristischen Funktionen überein:

$$\begin{array}{rclcrcl}\Psi_{(X+Y)/\sqrt{2}}(t) & = & \Psi_X(t) & \iff & \Psi_X(t/\sqrt{2}) \cdot \Psi_Y(t/\sqrt{2}) & = & \Psi_X(t) \\ & & & \iff & \Psi_X(t/\sqrt{2})^2 & = & \Psi_X(t)\end{array}$$

für alle $t \in \mathbb{R}$ bei Verwendung von $\Psi_X = \Psi_Y$. Aus dieser Funktionalgleichung soll nun durch schrittweise Gewinnung weiterer Informationen die charakteristische Funktion Ψ_X bestimmt werden. Durch Induktion nach n folgt aus der in Rede stehenden Gleichung auch noch

$$\Psi_X(t) = \big[\Psi_X\big((1/\sqrt{2})^n t\big)\big]^{2^n}$$

für alle $n \in \mathbb{N}$ und alle $t \in \mathbb{R}$. Fixieren wir nun ein beliebiges $t \neq 0$ und bilden den Limes für $n \to \infty$. Das Ergebnis erhält man am einfachsten, wenn man die Substitution

$$s := (1/\sqrt{2})^n \cdot t$$

vornimmt, denn dann ist $2^n = t^2/s^2$, und in der substituierten Version lautet die obige Funktionalgleichung

$$\Psi_X(t) = \left[\Psi_X(s)\right]^{t^2/s^2} = \exp\left(\frac{t^2}{s^2} \cdot \ln \Psi_X(s)\right).$$

In dieser Gleichung ist der Grenzübergang $s \to 0$ vorzunehmen. Zu diesem Zweck sei zunächst

$$\lim_{s \to 0} \frac{\ln \Psi_X(s)}{s^2} \qquad (2.15)$$

ermittelt. Da Ψ_X – wie charakteristische Funktionen allgemein – stetig ist und an der Stelle 0 den Wert 1 annimmt, liegt in (2.15) ein unbestimmter Ausdruck der Art « 0/0 » vor. Doch da das absolute zweite Moment von X existiert, ist Ψ_X zweimal stetig differenzierbar, und die Limes-Regel von de l'Hospital kann angewendet werden. Damit ist der Limes in (2.15) gleich

$$\lim_{s \to 0} \frac{1}{2\Psi_X(s)} \cdot \frac{\Psi'_X(s)}{s} = \frac{1}{2} \lim_{s \to 0} \frac{\Psi'_X(s)}{s}.$$

Der nun entstandene Limes muss wegen $\Psi'_X(0) = i \cdot EX = 0$ nochmals der Regel von de l'Hospital unterzogen werden. Nach alledem ist dann

$$\lim_{s \to 0} \frac{\ln \Psi_X(s)}{s^2} = \Psi''_X(0)/2 = -var(X)/2 = -1/2.$$

Das Ende der Argumentation kommt nun unvermittelt, denn aus dem gerade Festgestellten folgt

$$\Psi_X(t) = \exp\left(-\frac{1}{2}t^2\right).$$

Dies ist die charakteristische Funktion einer standard-normalverteilten Zufallsgröße und gemäß dem Eindeutigkeitssatz (AW, Satz 2.8.9) muss X (und somit auch Y) standard-normalverteilt sein.

2.14 Diese Aufgabe berührt das Phänomen der Stabilisierung der Verteilung der Genotypen nach der 1. Nachkommengeneration. Wir wählen Vater und Mutter unabhängig voneinander rein zufällig aus. Mit den Wahrscheinlichkeiten $x, 2y, z$ sind sie vom Genotyp AA, Aa, aa. Wir bestimmen die Wahrscheinlichkeit x_1, dass ein Nachkomme der 1. Generation vom Genotyp AA ist. Dazu bezeichnen wir z.B.

mit $AA \cap Aa$ das Ereignis, dass der Vater den Genotyp AA und die Mutter den Genotyp Aa besitzt, usw. Die Gleichung

$$x_1 = P(AA \cap AA) \cdot P(\text{Vater gibt } A \cap \text{Mutter gibt } A | AA \cap AA)$$
$$+ P(AA \cap Aa) \cdot P(\text{Vater gibt } A \cap \text{Mutter gibt } A | AA \cap Aa)$$
$$+ P(Aa \cap AA) \cdot P(\text{Vater gibt } A \cap \text{Mutter gibt } A | Aa \cap AA)$$
$$+ P(Aa \cap Aa) \cdot P(\text{Vater gibt } A \cap \text{Mutter gibt } A | Aa \cap Aa)$$

führt wegen Unabhängigkeit auf

$$x_1 = x^2 \cdot 1 + 2xy \cdot \frac{1}{2} + 2xy \cdot \frac{1}{2} + 4y^2 \cdot \frac{1}{4} = (x+y)^2.$$

Aus Symmetriegründen ist entsprechend $z_1 = (y+z)^2$ die Wahrscheinlichkeit, dass der Nachkomme der 1. Generation vom Typ aa ist. Aus beidem ergibt sich für den Typ Aa die Wahrscheinlichkeit

$$2y_1 = 1 - (x+y)^2 - (y+z)^2 = [(x+y)+(y+z)]^2 - (x+y)^2 - (y+z)^2 = 2(x+y)(y+z),$$

wobei $x + 2y + z = 1$ verwendet wurde. Erfolgen in der Ausgangsgeneration die Paarungen entsprechend den relativen Häufigkeiten der Genotypen, d.h. sind nun in der 1. Nachkommengeneration die Genotypen AA, Aa, aa mit den relativen Häufigkeiten

$$x_1 = (x+y)^2, \qquad 2y_1 = 2(x+y)(y+z), \qquad z_1 = (y+z)^2 \qquad (2.16)$$

vertreten, und wird wiederum ein Elternpaar aus der 1. Generation rein zufällig ausgewählt, so sind die Wahrscheinlichkeiten, dass ihr Nachkomme vom Typ AA, Aa oder aa ist, mit (2.16) gegeben durch

$$x_2 = (x_1 + y_1)^2, \quad 2y_2 = 2(x_1+y_1)(y_1+z_1), \quad z_2 = (y_1+z_1)^2.$$

Für x_2 resultiert daraus nach Einsetzen

$$x_2 = [(x+y)^2 + (x+y)(y+z)]^2 = (x+y)^2[(x+y)+(y+z)] = (x+y)^2 = x_1.$$

Abermals wegen Symmetrie muss dann $z_2 = z_1$ sein und deshalb auch $y_2 = y_1$. So mag man iterativ fortschreiten und sich durch Induktion überzeugen, dass für alle $n \in \mathbb{N}$ die relativen Häufigkeiten von AA, Aa bzw. aa in der n. Generation gegeben sind durch

$$(x+y)^2, \qquad 2(x+y)(y+z), \qquad (y+z)^2.$$

2.15 Als Einstieg zeigen wir, dass F unstetig in allen $x \in \mathbb{Q} \cap [0,1]$ ist. Für jedes derartige x gibt es ein $k \in \mathbb{N}$ mit $x = x_k$ in der gegebenen Abzählung. Sei $(y_n)_{n \in \mathbb{N}}$ nun eine reelle Folge mit $y_n \uparrow x_k$ und $y_n < x_k$, $\forall n \in \mathbb{N}$. Dann rechnen wir wie folgt:

$$F(x_k) = \sum_{j=1}^{\infty} 2^{-j} 1_{\{x_k \geq x_j\}} = \sum_{\substack{j=1 \\ j \neq k}}^{\infty} 2^{-j} 1_{\{x_k \geq x_j\}} + 2^{-k}$$

$$\geq \sum_{\substack{j=1 \\ j \neq k}}^{\infty} 2^{-j} 1_{\{y_n \geq x_j\}} + 2^{-k}$$

$$= 2^{-k} \underbrace{1_{\{y_n \geq x_k\}}}_{=0} + \sum_{\substack{j=1 \\ j \neq k}}^{\infty} 2^{-j} 1_{\{y_n \geq x_j\}} + 2^{-k}$$

$$= \sum_{j=1}^{\infty} 2^{-j} 1_{\{y_n \geq x_j\}} + 2^{-k} = F(y_n) + 2^{-k}.$$

Als Konsequenz ist $|F(x) - F(y_n)| \geq 2^{-k}$ für alle $n \in \mathbb{N}$. Aufgrund dessen kann man die Konvergenz von $(F(y_n))_{n \in \mathbb{N}}$ gegen $F(x)$ ausschließen, die wiederum notwendige Bedingung der Stetigkeit von F in x wäre.

Es bleibt noch die Untersuchung aller $x \in [0,1] \backslash \mathbb{Q}$. Sei $(y_n)_{n \in \mathbb{N}}$ jetzt eine beliebige, gegen x konvergente Folge. Definieren wir auch noch eine Zufallsgröße K mit $P(K = k) = 2^{-k}$ für jedes $k \in \mathbb{N}$. Dann gilt $E(1_{\{y \geq x_K\}}) = F(y)$ für alle $y \in \mathbb{R}$. Ferner ist $|1_{\{y \geq x_K\}}| \leq 1$. Sei nun ω beliebig gewählt. Wegen der Irrationalität von x ist $x \geq x_{K(\omega)}$ äquivalent zu $x > x_{K(\omega)}$, dies wiederum impliziert wegen der Konvergenz von $(y_n)_{n \in \mathbb{N}}$ gegen x, dass es ein N geben muss mit $y_n > x_{K(\omega)}$ für alle $n \geq N$. Andererseits ist auch $x < x_{K(\omega)}$ äquivalent dazu, dass es ein N gibt mit $y_n < x_{K(\omega)}$ für alle $n \geq N$. All dies zusammen liefert die fast sichere Konvergenz von $1_{\{y_n \geq x_K\}}$ gegen $1_{\{x \geq x_K\}}$. Der Satz von der majorisierten Konvergenz (AW, Satz 2.4.3) schließlich macht daraus

$$F(y_n) \xrightarrow{n \to \infty} F(x).$$

Für $x \in (-\infty, 0)$ ist F konstant 0 und für $x \in (1, +\infty)$ konstant 1. Die Menge aller Stetigkeitspunkte von F kann daher abschließend als

$$\mathbb{R} \backslash ([0,1] \cap \mathbb{Q})$$

angegeben werden.

2.18 Für die in der Aufgabenstellung definierten Ereignisse ist

$$\begin{aligned} P(A \cap B) &= p^n \\ P(A) &= p^n + (1-p)^n \\ P(B) &= p^n + n(1-p)p^{n-1}, \end{aligned}$$

wobei der zweite Summand in $P(B)$ die Wahrscheinlichkeit für genau $(n-1)$-mal *Zahl* und einmal *Kopf* ausdrückt. Er begründet sich folgendermaßen: Jede der n Münzen kann *Kopf* zeigen, und die Wahrscheinlichkeit, dass die i. Münze *Kopf* zeigt und alle anderen *Zahl*, ist gegeben durch $(1-p)p^{n-1}$ für alle $i=1,\ldots,n$. Die Unabhängigkeit der Ereignisse A und B ist im Fall von

$$P(A \cap B) = P(A) \cdot P(B) \tag{2.17}$$

gegeben.

(a) Will man Unabhängigkeit für $p = \frac{1}{2}$ erreichen, so schlägt sich (2.17) nieder in der Gleichung

$$\left(\frac{1}{2}\right)^n = 2 \cdot \left(\frac{1}{2}\right)^n \cdot \left[\left(\frac{1}{2}\right)^n + n \cdot \left(\frac{1}{2}\right)^n\right]$$

oder

$$2^{n-1} = (n+1).$$

Das ist nur für $n=3$ realisierbar.

(b) Für allgemeines p verlangt (2.17), dass

$$p^n = [p^n + (1-p)^n][p^n + n(1-p)p^{n-1}].$$

Division durch p^{n-1} ergibt

$$[p^n + (1-p)^n][p + n(1-p)] - p = 0. \tag{2.18}$$

Wir untersuchen das Polynom auf der linken Seite von (2.18) auf Nullstellen und überzeugen uns, dass es für jedes $n \geq 3$ genau eine Nullstelle in $(0,1)$ gibt. Günstig ist es, $p = (1+x)^{-1}$ für ein gewisses $x \in \mathbb{R}_+$ zu schreiben, und wir erhalten

$$P_n(x) := (x^n + 1)(nx + 1) - (1+x)^n = 0.$$

Für $n \geq 3$ kann der Summand $\binom{n}{2}x^2$ in $(1+x)^n$ nicht gegen einen Summanden von $(x^n+1)(nx+1) = nx^{n+1} + x^n + nx + 1$ gekürzt werden. Somit gibt es genau einen Vorzeichenwechsel in der Koeffizientenfolge von $P_n(x)$, und nach der Descartes'schen Vorzeichenregel hat $P_n(x)$ genau eine positive reelle Nullstelle. (Die Descartes'sche Vorzeichenregel besagt: Die Anzahl aller reellen Nullstellen eines reellen Polynoms ist gleich der Anzahl der Vorzeichenwechsel seiner Koeffizientenfolge oder um eine gerade natürliche Zahl kleiner als diese.) Damit ist alles gezeigt. (Weitere Informationen finden sich in Gregorac und Meany (1992).)

2.20 Bei einem Spielstand von $5:2$ zugunsten von A fehlt A noch ein Punkt zum Sieg und B fehlen 4 Punkte. Wir setzen die Spielserie hypothetisch fort und bezeichnen das Ereignis « A gewinnt den Geldpreis » mit G_A. Die Schreibweise $BBBA$ z.B. soll bedeuten, dass B die nächsten 3 und A die sich dann anschließende Runde gewonnen hätte. Wir haben

$$G_A = \{A, BA, BBA, BBBA\}$$

mit
$$P(G_A) = \frac{1}{2} + \frac{1}{4} + \frac{1}{8} + \frac{1}{16} = \frac{15}{16}.$$

Der Einsatz muss somit im Verhältnis $15:1$ zugunsten von A aufgeteilt werden. Allgemein: Bei einem Spielstand von $n:m$, wobei k Siege erforderlich sind, fehlen A noch $k-n =: r$ und B noch $k-m =: s$ Punkte zum Sieg. Es sind somit maximal noch $r+s-1$ Runden erforderlich bis zum Sieg von A oder B. Wir setzen die abgebrochene Spielserie wiederum hypothetisch um diese $r+s-1$ Runden fort. Es gibt 2^{r+s-1} verschiedene Ausgänge für die Abfolge der Ergebnisse in diesen $r+s-1$ Spielen, die alle dieselbe Wahrscheinlichkeit $2^{-(r+s-1)}$ haben. Spieler A gewinnt den Geldpreis genau dann, wenn er von diesen $r+s-1$ Runden mindestens r Runden gewinnt, und es gibt z.B.
$$\binom{r+s-1}{j}$$
verschiedene Möglichkeiten für A, genau j dieser Runden zu gewinnen. Damit haben wir
$$P(G_A) = \frac{1}{2^{r+s-1}} \sum_{j=r}^{r+s-1} \binom{r+s-1}{j}$$
$$= \frac{1}{2^{2k-n-m-1}} \sum_{j=k-n}^{2k-n-m-1} \binom{2k-n-m-1}{j},$$
und der Geldpreis muss im Verhältnis $P(G_A) : (1-P(G_A))$ aufgeteilt werden.

2.21 Zur Abkürzung schreiben wir $P(X_\varepsilon = k) = p_{k,\varepsilon}$ für alle $\varepsilon \geq 0$ und alle $k \in \mathbb{Z}$. Sei $\varepsilon > 0$ fest. Dann ist die zweite Ableitung der charakteristischen Funktion $\Psi_\varepsilon(t)$ von X_ε gegeben durch

$$\Psi_\varepsilon''(t) = \sum_{k \in \mathbb{Z}} p_{k,\varepsilon}(e^{itk})'' = \sum_{k \in \mathbb{Z}} p_{k,\varepsilon}(ik)^2 e^{itk} = -c(\varepsilon) \sum_{k=1}^{\infty}(e^{itk} + e^{-itk})e^{-\varepsilon k} \quad (2.19)$$

bei Beachtung von $p_{0,\varepsilon} = 0$. Nun ist

$$\sum_{k=1}^{\infty} e^{itk} e^{-\varepsilon k} = \sum_{k=1}^{\infty}(e^{it-\varepsilon})^k = \frac{1}{1-e^{it-\varepsilon}} - 1 = \frac{e^{it-\varepsilon}}{1-e^{it-\varepsilon}}$$

sowie

$$\sum_{k=1}^{\infty} e^{-itk} e^{-\varepsilon k} = \sum_{k=1}^{\infty}(e^{-it-\varepsilon})^k = \frac{1}{1-e^{-it-\varepsilon}} - 1 = \frac{e^{-it-\varepsilon}}{1-e^{-it-\varepsilon}},$$

da $|e^{\pm it-\varepsilon}|^2 = (e^{\pm it-\varepsilon})(e^{\mp it-\varepsilon}) = e^{-2\varepsilon} < 1$. Damit führt uns (2.19) zu

$$\begin{aligned}\Psi_\varepsilon''(t) &= -c(\varepsilon)\left[\frac{e^{it-\varepsilon}}{1-e^{it-\varepsilon}} + \frac{e^{-it-\varepsilon}}{1-e^{-it-\varepsilon}}\right] \\ &= -c(\varepsilon)\frac{(1-e^{-\varepsilon}e^{-it})e^{-\varepsilon}e^{it} + (1-e^{-\varepsilon}e^{it})e^{-\varepsilon}e^{-it}}{(1-e^{-\varepsilon}e^{it})(1-e^{-\varepsilon}e^{-it})} \\ &= -c(\varepsilon)\frac{2e^{-\varepsilon}\cos t - 2e^{-2\varepsilon}}{1-2e^{-\varepsilon}\cos t + e^{-2\varepsilon}} = 2c(\varepsilon)\cdot\frac{1-e^\varepsilon\cos t}{1-2e^\varepsilon\cos t + e^{2\varepsilon}}.\end{aligned}$$

Wir integrieren $\Psi_\varepsilon''(t)$, um $\Psi_\varepsilon'(t)$ zu erhalten. Wegen

$$(\arctan x)' = \frac{1}{1+x^2}, \qquad (\tan x)' = \frac{1}{\cos^2 x},$$

$$\cos^2\frac{x}{2} = \frac{1}{2} + \frac{1}{2}\cos x, \qquad \sin^2\frac{x}{2} = \frac{1}{2} - \frac{1}{2}\cos x$$

haben wir zunächst für die folgende Ableitung

$$(c(\varepsilon)t)' - \left\{2c(\varepsilon)\arctan\left[\left(\frac{e^\varepsilon+1}{e^\varepsilon-1}\right)\tan\frac{t}{2}\right]\right\}'$$

$$= c(\varepsilon) - c(\varepsilon)\cdot\frac{(e^\varepsilon+1)/(e^\varepsilon-1)}{\cos^2\frac{t}{2} + [(e^\varepsilon+1)^2/(e^\varepsilon-1)]^2\sin^2\frac{t}{2}}$$

$$= c(\varepsilon) - c(\varepsilon)\cdot\frac{(e^\varepsilon+1)(e^\varepsilon-1)}{(e^\varepsilon-1)^2\cos^2\frac{t}{2} + (e^\varepsilon+1)^2\sin^2\frac{t}{2}}$$

$$= c(\varepsilon) - 2c(\varepsilon)\cdot\frac{e^{2\varepsilon}-1}{(e^{2\varepsilon}-2e^\varepsilon+1)(1+\cos t) + (e^{2\varepsilon}+2e^\varepsilon+1)(1-\cos t)}$$

$$= c(\varepsilon) - c(\varepsilon)\cdot\frac{e^{2\varepsilon}-1}{1-2e^\varepsilon\cos t + e^{2\varepsilon}}$$

$$= 2c(\varepsilon)\cdot\frac{1-e^\varepsilon\cos t}{1-2e^\varepsilon\cos t + e^{2\varepsilon}} = \Psi_\varepsilon''(t).$$

Also ist bei Berücksichtigung von $\Psi_\varepsilon'(0) = 0$

$$\Psi_\varepsilon'(t) = c(\varepsilon)t - 2c(\varepsilon)\arctan\left[\left(\frac{e^\varepsilon+1}{e^\varepsilon-1}\right)\tan\frac{t}{2}\right], \qquad |t| \leq \pi,$$

mit geeigneter Interpretation für $t = \pm\pi$. Hier angekommen schließen wir mit $\Psi_\varepsilon(0) = 1$, dass

$$\Psi_\varepsilon(t) = 1 + c(\varepsilon)\int_0^t\left\{x - 2\arctan\left[\left(\frac{e^\varepsilon+1}{e^\varepsilon-1}\right)\tan\frac{x}{2}\right]\right\}dx, \qquad \forall |t| \leq \pi.$$

Bei Grenzwertbildung $\varepsilon \downarrow 0$ wird dies zu

$$\Psi_0(t) = 1 + c(0)\int_0^t[x - \pi\,\text{sign}(x)]dx = 1 + c(0)\left(\frac{t^2}{2} - \pi|t|\right). \tag{2.20}$$

Wegen $\Psi_0(t) = \sum_{k\in\mathbb{Z}} p_{k,0} e^{itk}$ kann man auch sagen, dass

$$\int_{-\pi}^{+\pi} \Psi_0(t)dt = 2\pi p_{0,0} + \sum_{k\in\mathbb{Z}\setminus\{0\}} p_{k,0} \int_{-\pi}^{+\pi} e^{itk} dt = 2\pi p_{0,0} = 0. \tag{2.21}$$

Die Bedeutung von (2.20) und (2.21) liegt nun darin, dass man

$$0 = 2\pi + c(0)\left(\frac{-2\pi^3}{3}\right)$$

bekommt, bzw.

$$c(0) = \frac{3}{\pi^2}.$$

Daraus folgt

$$\sum_{k=1}^{\infty} \frac{1}{k^2} = \frac{\pi^2}{6}.$$

2.22 Wir führen die folgenden Bezeichnungen ein:

$$\begin{aligned} a &= \text{Anzahl der Mädchen in Familie } A \\ b &= \text{Anzahl der Mädchen in Familie } B \\ c &= \text{Anzahl der Jungen in Familie } B \end{aligned}$$

Beide Familien haben jeweils $b+c$ Kinder. Auf dieser Basis kann man die in der Aufgabenstellung gegebene Information übersetzen in die Gleichung

$$\left(\frac{a}{b+c}\right)^n = \left(\frac{b}{b+c}\right)^n + \left(\frac{c}{b+c}\right)^n$$

bzw.

$$a^n = b^n + c^n.$$

Für natürliche Zahlen a, b, c, n hat diese Gleichung nach der inzwischen bewiesenen Fermat'schen Vermutung Lösungen nur für $n = 2$ und $n = 1$. Da jedoch eine Stichprobe von mindestens 2 Kindern gezogen wurde, muss $n = 2$ sein.

2.24 (a) Wir arbeiten die einzelnen Punkte nacheinander ab: Für jedes $n \in \mathbb{N}$ gilt $P_n(\emptyset) = 0$. Daher gilt auch $d(\emptyset) = 0$ und $\emptyset \in \mathcal{D}$. Weiter sieht man leicht, dass für alle $n \in \mathbb{N}$

$$P_n(\mathbb{N}) = \frac{1}{n} \# \{k \in \mathbb{N} : 1 \le k \le n\} = \frac{1}{n} \cdot n = 1$$

sein muss, woraus wegen $\Omega = \mathbb{N}$ die Aussagen $d(\Omega) = 1$ und $\Omega \in \mathcal{D}$ ableitbar sind.
Seien nun A und A^c zueinander komplementäre Teilmengen von $\mathbb{N}$. Wir rechnen

$$P_n(A) + P_n(A^c)$$
$$= \frac{1}{n} \# \{k \in \mathbb{N} : 1 \leq k \leq n, k \in A\} + \frac{1}{n} \# \{k \in \mathbb{N} : 1 \leq k \leq n, k \in A^c\}$$
$$= \frac{1}{n} \# \Big(\{k \in A : 1 \leq k \leq n\} \cup \{k \in A^c : 1 \leq k \leq n\} \Big) = 1$$

für alle $n \in \mathbb{N}$. Durch Grenzwertbildung folgt bei Existenz der Grenzwerte $d(A^c) = 1 - d(A)$, und somit besteht die Implikation $A \in \mathcal{D} \Rightarrow A^c \in \mathcal{D}$.

Im nächsten Programmpunkt prüfen wir, dass $\mathcal{D}$ unter Vereinigung endlich vieler disjunkter Mengen abgeschlossen ist. Dazu nehmen wir an, $A_1, \ldots, A_m$ seien disjunkte Mengen und Elemente aus $\mathcal{D}$. Wir berechnen

$$P_n(A_1 \cup \cdots \cup A_m) = \frac{1}{n} \# \left((A_1 \cup \cdots \cup A_m) \cap \{1, \ldots, n\} \right)$$
$$= \frac{1}{n} \# \Big((A_1 \cap \{1, \ldots, n\}) \cup \cdots \cup (A_m \cap \{1, \ldots, n\}) \Big)$$
$$= \sum_{k=1}^{m} \frac{1}{n} \# (A_k \cap \{1, \ldots, n\}) = \sum_{k=1}^{m} P_n(A_k).$$

Mit den Grenzwertsätzen aus der Analysis bekommen wir

$$d(A_1 \cup \cdots \cup A_m) = \sum_{k=1}^{m} d(A_k)$$

und das Gewünschte ist bewiesen.

Kommen wir nun zur Differenzbildung. Seien $A, B \in \mathcal{D}$ mit $B \subseteq A$. Dann sind A^c und B disjunkt, und somit liegen – nach obigen Ergebnissen – auch $A^c \cup B$ sowie $(A^c \cup B)^c = A \cap B^c = A \backslash B$ in $\mathcal{D}$.

(b) Wäre $\mathcal{D}$ abgeschlossen unter Vereinigung abzählbar vieler disjunkter Mengen, so müsste $\mathcal{D} = \mathcal{P}(\mathbb{N})$ sein, zumal sich jede Teilmenge von $\mathbb{N}$ als Vereinigung höchstens abzählbar vieler disjunkter einelementiger Mengen darstellen lässt, die wiederum die Dichte 0 besitzen und somit in $\mathcal{D}$ liegen. Vor diesem Hintergrund genügt es, eine Teilmenge von $\mathbb{N}$ zu finden, die keine Dichte besitzt. Dies leisten wir mit

$$A = \bigcup_{k \in \mathbb{N}} \{4^{3k} + 1, \ldots, 4^{3k+1}\} \cap \mathcal{K}_2,$$

wobei $\mathcal{K}_2$ die Menge aller geraden Zahlen bezeichnet. Für alle $n \in \mathbb{N}$ gilt nämlich

2.2 Lösungen

$$P_{4^{3n+1}}(A) = \frac{1}{4^{3n+1}} \#\left(A \cap \{1,\ldots,4^{3n+1}\}\right)$$
$$\geq \frac{1}{4^{3n+1}} \#\left[\{4^{3n}+1,\ldots,4^{3n+1}\} \cap \mathcal{K}_2\right]$$
$$\geq \frac{\left(4^{3n+1}-4^{3n}\right)-1}{2 \cdot 4^{3n+1}} \xrightarrow{n \to \infty} \frac{3}{8}$$

und

$$P_{4^{3n}}(A) = \frac{1}{4^{3n}} \#\left(A \cap \{1,\ldots,4^{3n}\}\right)$$
$$\leq \frac{1}{4^{3n}} \#\left[\{1,\ldots,4^{3(n-1)+1}\} \cap \mathcal{K}_2\right] \leq \frac{4^{3(n-1)+1}}{4^{3n}} = \frac{1}{16}.$$

Beide Rechnungen zusammen genommen drücken aus, dass die Folge $(P_n(A))_{n \in \mathbb{N}}$ mindestens zwei verschiedene Häufungspunkte besitzt, von denen einer in $[0, 1/16]$ und der andere in $[3/8, 1]$ liegt. Deshalb kann $(P_n(A))_{n \in \mathbb{N}}$ nicht konvergieren, und die Dichte von A existiert nicht.

Zur vollständigen Bearbeitung des Aufgabenteils bleibt noch zu zeigen, dass die Vereinigung zweier *nichtdisjunkter* Mengen aus $\mathcal{D}$ nicht zwangsläufig wieder in $\mathcal{D}$ liegt. Zu diesem Zweck betrachten wir die Vereinigung der oben definierten Menge A mit

$$B = \bigcup_{k \in \mathbb{N}} \{4^{3k+1}+1,\ldots,4^{3(k+1)}\} \setminus \mathcal{K}_2.$$

Als Erstes überlegen wir, dass $C := A \cup B$ in $\mathcal{D}$ liegt. Sei $n > 4^3 = 64$ beliebig. Dann wählen wir m so, dass $n \in \{4^{3m}+1,\ldots,4^{3(m+1)}\}$, wodurch m in Abhängigkeit von n eindeutig bestimmt ist. Nun schreiben wir

$$P_n(C) = \frac{\#(C \cap \{1,\ldots,64\})}{n} + \sum_{j=1}^{m-1} \frac{\#(C \cap \{4^{3j}+1,\ldots,4^{3j+1}\})}{n}$$
$$+ \sum_{j=1}^{m-1} \frac{\#(C \cap \{4^{3j+1}+1,\ldots,4^{3(j+1)}\})}{n} + \frac{\#(C \cap \{4^{3m}+1,\ldots,n\})}{n}$$

und ermitteln eine untere Schranke für $P_n(C)$. Dabei verwenden wir, dass für jede Menge $\{k, k+1, \ldots, l\}$ mit $l > k$ gilt:

$$\#(\{k, k+1, \ldots, l\} \cap \mathcal{K}_2) \geq \frac{l-k+1}{2} - \frac{1}{2},$$
$$\#(\{k, k+1, \ldots, l\} \cap \mathcal{K}_2) \leq \frac{l-k+1}{2} + \frac{1}{2}.$$

Dieselben Schranken gelten auch für $\#(\{k, k+1, \ldots, l\} \setminus \mathcal{K}_2)$. Es folgt

$$P_n(C) \geq \frac{1}{2n} \sum_{j=1}^{m-1} \left(4^{3j+1} - 4^{3j} - 1\right) + \frac{1}{2n} \sum_{j=1}^{m-1} \left(4^{3(j+1)} - 4^{3j+1} - 1\right)$$
$$+ \frac{1}{2n} \left(n - 4^{3m} - 1\right) \geq \frac{n - 64}{2n} - \frac{m}{n}$$

unter Verwendung eines Teleskopsummenargumentes. Man beachte auch, dass m von n abhängt und $n > 4^{3m}$ nebst $m/n \stackrel{n \to \infty}{\longrightarrow} 0$ gilt. Es fällt nicht schwer, analoge Überlegungen zur Gewinnung einer oberen Schranke anzuwenden:

$$P_n(C) \leq \frac{64}{n} + \frac{1}{2n} \sum_{j=1}^{m-1} \left(4^{3j+1} - 4^{3j} + 1\right)$$
$$+ \frac{1}{2n} \sum_{j=1}^{m-1} \left(4^{3(j+1)} - 4^{3j+1} + 1\right) + \frac{1}{2n} \left(n - 4^{3m} + 1\right)$$
$$\leq \frac{64}{n} + \frac{n - 64}{2n} + \frac{m}{n}.$$

Somit liegt in $(P_n(C))_{n \in \mathbb{N}}$ jedes Folgeglied zwischen zwei Folgen, die beide gegen $1/2$ konvergieren. Damit konvergiert auch $(P_n(C))_{n \in \mathbb{N}}$ gegen $1/2$, woraus $d(C) = 1/2$ und $C \in \mathcal{D}$ folgt.

Damit ist der aufwendigste Teil getan. Um das Argument abzuschließen, benutzen wir nun bereits, dass $d(\mathcal{K}_2) = 1/2$ gilt, was wir in (c) beweisen werden, ohne auf Resultate aus (b) zurückzugreifen. Damit liegen $\mathcal{K}_2$ und C in $\mathcal{D}$. Wir erkennen, dass andererseits $\mathcal{K}_2 \cap C = A$ gilt, und der Schnitt jener beiden Mengen also nicht in $\mathcal{D}$ liegt. Wie in (a) gezeigt, ist $\mathcal{D}$ abgeschlossen unter Komplementbildung. Daher gilt $\mathcal{K}_2^c, C^c \in \mathcal{D}$, aber $\mathcal{K}_2^c \cup C^c = (\mathcal{K}_2 \cap C)^c \notin \mathcal{D}$. Folglich ist $\mathcal{D}$ nicht abgeschlossen bezüglich der Vereinigung endlich vieler nichtdisjunkter Mengen.

(c) Elementar ist die Rechnung

$$P_n(\mathcal{K}_a) = \frac{1}{n} \# \{ka : k \in \mathbb{N} \text{ und } ka \leq n\}$$
$$= \frac{1}{n} \# \{ka : k \in \{1, \ldots, \lfloor n/a \rfloor\}\} = \frac{1}{n} \lfloor n/a \rfloor.$$

Also gilt $P_n(\mathcal{K}_a) \in \left[\frac{n-a}{na}, \frac{n}{na}\right]$ für jedes $n \in \mathbb{N}$, woraus die Konvergenz der Folge $(P_n(\mathcal{K}_a))_{n \in \mathbb{N}}$ gegen $1/a$ resultiert, und das ist die Dichte von $\mathcal{K}_a$.

Weitere Informationen zur probabilistischen Arithmetik finden sich in Billingsley (1995).

2.26 Die Antwort liegt nicht im Bereich des zunächst Erwarteten. Bleibt der Kandidat bei seiner Wahl, so gewinnt er nur mit Wahrscheinlichkeit $\frac{1}{3}$ den Hauptgewinn;

wechselt er zu Tür 2, so steigt seine Siegchance auf $\frac{2}{3}$. Die einfachste Möglichkeit, das einzusehen, ist diese. Bleibt der Kandidat bei seiner Wahl, so gewinnt er genau dann den Hauptgewinn, wenn sich dieser hinter Tür 1 befindet (was mit Wahrscheinlichkeit $\frac{1}{3}$ der Fall ist). Jemand, der von seiner urspünglich gewählten Tür zur anderen Tür wechselt, gewinnt genau dann den Hauptgewinn, wenn es sich bei der zuerst gewählten Tür um eine der beiden Ziegen-Türen handelt (und dies ist mit Wahrscheinlichkeit $\frac{2}{3}$ der Fall). Nach dem Öffnen der anderen Ziegen-Tür durch den Moderator führt der Wechsel zwingend zur Wahl der Tür mit dem Hauptgewinn.

2.27 Gegeben sind $P(X° = 70°) =: p_C$, $P(Y° = 70°) =: p_D$ und $P(\max(X°, Y°) = 70°) =: p_{max}$. Vorbereitend rechnen wir

$$P(\min(X°, Y°) = 70°) + p_{max}$$
$$= P(X° = 70° \cap Y° < 70°) + P(X° < 70° \cap Y° = 70°) + P(X° = 70° \cap Y° = 70°)$$
$$+ P(X° = 70° \cap Y° > 70°) + P(X° > 70° \cap Y° = 70°) + P(X° = 70° \cap Y° = 70°)$$
$$= \Big[P(X° = 70° \cap Y° < 70°) + P(X° = 70° \cap Y° > 70°) + P(X° = 70° \cap Y° = 70°) \Big]$$
$$+ \Big[P(X° < 70° \cap Y° = 70°) + P(X° > 70° \cap Y° = 70°) + P(X° = 70° \cap Y° = 70°) \Big]$$
$$= P(X° = 70°) + P(Y° = 70°)$$
$$= p_C + p_D.$$

Die Rechnung gibt Auskunft, dass $P(\min(X°, Y°) = 70°) = p_C + p_D - p_{max}$.

2.28 Wir nummerieren die Würfel von 1 bis 3, und die Augenzahl des i. Würfels sei z_i. Wir untersuchen, für welches $m \in \{3, 4, \ldots, 18\}$ die Gleichung

$$z_1 + z_2 + z_3 = m \qquad (2.22)$$

die größte Anzahl von Lösungen mit $z_i \in \{1, \ldots, 6\}$ hat. Dazu führen wir hilfsweise das folgende Schema ein:

Würfel 1	Würfel 2	Würfel 3
x	x	x
x^2	x^2	x^2
$\vdots$	$\vdots$	$\vdots$
x^{k_1}	x^{k_2}	x^{k_3}
$\vdots$	$\vdots$	$\vdots$
x^6	x^6	x^6

Jeder Ausgang mit der Augenzahl k_i auf Würfel i für $i = 1, 2, 3$ kann mit dem Produkt $x^{k_1} x^{k_2} x^{k_3}$ identifiziert werden. Da wir $\sum_{i=1}^{3} k_i = m$ haben, sind alle diese Produkte gleich x^m. Wir interpretieren nun die Spalten in obigem Schema als Darstellung der Funktion

$$g(x) = x + x^2 + \cdots + x^6 = \frac{x - x^7}{1 - x}.$$

Bezeichnet a_m die Anzahl der Lösungen von (2.22), so entnehmen wir der bisherigen Argumentation, dass

$$\sum_{i=1}^{\infty} a_i x^i = [g(x)]^3 = (x - x^7)^3 \cdot (1 - x)^{-3}$$
$$= (x^3 - 3x^9 + 3x^{15} - x^{21}) \cdot \sum_{i=0}^{\infty} \binom{-3}{i} x^i (-1)^i, \qquad (2.23)$$

wobei der binomische Lehrsatz verwendet wurde. Dabei wissen wir bereits, dass $0 = a_1 = a_2 = a_{19} = a_{20} = \cdots$. Die übrigen a_i bekommen wir mit Koeffizientenvergleich: Zur Bestimmung von a_3, z.B., muss man nur bedenken, dass ein Term mit x^3 auf der rechten Seite von (2.23) allein durch Multiplikation von x^3 mit $\binom{-3}{0} x^0 (-1)^0$ entsteht, etc. Also:

$$a_3 = \binom{-3}{0}(-1)^0 = 1, \qquad a_4 = \binom{-3}{1}(-1)^1 = 3$$

$$a_5 = \binom{-3}{2}(-1)^2 = 6, \qquad a_6 = \binom{-3}{3}(-1)^3 = 10$$

$$a_7 = \binom{-3}{4}(-1)^4 = 15, \qquad a_8 = \binom{-3}{5}(-1)^5 = 21$$

$$a_9 = \binom{-3}{6}(-1)^6 + (-3) \cdot \binom{-3}{0}(-1)^0 = 25$$
$$a_{10} = \binom{-3}{7}(-1)^7 + (-3) \cdot \binom{-3}{1}(-1)^1 = 27$$
$$a_{11} = \binom{-3}{8}(-1)^8 + (-3) \cdot \binom{-3}{2}(-1)^2 = 27$$
$$a_{12} = \binom{-3}{9}(-1)^9 + (-3) \cdot \binom{-3}{3}(-1)^3 = 25$$
$$a_{13} = \binom{-3}{10}(-1)^{10} + (-3) \cdot \binom{-3}{4}(-1)^4 = 21$$
$$a_{14} = \binom{-3}{11}(-1)^{11} + (-3) \cdot \binom{-3}{5}(-1)^5 = 15$$

$$a_{15} = \binom{-3}{12}(-1)^{12} + (-3)\cdot\binom{-3}{6}(-1)^6 + 3\cdot\binom{-3}{0}(-1)^0 = 10$$

$$a_{16} = \binom{-3}{13}(-1)^{13} + (-3)\cdot\binom{-3}{7}(-1)^7 + 3\cdot\binom{-3}{1}(-1)^1 = 6$$

$$a_{17} = \binom{-3}{14}(-1)^{14} + (-3)\cdot\binom{-3}{8}(-1)^8 + 3\cdot\binom{-3}{2}(-1)^2 = 3$$

$$a_{18} = \binom{-3}{15}(-1)^{15} + (-3)\cdot\binom{-3}{9}(-1)^9 + 3\cdot\binom{-3}{3}(-1)^3 = 1.$$

Man sollte die Augensumme 10 oder 11 prognostizieren, um möglichst oft Erfolg zu haben.

2.29 Die Heilungsquote ist der Quotient aus der Anzahl der Personen, die nach Einnahme eines Medikamentes gesund werden und der Anzahl der Personen, die das Medikament eingenommen haben.

Die Heilungsquote von M_2 in A ist $\frac{11}{40}$. Die Heilungsquote von M_1 in A ist lediglich $\frac{4}{16} = \frac{1}{4} < \frac{11}{40}$. Die Heilungsquote von M_2 in B ist $\frac{12}{16} = \frac{3}{4}$. Die Heilungsquote von M_1 in B ist lediglich $\frac{29}{40} < \frac{3}{4}$.

Demzufolge ist in beiden Städten die Heilungsquote von M_2 größer als die von M_1. Bei Zusammenfassung der Daten aus beiden Städten ergibt sich folgendes Bild. Es werden $4+29 = 33$ von insgesamt 56 Personen nach Einnahme von M_1 gesund. Dies entspricht einer Heilungsquote von $\frac{33}{56} > \frac{1}{2}$. Es werden $11 + 12 = 23$ von insgesamt ebenfalls 56 Personen nach Einnahme von M_2 gesund. Dies entspricht einer Heilungsquote von $\frac{23}{56} < \frac{1}{2}$. Die zusammengefassten Daten weisen eine größere Heilungsquote für M_1 aus.

2.31 Man prüft leicht, dass $E(Y^{4/3})$ existiert, nicht aber $E(Y^{5/3})$, und es ist

$$E(Y^{4/3}) = \frac{5}{3}\int_1^\infty y^{-4/3} dy = 5.$$

Aufgrund der bekannten Gleichung

$$\int_0^\infty x^n e^{-x} dx = \Gamma(n+1)$$

sind alle Momente von X endlich. Eine Anwendung der Hölder'schen Ungleichung mit $p = 4$ und $q = \frac{4}{3}$ liefert die Abschätzung

$$E(XY) \leq [E(X^4)]^{1/4}[E(Y^{4/3})]^{3/4} = 24^{\frac{1}{4}} \cdot 5^{\frac{3}{4}} \doteq 7.4.$$

2.32 Wir schreiben $A_n = \bigcup_{j=0}^{2^{n-1}-1} \left[\frac{2j}{2^n}, \frac{2j+1}{2^n}\right)$. Seien $n, m \in \mathbb{N}$ mit $n > m$. Unsere Gedankenführung richtet sich aus an der Darstellung

$$A_m = \bigcup_{j=0}^{2^{m-1}-1} \left[\frac{2j \cdot 2^{n-m}}{2^n}, \frac{(2j+1)2^{n-m}}{2^n}\right)$$

$$= \bigcup_{j=0}^{2^{m-1}-1} \bigcup_{l=0}^{2^{n-m-1}-1} \left[\frac{2j \cdot 2^{n-m} + 2l}{2^n}, \frac{2j \cdot 2^{n-m} + 2l + 1}{2^n}\right)$$

$$\cup \left[\frac{2j \cdot 2^{n-m} + 2l + 1}{2^n}, \frac{2j \cdot 2^{n-m} + 2l + 2}{2^n}\right).$$

In dieser Schreibweise erkennt man, dass

$$A_n \cap A_m = \bigcup_{j=0}^{2^{m-1}-1} \bigcup_{l=0}^{2^{n-m-1}-1} \left[\frac{2j \cdot 2^{n-m} + 2l}{2^n}, \frac{2j \cdot 2^{n-m} + 2l + 1}{2^n}\right).$$

Die dabei auftretenden Intervalle sind paarweise disjunkt, und das Lebesgue-Maß dieser Menge ist demnach

$$\lambda(A_n \cap A_m)$$
$$= \sum_{j=0}^{2^{m-1}-1} \sum_{l=0}^{2^{n-m-1}-1} \lambda\left(\left[\frac{2j \cdot 2^{n-m} + 2l}{2^n}, \frac{2j \cdot 2^{n-m} + 2l + 1}{2^n}\right)\right)$$
$$= \sum_{j=0}^{2^{m-1}-1} \sum_{l=0}^{2^{n-m-1}-1} \frac{1}{2^n} = \frac{1}{2^n} \sum_{j=0}^{2^{m-1}-1} 2^{n-m-1} = \frac{2^{m-1} \cdot 2^{n-m-1}}{2^n} = \frac{1}{4}.$$

Für das Lebesgue-Maß von A_n gilt dagegen

$$\lambda(A_n) = \sum_{j=0}^{2^{n-1}-1} \lambda\left(\left[\frac{2j}{2^n}, \frac{2j+1}{2^n}\right)\right) = \sum_{j=0}^{2^{n-1}-1} \frac{1}{2^n} = \frac{2^{n-1}}{2^n} = \frac{1}{2}.$$

Damit ist die Gleichung

$$\lambda(A_n \cap A_m) = \frac{1}{4} = \frac{1}{2} \cdot \frac{1}{2} = \lambda(A_n) \cdot \lambda(A_m)$$

und somit die Unabhängigkeit der A_n verifiziert. Ergo sind auch die Indikatorfunktionen der A_n unabhängig.

2.33 (a) Wir schreiben kurz
$$q := P(\mathcal{F}(p) = \emptyset) \quad \text{und} \quad q_n := P(I_n = \emptyset).$$

Die Inklusionen $I_0 \supseteq I_1 \supseteq I_2 \supseteq \ldots$ bewirken den Zusammenhang
$$q = \lim_{n \to \infty} q_n.$$

Ferner sei N die zufällige Anzahl der Teilintervalle von I_0, die I_1 bilden. Offenbar ist $P(N = j)$ das Produkt aus $p^j(1-p)^{3-j}$ und der Anzahl verschiedener Möglichkeiten, j Teilintervalle aus 3 Teilintervallen auszuwählen, also
$$P(N = j) = \binom{3}{j} p^j (1-p)^{3-j}.$$

Zur bündigen Darstellung der weiteren Überlegungen definieren wir noch
$$K(t) := \sum_{j=0}^{3} P(N = j) t^j = \sum_{j=0}^{3} \binom{3}{j} p^j (1-p)^{3-j} t^j = (pt + 1 - p)^3.$$

Aufgrund der Selbstähnlichkeit haben wir
$$q_n = \sum_{j=0}^{3} P(N = j) \cdot [P(I_{n-1} = \emptyset)]^j = K(q_{n-1})$$

und
$$q = K(q). \tag{2.24}$$

Also ist q Lösung der Gleichung $s = K(s)$. Wegen $1 = K(1)$ ist 1 stets eine Lösung dieser Gleichung. Wir zeigen, dass q die kleinste nichtnegative Lösung $s_0 \in [0, 1]$ dieser Gleichung ist. Zunächst gilt
$$q_1 = P(N = 0) = K(0) \le K(s_0) = s_0,$$

da K monoton wachsend ist. Ebenso ist infolge des Verlaufs von $K(t)$
$$q_2 = K(q_1) \le K(s_0) = s_0$$

und per Iteration sogar $q_n \le s_0$ für alle $n \in \mathbb{N}$. Das bedeutet
$$q = \lim_{n \to \infty} q_n \le s_0$$

und deshalb $q = s_0$.

Wir wollen nun q für $p \in [0, \frac{1}{3}]$ explizit ermitteln. Offensichtlich ist $P(\mathcal{F}(p) = \emptyset)$ monoton fallend in p. Wir ziehen uns deshalb auf $p = \frac{1}{3}$ zurück und zeigen, dass
$$P\left(\mathcal{F}\left(\frac{1}{3}\right) = \emptyset\right) = 1.$$

Das ist erreicht, wenn die Gleichung (2.24) im Fall $p = \frac{1}{3}$ nachweislich nur die triviale Lösung 1 besitzt. Für den Augenblick nehmen wir die Existenz einer weiteren Lösung an. Sei $\alpha = K(\alpha)$ für ein $\alpha \in [0,1)$. Nach dem Mittelwertsatz müsste dann $K'(x) = 1$ sein für ein $x \in (\alpha, 1)$. Doch dies trifft nicht zu, denn für alle $t \in (0,1)$ ist

$$K'(t) = \sum_{j=1}^{3} jP(N=j)t^{j-1} < \sum_{j=1}^{3} jP(N=j) = 1.$$

Damit haben wir gezeigt, dass $P(\mathcal{F}(p) = \emptyset) = 1$ für alle $p \in [0, \frac{1}{3}]$.

Wir betrachten nun den Spezialfall $p = \frac{1}{2}$. Die Wahrscheinlichkeit $P(\mathcal{F}(\frac{1}{2}) = \emptyset)$ tritt auf als kleinste nichtnegative Lösung von

$$s = \left(\frac{1}{2}s + \frac{1}{2}\right)^3,$$

d.h. als kleinste Nullstelle des Polynoms $s^3 + 3s^2 - 5s + 1$ in $[0,1]$. Die Nullstelle $s = 1$ kennen wir bereits. Die Division des Polynoms durch den Linearfaktor $s - 1$ führt auf das quadratische Polynom $s^2 + 4s - 1$, dessen Nullstellen leicht als $\pm\sqrt{5} - 2$ erkannt werden. Die gesuchte Nullstelle ist also $\sqrt{5} - 2$, und es gilt $P(\mathcal{F}(\frac{1}{2}) = \emptyset) = \sqrt{5} - 2 \doteq 0.24$.

(b) Sei M die zufällige Anzahl der Teilintervalle von J_0, die J_1 bilden. Analog zu (a) zeigt man, dass $P(G(p) = \emptyset)$ die kleinste nichtnegative Lösung von

$$s = \sum_{j=0}^{9} P(M=j) s^j$$

in $[0,1]$ ist. Die Wahrscheinlichkeit $P(M = j)$ ist das Produkt aus $p^j(1-p)^{9-j}$ und der Anzahl verschiedener Möglichkeiten, j Teilintervalle aus 9 Teilintervallen auszuwählen. Das bedeutet $P(M = j) = \binom{9}{j} p^j (1-p)^{9-j}$ und infolgedessen

$$\sum_{j=0}^{9} P(M=j) s^j = \sum_{j=0}^{9} \binom{9}{j} p^j (1-p)^{9-j} s^j = (1 - p + ps)^9.$$

2.34 Die Aufgabe berührt die Voraussetzungen der Möglichkeit, durch Stratifikation zu besseren Schätzern zu gelangen.

(a) Sei A_j bzw. A_{ij} das Ereignis, dass die j. Person der Zufallsstichprobe bzw. der Stichprobe aus dem i. Stratum das Merkmal $\mathcal{M}$ trägt. Dann ist

$$X = \sum_{j=1}^{n} 1_{A_j} \quad \text{bzw.} \quad X_i = \sum_{j=1}^{n_i} 1_{A_{ij}},$$

und für die Erwartungswerte von $\hat{p}$ und $\tilde{p}$ erhalten wir sofort

$$E\hat{p} = E\frac{X}{n} = \frac{1}{n} \cdot EX = \frac{1}{n} \cdot nE 1_{A_j} = p,$$

2.2 Lösungen

$$E\tilde{p} = \sum_{i=1}^{s} a_i \cdot E\hat{p}_i = \sum_{i=1}^{s} \frac{a_i}{n_i} \cdot EX_i = \sum_{i=1}^{s} \frac{N_i}{N} E1_{A_{ij}} = \frac{1}{N} \sum_{i=1}^{s} m_i = \frac{m}{N} = p.$$

(b) Es ist

$$var(\hat{p}) = \frac{1}{n^2} \cdot var(X) = \frac{1}{n^2} \cdot var\left(\sum_{j=1}^{n} 1_{A_j}\right)$$

$$= \frac{1}{n} \cdot [P(A_j) - P(A_j)^2] = \frac{p(1-p)}{n}.$$

Schreiben wir kurz $p_i := m_i/N_i$. Die Varianz von $\tilde{p}$ ist damit

$$var(\tilde{p}) = var\left(\sum_{i=1}^{s} a_i \hat{p}_i\right) = \sum_{i=1}^{s} a_i^2 \, var(\hat{p}_i) = \sum_{i=1}^{s} a_i^2 \cdot \frac{1}{n_i^2} var(X_i)$$

$$= \sum_{i=1}^{s} \frac{a_i^2}{n_i} p_i(1 - p_i) = \sum_{i=1}^{s} \frac{N_i^2}{N^2} \cdot \frac{1}{n_i} p_i(1 - p_i).$$

(c) Die Stichprobenumfänge sind $n_i = a_i n = \frac{N_i}{N} \cdot n$. Aufgrund des Ergebnisses von (b) ist

$$var(\tilde{p}) = \sum_{i=1}^{s} \frac{N_i^2 N}{N^2 N_i n} p_i(1-p_i) = \sum_{i=1}^{s} \frac{p_i(1-p_i)}{n} \cdot \frac{N_i}{N} = E\left[\frac{p_J(1-p_J)}{n}\right],$$

wenn J als eine Zufallsgröße mit der Verteilung $P(J = i) = N_i/N$ für $i = 1, \ldots, s$ definiert wird. Man beachte, dass

$$E(p_J) = \sum_{i=1}^{s} \frac{m_i N_i}{N_i N} = p.$$

Das rechtfertigt die Schreibweise $var(\tilde{p}) = \frac{p}{n} - \frac{1}{n} E(p_J^2)$ und weiter

$$var(\hat{p}) - var(\tilde{p}) = \frac{1}{n} E(p_J^2) - \frac{1}{n} p^2 = \frac{var(p_J)}{n} \geq 0.$$

Diese Ungleichung kann man so lesen: Der Informationsgehalt von $\tilde{p}$ ist in keinem Fall geringer als der von $\hat{p}$. Der Informationsgehalt von $\tilde{p}$ ist größer, wenn $var(p_J) > 0$ ist. Dieser Fall tritt genau dann ein, wenn nicht alle Anteile $p_i = m_i/N_i$ der Merkmalsträger in den einzelnen Strata dem Gesamtanteil $p = m/N$ entsprechen.

2.35 (a) Sei S_k das Ereignis, dass die k. Ecke eines rein zufällig einbeschriebenen Würfels schwarz ist und W_k das Ereignis, dass seine k. Ecke weiß ist. Wir haben $P(S_k) = \frac{12}{100}, \forall k = 1, \ldots, 8$. Daran anknüpfend ist

$$P\left(\bigcap_{k=1}^{8} W_k\right) = 1 - P\left(\bigcup_{k=1}^{8} S_k\right) \geq 1 - \sum_{k=1}^{8} P(S_k) = \frac{4}{100} > 0.$$

Also gibt es einen einbeschriebenen Würfel, dessen Ecken allesamt weiß sind.

(b) Sei I rein zufällig aus der Menge aller Permutationen von $\{1, \ldots, n\}$ ausgewählt. Diese Menge besitzt die Mächtigkeit $n!$. Die zu I gehörige Gesamtbearbeitungszeit aller Aufträge beträgt

$$G = \sum_{j=1}^{n} a_{I(j)} \alpha_j,$$

wobei die Permutation I die Zuordnung Auftrag $\to$ Mitarbeiter vornimmt. Den Erwartungswert von G berechnet man durch

$$EG = \sum_{j=1}^{n} \alpha_j E(a_{I(j)}) = \sum_{j=1}^{n} \alpha_j \sum_{k=1}^{n} a_k P(I(j) = k)$$
$$= \sum_{j=1}^{n} \alpha_j \sum_{k=1}^{n} a_k \frac{(n-1)!}{n!} = \frac{1}{n} \sum_{j=1}^{n} \alpha_j \sum_{k=1}^{n} a_k = n \bar{a} \bar{\alpha}. \qquad (2.25)$$

Nehmen wir nun an, das Ereignis $\{G \leq n\bar{a}\bar{\alpha}\}$ trete mit Wahrscheinlichkeit 0 ein. Dann tritt das Ereignis $\{G > n\bar{a}\bar{\alpha}\}$ fast sicher ein, was einen Widerspruch hervorruft, denn daraus folgt $EG > n\bar{a}\bar{\alpha}$, was wegen (2.25) falsch ist. Also ist gezeigt, dass $P(G \leq n\bar{a}\bar{\alpha}) > 0$ gilt. Damit ist die Existenz einer Permutation π gesichert, für die

$$\sum_{j=1}^{n} a_{\pi(j)} \alpha_j \leq n \bar{a} \bar{\alpha}.$$

2.36 (a) Computer R überträgt die binären Darstellungen von p und $F_p(r)$ an Computer S. Wegen
$$F_p(r) < p \leq n^2$$
ist die Anzahl der zu übertragenden Bits höchstens

$$2 \cdot \lceil \log_2 n^2 \rceil.$$

Bei $n = 10^{20}$ sind dies nur höchstens 266 Bits. Es handelt sich also um eine kurze Nachricht.

(b) Im Fall $r \neq s$ wird ein Fehler genau dann begangen, wenn R eine Primzahl p gewählt hat, für die

$$F_p(r) = F_p(s) =: t$$

gilt. Dies tritt ein, wenn für gewisse natürliche Zahlen r', s' die Beziehungen

$$r = r' \cdot p + t$$
$$s = s' \cdot p + t$$

bestehen, d.h. wenn

$$r - s = (r' - s') \cdot p,$$

also wenn $d := |r-s|$ von p geteilt wird. Wieviele Primzahl-Teiler unter den ersten $\pi(n^2)$ Primzahlen kann d höchstens besitzen? Um diese Frage zu beantworten, schätzen wir in einem ersten Schritt d wie folgt ab:

$$d = \left| \sum_{i=1}^{n} (r_i - s_i) 2^{i-1} \right| \leq \sum_{i=1}^{n} 2^{i-1} < 2^n. \tag{2.26}$$

Sei nun

$$d = p_1^{m_1} p_2^{m_2} \ldots p_k^{m_k}$$

die eindeutige Primzahlfaktorisierung von d mit geordneten Primzahlen $p_1 < p_2 < \ldots < p_k$ und natürlichen Zahlen $m_1, m_2, \ldots, m_k$. Wir überlegen, dass d höchstens $n-1$ verschiedene Primfaktoren besitzen kann, dass also $k \leq n-1$ ist. Dazu nehmen wir für den Moment $k \geq n$ an. Unter dieser Annahme steht aber

$$d = p_1^{m_1} p_2^{m_2} \ldots p_k^{m_k} > p_1 p_2 \ldots p_n > 1 \cdot 2 \cdot 3 \cdot \ldots \cdot n = n! > 2^n, \quad \forall n \geq 4,$$

im Widerspruch zur Abschätzung (2.26). Da p rein zufällig unter $\pi(n^2)$ möglichen Primzahlen gewählt wird, ist die Wahrscheinlichkeit, ein p zu wählen, das d teilt, also höchstens $(n-1)/\pi(n^2)$. Nun gilt für $n^2 \geq 67$, d.h. für $n \geq 9$, die Abschätzung

$$\frac{n^2}{\pi(n^2)} < \ln n^2 - \frac{1}{2} \qquad \text{bzw.} \qquad \pi(n^2) > \frac{n^2}{2 \ln n - \frac{1}{2}}.$$

Für $n \geq 9$ ist die gesuchte Fehlerwahrscheinlichkeit also höchstens

$$\frac{n-1}{\pi(n^2)} < \frac{(n-1)(2\ln n - \frac{1}{2})}{n^2} < \frac{2 \ln n}{n}.$$

Für $n = 10^{20}$ z.B. ist die Fehlerwahrscheinlichkeit kleiner als $\frac{2 \ln n}{n} = 9.21 \cdot 10^{-19}$.

2.37 Wir richten unser Augenmerk auf die Gewinnchance von B für die im Hinweis angegebene Strategie. Angenommen, W ist größer als beide von A notierten Zahlen. Die beschriebene Strategie führt dazu, dass B die in Augenschein genommene Zahl für die kleinere hält und entsprechend rät. Mit Wahrscheinlichkeit $\frac{1}{2}$ hat er damit Recht. Wenn W kleiner als beide Zahlen ist, dann rät B unweigerlich, dass es sich bei der aufgedeckten Zahl um die größere der beiden handelt und hat entsprechend Recht mit Wahrscheinlichkeit $\frac{1}{2}$. Mit positiver Wahrscheinlichkeit liegt W zwischen den von A aufgeschriebenen Zahlen. Und in diesem Fall rät B immer richtig, ganz gleich welchen Zettel er wählt. Dieser Fall macht seine gesamte Siegchance größer als $\frac{1}{2}$.

2.38 Die Argumentation ist geprägt vom schrittweisen Sammeln von Eigenschaften der Funktion H aus den Axiomen. Nach Axiom 4 ist

$$H(p^2) = 2H(p)$$

sowie

$$H(p^3) = H(p \cdot p^2) = H(p) + H(p^2) = H(p) + 2H(p) = 3H(p),$$

so dass man induktiv fortschreitend

$$H(p^k) = kH(p), \qquad \forall p \in (0,1], \forall k \in \mathbb{N},$$

erhält. Ersetzt man darin p durch $p^{\frac{1}{k}}$, so folgt noch

$$H(p^{\frac{1}{k}}) = \frac{1}{k} H(p), \qquad \forall p \in (0,1], \forall k \in \mathbb{N}.$$

Um abermals zu verallgemeinern, sei nun r eine positive rationale Zahl, also $r = \frac{k}{l}$ für geeignete $k, l \in \mathbb{N}$. Mit dem bisher Erreichten errechnet man

$$H(p^r) = H(p^{k/l}) = H((p^{\frac{1}{l}})^k) = kH(p^{\frac{1}{l}}) = \frac{k}{l} H(p) = rH(p).$$

Insbesondere ist $H(1) = rH(1)$ für alle rationalen r, also gilt $H(1) = 0$. Bringt man Axiom 2 ins Spiel, so kann man $H(p) > 0, \forall p \in (0,1)$, garantieren. Sei nun $p < q$ für $p, q \in (0,1)$. Dann existieren für alle $n \in \mathbb{N}$ jeweils $m = m(n)$ mit

$$q^{m+1} \leq p^n < q^m. \tag{2.27}$$

Dies ist gleichbedeutend mit

$$(m+1)\log_2 q \leq n \log_2 p < m \log_2 q$$

bzw. mit

$$\frac{m}{n} < \frac{\log_2 p}{\log_2 q} \leq \frac{m+1}{n}. \tag{2.28}$$

Wegen der Monotonie von H folgt aus (2.27)

$$H(q^m) < H(p^n) \leq H(q^{m+1}),$$

$$mH(q) < nH(p) \leq (m+1)H(q)$$

und somit

$$\frac{m}{n} < \frac{H(p)}{H(q)} \leq \frac{m+1}{n}. \tag{2.29}$$

Aus (2.28) und (2.29) zusammengenommen kann man die Ungleichung

$$\left| \frac{H(p)}{H(q)} - \frac{\log_2 p}{\log_2 q} \right| \leq \frac{1}{n}$$

ableiten, und durch Bildung des Grenzüberganges $n \to \infty$ gewinnt man daraus

$$\frac{H(p)}{\log_2 p} = \frac{H(q)}{\log_2 q} \neq 0$$

für alle $p, q \in (0,1)$. Doch dies kann nur so sein, wenn eine Konstante c existiert mit

$$H(p) = c \log_2 p.$$

Wegen Axiom 5 muss $c = -1$ sein. Damit haben wir bewiesen, dass

$$H(p) = -\log_2 p, \quad \forall p \in (0,1]. \tag{2.30}$$

Lässt man die Gedankenführung Revue passieren, so wird deutlich: Axiom 1 kann aus Axiom 4 erschlossen werden, und das Stetigkeitsaxiom 3 ist zur Herleitung von (2.30) ebenfalls überflüssig.

2.39 (a) Wir beginnen mit zwei nützlichen Tatsachen: Die Funktion $w(x) := x \log_2 x = \frac{1}{\ln 2} \cdot x \ln x$ ist streng konvex auf $\mathbb{R}_+$, und es gilt

$$w(x) \geq \frac{1}{\ln 2}(x - 1), \quad \forall x > 0, \tag{2.31}$$

mit Gleichheit allein für $x = 1$. Ihre Konvexität ergibt sich aus dem Vorzeichen der 2. Ableitung:

$$w'(x) = \frac{1}{\ln 2}(1 + \ln x), \quad w''(x) = \frac{1}{x \ln 2} > 0, \quad \forall x > 0.$$

Die Ungleichung (2.31) erhält man so: Aus $\ln x \leq x - 1$ folgt $\ln(1/x) \geq 1 - x$ bzw. $\ln x \geq 1 - 1/x$ und somit $w(x) \geq (x-1)/\ln 2$.

Wir sind nun in der Lage, die Gibbs'sche Ungleichung zu beweisen. Angenommen, es ist $H(\tilde\mu|\mu) < \infty$. Dann gilt wegen (2.31)

$$H(\tilde\mu|\mu) = \int_\Omega f w\!\left(\frac{\tilde f}{f}\right) d\nu \geq \frac{1}{\ln 2} \int_\Omega f \left(\frac{\tilde f}{f} - 1\right) d\nu = 0.$$

Ist $\mu = \tilde\mu$, dann $f = \tilde f$ ν-fast sicher, und wir haben $H(\tilde\mu|\mu) = 0$.

Ist umgekehrt $H(\tilde\mu|\mu) = 0$, dann ergibt sich mit der Jensen'schen Ungleichung:

$$0 = H(\tilde\mu|\mu) = E_\mu\!\left[w\!\left(\frac{\tilde f}{f}\right)\right] \geq w\!\left(E_\mu\!\left[\frac{\tilde f}{f}\right]\right) = w(1) = 0.$$

Dem entnimmt man $E_\mu[w(\frac{\tilde{f}}{f})] = w(E_\mu[\frac{\tilde{f}}{f}])$. Folglich muss $\tilde{f}/f = 1$ sein, ν-fast sicher, also $f = \tilde{f}$ und $\mu = \tilde{\mu}$. Andernfalls wäre wegen (2.31) und der Tatsache, dass dort Gleichheit nur für $x = 1$ besteht, $E_\mu[w(\frac{\tilde{f}}{f})] > w(E_\mu[\frac{\tilde{f}}{f}])$, denn

$$E_\mu\left[w\left(\frac{\tilde{f}}{f}\right)\right] > E_\mu\left[\frac{1}{\ln 2}\left(\frac{\tilde{f}}{f} - 1\right)\right] = \frac{1}{\ln 2}\left\{\left[E_\mu\left(\frac{\tilde{f}}{f}\right)\right] - 1\right\}$$
$$= w\left(E_\mu\left[\frac{\tilde{f}}{f}\right]\right).$$

Damit ist alles bewiesen.

(b) Sei $\mu = f\nu$ das zu der Verteilung gehörende W-Maß, für die wir maximale Entropie zeigen wollen, und sei $\tilde{\mu} = \tilde{f}\nu$ ein beliebiges anderes W-Maß. Wir argumentieren mit der noch nachzuweisenden Gleichung

$$H(\tilde{\mu}|\mu) = H(\mu) - H(\tilde{\mu}). \tag{2.32}$$

Wegen $H(\tilde{\mu}|\mu) > 0$ folgt dann aus (2.32) wie gewünscht

$$H(\mu) > H(\tilde{\mu}).$$

Damit (2.32) gilt, muss wegen

$$H(\tilde{\mu}|\mu) = -H(\tilde{\mu}) - \int_\Omega \tilde{f} \log_2 f d\nu$$

also

$$H(\mu) = -\int_\Omega \tilde{f} \log_2 f d\nu \tag{2.33}$$

sein. Im Falle der Gleichverteilung auf Ω ist $f \equiv \frac{1}{\#\Omega}$ also $H(\mu) = \log_2(\#\Omega)$ und (2.33) ist offensichtlich erfüllt.

(c) Wir knüpfen an die Argumentation in (b) an und zeigen (2.33) für

$$f(x) = \frac{1}{\lambda} e^{-x/\lambda} \cdot 1_{\mathbb{R}_+^0}(x).$$

Das geht schnell, denn wegen $\log_2(f(x)) = \frac{1}{\ln 2} \cdot \ln(f(x)) = -\frac{1}{\ln 2}(\ln \lambda + \frac{x}{\lambda})$ ist (2.33) erfüllt, da wir uns auf Maße mit Erwartungswert $\lambda = \int_\mathbb{R} x d\tilde{\mu}(x) > 0$ einschränken.

(d) Abermals zeigen wir (2.33), nunmehr für

$$f(x) = \frac{1}{\sqrt{2\pi\sigma^2}} e^{-\frac{(x-\lambda)^2}{2\sigma^2}}.$$

Es ist $\log_2(f(x)) = a + b(x-\lambda)^2$, wobei a und b reelle Zahlen sind, die nur von λ und σ^2 abhängen. Da wir uns auf Maße mit Erwartungswert $\lambda = \int_\mathbb{R} x d\tilde{\mu}(x)$ und Varianz $\sigma^2 = \int_\mathbb{R}(x-\lambda)^2 d\tilde{\mu}(x)$ einschränken, ist (2.33) auch hier erfüllt.

2.40 Die Entropie wurde in Aufgabe 2.39 als $H = -\sum_{k=1}^{m} p_k \log_2 p_k$ eingeführt.

(a) Aufgrund der Additivität des Erwartungswertes erhalten wir

$$E\hat{H} = -\sum_{k=1}^{m} E(\hat{p}_k \log_2 \hat{p}_k) = -\sum_{k=1}^{m} E(\varphi(\hat{p}_k)),$$

wobei $\varphi(x) = x \cdot \log_2(x)$ gesetzt wurde. Diese Funktion ist für $x > 0$ konvex, da $\varphi''(x) = \frac{1}{x \cdot \ln 2} > 0$. Da auch $\hat{p}_k$ nichtnegativ ist, kann die Jensen'sche Ungleichung angewendet werden, und wir erhalten mit ihr

$$E\hat{H} \leq -\sum_{k=1}^{m} \varphi(E\hat{p}_k).$$

Wegen $E\hat{p}_k = \frac{1}{n}\sum_{i=1}^{n} E1_{\{X_i=k\}} = p_k$ folgt schließlich wie behauptet

$$E\hat{H} \leq -\sum_{k=1}^{m} p_k \log_2 p_k = H.$$

(b) Ist $E\hat{H} = H$, so muss die Jensen'sche Ungleichung mit Gleichheit gelten, und mit (2.28) in AW kommt man bei Berücksichtigung von $E\hat{p}_k = p_k$ zu

$$\varphi(\hat{p}_k) - \varphi(p_k) = \varphi'(p_k) \cdot (\hat{p}_k - p_k) \qquad \text{f.s.} \qquad (2.34)$$

für alle $k \in \{1, \ldots, m\}$. Der Punkt $(\hat{p}_k, \varphi(\hat{p}_k))$ liegt daher fast sicher auf der Geraden $y = \varphi(p_k) + \varphi'(p_k)(x - p_k)$. Da $\varphi''(x)$ sogar strikt positiv und φ somit strikt konvex für $x > 0$ ist, folgt aus Gleichung (2.34), dass $\hat{p}_k = p_k$ fast sicher für alle $k \in \{1, \ldots, m\}$. Diese Überlegung schlägt sich nieder in der Rechnung

$$0 = E(\hat{p}_k - p_k)^2 = var(\hat{p}_k) = \frac{1}{n} p_k (1 - p_k),$$

und folglich ist $p_k \in \{0, 1\}$ für jedes $k \in \{1, \ldots, m\}$. Als Fazit können wir also formulieren: $E\hat{H} = H$ gilt genau dann, wenn die X_n jeweils Dirac-verteilt sind, d.h. wenn ein $k \in \{1, \ldots, m\}$ mit $P(X_n = k) = 1$ existiert.

2.41 Die Beziehung zwischen x und x^* leitet man am einfachsten aus einer Gleichung ab, die sich ergibt, wenn die Formel für y in die von x^* eingesetzt wird:

$$x^* = EX + [Corr(X, Y)]^2 (x - EX).$$

(a) Gilt $x \geq EX$, so folgt $x^* \geq EX$. Gilt umgekehrt $x^* \geq EX$, so folgt

$$(x - EX) \cdot [Corr(X, Y)]^2 = x^* - EX \geq 0.$$

Da nach Voraussetzung $Corr(X,Y) \neq 0$ ist, folgt $x \geq EX$.

(b) Die Rechnung ist kurz und bündig: $|x^* - EX| = [Corr(X,Y)]^2 \cdot |x - EX| < |x - EX|$.

2.42 Wir fügen den Zuständen K_1, K_2, K_3 noch den Zustand K_4 hinzu und sagen, eine Person sei im Zustand K_4, wenn sie an keiner der Krankheiten K_1, K_2, K_3 leidet. Es ist $P(S_1|K_4) = P(S_2|K_4) = 0$, da die Symptome S_1 und S_2 nur im Zusammenhang mit den Krankheiten K_1, K_2, K_3 auftreten.

(a) Die gesuchten Wahrscheinlichkeiten sind

$$P(S_1) = \sum_{i=1}^{4} P(S_1|K_i) \cdot P(K_i) = 0.8 \times 0.02 + 0.3 \times 0.05 + 0.5 \times 0.01 + 0$$
$$= 0.036,$$
$$P(S_2) = \sum_{i=1}^{4} P(S_2|K_i) \cdot P(K_i) = 0.4 \times 0.02 + 0.8 \times 0.05 + 0.7 \times 0.01 + 0$$
$$= 0.055,$$

wobei die $P(K_i)$ die Eintrittswahrscheinlichkeiten der K_i bezeichnen.

(b) Eine Rechnung mit dem Satz von Bayes liefert

$$P(K_1|S_1) = \frac{P(S_1|K_1) \cdot P(K_1)}{P(S_1)} = \frac{0.8 \times 0.02}{0.036} = 0.444.$$

Entsprechend erhält man

$P(K_2|S_1) = 0.417, \quad P(K_3|S_1) = 0.139,$
$P(K_1|S_2) = 0.145, \quad P(K_2|S_2) = 0.727, \quad P(K_3|S_2) = 0.127.$

Wenn ein Patient das Symptom S_1 zeigt, so leidet er am wahrscheinlichsten an Krankheit K_1. Wenn ein Patient das Symptom S_2 zeigt, so ist Krankheit K_2 am wahrscheinlichsten.

(c) Wir ermitteln die bedingten Wahrscheinlichkeiten

$$P(K_1|S_1 \cap S_2^c), \; P(K_2|S_1 \cap S_2^c), \; P(K_3|S_1 \cap S_2^c)$$

aus den Eintrittswahrscheinlichkeiten $P(K_i)$ sowie den bedingten Wahrscheinlichkeiten

$$P(S_1 \cap S_2^c|K_i), \quad \forall i = 1, 2, 3.$$

Wegen

$$P(S_1 \cap S_2^c|K_1) = P(S_1|K_1) - P(S_1 \cap S_2|K_1) = 0.8 - 0.3 = 0.5$$
$$P(S_1 \cap S_2^c|K_2) = P(S_1|K_2) - P(S_1 \cap S_2|K_2) = 0.3 - 0.2 = 0.1$$
$$P(S_1 \cap S_2^c|K_3) = P(S_1|K_3) - P(S_1 \cap S_2|K_3) = 0.5 - 0.4 = 0.1$$

erhalten wir abermals mit dem Satz von Bayes

$$
\begin{aligned}
P(K_1|S_1 \cap S_2^c) &= \frac{P(S_1 \cap S_2^c|K_1) \cdot P(K_1)}{P(S_1 \cap S_2^c)} \\
&= \frac{P(S_1 \cap S_2^c|K_1) \cdot P(K_1)}{\sum_{i=1}^{4} P(S_1 \cap S_2^c|K_i) \cdot P(K_i)} = \frac{0.5 \times 0.02}{0.5 \times 0.02 + 0.1 \times 0.05 + 0.1 \times 0.01} \\
&= \frac{0.01}{0.016} = 0.625.
\end{aligned}
$$

Ebenso,

$$
P(K_2|S_1 \cap S_2^c) = \frac{P(S_1 \cap S_2^c|K_2) \cdot P(K_2)}{\sum_{i=1}^{4} P(S_1 \cap S_2^c|K_i) \cdot P(K_i)} = 0.313,
$$

$$
P(K_3|S_1 \cap S_2^c) = \frac{P(S_1 \cap S_2^c|K_3) \cdot P(K_3)}{\sum_{i=1}^{4} P(S_1 \cap S_2^c|K_i) \cdot P(K_i)} = 0.063.
$$

Wenn ein Patient das Symptom S_1 aufweist, nicht aber S_2, dann ist Krankheit K_1 am wahrscheinlichsten. Vergleicht man $P(K_1|S_1) = 0.444$ mit $P(K_1|S_1 \cap S_2^c) = 0.625$, so bringt die Berücksichtigung der zusätzlichen Information, dass der Patient nicht das Symptom S_2 zeigt, also eine größere Sicherheit in der Diagnose.

2.43 (a) Sei $p_n(\gamma)$ die gesuchte Wahrscheinlichkeit und $s_n(\gamma)$ die Wahrscheinlichkeit, dass beide Spieler genau n Punkte erreichen. Dann ist die Wahrscheinlichkeit, dass der Titelverteidiger mehr als n Punkte erreicht, $\frac{1}{2}[1 - s_n(\gamma)]$. Er verteidigt also seinen Titel mit Wahrscheinlichkeit

$$
p_n(\gamma) = s_n(\gamma) + \frac{1}{2}[1 - s_n(\gamma)] = \frac{1}{2} + \frac{1}{2}s_n(\gamma).
$$

Wir bestimmen die benötigte Funktion $s_n(\gamma)$. Da beide Spieler gleich stark sind, ist die Gewinnwahrscheinlichkeit für einen gegebenen Spieler in einer gegebenen Partie gleich $\frac{1}{2}(1 - \gamma)$. Die Wahrscheinlichkeit für genau k Siege auf Seiten des Titelverteidigers, k Siege für den Herausforderer und $2n-2k$ Remis in $2n$ Partien ist

$$
\gamma^{2n-2k} \left(\frac{1-\gamma}{2}\right)^{2k}
$$

multipliziert mit der Anzahl $A(k)$ verschiedener Möglichkeiten, k Siege und k Niederlagen auf die $2n$ Partien zu verteilen. Es gibt $(2n)!$ Möglichkeiten, $2n$ Partieausgänge anzuordnen. Nur

$$
\frac{(2n)!}{k!(2n-k)!} = \binom{2n}{k}
$$

davon sind hinsichtlich der Anordnung der k Siege verschieden. Entsprechend gibt es für jede Anordnung der Siege $\binom{2n-k}{k}$ verschiedene Möglichkeiten der Anordnung der Niederlagen des Titelverteidigers. Wird dies alles berücksichtigt, ist

$$A(k) = \binom{2n}{k}\binom{2n-k}{k}.$$

Da k von 0 bis n variieren kann, hat man schließlich

$$s_n(\gamma) = \sum_{k=0}^{n} \binom{2n}{k}\binom{2n-k}{k} \gamma^{2n-2k} \left(\frac{1-\gamma}{2}\right)^{2k}.$$

Durch Einsetzen erhalten wir dann $p_n(\gamma)$. Für $n = 12$ zum Beispiel hat $p_n(\gamma)$ folgenden Verlauf:

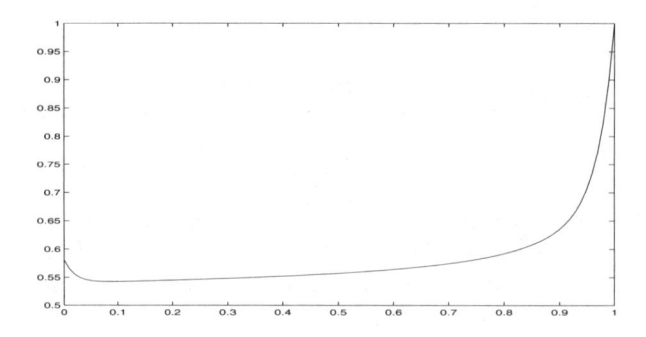

Abbildung 2.1: Darstellung der Funktion $p_{12}(\gamma)$.

(b) Genau dann ist $p_n(\gamma)$ monoton wachsend in γ, wenn $s_n(\gamma)$ monoton wachsend in γ ist. Durch Ableiten erhält man

$$s'_n(0) = -2^{-2n}\binom{2n}{n}2n,$$

was für alle $n \in \mathbb{N}$ negativ ist. Für jedes gegebene $n \in \mathbb{N}$ ist im Bereich hinreichend kleiner γ die Funktion $p_n(\gamma)$ also nicht monoton wachsend.

2.45 Für beliebige n-Tupel $(a_1, \ldots, a_n)$ und $(b_1, \ldots, b_n)$ reeller Zahlen gibt die Cauchy-Schwarz-Ungleichung Auskunft, dass

$$\left(\sum_{i=1}^{n} |a_i b_i|\right)^2 \leq \left(\sum_{i=1}^{n} |a_i|^2\right) \cdot \left(\sum_{i=1}^{n} |b_i|^2\right).$$

Speziell erhält man für die p_i der Verteilung $\mathbb{P}$, also für $n = 6$, $a_i = p_i$ und $b_i \equiv 1$, $\forall i = 1, \ldots, 6$:

$$\left(\sum_{i=1}^{6} p_i\right)^2 \leq \left(\sum_{i=1}^{6} p_i^2\right) \cdot \left(\sum_{i=1}^{6} 1\right).$$

Wegen $\sum_{i=1}^{6} p_i = 1$ sagt dies, dass

$$\sum_{i=1}^{6} p_i^2 \geq \frac{1}{6}.$$

Nun gibt aber $\sum_{i=1}^{6} p_i^2$ gerade die Wahrscheinlichkeit an, dass beide Würfel dieselbe Augenzahl zeigen. Damit ist der Beweis erbracht.

2.46 Es seien $\varepsilon_1, \varepsilon_2, \ldots$ unabhängige, identisch verteilte Zufallsgrößen mit $P(\varepsilon_1 = 0) = P(\varepsilon_1 = 1) = \frac{1}{2}$. Man setze für $n \in \mathbb{N}$

$$X_n = \frac{2}{2^n} \varepsilon_n - \frac{1}{2^n}. \tag{2.35}$$

Die charakteristischen Funktionen der X_n berechnet man durch

$$\Psi_{X_n}(t) = E \exp\left(it\left(\frac{2}{2^n}\varepsilon_n - \frac{1}{2^n}\right)\right) = \left[E \exp\left(it\frac{2}{2^n}\varepsilon_n\right)\right] \exp(-it/2^n)$$

$$= \left[\exp\left(it\frac{2}{2^n}\right) \cdot \frac{1}{2} + 1 \cdot \frac{1}{2}\right] \cdot \exp(-it/2^n)$$

$$= \frac{1}{2}\left[\exp(it/2^n) + \exp(-it/2^n)\right] = \cos(t/2^n).$$

Nun führen wir noch $S_n := \sum_{j=1}^{n} X_j$ ein. Einerseits ist

$$\Psi_{S_n}(t) = \prod_{j=1}^{n} \Psi_{X_j}(t) = \prod_{j=1}^{n} \cos(t/2^j).$$

Dies ist bis auf Grenzwertbildung die rechte Seite der in Rede stehenden Gleichung. Andererseits wissen wir wegen (2.35), dass

$$S_n = \sum_{j=1}^{n} \varepsilon_j 2^{1-j} - \sum_{j=1}^{n} 2^{-j}.$$

Wir vermerken nun Folgendes: Für jedes festgehaltene ω konvergiert die Folge $\left(\sum_{j=1}^{n} \varepsilon_j(\omega) 2^{1-j}\right)_{n \in \mathbb{N}}$, da sie monoton wächst und wegen $\varepsilon_j(\omega) \in \{0, 1\}$ nach oben gegen 2 beschränkt ist. Die Folge von Zufallsgrößen $(S_n)_{n \in \mathbb{N}}$ konvergiert damit punktweise für jedes ω gegen eine Zufallsgröße S. Dann konvergiert auch die zugehörige Folge $(F_{S_n})_{n\in\mathbb{N}}$ der Verteilungsfunktionen gegen die Verteilungsfunktion F_S, und zwar punktweise für jede Stetigkeitsstelle von S. Dies wird ausführlich in Kapitel 6, AW behandelt. Daraus folgt auch die Konvergenz der Folge der charakteristischen Funktionen $(\Psi_{S_n}(t))_{n\in\mathbb{N}}$ gegen $\Psi_S(t)$ für jedes $t \in \mathbb{R}$ nach dem Stetigkeitssatz (AW, Satz 2.8.12). S kann dargestellt werden als

$$S = 2\sum_{n=1}^{\infty} \varepsilon_n 2^{-n} - 1.$$

Die Dichte von S liegt nahezu auf der Hand: Mit derselben Wahrscheinlichkeit 2^{-k} fällt eine Realisierung der Zufallsgröße $\sum_{n=1}^{\infty} \varepsilon_n 2^{-n}$ in jedes der 2^k Teilintervalle mit Länge 2^{-k} und linkem Endpunkt $j \cdot 2^{-k}$, $j = 0, 1, \ldots, 2^k - 1$, für alle $k \in \mathbb{N}_0$. Somit hat diese Zufallsgröße konstante Dichte auf $[0, 1]$. Damit ist die Dichte von S gegeben durch $f(x) = 1/2$ für $x \in [-1, +1]$, und dies impliziert $\Psi_S(t) = \frac{1}{2}\int_{-1}^{1} e^{itx} dx = (\sin t)/t$. Das bringt uns zur Identität

$$\lim_{n\to\infty} \prod_{k=1}^{n} \cos(t/2^k) = \frac{\sin(t)}{t},$$

und das gewünschte Resultat ist gezeigt.

2.47 Als zentrales Hilfsmittel bringen wir die charakteristische Funktion von X zum Einsatz. Ihre Berechnung

$$\Psi_X(t) = \sum_{k=0}^{n-1} \exp(itk)\frac{1}{n} = \frac{1}{n}\frac{\exp(itn) - 1}{\exp(it) - 1}$$

verwendet die geometrische Summenformel. Setzen wir nun $n = a \cdot b$ ein, so kann man schreiben

$$\Psi_X(t) = \frac{1}{ab}\frac{\exp(itab) - 1}{\exp(it) - 1} = \underbrace{\frac{1}{b}\frac{\exp(i(ta)b) - 1}{\exp(ita) - 1}}_{=\Psi_Y(t)} \cdot \underbrace{\frac{1}{a}\frac{\exp(ita) - 1}{\exp(it) - 1}}_{=\Psi_Z(t)},$$

wobei die eingeführte Zufallsgröße Y jeden Wert der Menge $\{ka : k = 0, \ldots, b-1\}$ mit derselben Wahrscheinlichkeit $1/b$ annimmt und Z entsprechend jeden Wert der Menge $\{0, \ldots, a-1\}$ mit derselben Wahrscheinlichkeit $1/a$. Die Zufallsgrößen Y und Z werden dabei als unabhängig angesetzt. Da Ψ_X das Produkt der charakteristischen Funktionen Ψ_Y und Ψ_Z ist, besitzt X dieselbe Verteilung wie $Y + Z$.

2.48 Als charakteristische Funktion der Zufallsgröße X ergibt sich $\Psi_X(t) = (1 - |t|) \cdot 1_{[-1,1]}(t)$. Zur Untermauerung führen wir folgende Rechnung an. Sie basiert auf Fourier-Inversion (AW, Satz 2.8.10) und partieller Integration:

2.2 Lösungen

$$\frac{1}{2\pi} \int_{\mathbb{R}} e^{-itx} \Psi_X(t)\, dt = \frac{1}{2\pi} \int_{-1}^{1} e^{-itx}(1-|t|)\, dt$$

$$= \frac{1}{2\pi} \int_{-1}^{0} e^{-itx}(1+t)\, dt + \frac{1}{2\pi} \int_{0}^{1} e^{-itx}(1-t)\, dt$$

$$= \frac{1}{2\pi} \int_{0}^{1} \left(e^{itx} + e^{-itx}\right)(1-t)\, dt = \frac{1}{\pi} \int_{0}^{1} \cos(tx)(1-t)\, dt$$

$$= \frac{1}{\pi}\left[\frac{1}{x}\sin(tx)(1-t)\right]_{0}^{1} + \frac{1}{\pi}\int_{0}^{1}\frac{1}{x}\sin(tx)\, dt = \frac{1}{\pi x^2}\left[1-\cos(x)\right].$$

Widmen wir uns nun der Ermittlung von Ψ_Y. Zuallererst betrachten wir

$$a_l := \frac{1}{2} \int_{-1}^{1} e^{-i\pi l x}(1-|x|)\, dx, \qquad \forall l \in \mathbb{Z},$$

also die Koeffizienten der Fourierreihe der Funktion $(1-|x|) \cdot 1_{[-1,1]}(x)$. Da diese Funktion über $[-1,1]$ quadratisch integrierbar ist, kann sie durch ihre Fourierreihe in $\mathcal{L}^2([-1,1], \mathcal{B}, \lambda)$ auf eben dem Intervall $[-1,1]$ approximiert werden. Aus obiger Rechnung kann man ablesen, dass $a_0 = 1/2$ und ansonsten $a_l = \frac{1-\cos(\pi l)}{\pi^2 l^2}$ für $l \neq 0$ ist. Etwas anders schreibt man

$$a_l = \begin{cases} \frac{1}{2}, & \text{falls } l = 0, \\ \frac{2}{\pi^2 l^2}, & \text{falls } l \text{ ungerade}, \\ 0, & \text{sonst.} \end{cases}$$

Man erkennt, dass für die Zufallsgröße Y gerade $P(Y = l\pi) = a_l$ für alle $l \in \mathbb{Z}$ ist. Die charakteristische Funktion von Y ergibt sich als $\Psi_Y(t) = \sum_{l \in \mathbb{Z}} e^{itl\pi} a_l$. Dies ist aber gerade die Fourierreihe mit den Koeffizienten a_l und entspricht demzufolge der $\mathcal{L}^2([-1,1], \lambda)$-Funktion $(1-|t|)$. Eingeschränkt auf $[-1,1]$, besteht somit die Identität

$$\Psi_Y(t) = 1 - |t| = \Psi_X(t), \qquad \forall t \in [-1,1].$$

Außerhalb des Intervalls $[-1,1]$ unterscheiden sich die beiden charakteristischen Funktionen. Während der Träger von Ψ_X dem Intervall $[-1,1]$ entspricht, setzt sich Ψ_Y 2-periodisch fort.

2.50 Unsere erste Bemühung ist auf die Überlegung gerichtet, dass es ausreichend ist, $a = \alpha = 0$ anzunehmen. Zu diesem Zweck schreiben wir

$$\int_{\mathbb{R}} (x-a)^2 |f(x)|^2 dx \cdot \int_{\mathbb{R}} (s-\alpha)^2 |\hat{f}(s)|^2 ds$$

$$= \int_{\mathbb{R}} x^2 |f(x+a)|^2 dx \cdot \int_{\mathbb{R}} (s-\alpha)^2 |\hat{f}_a(s)|^2 ds,$$

wobei $\hat{f}_a(s) := \int_{\mathbb{R}} f(x+a) e^{isx} dx$ ist und die Betragsgleichheit von $|\hat{f}(s)|$ und $|\hat{f}_a(s)|$ für alle $s \in \mathbb{R}$ zum Tragen kommt. Eine nochmalige Anwendung desselben Tricks liefert für obiges Produkt schließlich

$$\int_{\mathbb{R}} x^2 |h(x)|^2 dx \cdot \int_{\mathbb{R}} s^2 |\hat{h}(s)|^2 ds, \qquad (2.36)$$

wobei $\hat{h}(s) := \hat{f}_a(s+\alpha)$ gesetzt wurde und $|h(x)| = |f(x+a)|$ gilt. Es reicht also, wenn wir die Behauptung für $a = \alpha = 0$ zeigen. Dies gelingt recht einfach, wenn wir f als differenzierbar annehmen mit $\sqrt{x} f(x) \to 0$ für $|x| \to \infty$. Dann übertragen sich diese Eigenschaften auch auf h. In der Schwarz'schen Ungleichung, die wir in einem Nachspann beweisen, setzen wir nun

$$g_1(x) = xh(x),$$
$$g_2(x) = h'(x)$$

und schließen mit partieller Integration

$$\int_{\mathbb{R}} |xh(x)h'(x)| dx = \left[|x| \cdot \frac{|h|^2}{2} \right]_{-\infty}^{+\infty} - \frac{1}{2} \int_{\mathbb{R}} |h(x)|^2 dx = -\frac{1}{2},$$

wegen $\int_{\mathbb{R}} |h(x)|^2 dx = 1$.

Die Schwarz'sche Ungleichung führt also zu

$$\frac{1}{4} \leq \int_{\mathbb{R}} x^2 |h(x)|^2 dx \cdot \int_{\mathbb{R}} |h'(x)|^2 dx = \int_{\mathbb{R}} x^2 |h(x)|^2 dx \cdot \frac{1}{2\pi} \int_{\mathbb{R}} |\hat{h}'(s)|^2 ds$$

bei Verwendung der Parseval'schen Gleichung. Wegen $\hat{h}'(s) = -is\hat{h}(s)$ erhalten wir daraus direkt das Gewünschte:

$$\frac{\pi}{2} \leq \int_{\mathbb{R}} x^2 |h(x)|^2 dx \cdot \int_{\mathbb{R}} s^2 |\hat{h}(s)|^2 ds.$$

Anmerkung: Von der Gültigkeit der Schwarz'schen Ungleichung kann man sich ganz kurz wie folgt überzeugen: Für alle $t \in \mathbb{R}$ ist

$$0 \leq \int_{\mathbb{R}} |tg_1(x) + g_2(x)|^2 dx = t^2 \int_{\mathbb{R}} |g_1(x)|^2 dx + 2t \int_{\mathbb{R}} |g_1(x)g_2(x)| dx + 1 \int_{\mathbb{R}} |g_2(x)|^2 dx.$$

Diese Ungleichung ist von der Form $at^2 + 2bt + c \geq 0$. Die quadratische Funktion $at^2 + 2bt + c$ kann also nicht zwei verschiedene reelle Nullstellen haben, denn in diesem Fall würden auch negative Funktionswerte auftreten. (Eine doppelte reelle Nullstelle ist natürlich möglich.) Die Bedingung dafür ist

$$b^2 - ac \leq 0,$$

und wenn man für a, b, c einsetzt, ist dies die Schwarz'sche Ungleichung.

2.51 Zur kompakten Darstellung des Kommenden setzen wir abkürzend $\hat{s}_1 = s_1/S$, dann ist $D = m_1 - \hat{s}_1 M$. Es ist nützlich, die auf $[0, 1)$ konzentrierte Verteilung von $M\hat{s}_1 - \lfloor M\hat{s}_1 \rfloor$ zu kennen. Für ein beliebiges $c \in [0, 1)$ ist bei geradem M

$$P(M\hat{s}_1 - \lfloor M\hat{s}_1 \rfloor \leq c) = \sum_{j=M/2}^{M-1} P(M\hat{s}_1 \in [j, j+c])$$

$$= \sum_{j=M/2}^{M-1} P\left(\hat{s}_1 \in \left[\frac{j}{M}, \frac{j+c}{M}\right]\right) = \sum_{j=M/2}^{M-1} 2\left(\frac{j+c}{M} - \frac{j}{M}\right)$$

$$= 2\frac{c}{M}\left(M - 1 - \frac{M}{2} + 1\right) = c.$$

Demzufolge besitzt $M\hat{s}_1 - \lfloor M\hat{s}_1 \rfloor$ über $[0, 1]$ die Dichte $f(x) \equiv 1$. Ist M ungerade, so erhält man für $c \in (0, 1/2]$

$$P(M\hat{s}_1 - \lfloor M\hat{s}_1 \rfloor \leq c) = \sum_{j=(M+1)/2}^{M-1} P(M\hat{s}_1 \in [j, j+c])$$

$$= 2\frac{c}{M}\left(M - 1 - \frac{M+1}{2} + 1\right)$$

$$= c \cdot \frac{M-1}{M}$$

und für $c \in (1/2, 1)$ entsprechend

$$P(M\hat{s}_1 - \lfloor M\hat{s}_1 \rfloor \leq c) = \frac{2}{M}(c - 0.5) + \sum_{j=(M+1)/2}^{M-1} P(M\hat{s}_1 \in [j, j+c])$$

$$= \frac{2c-1}{M} + 2\frac{c}{M}\left(M - 1 - \frac{M+1}{2} + 1\right)$$

$$= \frac{c(M+1) - 1}{M}.$$

In diesem Fall besitzt $M\hat{s}_1 - \lfloor M\hat{s}_1 \rfloor$ die Dichte

$$f(x) = \begin{cases} \frac{M-1}{M}, & \text{falls } x \in (0, 1/2) \\ \frac{M+1}{M}, & \text{falls } x \in (1/2, 1). \end{cases} \quad (2.37)$$

Unser weiteres Vorgehen beginnt mit der Darstellung der Zufallsgröße

$$m_1 = \begin{cases} M\hat{s}_1, & \text{falls } M\hat{s}_1 \in \mathbb{N} \\ \lfloor M\hat{s}_1 \rfloor, & \text{falls } M\hat{s}_1 \notin \mathbb{N} \text{ und } M\hat{s}_1 - \lfloor M\hat{s}_1 \rfloor \leq 1/2 \\ \lfloor M\hat{s}_1 \rfloor + 1, & \text{falls } M\hat{s}_1 \notin \mathbb{N} \text{ und } M\hat{s}_1 - \lfloor M\hat{s}_1 \rfloor > 1/2. \end{cases}$$

Das führt zu

$$D = \begin{cases} 0, & \text{falls } M\hat{s}_1 \in \mathbb{N} \\ -(M\hat{s}_1 - \lfloor M\hat{s}_1 \rfloor), & \text{falls } M\hat{s}_1 \notin \mathbb{N} \text{ und } M\hat{s}_1 - \lfloor M\hat{s}_1 \rfloor \leq 1/2 \\ 1 - (M\hat{s}_1 - \lfloor M\hat{s}_1 \rfloor), & \text{falls } M\hat{s}_1 \notin \mathbb{N} \text{ und } M\hat{s}_1 - \lfloor M\hat{s}_1 \rfloor > 1/2. \end{cases}$$

Die Dichte von $X := M\hat{s}_1 - \lfloor M\hat{s}_1 \rfloor$ haben wir bereits ermittelt. Der Fall $M\hat{s}_1 \in \mathbb{N}$ tritt mit Wahrscheinlichkeit 0 ein, zur Berechnung von ED kann dieser Fall also vernachlässigt werden. Mit diesem X ist also fast sicher

$$D = \begin{cases} -X, & \text{falls } X \leq 1/2 \\ 1 - X, & \text{falls } X > 1/2. \end{cases}$$

Im Falle eines geraden M erhalten wir mit der Dichte $f(x) \equiv 1$ für $x \in [0, 1]$

$$ED = \int_0^{1/2} (-x)dx + \int_{1/2}^1 (1-x)dx = 0.$$

Ist M ungerade, so gilt mit der in (2.37) gegebenen Dichte für diesen Fall

$$ED = \int_0^{1/2} (-x)\frac{M-1}{M}dx + \int_{1/2}^1 (1-x)\frac{M+1}{M}dx = \frac{1}{4M}.$$

Damit ist alles gezeigt.

Kapitel 3

Zufälligkeit

3.1 Aufgaben

3.1 *Liouville-Zahlen* sind irrationale Zahlen x mit präzisen rationalen Approximationen. Damit ist gemeint: Für jedes $n \in \mathbb{N}$ gibt es natürliche Zahlen r und $s > 1$ mit
$$0 < \left|x - \frac{r}{s}\right| < \frac{1}{s^n}.$$
Nach Mahler (1953) ist die Kreiszahl π keine Liouville-Zahl: für alle natürlichen Zahlen r und $s > 1$ ist nämlich die Ungleichung
$$\left|\pi - \frac{r}{s}\right| > \frac{1}{s^{42}}$$
erfüllt. Folgern Sie hieraus, dass sich die Ziffern in der Dezimaldarstellung von π nicht exakt so verhalten, als seien sie unabhängig voneinander aus der Menge $\{0, \ldots, 9\}$ rein zufällig ausgewählt worden.

Hinweis: Betrachten Sie die n. Nachkommastelle von π. Überlegen Sie, dass unter den folgenden $41n$ Nachkommastellen nicht alle 10^{41n} möglichen Ziffernkombinationen auftreten können, speziell können diese Ziffern nicht alle gleich 0 sein.

3.2 Der einst weit verbreitete Zufallszahlen-Generator RANDU erzeugt Zahlenfolgen $(u_n)_{n \in \mathbb{N}}$ nach der Rekursion
$$x_n = (2^{16} + 3)x_{n-1} \mod 2^{31}$$
$$u_n = \tfrac{x_n}{2^{31}}.$$
Zeigen Sie, dass für jeden Startwert $x_0 \in \mathbb{N}$ alle Tripel (u_n, u_{n+1}, u_{n+2}), $n \in \mathbb{N}_0$, auf höchstens 15 Ebenen im Einheitswürfel $\{(x,y,z) : 0 \leq x, y, z \leq 1\}$ liegen.

Hinweis: Überzeugen Sie sich, dass für alle $n \in \mathbb{N}_0$
$$x_{n+2} - 6x_{n+1} + 9x_n = 0 \mod 2^{31}$$

gilt, und folgern Sie, dass $u_{n+2} - 6u_{n+1} + 9u_n$ eine ganze Zahl sein muss.

3.3 (Probabilistischer Beweis von Eulers Formel) Die Riemann'sche Zeta-Funktion ist

$$\zeta(s) = \sum_{n=1}^{\infty} \frac{1}{n^s}, \qquad \forall s > 1.$$

Für ein beliebiges, aber festes $s > 1$ sei X eine Zufallsgröße mit

$$P(X = k) = \frac{1}{\zeta(s)k^s}, \qquad \forall k \in \mathbb{N}.$$

(a) Bestimmen Sie die Wahrscheinlichkeit

$P(\text{für kein } n > 1 \text{ ist } n^2 \text{ Teiler von } X)$.

(b) Geben Sie einen probabilistischen Beweis für die *Euler'sche Formel*

$$\frac{1}{\zeta(s)} = \prod_{p \text{ ist prim}} \left(1 - \frac{1}{p^s}\right).$$

3.5 (Probabilistische Konstruktion der Cantor-Menge) Aus dem Einheitsintervall $[0, 1]$ wird das offene mittlere Drittel $\left(\frac{1}{3}, \frac{2}{3}\right)$ entfernt. Aus jedem der beiden verbleibenden Intervalle wird wiederum das offene mittlere Drittel entfernt, $\left(\frac{1}{9}, \frac{2}{9}\right)$ bzw. $\left(\frac{7}{9}, \frac{8}{9}\right)$. Dieser Prozess wird fortgesetzt: $\mathcal{C}_{n+1}$ entsteht aus $\mathcal{C}_n$ durch Entfernen der offenen mittleren Drittel in allen 2^n Teilintervallen von $\mathcal{C}_n$. Die Menge

$$\mathcal{C} := \bigcap_{n=1}^{\infty} \mathcal{C}_n$$

heißt *Cantor-Menge*.

Man wähle $x_0 \in [0, 1]$ und werfe eine ideale Münze. Bei *Kopf* bewege man sich von x_0 genau $\frac{2}{3}$ des Weges in Richtung der Zahl 1, zum Punkt $x_1 = \frac{1}{3}x_0 + \frac{2}{3}$. Bei *Zahl* bewege man sich von x_0 genau $\frac{2}{3}$ des Weges in Richtung der Zahl 0, zum Punkt $x_1 = \frac{1}{3}x_0$. Auch dieser Prozess wird fortgesetzt und generiert die Trajektorie

$$x_0, x_1, x_2, \ldots.$$

(a) Beweisen Sie: Ist der Anfangszustand x_0 ein Punkt der Cantor-Menge $\mathcal{C}$, dann ist $x_k \in \mathcal{C}$ für alle $k \in \mathbb{N}$.

(b) Beweisen Sie: Ist der Anfangszustand x_0 kein Punkt der Cantor-Menge $\mathcal{C}$, dann gibt es für alle $k \in \mathbb{N}$ und jeden möglichen Ausgang der k Münzwürfe und das zugehörige x_k einen Punkt $x \in \mathcal{C}$ mit

$$|x_k - x| \leq \frac{1}{6 \cdot 3^k}.$$

Kann man allen Punkten von $\mathcal{C}$ auf diese Weise beliebig nahe kommen? (Man sagt: Die Cantor-Menge ist der *Attraktor* des beschriebenen zufälligen dynamischen Systems.)

Hinweis: Die Cantor-Menge besteht aus allen Punkten x mit der Darstellung
$$x = \sum_{i=1}^{\infty} \frac{b_i}{3^i}, \qquad \forall b_i \in \{0, 2\}.$$

3.6 (Iterierte Abbildungen) Die *Zeltabbildung* ist durch
$$f(x) = \begin{cases} 2x, & \text{falls } 0 \leq x < \frac{1}{2} \\ 2 - 2x, & \text{falls } \frac{1}{2} \leq x \leq 1 \end{cases}$$
definiert. Sie bildet das Einheitsintervall auf sich selbst ab. Für $x_0 \in [0,1]$ betrachten wir die durch wiederholte Anwendung von f entstehende Trajektorie
$$x_0, f(x_0), f^{(2)}(x_0), \ldots, f^{(k)}(x_0), \ldots,$$
dabei ist $f^{(k)}(x_0) := f[f^{(k-1)}(x_0)]$ die k. Iteration.

(a) Zeigen Sie, dass die Wirkung von f auf binär dargestellte
$$x = \sum_{i=1}^{\infty} \frac{b_i}{2^i} =: 0.b_1 b_2 b_3 \ldots, \qquad \forall b_i \in \{0,1\},$$
ausgedrückt werden kann durch
$$f(0.b_1 b_2 b_3 \ldots) = \begin{cases} 0.b_2 b_3 \ldots, & \text{falls } x \in [0, \frac{1}{2}) \\ 0.b_2^* b_3^* \ldots, & \text{falls } x \in [\frac{1}{2}, 1] \end{cases}$$
mit $b_i^* = 1 - b_i$.

(b) Beschreiben Sie die Trajektorien rationaler Anfangswerte.

(c) Angenommen, der Anfangszustand x_0 wird nur mit begrenzter Genauigkeit gemessen, und zwar auf 3 Dezimalstellen genau. Ab welcher Iteration in der Trajektorie von x_0 hat sich der Grad von Unsicherheit hinsichtlich des genauen Anfangszustandes schließlich auf das gesamte Einheitsintervall ausgedehnt?

3.7 (Die Beschattungs-Eigenschaft) Wir betrachten die mit additiven Fehlern behaftete Rekursion
$$z_{n+1} = (2z_n \mod 1) + \varepsilon_{n+1}$$
von einem Anfangswert $z_0 \in (0,1)$. Die Fehler $(\varepsilon_n)_{n \in \mathbb{N}}$ seien dergestalt, dass in der Binärdarstellung von $z_n = 0.b_1 b_2 \ldots$ allen b_i mit $i \geq 50$ unabhängig voneinander und rein zufällig Werte aus $\{0,1\}$ zugewiesen werden, für alle $n \in \mathbb{N}$. Angenommen, die *verrauschte* Trajektorie
$$z_0, \ldots, z_N$$
werde bis $N > 50$ beobachtet. Zeigen Sie, dass es ein x_0 gibt, so dass für die zugehörige *unverrauschte* Trajektorie
$$x_0, \ldots, x_N$$

mit
$$x_{n+1} = 2x_n \mod 1$$
die folgende Abschätzung gilt:
$$|x_n - z_n| \leq 2^{-50}, \qquad \forall n = 0, \ldots, N.$$

Dies ist die *Shadowing*-Eigenschaft, deutsch *Beschattung*: Zwar entfernen sich verrauschte und unverrauschte Trajektorie, ausgehend von demselben Anfangswert, exponentiell schnell voneinander, doch gibt es eine unverrauschte Trajektorie, die in der Nähe der verrauschten Trajektorie beginnt und gleichmäßig in deren Nähe verbleibt.

3.8 (Die Quadrat-Mitten-Methode) Die Idee, zur Erzeugung von zufallsartigen Zahlenfolgen (Zufallszahlen) deterministische arithmetische Operationen zu verwenden, geht auf John von Neumann zurück. Bei der von ihm vorgeschlagenen *Quadrat-Mitten-Methode* wird das nächste Folgeglied durch Quadrieren des vorhergehenden und Extrahieren der mittleren Ziffern generiert. Ist bei der Erzeugung von 2-stelligen Zufallszahlen zur Basis 10 z.B. $x_k = 19$, d.h. $x_k^2 = 0361$, dann ergibt sich $x_{k+1} = 36$.

(a) Beweisen Sie: Die Quadrat-Mitten-Methode besitzt den folgenden Nachteil. Tritt bei der Erzeugung von $2n$-stelligen Zufallszahlen zur Basis b eine Zahl x_k kleiner als b^n auf, dann werden die folgenden Zahlen sukzessive kleiner, bis 0 erreicht ist.

(b) Was lässt sich über die auf x_k folgenden Zufallszahlen sagen, wenn die letzten n Stellen von x_k allesamt 0 sind?

3.11 (Karten mischen) Eine der ältesten Bemühungen, Zufälligkeit herzustellen kommt im Mischen von Spielkarten zum Ausdruck. Eine Möglichkeit des Mischens ist der *Riffle-Shuffle*.

(a) Ein *perfekter* Riffle-Shuffle für ein Blatt mit $2n$ Spielkarten trennt zunächst die oberen n Karten von den unteren n Karten und vereinigt beide Teilstapel anschließend nach dem Reißverschluss-Prinzip, wobei die oberste Karte zuoberst bleibt. Aus der Anordnung der Karten $K = (K_1, \ldots, K_{2n})$, wobei K_1 die oberste Karte bezeichnet, wird $K^* = (K_1, K_{n+1}, K_2, K_{n+2}, \ldots, K_n, K_{2n})$. Zeigen Sie, dass m perfekte Riffle-Shuffles angewendet auf eine beliebige Anordnung K, diese Anordnung unverändert wieder herstellen, wenn m eine Lösung von
$$2^m = 1 \mod (2n-1)$$
ist. Zeigen Sie, dass für ein Blatt mit 52 Spielkarten dies für $m = 8$ Riffle-Shuffles der Fall ist.

(b) Ein perfekter Riffle-Shuffle für ein Blatt mit $(2n-1)$ Spielkarten trennt zunächst die oberen n Karten von den unteren $n-1$ Karten. Zusammen mit der anschließenden Vereinigung der Stapel nach dem Reißverschluss-Prinzip wird aus der Anordnung $K = (K_1, \ldots, K_{2n-1})$ auf diese Weise die Anordnung

$K' = (K_1, K_{n+1}, K_2, K_{n+2}, \ldots, K_{2n-1}, K_n)$. Wir schreiben $R(K) = K'$ für diesen Riffle-Shuffle. Außerdem lassen wir Abheben des Blattes zu: Werden j Karten abgehoben, so wird aus der Anordnung $K = (K_1, \ldots, K_{2n-1})$ die Anordung $\overline{K} = (K_{j+1}, \ldots, K_{2n-1}, K_1, \ldots, K_j)$. Wir schreiben $A^j(K) = \overline{K}$ für diese Abhebe-Operation.

Zeigen Sie, dass selbst durch beliebige Kombination perfekter Riffle-Shuffles und Abhebe-Operationen nicht alle möglichen Anordnungen des Blattes erzeugt werden können. Konkret: Die Zahl $(2n-1)(2n-2)$ ist eine obere Schranke für die Zahl der durch beliebige Kombination perfekter Riffle-Shuffles und Abhebe-Operationen erreichbaren Anordungen.

Hinweis: *Eulers Theorem* aus der Zahlentheorie erklärt: Falls $a, b \in \mathbb{N}$ relativ prim sind, dann ist
$$a^{\varphi(b)} = 1 \mod b.$$
Dabei bezeichnet $\varphi(b)$ die Euler'sche Funktion, welche die Anzahl aller natürlichen Zahlen kleiner oder gleich b angibt, die relativ prim zu b sind. Nummerieren Sie die Karten von 0 bis $(2n-2)$, und überlegen Sie sich die Wirkung von Riffle-Shuffles und Abhebe-Operationen auf die Karte mit der Nummer j. Benutzen Sie Eulers Theorem, um zu zeigen, dass nicht mehr als $(2n-1)\varphi(2n-1)$ verschiedene Anordnungen möglich sind, da $\varphi(2n-1)$ perfekte Riffle-Shuffles und die Operation A^{2n-1} eine gegebene Anordnung nicht ändern und jede beliebige Kombination von Abhebe-Operationen und Riffle-Shuffles in der Form $R^i A^j$ geschrieben werden kann.

3.12 (Fibonacci-Zufallszahlen) Eine – heute kaum noch eingesetzte – Möglichkeit, Folgen von Zufallszahlen zu erzeugen, basiert auf einer an die Definition von *Fibonacci-Zahlen* erinnernde Rekursion:
$$x_{n+1} = (x_n + x_{n-1}) \mod 2^s, \qquad s \in \mathbb{N}, \tag{3.1}$$
mit Startwerten $x_0, x_1 \in \mathbb{N}$.

(a) Zeigen Sie, dass für derart erzeugte Zufallszahlen keine 3 aufeinander folgende Zahlen als
$$x_{k-1} < x_{k+1} < x_k \tag{3.2}$$
angeordnet sind.

(b) Mit welcher Wahrscheinlichkeit tritt bei Realisierungen x_{k-1}, x_k, x_{k+1} von drei unabhängigen, auf $[0,1]$ gleichverteilten Zufallsgrößen die Anordnung (3.2) auf?

(c) Die mit der Rekursion (3.1) erzeugten Zufallszahlen wiederholen sich schließlich: Es gibt eine als Periode bezeichnete kleinste Zahl p, so dass $x_k = x_{k+p}$ für alle $k \in \mathbb{N}_0$.
Zeigen Sie: Sofern x_0 und x_1 nicht beides gerade Zahlen sind, ist
$$p = 3 \cdot 2^{s-1}.$$

3.2 Lösungen

3.1 Wir denken in der durch den Hinweis gegebenen Richtung weiter. Sei $n \in \mathbb{N}$ beliebig gewählt. Die auf die n. Nachkommastelle von π folgenden $41n$ Stellen können nicht alle gleich 0 sein. Denn wäre dies der Fall, so würde die Zahl $r = 314\ldots$, die aus den ersten $n+1$ Ziffern von π besteht, die Abschätzung

$$\left|\pi - \frac{r}{10^n}\right| \leq 10^{-42n} \tag{3.3}$$

erfüllen, und dies steht im Widerspruch zu Mahlers Theorem. Die Gültigkeit von (3.3) ist dabei für $n = 1$ leicht einsehbar. Wären die Nachkommastellen 2 bis 42 von π allesamt 0, so könnte man

$$\left|\pi - \frac{31}{10}\right| = 0.\underbrace{0\ldots 0}_{42 \text{ Stellen}} xyz\ldots \leq 10^{-42}$$

schreiben. Es ist nicht schwer, für beliebiges $n \in \mathbb{N}$ eine analoge Überlegung anzustellen.

3.2 Unser Ausgangspunkt ist die Gleichung

$$x_{n+1} = (2^{16}+3)x_n - k_1 2^{31},$$

die für ein gewisses $k_1 \in \mathbb{N}_0$ besteht. Ferner haben wir

$$\begin{aligned}(2^{16}+3)x_{n+1} &= k_2 2^{31} + x_{n+2}\\ \text{d.h.} \qquad x_{n+2} &= (2^{16}+3)[(2^{16}+3)x_n - k_1 2^{31}] - k_2 2^{31},\end{aligned}$$

wobei k_2 ebenfalls aus $\mathbb{N}_0$ ist. Eine erlaubte Folgerung daraus ist

$$\begin{aligned}x_{n+2} - 6x_{n+1} + 9x_n &= (2^{16}+3)^2 x_n - k_1 2^{31}(2^{16}+3) - k_2 2^{31} - 6(2^{16}+3)x_n\\ &\quad +6k_1 2^{31} + 9x_n\\ &= \left[(2^{16}+3)^2 - 6(2^{16}+3) + 9\right]x_n - k_3 2^{31},\end{aligned}$$

für ein $k_3 \in \mathbb{N}_0$. Die rechte Seite dieser Gleichung ist ein Vielfaches von 2^{31} wegen

$$\begin{aligned}(2^{16}+3)^2 - 6(2^{16}+3) + 9 &= (2^{16}+3)(2^{16}-3) + 9\\ &= 2^{32}.\end{aligned}$$

Nach dieser Erkenntnis ist $x_{n+2} - 6x_{n+1} + 9x_n$ also ohne Rest durch 2^{31} teilbar. Nimmt man diese Division durch 2^{31} vor, so ergibt sich von selbst, dass $u_{n+2} - 6u_{n+1} + 9u_n$ eine ganze Zahl sein muss. Da $u_n, u_{n+1}, u_{n+2} \in [0,1)$ sind und weil aus $u_n = 0$ auch $u_{n+1} = 0$ folgt, kommen dafür nur die 15 Zahlen aus der Menge $\mathcal{K} := \{-5, -4, \ldots, -1, 0, 1, \ldots, 9\}$ in Frage. Die Menge aller Punkte (x, y, z) mit $z - 6y + 9x = k \in \mathcal{K}$ definieren 15 Ebenen in $\mathbb{R}^3$.

3.3 (a) Mit Blick auf den Aufgabenteil (b) bestimmen wir die gesuchte Wahrscheinlichkeit hier schon auf zwei Arten. Dem ersten Ansatz liegt die Tatsache zugrunde, dass jede natürliche Zahl m eindeutig in Primfaktoren zerlegt werden kann, d.h.

$$m = \prod_{j=1}^{\infty} p_j^{k_j},$$

wobei $(p_n)_{n \in \mathbb{N}}$ die Folge der Primzahlen bezeichne und $k_j \in \mathbb{N}_0$ gilt. Das zu untersuchende Ereignis, dass n^2 für kein $n > 1$ Teiler von X ist, kann dann äquivalent so ausgedrückt werden, dass in der Primfaktorzerlegung von X alle $k_j \in \{0, 1\}$ sind. Hat man dies erkannt, so berechnet sich die zugehörige Wahrscheinlichkeit durch

$$P(\nexists n > 1 : n^2 \mid X) = \lim_{n \to \infty} \sum_{k_1=0}^{1} \cdots \sum_{k_n=0}^{1} P(X = p_1^{k_1} \cdot \ldots \cdot p_n^{k_n})$$

$$= \lim_{n \to \infty} \sum_{k_1=0}^{1} \cdots \sum_{k_n=0}^{1} \frac{1}{\zeta(s)} \left(\frac{1}{p_1^{k_1} \cdot \ldots \cdot p_n^{k_n}} \right)^s$$

$$= \frac{1}{\zeta(s)} \lim_{n \to \infty} \sum_{k_1=0}^{1} \frac{1}{p_1^{sk_1}} \cdots \sum_{k_n=0}^{1} \frac{1}{p_n^{sk_n}}$$

$$= \frac{1}{\zeta(s)} \prod_{p \text{ ist prim}} \left(1 + \frac{1}{p^s} \right).$$

In einem zweiten Anlauf kann man von der Wahrscheinlichkeit ausgehen, dass n^2 die Zufallsgröße X teilt, und diese wie folgt berechnen:

$$P(n^2 \mid X) = P(X \in \{1 \cdot n^2, 2 \cdot n^2, \ldots\}) = \sum_{k=1}^{\infty} P(X = k \cdot n^2)$$

$$= \sum_{k=1}^{\infty} \frac{1}{\zeta(s)} \frac{1}{k^s n^{2s}} = \frac{1}{n^{2s}} \frac{1}{\zeta(s)} \sum_{k=1}^{\infty} \frac{1}{k^s} = \frac{1}{n^{2s}}.$$

Von hier aus reicht eine kurze Zusatzüberlegung: Seien $p_1, \ldots, p_n$ paarweise verschiedene Primzahlen. Die Ereignisse $\{p_j^2 \mid X\}$ sind unabhängig, denn das Schnittereignis ist $\{p_1^2 \cdot \ldots \cdot p_n^2 \mid X\}$. Wir vermerken beiläufig, dass diese Folgerung nicht richtig wäre, wenn es sich bei den p_j nicht um Primzahlen handelte. Daraus kann man schließen, dass

$$P(\nexists n > 1 : n^2 \mid X) = P(\forall n > 1 : n^2 \nmid X) = \prod_{p \text{ ist prim}} \left(1 - \frac{1}{p^{2s}} \right).$$

(b) In (a) wird die gesuchte Wahrscheinlichkeit auf zwei Arten berechnet. Die beiden Ergebnisse können identifiziert werden, und man gelangt zu

$$\prod_{p \text{ ist prim}} \left(1 - \frac{1}{p^{2s}}\right) = \frac{1}{\zeta(s)} \prod_{p \text{ ist prim}} \left(1 + \frac{1}{p^s}\right).$$

Das Weitere liegt auf der Hand: Auflösen der Gleichung nach $1/\zeta(s)$ und Anwenden der dritten binomischen Formel liefert die gesuchte Euler'sche Formel.

3.5 (a) Den Beweis erbringt man am einfachsten, indem man die Implikation

$$x_k \in \mathcal{C} \implies x_{k+1} \in \mathcal{C}$$

bestätigt. Ausgehend vom Hinweis bedeutet $x_k \in \mathcal{C}$, dass

$$x_k = \sum_{i=1}^{\infty} \frac{b_i}{3^i}, \qquad b_i \in \{0, 2\},$$

und damit ist x_{k+1} entweder gleich $\frac{1}{3}x_k + \frac{2}{3}$ oder gleich $\frac{1}{3}x_k$, je nachdem, wie die Münze fällt. Im erstgenannten Fall erkennt man, dass

$$\frac{1}{3}x_k + \frac{2}{3} = \frac{1}{3}\sum_{i=1}^{\infty} \frac{b_i}{3^i} + \frac{2}{3} = \frac{2}{3} + \sum_{i=1}^{\infty} \frac{b_i}{3^{i+1}}.$$

Diese Gleichung hat eine anschauliche Interpretation: Die Iterationsvorschrift hat eine Rechtsverschiebung der Ziffernfolge und ein Hinzufügen der 2 als führende Nachkommaziffer bewirkt. Die Ziffernfolge in der 3-adischen Entwicklung von x_{k+1} besteht also aus einer 2 als erste Nachkommastelle und aus der Folge der b_i, die x_k darstellt. Somit kommen in der 3-adischen Entwicklung von x_{k+1} ebenfalls nur die Ziffern 0 und 2 vor, und wir haben $x_{k+1} \in \mathcal{C}$ gezeigt. Betrachten wir nun den zweiten Fall $x_{k+1} = \frac{1}{3}x_k$. Es ergibt sich

$$\frac{1}{3}x_k = \frac{1}{3}\sum_{i=1}^{\infty} \frac{b_i}{3^i} = \sum_{i=1}^{\infty} \frac{b_i}{3^{i+1}}.$$

Hier ist die Iterationsvorschrift charakterisiert durch eine Rechtsverschiebung aller Ziffern und ein Hinzufügen der 0 in die Position der ersten Nachkommastelle. Auch in diesem Fall besteht also die Ziffernfolge von x_{k+1} im 3-er System ausschließlich aus den Ziffern 0 und 2.

(b) Die in Rede stehende Ungleichung kann induktiv gezeigt werden. Als Induktionsanfang beginnen wir mit $k = 0$. Sei also x_0 ein beliebiger Punkt in $[0, 1]\backslash\mathcal{C}$. Da die Cantor-Menge abgeschlossen (als Schnitt abgeschlossener Mengen), beschränkt und somit kompakt ist, existiert ein Punkt $\tilde{x}_0 \in \mathcal{C}$, dessen Abstand zu x_0 über alle Punkte aus $\mathcal{C}$ minimal ist:

$$\tilde{x}_0 = \arg\min_{x \in \mathcal{C}} |x_0 - x|.$$

Die Menge $\left(\frac{1}{3}, \frac{2}{3}\right)$ ist das größte Intervall, welches keine Punkte aus $\mathcal{C}$ enthält. Den maximalen Abstand eines Punktes aus $[0,1]$ zu der Menge $\mathcal{C}$ besitzt daher der Punkt $1/2$. Die nächstgelegenen Punkte in $\mathcal{C}$ von $1/2$ aus betrachtet sind $1/3$ und $2/3$, der Abstand von $1/2$ zu ihnen beträgt jeweils $1/6$. Das kann man ausdrücken als

$$|\tilde{x}_0 - x_0| \leq \frac{1}{6} = \frac{1}{6} \cdot \frac{1}{3^0},$$

und der Induktionsanfang ist gemacht. Den Induktionsschritt bewältigen wir wie folgt: Gilt nach dem Münzwurf $x_{k+1} = \frac{1}{3}x_k + \frac{2}{3}$, so definieren wir den Punkt $\tilde{x}_{k+1} := \frac{1}{3}\tilde{x}_k + \frac{2}{3}$, der nach (a) in $\mathcal{C}$ liegt. Man überzeugt sich, dass

$$|\tilde{x}_{k+1} - x_{k+1}| = \left|\frac{1}{3}\tilde{x}_k + \frac{2}{3} - \frac{1}{3}x_k - \frac{2}{3}\right| \leq \frac{1}{3}|\tilde{x}_k - x_k| \leq \frac{1}{6} \cdot \frac{1}{3^{k+1}}.$$

Bei gegenteiligem Ausgang des Münzwurfs definiere man entsprechend den Punkt $\tilde{x}_{k+1} := \frac{1}{3}\tilde{x}_k$, der ebenso in $\mathcal{C}$ liegt. Man hat auch hier

$$|\tilde{x}_{k+1} - x_{k+1}| = \left|\frac{1}{3}\tilde{x}_k - \frac{1}{3}x_k\right| \leq \frac{1}{3}|\tilde{x}_k - x_k| \leq \frac{1}{6} \cdot \frac{1}{3^{k+1}}.$$

Damit ist die Ungleichung nachgewiesen. Offen bleibt noch die Frage, ob jeder Punkt aus $\mathcal{C}$ auf diese Weise approximiert werden kann. Seien $x \in \mathcal{C}$ und $k \in \mathbb{N}$ beliebig. Seien $b_1 \ldots b_k$ die ersten k Nachkommastellen von x in der 3-adischen Entwicklung. Treten diese Ziffern direkt nacheinander in umgekehrter Reihenfolge $b_k \ldots b_1$ in einer Sequenz von Ausfällen (*Zahl* für $b_j = 0$, *Kopf* für $b_j = 2$) auf, so taucht auch eine Zahl in der Trajektorie auf, die mit x in den ersten k Nachkommaziffern übereinstimmt und sich somit von x um höchstens 3^{-k} unterscheidet. Man beachte, dass x in $\mathcal{C}$ liegt und daher $b_1, \ldots, b_k \in \{0, 2\}$ gilt. Der Ausfall $b_k \ldots b_1$ ereignet sich im Anschluss an das j. Glied der Trajektorie mit Wahrscheinlichkeit $2^k > 0$, wobei j fest, aber beliebig ist. Die Ereignisse, dass sich der Ausfall nach dem 1., $(k+1).$, $(2k+1).$, usw. Glied ereignet, sind unabhängig, woraus geschlossen werden kann, dass sich der Ausfall fast sicher mindestens einmal ereignet. Da dies für jedes k und jeden Ausfall $b_k \ldots b_1$ gilt, besitzt die Trajektorie den Punkt x fast sicher als Häufungspunkt. Folglich kommt die Trajektorie jedem Punkt aus $\mathcal{C}$ fast sicher beliebig nahe.

3.6 **(a)** Eine Fallunterscheidung bietet sich an. Ist $x \in [0, 1/2)$, so bedeutet dies für die binäre Darstellung von $x = \sum_{i=1}^{\infty} \frac{b_i}{2^i}$, dass $b_1 = 0$ ist. Multiplikation mit 2 bewirkt einfach eine Linksverschiebung der Ziffernfolge um eine Stelle, wie man dieser Rechnung entnimmt:

$$2x = 2 \cdot \sum_{i=2}^{\infty} \frac{b_i}{2^i} = \sum_{i=2}^{\infty} \frac{b_i}{2^{i-1}} = \sum_{i=1}^{\infty} \frac{b_{i+1}}{2^i}.$$

Ist $x \in [1/2, 1]$, so muss entsprechend $b_1 = 1$ sein. Gemäß der Iterationsvorschrift berechnen wir

$$2 - 2 \cdot \left(\frac{1}{2} + \sum_{i=2}^{\infty} \frac{b_i}{2^i} \right) = 1 - \sum_{i=2}^{\infty} \frac{b_i}{2^{i-1}} = \sum_{i=2}^{\infty} \frac{1}{2^{i-1}} - \sum_{i=2}^{\infty} \frac{b_i}{2^{i-1}}$$

$$= \sum_{i=2}^{\infty} \frac{1 - b_i}{2^{i-1}} = \sum_{i=1}^{\infty} \frac{1 - b_{i+1}}{2^i},$$

so dass sich die angegebene Ziffernfolge ergibt.

(b) Besitzt der rationale Anfangswert eine nach k Nachkommastellen abbrechende Binärdarstellung, so besteht die Trajektorie ab der k. Iterierten aus lauter Nullen. Ist die Binärentwicklung des Anfangswertes dagegen nach der k. Nachkommastelle periodisch mit Periodenlänge p, so wiederholt sich spätestens ab der k. Iterierten die Trajektorie p-periodisch oder $2p$-periodisch, je nachdem, wie viele Iterierte in $[1/2, 1]$ liegen. Dies geht aus der Wirkungsweise der Iterationsvorschrift auf die Binärentwicklung in (a) hervor. Andere Möglichkeiten gibt es nicht.

(c) Der Fehler hinsichtlich des genauen Anfangszustandes ist nicht größer als $2^{-9} > 10^{-3} > 2^{-10}$. In der Binärdarstellung des Anfangszustandes sind also die ersten 9 Nachkommastellen genau und nach 10 Iterationen hat sich der Grad der Unsicherheit auf das gesamte Einheitsintervall ausgedehnt.

3.7 Unsere Überlegungen sind so angelegt, dass wir schließlich ein x_0 explizit angeben können, dessen Iterationsfolge das Gewünschte leistet. Sei $x = 0.b_1 b_2 b_3 \ldots$ die Entwicklung einer beliebigen Zahl $x \in (0, 1)$ im Binärsystem. Dann besitzt $2x$ mod 1 die Entwicklung $0.b_2 b_3 b_4 \ldots$; es tritt also eine Linksverschiebung mit Löschen der führenden Nachkommastelle ein.

Der Anfangswert z_0 habe die Binärdarstellung $z_0 = 0.b_1 b_2 b_3 \ldots$. Da die Trajektorie $(z_n)_{n \in \mathbb{N}_0}$ verrauscht ist, kann z_n offensichtlich dargestellt werden durch $z_n = 0.b_{n+1} \ldots b_{50} b_{51}^{(1)} \ldots b_{50+n}^{(n)} b_{50+n+1}^{(n)} \ldots$ für $n \leq 49$ und im Fall $n \geq 50$ durch $z_n = 0.b_{n+1}^{(n-49)} \ldots b_{n+50}^{(n)} b_{n+51}^{(n)} \ldots$, wobei die $b_k^{(j)}$ Zufallsgrößen sind, die bezüglich der von $\varepsilon_1, \ldots, \varepsilon_j$ erzeugten σ-Algebra messbar sind. Da die Folgeglieder $z_0, \ldots, z_N$ beobachtet werden, kann das zu wählende Folgeglied x_0 ebenso als eine hinsichtlich $\sigma(\varepsilon_1, \ldots, \varepsilon_N)$ messbare Zufallsgröße angesehen werden. Diese Gedankenführung schlägt sich nieder in der Definition von x_0 als

$$x_0 := 0.b_1 \ldots b_{50} b_{51}^{(1)} b_{52}^{(2)} \ldots b_{50+N}^{(N)}.$$

Nach der Rekursionsvorschrift der x_n gewinnt man x_{n+1} aus x_n, indem man die erste Nachkommastelle von x_n streicht und alle folgenden um eine Stelle nach links verschiebt. Daher stimmen für jedes $n = 0, \ldots, N$ die ersten 50 Nachkommaziffern von x_n mit denen von z_n überein. Da wir im Binärsystem arbeiten, bedeutet dies, dass der Abstand zwischen x_n und z_n für alle $n = 0, \ldots, N$ nicht größer ist als 2^{-50}, womit die Ungleichung gezeigt ist.

3.8 (a) Wegen $x_k < b^n$ ist $x_k^2 < b^{2n}$ und

$$x_{k+1} = \left\lfloor \frac{x_k^2}{b^n} \right\rfloor \leq \frac{x_k^2}{b^n}.$$

Für positive x_k gilt ferner

$$\frac{x_k^2}{b^n} < \frac{x_k b^n}{b^n} = x_k.$$

Beides zusammen sagt $x_{k+1} < x_k$. Dann ist auch $x_{k+1} < b^n$, und das Argument lässt sich wiederholen.

(b) Sind die letzten n Stellen von x_k allesamt 0, dann ist für ein gewisses $m \in \mathbb{N}$ x_k von der Form

$$x_k = mb^n.$$

Diese Feststellung erlaubt die Darstellung

$$x_{k+1} = (m^2 \mod b^n) b^n.$$

Also sind auch die letzten n Stellen von x_{k+1} alle 0.

3.11 (a) Wir beginnen mit einer sorgfältigen Analyse der Wirkung wiederholter Riffle-Shuffles auf die Anordnung der Karten. Durch einen einzigen perfekten Riffle-Shuffle gerät die Karte in Position $m_0 \in \{1, \ldots 2n\}$ in die Position m_1. Falls $m_0 = 1$, dann $m_1 = 1$ und falls $m_0 = 2n$, dann $m_1 = 2n$. Ansonsten ist

$$m_1 = 2m_0 - 1 \mod (2n - 1),$$

d.h. es ist $m_1 = 2m_0 - 1 - l(2n-1)$ für ein $l \in \mathbb{N}_0$. Nach einem weiteren perfekten Riffle-Shuffle ist die Karte, die sich ursprünglich in Position m_0 befand, dann in Position

$$\begin{aligned} m_2 &= 2m_1 - 1 \mod (2n-1) \\ &= 2^2 m_0 - 2 - 2l(2n-1) - 1 \mod (2n-1) \\ &= 2^2 m_0 - (2^2 - 1) \mod (2n-1). \end{aligned}$$

Iterativ fortschreitend erkennt man, dass die Karte, die ursprünglich in Position m_0 war, nach k perfekten Riffle-Shuffles die Position

$$m_k = 2^k m_0 - (2^k - 1) \mod (2n-1)$$

innehat, d.h. es gilt

$$m_k - 1 = 2^k(m_0 - 1) \mod (2n-1).$$

Löst nun k^* die Gleichung

$$2^{k^*} = 1 \mod (2n-1),$$

dann wird speziell für ein derartiges k^*

$$\begin{aligned} m_{k^*} - 1 &= 2^{k^*}(m_0 - 1) - (2^{k^*} - 1)(m_0 - 1) \mod (2n-1) \\ &= m_0 - 1 \mod (2n-1), \end{aligned}$$

woraus man $m_{k^*} = m_0$ für alle $m_0 \in \{1, \ldots, 2n\}$ abliest. Man überzeugt sich leicht, dass $k^* = 8$ die kleinste natürliche Zahl ist mit der Eigenschaft

$$2^{k^*} = 1 \mod 51.$$

(b) Wir folgen der im Hinweis empfohlenen Linie. Die Karten werden also von 0 bis $2n - 2$ nummeriert, beginnend mit der obersten Karte. Durch die Abhebe-Operation A^1 wird aus der Anordnung

$$(0, 1, \ldots, 2n-2)$$

die Anordnung

$$(1, 2, \ldots, 2n-2, 0).$$

Aus der Anordnung $(0, 1, \ldots, 2n-2)$ entsteht nach einer Abhebeoperation A^1, gefolgt von einem Riffle-Shuffle, die Anordnung

$$(1, n+1, 2, n+2, \ldots, 2n-2, n-1, 0, n).$$

Andererseits ergibt sich aus $(0, 1, \ldots, 2n-2)$ durch Anwendung eines Riffle-Shuffle die Anordnung

$$(0, n, 1, n+1, 2, n+2, \ldots, 2n-2, n-1)$$

und daraus durch Anwendung von A^2 wiederum

$$(1, n+1, 2, n+2, \ldots, 2n-2, n-1, 0, n).$$

Wir drücken die Identität, die sich eingestellt hat, kurz als

$$A^1 R = R A^2$$

aus. Sie mündet direkt in die Aussage, dass jede beliebige Kombination von Abhebe-Operationen und Riffle-Shuffles dieselbe Wirkung hat wie $R^i A^j$, d.h. i Riffle-Shuffles gefolgt von A^j, für geeignete $i, j \in \mathbb{N}_0$. Nun folgt eine zentrale Beobachtung. Die Zahlen 2 und $2n - 1$ sind relativ prim. Nach Eulers Theorem ist dann

$$2^{\varphi(2n-1)} = 1 \mod (2n-1), \qquad (3.4)$$

wobei $\varphi(n)$ definiert ist als die Anzahl aller natürlichen Zahlen kleiner oder gleich n, die zu n relativ prim sind. Wegen (3.4) kann man wie in Teil (a) argumentieren, dass $\varphi(2n-1)$ perfekte Riffle-Shuffles jede gegebene Anordnung unverändert lassen. Dasselbe gilt für die Abhebe-Operation A^{2n-1}. Also können durch

3.2 Lösungen

beliebige Kombination von Riffle-Shuffles und Abhebe-Operationen nicht mehr als $(2n-1)\varphi(2n-1)$ verschiedene Anordnungen erzeugt werden. Wegen der offensichtlichen Schranke $\varphi(2n-1) \leq 2n-2$ ist die Zahl nicht größer als $(2n-1)(2n-2)$. (Siehe auch Golomb (1961).)

3.12 (a) Es sei $x_{k-1} < x_k$. Entweder haben wir
$$x_{k+1} = x_k + x_{k-1} > x_k$$
oder aber
$$x_{k+1} = x_k + x_{k-1} - 2^s < x_{k-1},$$
in beiden Fällen also nicht die Anordnung $x_{k-1} < x_{k+1} < x_k$.

(b) Als Realisierungen stetiger Zufallsgrößen sind die x_i fast sicher verschieden. Aus Symmetriegründen treten alle 6 möglichen Anordnungen von x_{k-1}, x_k, x_{k+1} mit derselben Wahrscheinlichkeit auf. Also haben wir $x_{k-1} < x_{k+1} < x_k$ mit Wahrscheinlichkeit $\frac{1}{6}$.

(c) Die Argumentation ist aufwendig. Wir unterscheiden darin zwei Fälle und beginnen mit

Fall 1: $x_0 = 0$, $x_1 = 1$.

Dann ist x_n kongruent zur n. Fibonacci-Zahl F_n, d.h.
$$x_n = F_n \mod 2^s.$$

Das kleinste n mit der Eigenschaft
$$F_n = 0 \mod 2^s$$
$$F_{n+1} = 1 \mod 2^s$$
ist die gesuchte Periode p. Für Fibonacci-Zahlen gilt
$$F_{n+m} = F_{n-1} F_m + F_n F_{m+1}, \quad \forall n, m \in \mathbb{N}, \tag{3.5}$$
was man leicht mit Induktion über m unter Verwendung der Rekursionsformel der Fibonacci-Zahlen beweisen kann. Mit (3.5) verschafft man sich
$$F_{2n} = F_{n-1} F_n + F_n F_{n+1}$$
$$F_{3n} = F_{n-1} F_{2n} + F_n F_{2n+1}$$
$$F_{kn} = F_{n-1} F_{(k-1)n} + F_n F_{(k-1)n+1} \tag{3.6}$$
und liest ab, dass für alle $k \in \mathbb{N}$ stets F_{kn} ein Vielfaches von F_n ist (speziell: Wegen $F_3 = 2$ sind alle F_{3k} gerade). Aus (3.5) erhält man auch noch
$$F_{2n+1} = F_n^2 + F_{n+1}^2, \tag{3.7}$$
und aus (3.6) und (3.7) ergibt sich mit Induktion, dass für alle $s \geq 2$
$$F_{3 \cdot 2^{s-1}} = 0 \mod 2^{s+1} \tag{3.8}$$
$$F_{3 \cdot 2^{s-1}+1} = 2^s + 1 \mod 2^{s+1}. \tag{3.9}$$

Für $s = 2$ ist dies wegen $F_6 = 8$ und $F_7 = 13$ klar. Angenommen, (3.8) und (3.9) gelten für ein $s \geq 2$, dann ist $F_{3 \cdot 2^{s-1}}$ ein Vielfaches von 2^{s+1}, also $F_{3 \cdot 2^s}$ ist ein Vielfaches von 2^{s+1}, und ferner ist nach (3.6)

$$F_{3 \cdot 2^s} = F_{3 \cdot 2^{s-1}} \left(F_{3 \cdot 2^{s-1} - 1} + F_{3 \cdot 2^{s-1} + 1} \right).$$

Da beide Summanden in der letzten Klammer ungerade sind, also ihre Summe gerade ist, muss $F_{3 \cdot 2^s}$ insgesamt ein Vielfaches von 2^{s+2} sein. Damit ist (3.8) für alle $s \geq 2$ bewiesen. Der Induktionsschritt für (3.9) ergibt sich entsprechend bei Verwendung von (3.7). Aus (3.8) und (3.9) schließt man, dass die Periode ein Teiler von $3 \cdot 2^{s-1}$ ist, doch kein Teiler von $3 \cdot 2^{s-2}$, denn es ist zwar

$$F_{3 \cdot 2^{s-2}} = 0 \mod 2^s$$

aber

$$\begin{aligned} F_{3 \cdot 2^{s-2} + 1} &= 2^{s-1} + 1 \mod 2^s \\ &\neq 1 \mod 2^s. \end{aligned}$$

Damit ist p entweder gleich $3 \cdot 2^{s-1}$ oder 2^{s-1}. Doch Letzteres ist nicht möglich, da $F_{2^{s-1}}$ ungerade ist (nur die F_{3k} sind gerade, denn wären F_{3k-1}, F_{3k-2} beide gerade, dann auch alle Fibonacci-Zahlen).

Wir widmen uns nun

Fall 2: $x_0 = a$, $x_1 = b$ (a und b nicht beide gerade).

Unsere Bemühungen sind darauf gerichtet, diesen auf Fall 1 zurückzuführen. Dazu beginnen wir mit

$$x_n = aF_{n-1} + bF_n \mod 2^s,$$

einer Tatsache, die man der folgenden Aufstellung entnimmt:

k	0	1	2	3	4 ...	n
x_k	a	b	$a+b$	$a+2b$	$2a+3b$	$aF_{n-1} + bF_n$
Anzahl der Summanden a	1	0	1	1	2	F_{n-1}
Anzahl der Summanden b	0	1	1	2	3	F_n

Die Periode ist das kleinste n mit der Eigenschaft

$$a(F_{n+1} - F_n) + bF_n = a \mod 2^s \qquad (3.10)$$
$$aF_n + bF_{n+1} = b \mod 2^s. \qquad (3.11)$$

Aus (3.10) und (3.11) erhalten wir nach Multiplikation mit b und a (bzw. mit a und b) sowie Differenzbildung

$$(b^2 - ab - a^2)F_n = 0 \mod 2^s$$
$$(b^2 - ab - a^2)(F_{n+1} - 1) = 0 \mod 2^s.$$

Da a und b nicht beide gerade sind, ist $(b^2 - ab - a^2)$ ungerade, so dass

$$F_n = 0 \mod 2^s$$
$$F_{n+1} = 1 \mod 2^s$$

sein muss. Damit ist der 2. Fall auf den 1. Fall zurückgeführt.

Kapitel 4

Kombinatorik

4.1 Aufgaben

4.1 Insgesamt $2n$ Spieler bestreiten ein Schachturnier. Wie viele Paarungsmöglichkeiten gibt es für die 1. Runde, die aus n gleichzeitig gespielten Partien besteht? (Beachten Sie, dass bei einer Paarung auch die Verteilung der Farben eine Rolle spielt.)

4.2 Eine Tafel Schokolade ist mit 6 Querrinnen versehen. Auf wie viele Arten kann die Tafel gebrochen werden, wenn dies nur längs der Querrinnen geschehen darf? (Als verschieden gelten zwei Arten, die Tafel zu brechen, wenn die entstehenden Schokoladenstücke nicht allesamt deckungsgleich sind.)

4.3 Es gibt n Bewerber für eine offene Stelle. Drei Interviewer erstellen unabhängig voneinander eine Rangliste der Bewerber nach Eignung. Ein Bewerber wird eingestellt, wenn er bei mindestens zwei der Interviewer Rang 1 erreicht. Welcher Anteil der möglichen Ranglisten führt zur Einstellung eines Bewerbers?

Hinweis: Ermitteln Sie zunächst den Anteil der möglichen Ranglisten, die nicht zur Einstellung eines Bewerbers führen.

4.6 Die Funktion $K(n) := \sum_{k=0}^{n} \binom{n-k}{k}(-1)^k$ nimmt nur die Werte $-1, 0, +1$ an. Ermitteln Sie $K(1000)$. (Die Binomialkoeffizienten $\binom{m}{k}$ sind 0 für $m < k$.)

4.8 (Gesetz vom universellen Freund) Sie befinden sich auf einer Party. Je zwei der $n \geq 3$ Partyteilnehmer haben unter den Anwesenden genau einen gemeinsamen Freund. Die Freundschaftsrelation ist symmetrisch, aber nicht reflexiv. Dann gibt es mindestens einen Partyteilnehmer, der mit allen anderen Anwesenden befreundet ist. Beweisen Sie diese Aussage.

4.9 (a) Zeigen Sie:
$$\sum_{k=0}^{n}\binom{n}{k}^{2}=\binom{2n}{n}.$$

Hinweis: Auf wie viele Arten können aus n weißen und n schwarzen Objekten n Objekte ausgewählt werden?

(b) Beweisen Sie die Formel für die *Vandermonde-Konvolution*:
$$\sum_{k=0}^{n}\binom{n}{k}\binom{m}{i-k}=\binom{m+n}{i}.$$

4.10 (Fibonacci-Zahlen) Die Rekursionsgleichungen
$$F_{n+1}=F_{n}+F_{n-1}, \quad n\geq 1,$$
$$F_{0}=1,$$
$$F_{1}=1,$$

werden durch die *Fibonacci-Zahlen* gelöst.

(a) Ermitteln Sie die erzeugende Funktion der Fibonacci-Zahlen in geschlossener Form.

(b) Leiten Sie aus der geschlossenen Form der erzeugenden Funktion die k. Fibonacci-Zahl her.

Hinweis: Bringen Sie die erzeugende Funktion in die Form $g(x) = a(1-bx)^{-1} + c(1-dx)^{-1}$ für geeignete a, b, c, d, und benutzen Sie die geometrische Reihe.

(c) Zeigen Sie, dass $F_n = \sum_{k=0}^{\lfloor n/2 \rfloor} \binom{n-k}{k}$ ist.

4.11 (a) Eine Theke hat n Sitzgelegenheiten, die in einer Reihe angeordnet sind. Wie viele verschiedene Möglichkeiten gibt es, eine Teilmenge der Sitze zu besetzen, ohne dass von je zwei benachbarten Sitzgelegenheiten beide dazugehören?

(b) Wenn die Sitzgelegenheiten kreisförmig um eine runde Theke angeordnet sind, ist die Lösung des Problems von (a) gegeben durch $F_n + F_{n-2}, n \geq 2$, wobei F_n die n. Fibonacci-Zahl ist. Zeigen Sie dies.

4.12 (Ehegatten-Splitting) Eine Gruppe von n Ehepaaren trifft sich zu einer Dinner-Party. Man sitzt um einen kreisförmigen Tisch. Der Abstand zwischen zwei Personen sei definiert als die Anzahl der Personen, die zwischen ihnen sitzen, entweder im Uhrzeigersinn oder im Gegenzeigersinn, je nachdem, welche Zahl kleiner ist. Wie viele verschiedene Sitzordnungen gibt es, wenn der Abstand zwischen Eheleuten mindestens jeweils 1 sein soll?

4.14 (Eötvös-Mathematikwettbewerb) Dieses Problem setzt ein Schachbrett zur Lösung einer Algebra-Aufgabe ein. Die Aufgabe stammt aus dem ungarischen Eötvös-Mathematikwettbewerb.

(i) Man beweise: Für alle $m, n \in \mathbb{Z}$ besitzt das Gleichungssystem
$$a + b + 2c + 2d = m$$
$$2a - 2b + c - d = n$$
mindestens eine rein ganzzahlige Lösung $(a, b, c, d) \in \mathbb{Z}^4$.

Die Behauptung in Aufgabe (i) ist äquivalent mit der Behauptung der folgenden Aufgabe:

(ii) Man beweise: Ein Springer, der sich auf einem beliebigen Feld eines unendlichen Schachbretts befindet, kann jedes Feld des Schachbretts erreichen. Dabei besteht ein unendliches Schachbrett aus quadratischen Feldern, welche die ganze Ebene überdecken, und der Springer zieht, wie es im Schach üblich ist.

(a) Zeigen Sie, dass die Behauptungen in (i) und (ii) äquivalent sind.

(b) Lösen Sie Aufgabe (ii) und dadurch Aufgabe (i).

4.15 In einem Parlament sind 3 Parteien vertreten: 40 Konservative, 30 Sozialisten, 20 Liberale. Wie viele 9-köpfige Kommissionen mit dem Verteilungsschlüssel 4 Konservative, 3 Sozialisten, 2 Liberale lassen sich bilden?

4.17 Wenn dieses Buch mindestens zwei Seiten mehr enthält als maximal eine Seite an Druckfehlern aufweist, dann gibt es in diesem Buch mindestens zwei Seiten mit gleich vielen Druckfehlern. Beweisen Sie dies.

4.18 Für ein Gruppenfoto sollen $2n$ Personen unterschiedlicher Größe in 2 Reihen aufgestellt werden. Wie viele mögliche Anordnungen gibt es, wenn die Person in der 1. Reihe jeweils kleiner sein soll als die hinter ihr stehende Person in der 2. Reihe?

4.19 Auf wie viele Arten können $2n$ um einen kreisförmigen Tisch platzierte Personen sich in n Paaren die Hände schütteln, ohne dass ihre Arme sich kreuzen?

4.20 (Problem des garantierten Lotto-Gewinns) Wie viele verschiedene Tippreihen muss jemand beim Zahlenlotto *6 aus 49* abgeben, um mit Sicherheit mindestens einmal mindestens 3 Richtige zu erzielen? (Geben Sie eine nichttriviale obere Schranke für die Mindestzahl L benötigter Tippreihen an; Sie brauchen L selbst nicht exakt zu ermitteln.)

4.22 (Satz von Ramsey) Es seien m und n natürliche Zahlen nicht kleiner als 2.

(a) Zeigen Sie diese Variante des Satzes von Ramsey:
Es gibt eine kleinste Zahl $R(m, n)$ mit der folgenden Eigenschaft: In jeder Gruppe von $N \geq R(m, n)$ Personen finden sich m Personen, die einander alle gegenseitig kennen, oder n Personen, die einander paarweise nicht kennen. (Die Relation des Kennens werde als symmetrisch angenommen.)

(b) Bestimmen Sie eine obere Schranke für $R(m,n)$. Antwort: Es gilt z.B. $R(m,n) \leq \binom{m+n-2}{m-1}$.

Hinweis: Ermitteln Sie $R(m,2)$ und $R(2,n)$ für alle natürlichen Zahlen $m,n \geq 2$, und überzeugen Sie sich, dass $R(m,n) \leq R(m-1,n) + R(m,n-1)$ ist.

4.23 In jeder Gruppe von 6 Menschen gibt es entweder 3, die sich untereinander alle kennen, oder 3, die sich alle nicht kennen. Beweisen Sie dies.(Auch hier werde die Relation des Kennens als symmetrisch angenommen.)

4.24 Für die n Mitarbeiter eines Instituts stehen n in einer Reihe angeordnete und von 1 bis n nummerierte Parkplätze zur Verfügung. Jeder Mitarbeiter wählt unabhängig einen Lieblingsparkplatz, nicht notwendigerweise jeder einen anderen. Die Mitarbeiter treffen nacheinander ein. Jeder Mitarbeiter parkt auf seinem Lieblingsparkplatz, es sei denn, er ist bereits belegt. In diesem Fall parkt er auf dem ersten freien Platz in Fahrtrichtung, d.h. in Richtung größer werdender Nummerierung. Sind alle Plätze zwischen seinem bevorzugten Parkplatz und n belegt, verlässt er verärgert die Parkplätze. Zeigen Sie, dass unter allen n^n verschiedenen Auswahlen von Lieblingsparkplätzen, welche die Mitarbeiter treffen können, nur $(n+1)^{n-1}$ dazu führen, dass alle erfolgreich parken können.

4.25 Ursprünglich hatte der Weltsicherheitsrat 5 ständige und lediglich 6 nichtständige Mitglieder. Die siegreichen Koalitionen bestanden aus allen ständigen und mindestens zwei nichtständigen Mitgliedern.

(a) Geben Sie ein Spiel mit denselben siegreichen Koalitionen an.

(b) Bestimmen Sie den Shapley-Index der ständigen und der nichtständigen Mitglieder.

4.27 Ein Blatt in einem Taschenbuch fehlt. Die Summe der verbleibenden Seitenzahlen ist 15 000. Welche beiden Seiten fehlen?

4.28 In den USA gibt es 1-, 5-, 10-, 25- und 50-Cent-Münzen. Zeigen Sie, dass es 292 verschiedene Möglichkeiten gibt, eine 1-Dollar-Note zu wechseln.

4.34 (Iterierte Binomialkoeffizienten)

(a) Zeigen Sie, dass für alle natürlichen Zahlen $n \geq 2$

$$\binom{\binom{n}{2}}{2} = 3\binom{n+1}{4}$$

gilt.

(b) Aus jeder n-elementigen Menge mit $n > 3$ können mehr Tripel von Paaren von Elementen gebildet werden als Paare von Tripeln von Elementen. Anders ausgedrückt: Es ist

$$\binom{\binom{n}{2}}{3} > \binom{\binom{n}{3}}{2}, \qquad \forall n > 3.$$

Beweisen Sie diese Ungleichung.

4.35 (Randomisierte Algorithmen: Das Problem der Schrauben und Muttern) Insgesamt n Schrauben und n zugehörige Muttern liegen auf einem Haufen. Jede Mutter passt auf genau eine Schraube, und jede Schraube passt in genau eine Mutter. Man möchte die n zusammengehörenden Paare bestimmen.

Bei einem Versuch, eine Mutter auf eine Schraube zu drehen, kann man feststellen, welche von beiden größer ist oder gegebenenfalls, dass beide zueinander passen. Aber weder zwei Schrauben noch zwei Muttern können direkt miteinander verglichen werden. Man ist daran interessiert, mit möglichst wenig Versuchen auszukommen.

(a) Eine naive Strategie ist diese: Wähle eine Mutter rein zufällig aus. Vergleiche sie nacheinander mit den Schrauben, bis die passende gefunden ist. Wähle anschließend unter den verbleibenden Muttern eine rein zufällig aus, und wiederhole den Vorgang, usw. Wie viele Vergleiche werden im Mittel benötigt?

(b) Eine raffinierte Strategie ist diese: Wähle eine Mutter rein zufällig aus. Vergleiche sie nacheinander mit *allen* Schrauben, finde so die passende Schraube und vergleiche sie mit allen übrigen Muttern. Erzeuge auf diese Weise zwei Teilmengen. Die eine umfasst alle Schrauben und Muttern, die kleiner sind als das zusammenpassende Paar, und die andere umfasst alle Schrauben und Muttern, die größer sind. Auf beide Teilmengen kann man wiederum die Ausgangs-Strategie anwenden, usw. Wie viele Vergleiche werden im Mittel benötigt?

4.36 Bei einer Variante des Schachs beginnt das Spiel nicht mit der üblichen, sondern mit einer vom Zufall bestimmten Grundstellung. Für *Weiß* wird dabei die Aufstellung der Offiziere hinter der Bauernreihe rein zufällig aus der Menge aller Positionen gewählt, die folgende Nebenbedingungen erfüllen:

(i) Dame und König stehen direkt nebeneinander.

(ii) Ein Läufer ist weißfeldrig, der andere ist schwarzfeldrig.

Die Aufstellung der schwarzen Figuren wird durch Spiegelung bestimmt.

(a) Wie viele verschiedene Anfangsstellungen gibt es?

(b) Wie viele verschiedene Anfangsstellungen gibt es (ohne Berücksichtigung der in (i) und (ii) formulierten Nebenbedingungen), bei denen kein Offizier so platziert ist wie in der üblichen Grundstellung?

4.37 Insgesamt m Studenten $M_1, \ldots, M_m$ sitzen in einem Hörsaal. Weitere n Studenten $(M_{m+1}, \ldots, M_{n+m})$ kommen nach und nach dazu. Sie treffen unabhängig voneinander ihre Wahl eines Kommilitonen, zu dem sie sich gesellen, und zwar so: M_{m+1} rein zufällig aus $\{M_1, \ldots, M_m\}$, M_{m+2} rein zufällig aus $\{M_1, \ldots, M_{m+1}\}$, usw. Auf diese Weise bilden sich um $M_1, \ldots, M_m$ schließlich Anhängerschaften der zufälligen Größen k_i mit $\sum_{i=1}^m k_i = n$. Wir nennen $(k_1, \ldots, k_m)$ einen Makrozustand der Hörsaalbelegung. Zeigen Sie, dass die Anhängerschaften der Bose-Einstein-Statistik gehorchen, d.h. es gibt $\binom{n+m-1}{n}$ verschiedene Makrozustände, und alle sind gleich wahrscheinlich.

4.38 (Das faktorielle Zahlensystem) Beweisen Sie:

(a) Für alle $m \in \mathbb{N}$ und $t \in \mathbb{R}$ gilt die Gleichung
$$(1+t^{1!})(1+t^{2!}+t^{2\cdot 2!})\cdots(1+t^{m!}+t^{2\cdot m!}+\cdots+t^{m\cdot m!}) = 1+t+\cdots+t^{(m+1)!-1}.$$

Hinweis: Welche Beziehung besteht zwischen obiger Identität und
$$1\cdot 1! + 2\cdot 2! + \cdots + n\cdot n! = (n+1)! - 1?$$

(b) Für alle $n \in \mathbb{N}_0$ gibt es eine eindeutig bestimmte Folge $n_1, n_2, \ldots$ mit $n_i \in \{0, \ldots, i\}$ und
$$n = n_1 \cdot 1! + n_2 \cdot 2! + \cdots.$$

4.40 (Parkettierung des Schachbretts)

(a) Auf wie viele verschiedene Arten kann ein Schachbrett der Größe $2 \times n$ mit Dominosteinen der Größe 2×1 überdeckt werden?

Hinweis: Stellen Sie eine Rekursionsgleichung auf.

(b) Stellen Sie eine Rekursionsgleichung auf für die Anzahl a_n der verschiedenen Möglichkeiten, ein Schachbrett der Größe $3 \times n$ mit Dominosteinen der Größe 3×1 zu überdecken.

4.2 Lösungen

4.1 Wir denken uns n Tische, an denen die Partien ausgetragen werden. Insgesamt sind $2n$ Plätze zu vergeben: «1 Weiß», «1 Schwarz», «2 Weiß», «2 Schwarz», ... in selbsterklärender Bezeichnungsweise. Es gibt $(2n)!$ Möglichkeiten, den Spielern diese Plätze zuzuweisen. Da die Reihenfolge, in der die n Tische mit je einer Paarung platziert sind, irrelevant ist, muss durch die Anzahl aller Möglichkeiten, die Tische aufzustellen, dividiert werden. Diese beträgt $n!$.
Also gibt es $\frac{(2n)!}{n!}$ Paarungsmöglichkeiten.

4.2 Die Anzahl der Arten, die Tafel zu brechen, entspricht der Anzahl der Möglichkeiten, die Zahl 7 additiv in natürliche Zahlen zu zerlegen. Eine vorläufige Antwort auf diese Fragestellung ist deshalb $P_R(7)$ mit der Referenzmenge $R = \{1, \ldots, 6\}$. Die Zahl $P_R(7)$ tritt auf als Koeffizient von x^7 in der Entwicklung von $\left[(1-x)(1-x^2)\cdot\ldots\cdot(1-x^6)\right]^{-1}$, doch es ist im konkreten Fall einfacher, die Partitionen der Zahl 7 systematisch aufzulisten.

2 Fraktale:	$7 = 6+1$, $7 = 5+2$, $7 = 4+3$
3 Fraktale:	$7 = 5+1+1$, $7 = 4+2+1$, $7 = 3+2+2$, $7 = 3+1+3$
4 Fraktale:	$7 = 4+1+1+1$, $7 = 3+2+1+1$, $7 = 2+2+2+1$
5 Fraktale:	$7 = 3+1+1+1+1$, $7 = 2+2+1+1+1$
6 Fraktale:	$7 = 2+1+1+1+1+1$
7 Fraktale:	$7 = 1+1+1+1+1+1+1$

Daher gibt es insgesamt 14 verschiedene Möglichkeiten, eine Tafel zu brechen.

4.3 Der Anteil der Ranglisten, die nicht zur Einstellung eines Bewerbers führen, entspricht dem Anteil der Ranglisten, bei denen alle drei Spitzenplätze von verschiedenen Personen belegt werden. Dieser Anteil ist

$$1 \cdot \frac{n-1}{n} \cdot \frac{n-2}{n},$$

da die Ranglisten unabhängig voneinander erstellt werden. Folglich beträgt der Anteil der Ranglisten, die zur Einstellung eines Bewerbers führen

$$1 - \frac{(n-1)(n-2)}{n^2} = \frac{3n-2}{n^2}.$$

4.6 Zur Vorbereitung notieren wir die bekannte Formel

$$\binom{m}{l} + \binom{m}{l+1} = \binom{m+1}{l+1}, \qquad \forall m, l \in \mathbb{N}_0.$$

Sie kann unmittelbar vom Pascal'schen Dreieck abgelesen werden. Sie ist uns nützlich bei der Berechnung der Differenz

$$\begin{aligned}
K(n+1) - K(n) &= \sum_{k=0}^{n+1} \binom{n+1-k}{k}(-1)^k - \sum_{k=0}^{n} \binom{n-k}{k}(-1)^k \\
&= \sum_{k=1}^{n} \binom{n+1-k}{k}(-1)^k - \sum_{k=1}^{n} \binom{n-k}{k}(-1)^k \\
&= \sum_{k=1}^{n} \left[\binom{n+1-k}{k} - \binom{n-k}{k}\right] \cdot (-1)^k \\
&= \sum_{k=1}^{n} \binom{n-k}{k-1} \cdot (-1)^k = -\sum_{k=0}^{n-1} \binom{n-1-k}{k} \cdot (-1)^k \\
&= -K(n-1).
\end{aligned}$$

Damit haben wir unser erstes Anliegen erreicht und eine Rekursionsformel hergeleitet:

$$K(n+1) = K(n) - K(n-1).$$

Berechnen wir damit die ersten Folgeglieder, so wird ein allgemein gültiges Prinzip sichtbar:

$$K(0) = \binom{0}{0} \cdot (-1)^0 = 1$$

$$K(1) = \binom{1}{0} \cdot (-1)^0 + \binom{0}{1} \cdot (-1)^1 = 1$$

$$K(2) = K(1) - K(0) = 0$$

$$K(3) = K(2) - K(1) = -1$$

$$K(4) = K(3) - K(2) = -1$$

$$K(5) = K(4) - K(3) = 0$$

$$K(6) = K(5) - K(4) = 1 = K(0)$$

$$K(7) = K(6) - K(5) = 1 = K(1)$$

$$K(8) = K(2)$$

$$\vdots \quad \vdots$$

Ab hier treten also 6-periodische Wiederholungen auf. Es gilt demnach

$$K(n + 6k) = K(n), \qquad \forall k \in \mathbb{N}, \forall n \in \{0, \ldots, 5\}.$$

Wegen $K(0), \ldots, K(5) \in \{-1, 0, 1\}$ folgt somit $K(n) \in \{-1, 0, 1\}$ für alle $n \in \mathbb{N}$. Man berechnet $K(1000) = K(4 + 6 \cdot 166) = K(4) = -1$.

4.8 Wir formulieren die zu beweisende Aussage mit Hilfe eines Graphen G, dessen Ecken die Partyteilnehmer repräsentieren und bei dem je zwei Ecken durch eine Kante verbunden sind («benachbart sind»), wenn die zugehörigen Partyteilnehmer miteinander befreundet sind. Die Übertragung der Aussage lautet: Wenn in G je zwei verschiedene Ecken genau einen gemeinsamen Nachbarn haben, dann gibt es in G mindestens eine Ecke, die zu allen anderen Ecken benachbart ist.
Zum Beweis gehen wir schrittweise vor:

1. Behauptung: Wenn zwei verschiedene Ecken x, y von G nicht benachbart sind, dann besitzen sie denselben Grad, d.h. dieselbe Zahl benachbarter Ecken.

Wir bezeichnen mit $\mathcal{N}(x)$ die Menge der zu x benachbarten Ecken und definieren eine Abbildung $f : \mathcal{N}(x) \longrightarrow \mathcal{N}(y)$ dadurch, dass $z \in \mathcal{N}(x)$ auf den gemeinsamen Nachbarn von z und y abgebildet wird. Bei diesem gemeinsamen Nachbarn kann es sich nicht um x selbst handeln, da x und y nicht benachbart sind. Die Abbildung f ist eine Bijektion, denn einerseits ist f injektiv, weil $z \in \mathcal{N}(x)$ eindeutig bestimmt ist als gemeinsamer Nachbar von x und $f(z)$, und andererseits ist aufgrund von Symmetrie die Abbildung f surjektiv. Damit haben $\mathcal{N}(x)$ und $\mathcal{N}(y)$ dieselbe Mächtigkeit, und die Behauptung gilt.

2. Behauptung: Wenn eine Ecke vom Grad $k > 1$ existiert, dann besitzen alle Ecken Grad k, außer wenn es einen universellen Freund gibt.

Sei $\mathcal{K}$ die Menge der Ecken vom Grad k und $\mathcal{K}^c$ die Menge der Ecken mit einem von k verschiedenen Grad. Angenommen, $\mathcal{K}^c$ ist nicht leer. Nach der 1. Behauptung ist jede Ecke in $\mathcal{K}$ zu jeder Ecke in $\mathcal{K}^c$ benachbart. Wenn $\mathcal{K}$ oder $\mathcal{K}^c$ einelementig sind, existiert ein universeller Freund, andernfalls gibt es zwei verschiedene Ecken in $\mathcal{K}$, und diese haben zwei gemeinsame Nachbarn in $\mathcal{K}^c$, was im Widerspruch zur Eindeutigkeit gemeinsamer Nachbarn steht. In diesem Fall ist also $\mathcal{K}^c$ leer, und alle Ecken besitzen denselben Grad.

Wir führen nun den Fall, dass alle Ecken denselben Grad k haben, zum Widerspruch. Dann muss ein universeller Freund existieren. Auf dieses Ziel hin formulieren wir unsere

3. Behauptung: Besitzen alle n Ecken denselben Grad k, dann ist $n = k(k-1)+1$.

Zu diesem Ergebnis kommt man, wenn Pfade der Länge 2 gezählt werden. Ein Pfad der Länge 2 ist eine Verbindung zwischen zwei Ecken über eine andere Ecke als Zwischenstation. Es gibt genau $\binom{n}{2}$ dieser Pfade. Ihre Anzahl kann man auch anders zählen. Für jede Ecke x gibt es genau $\binom{k}{2}$ Pfade der Länge 2 mit x als Zwischenstation zwischen zwei anderen Pfaden. Dann sind es insgesamt $n \cdot \binom{k}{2}$ Pfade der Länge 2. Also ist

$$\binom{n}{2} = n \cdot \binom{k}{2}$$

bzw.

$$n = k(k-1) + 1,$$

und die Behauptung ist verifiziert.

Nach diesen Vorbereitungen nehmen wir nun $k \geq 3$ an. Andernfalls wäre $n = 3$, und für diese Anzahl von Partyteilnehmern ist das Gesetz vom universellen Freund offensichtlich erfüllt.

Ein Weg der Länge n sei eine geordnete Abfolge $x_0 x_1 \ldots x_n$ von Ecken derart, dass jeweils x_i und x_{i+1} Nachbarn sind. Im Fall $x_n = x_0$ heiße ein solcher Weg geschlossen. Ein geschlossener Weg hat einen Anfangspunkt ($=$ Endpunkt) und eine Orientierung, d.h. ist $xyzx$ ein geschlossener Weg, dann werden $xyzx$, $yzxy$, $yxzy$ als voneinander verschiedene geschlossene Wege aufgefasst. Das bedeutet: Die Anzahl geschlossener Wege der Primzahl-Länge p ist durch p teilbar. Für eine gegebene Ecke x sei nun $a(m)$ die Anzahl der Wege der Länge m von x nach x. Im Falle $m > 1$ ist die Anzahl geschlossener Wege $x_0 \ldots x_{m-2} x_{m-1} x_m$ von $x = x_0 = x_m$ mit $x_{m-2} = x$ gerade $k a(m-2)$, und die Anzahl der Wege mit $x_{m-2} \neq x$ ergibt sich als $k^{m-2} - a(m-2)$, wenn man bedenkt, dass die Anzahl der Wege $x_0 x_1 \ldots x_{m-2}$ beginnend mit einer festen Ecke x_0 genau k^{m-2} ist, da alle Ecken nach Voraussetzung Grad k besitzen. Damit haben wir uns die wertvolle Beziehung

$$a(m) = (k-1)a(m-2) + k^{m-2}$$

erarbeitet. Sie führt uns wie folgt zum Ziel: Sei die Primzahl p ein Teiler von $k-1$. Wegen

$$k^{m-2} = (k-1+1)^{m-2} = \sum_{l=0}^{m-2} \binom{m-2}{l}(k-1)^l$$

kann man schließen, dass

$$a(p) \equiv 1 \mod p.$$

Außerdem ist die Gesamtzahl der geschlossenen Wege der Länge p

$$n \cdot a(p) = [k(k-1)+1]a(p) \equiv 1 \mod p,$$

und entstanden ist ein Widerspruch zur Tatsache, dass die Anzahl dieser Wege durch p teilbar ist.
(Weitere Informationen finden sich in Huneke (2002).)

4.9 (a) An den Hinweis anknüpfend ermitteln wir mit zwei verschiedenen Möglichkeiten des Abzählens, auf wie viele Arten aus n weißen und n schwarzen Objekten genau n Objekte ausgewählt werden können:

1. Insgesamt sind es $2n$ Objekte, n Objekte können aus diesen auf $\binom{2n}{n}$ Arten ausgewählt werden.

2. Zunächst können aus den n weißen Objekten $k \in \{0, \ldots, n\}$ Objekte ausgewählt werden (auf $\binom{n}{k}$ Arten) und anschließend aus den n schwarzen Objekten $n-k$ Objekte (auf $\binom{n}{n-k}$ Arten). Jede Auswahl der k weißen Objekte kann mit allen Auswahlen der $n-k$ schwarzen Objekte kombiniert werden und ergibt eine andere Auswahl von n Objekten aus den $2n$ Objekten. Für verschiedene k ergeben sich verschiedene Auswahlen, und wir erhalten $\sum_{k=0}^{n} \binom{n}{k}\binom{n}{n-k}$.

Die Zählergebnisse können gleichgesetzt werden, und das liefert

$$\binom{2n}{n} = \sum_{k=0}^{n}\binom{n}{k}\binom{n}{n-k} = \sum_{k=0}^{n}\binom{n}{k}^2.$$

(b) Die rechte Seite gibt die Anzahl verschiedener Möglichkeiten an, aus $m+n$ Objekten i Objekte auszuwählen. Sind n dieser Objekte weiß und m Objekte schwarz, so kann man äquivalent auch zuerst abzählen, wie viele Möglichkeiten es gibt, aus n weißen Objekten k auszuwählen und aus m schwarzen Objekten $i-k$ auszuwählen, und dann über k von $0,\ldots,n$ zu summieren. Bedenkt man Punkt 2. unter (a), kommt man zur Formel für die Vandermonde-Konvolution.

4.10 (a) Sei $G(x)$ die erzeugende Funktion der Fibonacci-Zahlen. Wir rechnen

$$\begin{aligned}G(x) &= \sum_{k=0}^{\infty} F_k x^k = 1 + x + \sum_{k=2}^{\infty}(F_{k-1} + F_{k-2})x^k \\ &= 1 + x + x\sum_{k=2}^{\infty} F_{k-1} x^{k-1} + x^2 \sum_{k=2}^{\infty} F_{k-2} x^{k-2} = 1 + x\sum_{k=0}^{\infty} F_k x^k + x^2 \sum_{k=0}^{\infty} F_k x^k \\ &= 1 + xG(x) + x^2 G(x)\end{aligned}$$

und notieren als Ergebnis

$$G(x) = \frac{1}{1 - x - x^2}. \tag{4.1}$$

(b) Folgt man dem Hinweis und (4.1), gelangt man zu

$$(1-dx)(1-x-x^2)a + (1-bx)(1-x-x^2)c = (1-bx)(1-dx), \quad \forall x \in [0,1].$$

Nach Ausmultiplizieren und Koeffizientenvergleich erhält man daraus die Gleichungen

$$\begin{aligned} a + c &= 1 \\ -a - ad - c - bc &= -b - d \\ -a + ad - c + bc &= bd \\ ad + bc &= 0 \end{aligned}$$

bzw.

$$\begin{aligned} a + c &= 1 = -bd \\ b + d &= 1 \\ ad + bc &= 0. \end{aligned}$$

Aus $b = 1-d$ und $-bd = 1$ bildet man $d^2 - d - 1 = 0$ mit den Lösungen $d_{1/2} = \frac{1}{2}(1\pm\sqrt{5})$, und somit ist $b_{1/2} = \frac{1}{2}(1\mp\sqrt{5}), a_{1/2} = \frac{1}{2}(1\mp\frac{1}{\sqrt{5}}), c_{1/2} = \frac{1}{2}(1\pm\frac{1}{\sqrt{5}})$. Ganz gleich, welche Lösung gewählt wird, in beiden Fällen resultiert

$$G(x) = \frac{a}{1-bx} + \frac{c}{1-dx}$$

4.2 Lösungen

mit
$$a = \tfrac{1}{2}(1 - \tfrac{1}{\sqrt{5}}), \quad b = \tfrac{1}{2}(1 - \tfrac{1}{\sqrt{5}})$$
$$c = \tfrac{1}{2}(1 + \tfrac{1}{\sqrt{5}}), \quad d = \tfrac{1}{2}(1 + \sqrt{5})$$

als Darstellung der erzeugenden Funktion. Geht man mittels geometrischer Reihen noch einen Schritt weiter, kommt man zu

$$G(x) = a \sum_{k=0}^{\infty} b^k x^k + c \sum_{k=0}^{\infty} d^k x^k$$

und kann daraus unmittelbar die Fibonacci-Zahlen ablesen:

$$\begin{aligned} F_k &= ab^k + cd^k \\ &= \frac{1}{2}\left(1 - \frac{1}{\sqrt{5}}\right)\left[\frac{1}{2}(1-\sqrt{5})\right]^k + \frac{1}{2}\left(1 + \frac{1}{\sqrt{5}}\right)\left[\frac{1}{2}(1+\sqrt{5})\right]^k, \; \forall k \in \mathbb{N}_0. \end{aligned}$$

(c) Offensichtlich ist $F_0 = \sum_{k=0}^{0} \binom{0-k}{k} = \frac{0!}{0!0!} = 1$ und $F_1 = \sum_{k=0}^{0} \binom{1-k}{k} = \binom{1}{0} = 1$. Damit werden die Anfangswerte von der angegebenen Formel korrekt wiedergegeben. Wir überprüfen nun, dass die Formel auch die Fibonacci-Rekursion erfüllt. Dazu verwenden wir die Beziehung

$$\binom{r}{m} = \binom{r-1}{m-1} + \binom{r-1}{m}, \qquad \forall r, m \in \mathbb{N}. \tag{4.2}$$

Sei $n \geq 2$ gerade, dann ist $F_n + F_{n-1}$ nach der Formel gegeben durch

$$\begin{aligned} &\binom{n}{0} + \binom{n-1}{1} + \binom{n-2}{2} + \ldots + \binom{n-\tfrac{n}{2}}{\tfrac{n}{2}} \\ &+ \binom{n-1}{0} + \binom{n-2}{1} + \ldots + \binom{n-\tfrac{n}{2}}{\tfrac{n}{2}-1} \\ &= \binom{n+1}{0} + \binom{n}{1} + \binom{n-1}{2} + \ldots + \binom{n-\tfrac{n}{2}+1}{\tfrac{n}{2}}, \end{aligned}$$

bei Addition untereinander stehender Summanden mittels (4.2) und Beachtung von $\binom{n+1}{0} = \binom{n}{0}$. Die so erhaltene Summe ist nach der angegebenen Formel aber nichts anderes als F_{n+1}. Analoges gilt für n ungerade. Damit erfüllen die mit der Formel bestimmten F_n die Fibonacci-Rekursion sowie auch die Anfangswerte.

4.11 Die Sitzgelegenheiten seien durch die Menge $S_n := \{1, \ldots, n\}$ dargestellt.

(a) Formal ausgedrückt fragt die Aufgabenstellung nach der Mächtigkeit $a_n := \#\{A \subseteq S_n : |j - k| \neq 1, \forall j, k \in A\}$, denn die angegebene Menge enthält alle Teilmengen von S_n, die jeweils einer zulässigen Belegung der n Sitzplätze entsprechen. Nun kann man diese Menge disjunkt zerlegen: Die Mächtigkeiten

$$b_n := \#\{A \subseteq S_{n-1} : |j - k| \neq 1, \forall j, k \in A\}$$
$$c_n := \#\{A \subseteq S_n : |j - k| \neq 1, n \in A \text{ und } \forall j, k \in A\}$$

stehen dann in der offenkundigen Beziehung $a_n = b_n + c_n$ nebst $b_n = a_{n-1}$. Für eine Teilmenge A von S_n mit $n \in A$ und $|j-k| \neq 1$, $\forall j, k \in A$, muss $n-1 \notin A$ gelten und A somit eindeutig darstellbar sein als Vereinigung von $\{n\}$ mit einer Teilmenge von S_{n-2}, die $|j-k| \neq 1$, $\forall j, k \in A$ erfüllt. Daraus gewinnt man die Identitäten $c_n = b_{n-1} = a_{n-2}$, und es gilt die zweigliedrige Rekursion

$$a_n = b_n + c_n = a_{n-1} + a_{n-2}$$

für $n \geq 3$. Als Startwerte findet man $a_1 = 2$ (leere Menge und S_1), $a_2 = 3$ (leere Menge, $\{1\}$ und $\{2\}$) und $a_3 = 5$ (leere Menge, $\{1\}$, $\{2\}$, $\{3\}$ und $\{1,3\}$). Mit dieser Ausrüstung kann a_n für jedes $n \in \mathbb{N}$ berechnet werden. Die Zahlen a_n lassen sich auch als Fibonacci-Zahlen mit veränderten Startwerten interpretieren. Definiert man die Fibonacci-Zahlen F_n wie in Aufgabe 4.10, so zeigt man induktiv, dass

$$a_n = F_n + F_{n-1} = F_{n+1}$$

für alle $n \in \mathbb{N}$.

(b) Bei kreisförmiger Anordnung der Sitzplätze gehen wir ebenfalls induktiv vor. Wir nehmen an, die Anzahl der Teilmengen, die zulässigen Sitzordnungen entsprechen, sei a_n bei n Sitzplätzen. Nun fügen wir noch einen weiteren Sitzplatz zwischen zwei beliebigen anderen hinzu. Alle Teilmengen, die bei der Bestimmung von a_n mitgezählt werden, sind auch zulässige Teilmengen bei $n+1$ Sitzplätzen. Dazu kommen noch die Teilmengen, welche den hinzugefügten Sitzplatz enthalten. Dabei dürfen die beiden an diesen Sitzplatz angrenzenden Plätze nicht Elemente der Teilmenge sein. Entfernen wir einen dieser beiden Plätze sowie den hinzugefügten wieder, so ergeben sich exakt die zulässigen Teilmengen von $n-1$ Sitzplätzen. Daraus folgt die Rekursionsformel

$$a_{n+1} = a_n + a_{n-1}$$

für $n \geq 3$. Erneut haben wir die Rekursion der Fibonacci-Zahlen erhalten. Die beiden Startwerte unterscheiden sich jedoch von denen in (a); hier gilt $a_2 = 3$ und $a_3 = 4$. Durch Induktion sieht man, dass nunmehr

$$a_n = F_n + F_{n-2}$$

für $n \geq 2$ vorliegt für die Fibonacci-Zahlen beginnend mit $F_0 = F_1 = 1$. Im Fall $n = 1$ macht es keinen Sinn, von einer kreisförmigen Anordnung zu sprechen.

4.12 Wir werden zeigen, dass die Anzahl a_n der Sitzordnungen, bei denen Ehepartner nicht direkt nebeneinander sitzen, gegeben ist durch

$$a_n = \sum_{k=0}^{n} (-1)^k \binom{n}{k} \cdot 2n \cdot (2n-k-1)! \cdot 2^k. \tag{4.3}$$

4.2 Lösungen

Auf dieses Ergebnis hin kommt nun eine längere Argumentation in Gang. Die Überlegungen basieren auf der Inklusions-Exklusions-Formel der Mengenlehre als zentralem Hilfsmittel:
Seien $A_1, \ldots, A_s$ beliebige Teilmengen einer r-elementigen Menge A. Dann gilt

$$\# \bigcup_{i=1}^{s} A_i = \alpha_1 - \alpha_2 + \alpha_3 - \cdots + (-1)^{s-1} \alpha_s, \quad (4.4)$$

$$\# \left(A \setminus \bigcup_{i=1}^{s} A_i \right) = r - \alpha_1 + \alpha_2 - \cdots + (-1)^s \alpha_s. \quad (4.5)$$

Dabei erhält man die α_i wie folgt:

- man bilde den Durchschnitt von je i der Mengen $A_1, \ldots, A_s$,
- man bestimme die Mächtigkeiten dieser Durchschnitte,
- man addiere diese Mächtigkeiten.

Eine kurze Begründung für diese Formeln geben wir im Anschluss an die Bestimmung von a_n.
Sei A die Menge aller Sitzordnungen der $2n$ Personen und A_i die Menge aller Sitzordnungen, bei denen die Eheleute von Paar i (und eventuell auch noch die Eheleute anderer Paare) nebeneinander sitzen. Sei w_k die Anzahl der Sitzordnungen, bei denen die Eheleute k vorgegebener Paare (und eventuell noch anderer Paare) jeweils nebeneinander sitzen. Offensichtlich hängt w_k nicht davon ab, um welche k Paare es sich handelt. Ferner gibt es $\binom{n}{k}$ Möglichkeiten, aus n Paaren k auszuwählen. Mit (4.5) haben wir somit

$$a_n = \#A - \sum_{k=1}^{n}(-1)^k \alpha_k = (2n)! - \sum_{k=1}^{n}(-1)^k \binom{n}{k} w_k = \sum_{k=0}^{n}(-1)^k \binom{n}{k} w_k.$$

Um w_k zu bestimmen, sei d_k die Anzahl der Möglichkeiten, k nicht überlappende unmarkierte Dominosteine auf $2n$ kreisförmig angeordnete Ecken zu legen (siehe Abbildung 4.1). Es ist

$$w_k = d_k \cdot k! \cdot 2^k \cdot (2n - 2k)! \quad (4.6)$$

Zur Begründung: Man muss sich entscheiden, wo die k Paare zusammensitzen (d_k Möglichkeiten), welches Paar wo sitzt ($k!$ Möglichkeiten), welcher Ehepartner welchen Sitzplatz einnimmt (2^k Möglichkeiten) und wo die verbleibenden $2n - 2k$ Personen sitzen ($(2n - 2k)!$ Möglichkeiten). Die d_k entsprechen der Anzahl der Möglichkeiten, k Objekte – aber nicht zwei aufeinander folgende – aus $2n$ kreisförmig angeordneten Objekten zu markieren. Nummeriere dazu die Objekte von 1 bis n im Uhrzeigersinn. Wir zählen zunächst die verschiedenen Möglichkeiten, bei

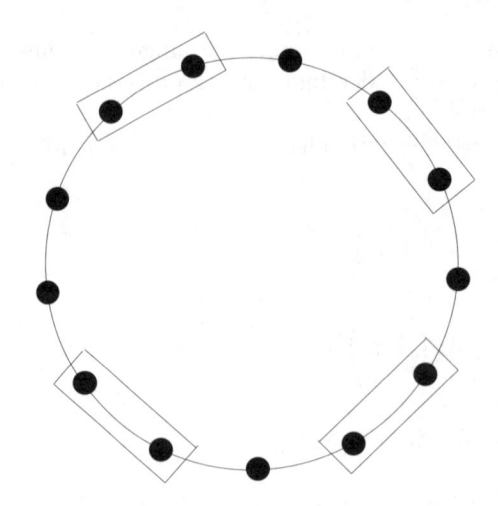

Abbildung 4.1: Nicht überlappende Dominosteine.

denen Objekt 1 nicht markiert ist: Platziere dazu $2n-k$ unmarkierte Punkte auf einen Kreis, bezeichne einen mit 1 , platziere k markierte Punkte in k verschiedene der $2n-k$ Zwischenräume zwischen den unmarkierten Punkten. Dafür gibt es $\binom{2n-k}{k}$ Möglichkeiten. Jeder Abfolge der markierten und unmarkierten Punkte im Uhrzeigersinn (beginnend mit Punkt 1) entspricht eine Abfolge markierter Objekte (ebenfalls beginnend mit Objekt 1).

Nun zählen wir die Anzahl der Möglichkeiten, bei denen Objekt 1 markiert ist: Platziere dazu $2n-k+1$ Punkte auf einen Kreis, markiere einen und bezeichne diesen mit 1 (die anderen bleiben unmarkiert), platziere nun $k-1$ markierte Punkte in $k-1$ verschiedene der $2n-k-1$ erlaubten Zwischenräume. Dafür gibt es $\binom{2n-k-1}{k-1}$ Möglichkeiten. Also haben wir

$$d_k = \binom{2n-k}{k} + \binom{2n-k-1}{k-1} = \frac{2n}{2n-k}\binom{2n-k}{k},$$

was nach Einsetzen in (4.6) und dann in (4.3) die gewünschte Formel ergibt.

Wir geben noch die angekündigte Begründung für die Formeln (4.4) und (4.5). Es wird genügen, (4.4) zu zeigen. Zum Beweis von (4.4) betrachten wir ein beliebiges Element a von $A_1 \cup \cdots \cup A_s$ und überzeugen uns, dass a durch den Ausdruck auf der rechten Seite von (4.4) genau einmal gezählt wird. Das Element a sei in genau m der Mengen $A_1, \ldots, A_s$ enthalten, ohne Beschränkung der Allgemeinheit sagen wir in $A_1, \ldots, A_m$. Offensichtlich wird durch α_1 das Element a dann genau m-mal gezählt, nämlich in jeder Menge $A_1, \ldots, A_m$. Entsprechend wird durch α_2 a genau $\binom{m}{2}$-mal gezählt, nämlich in jedem Durchschnitt von zwei der Mengen $A_1, \ldots, A_m$, usw. Durch α_m schließlich wird a genau $\binom{m}{m}$-mal gezählt, nämlich im Durchschnitt $A_1 \cap \cdots \cap A_m$. Bildet man dann den Durchschnitt von mehr als m der Mengen $A_1, \ldots, A_s$, dann ist a darin nicht enthalten und wird nicht gezählt.

Ergo wird a auf der rechten Seite von (4.4) genau

$$\binom{m}{1} - \binom{m}{2} + \binom{m}{3} - \cdots + (-1)^{m-1}\binom{m}{m} = \binom{m}{0} - \sum_{k=0}^{m}\binom{m}{k}(-1)^k$$
$$= 1 - [1+(-1)]^k = 1$$

-mal gezählt.

4.14 (a) Wir bezeichnen ein beliebiges Feld des unendlichen Schachbretts mit $(0,0)$ und anschließend die übrigen Felder in nahe liegender Weise wie im Diagramm 4.2.

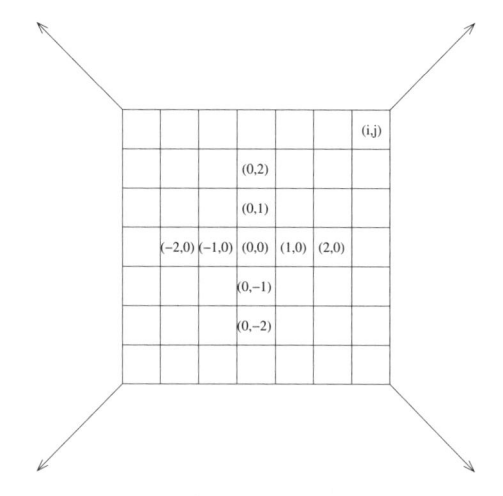

Abbildung 4.2: Bezeichnung der Felder des unendlichen Schachbretts.

Damit besteht eine bijektive Zuordnung zwischen den Feldern des Schachbretts und den Punkten des Gitters $\mathbb{Z}^2$.
Die Behauptung in (ii) ist nun offenkundig damit äquivalent, dass ein im Ursprung $(0,0)$ sich befindender Springer jedes Feld des Schachbretts erreichen kann. Wir nehmen nun dies als wahr an und zeigen, dass dann für alle $m,n \in \mathbb{Z}$ das in (i) gegebene Gleichungssystem mindestens eine Lösung $(a,b,c,d) \in \mathbb{Z}^4$ hat. Seien also $m,n \in \mathbb{Z}$ beliebig festgesetzt. Ein Springer, der im Ursprung startet, kann nach Voraussetzung das Feld (m,n) erreichen. Dafür stehen ihm Sprünge vom Typ i für $i = 1,\ldots,8$ im Diagramm 4.3 zur Verfügung. Bei einem Sprung vom Typ 2 bewegt sich der Springer also von (i,j) nach $(i+1, j+2)$. Angenommen, er kann (m,n) von $(0,0)$ erreichen, indem er k_i Sprünge vom Typ i absolviert, $i = 1,\ldots,8$. Dann muss gelten

I : $-k_1 + k_2 + 2k_3 + 2k_4 + k_5 - k_6 - 2k_7 - 2k_8 = m$
II: $2k_1 + 2k_2 + k_3 - k_4 - 2k_5 - 2k_6 - k_7 + k_8 = n.$

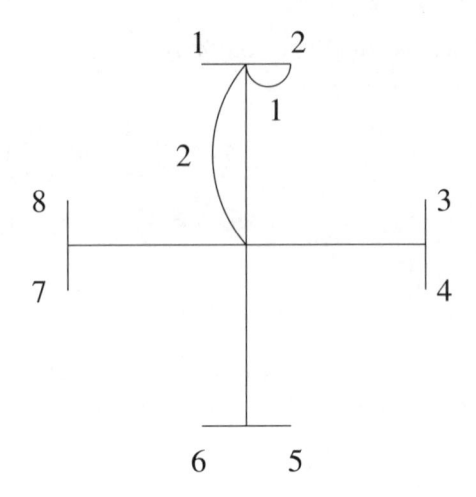

Abbildung 4.3: Zugmöglichkeiten eines Springers.

Wir setzen $a := k_2 - k_6$, $b := k_5 - k_1$, $c := k_3 - k_7$, $d := k_4 - k_8$. Dann ist $(a, b, c, d) \in \mathbb{Z}^4$, und die a, b, c, d lösen die sich aus I, II ergebenden Gleichungen

$$a + b + 2c + 2d = m$$
$$2a - 2b + c - d = n.$$

Umgekehrt: Sei für beliebige $m, n \in \mathbb{Z}$ eine Lösung $a, b, c, d \in \mathbb{Z}$ des vorgegebenen Gleichungssystems betrachtet. Wähle $k_i \in \mathbb{N}_0$ so, dass

$$a = k_2 - k_6, \; b = k_5 - k_1, \; c = k_3 - k_7, \; d = k_4 - k_8.$$

Dann gelangt ein Springer in $(0,0)$, der k_i Sprünge vom Typ i durchführt, $i = 1, \ldots, 8$, nach (m, n), denn die k_i erfüllen die Gleichungen I, II.

(b) Wir beweisen die zu (ii) äquivalente Aussage, dass ein Springer vom Ursprung $(0,0)$ jedes Feld (m, n) eines unendlichen Schachbretts erreichen kann. Am einfachsten gelingt dies mit einem Diagramm wie in Abbildung 4.4. Es demonstriert, dass ein Springer von seinem Standfeld das unmittelbar zur Rechten angrenzende Feld in 3 Zügen erreichen kann. Ähnlich überzeugt man sich, dass ein Springer jedes angrenzende Feld (links, rechts, oben, unten) in 3 Zügen erreichen kann. Daraus folgt sofort, dass er jedes Feld eines unendlichen Schachbretts erreichen kann.

4.15 Von den 40 Konservativen müssen genau 4, von den 30 Sozialisten genau 3 und von den 20 Liberalen exakt 2 ausgewählt werden. Die Anzahl der Möglichkeiten, ein Gremium auf diese Weise zu bilden, beträgt dann

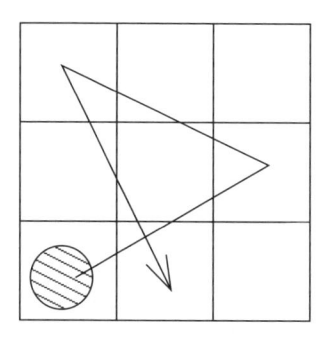

Abbildung 4.4: Springerzug auf das rechts angrenzende Feld.

$$\binom{40}{4} \cdot \binom{30}{3} \cdot \binom{20}{2} = 70\,498\,246\,000.$$

4.17 Die Anzahl der Seiten des Buches werde mit n bezeichnet, die Anzahl der Druckfehler auf Seite j mit f_j. Nach Voraussetzung gilt

$$n \geq 2 + \max_{j \in \{1,\ldots,n\}} f_j.$$

Unsere Argumentation ist indirekt. Wir nehmen dazu an, alle $f_1, \ldots, f_n$ seien paarweise verschieden. Da $\{f_1, \ldots, f_n\}$ dann eine Teilmenge von $\mathbb{N}_0$ mit Mächtigkeit n ist, kann $\{f_1, \ldots, f_n\}$ nicht Teilmenge von $\{0, \ldots, n-2\}$ sein, woraus $\max_j f_j \geq n - 1$ folgt. Also gilt

$$n \geq 2 + \max_j f_j \geq 2 + n - 1 = n + 1,$$

womit ein Widerspruch erreicht ist. Die Annahme ist folglich falsch, und mindestens zwei Seiten des Buches müssen dieselbe Anzahl von Druckfehlern besitzen.

4.18 Zu jeder möglichen Anordnung gehört eine Partition der Menge der $2n$ Personen, wobei alle Teilmengen in dieser Partition genau zwei Personen enthalten. Es gibt

$$\frac{(2n)!}{(2!)^n \, n!}$$

dieser Partitionen vom Typ $(0, n, 0, \ldots, 0)$. Da die Personen unterschiedliche Größe besitzen, kann für jede Teilmenge genau eine Konstellation gefunden werden, so dass die vorne stehende Person kleiner ist als die hintere. Ferner spielt die Reihung dieser n Personenpaare in der Aufstellung eine Rolle. Es gibt für jede Einteilung der $2n$ Personenpaare $n!$ mögliche Reihungen der n Paare. All dies zusammenfassend kann man die Gesamtzahl möglicher Aufstellungen als

$$\frac{(2n)!}{n!\,(2!)^n} \cdot n! = \frac{(2n)!}{2^n}$$

angeben.

4.19 Wir nummerieren die $2n$ Personen fortlaufend von 0 bis $2n-1$, wobei wir mit der 0 irgendwo beginnen und z.B. im Uhrzeigersinn weiterzählen. Sei D_n die Anzahl der Arten, auf die sich $2n$ um einen kreisförmigen Tisch platzierte Personen in n Paaren die Hände schütteln können, ohne dass ihre Arme sich kreuzen. Es ist klar, dass beim Händeschütteln ohne sich überkreuzende Arme, Person 0 mit einer Person ungerader Nummer (sagen wir $2i+1$) die Hände schüttelt, da links und rechts der Verbindungsstrecke zwischen 0 und $2i+1$ sich jeweils eine gerade Anzahl von Personen befinden muss. Ferner gibt es D_i verschiedene Arten, auf die sich die Personen $1, 2, \ldots, 2i$ auf der einen Seite der Verbindungsstrecke zwischen den Personen 0 und $2i+1$ überkreuzungsfrei die Hände schütteln können, und entsprechend gibt es D_{n-i-1} Arten für die $2(n-i-1)$ Personen auf der anderen Seite der Verbindungsstrecke. Damit haben wir

$$D_n = \sum_{k=0}^{n-1} D_k D_{n-k-1}, \tag{4.7}$$

wenn wir $D_0 = 1$ setzen. Offensichtlich ist auch $D_1 = 1$. Mit (4.7) ist eine wichtige Erkenntnis gewonnen. Unsere weiteren Bemühungen sind nun darauf gerichtet, aus dieser Rekursionsgleichung die D_n explizit zu bestimmen. Sei

$$D(x) = \sum_{n=0}^{\infty} D_n x^n$$

die erzeugende Funktion der D_n. Multipliziert man (4.7) mit x^n, so erhält man

$$D_n x^n = x^n \sum_{k=0}^{n-1} D_k D_{n-1-k} = x \sum_{k=0}^{n-1} (D_k x^k) \cdot (D_{n-1-k} x^{n-1-k}),$$

und Summation über n liefert

$$\sum_{n=1}^{\infty} D_n x^n = x \sum_{n=1}^{\infty} \sum_{k=0}^{n-1} (D_k x^k) \cdot (D_{n-1-k} x^{n-1-k})$$

$$= x \left(\sum_{i=0}^{\infty} D_i x^i \right) \left(\sum_{j=0}^{\infty} D_j x^j \right).$$

Also haben wir

$$D(x) - D_0 = xD(x)^2$$

bzw.

$$xD(x)^2 - D(x) + 1 = 0.$$

Als Lösungen dieser quadratischen Gleichung erhält man
$$\frac{1 \pm \sqrt{1-4x}}{2x}. \tag{4.8}$$

Der Ausdruck in (4.8) mit dem Plus-Zeichen geht für $x \to 0$ gegen ∞, der Ausdruck mit dem Minus-Zeichen geht für $x \to 0$ gegen 1. Da $\lim_{x \to 0} D(x) = D_0 = 1$ ist, muss
$$D(x) = \frac{1 - \sqrt{1-4x}}{2x} \tag{4.9}$$
die erzeugende Funktion der D_n sein. Wir ermitteln daraus die D_n. Bringt man den allgemeinen binomischen Lehrsatz zum Einsatz, wird aus (4.9)

$$\begin{aligned}
D(x) &= \frac{1 - \sum_{n=0}^{\infty} \binom{1/2}{n}(-4x)^n}{2x} = 1 - \frac{1}{2x} \sum_{n=2}^{\infty} \binom{1/2}{n}(-4x)^n \\
&= 1 - \sum_{n=2}^{\infty} \frac{1}{2}\binom{1/2}{n}(-4)^n x^{n-1},
\end{aligned}$$

und man kann unmittelbar ablesen, dass
$$D_{n-1} = -\frac{1}{2}\binom{1/2}{n}(-4)^n, \qquad \forall n = 2, 3, \ldots.$$

Damit ist die Frage im Prinzip beantwortet, doch wir schreiben noch
$$\begin{aligned}
\binom{1/2}{n} &= \frac{1}{n!} \cdot \frac{1}{2}\left(\frac{1}{2}-1\right)\left(\frac{1}{2}-2\right)\cdots\left(\frac{1}{2}-(n-1)\right) \\
&= \frac{1}{n!} \cdot \frac{1}{2}\left(-\frac{1}{2}\right)\left(-\frac{3}{2}\right)\cdots\left(-\frac{2n-3}{2}\right) \\
&= \frac{1}{2^n} \cdot \frac{1}{n!}(-1)^{n-1} \cdot 1 \cdot 3 \cdot \ldots \cdot (2n-3) \\
&= \frac{1}{2^n} \cdot \frac{1}{n!}(-1)^{n-1} \cdot \frac{1 \cdot 2 \cdot \ldots \cdot (2n-2)}{2 \cdot 4 \cdot \ldots \cdot (2n-2)} \\
&= (-1)^{n-1}\frac{2}{4^n} \cdot \frac{1}{n}\binom{2n-2}{n-1}
\end{aligned}$$

und geben die Lösung an als
$$D_{n-1} = -\left(\frac{1}{2}\right)(-4)^n(-1)^{n-1}\frac{2}{4^n} \cdot \frac{1}{n}\binom{2n-2}{n-1} = \frac{1}{n}\binom{2n-2}{n-1},$$
bzw. als
$$D_n = \frac{1}{n+1}\binom{2n}{n}, \qquad \forall n \in \mathbb{N}_0.$$

In dieser Form erkennt man die D_n als die Catalan'schen Zahlen.

4.20 Wir gehen das Problem in voller Allgemeinheit an: Aus einer Menge von m verschiedenen Zahlen werden n Gewinnzahlen ohne Zurücklegen gezogen. Eine Tippreihe besteht aus n Zahlen. Wir interessieren uns für eine obere Schranke für die Zahl L von mindestens benötigten Tippreihen, um mindestens einmal mindestens $n-k$ Richtige zu erzielen.

Zunächst gibt es $\binom{m}{n}$ verschiedene Möglichkeiten, n Zahlen aus m Zahlen zu ziehen. Die gezogenen Zahlen bilden eine Menge A. Es gibt $\binom{n}{i}$ verschiedene Möglichkeiten, i Zahlen aus n auszuwählen. Also gibt es

$$\binom{n}{i}\binom{m-n}{n-i}$$

verschiedene Auswahlen mit i Zahlen aus A und $n-i$ Zahlen aus A^c. Um zu sehen, unter wie vielen beliebig, aber verschieden ausgefüllten Tippreihen man immer mindestens einmal mindestens $n-k$ Richtige findet, kann man nach der Gesamtzahl der Auswahlen mit weniger als $n-k$ Richtigen fragen und 1 hinzuaddieren. Diese Zahl ist

$$R = \sum_{i=0}^{n-k-1} \binom{n}{i}\binom{m-n}{n-i} + 1 \qquad (4.10)$$

Dies liefert eine zwar nichttriviale, aber auch ziemlich unscharfe Schranke für L. Bei geschickter Auswahl der Tippreihen benötigt man wesentlich weniger, um einen sicheren Gewinn zu erzielen. Zum Beispiel würden in der Lotterie *3 aus 7* die vier Tippreihen $(1,2,3)$, $(1,2,4)$, $(3,4,7)$, $(5,6,7)$ ausreichen, um zwei Richtige zu garantieren, während die Schranke in (4.10) den Wert $R = 23$ ergibt. Im Lotto *6 aus 49* ist der genaue Wert von L nicht bekannt. Nach Sterboul (1978) gilt aber $L \in [84, 175]$.

4.22 (a) Wir beweisen dies mit Induktion. Offensichtlich ist $R(2,n) = n$ und $R(m,2) = m$ für alle $m, n \geq 2$, denn z.B. unter n Personen finden sich entweder 2, die sich kennen, oder aber alle kennen sich nicht. Wir nehmen nun an, dass die Behauptung richtig ist für alle Paare (k,l) mit $2 \leq k \leq m-1$ und $2 \leq l \leq n$ sowie für alle Paare (k,l) mit $2 \leq k \leq m$ und $2 \leq l \leq n-1$ (d.h. die zugehörigen Zahlen $R(k,l)$ sind endlich). Wir zeigen nun, dass

$$R(m,n) \leq R(m-1,n) + R(m,n-1), \qquad \forall m,n \geq 3. \qquad (4.11)$$

Damit ist die Existenz von $R(m,n)$ für alle $m,n \geq 3$ gesichert.

Gegeben sei also eine Gruppe von $R(m-1,n) + R(m,n-1)$ Personen P_i, und wir greifen eine beliebige Person heraus, z.B. P_1. Wir partitionieren die Menge der übrigen Personen in die Teilmenge $\mathcal{B}$ aller der mit P_1 bekannten Personen und die Teilmenge $\mathcal{N}$ aller der mit P_1 nicht bekannten Personen. Entweder besitzt $\mathcal{B}$ mindestens $R(m-1,n)$ Elemente, oder aber $\mathcal{N}$ hat mindestens $R(m,n-1)$ Elemente, denn sonst hätten $\mathcal{B}$ und $\mathcal{N}$ zusammen nicht mehr als

$$[R(m-1,n)-1] + [R(m,n-1)-1] = R(m-1,n) + R(m,n-1) - 2$$

Mitglieder, was falsch ist. Wenn $\mathcal{B}$ $R(m-1,n)$ Mitglieder hat, gibt es darunter nach Induktionsvoraussetzung also entweder $(m-1)$ Personen, die sich gegenseitig alle kennen, oder n Personen, die einander paarweise nicht kennen. Tritt davon der zweite Fall ein, so sind wir fertig. Tritt der erste Fall ein, gibt es also in $\mathcal{B}$ $(m-1)$ Personen, die sich alle gegenseitig kennen, so fügen wir dieser Gruppe Person P_1 hinzu und erhalten eine Gruppe von m Personen, die sich alle gegenseitig kennen.

Analog behandeln wir die Situation, dass $\mathcal{N}$ $R(m,n-1)$ Elemente hat. Dann gibt es darin entweder m Personen, die sich alle kennen, oder $(n-1)$ Personen, die einander paarweise nicht kennen. Im letztgenannten Fall fügen wir dieser Gruppe P_1 hinzu und erhalten eine Gruppe von n Personen, die einander paarweise nicht kennen. Damit ist (4.11) gezeigt.

(b) Auch dieser Aufgabenstellung kann man mit Induktion über $m+n$ begegnen. Für $m=2$ und alle $n \geq 2$ sowie für $n=2$ und alle $m \geq 2$ ist die angegebene Ungleichung erfüllt – es gilt sogar Gleichheit. Bleibt noch der Fall $m \geq 3$ und $n \geq 3$. Angenommen, es ist

$$R(m_1, n_1) \leq \binom{m_1 + n_1 - 2}{m_1 - 1}$$

für alle natürlichen Zahlen m_1 und n_1 mit $m_1 + n_1 < m+n$, wobei $m+n \geq 6$ ist. Nach Induktionsvoraussetzung ist

$$R(m-1, n) \leq \binom{m+n-3}{m-2}$$
$$R(m, n-1) \leq \binom{m+n-3}{m-1},$$

so dass wir aufgrund von

$$\binom{m+n-3}{m-2} + \binom{m+n-3}{m-1} = \binom{m+n-2}{m-2}$$

die Ungleichung

$$R(m-1, n) + R(m, n-1) \leq \binom{m+n-2}{m-2}$$

erhalten. Nun liefert (4.11) das benötigte

$$R(m, n) \leq \binom{m+n-2}{m-2}.$$

4.23 Unsere Gedankenführung geht listenartig den denkbaren Beziehungen unter den Personen nach. Wir bezeichnen die Personen mit $P_1, \ldots P_6$. Wir fixieren eine Person, z.B. P_1, und fragen nach den möglichen Beziehungen zu den anderen 5 Personen. Entweder P_1 kennt mindestens drei der anderen, oder P_1 kennt mindestens drei der anderen nicht. Angenommen, P_1 kennt drei der anderen Personen, etwa P_3, P_5 und P_6. Findet sich darunter ein Paar, z.B. P_3 und P_6, das sich kennt, dann sind P_1, P_3, P_6 drei Personen, die sich alle untereinander kennen. Gibt es unter P_3, P_5 und P_6 kein Paar, das sich kennt, dann sind P_3, P_5, P_6 drei Personen, die sich alle untereinander nicht kennen. Es ist leicht, den anderen Fall – wenn P_1 mindestens drei der anderen nicht kennt – mit demselben Argument zu behandeln, und man ist fertig.

Wenn man sich an Aufgabe 4.22 (b) erinnert, kann man alternativ

$$R(3,3) \le \binom{3+3-2}{3-1} = 6$$

ermitteln. Auch daraus folgt die Aussage.

4.24 Insgesamt n Parkplätze sind linear angeordnet – nummeriert von 1 bis n von links nach rechts; n Mitarbeiter treffen nacheinander ein, wobei der i. eintreffende Mitarbeiter den Lieblingsparkplatz l_i hat. Sei $(l_1, \ldots, l_n)$ eine *Präferenzliste* und k_i die Anzahl der Mitarbeiter mit Lieblingsparkplatz i. Bei gegebener Präferenzliste können genau dann alle Mitarbeiter parken – derartige Präferenzlisten nennen wir *zufriedenstellend* – wenn die zugehörigen k_i die Beziehungen

$$\begin{aligned} k_n &\le 1 \\ k_{n-1} + k_n &\le 2 \\ &\vdots \\ k_{n-j+1} + \ldots + k_n &\le j, \qquad j = 1, \ldots, n-1, \\ k_1 + \ldots + k_n &= n \end{aligned}$$

erfüllen. Damit wird ersichtlich, dass bei gegebener zufriedenstellender Präferenzliste auch alle daraus durch beliebige Umordnung der l_i entstehenden Präferenzlisten zufriedenstellend sind. Anders formuliert: Ob alle Mitarbeiter einen Parkplatz finden, hängt nicht davon ab, in welcher Reihenfolge sie bei den Parkplätzen eintreffen.

Um nun die Anzahl aller zufriedenstellenden Präferenzlisten zu ermitteln, fügen wir den n Parkplätzen einen $(n+1)$. Parkplatz hinzu und ordnen diese kreisförmig an, so dass man im Uhrzeigersinn vom 1. über den 2. usw. bis zum $(n+1)$. Parkplatz gelangt und von diesem wieder zum 1. Parkplatz. Wir erlauben den $(n+1)$. Parkplatz als Lieblingsparkplatz und betrachten Präferenzlisten $(l_1, \ldots l_n)$ mit $1 \le l_i \le n+1$ für alle $i = 1, \ldots, n$. Der Vorteil dieser Maßnahme: Die Mitarbeiter parken wie bei der linearen Anordnung der Parkplätze, doch findet ein Mitarbeiter seinen Lieblingsparkplatz besetzt vor, so fährt er im Uhrzeigersinn weiter zum nächsten freien Parkplatz. Offensichtlich können nun alle Mitarbeiter parken, und genau ein Parkplatz bleibt frei. Die Mitarbeiter parken erfolgreich auf den ursprünglichen n Parkplätzen genau dann, wenn der $(n+1)$. Parkplatz frei bleibt. Ferner ist klar: Falls für eine Präferenzliste $(l_1, \ldots, l_n)$ mit $1 \le l_i \le n+1$ der Parkplatz $j \in \{1, \ldots, n+1\}$ frei bleibt, dann bleibt bei der Präferenzliste $(l_1 + m, \ldots, l_n + m)$ der Parkplatz $(j+m) \mod (n+1)$ frei. Dabei werden in den Präferenzlisten die Lieblingsparkplätze i und $i+n+1$ für $i = 1, \ldots, n+1$ jeweils identifiziert. Der *Pfad* einer Präferenzliste $(l_1, \ldots l_n)$ sei die Menge der Präferenzlisten $(l_1, \ldots, l_n), (l_1 + 1, \ldots, l_n + 1), \ldots, (l_1 + n, \ldots, l_n + n)$. Nach dem zuvor Gesagten sieht man, dass der aus $(n + 1)$ Elementen bestehende Pfad jeder Präferenzliste genau eine Präferenzliste enthält, für die alle Mitarbeiter auf den Plätzen 1 bis n parken (nämlich jene Liste, bei der Parkplatz $n+1$ frei bleibt). Auch sind die Pfade zweier beliebiger Präferenzlisten entweder identisch oder disjunkt. Damit kann man die aus $(n+1)^n$ Elementen bestehende Menge aller Präferenzlisten $(l_1, \ldots, l_n)$ mit $1 \leq l_i \leq n+1$ in $(n+1)^{n-1}$ Teilmengen mit je $(n+1)$ Elementen einteilen. Jede Teilmenge enthält genau ein Element, bei dem die Mitarbeiter die Plätze 1 bis n belegen und also erfolgreich parken. Damit gibt es $(n+1)^{n-1}$ derartige Elemente.

4.25 (a) Wir bestimmen m und s_i für $i = 1, \ldots, 11$ derart, dass eine Abstimmung als $(m; s_1, \ldots, s_{11})$-Spiel aufgefasst werden kann. Spieler k besitzt also s_k Stimmen, und die Spieler 1 bis 5 entsprechen den ständigen Ratsmitgliedern. Aus Symmetriegründen ist $s_1 = \cdots = s_5 =: s$ und $s_6 = \cdots = s_{11} =: s^*$. Offenbar müssen m, s, s^* den Ungleichungen

$$5s + 2s^* \geq m$$
$$4s + 6s^* \leq m - 1$$

genügen. Lösen wir

$$5s + 2s^* = m$$
$$4s + 6s^* = m - 1,$$

so ergibt sich nach Subtraktion der 2. von der 1. Gleichung

$$s - 4s^* = 1.$$

Wählt man $s^* = 1$, so wird $s = 5$ und $m = 27$. Demnach kann eine Abstimmung als $(27; 5, 5, 5, 5, 5, 1, 1, 1, 1, 1, 1)$-Spiel aufgefasst werden.

(b) Sei S_i der Shapley-Index des i. Spielers bzw. Ratsmitglieds. Aus Symmetriegründen ist wiederum $S_1 = \cdots = S_5$ und $S_6 = \cdots = S_{11}$. Ist k ein nichtständiges Mitglied, dann ist es entscheidend in genau den Permutationen π mit $\pi^{-1}(k) = 7$, bei welchen die Menge $\{\pi(1), \ldots, \pi(6)\}$ alle ständigen Mitglieder und ein nichtständiges Mitglied aus $\{6, \ldots, 11\} \setminus \{k\}$ enthält. Es gibt genau $5 \cdot 6! \cdot 4!$ Permutationen von diesem Typ. Damit ist

$$S_6 = \frac{5 \cdot 6! \cdot 4!}{11!} = 0.0022 \quad \text{und} \quad S_1 = \frac{1}{5}(1 - 6S_6) = 0.197.$$

4.27 Das Buch besitze n Seiten, die Seiten k und $k+1$ (ein Blatt) fehlen. Man beachte, dass k ungerade ist, denn das i. Blatt enthält die Seitenzahlen $2i-1$ und $2i$. Die gegebene Information kann man so ausdrücken:

$$\sum_{j=1}^{n} j - k - (k+1) = 15000 \Leftrightarrow \frac{n(n+1)}{2} - 2k - 1 = 15000$$

$$\Leftrightarrow n^2 + n - 4k = 30002.$$

Der nun eingeschlagene Weg führt uns über eine Bestimmung von n zur Bestimmung von k. Wegen $0 < k < n$ ist

$$4n \geq 4k = n^2 + n - 30002 > 0,$$

und wir greifen als Erstes zur Ungleichung

$$4n \geq n^2 + n - 30002 \Leftrightarrow n^2 - 3n - 30002 \leq 0.$$

Diese quadratische Ungleichung kann elementar gelöst werden. Da natürlich $n \in \mathbb{N}$ sein muss, folgt aus dieser Ungleichung, dass die Seitenzahl in der Menge $\{1,\ldots,174\}$ liegt. Zweitens gilt die Ungleichung

$$n^2 + n - 30002 > 0.$$

Dies erzwingt $n \in \{173, 174, \ldots\}$.

Kombinieren wir diese Aussagen über n, so erhalten wir $n = 173$ oder $n = 174$. Doch nur für $n = 173$ ist

$$k = \frac{n^2 + n - 30002}{4} = \frac{173^2 + 173 - 30002}{4} = 25,$$

also eine ungerade Zahl. Damit hat das Buch 173 Seiten, und es fehlt Blatt 13 mit den Seitenzahlen 25 und 26.

4.28 Die gesuchte Zahl entspricht der Anzahl $P_R(100)$ der Partitionen der natürlichen Zahl 100 mit Summanden aus der Menge $R = \{1, 5, 10, 25, 50\}$. Seien nun a_n bzw. b_n die Anzahlen der Partitionen von n mit Summanden aus $\{1, 5, 10, 50\}$ bzw. aus $\{1, 5\}$. Unsere erste Überlegung führt uns zu

$$P_R(100) = a_{100} + a_{75} + a_{50} + a_{25} + a_0,$$

denn jede Zerlegung von 100 Cents beinhaltet $0, 1, 2, 3$ oder 4 der 25-Cent-Münzen. Ferner ist

4.2 Lösungen

$$a_n = \sum_{k=0}^{\lfloor n/10 \rfloor} b_{n-10k} b_k. \qquad (4.12)$$

Wir müssen also die b_n ermitteln. Dazu nehmen wir die Zerlegung

$$n = 5m + r \quad \text{mit } r \in \{0, 1, 2, 3, 4\}$$

vor. Die Zahl $n - r$ ist somit ein Vielfaches von 5. Eine Zerlegung von $5m$ in Summanden aus der Menge $\{1, 5\}$ kann $0, 1, \ldots$ oder m-mal den Summanden 5 enthalten. Es liegt dann auf der Hand, dass

$$b_n = m + 1 = \frac{n-r}{5} + 1 = \left\lfloor \frac{n}{5} \right\rfloor + 1.$$

Nun können wir mit (4.12) die benötigten a_n bestimmen:

$$\begin{aligned}
a_{100} &= b_{100}b_0 + b_{90}b_1 + b_{80}b_2 + b_{70}b_3 + b_{60}b_4 + b_{50}b_5 + b_{40}b_6 \\
&\quad + b_{30}b_7 + b_{20}b_8 + b_{10}b_9 + b_0 b_{10} \\
&= 21 \cdot 1 + 19 \cdot 1 + 17 \cdot 1 + 15 \cdot 1 + 13 \cdot 1 + 11 \cdot 2 + 9 \cdot 2 + 7 \cdot 2 \\
&\quad + 5 \cdot 2 + 3 \cdot 2 + 1 \cdot 3 \\
&= 158 \\
a_{75} &= b_{75}b_0 + b_{65}b_1 + b_{55}b_2 + b_{45}b_3 + b_{35}b_4 + b_{25}b_5 + b_{15}b_6 \\
&\quad + b_5 b_7 \\
&= 16 \cdot 1 + 14 \cdot 1 + 12 \cdot 1 + 10 \cdot 1 + 8 \cdot 1 + 6 \cdot 2 + 4 \cdot 2 + 2 \cdot 2 \\
&= 84 \\
a_{50} &= b_{50}b_0 + b_{40}b_1 + b_{30}b_2 + b_{20}b_3 + b_{10}b_4 + b_0 b_5 \\
&= 11 \cdot 1 + 9 \cdot 1 + 7 \cdot 1 + 5 \cdot 1 + 3 \cdot 1 + 1 \cdot 2 \\
&= 37 \\
a_{25} &= b_{25}b_0 + b_{15}b_1 + b_5 b_2 \\
&= 6 \cdot 1 + 4 \cdot 1 + 2 \cdot 1 \\
&= 12 \\
a_0 &= b_0 \\
&= 1.
\end{aligned}$$

Demzufolge ist $P_R(100) = 158 + 84 + 37 + 12 + 1 = 292$. Es gibt also 292 verschiedene Möglichkeiten, einen Dollar in Münzen zu wechseln.

4.34 (a) Der Beweis kann durch eine Reihe elementarer Umformungen erbracht werden.

$$\binom{\binom{n}{2}}{2} = \binom{\frac{n(n-1)}{2}}{2} = \frac{1}{2} \cdot \frac{n(n-1)}{2} \cdot \left[\frac{n(n-1)}{2} - 1\right]$$
$$= \frac{1}{8} \cdot n(n-1)[n(n-1) - 2] = \frac{1}{8} \cdot n(n-1)(n^2 - n - 2)$$
$$= \frac{n(n-1)(n+1)(n-2)}{8} = 3 \cdot \frac{(n+1)n(n-1)(n-2)}{4 \cdot 3 \cdot 2 \cdot 1}$$
$$= 3\binom{n+1}{4}.$$

(b) Wir bearbeiten zunächst die linke Seite der nachzuweisenden Ungleichung:

$$\binom{\binom{n}{2}}{3} = \binom{\frac{n(n-1)}{2}}{3} = \frac{1}{6} \cdot \frac{n(n-1)}{2} \cdot \left[\frac{n(n-1)}{2} - 1\right] \cdot \left[\frac{n(n-1)}{2} - 2\right]$$
$$= \frac{1}{6} \cdot \frac{n(n-1)}{2} \cdot \frac{n(n-1)}{2} \cdot \frac{n(n-1) - 2}{2} \cdot \frac{n(n-1) - 4}{2}$$
$$= \frac{1}{48} \cdot n(n-1)(n^2 - n - 2)(n^2 - n - 4)$$
$$= \frac{1}{48} \cdot n(n-1)(n+1)(n-2)(n^2 - n - 4).$$

Die rechte Seite kann entsprechend umgeformt werden:

$$\binom{\binom{n}{3}}{2} = \binom{\frac{n(n-1)(n-2)}{6}}{2} = \frac{1}{2} \cdot \frac{n(n-1)(n-2)}{6} \cdot \left[\frac{n(n-1)(n-2)}{6} - 1\right]$$
$$= \frac{1}{2} \cdot \frac{n(n-1)(n-2)}{6} \cdot \frac{n^3 - 3n^2 + 2n - 6}{6}$$
$$= \frac{1}{72} \cdot n(n-1)(n-2)(n^2 + 2)(n-3).$$

Die zu untersuchende Ungleichung ist für $n > 3$ nach Division durch $n(n-1)(n-2)$ also äquivalent zu

$$\frac{1}{48} \cdot (n+1)(n^2 - n - 4) > \frac{1}{72} \cdot (n^2 + 2)(n - 3)$$
$$\Leftrightarrow 3n^3 - 15n - 12 > 2n^3 + 4n - 6n^2 - 12$$
$$\Leftrightarrow n^2 + 6n - 19 > 0.$$

Die Ungleichung konnte also auf eine quadratische reduziert werden. Als deren Lösungsmenge erkennt man $(-\infty, -3 - 2\sqrt{7}) \cup (-3 + 2\sqrt{7}, +\infty)$. Da $n > 3 > -3 + 2\sqrt{7} \doteq 2.29$ vorausgesetzt ist, haben wir die Gültigkeit der angegebenen Ungleichung somit gezeigt.

4.35 (a) Sei N_1 die Zufallsgröße, welche angibt, wie viele Vergleiche mit der ersten ausgewählten Mutter durchgeführt werden müssen, bis die passende Schraube gefunden ist. Da die Mutter rein zufällig ausgewählt wird, ist $P(N_1 = i) = \frac{1}{n}, \forall i = 1, \ldots n$. Man sagt, N_1 ist gleichverteilt über $\{1, \ldots, n\}$. Wird die zweite Mutter ausgewählt, ist ein Mutter-Schraube-Paar bereits gefunden. Es werden jetzt N_2 Vergleiche benötigt, um die zweite Mutter zuzuordnen, und N_2 ist über $\{1, \ldots, n-1\}$ gleichverteilt. So geht es weiter: Ist N_j die zur Zuordnung der j. Mutter benötigte Anzahl von Vergleichen, dann besitzt N_j eine Gleichverteilung über $\{1, \ldots, n+1-j\}$. Die mittlere Anzahl der Vergleiche insgesamt ergibt sich dann als

$$E\Big(\sum_{j=1}^{n} N_j\Big) = \sum_{j=1}^{n} E(N_j) = \sum_{j=1}^{n} \frac{n+2-j}{2} = \sum_{j=2}^{n+1} \frac{j}{2}$$
$$= \frac{1}{2}\Big(\frac{(n+1)(n+2)}{2} - 1\Big) = \frac{n(n+3)}{4}.$$

Die mittlere Anzahl der insgesamt benötigten Vergleiche wächst also quadratisch mit der Anzahl n der Schrauben-Muttern-Paare.

(b) Die Zufallsgröße R gebe die Nummer des zuerst ausgewählten Schraube-Mutter-Paares an, wenn alle Paare aufsteigend hinsichtlich der Größe nummeriert sind. Diese Nummer kann nach dem ersten Vergleichsdurchgang eindeutig bestimmt werden, und R ist gleichverteilt über $\{1, \ldots, n\}$. Nach dem ersten Durchgang sind zwei Teilmengen mit jeweils $R-1$ bzw. $n-R$ Muttern und Schrauben entstanden, an denen der Vergleichsvorgang wiederholt wird. Sei C_n die gesuchte mittlere Anzahl der Vergleiche. Im ersten Durchgang wurden bereits $n + (n-1) = 2n - 1$ Vergleiche ausgeführt; hinzu kommen die Vergleiche, die an den verbleibenden Mengen mit Mächtigkeiten $R-1$ und $n-R$ durchgeführt werden. So gelangt man zu

$$C_n = E\big(2n - 1 + C_{R-1} + C_{n-R}\big) = \sum_{k=1}^{n}(2n - 1 + C_{k-1} + C_{n-k})P(R = k)$$
$$= \frac{1}{n}\sum_{k=1}^{n}(2n - 1 + C_{k-1} + C_{n-k}) = 2n - 1 + \frac{2}{n}\sum_{k=1}^{n-1}C_k \quad (4.13)$$

bei Berücksichtigung von $C_0 = 0$. Hier angekommen, schreiben wir (4.13) in der Form

$$nC_n = (2n - 1)n + 2\sum_{k=1}^{n-1}C_k \quad (4.14)$$

und notieren dies auch noch für $n-1$ statt n:

$$(n-1)C_{n-1} = [2(n-1) - 1](n-1) + 2\sum_{k=1}^{n-2} C_k. \qquad (4.15)$$

Subtrahiert man (4.15) von (4.14), so ergibt sich die einfache Rekursion

$$C_n = \frac{4n-3}{n} + \frac{n+1}{n} \cdot C_{n-1}, \qquad \forall n \geq 2, \qquad (4.16)$$

mit dem offensichtlichen Startwert $C_1 = 1$. Eine genaue Inspektion von (4.16) lässt eine allgemeine Formel für C_n vermuten, welche mit vollständiger Induktion leicht zu verifizieren ist, und zwar

$$\begin{aligned}
C_n &= \sum_{j=0}^{n-1} \frac{4(j+1)-3}{j+1} \prod_{k=j+2}^{n} \frac{k+1}{k} = \sum_{j=0}^{n-1} \frac{4(j+1)-3}{j+1} \cdot \frac{n+1}{j+2} \\
&= (n+1) \sum_{j=0}^{n-1} \left(\frac{4}{j+2} - \frac{3}{(j+1)(j+2)} \right) \\
&= 4(n+1) \sum_{j=2}^{n+1} \frac{1}{j} - 3(n+1) \sum_{j=0}^{n-1} \left(\frac{1}{j+1} - \frac{1}{j+2} \right) \\
&= 4(n+1) \sum_{j=2}^{n+1} \frac{1}{j} - 3n.
\end{aligned}$$

Da die Summe $\sum_{j=2}^{n+1} \frac{1}{j}$ wie $\ln n$ wächst, ist also $C_n \sim 4n \ln n$ für große n. Somit wächst die mittlere Anzahl der Vergleiche bei dieser Vorgehensweise langsamer an als bei dem in (a) untersuchten Algorithmus.

4.36 (a) Wir platzieren zunächst Dame und König. Es gibt 7 verschiedene Aufstellungen, bei denen diese nebeneinander stehen, mit der Dame links vom König und 7 weitere mit der Dame rechts vom König. Damit haben wir 14 den Vorgaben genügende Aufstellungen des Dame-König-Paares. Sind Dame und König platziert, so verbleiben 6 Felder. Von diesen sind immer 3 schwarzfeldrig und 3 weißfeldrig. Es gibt also je 3 Möglichkeiten für die Platzierung eines jeden Läufers. Ferner bestehen 4! Möglichkeiten für die Platzierung der verbleibenden 4 Figuren, doch jeweils 4 dieser Platzierungen führen zu derselben Anordnung, da ein Austausch der beiden Türme sowie auch der beiden Springer die Stellung unverändert lässt. Damit haben wir

$$14 \cdot 3 \cdot 3 \cdot \frac{4!}{4} = 756$$

verschiedene Anordnungen unter den Nebenbedingungen.

(b) Wir formulieren und lösen die Problemstellung in der über das konkrete Problem hinaus verallgemeinerungsfähigen Sprache von Permutationen mit verbotenen Positionen. Dazu nummerieren wir die weißen Offiziere in der üblichen Grundstellung von links nach rechts von 1 bis 8 (also: 1. Turm = 1, 1. Springer = 2, 1. Läufer = 3, Dame = 4, König = 5, 2. Läufer = 6, 2. Springer = 7, 2. Turm = 8). Jeder Permutation π der Zahlen $1, \ldots, 8$ entspricht eine Aufstellung der Offiziere auf der 1. Reihe des Schachbretts, z.B. entspricht der Permutation

i	1	2	3	4	5	6	7	8
$\pi(i)$	2	4	8	1	6	5	7	3

die Aufstellung Dame, Turm, Turm, Springer, Läufer, König, Springer, Läufer von links nach rechts. Bei dieser Aufstellung befindet sich einer der Springer auf demselben Feld wie in der üblichen Grundstellung.

Wir betrachten die Menge aller Permutationen π von $S_8 := \{1, \ldots, 8\}$, deren *Graph* $G(\pi) := \{(i, \pi(i)) : i = 1, \ldots, 8\}$ kein Element aus der Menge

$$A := \{(1,1), (1,8), (2,2), (2,7), (3,3), (3,6), (4,4), (5,5), (6,3), (6,6), (7,2),$$
$$(7,7), (8,1), (8,8)\}$$

enthält. Offensichtlich besteht A aus allen Elementen, die im Graphen von π nicht auftreten dürfen, damit π einer Aufstellung ohne Figur in normaler Grundstellung entspricht. Wir definieren nun

$N_j := \#\{\pi : j = \#(A \cap G(\pi))\}$

$r_k := $ Anzahl der k-elementigen Teilmengen von A, bei denen keine zwei
     Elemente eine gemeinsame (1. oder 2.) Koordinate haben
   = Anzahl der Möglichkeiten, k sich paarweise nicht angreifende Türme auf die
     den Elementen von A entsprechenden Felder eines Schachbretts zu platzieren

(Dabei entspricht (i, j) dem i. Feld von links der j. Reihe von unten.)

Die Zahl N_j gibt Auskunft über die Anzahl der Möglichkeiten, 8 sich paarweise nicht angreifende Türme so aufzustellen, dass genau j auf den in A enthaltenen Feldern stehen.
Wir definieren ferner das *Turmpolynom*

$$N_8(x) = \sum_{j=0}^{8} N_j x^j.$$

Offensichtlich ist $N_8(0)$ die von uns gesuchte Zahl. In dieser Situation überlegen wir zunächst, dass

$$N_8(x) = \sum_{k=0}^{8} r_k (8-k)! (x-1)^k \qquad (4.17)$$

ist. Zur Begründung: Sei m_k die Anzahl der Paare (π, B), wobei π eine Permutation von S_8 und B eine k-elementige Teilmenge von $A \cap G(\pi)$ bezeichnet. Man kann die m_k auf zwei Arten ermitteln:

1. Für jedes j kann man π auf N_j Arten so wählen, dass $j = \#(A \cap G(\pi))$ ist, und dann gibt es $\binom{j}{k}$ Möglichkeiten, B festzulegen. Damit ist

$$m_k = \sum_{j=k}^{8} \binom{j}{k} N_j.$$

2. Es gibt r_k Möglichkeiten, B zu wählen, und anschließend jeweils $(8-k)!$ Möglichkeiten, jedes gewählte B zu einer Permutation π zu erweitern. Damit ist

$$m_k = r_k (8-k)!$$

Beides zusammen ergibt $\sum_{j=k}^{8} \binom{j}{k} N_j = r_k(8-k)!$, bzw. nach Multiplikation mit $(x-1)^k$ und Summation über k

$$\sum_{k=0}^{8} r_k (8-k)!(x-1)^k = \sum_{k=0}^{8} \sum_{j=k}^{8} \binom{j}{k} N_j (x-1)^k = \sum_{j=0}^{8} N_j \sum_{k=0}^{j} \binom{j}{k} (x-1)^k$$
$$= \sum_{j=0}^{8} N_j x^j$$

bei Anwendung des binomischen Lehrsatzes auf $(x-1+1)^j$.
Der große Wert der Beziehung (4.17) hängt mit der Tatsache zusammen, dass die r_k in aller Regel viel leichter zu ermitteln sind als die N_j.

Wir müssen also die r_k bestimmen. Dazu nehmen wir uns ein Schachbrett vor und markieren die den Elementen von A entsprechenden Felder. Der folgenden Abbildung 4.5 entnehmen wir, dass es offensichtlich nicht möglich ist, mehr als 5 sich paarweise nicht angreifende Türme auf die schraffierten Felder zu stellen. Somit ist $r_6 = r_7 = r_8 = 0$. Außerdem haben wir $r_0 = 1$ und $r_1 = 14$.
Zur Bestimmung von r_2 überlegen wir wie folgt: Zunächst können entweder 0 oder 1 oder 2 Türme auf die mittleren Felder $(4,4) \cup (5,5)$ platziert werden. Dafür gibt es 1 oder 2 oder 1 verschiedene Möglichkeiten. Werden 0 Türme auf $(4,4) \cup (5,5)$ platziert, gibt es $\binom{3}{2} \cdot 4^2$ Möglichkeiten, 2 sich nicht angreifende Türme auf die nicht zentralen Felder zu stellen, allgemein $\binom{3}{2-i} \cdot 4^{2-i}$ Möglichkeiten

4.2 Lösungen

[Figure: Schachbrett mit schraffierten Feldern, Achsen j (vertikal) und i (horizontal), Feld (i,j) markiert]

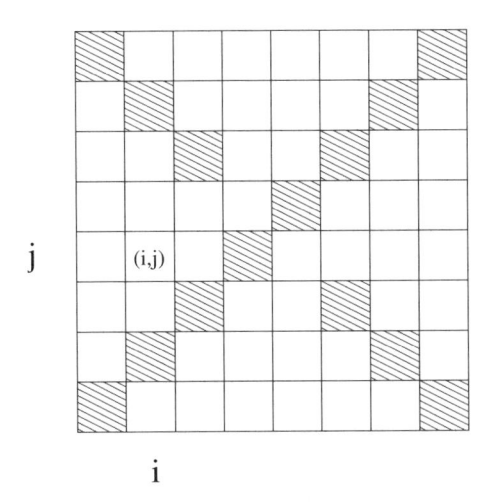

Abbildung 4.5: Schachbrett mit schraffierten Feldern der Menge A.

für die $2-i$ Türme auf nicht zentralen Feldern bei i Türmen auf $(4,4) \cup (5,5)$, $i = 0, 1, 2$. Damit ist

$$r_2 = \binom{3}{2} \cdot 4^2 + 2 \cdot \binom{3}{1} \cdot 4^1 + 1 \cdot \binom{3}{0} \cdot 4^0 = 73.$$

Analog bestimmt man r_3: Wiederum können 0 oder 1 oder 2 Türme auf $(4,4) \cup (5,5)$ platziert werden. Bei i Türmen auf diesen Feldern gibt es $\binom{3}{3-i} \cdot 4^{3-i}$ Möglichkeiten, die verbleibenden $3-i$ Türme auf den nicht zentralen Feldern von A sich paarweise nichtangreifend aufzustellen. Damit ist

$$r_3 = \binom{3}{3} \cdot 4^3 + 2 \cdot \binom{3}{2} \cdot 4^2 + 1 \cdot \binom{3}{1} \cdot 4^1 = 172.$$

Auf ähnliche Weise erhält man

$$r_4 = 2 \cdot \binom{3}{3} \cdot 4^3 + 1 \cdot \binom{3}{2} \cdot 4^2 = 176,$$

$$r_5 = 1 \cdot \binom{3}{3} \cdot 4^3 = 64.$$

Wir sind nun in der Lage, das gesuchte $N_8(0)$ explizit auszurechnen, und es ist

$$N_8(0) = \sum_{k=0}^{8} r_k(8-k)!(-1)^k = 8! - 14 \cdot 7! + 73 \cdot 6! - 172 \cdot 5! + 176 \cdot 4! - 64 \cdot 3!$$
$$= 5520.$$

Es gibt also 5520 verschiedene Anordnungen der Offiziere auf der Grundreihe, bei denen keine Figur so platziert ist wie in der üblichen Grundaufstellung.

4.37 Wir gehen über zu einer Sichtweise, die eine einfache Analyse des Vorgangs erlaubt. Die Situation kann modelliert werden als sequentielle Platzierung von n Kugeln in m Schachteln, wobei die l. Kugel einer bestimmten Schachtel mit Wahrscheinlichkeit $k/(m+l-1)$ zugeordnet wird, wenn sich in der Schachtel bereits k Kugeln befinden. Am Anfang befindet sich in jeder Schachtel genau eine Kugel. Als Erstes können wir in dieser Sprechweise dann Folgendes festhalten: Jedes Ereignis, das eine exakte Zuordnung der n Kugeln zu den m Schachteln angibt und zum Makrozustand $(k_1, \ldots, k_m)$ führt, tritt mit Wahrscheinlichkeit

$$\frac{(k_1!) \cdot (k_2!) \cdot \ldots \cdot (k_m!)}{m \cdot (m+1) \cdot \ldots \cdot (n+m-1)}$$

ein. Die Reihenfolge, in der die Kugeln in die jeweiligen Schachteln fallen, ist hinsichtlich des Entstehens des Makrozustandes $(k_1, \ldots, k_m)$ bedeutungslos. Daher gibt es genau $\frac{n!}{(k_1!) \cdot \ldots \cdot (k_m!)}$ verschiedene Platzierungssequenzen, die zum Makrozustand $(k_1, \ldots, k_m)$ führen, so dass die Wahrscheinlichkeit für das Eintreten dieses Makrozustandes gegeben ist durch

$$\frac{n!}{(k_1!) \cdot \ldots \cdot (k_m!)} \cdot \frac{(k_1!) \cdot \ldots \cdot (k_m!)}{m \cdot (m+1) \cdot \ldots \cdot (n+m-1)} = \frac{n!(m-1)!}{(n+m-1)!}$$

$$= \binom{n+m-1}{n}^{-1}.$$

Folglich tritt jeder Makrozustand $(k_1, \ldots, k_m)$ mit derselben Wahrscheinlichkeit $\binom{n+m-1}{n}^{-1}$ ein, woraus auch klar wird, dass es insgesamt $\binom{n+m-1}{n}$ Makrozustände geben muss.

4.38 (a) Unsere Aufgabe ist erledigt, wenn beim Ausmultiplizieren der linken Seite der fraglichen Gleichung jede Potenz von t^0 bis $t^{(m+1)!-1}$ nachweislich mit dem Koeffizient 1 vorkommt. Allgemein ergeben sich bei Ausmultiplikation der linken Seite die Summanden

$$t^{n_1 \cdot 1!} t^{n_2 \cdot 2!} \cdot \ldots \cdot t^{n_m \cdot m!} = t^{n_1 \cdot 1! + n_2 \cdot 2! + \ldots + n_m \cdot m!} \tag{4.18}$$

mit $n_i \in \{0, \ldots, i\}, i = 1, \ldots, m$. Wir müssen also zeigen, dass es für jedes $n \in \{0, \ldots, (m+1)!-1\}$ eindeutig bestimmte Zahlen $n_1, \ldots, n_m$ mit $n_i \in \{0, \ldots, i\}$ gibt, so dass

$$n = n_1 \cdot 1! + \ldots + n_m \cdot m! \tag{4.19}$$

ist. Die Tatsache, dass jedes $n \in \{0, \ldots, (m+1)!-1\}$ eine Darstellung vom Typ (4.19) hat, garantiert uns, dass die Potenz t^n bei Ausmultiplikation der Faktoren der gegebenen Gleichung vorkommt. Die Tatsache, dass die Darstellung von n eindeutig bestimmt ist, stellt sicher, dass der Koeffizient von t^n genau 1 ist. Sei nun $n^{(0)} := n \in \{0, \ldots, (m+1)! - 1\}$ gegeben. Setze n_m gleich der natürlichen Zahl k_m mit

$$k_m \cdot m! \leq n^{(0)},$$
$$(k_m + 1) \cdot m! > n^{(0)}.$$

Dann betrachte man die Differenz $n^{(0)} - k_m \cdot m! =: n^{(1)} \in \{0, \ldots, m! - 1\}$. Setze anschließend n_{m-1} gleich der natürlichen Zahl k_{m-1} mit

$$k_{m-1} \cdot (m-1)! \leq n^{(1)},$$
$$(k_{m-1} + 1)(m-1)! > n^{(1)}.$$

Dann betrachte man die Differenz $n^{(2)} := n^{(0)} - k_m \cdot m! - k_{m-1}(m-1)!$. Die beschriebene Vorgehensweise wird fortgesetzt bis zur Festlegung von n_1, d.h. n_1 ist die natürliche Zahl k_1 mit

$$k_1 \cdot 1! \leq n^{(m-1)},$$
$$(k_1 + 1) \cdot 1! > n^{(m-1)},$$

d.h. es ist

$$n_1 = k_1 = n^{(m-1)}.$$

Für diese Wahl von $n_1, \ldots n_m$ ist offensichtlich (4.19) erfüllt. Wir müssen uns noch vergewissern, dass dies die einzigen n_i mit $n_i \in \{0, \ldots, i\}$ sind, die (4.19) erfüllen. Das gelingt am einfachsten, wenn man die Identität

$$1 \cdot 1! + 2 \cdot 2! + \ldots + n \cdot n! = (n+1)! - 1, \qquad \forall n \in \mathbb{N}, \qquad (4.20)$$

parat hat. Der Beweis von (4.20) kann mit Induktion geführt werden. Für $n = 1$ ist (4.20) offensichtlich richtig. Wird (4.20) als richtig angenommen für ein gegebenes n, dann ist (4.20) auch für n ersetzt durch $(n+1)$ erfüllt, denn es ist

$$\begin{aligned}[1 \cdot 1! + \ldots + n \cdot n!] + (n+1)(n+1)! &= [(n+1)! - 1] + (n+1)(n+1)! \\ &= (n+1)![1 + (n+1)] - 1 \\ &= (n+2)! - 1,\end{aligned}$$

und (4.20) ist bewiesen.

Wir setzen obige Gedankenführung fort. Offensichtlich kann n_m nicht größer als k_m gewählt werden, um (4.19) zu erfüllen, da selbst mit $n_{m-1} = \ldots = n_1 = 0$ eine Summe größer als n erzielt würde. Ist n_m andererseits kleiner als k_m gewählt, etwa als $k_m^* < k_m$, dann ist wegen (4.20) mit $n = (m-1)$, also wegen

$$1 \cdot 1! + \ldots + (m-1)(m-1)! = m! - 1,$$

und wegen

$$n^{(0)} - k_m^* \cdot m! \geq n^{(1)} + m! \geq m!$$

es erkennbar unmöglich, selbst mit den maximal möglichen Werten $n_{m-1} = (m-1)$, $n_{m-2} = (m-2), \ldots, n_1 = 1$ die Summe n zu erreichen. Also bleibt nur die Wahl $n_m = k_m$. Entsprechende Überlegungen zeigen die Eindeutigkeit der anderen n_i. Damit ist alles bedacht.

(b) Auch für diesen Aufgabenteil ist die in (a) geleistete Arbeit bedeutsam. Für vorgegebenes $n \in \mathbb{N}$ wählt man m als kleinste natürliche Zahl mit der Eigenschaft $(m+1)! - 1 \geq n$ und schreibt

$$n = n_1 \cdot 1! + n_2 \cdot 2! + \ldots + n_m \cdot m! + 0 \cdot (m+1)! + 0 \cdot (m+2)! + \ldots,$$

wobei die $n_1, \ldots, n_m$ wie in (a) beschrieben konstruiert werden. Dass n_{m+1}, $n_{m+2}, \ldots$ allesamt als 0 zu wählen sind, ist offensichtlich. Wir wissen bereits, dass diese Darstellung eindeutig ist.

4.40 (a) Ein 2×1 - Schachbrett kann auf nur eine Weise mit Dominosteinen der Größe 2×1 überdeckt werden, ein Schachbrett der Größe 2×2 auf zwei verschiedene Arten.
Sei nun α_n die Anzahl verschiedener Überdeckungen eines $2 \times n$ - Brettes. Eine einfache Rekursionsgleichung erhalten wir mit dieser elementaren Überlegung: Für den linken Rand des Brettes bestehen 2 Möglichkeiten der Überdeckung. Zum einen können zwei Dominosteine horizontal platziert werden, zum anderen reicht ein vertikal platzierter Dominostein, um den linken Rand des Schachbrettes vollständig abzudecken. Im einen Fall kann der verbleibende Rest des Brettes auf α_{n-2} Arten überdeckt werden, im anderen Fall auf α_{n-1} Arten. Also gilt

$$\alpha_n = \alpha_{n-1} + \alpha_{n-2}, \qquad \forall n \geq 3,$$
$$\alpha_1 = 1, \ \alpha_2 = 2.$$

Die Folge der α_n ist also die Folge der Fibonacci-Zahlen aus Aufgabe 4.10.

(b) Sei a_n die Anzahl verschiedener Möglichkeiten, ein Schachbrett der Größe $3 \times n$ mit Dominosteinen der Größe 3×1 zu überdecken. Für ein 3×1 - Brett besteht nur eine Möglichkeit, ebenso für ein 3×2 - Brett. Ein 3×3 - Brett kann auf zwei verschiedene Arten ausgelegt werden. Für $n \geq 4$ betrachten wir wieder den linken Rand des $3 \times n$ - Brettes. Dieser kann mit einem senkrechten Dominostein ausgelegt werden, oder aber mit 3 waagrecht platzierten Steinen. Im ersten Fall verbleibt ein Feld der Größe $3 \times (n-1)$, für das a_{n-1} verschiedene Möglichkeiten der Überdeckung bestehen. Im zweiten Fall hat das Restfeld die Größe $3 \times (n-3)$, und es gibt a_{n-3} Möglichkeiten, es auszulegen. Damit haben wir

$$a_n = a_{n-3} + a_{n-1}, \qquad \forall\, n \geq 4,$$
$$a_1 = 1, \ a_2 = 1, \ a_3 = 2.$$

Kapitel 5

Verteilungen

5.1 Aufgaben

5.1 (Absolute Mehrheiten) In einem fernen Land stellen sich 3 Parteien zur Wahl. Da Sie über keinerlei politische Informationen über das Land verfügen, betrachten Sie das Wahlergebnis als Realisierung einer über alle möglichen Wahlergebnisse gleichverteilten Zufallsgröße. Wie wahrscheinlich ist es unter dieser Annahme, dass eine der Parteien die absolute Mehrheit erreicht?

Hinweis: Bei 3 Parteien kann man jedes Wahlergebnis mit einem Punkt in einem gleichseitigen Dreieck der Höhe 1 identifizieren, siehe Diagramm 5.1: Dabei

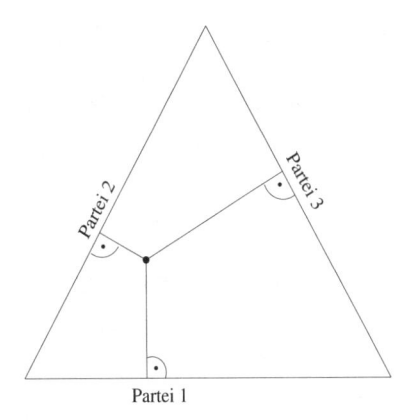

Abbildung 5.1: Darstellung des Wahlergebnisses in einem 3-Parteien-System.

wird der prozentuale Anteil p_i der i. Partei als Punkt auf der Parallelen zur zugehörigen Dreiecksseite mit Abstand p_i dargestellt. Diese Parallelen gehen durch einen Punkt, denn für jeden Punkt eines gleichseitigen Dreiecks ist die Summe der Abstände von den drei Seiten gleich der Dreieckshöhe, also $p_1 + p_2 + p_3 = 1$. Welche Dreieckspunkte entsprechen einem Wahlergebnis ohne absolute Mehrheit?

5.3 Sie kaufen einen Satz von n Trinkgläsern. Schon bald danach bekommt erst eins, dann mit meist größer werdenden zeitlichen Abständen ein zweites, drittes und weitere einen Sprung oder zerbricht und muss ausrangiert werden. Aber das letzte verbleibende Glas ist oft lange Zeit in Gebrauch mit einer Ausfallzeit $X_{(n)}$, welche die des unmittelbar vorher ausrangierten Glases erheblich übersteigt.

(a) Berechnen Sie den zur Zeit $\gamma X_{(n)}$ erwarteten Anteil $A(\gamma)$ der noch unversehrten Gläser, und untersuchen Sie die Eigenschaften der Funktion $A(\gamma), \gamma \in [0, 1]$.

(b) Für welchen Zeitpunkt ist die erwartete Anzahl der noch unversehrten Gläser gleich 1?

5.5 (Zwei Lotto-Ereignisse)

(a) Am 23. 1. 1988 wurden im Zahlenlotto *6 aus 49* die Gewinnzahlen 25, 26, 27, 30, 31, 32 gezogen. Die Ziehung von zwei getrennten Dreierblocks aufeinander folgender Zahlen wurde in den Medien als bemerkenswertes Ereignis kommentiert. Berechnen Sie die Wahrscheinlichkeit eines derartigen Ziehungsergebnisses.

Hinweis: Sei $\mathcal{X} := \{(x_1, \ldots, x_6) : 1 \leq x_1 < \ldots < x_6 \leq 49\}$ die Menge aller möglichen Ziehungsergebnisse und $\mathcal{Y} := \{(y_1, \ldots, y_6) : 1 \leq y_1 \leq \ldots \leq y_6 \leq 44\}$. Betrachten Sie die bijektive Abbildung

$$f : \quad \mathcal{X} \longrightarrow \mathcal{Y}$$
$$(x_1, \ldots, x_6) \longmapsto (x_1, x_2 - 1, x_3 - 2, x_4 - 3, x_5 - 4, x_6 - 5)$$

und deren Umkehrabbildung

$$f^{-1}(y_1, \ldots, y_6) = (y_1, y_2 + 1, y_3 + 2, y_4 + 3, y_5 + 4, y_6 + 5).$$

Abschnitte aufeinander folgender Zahlen eines 6-Tupels in der Darstellung $x = (x_1, \ldots, x_6)$ werden zu Abschnitten gleicher Zahlen für $y = f(x)$, z.B. ist $f(25, 26, 27, 30, 31, 32) = (25, 25, 25, 27, 27, 27)$.

(b) Am 21. 6. 1995 wurden in der 3016. Ziehung die Zahlen 15, 25, 27, 30, 42, 48 gezogen, genau dieselben wie bei der 1628. Ausspielung am 20. 12. 1986. Damit wurde erstmalig in der 40-jährigen Geschichte des deutschen Zahlenlottos eine Gewinnreihenwiederholung beobachtet. Wie wahrscheinlich ist es, dass die erste Gewinnreihenwiederholung nach höchstens 3016 Ausspielungen auftritt?

5.6 (Das Maximum-Likelihood-Prinzip) Ein Medikament ist wirksam mit der unbekannten Wahrscheinlichkeit p. Um p zu schätzen, wird das Medikament N

Patienten verabreicht. Bei n dieser Patienten ist es wirksam. Die Maximum-Likelihood-Schätzmethode bestimmt denjenigen Wert als Schätzwert für den Parameter p, der dem erhaltenen Beobachtungsresultat die größte Wahrscheinlichkeit verleiht. Schätzen Sie p mit der Maximum-Likelihood-Methode.

5.7 Ein Kino-Besitzer erklärt, er werde der ersten Person in der Schlange vor seiner Kino-Kasse freien Einlass gewähren, die denselben Geburtstag hat wie irgendjemand aus der Gruppe derjenigen, die vor ihr bereits eine Karte gekauft haben. Ermitteln sie den günstigsten Platz in der Warteschlange unter der Annahme, dass die Geburtstage der Wartenden unabhängig voneinander und gleichverteilt sind.

5.8 Mit welcher Wahrscheinlichkeit besitzt eine Realisierung des Quotienten X/Y zweier unabhängiger, $\mathbf{U}[0,1]$-verteilter Zufallsgrößen die Anfangsziffer 1? Mit welcher Wahrscheinlichkeit ist die Anfangsziffer eine 9? Man vergleiche diese Wahrscheinlichkeiten mit der Benford'schen Verteilung, siehe AW, Beispiel 1.5.

5.9 (**Das Geburtstagsproblem, Maximalitätseigenschaft der Gleichverteilung**) Angenommen, es gibt n mögliche Geburtstage, die mit den Wahrscheinlichkeiten $p_1,\ldots,p_n$ auftreten. Wir sagen, das Ereignis $A_r(p_1,\ldots,p_n)$ ist eingetreten, wenn bei r unabhängig aus der Verteilung $\mathbb{P}:=(p_1,\ldots,p_n)$ gezogenen Geburtstagen diese sämtlich verschieden sind. Die Wahrscheinlichkeit von $A_r(p_1,\ldots,p_n)$ wird durch die Gleichverteilung maximiert. Es gilt nämlich für alle Verteilungen $\mathbb{P}$, dass

$$P(A_r(p_1,\ldots,p_n)) \leq \frac{n!}{n^r(n-r)!},$$

mit Gleichheit allein für die Gleichverteilung $p_1 = \cdots = p_n = \frac{1}{n}$. Beweisen Sie dies.

Hinweis: Nehmen Sie die p_i als geordnet an. Überlegen Sie sich, dass

$$P(A_r(p_1,\ldots,p_n)) = r! \sum_{1 \leq i_1 < \cdots < i_r \leq n} p_{i_1} \cdot \ldots \cdot p_{i_r} =: S_{r,n}(p_1,\ldots,p_n),$$

und folgern Sie, dass $S_{r,n}(p_1,\ldots,p_n)$ der Koeffizient von t^r im Produkt $(1+p_1 t) \cdot \ldots \cdot (1+p_n t)$ ist. Also:

$$S_{r,n}(p_1,\ldots,p_n) = S_{r,n-2}(p_2,\ldots,p_{n-1}) + (p_1+p_n)S_{r-1,n-2}(p_2,\ldots,p_{n-1}) + p_1 p_n S_{r-2,n-2}(p_2,\ldots,p_{n-1}).$$

Beschäftigen Sie sich nun mit der Differenz

$$S_{r,n}\left(\frac{p_1+p_n}{2}, p_2,\ldots,p_{n-1}, \frac{p_1+p_n}{2}\right) - S_{r,n}(p_1,\ldots,p_n).$$

5.11 Die Zahl der Bücher, die während eines Jahres aus einer großen Bibliothek verschwinden, kann als $\mathbf{P}(\lambda)$-verteilt angenommen werden. Bei der Jahresendrevision wird das Fehlen eines Buches mit Wahrscheinlichkeit p entdeckt und in diesem Fall das Buch unmittelbar ersetzt. Bestimmen Sie die Verteilung der Anzahl fehlender Bücher nach der ersten Revision und zu Beginn der zweiten Revision.

5.13 Berechnen Sie für das Zahlenlotto *6 aus 49*

  (a) den Erwartungswert und die Varianz der Anzahl richtig getippter Zahlen.

  (b) den Erwartungswert und die Varianz der größten gezogenen Gewinnzahl.

5.14 (Warteschlangen mit ungeduldigen Kunden) Vor einem noch geschlossenen Schalter treffen nacheinander Kunden ein und bilden eine Warteschlange. Dabei schließt sich ein neu eintreffender Kunde abhängig von der aktuellen Länge $k \in \mathbb{N}_0$ der Warteschlange nur mit Wahrscheinlichkeit p_k an diese an, mit Wahrscheinlichkeit $1 - p_k$ verlässt er den Schalter unmittelbar wieder.

  (a) Wenn insgesamt n Personen eingetroffen sind, wie groß ist die Wahrscheinlichkeit $P_n(i)$, dass die Warteschlange eine Länge von genau i Personen hat. (Ein expliziter Ausdruck ist gesucht, er muss nicht unbedingt in geschlossener Form sein.)

  (b) Ermitteln Sie für den Fall $p_k = 1 - k/K, \forall k = 0, \ldots, K-1$, und $p_k = 0, \forall k \geq K$, mit $K \in \mathbb{N}$ eine explizite Formel für $P_n(i), i = 0, \ldots, n$.

Hinweis: Berechnen Sie $P_n(i)$ aus den $P_{n-1}(j)$ mit $j \leq i$.

5.15 Unter der Einwirkung einer großen Spannung reißt ein Seil der Länge L schließlich an der Stelle l. Dabei ist die Wahrscheinlichkeit, dass der Riss im differenziellen Bereich $(l - dl, l + dl)$ liegt, für jedes $l \in (0, L)$ proportional zum Quadrat des kürzesten Abstands zum Seilende und proportional zu dl.

  (a) Man ermittle die Verteilung der Länge des längeren Seilstücks.

  (b) Mit welcher Wahrscheinlichkeit ist das längere Seilstück mindestens doppelt so lang wie das kürzere?

5.20 (Wartezeitenparadoxon) Es seien $\tau_1 < \tau_2 < \cdots < \tau_k < \cdots$ die Ankunftszeiten von Bussen an einer Haltestelle. Die Zwischenankunftszeiten

$$Z_k = \tau_k - \tau_{k-1}, \qquad k \in \mathbb{N}, \text{ mit } \tau_0 := 0,$$

seien unabhängige, exponentialverteilte Zufallsgrößen mit Erwartungswert 1 Stunde. Herr K erreicht die Haltestelle zu einer festen Zeit t.
Zeigen Sie: Die mittlere Länge des Zeitintervalls zwischen dem letzten Bus, der vor Herrn Ks Ankunft eingetroffen ist, und dem nächsten eintreffenden Bus ist größer als 1 Stunde.

Hinweis: Die Zufallsgrößen $\tau_k = Z_k + \cdots + Z_1$ besitzen eine Gamma-Verteilung. Sei $N(t)$ die Anzahl der vor der Zeit t eintreffenden Busse, d.h. es ist

$$\tau_{N(t)} < t \leq \tau_{N(t)+1}.$$

Ferner sei $\alpha(t) = t - \tau_{N(t)}$ und $\beta(t) = \tau_{N(t)+1} - t$, so dass $\tau_{N(t)+1} - \tau_{N(t)} = \alpha(t) + \beta(t)$. Überzeugen Sie sich, dass $\beta(t)$ **Exp**(1)-verteilt ist, indem Sie $P(\beta(t) \geq x)$ durch Konditionierung auf $N(t) = n$ ermitteln.

5.21 Es sei $(X_n)_{n \in \mathbb{N}_0}$ eine Folge unabhängiger, identisch verteilter, nichtdegenerierter (d.h. nicht Dirac-verteilter) Zufallsgrößen und $\alpha \in (0,1)$ eine reelle Zahl. Die Zufallsgröße
$$Y = \sum_{n=0}^{\infty} \alpha^n X_n$$
sei fast sicher endlich. Zeigen Sie, dass die Verteilungsfunktion von Y stetig ist.

Hinweis: Definieren Sie
$$Z := \sum_{n=1}^{\infty} \alpha^{n-1} X_n,$$
dann ist $Y = X_0 + \alpha Z$. Die Zufallsgrößen Y und Z sind identisch verteilt, X_0 und Z sind unabhängig. Unter der Annahme, dass die Verteilungsfunktion von Y nicht stetig ist, setzen Sie
$$p = \max_y \{P(Y = y)\}$$
und bezeichnen mit $y_1, \ldots, y_n$ die Stellen, für die $P(Y = y_i) = p$ ist. Führen Sie einen Widerspruch zur Voraussetzung herbei, dass X_0 nichtdegeneriert ist.

5.22 Wir betrachten die Körpergrößen in einer Vater-Sohn-Grundgesamtheit. Die Verteilung der Körpergröße der Väter in cm wird durch eine $\mathbf{N}(\mu, \sigma^2)$-Verteilung mit $\mu = 176, \sigma^2 = 40$ modelliert. Ist die tatsächliche Körpergröße eines Vaters gleich ν, so wird die potentielle Körpergröße seiner ausgewachsenen Söhne durch eine $\mathbf{N}(\nu + \rho(\mu - \nu), \tau^2)$-Verteilung mit $\rho = 0.5$, $\tau^2 = 30$ modelliert. Demnach ist zu erwarten, dass die Körpergröße eines Sohnes näher am Mittelwert μ der Vater-Generation liegt. Dieses Phänomen heißt *Regression zum Mittelwert*. Zeigen Sie, dass die Verteilung der Körpergröße der Sohn-Generation mit der Verteilung der Körpergröße der Vater-Generation übereinstimmt.

5.23 (Antworten auf heikle Fragen) Ein gravierendes Problem bei Umfragen und Erhebungen, die sich mit sensitiven Themen beschäftigen, sind die Verzerrungen aufgrund falscher Beantwortung oder Antwortverweigerung. Zur Ausschaltung dieser Verzerrungen wurde von Warner (1965) ein als *Randomized Response* bezeichnetes Stichprobenverfahren eingeführt. Um den Anteil p einer Population zu schätzen, der schon einmal unter Alkoholeinfluss Auto gefahren ist, kann man folgendermaßen vorgehen. Jeder aus der Population rein zufällig ausgewählten Person werden zwei Fragen zur Auswahl vorgelegt. Sie wird gebeten, mittels eines Zufallsmechanismus, etwa einer Münze oder eines Würfels, zu entscheiden, ob sie die erste Frage oder die zweite Frage wahrheitsgemäß beantworten wird. Der Fragesteller kann den Ausgang dieses Zufallsexperimentes nicht einsehen. Der Zufallsmechanismus führe mit bekannter Wahrscheinlichkeit α zur Beantwortung der ersten Frage und mit Wahrscheinlichkeit $1 - \alpha$ zur Beantwortung der zweiten Frage. Dabei ist

- Methode A (heikle Frage und ihre Negation)
  Frage 1: Ist es richtig, dass Sie schon mindestens einmal unter Alkoholeinfluss Auto gefahren sind?

Frage 2: Ist es richtig, dass Sie noch nie unter Alkoholeinfluss Auto gefahren sind?

- Methode B (harmlose und heikle Frage)
Frage 1: Werfen Sie eine Münze. Haben Sie «Kopf» geworfen?
Frage 2: Werfen Sie eine Münze. Sind Sie schon mindestens einmal unter Alkoholeinfluss Auto gefahren?

Da bei beiden Methoden außer der befragten Person niemandem bekannt ist, auf welche Frage sich die Antwort bezieht, kann man von einer wahrheitsgemäßen Beantwortung ausgehen.

Jeweils n Personen seien mit Methode A bzw. mit Methode B befragt worden, und sei X jeweils die Anzahl der mit «Ja» antwortenden Befragten.

(a) Zeigen Sie, dass unter der Methode A

$$\hat{p} = \frac{X/n - (1 - \alpha)}{2\alpha - 1}$$

ein unverfälschter Schätzer für p ist, d.h. $E\hat{p} = p$.

(b) Zeigen Sie, dass unter der Methode B

$$\hat{p} = \frac{X/n - \alpha\beta}{1 - \alpha}$$

mit $\beta := P(\text{die 1. Frage wird mit «Ja» beantwortet})$ ein unverfälschter Schätzer für p ist.

Als Maß für die Genauigkeit der beiden Methoden werde die Varianz der Schätzer $\hat{p}$ verwendet.

(c) Ermitteln Sie die Varianz von $\hat{p}$ unter beiden Methoden.

(d) Um welchen Faktor ist Methode B genauer als Methode A, falls $\alpha = \frac{4}{10}$, $\beta = \frac{1}{2}$ und $p = \frac{6}{10}$ ist?

(e) Vergleichen Sie die Genauigkeit beider Methoden mit der Vorgehensweise, bei der n rein zufällig ausgewählten Personen die heikle Frage direkt vorgelegt wird und X Personen – hypothetisch – wahrheitsgemäß mit «Ja» antworten.

5.24 (Optimaler Service im Tennis) Ein Tennisspieler hat einen schnellen (s) und einen langsamen (l) Aufschlag. Mit der Wahrscheinlichkeit p_s bzw. p_l trifft der schnelle bzw. der langsame Service in das vorgesehene Feld. Die Wahrscheinlichkeit, dass der Spieler den Punkt gewinnt, sofern der Service im Feld war, beträgt q_s bzw. q_l. Es ist

$$p_s < p_l,$$
$$q_s > q_l.$$

Für jeden Punkt hat ein Spieler einen ersten und, wenn nötig, einen zweiten Aufschlag.

Zeigen Sie, dass der Spieler in beiden Fällen den schnellen Aufschlag spielen sollte, falls
$$\frac{p_s q_s}{p_l q_l} > 1$$
ist. Er sollte in beiden Fällen den langsamen Aufschlag spielen, falls
$$\frac{p_s q_s}{p_l q_l} < 1 + p_s - p_l$$
ist. Andernfalls sollte er zunächst den schnellen und dann den langsamen Aufschlag spielen.

5.25 Manche Wettkämpfe werden nach dem Format *4 von 7* ausgetragen: Der Spieler, der zuerst 4 Spiele gewinnt, ist Sieger.

(a) Wenn A jedes Spiel unabhängig mit Wahrscheinlichkeit p gewinnt, dann gewinnt A den Wettkampf mit der Wahrscheinlichkeit
$$p_A = p^4(1 + 4q + 10q^2 + 20q^3),$$
wobei $q = 1 - p$ ist. Zeigen Sie dies.

(b) Ermitteln Sie die mittlere Länge L eines Wettkampfes.

(c) Zeigen Sie, dass L für $p = \frac{1}{2}$ maximiert wird und monoton fallend gegen 4 konvergiert, falls p gegen 1 geht. Finden Sie einen unverfälschten Schätzer für p, falls A und B insgesamt 25 Wettkämpfe nach diesem Format gespielt haben, und zwar mit folgendem Ergebnis:

		Länge			
		4	5	6	7
Sieger	A	4	3	3	8
	B	1	1	2	3

Es gab also z.B. 8 Wettkämpfe, bei denen A in 7 Spielen siegreich war.

5.27 (Stochastische Flächenbestimmung) Sei $A \in \mathcal{B}^2$ eine Borel-Menge in $\mathbb{R}^2$ mit unbekanntem Flächeninhalt $\lambda^2(A) < \infty$. Ferner sei
$$Z_d := \{(v + nd, w + md) : n, m \in \mathbb{Z}\}, \qquad d > 0,$$
ein zufälliges quadratisches Gitter, dessen Ursprung (v, w) gleichverteilt in $[0, d) \times [0, d)$ gewählt wird.

(a) Zeigen Sie, dass
$$E(\#(Z_d \cap A)) = \frac{\lambda^2(A)}{d^2}.$$

(b) Geben Sie ein auf dem Ergebnis in (a) beruhendes Verfahren an, um den Inhalt einer Fläche zu bestimmen.

Hinweis: Berücksichtigen Sie, dass der Punkt $(v + nd, w + md)$ gleichverteilt ist in $[nd, (n+1)d) \times [md, (m+1)d)$.

5.28 (Stochastische Geometrie) Eine Gerade G in $\mathbb{R}^2$ ist definiert durch

$$G = \{(x,y) : x\cos\varphi + y\sin\varphi = \delta\},$$

wobei $\varphi \in [0,\pi)$ die Orientierung und $\delta \in \mathbb{R}$ den (mit einem Vorzeichen versehenen) Abstand vom Ursprung bezeichnet. Wir wählen nun φ gleichverteilt aus $[0,\pi)$ und davon unabhängig δ gleichverteilt aus $[-1,+1]$. Auf diese Weise wird eine zufällige Gerade $G = G(\varphi, \delta)$ erzeugt.

(a) Sei K_r ein Kreis mit Radius r, der im Einheitskreis um den Ursprung enthalten ist. Mit welcher Wahrscheinlichkeit schneidet die zufällige Gerade $G(\varphi, \delta)$ den Kreis K_r?

(b) Sei $S(\theta, l)$ eine im Einheitskreis um den Ursprung enthaltene Strecke mit Orientierung θ und Länge l. Zeigen Sie, dass unabhängig von θ und von der Lage der Strecke mit Wahrscheinlichkeit l/π die zufällige Gerade $G(\varphi, \delta)$ die Strecke $S(\theta, l)$ schneidet.

5.29 Zu einer Party sind 10 Ehepaare erschienen. Es werden rein zufällig Tanz-Paare gebildet, doch es stellt sich heraus, dass dabei ein Paar gebildet wurde, welches auch schon als solches gekommen war. Deshalb wird die Auslosung so lange wiederholt, bis dieser Fall nicht mehr eintritt.

(a) Bestimmen Sie die Verteilung der Anzahl der Auslosungen.

(b) Wie viele Auslosungen sind zu erwarten?

5.30 (Koalitionen) Eine Gruppe von k Spielern wettet auf eine Folge von $2n+1$ Bernoulli-Versuchen mit Parameter $p = \frac{1}{2}$. Jeder Spieler setzt einen Euro ein, und Sieger ist, wer die meisten Ausfälle richtig vorhersagt. Bei Punktgleichheit wird die gesetzte Geldmenge unter den Gewinnern aufgeteilt. Spieler A und B bilden eine Koalition und verabreden, dass A zur Bestimmung seiner Vorhersage jeweils eine faire Münze wirft und B jeweils das Gegenteil von A vorhersagt. Im Falle eines Gewinns für A oder B wollen sich beide den Gewinn teilen.

(a) Zeigen Sie, dass der gemeinsame erwartete Gewinn G_k von A und B unabhängig von n gegeben ist durch

$$G_k = \frac{2k}{k-1}\left(1 - \frac{1}{2^{k-1}}\right), \qquad \forall k \geq 3,\, \forall n \in \mathbb{N}_0.$$

(b) Zeigen Sie, dass $G_k > 2$ für alle $k \geq 3$ und die Bildung der Koalition somit günstig ist.

5.31 (Probabilistischer Primzahltest) Seien $n \in \mathbb{N}$ und $a \in \{1, \ldots, n-1\}$ zwei natürliche Zahlen. Wir sagen, a erfüllt die Bedingung B_n, falls gilt:

  1. $a^{n-1} \not\equiv 1 \mod n$

oder

  2. $\exists i \in \mathbb{N}$ mit 2^i teilt $n-1$ und $ggT\left(a^{(n-1)/2^i} - 1, n\right) \in \{2, \ldots, n-1\}$.

Falls ein a die Bedingung B_n erfüllt, so ist n eine zusammengesetzte Zahl. Denn einerseits gilt nach dem kleinen Fermat'schen Satz für jede Primzahl n

$$a^{n-1} = 1 \mod n,$$

und andererseits hat bei Gültigkeit von 2. die Zahl n einen nichttrivialen Teiler. Rabin (1980) beweist: Ist $n > 4$ keine Primzahl, dann ist

$$\#\{a : a \text{ erfüllt } B_n\} \geq \frac{3(n-1)}{4}.$$

Darauf kann man einen probabilistischen Primzahltest aufbauen:

Lege $k \in \mathbb{N}$ beliebig fest. Wähle k Zahlen $a_1, \ldots, a_k$ jeweils rein zufällig und unabhängig voneinander aus der Menge $\{1, \ldots, n-1\}$. Wenn keines der a_i die Bedingung B_n erfüllt, erkläre n zur Primzahl. Wenn für mindestens ein a_i die Bedingung B_n erfüllt ist, erkläre n zur zusammengesetzten Zahl.

(a) Wie groß ist die Wahrscheinlichkeit, dass eine zusammengesetzte Zahl fälschlich zur Primzahl erklärt wird?

(b) Wie groß ist die Wahrscheinlichkeit, dass eine Primzahl fälschlich zur zusammengesetzten Zahl erklärt wird?

5.33 (a) Eine Münze ist nicht völlig symmetrisch. Vielmehr ist $P(Kopf) = \frac{1}{2} + \Delta$ und $P(Zahl) = \frac{1}{2} - \Delta$ mit $|\Delta| < \frac{1}{2}$. Zeigen Sie, dass sich die Abweichung $|\Delta|$ von der Gleichverteilung auf $4|\Delta|^3$ reduzieren lässt, wenn ein Wurfergebnis durch dreimaliges Werfen der Münze zustande kommt und dieses als *Kopf* angegeben wird, wenn dabei einmal oder dreimal *Kopf* beobachtet wird.

(b) Ein Würfel ist nicht völlig symmetrisch. Die Wahrscheinlichkeit für die Augenzahl k sei $\frac{1}{6} + \Delta_k$ mit $|\Delta_k| < \frac{1}{12}$ für alle k. Um welchen Faktor lässt sich die maximale Abweichung $\max\{|\Delta_1|, \ldots, |\Delta_k|\}$ von der Gleichverteilung mindestens reduzieren, wenn ein Wurfergebnis durch zweimaliges Werfen des Würfels zustande kommt und dieses als Ausfall $i \in \{1, \ldots, 6\}$ angegeben wird, wenn i zur Augensumme mod 6 kongruent ist.

5.36 Spieler A und B werfen n verfälschte Münzen, wobei die i. Münze mit Wahrscheinlichkeit $p_i = \frac{1}{2} + \varepsilon_i$ mit $|\varepsilon_i| \leq \frac{1}{2}$ *Kopf* zeigt. Spieler A gewinnt, wenn die Anzahl der Münzen mit Ausfall *Kopf* entweder gleich n ist oder sich von n durch eine gerade Zahl unterscheidet. Andernfalls gewinnt B.

(a) Ermitteln Sie die Wahrscheinlichkeit, dass A gewinnt.

(b) Zeigen Sie, dass beide Spieler dieselben Siegchancen haben, sobald auch nur eine der n Münzen unverfälscht ist (mit $p_i = \frac{1}{2}$).

Hinweis: Führen Sie eine Induktion über der Anzahl der Münzen durch.

5.37 (Morra) Morra ist ein vor allem in Italien beliebtes Glücksspiel. Es gibt etliche Versionen. Beim *Zwei-Finger-Morra* heben die Spieler A und B gleichzeitig jeweils einen oder zwei Finger. Die Auszahlung entspricht der Summe der gezeigten Finger in Euro. Dabei zahlt A diesen Betrag an B, falls die Zahl der gezeigten Finger bei beiden Spielern gleich ist, ist sie verschieden, so zahlt B an A. Die Spieler treffen ihre Wahl unabhängig voneinander. Wir sagen, ein Spieler verfolgt die Strategie p, wenn er mit Wahrscheinlichkeit p einen Finger und mit Wahrscheinlichkeit $1-p$ zwei Finger hebt.

(a) Ermitteln Sie den erwarteten Gewinn für Spieler A, falls dieser die Strategie p_A verfolgt und Spieler B die Strategie p_B verfolgt.

(b) Ist das Spiel fair für die Strategien $p_A = \frac{1}{2} = p_B$ in dem Sinne, dass der erwartete Gewinn beider Spieler gleich 0 ist?

(c) Ermitteln Sie eine Strategie für A, die diesem unabhängig von der von B gewählten Strategie einen positiven erwarteten Gewinn garantiert.

5.38 (Dorfmans Gruppen-Screening) Im 2. Weltkrieg wurden die Rekruten der US-Armee mit Hilfe von Blutuntersuchungen auf bestimmte Geschlechtskrankheiten untersucht. Dorfman (1943) schlug vor, eine Blutprobe von jeweils m Rekruten zu vermischen und diese Mischung einem Bluttest zu unterziehen. Ist das Ergebnis dieses Bluttests negativ, dann reicht ein Test für m Personen; ist der Befund positiv, dann ist mindestens eine der m Personen erkrankt und zusätzlich zur Gruppenuntersuchung müssen alle m Personen der Gruppe noch einzeln untersucht werden. In diesem Fall werden also $(m+1)$ Tests für m Personen benötigt. Die Rekruten seien unabhängig voneinander mit Wahrscheinlichkeit p erkrankt.

(a) Zeigen Sie, dass für Gruppen der Größe m die erwartete Anzahl T_m von Tests pro Person gegeben ist durch

$$ET_m = 1 + \frac{1}{m} - (1-p)^m.$$

(b) Bestätigen Sie, dass sich beim Gruppen-Screening mit optimaler Wahl der Gruppengröße gegenüber der traditionellen Methode der Einzeluntersuchungen eine Ersparnis ergibt, wenn

$$p < 1 - \left(\frac{1}{3}\right)^{1/3} = 0.307.$$

(c) Begründen Sie die Näherungsformeln $m_{opt.} = p^{-1/2}$ und $ET_{m_{opt.}} = 2p^{1/2}$ bei kleinem p, wobei $m_{opt.}$ die optimale Gruppengröße bezeichnet.

Anmerkung: Samuels (1978) zeigt, dass für $p < 1 - (1/3)^{1/3}$ entweder

$$m_{opt.} = \lfloor p^{-1/2} \rfloor + 1 \qquad \text{oder} \qquad m_{opt.} = \lfloor p^{-1/2} \rfloor + 2,$$

wobei $\lfloor x \rfloor$ den ganzzahligen Anteil von $x > 0$ bezeichnet.
Die folgende Tabelle dokumentiert die optimale Gruppengröße $m_{opt.}$ sowie die

erwartete prozentuale Ersparnis pro Person $E_{opt.} := (1 - ET_{m_{opt.}}) \times 100\%$ für ausgewählte Werte von p.

p	0.3	0.2	0.1	0.05	0.01	0.001	0.0005	0.0001
$m_{opt.}$	3	3	4	5	11	32	45	101
$E_{opt.}$	1	18	41	57	80	94	96	98

5.39 (**Einfluss der Zählweise auf die Gewinnwahrscheinlichkeit**) Die Zählweisen im Tennis und Tischtennis sind verschieden. Beim Tennis gewinnt der Spieler ein Spiel, welcher zuerst mindestens 4 Punkte erzielt und gleichzeitig mindestens 2 Punkte Vorsprung vor seinem Gegner hat. Der Spieler, welcher zuerst mindestens 6 Spiele gewinnt und gleichzeitig mindestens 2 Spiele Vorsprung vor seinem Gegner hat, gewinnt einen Satz.
Beim Tischtennis gewinnt der Spieler einen Satz, welcher zuerst mindestens 21 Punkte erzielt und gleichzeitig mindestens 2 Punkte Vorsprung vor seinem Gegner hat.
Bei jedem Ballwechsel sei unabhängig von allen anderen Ballwechseln p die Wahrscheinlichkeit, dass Spieler A den Punkt gewinnt und $q = 1 - p$ die Wahrscheinlichkeit, dass Spieler B den Punkt gewinnt.

(a) Zeigen Sie, dass beim Tennis Spieler A einen Satz gewinnt mit Wahrscheinlichkeit

$$P_T = p_A^6 \left(1 + 6q_A + 21q_A^2 + 56q_A^3 + 126q_A^4\right) + \frac{252 p_A^7 q_A^5}{1 - 2p_A q_A},$$

wobei $q_A = 1 - p_A$ und

$$p_A = p^4 \left(1 + 4q + 10q^2\right) + 20p^5 q^3 \frac{1}{1 - 2pq}$$

die Wahrscheinlichkeit angibt, dass A ein Spiel gewinnt.

Hinweis: Die Wahrscheinlichkeiten für einen $(n+2) : n$ Spiel-Sieg von A ist für alle $n \geq 3$ gegeben durch

$$P((n+2):n) = p^2 P(n:n) = p^2 P(3:3) \cdot (2pq)^{n-3} = \binom{6}{3} p^5 q^3 (2pq)^{n-3}.$$

(b) Zeigen Sie, dass beim Tischtennis Spieler A einen Satz gewinnt mit Wahrscheinlichkeit

$$P_{TT} = \sum_{n=0}^{19} \binom{20+n}{n} p^{21} q^n + \binom{40}{20} p^{22} q^{20} \cdot \frac{1}{1-2pq}.$$

(c) Zum Vergleich einiger Werte von P_T und P_{TT} geben wir die folgende Tabelle an. Welche Zählweise ist besser geeignet, um stärkere von schwächeren Spielern zu unterscheiden?

p	0.30	0.35	0.40	0.45	0.46	0.47	0.48	0.49	0.50
P_T	0.0002	0.003	0.03	0.18	0.23	0.29	0.36	0.43	0.50
P_{TT}	0.0030	0.022	0.09	0.25	0.29	0.35	0.40	0.45	0.50

5.41 Die Zahl X der Eier, die ein Vogel legt, sei eine $\mathbf{P}(\lambda)$-verteilte Zufallsgröße. Mit Wahrscheinlichkeit $p \in (0,1)$ schlüpfe aus einem Ei ein Vogel. Die Entwicklung der einzelnen Eier sei unabhängig voneinander.

(a) Welche Verteilung besitzt die Anzahl Y der ausgeschlüpften Vögel?

(b) Bestimmen Sie Erwartungswert und Varianz von X und Y.

(c) Was lässt sich bei Kenntnis der Zahl geschlüpfter Vögel über die Verteilung der Zahl der Eier sagen?

5.42 Eine Marktanalyse für eine Tageszeitung ergibt, dass die tägliche Nachfrage als normalverteilte Zufallsgröße mit Parametern $\mu = 1$ Million und $\sigma = 200\,000$ betrachtet werden kann. Pro verkaufter Zeitung entsteht ein Gewinn von 10 Cents, pro nicht verkaufter Zeitung ein Verlust von 50 Cents. Welche Auflage der Tageszeitung maximiert den Erwartungswert des Nettogewinns?

5.44 Eine Menge von Objekten wird in disjunkte Teilmengen der Mächtigkeit N zerlegt. Die Anzahl X_i der fehlerhaften Objekte in der i. Teilmenge ist $\mathbf{B}(N,p)$-verteilt. Eine Stichprobe der Größe n wird ohne Zurücklegen aus einer rein zufällig ausgewählten Teilmenge gezogen. Beweisen Sie die folgenden Aussagen: Ist $X_j = x_j$ in dieser Teilmenge, dann hat die Anzahl Y_j der defekten Objekte in der Stichprobe eine $\mathbf{H}(N, x_j, n)$-Verteilung. Die Gesamtzahl defekter Objekte in k nach diesem Verfahren erhobenen Stichproben ist $\mathbf{B}(nk, p)$-verteilt. Mit $X_j \sim \mathbf{B}(N, p)$ ist die Verteilung $\mathbf{H}(N, X_j, n)$ eine Binomialverteilung mit den Parametern n und p.

5.45 (**Ein Verpackungsproblem**) Gegenstände mit variablem Gewicht sollen in Kartons verpackt werden. Die Gewichte $X_1, X_2, \ldots$ der Gegenstände $G_1, G_2, \ldots$ seien unabhängig und jeweils $\mathbf{U}[0,1]$-verteilt. Jeder Karton kann Gegenstände mit einem Gesamtgewicht bis zu einer Gewichtseinheit aufnehmen. Zunächst werden Gegenstände $G_1, G_2, \ldots$ so lange in den ersten Karton eingepackt, bis mit der Hinzunahme eines weiteren Gegenstandes das Füllgewicht größer als 1 würde. Dieser Gegenstand wird dann in Karton 2 platziert und anschließend dieser Karton so lange aufgefüllt, bis aus Gewichtsgründen erstmals ein Gegenstand in Karton 3 gegeben werden muss, usw. Sei N_i die Anzahl der Gegenstände im i. Karton und $N := \sum_{i=1}^{n} N_i$ die Anzahl der in n Kartons verpackten Gegenstände.

(a) Ermitteln Sie EN_1.

(b) Ermitteln Sie eine obere Schranke für EN.

Hinweis: Überzeugen Sie sich, dass $EN_i \leq EN_1$ für alle $i \in \mathbb{N}$.

(c) Ermitteln Sie eine untere Schranke für EN.

Hinweis: Ein möglicher Ansatz besteht in der Untersuchung dieser Verpackungsstrategie: Falls ein Gegenstand zu schwer ist, um noch in einen bereits begonnenen Karton gegeben zu werden, wird er nicht nur in den nächsten Karton gepackt, sondern dieser wird auch sogleich verschlossen, so dass mit dem nächsten Gegenstand wiederum ein neuer Karton begonnen werden muss.

(d) Sei M_n die Anzahl der für n Gegenstände benötigten Kartons und R_n das Füllgewicht in Karton M_n, nachdem der n. Gegenstand eingepackt worden ist. Bestimmen Sie ER_n. Zeigen Sie, dass die mittlere Anzahl EM_n der für n Gegenstände benötigten Kartons gegeben ist durch

$$EM_n = \begin{cases} 1, & \text{falls } n = 1 \\ \frac{2}{3}n + \frac{1}{6}, & \text{falls } n \geq 2. \end{cases}$$

5.46 Es seien X_1 und X_2 unabhängige Zufallsgrößen mit $P(X_i = j) = p_{ij}$ für $i = 1, 2$ und $j \in \{1, \ldots, 6\} =: J$.
Zeigen Sie:

(a) Falls $(p_{1j})_{j \in J}$ und $(p_{2j})_{j \in J}$ Gleichverteilungen auf J sind, dann ist

$$(X_1 + X_2) \mod 6$$

gleichverteilt auf $\{0, \ldots, 5\}$.

(b) Falls $(p_{1j})_{j \in J}$ die Gleichverteilung und $(p_{2j})_{j \in J}$ eine beliebige Verteilung auf J ist, dann ist

$$(X_1 + X_2) \mod 6$$

gleichverteilt auf $\{0, \ldots, 5\}$.
Beim Werfen eines fairen Würfels und eines Würfels beliebiger Verteilung verhält sich die Summe der Augenzahlen modulo 6 also wie der faire Würfel.

5.47 (Probabilistisches Runden) Die Lebensdauer X einer Glühbirne ist $\mathbf{Exp}(\lambda)$-verteilt.

(a) Statt der tatsächlichen Lebensdauer kann nur der gerundete Wert

$$Y := \begin{cases} \lfloor X \rfloor + 1, & \text{falls es ein } a \in \mathbb{N}_0 \text{ gibt mit } X \in [a + \frac{1}{2}, a + 1) \\ \lfloor X \rfloor, & \text{falls es ein } a \in \mathbb{N}_0 \text{ gibt mit } X \in [a, a + \frac{1}{2}) \end{cases}$$

ermittelt werden. Bestimmen Sie die Verteilung und den Erwartungswert von $X - Y$.

(b) Statt der tatsächlichen Lebensdauer steht nur der probabilistisch gerundete Wert

$$Y^* := \begin{cases} \lfloor X \rfloor + 1 & \text{mit Wahrscheinlichkeit } X - \lfloor X \rfloor \\ \lfloor X \rfloor & \text{mit Wahrscheinlichkeit } 1 - (X - \lfloor X \rfloor) \end{cases}$$

zur Verfügung. Bestimmen Sie die Verteilung und den Erwartungswert von $X - Y^*$.

5.2 Lösungen

5.1 Die folgende Tatsache ist zentral und macht die Lösung der Aufgabe trivial: Wahlergebnisse mit absoluter Mehrheit entsprechen offenkundig den Dreieckspunkten, deren Abstand zu einer Dreiecksseite mindestens 1/2 beträgt. Die Menge dieser Punkte wird durch die schraffierte Fläche markiert.

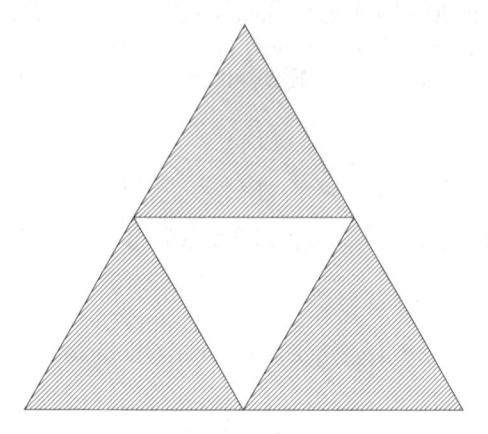

Abbildung 5.2: Wahlergebnisse mit absoluter Mehrheit (schraffiert).

Aufgrund der Gleichverteilung der Wahlergebnisse entspricht die Wahrscheinlichkeit für eine absolute Mehrheit dem Anteil der schraffierten Fläche an der Gesamtfläche des Dreiecks und beträgt somit $3/4$.

5.3 (a) Die Zufallsgröße $X_{(n)}$ ist die n. Ordnungsstatistik von unabhängigen, jeweils $\mathbf{Exp}(\lambda)$-verteilten Zufallsgrößen. Sei B_t die Anzahl der Gläser, die im Intervall $[0, t)$ ausfallen. Wegen der Stetigkeit der Lebensdauer-Verteilung ist die Verteilung der Anzahl der Ausfälle im Intervall $[0, t)$ gleich der Verteilung der Anzahl der Ausfälle im abgeschlossenen Intervall $[0, t]$. Ferner definieren wir

$$C_t := n - B_t,$$

die Anzahl intakter Gläser unmittelbar vor der Zeit t (d.h. zur Zeit $t-0$). Für eine feste Zeit t ist die Anzahl der zur Zeit $t-0$ intakten Gläser fast sicher gleich der Anzahl der zur Zeit t intakten Gläser. Für eine zufällige Zeit kann das anders sein, z.B. ist $B_{X_{(n)}} = n-1$ und $C_{X_{(n)}} = 1$, aber zur Zeit $X_{(n)}$ ist kein Glas mehr intakt. Ist $X_{(n)} = t$, dann gab es $n-1$ Ausfälle von Gläsern im Intervall $[0, t)$. Gegeben, dass ein Glas im Intervall $[0, t)$ ausgefallen ist, kann die Wahrscheinlichkeit, dass es bereits im Intervall $[0, s)$ ausfiel, als $F(s)/F(t)$ angegeben werden, wobei $F(x) = 1 - \exp(-\lambda x)$, $\forall x \in \mathbb{R}_+^0$, die Verteilungsfunktion der $\mathbf{Exp}(\lambda)$-Verteilung bezeichnet. Aufgrund der Unabhängigkeit der Lebensdauern ist die Anzahl der Ausfälle im Intervall $[0, s)$ unter der Voraussetzung von $n-1$ Ausfällen in $[0, t)$ für $t > s$ binomialverteilt mit den Parametern $n-1$

5.2 Lösungen

und $p := F(s)/F(t)$. Man kann also schreiben:

$$P(B_s = j | X_{(n)} = t) = \binom{n-1}{j} p^j (1-p)^{n-1-j}$$

nebst

$$E(B_s | X_{(n)} = t) = (n-1)p = (n-1)\frac{F(s)}{F(t)}.$$

Für gegebenes $\gamma \in [0,1]$ erhalten wir

$$EB_{\gamma X_{(n)}} = \int_0^\infty E(B_{\gamma t} | X_{(n)} = t) \cdot g(t) dt, \tag{5.1}$$

wobei $g(t)$ die Dichte von $X_{(n)}$ ist. Wir benötigen diese Dichte und bestimmen sie über

$$P(X_{(n)} \leq t) = P(\text{alle Gläser fallen im Intervall } [0,t] \text{ aus}) = (1 - e^{-\lambda t})^n.$$

Durch Ableiten ergibt sich für $t \geq 0$

$$g(t) = n\lambda(1 - e^{-\lambda t})^{n-1} e^{-\lambda t} = nF(t)^{n-1} \cdot f(t),$$

worin $f(t) = \lambda e^{-\lambda t} \cdot 1_{[0,\infty)}(t)$ die Dichte der Lebensdauer-Verteilung bezeichnet. Man setzt dies in (5.1) ein und rechnet

$$\begin{aligned}
EB_{\gamma X_{(n)}} &= \int_0^\infty (n-1)\frac{F(\gamma t)}{F(t)} nF(t)^{n-1} f(t) dt \\
&= n(n-1) \int_0^\infty F(\gamma t) F(t)^{n-2} f(t) dt \\
&= n(n-1) \int_0^\infty (1 - e^{-\lambda \gamma t})(1 - e^{-\lambda t})^{n-2} \lambda e^{-\lambda t} dt \\
&= n(n-1) \int_0^1 (1 - z^\gamma)(1-z)^{n-2} dz \\
&= n(n-1) \left[\int_0^1 (1-z)^{n-2} dz - \int_0^1 (1-z)^{n-2} z^\gamma dz \right] \\
&= n(n-1) \left[\frac{\Gamma(n-1)\Gamma(1)}{\Gamma(n)} - \frac{\Gamma(n-1)\Gamma(\gamma+1)}{\Gamma(n+\gamma)} \right] \\
&= n - n!\frac{\Gamma(1+\gamma)}{\Gamma(n+\gamma)}
\end{aligned}$$

unter Verwendung von $\frac{\Gamma(\alpha)\Gamma(\beta)}{\Gamma(\alpha+\beta)} = \int\limits_0^1 (1-z)^{\alpha-1}(1-z)^{\beta-1}dz$, $\forall \alpha, \beta > 0$. Demzufolge ist

$$EC_{\gamma X_{(n)}} = E(n - B_{\gamma X_{(n)}}) = n!\frac{\Gamma(1+\gamma)}{\Gamma(n+\gamma)},$$

und für die in der Aufgabenstellung ausgewiesene Funktion $A(\gamma)$ erhalten wir

$$A(\gamma) = \begin{cases} n!\frac{\Gamma(1+\gamma)}{\Gamma(n+\gamma)}, & \text{falls } \gamma \in [0,1) \\ 0, & \text{falls } \gamma = 1. \end{cases}$$

Um eine Vorstellung von dieser Funktion zu bekommen, arbeiten wir noch etwas weiter. Mit der Stirling'schen Approximation gelangt man zu

$$A(\gamma) \doteq \frac{\sqrt{2\pi}n^{n+1/2}e^{-n}}{\sqrt{2\pi}(n+\gamma-1)^{n+\gamma-1/2}e^{-n-\gamma+1}}\Gamma(1+\gamma)$$

$$= \frac{n}{(n+\gamma-1)^\gamma}\left(\frac{n}{n+\gamma-1}\right)^{n-1/2} \cdot \frac{1}{e^{-\gamma+1}}\Gamma(1+\gamma)$$

$$\doteq \frac{n}{(n+\gamma-1)^\gamma}\frac{\Gamma(1+\gamma)}{e^{-\gamma+1}}$$

$$\doteq n^{1-\gamma}\frac{\Gamma(1+\gamma)}{e^{-\gamma+1}}, \qquad \forall \gamma \in [0,1),$$

und die Approximationen sind jeweils in dem Sinne zu verstehen, dass der Quotient von linker und rechter Seite gegen 1 geht für $n \to \infty$. Da $\Gamma(1+\gamma)/e^{-\gamma+1} \in [0.36, 1)$ für alle $\gamma \in [0,1)$, ist $A(\gamma)$ von der Größenordnung $n^{1-\gamma}$ zum Zeitpunkt, da der Bruchteil γ der gesamten Lebensdauer $X_{(n)}$ vergangen ist. Für $n = 10\,000$ sind bei Halbzeit der gesamten Lebensdauer (d.h. für $\gamma = \frac{1}{2}$) im Mittel nur noch $n^{1/2}\Gamma(3/2)e^{-1/2} \doteq 54$ Gläser intakt, also etwa 0.5%. Sind $\frac{3}{4}$ der Gesamtlebensdauer vergangen, kann man nur noch $n^{1/4}\Gamma(7/4)e^{-1/4} \doteq 7$ intakte Gläser erwarten.

(b) Nach den geleisteten Vorarbeiten kann man nun rechnen

$$EC_t = n - EB_t = n - nF(t) = ne^{-\lambda t},$$

da B_t binomialverteilt ist mit den Parametern n und $F(t)$. Die gesuchte Zeit t_0 erhält man demzufolge als Lösung der Gleichung

$$ne^{-\lambda t_0} = 1,$$

und somit ist $t_0 = \frac{1}{\lambda}\ln n$.

5.5 (a) Bei Anwendung der im Hinweis gegebenen Abbildung f kann die in Rede stehende Ziehung auch in der Menge $\mathcal{Y}$ eindeutig dargestellt werden, und zwar als $(25, 25, 25, 27, 27, 27)$. Sie wird durch die Zahlen 25 und 27 eindeutig charakterisiert. Die große vereinfachende Wirkung von f besteht darin, dass ganz allgemein jede Ziehung von zwei getrennten Dreierblocks aufeinander folgender Zahlen durch eine 2-elementige Teilmenge der Menge $\{1,2,\ldots,44\}$ eindeutig charakterisiert werden kann. Es gibt damit genau $\binom{44}{2}$ Ausspielungen dieses Typs, und die Wahrscheinlichkeit eines derartigen Ziehungsergebnisses ist

$$p = \binom{44}{2} \bigg/ \binom{49}{6} = \frac{946}{13983816} = 0.000068.$$

(b) Sei N die Nummer der Ziehung der ersten Wiederholung einer Gewinnreihe. Die Zufallsgröße N hat dieselbe Verteilung wie die zufällige Anzahl platzierter Kugeln bei erstmaliger Doppelbelegung eines Faches, wenn sequentiell und rein zufällig Kugeln in $\binom{49}{6} = 13983816 =: m$ Fächer gegeben werden. Das Ereignis $\{N > n\}$ tritt ein genau dann, wenn die ersten n Kugeln in verschiedene Fächer gelangen. Damit ist

$$P(N \leq n) = 1 - P(N > n) = 1 - \frac{m(m-1)\ldots(m-n+1)}{m^n}$$
$$= 1 - \prod_{k=1}^{n-1}\left(1 - \frac{k}{m}\right), \quad n = 2,\ldots,m.$$

Unter Beachtung von $\ln x \leq x - 1$ für $x > 0$ erhält man daraus

$$P(N \leq n) = 1 - \exp\left(\sum_{k=1}^{n-1} \ln\left(1 - \frac{k}{m}\right)\right) \geq 1 - \exp\left(-\frac{1}{2} \cdot \frac{n(n-1)}{m}\right).$$

Ersetzt man in $\ln x \leq x - 1$ das x durch $1/x$, so gewinnt man $\ln x \geq 1 - 1/x$ und daraus

$$P(N \leq n) \leq 1 - \exp\left(-\frac{1}{2} \cdot \frac{n(n-1)}{m-n}\right).$$

Für $m = 13983816$ und $n = 3016$ ergeben sich die präzisen Schranken

$$0.27757 \leq P(N \leq 3016) \leq 0.27762.$$

5.6 Wir nehmen an, dass das Medikament mit Wahrscheinlichkeit p bei jeder beliebigen Person wirksam ist, unabhängig von der Wirksamkeit oder Unwirksamkeit bei anderen Personen. Sei X die Anzahl der Personen unter den N Personen, bei denen das Medikament wirksam ist. Im Rahmen dieser Vorgaben ist X demnach $\mathbf{B}(N,p)$-verteilt. Damit gilt

$$P(X = n) = \binom{N}{n} p^n (1-p)^{N-n}.$$

Wir maximieren nun diese Wahrscheinlichkeit in p und erhalten so den Maximum-Likelihood-Schätzer für p. Wegen der Monotonie des Logarithmus können wir stattdessen auch

$$\ln P(X = n) = \ln \binom{N}{n} + n \ln p + (N-n)\ln(1-p) \tag{5.2}$$

maximieren, was die Rechnung vereinfacht. Ist $n = 0$, so wird (5.2) von $\hat{p} = 0$ maximiert, ist $n = N$, so wird (5.2) von $\hat{p} = 1$ maximiert. Bildet man die Ableitung bezüglich p in (5.2) und setzt diese 0, so ergibt sich

$$\frac{n}{\hat{p}} - \frac{N-n}{1-\hat{p}} = 0$$

mit der offensichtlichen Lösung

$$\hat{p} = \frac{n}{N}.$$

Diese schließt auch die Fälle $n = 0$ und $n = N$ ein. Die 2. Ableitung von (5.2) ist

$$\frac{\partial^2}{\partial p^2} \ln P(X = n) = -\frac{n}{p^2} - \frac{(N-n)}{(1-p)^2},$$

und an der Stelle $\hat{p} = \frac{n}{N}$ ist diese negativ. Damit handelt es sich bei $\hat{p} = \frac{n}{N}$ um ein lokales Maximum von $P(X = n)$. Man erkennt sofort, dass es auch ein globales Maximum und damit Maximum-Likelihood-Schätzer ist.

5.7 Die Zufallsgröße X_n bezeichne den Geburtstag der n. Person in der Schlange. Die Geburtstage $X_1, X_2, \ldots$ werden als unabhängig und gleichverteilt über $\{1, \ldots, 365\}$ modelliert. Die Möglichkeit, dass eine Person an einem 29.2. Geburtstag hat, vernachlässigen wir. Sei A_n das Ereignis, dass der n. Person freier Eintritt gewährt wird, und a_n die zugehörige Wahrscheinlichkeit. Man wird nun versuchen, die a_n explizit zu ermitteln. Das geht einfach so:

$$\begin{aligned} a_n &= P(A_n) \\ &= P(X_n \in \{X_1, \ldots, X_{n-1}\} \text{ und } X_1, \ldots, X_{n-1} \text{ paarweise verschieden}) \\ &= P(X_2 \notin \{X_1\} \cap X_3 \notin \{X_1, X_2\} \cap \cdots \cap X_{n-1} \notin \{X_1, \ldots, X_{n-2}\} \\ &\qquad\qquad\qquad\qquad\qquad\qquad\qquad\qquad \cap X_n \in \{X_1, \ldots, X_{n-1}\}) \\ &= \frac{364}{365} \cdot \frac{363}{365} \cdot \ldots \cdot \frac{365-(n-2)}{365} \cdot \frac{n-1}{365} = \frac{364!}{(364-(n-2))!} \cdot \frac{n-1}{365^{n-1}}. \end{aligned}$$

Gesucht ist dasjenige n, welches a_n maximiert. Dazu nehme man die Quotienten

$$\begin{aligned} \frac{a_{n+1}}{a_n} &= \frac{364! \cdot n}{(364-(n-1))! \cdot 365^n} \cdot \frac{365^{n-1}(364-(n-2))!}{364! \cdot (n-1)} \\ &= \frac{364-(n-2)}{365} \cdot \frac{n}{n-1} = \frac{(366-n)n}{365(n-1)} \end{aligned}$$

in Augenschein. Offenbar gilt $a_{n+1} \geq a_n$ genau dann, wenn

$$\frac{a_{n+1}}{a_n} \geq 1 \Leftrightarrow (366-n)n \geq 365(n-1) \Leftrightarrow n^2 - n - 365 \leq 0$$
$$\Leftrightarrow n \leq 19.$$

Die Lösung ergibt sich nun von selbst: Der 20. Platz in der Warteschlange ist der günstigste.

5.8 Der Quotient X/Y besitzt im Dezimalsystem genau dann die Anfangsziffer $l \in \{1,\ldots,9\}$, wenn

$$X/Y \in \bigcup_{k \in \mathbb{Z}} [l \cdot 10^k, (l+1) \cdot 10^k)$$

gilt. Dies kann man sich am Beispiel $l = 4$ klarmachen. Alle reellen Zahlen, welche die Anfangsziffer 4 besitzen, bilden die Menge

$$\ldots [0.4, 0.5) \cup [4, 5) \cup [40, 50) \ldots.$$

Berechnen wir nun die Wahrscheinlichkeit, dass X/Y die Anfangsziffer l besitzt. Dabei wird verwendet, dass die Intervalle in obiger Vereinigung disjunkt sind.

$$P\bigl(X/Y \in \bigcup_{k \in \mathbb{Z}} [l \cdot 10^k, (l+1) \cdot 10^k)\bigr) = \sum_{k \in \mathbb{Z}} P(X/Y \in [l \cdot 10^k, (l+1) \cdot 10^k))$$

$$= \sum_{k \in \mathbb{Z}} P(l \cdot 10^k \cdot Y \le X < (l+1) \cdot 10^k \cdot Y)$$

$$= \sum_{k \in \mathbb{Z}} \int_0^1 P(l \cdot 10^k \cdot y \le X < (l+1) \cdot 10^k \cdot y)\, dy$$

$$= \sum_{k \in \mathbb{Z} \setminus \mathbb{N}_0} \int_0^1 P(X < (l+1) \cdot 10^k \cdot y)\, dy - \sum_{k \in \mathbb{Z} \setminus \mathbb{N}_0} \int_0^1 P(X < l \cdot 10^k \cdot y)\, dy$$

$$+ \sum_{k \in \mathbb{N}_0} \int_0^1 P(X < (l+1) \cdot 10^k \cdot y)\, dy - \sum_{k \in \mathbb{N}_0} \int_0^1 P(X < l \cdot 10^k \cdot y)\, dy$$

$$= \sum_{k=1}^{\infty} \int_0^1 (l+1-l) \cdot 10^{-k} \cdot y\, dy + \sum_{k=0}^{\infty} \Bigl(\int_0^{1/((l+1)\cdot 10^k)} (l+1) \cdot 10^k \cdot y\, dy + \int_{1/((l+1)10^k)}^1 1\, dy \Bigr)$$

$$- \sum_{k=0}^{\infty} \Bigl(\int_0^{1/(l10^k)} l \cdot 10^k \cdot y\, dy + \int_{1/(l10^k)}^1 1\, dy \Bigr)$$

$$= \sum_{k=1}^{\infty} 10^{-k} \int_0^1 y\, dy + \sum_{k=0}^{\infty} (l+1) \cdot 10^k \int_0^{1/((l+1)10^k)} y\, dy$$

$$- \sum_{k=0}^{\infty} l \cdot 10^k \int_0^{1/(l10^k)} y\, dy + \sum_{k=0}^{\infty} \Bigl(\frac{1}{l} - \frac{1}{l+1}\Bigr) \cdot 10^{-k}$$

$$= \frac{1}{2}\sum_{k=0}^{\infty} 10^{-k} - \frac{1}{2} + (l+1)\sum_{k=0}^{\infty}\left(10^k \cdot \frac{1}{2(l+1)^2} \cdot 100^{-k}\right)$$

$$- l\sum_{k=0}^{\infty}\left(10^k \cdot \frac{1}{2l^2} \cdot 100^{-k}\right) + \frac{1}{l(l+1)}\sum_{k=0}^{\infty} 10^{-k}$$

$$= \frac{1}{2}\frac{1}{1-\frac{1}{10}} - \frac{1}{2} + \frac{1}{l+1}\frac{1}{2}\frac{1}{1-\frac{1}{10}} - \frac{1}{l}\frac{1}{2}\frac{1}{1-\frac{1}{10}} + \frac{1}{l(l+1)}\frac{1}{1-\frac{1}{10}}$$

$$= \frac{1}{18} + \frac{5}{9l(l+1)}.$$

Durch Verwendung der geometrischen Summenformel hat man somit die gesuchte Wahrscheinlichkeit für alle $l \in \{1,\ldots,9\}$ bestimmt. Nun kann man leicht ausrechnen, dass die Wahrscheinlichkeit für eine 1 als Anfangsziffer $\frac{1}{3} \doteq 0.333$ und die Wahrscheinlichkeit für eine 9 als Anfangsziffer $\frac{5}{81} \doteq 0.062$ beträgt. Wir erkennen, dass die Verteilung der Anfangsziffern vom Verlauf her der Benford'schen Verteilung ähnelt, aber nicht mit ihr übereinstimmt. Für die Benford'sche Verteilung sind die entsprechenden Wahrscheinlichkeiten gleich 0.301 bzw. 0.046 .

5.9 Wir ziehen uns auf den einzig interessanten Fall zurück, dass mindestens r der p_i nicht 0 sind. Andernfalls ist

$$P(A_r(p_1,\ldots,p_n)) = 0.$$

Offensichtlich haben wir

$$P(A_r(p_1,\ldots,p_n)) = r! \sum_{1 \leq i_1 < \ldots < i_r \leq n} p_{i_1} \cdot \ldots \cdot p_{i_r} =: r!\, S_{r,n}(p_1,\ldots,p_n). \quad (5.3)$$

Aus der Beziehung (5.3) erkent man, dass $S_{r,n}(p_1,\ldots,p_n)$ der Koeffizient von t^r im Produkt $(1+p_1 t)\cdot\ldots\cdot(1+p_n t)$ ist. An dieser Stelle setzt die Überlegung ein, dass somit

$$S_{r,n}(p_1,\ldots,p_n) = S_{r,n-2}(p_2,\ldots,p_{n-1}) + (p_1+p_n)S_{r-1,n-2}(p_2,\ldots,p_{n-1})$$

$$+ p_1 p_n S_{r-2,n-2}(p_2,\ldots,p_{n-1})$$

sein muss und demnach auch

$$S_{r,n}\left(\frac{p_1+p_n}{2},p_2,\ldots,p_{n-1},\frac{p_1+p_n}{2}\right) - S_{r,n}(p_1,\ldots,p_n)$$

$$= \left(\frac{(p_1-p_n)^2}{4}\right) S_{r-2,n-2}(p_2,\ldots,p_{n-1}) \geq 0. \quad (5.4)$$

Gleichheit besteht in (5.4) genau dann, wenn $p_1 - p_n = 0$ gilt, denn es ist offensichtlich $S_{r-2,n-2}(p_2,\ldots,p_{n-1}) > 0$. Wir nehmen nun an, $(p_1^*,\ldots,p_n^*)$ sei

5.2 Lösungen

der Vektor von Wahrscheinlichkeiten, der die Wahrscheinlichkeit des Ereignisses allesamt verschiedener Geburtstage maximiert. Ferner seien die Komponenten geordnet: $p_1^* \leq p_2^* \leq \ldots \leq p_n^*$. Die Tatsache, dass $p_i^* = \frac{1}{n}$ für alle i sein muss, folgt dann durch Widerspruch, denn wäre $p_1^* \neq p_n^*$, so müsste wegen (5.4)

$$r! \, S_{r,n}\left(\frac{p_1^* + p_n^*}{2}, p_2^*, \ldots, p_{n-1}^*, \frac{p_1^* + p_n^*}{2}\right) > r! \, S_{r,n}(p_1^*, \ldots, p_n^*)$$

sein. Doch dies trifft nicht zu, denn $(p_1^*, \ldots, p_n^*)$ maximiert den Ausdruck $r! \cdot S_{r,n}(p_1, \ldots, p_n)$. Für die Gleichverteilung erhält man offensichtlich

$$P\left(A_r(\frac{1}{n}, \ldots, \frac{1}{n})\right) = \frac{r!}{n^r} \cdot \binom{n}{r} = \frac{n!}{n^r(n-r)!}.$$

5.11 Es seien X_1 bzw. X_2 die Anzahlen der Bücher, die während des ersten bzw. zweiten Jahres aus der Bibliothek verschwinden. Wir nehmen X_1, X_2 als unabhängig an, nach Voraussetzung sind sie $\mathbf{P}(\lambda)$-verteilt. Sei Y die Anzahl fehlender Bücher nach der ersten Revision und Z die Anzahl fehlender Bücher zu Beginn der zweiten Revision.
Wir ermitteln zunächst die Verteilung von Y. Wenn $X_1 = n$ bekannt ist, so hat Y eine $\mathbf{B}(n, 1-p)$-Verteilung. Also gilt

$$P(Y = k) = \sum_{n=0}^{\infty} P(Y = k \mid X_1 = n) \cdot P(X_1 = n) = \sum_{n=k}^{\infty} \binom{n}{k}(1-p)^k p^{n-k} e^{-\lambda} \frac{\lambda^n}{n!}$$

$$= e^{-\lambda}\left(\frac{1-p}{p}\right)^k \cdot \frac{1}{k!} \cdot (p\lambda)^k \sum_{n=k}^{\infty} \frac{(p\lambda)^{n-k}}{(n-k)!} = e^{-\lambda}\left(\frac{1-p}{p}\right)^k \cdot \frac{1}{k!} \cdot (p\lambda)^k e^{p\lambda}$$

$$= e^{-\lambda(1-p)} \frac{[\lambda(1-p)]^k}{k!}, \qquad \forall k \in \mathbb{N}_0.$$

Damit erkennt man Y als $\mathbf{P}(\lambda(1-p))$-verteilt.
Da $Z = Y + X_2$ ist, erhalten wir wegen der Additivitätseigenschaft der Poisson-Verteilung eine $\mathbf{P}(\lambda(2-p))$-Verteilung für Z. Dabei nehmen wir, da es sich um eine große Bibliothek handelt, Y und X_2 als unabhängig an.

5.13 (a) Es sei X die Anzahl der richtig getippten Zahlen beim Zahlenlotto *6 aus 49*. Offensichtlich ist X hypergeometrisch verteilt: $X \sim \mathbf{H}(49, 6, 6)$. Damit ist die Wahrscheinlichkeit für genau k Richtige gegeben durch

$$P(X = k) = \frac{\binom{6}{k}\binom{43}{6-k}}{\binom{49}{6}}.$$

Wir beginnen mit der Berechnung des Erwartungswertes von X. Dieser ist

$$EX = \sum_{k=0}^{6} kP(X=k) = \binom{49}{6}^{-1} \sum_{k=1}^{6} k\binom{6}{k}\binom{43}{6-k}$$

$$= \frac{6}{\binom{49}{6}} \sum_{k=1}^{6} \binom{5}{k-1}\binom{43}{6-k} = \frac{6}{\binom{49}{6}} \sum_{k=0}^{5} \binom{5}{k}\binom{43}{5-k}$$

$$= \frac{6}{\binom{49}{6}} \cdot \binom{48}{5} = \frac{36}{49} \doteq 0.73,$$

wenn man sich an die Formel für die Vandermonde-Konvolution in Aufgabe 4.9(b) erinnert. Um die Varianz von X zu bestimmen, ermitteln wir zunächst EX^2:

$$EX^2 = \sum_{k=0}^{6} k^2 P(X=k) = \frac{1}{\binom{49}{6}} \sum_{k=1}^{6} k^2 \binom{6}{k}\binom{43}{6-k}$$

$$= \frac{1}{\binom{49}{6}} \sum_{k=2}^{6} k(k-1)\binom{6}{k}\binom{43}{6-k} + EX = \frac{6 \cdot 5}{\binom{49}{6}} \sum_{k=2}^{6} \binom{4}{k-2}\binom{43}{6-k} + EX$$

$$= \frac{6 \cdot 5}{\binom{49}{6}} \sum_{k=0}^{4} \binom{4}{k}\binom{43}{4-k} + EX = \frac{6 \cdot 5}{\binom{49}{6}} \cdot \binom{47}{4} + EX.$$

Damit haben wir

$$var(X) = EX^2 - (EX)^2 = \frac{6 \cdot 5}{\binom{49}{6}} \cdot \binom{47}{4} + EX - (EX)^2 = \frac{5 \cdot 15}{4 \cdot 49} + \frac{13 \cdot 36}{49 \cdot 49} \doteq 0.58.$$

(b) Wir bezeichnen mit Z_i die i. gezogene Gewinnzahl. Die Aufgabe fragt nach Erwartungswert und Varianz von

$$Z := \max\{Z_1, \ldots, Z_6\}.$$

Unser Weg führt über die Verteilungsfunktion

$$P(Z \leq m) = P\left(\bigcap_{i=1}^{6} \{Z_i \in \{1, \ldots, m\}\}\right) = \frac{\binom{m}{6} \cdot \binom{49-m}{0}}{\binom{49}{6}} = \frac{\binom{m}{6}}{\binom{49}{6}},$$

mit der wir

$$P(Z = k) = P(Z \leq k) - P(Z \leq k-1) = \frac{1}{\binom{49}{6}}\left[\binom{k}{6} - \binom{k-1}{6}\right]$$

bekommen und damit

$$EZ = \sum_{k=6}^{49} kP(Z=k) = \frac{1}{\binom{49}{6}} \sum_{k=6}^{49} k\left[\binom{k}{6} - \binom{k-1}{6}\right]$$

$$= \frac{1}{\binom{49}{6}} \sum_{k=6}^{49} k \cdot \frac{6(k-1)!}{6!(k-6)!} = \frac{6}{\binom{49}{6}} \sum_{k=6}^{49} \binom{k}{k-6} = \frac{6}{\binom{49}{6}} \sum_{k=0}^{43} \binom{6+k}{k}.$$

Nun verwenden wir die Identität

$$\binom{n}{0} + \binom{n+1}{1} + \cdots + \binom{n+r}{r} = \binom{n+r+1}{r}$$

in der Form

$$\sum_{k=0}^{43} \binom{6+k}{k} = \binom{50}{43}.$$

Mithin ist

$$EZ = 6 \cdot \frac{\binom{50}{43}}{\binom{49}{6}} = \frac{300}{7} \doteq 42.9.$$

Als Nächstes bestimmen wir

$$EZ^2 = \frac{1}{\binom{49}{6}} \sum_{k=6}^{49} k^2 \left[\binom{k}{6} - \binom{k-1}{6}\right] = \frac{1}{\binom{49}{6}} \sum_{k=6}^{49} k(k+1)\left[\frac{6(k-1)!}{6!(k-6)!}\right] - EZ$$

$$= \frac{6 \cdot 7}{\binom{49}{6}} \sum_{k=6}^{49} \frac{(k+1)!}{7!(k-6)!} - EZ = \frac{6 \cdot 7}{\binom{49}{6}} \sum_{k=0}^{43} \binom{7+k}{k} - EZ$$

$$= 6 \cdot 7 \cdot \frac{\binom{51}{43}}{\binom{49}{6}} - EZ.$$

und abschließend daraus

$$var(Z) = EZ^2 - (EZ)^2 = 6 \cdot 7 \cdot \frac{\binom{51}{43}}{\binom{49}{6}} - \frac{300}{7} - \frac{300^2}{7^2} \doteq 54.2.$$

5.14 (a) Wir nummerieren zunächst die Kunden: Kunde i ist der als i. am Schalter eintreffende Kunde. Angenommen, die Kunden $k_1 < k_2 < \ldots < k_i$ reihen sich in die Warteschlange ein, und die übrigen der insgesamt n Kunden verlassen den Schalter unmittelbar. Die Wahrscheinlichkeit für dieses Ereignis ist

$$(1-p_0)^{k_1-1} p_0 (1-p_1)^{k_2-k_1-1} p_1 (1-p_2)^{k_3-k_2-1} \cdot \ldots \cdot (1-p_{i-1})^{k_i-k_{i-1}-1} p_{i-1} (1-p_i)^{n-k_i}.$$

Das gesuchte $P_n(i)$ erhält man daraus durch Bildung der Summe über alle $1 \leq k_1 < k_2 < \cdots < k_i \leq n$. Zusammenfassung der Faktoren ergibt

$$P_n(i) = (1-p_i)^n \frac{p_0 \cdot \ldots \cdot p_{i-1}}{(1-p_0) \cdot \ldots \cdot (1-p_{i-1})}$$

$$\cdot \sum_{1 \leq k_1 < \cdots < k_i \leq n} \left(\frac{1-p_0}{1-p_1}\right)^{k_1} \left(\frac{1-p_1}{1-p_2}\right)^{k_2} \cdot \ldots \cdot \left(\frac{1-p_{i-1}}{1-p_i}\right)^{k_i}.$$

(b) Mit A_k^n sei das Ereignis bezeichnet, dass sich genau k der ersten n eintreffenden Kunden in die Warteschlange einreihen, K_n sei das Ereignis, dass speziell der n. Kunde sich einreiht. Mit diesen Bezeichnungen ist

$$\begin{aligned}P_n(i) &= P(A_i^n) = P(K_n \mid A_{i-1}^{n-1}) \cdot P(A_{i-1}^{n-1}) + P(K_n^c \mid A_i^{n-1}) \cdot P(A_i^{n-1}) \\ &= p_{i-1} P_{n-1}(i-1) + (1-p_i) P_{n-1}(i) \\ &= \left(1 - \frac{i-1}{K}\right) P_{n-1}(i-1) + \frac{i}{K} P_{n-1}(i), \quad \forall n \in \mathbb{N}, \forall i \in \{1, \ldots, \min\{n, K\}\}\end{aligned}$$
(5.5)

sowie $P_0(0) = 1$ und $P_n(k) = 0$, $\forall k > \min\{n, K\}$, $P_n(1) = K^{-(n-1)}$, $\forall n \in \mathbb{N}$. Die Differenzengleichung in (5.5) hat die Lösung

$$P_n(i) = \begin{cases} \binom{K}{i} \sum_{m=0}^{i} (-1)^m \binom{i}{m} \left(\frac{i-m}{K}\right)^n, & \text{falls } i \leq \min\{n, K\} \\ 0, & \text{sonst.} \end{cases}$$
(5.6)

Wir klären dies mit Induktion. Offensichtlich ist

$$P_1(0) = 1 - p_0 = 0, \qquad P_1(1) = p_0 = 1,$$

und die Formel (5.6) liefert das richtige Ergebnis für diese Werte von n und i (sowie auch für $n \in \mathbb{N}$ und $i = 1$).
Sei nun $n \geq 2$ und $1 \leq i \leq \min\{n, K\}$. Wir nehmen an, die Formel (5.6) sei richtig für $n-1$ und alle $0 \leq i \leq \min\{n-1, K\}$. Im Induktionsschritt müssen wir uns überzeugen, dass

$$\binom{K}{i} \sum_{m=0}^{i} (-1)^m \binom{i}{m} \left(\frac{i-m}{K}\right)^n$$

$$= \left(1 - \frac{i-1}{K}\right) \binom{K}{i-1} \sum_{m=0}^{i-1} (-1)^m \binom{i-1}{m} \left(\frac{i-1-m}{K}\right)^{n-1}$$

$$+ \left(\frac{i}{K}\right) \binom{K}{i} \sum_{m=0}^{i} (-1)^m \binom{i}{m} \left(\frac{i-m}{K}\right)^{n-1},$$

bzw. nach Multiplikation mit K^n, Division durch $[K!/(K-i)!]$ und Indexverschiebung, dass

$$\sum_{m=0}^{i}(-1)^m \binom{i}{m}(i-m)^n = i\sum_{m=1}^{i}(-1)^{m-1}\binom{i-1}{m-1}(i-m)^{n-1}$$
$$+ i\sum_{m=0}^{i}(-1)^m \binom{i}{m}(i-m)^{n-1}. \qquad (5.7)$$

Dies gelingt besonders schnell, wenn man bedenkt, dass die linke Seite von (5.7) darstellbar ist als

$$\sum_{m=0}^{i}(-1)^m \frac{i!}{m!(i-m-1)!}(i-m)^{n-1}.$$

Es reicht dann zu überprüfen, ob für alle $m = 0$ bis $m = i$ die Koeffizienten von $(i-m)^{n-1}$ jeweils auf der linken und rechten Seite übereinstimmen. Für $m = 0$ ist dies offenkundig. Für $m \in \{1, \ldots, i\}$ sollte

$$(-1)^m \frac{i!}{m!(i-m-1)!} = i \cdot (-1)^{m-1} \frac{(i-1)!}{(m-1)!(i-m)!} + i \cdot (-1)^m \frac{i!}{m!(i-m)!}$$

sein, bzw. nach Multiplikation mit $(-1)^m m!$ und Division durch $i!$:

$$\frac{1}{(i-m-1)!} = -\frac{m}{(i-m)!} + \frac{i}{(i-m)!}.$$

Doch dies ist erfüllt. Damit ist der Beweis erbracht.

5.15 Es sei X die Zufallsgröße, welche die Position des Risses in $[0, L]$ angibt. Eine Formalisierung der in der Aufgabenstellung gegebenen Information ist

$$dP(X = l) = c \cdot \min\{l^2, (L-l)^2\} dl.$$

Die Konstante c kann aus der Normiertheitsforderung ermittelt werden:

$$1 = \int_0^L dP(X = l) = c \cdot \int_0^L \min\{l^2, (L-l)^2\} dl$$
$$= c\left(\int_0^{L/2} l^2 dl + \int_{L/2}^L (L-l)^2 dl\right) = c\left(\frac{1}{24}L^3 + \frac{1}{24}L^3\right) = \frac{c}{12}L^3.$$

Also ist $c = 12/L^3$, und X besitzt die Dichte

$$f_X(l) = \frac{12}{L^3} \cdot \min\{l^2, (L-l)^2\} \cdot 1_{[0,L]}(l).$$

Dies dient als Vorbereitung für den ersten Aufgabenteil.

(a) Das längere Seilstück hat die Länge $S = \max\{X, L-X\}$. Wir bestimmen die Verteilungsfunktion von S im nichttrivialen Bereich $[L/2, L]$ und rechnen dazu explizit

$$F_S(s) = P(S \le s) = P(X \le s \cap L - X \le s) = P(L - s \le X \le s)$$

$$= \int_{L-s}^{s} f_X(l)\,dl = \frac{12}{L^3} \int_{L-s}^{L/2} l^2\,dl + \frac{12}{L^3} \int_{L/2}^{s} (L-l)^2\,dl$$

$$= 1 - 8\left(\frac{L-s}{L}\right)^3.$$

(b) Die Länge des kürzeren Seilstückes ergibt sich nach (a) als $L - S$. Gesucht ist die Wahrscheinlichkeit

$$P(S \ge 2(L-S)) = P\left(S \ge \frac{2}{3}L\right) = 1 - F_S\left(\frac{2}{3}L\right)$$

$$= 1 - \left[1 - 8\left(\frac{L - (2/3)L}{L}\right)^3\right] = \frac{8}{27}.$$

5.20 Als Summe von k unabhängigen, **Exp**(1)-verteilten Zufallsgrößen besitzen die Zufallsgrößen $\tau_k = Z_k + \ldots + Z_1$ jeweils $\Gamma(1, k)$-Verteilungen mit den Dichten

$$f_k(y) = \frac{y^{k-1}}{(k-1)!} e^{-y} \cdot 1_{[0,\infty)}(y).$$

Sei $N(t)$ die Anzahl der vor der Zeit t eintreffenden Busse, so dass

$$\tau_{N(t)} < t \le \tau_{N(t)+1}.$$

Mit $\alpha(t) := t - \tau_{N(t)}$ und $\beta(t) := \tau_{N(t)+1} - t$ kann man

$$\tau_{N(t)+1} - \tau_{N(t)} = \alpha(t) + \beta(t)$$

schreiben. Demzufolge ist

$$E(\tau_{N(t)+1} - \tau_{N(t)}) = E(\alpha(t)) + E(\beta(t)).$$

Wegen $\alpha(t) > 0$ fast sicher ist auch $E(\alpha(t)) > 0$. Wir zeigen nun, dass $\beta(t)$ **Exp**(1)-verteilt ist und dass somit $E(\tau_{N(t)+1} - \tau_{N(t)}) > 1$ sein muss. Dazu ermitteln wir für $x \ge 0$ die Wahrscheinlichkeit

$$P(\beta(t) \ge x) = \sum_{n=0}^{\infty} P(\beta(t) \ge x | N(t) = n) \cdot P(N = n)$$

$$= \sum_{n=0}^{\infty} P(\beta(t) \ge x \cap N(t) = n) = \sum_{n=0}^{\infty} P(\tau_n < t \cap \tau_{n+1} \ge t + x) \quad (5.8)$$

Wir nehmen nun eine wichtige Vereinfachung vor, die auf folgender Beobachtung beruht: Für ein $y \in [0,t)$ tritt das Ereignis

$$\tau_n = y < t \cap \tau_{n+1} \geq t + x$$

genau dann ein, wenn das Ereignis

$$\tau_n = y \cap Z_{n+1} \geq t + x - y$$

eintritt. Durch Integration über $y \in [0,t)$ erhält man dann die Summanden in (5.8). Für $n = 0$ ist

$$P(\tau_0 < t \cap \tau_1 \geq t + x) = P(Z_1 \geq t + x) = e^{-(t+x)}.$$

Als Konsequenz dieser Überlegungen ist

$$P(\beta(t) \geq x) = e^{-(t+x)} + \sum_{n=1}^{\infty} \int_0^t f_n(y) e^{-(t+x-y)} dy.$$

Wegen $\sum_{n=1}^{\infty} f_n(y) = 1$, $\forall y \in \mathbb{R}_+^0$, erhält man daraus

$$P(\beta(t) \geq x) = e^{-x}.$$

Also hat $\beta(t)$ eine **Exp(1)**-Verteilung.

5.21 Zwischen den Zufallsgrößen Y und Z kann der im Hinweis angegebene Zusammenhang leicht durch die kurze Rechnung

$$Y = X_0 + \sum_{n=1}^{\infty} \alpha^n X_n = X_0 + \alpha \sum_{n=1}^{\infty} \alpha^{n-1} X_n = X_0 + \alpha Z$$

verifiziert werden. Da $X_0, X_1, \ldots$ unabhängig und identisch verteilt sind, besitzen auch Z und Y dieselbe Verteilungsfunktion. Da Z bezüglich der von $X_1, X_2, \ldots$ erzeugten σ-Algebra messbar ist und wegen der Unabhängigkeit von $X_0, X_1, \ldots$ sind auch X_0 und Z unabhängig. Sei $p = \max_y \{P(Y = y)\}$ und bezeichne M die Menge der Stellen y mit $P(Y = y) = p$.
Als Gegenteil zu dem, was wir zeigen wollen, nehmen wir nun an, Y sei keine stetig verteilte Zufallsgröße. Das bedeutet, dass die Verteilungsfunktion einen Sprung haben muss und also $p > 0$ gilt. Klar ist dann, dass M nur endlich viele Elemente besitzen kann. Diese Elemente bezeichne man mit $y_1, \ldots, y_m$. Für jedes y_j gilt

$$p = P(Y = y_j) = P(X_0 + \alpha Z = y_j) = P\left(Z = \frac{y_j - X_0}{\alpha}\right)$$
$$= \int P\left(Z = \frac{y_j - x}{\alpha}\right) dP_{X_0}(x) = \int P\left(Y = \frac{y_j - x}{\alpha}\right) dP_{X_0}(x).$$

Dieser Zusammenhang kann auch so ausgedrückt werden:

$$\int \underbrace{\left[p - P\left(Y = \frac{y_j - x}{\alpha}\right)\right]}_{\geq 0} dP_{X_0}(x) = 0.$$

Daraus wiederum folgt $P\left(Y = \frac{y_j - x}{\alpha}\right) = p$ für P_{X_0}-fast alle x. Für diese x gilt somit $\frac{y_j - x}{\alpha} \in M$ und folglich

$$P(X_0 = y_j - \alpha y_1 \cup \cdots \cup X_0 = y_j - \alpha y_m) = 1$$

für alle $j \in \{1, \ldots, m\}$. Da der Schnitt endlich vieler fast sicherer Ereignisse selbst wieder fast sicher eintritt, folgt

$$X_0 \in \bigcap_{j \in \{1, \ldots, m\}} \{y_j - \alpha y_k : k \in \{1, \ldots, m\}\} \qquad \text{f.s.}$$

Die vorausgesetzte Nichtdegeneriertheit von X_0 spiegelt sich wieder in

$$\# \left[\bigcap_{j \in \{1, \ldots, m\}} \{y_j - \alpha y_k : k \in \{1, \ldots, m\}\} \right] \geq 2.$$

Daher existieren mindestens zwei m-Tupel $(k_1, \ldots, k_m)$ und $(j_1, \ldots, j_m)$ mit

$$y_1 - \alpha y_{j_1} = \cdots = y_m - \alpha y_{j_m} \neq y_1 - \alpha y_{k_1} = \cdots = y_m - \alpha y_{k_m}.$$

Die Elemente der einzelnen Tupel sind dabei paarweise verschieden, denn sonst würde aus $y_l - \alpha y_{j_l} = y_{\bar{l}} - \alpha y_{j_{\bar{l}}}$ die Identität von y_l und $y_{\bar{l}}$ folgen. Daher sind die beiden m-Tupel Permutationen der Menge $\{1, \ldots, m\}$.
Ebenso sind die Differenzen $y_l - \alpha y_{j_l} - (y_l - \alpha y_{k_l})$ für alle l gleich groß und von 0 verschieden. Das kann man notieren als

$$y_{j_1} - y_{k_1} = \cdots = y_{j_m} - y_{k_m} \neq 0.$$

Summiert man diese Differenzen auf, so gipfelt unsere Argumentation nun in dem Widerspruch

$$0 \neq m(y_{j_1} - y_{k_1}) = \sum_{l=1}^{m} (y_{j_l} - y_{k_l}) = \sum_{l=1}^{m} y_{j_l} - \sum_{l=1}^{m} y_{k_l} = 0,$$

wobei die letzte Folgerung auf der Tatsache basiert, dass sowohl $(k_1, \ldots, k_m)$ als auch $(j_1, \ldots, j_m)$ Permutationen sind. Die Annahme ist also unhaltbar, und Y muss eine stetige Verteilung besitzen.

5.22 Wir greifen einen Vater aus der Grundgesamtheit rein zufällig heraus. Seine Körpergröße X ist eine $\mathbf{N}(\mu, \sigma^2)$-verteilte Zufallsgröße. Ist $X = \nu$, so wird die potentielle Körpergröße Y seiner ausgewachsenen Söhne durch eine $\mathbf{N}(\nu + \rho(\mu - \nu), \tau^2)$-Verteilung modelliert. Dies ist also die bedingte Verteilung von Y gegeben $X = \nu$. Die Dichte f_Y der unbedingten Verteilung von Y erhalten wir mit

$$f_Y(y) = \int_{\mathbb{R}} f(y|\nu) f_X(\nu) d\nu, \tag{5.9}$$

wobei $f(y|\nu)$ die Dichte der bedingten Verteilung von Y gegeben $X = \nu$ bezeichnet und $f_X(x)$ die Dichte der Verteilung von X ist, d.h. die Dichte einer $\mathbf{N}(\mu, \sigma^2)$-Verteilung. Wir zeigen, dass für $\rho = 0.5, \tau^2 = 30, \sigma^2 = 40$ obiges $f_Y(y)$ ebenfalls die Dichte einer $\mathbf{N}(\mu, \sigma^2)$-Verteilung ist. Dazu verwenden wir als wirkungsvolles Hilfsmittel die charakteristische Funktion:

$$\Psi_Y(t) = \int_{\mathbb{R}} e^{ity} f_Y(y) dy.$$

Mit (5.9) erhalten wir unter Berücksichtigung von $\exp(it\mu - \sigma^2 t^2/2)$ als charakteristischer Funktion $\mathbf{N}(\mu, \sigma^2)$-verteilter Zufallsgrößen sofort

$$\Psi_Y(t) = \int_{\mathbb{R}} \left[\int_{\mathbb{R}} e^{ity} f(y|\nu) dy \right] f_X(\nu) d\nu = \int_{\mathbb{R}} \left[e^{i[\nu + \rho(\mu - \nu)]t - \tau^2 t^2/2)} \right] f_X(\nu) d\nu$$

$$= e^{-\tau^2 t^2/2} \cdot e^{i\rho\mu t} \int_{\mathbb{R}} e^{i[(1-\rho)t]\nu} f_X(\nu) d\nu = e^{-\tau^2 t^2/2} \cdot e^{i\rho\mu t} \cdot e^{i\mu(1-\rho)t} \cdot e^{-\sigma^2(1-\rho)^2 t^2/2},$$

denn das letzte Integral ist die charakteristische Funktion einer $\mathbf{N}(\mu, \sigma^2)$-Verteilung an der Stelle $(1-\rho)t$. Im Ergebnis ist also

$$\Psi_Y(t) = e^{i\mu t} \cdot e^{-(t^2/2)[\tau^2 + \sigma^2(1-\rho)^2]}.$$

Doch für die gegebenen Werte von ρ, σ, τ besteht der Zusammenhang

$$\tau^2 + \sigma^2(1-\rho)^2 = \sigma^2.$$

Damit ist Y ebenfalls $\mathbf{N}(\mu, \sigma^2)$-verteilt.

5.23 Wir bezeichnen mit π_A bzw. π_B die Wahrscheinlichkeit, dass eine aus der Population rein zufällig ausgewählte Person unter Methode A bzw. Methode B mit «Ja» antwortet.

(a) Wir berechnen nun das soeben definierte

$\pi_A = P(\text{Antwort «Ja»} \mid \text{Frage 1 wird beantwortet}) \cdot P(\text{Frage 1 wird beantwortet})$
$\quad + P(\text{Antwort «Ja»} \mid \text{Frage 2 wird beantwortet}) \cdot P(\text{Frage 2 wird beantwortet})$
$\quad = p\alpha + (1-p)(1-\alpha) = (2\alpha - 1)p + (1 - \alpha).$

Die Zufallsgröße X der Anzahl der mit «Ja» antwortenden Befragten hat eine $\mathbf{B}(n, \pi_A)$-Verteilung mit Erwartungswert $EX = n\pi_A$. Damit ist

$$E\hat{p} = \frac{\pi_A - (1-\alpha)}{2\alpha - 1} = p,$$

und der Schätzer $\hat{p}$ ist unverfälscht für p.

(b) Hier geht man analog vor, beginnend mit

$\pi_B = P(\text{Antwort «Ja»} \mid \text{Frage 1 wird beantwortet}) \cdot P(\text{Frage 1 wird beantwortet})$
$\quad + P(\text{Antwort «Ja»} \mid \text{Frage 2 wird beantwortet}) \cdot P(\text{Frage 2 wird beantwortet})$
$= \beta\alpha + p(1-\alpha).$

Da X in diesem Fall $\mathbf{B}(n, \pi_B)$-verteilt ist, erhalten wir entsprechend

$$E\hat{p} = \frac{\pi_B - \alpha\beta}{1 - \alpha} = p.$$

(c) Unter Methode A haben wir für $\hat{p}_A := \hat{p}$

$$\text{var}(\hat{p}_A) = \text{var}\left(\frac{X}{n(2\alpha-1)}\right) = \frac{\pi_A(1-\pi_A)}{n(2\alpha-1)^2}. \tag{5.10}$$

Unter Methode B haben wir für $\hat{p}_B := \hat{p}$

$$\text{var}(\hat{p}_B) = \text{var}\left(\frac{X}{n(1-\alpha)}\right) = \frac{\pi_B(1-\pi_B)}{n(1-\alpha)^2}. \tag{5.11}$$

(d) Aufgrund der Ergebnisse von (c) ist

$$\frac{\text{var}(\hat{p}_A)}{\text{var}(\hat{p}_B)} = \frac{\pi_A(1-\pi_A)(1-\alpha)^2}{\pi_B(1-\pi_B)(2\alpha-1)^2},$$

was für $\alpha = \frac{4}{10}$, $\beta = \frac{1}{2}$ und $p = \frac{6}{10}$ gerade $\frac{702}{77} \doteq 9.1$ ergibt. Die Methode B ist also für diese Parameterwerte mehr als 9-mal genauer als Methode A.

(e) Antworten von n rein zufällig ausgewählten Personen genau X wahrheitsgemäß mit «Ja», so ist der Schätzer

$$\hat{p}_C = \frac{X}{n}$$

offensichtlich unverfälscht und besitzt die Varianz

$$\text{var}(\hat{p}_C) = \frac{p(1-p)}{n}. \tag{5.12}$$

Unser letzter Programmpunkt ist nun ein Vergleich von (5.10) bzw. (5.11) mit (5.12). Dazu schreiben wir zweckmäßig

$$\frac{1}{n}\frac{\pi_A(1-\pi_A)}{(2\alpha-1)^2} = \frac{1}{n}\frac{[(2\alpha-1)p+(1-\alpha)]\cdot[\alpha-(2\alpha-1)p]}{(2\alpha-1)^2}$$
$$= \frac{1}{n}\left[p(1-p)+\frac{(1-\alpha)\alpha}{(2\alpha-1)^2}\right]$$

und erhalten für den Quotienten

$$\frac{var(\hat{p}_A)}{var(\hat{p}_C)} = 1 + \frac{(1-\alpha)\alpha}{(2\alpha-1)^2 p(1-p)} \geq 1, \qquad \forall \alpha, p, n.$$

Im anderen Fall ist

$$\frac{\pi_B(1-\pi_B)}{(1-\alpha)^2} = \left(\frac{\alpha\beta}{1-\alpha}+p\right)\left(\frac{1-\alpha\beta}{1-\alpha}-p\right) = -p^2 + \frac{1-2\alpha\beta}{1-\alpha}p + \frac{\alpha\beta(1-\alpha\beta)}{(1-\alpha)^2}$$
$$= \frac{1-2\alpha\beta}{1-\alpha}p(1-p) + \frac{\alpha(1-\alpha)(1-2\beta)p^2+\alpha\beta(1-\alpha\beta)}{(1-\alpha)^2}$$

und somit

$$\frac{var(\hat{p}_B)}{var(\hat{p}_C)} = \frac{1-2\alpha\beta}{1-\alpha} + \frac{\alpha(1-\alpha)(1-2\beta)p^2+\alpha\beta(1-\alpha\beta)}{(1-\alpha)^2 p(1-p)}$$
$$= \frac{(1-2\alpha\beta)(1-\alpha)p-(1-\alpha)^2 p^2+\alpha\beta(1-\alpha\beta)}{(1-\alpha)^2 p(1-p)}$$
$$= \frac{(1-\alpha)^2 p(1-p)+\alpha(1-\alpha)(1-2\beta)p+\alpha\beta(1-\alpha\beta)}{(1-\alpha)^2 p(1-p)}$$
$$= 1 + \frac{\alpha(1-\alpha)(1-2\beta)p+\alpha\beta(1-\alpha\beta)}{(1-\alpha)^2 p(1-p)} \geq 1,$$

Die Abschätzung ist klar für alle $\beta \in [0, 1/2]$, und für alle $\beta \in (1/2, 1]$ ist der durch α gekürzte Zähler

$$(1-\alpha)(1-2\beta)p + \beta(1-\alpha\beta)$$

monoton fallend in p für alle $\alpha \in [0,1]$, er nimmt also für $p = 1$ seinen kleinsten Wert $(1-\alpha)(1-2\beta)+\beta(1-\alpha\beta) = 1-\beta-\alpha+2\alpha\beta-\alpha\beta^2$ an. Dieser kleinste Wert wiederum ist monoton fallend in α für alle $\beta \in (1/2, 1]$ und an der Stelle $\alpha = 1$ gegeben durch $\beta(1-\beta) \geq 0$. Damit haben wir

$$\frac{var(\hat{p}_B)}{var(\hat{p}_C)} \geq 1, \qquad \forall \alpha, \beta, p, n.$$

5.24 Wir schreiben sl, wenn der Spieler zunächst den schnellen und – wenn nötig – anschließend den langsamen Aufschlag wählt, sowie Entsprechendes für die anderen Kombinationen der Aufschläge. G bezeichne das Ereignis, dass der Spieler den Punkt gewinnt. Man bekommt sofort

$$P(G \mid ss) = p_s q_s + (1 - p_s) p_s q_s$$
$$P(G \mid sl) = p_s q_s + (1 - p_s) p_l q_l$$
$$P(G \mid ll) = p_l q_l + (1 - p_l) p_l q_l$$
$$P(G \mid ls) = p_l q_l + (1 - p_l) p_s q_s.$$

Zu den Vorgaben gehört

$$\begin{aligned} p_s &< p_l, \\ q_s &> q_l, \end{aligned} \tag{5.13}$$

und wir nehmen p_s und q_l als positiv an und p_l und q_s als kleiner 1. Unsere erste Überlegung gilt der Frage, wann ss günstiger ist als sl. Dies ist dann der Fall, wenn

$$p_s q_s + (1 - p_s) p_s q_s > p_s q_s + (1 - p_s) p_l q_l,$$

kurzum, wenn

$$\frac{p_s q_s}{p_l q_l} > 1. \tag{5.14}$$

In einem zweiten Anlauf zeigen wir, dass unter (5.14) die Wahl ss auch günstiger ist als ll und ls. Trifft (5.14) zu, so auch

$$\frac{p_s q_s - p_l q_l}{p_l q_l} > (1 - p_l) - (1 - p_s) \cdot \frac{p_s q_s}{p_l q_l}, \tag{5.15}$$

denn die linke Seite dieser Ungleichung ist dann positiv, während die rechte Seite bei Berücksichtigung von (5.13) negativ ist. Multipliziert man (5.15) mit $p_l q_l$ und ordnet um, so ergibt sich

$$p_s q_s + (1 - p_s) p_s q_s > p_l q_l + (1 - p_l) p_l q_l,$$

und das bedeutet

$$P(G \mid ss) > P(G \mid ll).$$

Unter (5.14) und (5.13) gilt auch

$$p_s q_s - p_l q_l > p_s q_s [(1 - p_l) - (1 - p_s)], \tag{5.16}$$

denn wiederum ist die linke Seite positiv und die rechte Seite negativ. Durch Umordnen ergibt sich aus (5.16) sofort

$$p_s q_s + (1 - p_s) p_s q_s > p_l q_l + (1 - p_l) p_s q_s,$$

also

$$P(G \mid ss) > P(G \mid ls).$$

Als Zwischenergebnis kann man dem Spieler empfehlen, unter (5.14) stets den schnellen Aufschlag zu wählen.

Als Nächstes überlegen wir, wann ll günstiger ist als sl. Dies ist der Fall, wenn

$$p_l q_l + (1 - p_l) p_l q_l > p_s q_s + (1 - p_s) p_l q_l.$$

Nach Division durch $p_l q_l$ ergibt sich daraus

$$\frac{p_s q_s}{p_l q_l} < 1 + p_s - p_l. \tag{5.17}$$

Nun zeigen wir, dass unter (5.17) die Kombination ll auch günstiger ist als ls und ss. Diese Überlegungen sind von routinemäßigen, doch vertrackten Rechnungen geprägt. Wegen (5.13) folgt aus (5.17)

$$\frac{p_s q_s}{p_l q_l} < 1$$

und daraus

$$p_l q_l + (1 - p_l) p_l q_l > p_l q_l + (1 - p_l) p_s q_s,$$

was man auch schreiben kann als

$$P(G \mid ll) > P(G \mid ls).$$

Wegen

$$\frac{p_l - p_s}{2 - p_s} < p_l - p_s$$

d.h.

$$\frac{(2 - p_l) - (2 - p_s)}{2 - p_s} > p_s - p_l$$

bzw.

$$\frac{2 - p_l}{2 - p_s} > 1 + p_s - p_l$$

ist unter (5.17) offenbar

$$\frac{2 - p_l}{2 - p_s} > \frac{p_s q_s}{p_l q_l}$$

d.h.

$$1 + (1 - p_l) > \frac{p_s q_s}{p_l q_l} [1 + (1 - p_s)],$$

was nach Multiplikation mit $p_l q_l$ sofort in

$$p_l q_l + (1 - p_l) p_l q_l > p_s q_s + (1 - p_s) p_s q_s$$

übergeht. Letzteres ist aber nichts anderes als

$$P(G \mid ll) > P(G \mid ss).$$

Der Spieler sollte also in beiden Fällen den langsamen Aufschlag spielen, falls (5.17) erfüllt ist. Abschließend gilt unser Augenmerk der Situation

$$\frac{p_s q_s}{p_l q_l} \in (1 + p_s - p_l, 1), \qquad (5.18)$$

in der ein Spieler zunächst den schnellen und dann den langsamen Aufschlag spielen sollte. An der Begründung sind frühere Überlegungen maßgeblich beteiligt. Wir wissen schon, dass

$$P(G \mid sl) > P(G \mid ss),$$

falls

$$\frac{p_s q_s}{p_l q_l} < 1,$$

und dass

$$P(G \mid sl) > P(G \mid ll),$$

falls

$$\frac{p_s q_s}{p_l q_l} > 1 + p_s - p_l.$$

Unter (5.18) ist sl also ll und ss überlegen. Wegen

$$\frac{1 - p_l}{p_s} > \frac{1 - p_l}{p_l},$$

d.h.

$$1 + p_s - p_l > \frac{p_s}{p_l},$$

folgt aus (5.18), dass

$$\frac{p_s q_s}{p_l q_l} > \frac{p_s}{p_l}$$

oder

$$\frac{p_s q_s}{p_l q_l} [1 - (1 - p_l)] > 1 - (1 - p_s)$$

bzw.

$$p_s q_s + (1 - p_s) p_l q_l > p_l q_l + (1 - p_l) p_s q_s.$$

Dies bedeutet

$$P(G \mid sl) > P(G \mid ls).$$

Damit sind alle Fälle behandelt.

5.25 (a) Die Wahrscheinlichkeit p_A ergibt sich als Summe der Wahrscheinlichkeiten $P(A_i)$, wobei für $i \in \{0, 1, 2, 3\}$ wir abkürzend schreiben:

$$A_i := A \text{ gewinnt mit dem Endstand } 4 : i.$$

Das Ereignis A_i tritt genau dann ein, wenn von den ersten $3 + i$ Spielen A drei Spiele und B i Spiele gewinnt und A noch das entscheidende $(4 + i)$. Spiel für sich entscheidet. Die Wahrscheinlichkeit hierfür beträgt

$$P(A_i) = \binom{3+i}{3} p^3 q^i \cdot p = \binom{3+i}{3} p^4 q^i,$$

und wir wissen somit, wie p_A aussieht:

$$p_A = \binom{3}{3} p^4 q^0 + \binom{4}{3} p^4 q^1 + \binom{5}{3} p^4 q^2 + \binom{6}{3} p^4 q^3$$
$$= p^4 \left(1 + 4q + 10q^2 + 20q^3\right).$$

(b) Analog zu (a) können auch die Ereignisse B_i, dass B mit dem Endstand $4:i$ gewinnt, eingeführt werden. Die zugehörigen Wahrscheinlichkeiten erhält man am einfachsten durch Rollentausch von p und q, also

$$P(B_i) = \binom{3+i}{3} q^4 p^i.$$

Die Wahrscheinlichkeit, dass ein Wettkampf in genau $4+i$ Spielen entschieden wird, ist dann $P(A_i) + P(B_i)$. Den gesuchten Erwartungswert L der Anzahl der Spiele in einem Wettkampf berechnet man daraus durch

$$L = \sum_{i=0}^{3}(4+i)\left[P(A_i)+P(B_i)\right] = \sum_{i=0}^{3}(4+i)\binom{3+i}{3}(p^4 q^i + q^4 p^i)$$
$$= 4p^4 + 4q^4 + 20pq(p^3+q^3) + 60p^2q^2(p^2+q^2) + 140p^3q^3.$$

Wir vermerken beiläufig, dass wegen $q=1-p$ die Funktion L in Abhängigkeit von p ein Polynom 6. Grades ist. Wenn man dieses ausmultiplizieren möchte, bietet es sich ob der dazu benötigten elementaren, aber langen Rechnung an, hierfür elektronische Hilfe in Anspruch zu nehmen wie zum Beispiel das Programm MAPLE. Das Ergebnis lautet:

$$L = -20p^6 + 60p^5 - 52p^4 + 4p^3 + 4p^2 + 4p + 4 =: L(p).$$

(c) Wir werden zeigen, dass $L(p)$ in $[0, 1/2]$ monoton wächst und in $[1/2, 1]$ monoton fällt. Das kann man in Angriff nehmen, indem man L als Polynom um den Entwicklungspunkt $p_0 = 1/2$ darstellt. Es müssen die ersten 6 Ableitungen von L an der Stelle $1/2$ ermittelt werden, was bei einem Polynom stets elementar möglich ist. Es ergibt sich

$L^{(0)}(0.5) = 5.8125,\quad L^{(1)}(0.5) = 0,\quad L^{(2)}(0.5) = -23.5,\quad L^{(3)}(0.5) = 0$
$L^{(4)}(0.5) = 552,\quad L^{(5)}(0.5) = 0,\quad L^{(6)}(0.5) = -14400.$

Die Bedeutung der Tatsache, dass es sich um ein Polynom handelt, liegt nun darin, dass $L(p)$ gleich seinem Taylorpolynom 6. Grades um $p_0 = 1/2$ ist:

$$L(p) = 5.8125 - 11.75(p-0.5)^2 + 23(p-0.5)^4 - 20(p-0.5)^6.$$

Die Ableitung von L kann man entsprechend darstellen als

$$L'(p) = (p-0.5) \cdot \underbrace{\left(-120(p-0.5)^4 + 92(p-0.5)^2 - 23.5\right)}_{=:\, M(p)}.$$

Das Polynom $M(p)$ besitzt keine reellen Nullstellen, da für $x = (p-0.5)^2$ die quadratische Gleichung $-23.5 + 92x - 120x^2 = 0$ aufgrund ihrer negativen Diskriminante $92^2 - 4 \cdot (-23.5) \cdot (-120) = -2816$ in $\mathbb{R}$ nicht lösbar ist. Durch Vorzeichentest von $M(0.5) = -23.5 < 0$ erkennen wir, dass $M(p) < 0$ für alle $p \in [0,1]$ gilt. Somit ist also $L'(p) > 0$ für $p < 1/2$ und $L'(p) < 0$ für $p > 1/2$. Folglich wird L an der Stelle $p = 0.5$ maximiert, und das Maximum beträgt 5.8125.

Noch zu zeigen ist, dass L für $p \to 1$ monoton fallend gegen 4 konvergiert. Die entsprechende Monotonie von $L(p)$ im Bereich $p \in [1/2, 1]$ wurde bereits gezeigt. Als Polynom ist $L(p)$ stetig, so dass sich als Grenzwert $L(1) = 4$ ergibt.

Abschließend wird noch nach einem unverfälschten Schätzer von p aufgrund der Daten in der abgebildeten Tabelle gesucht. Die Gesamtzahl aller beobachteten Spiele beträgt

$$4 \cdot (4+1) + 5 \cdot (3+1) + 6 \cdot (3+2) + 7 \cdot (8+3) = 147.$$

Auch die Anzahl der von A gewonnenen Spiele kann aus der Tabelle entnommen werden; es sind

$$4 \cdot 4 + 4 \cdot 3 + 4 \cdot 3 + 4 \cdot 8 + 0 \cdot 1 + 1 \cdot 1 + 2 \cdot 2 + 3 \cdot 3 = 86$$

Spiele, da A bei allen Wettkämpfen, die er für sich entschieden hat, genau 4 Spiele gewonnen hat und in den Wettkämpfen, die er verloren hat, exakt (Spiellänge -4) Spiele gewonnen hat. Nach Voraussetzung sind die Ausgänge der 147 Spiele unabhängig, und A gewinnt ein Spiel mit Wahrscheinlichkeit p. Die Spielausgänge können also als 147 unabhängige Bernoulli-Versuche gedeutet werden. Die Anzahl der Spiele, die A gewinnt, ist demnach $\mathbf{B}(147, p)$-verteilt und besitzt den Erwartungswert $147p$; insgesamt 86 Siege von A wurden beobachtet. Eine unverfälschte Schätzung für p ist also durch $\frac{86}{147} \doteq 0.585$ gegeben.

5.27 (a) Sei $G_{n,m} := [nd, n(d+1)) \times [md, m(d+1))$, $n, m \in \mathbb{Z}$, und sei $A_{n,m} := G_{n,m} \cap A$. Die Menge A kann somit bezüglich dieses Gitters disjunkt zerlegt werden durch

$$A = \bigcup_{(n,m) \in \mathbb{Z}^2} A_{n,m}.$$

Daher bestehen nun die Identitäten

$$\#(Z_d \cap A) = \sum_{n,m} \#(Z_d \cap A_{n,m})$$

und

$$E(\#(Z_d \cap A)) = \sum_{n,m} E(\#(Z_d \cap A_{n,m})).$$

Der Vorteil dieser Darstellung liegt darin, dass die Mächtigkeit von $Z_d \cap A_{n,m}$ leicht angegeben werden kann durch

$$\#(Z_d \cap A_{n,m}) = \begin{cases} 1, & \text{wenn } (v,w) \in A^*_{n,m} \\ 0, & \text{sonst}, \end{cases}$$

wobei $A^*_{n,m} = \{(x,y) \in \mathbb{R}^2 : (x+nd, y+md) \in A_{n,m}\}$. Da (v,w) über $[0,d) \times [0,d)$ gleichverteilt ist und das Lebesgue-Maß translationsinvariant ist, gilt

$$E\left(\#(Z_d \cap A_{n,m})\right) = P\left((v,w) \in A^*_{n,m}\right) = \frac{\lambda^2(A^*_{n,m})}{d^2} = \frac{\lambda^2(A_{n,m})}{d^2}$$

und somit

$$E\left(\#(Z_d \cap A)\right) = \sum_{n,m} \frac{\lambda^2(A_{n,m})}{d^2} = \frac{\lambda^2(A)}{d^2},$$

da die $A_{n,m}$ paarweise disjunkt sind.

(b) Zunächst wähle man ein $d > 0$. Man simuliere N unabhängige Ausfälle einer $[0,d) \times [0,d)$-gleichverteilten Zufallsgröße: $(v_1, w_1), \ldots, (v_N, w_N)$. Man berechne

$$\hat{\lambda}^2_N := d^2 \frac{1}{N} \sum_{j=1}^{N} \#(Z_{d,j} \cap A)$$

mit $Z_{d,j} = \{(v_j + nd, w_j + md) : n, m \in \mathbb{Z}\}$. Gemäß (a) ist der Erwartungswert von $\hat{\lambda}^2_N$ gleich dem Flächeninhalt von A, und somit handelt es sich bei $\hat{\lambda}^2_N$ um einen unverfälschten Schätzer dieses Flächeninhalts.

5.28 Es seien Φ und $\triangle$ die unabhängigen Zufallsgrößen, deren Realisierungen φ und δ die Gerade festlegen. Die gemeinsame Dichte von Φ und $\triangle$ ist

$$f(\varphi, \delta) = \begin{cases} \frac{1}{2\pi}, & \text{falls } \varphi \in [0, \pi) \text{ und } \delta \in [-1, +1] \\ 0, & \text{sonst.} \end{cases}$$

(a) Die gesuchte Wahrscheinlichkeit ist

$$P(G(\Phi,\triangle) \cap K_r \neq \emptyset) = E(1_{\{G(\Phi,\triangle)\cap K_r\neq\emptyset\}}),$$

wobei $1_{\{G(\Phi,\triangle)\cap K_r=\emptyset\}}$ die Zufallsgröße bezeichnet, die den Wert 1 annimmt, falls die zufällige Gerade den Kreis K_r schneidet, und 0 andernfalls. Der obige Erwartungswert lässt sich mit der gemeinsamen Dichte berechnen als

$$\int_0^\pi \int_{-1}^{+1} 1_{\{G(\varphi,\delta)\cap K_r\neq\emptyset\}} \cdot \frac{1}{2\pi} d\delta d\varphi = \int_0^\pi \frac{2r}{2\pi} d\varphi = r,$$

denn für jedes feste φ schneidet die zugehörige Gerade für alle δ jeweils aus einem Intervall der Länge $2r$ den Kreis K_r.

(b) Entsprechend ist

$$P(G(\Phi,\triangle) \cap S(\theta,l) \neq \emptyset) = E(1_{\{G(\Phi,\triangle)\cap S(\theta,l)\neq\emptyset\}})$$

$$= \int_0^\pi \int_{-1}^{+1} 1_{\{G(\varphi,\delta)\cap S(\theta,l)\neq\emptyset\}} \cdot \frac{1}{2\pi} d\delta dl = \int_0^\pi l \cdot |\sin(\varphi - \theta)| \cdot \frac{1}{2\pi} d\varphi = \frac{l}{\pi},$$

denn für gegebenes φ schneidet für alle δ in einem Intervall der Länge $l \cdot |\sin(\varphi - \theta)|$ die zugehörige Gerade die Strecke $S(\theta,l)$.

In beiden Fällen sind die sich ergebenden Wahrscheinlichkeiten also proportional zu Längenmaßen der betreffenden Objekte. (Siehe auch Baddeley (1999).)

5.29 Die Wahrscheinlichkeit p, dass bei einer Auslosung mindestens ein Mann mit seiner Ehefrau zusammentrifft, entspricht der Wahrscheinlichkeit, dass bei einer beliebigen Permutation der Elemente der Menge $\{1,\ldots,10\}$ mindestens ein Fixpunkt entsteht. Nach AW, Beispiel 4.11, ist diese Wahrscheinlichkeit

$$p = 1 - \sum_{k=0}^{10} \frac{(-1)^k}{k!} = \frac{28319}{44800} \doteq 0.6321 \doteq 1 - \frac{1}{e}.$$

(a) Da die Auslosungen unabhängig voneinander durchgeführt werden, gilt für die Anzahl $\hat{N}$ der Auslosungen, dass $P(\hat{N} = n) = p^{n-1}(1-p)$. $\hat{N}$ ist also **Geo**$(1-p)$-verteilt.

(b) $E\hat{N} = \frac{1}{1-p} = \frac{44800}{16481} \doteq 2.7183 \doteq e$.

5.30 (a) Außer Spieler A und B gibt es weitere $k-2$ Spieler. Entweder A oder B werden mindestens $n+1$ Ausfälle richtig vorhersagen. Angenommen, es wird A sein. Dann konkurriert A mit all den anderen Spielern, die mehr als die Hälfte der Ausfälle richtig vorhersagen, um die gesamte Geldmenge k. All diese Spieler haben aus Symmetriegründen dieselben Chancen. Wenn also j der anderen Spieler mehr als die Hälfte der Ausfälle richtig vorhergesagt haben, dann ist die erwartete

Auszahlung für Spieler A gerade $k/(j+1)$. Die Zahl j ist die Realisierung einer $\mathbf{B}(k-2, 1/2)$-verteilten Zufallsgröße, da jeder der $k-2$ übrigen Spieler unabhängig von allen anderen mit Wahrscheinlichkeit $1/2$ mehr als die Hälfte der Ausfälle richtig vorhersagt. Damit haben wir

$$G_k = \sum_{j=0}^{k-2} \frac{k}{j+1} \binom{k-2}{j} \frac{1}{2^j} = \frac{k}{k-1} \sum_{j=0}^{k-2} \binom{k-1}{j+1} \frac{1}{2^j} = \frac{2k}{k-1}\left(1 - \frac{1}{2^{k-1}}\right).$$

(b) Offensichtlich ist

$$\lim_{k \to \infty} G_k = 2,$$

und die Ableitung der für $\mathbb{R} \ni x \geq 3$ definierten Funktion

$$G_x = \frac{2x}{x-1}\left(1 - \frac{1}{2^{x-1}}\right)$$

lautet

$$G'_x = \frac{[1 + x(x-1)\ln 2](1/2)^{x-2} - 2}{(x-1)^2}.$$

Diese Ableitung ist negativ für alle $x \geq 5$. Infolgedessen muss $G_k > 2$ sein für alle $k \geq 5$. Wie man leicht errechnet, sind G_3 und G_4 ebenfalls größer als 2.

5.31 (a) Eine zusammengesetzte Zahl n wird zur Primzahl erklärt, wenn keines der $a_1, \ldots, a_k$ die Bedingung B_n erfüllt. Mindestens $3(n-1)/4$ der $a \in \{1, \ldots, n-1\} =: \mathcal{A}$ erfüllen B_n. Da jedes a_i rein zufällig aus $\mathcal{A}$ gewählt wird, erfüllt a_i nicht die Bedingung B_n mit einer Wahrscheinlichkeit kleiner als

$$1 - \frac{3(n-1)}{4(n-1)} = \frac{1}{4}.$$

Wegen Unabhängigkeit der a_i ist die gesuchte Fehlerwahrscheinlichkeit kleiner als

$$\left(\frac{1}{4}\right)^k.$$

Durch entsprechende Wahl von k kann dies so klein wie gewünscht gemacht werden.

(b) Ist n Primzahl, dann können für alle $a \in \mathcal{A}$ die Punkte 1. und 2. der Aufgabenstellung nicht erfüllt sein. Keines der $a_1, \ldots, a_k$ erfüllt also B_n, und in diesem Fall ist die Fehlerwahrscheinlichkeit 0. Es kommt nicht vor, dass eine Primzahl fälschlich zur zusammengesetzten Zahl erklärt wird.

5.33 (a) Sei X die $\mathbf{B}(\Delta + 1/2)$-verteilte Zufallsgröße, welche den Ausgang eines Münzwurfes angibt, und X_1, X_2, X_3 seien unabhängige, wie X verteilte Zufallsgrößen. Dabei sei der Ausgang *Kopf* mit 1 identifiziert. Bei dreimaligem Werfen der Münze wird das Ergebnis als *Kopf* registriert, wenn $X_1 + X_2 + X_3 = 1$ oder $X_1 + X_2 + X_3 = 3$ eintritt. Die zugehörige Wahrscheinlichkeit ist

$$P(X_1 + X_2 + X_3 = 1 \cup X_1 + X_2 + X_3 = 3)$$
$$= P(X_1 + X_2 + X_3 = 1) + P(X_1 + X_2 + X_3 = 3)$$
$$= \binom{3}{1}\left(\Delta + \frac{1}{2}\right)\left(\frac{1}{2} - \Delta\right)^2 + \left(\frac{1}{2} + \Delta\right)^3 = \frac{1}{2} + 4\Delta^3.$$

Die Abweichung von der Gleichverteilung beträgt also $4|\Delta|^3$.

(b) Die Zufallsgrößen X_1 und X_2 geben die Augenzahlen beim 1. bzw. 2. Würfeln an. Das endgültige Wurfergebnis berechnet man dann durch $Y = (X_1 + X_2) \mod 6$. Also ist Y gleich 1, wenn die Augensumme 7 ist, gleich 2, wenn die Augensumme 2 oder 8 beträgt, ..., gleich 6, wenn die Augensumme 6 oder 12 beträgt. Da sich die Verteilung der Augensumme als Faltung der Gleichverteilung über $\{1, \ldots, 6\}$ mit sich selbst ergibt, erhalten wir für $k \in \{1, \ldots, 6\}$ die Wahrscheinlichkeit

$$P(Y = k) = \sum_{j=1}^{k-1}\left(\frac{1}{6} + \Delta_j\right)\left(\frac{1}{6} + \Delta_{k-j}\right) + \sum_{j=k}^{6}\left(\frac{1}{6} + \Delta_j\right)\left(\frac{1}{6} + \Delta_{6+k-j}\right).$$

Noch mehr als dieser Term selbst interessiert uns seine Abweichung von $1/6$:

$$\left|P(Y = k) - \frac{1}{6}\right|$$
$$= \left|\left(\sum_{j=1}^{k-1}\frac{1}{36}\right) + \frac{1}{6}\left(\sum_{j=1}^{k-1}\Delta_j\right) + \frac{1}{6}\left(\sum_{j=1}^{k-1}\Delta_{k-j}\right) + \left(\sum_{j=1}^{k-1}\Delta_j\Delta_{k-j}\right)\right.$$
$$\left. + \left(\sum_{j=k}^{6}\frac{1}{36}\right) + \frac{1}{6}\left(\sum_{j=k}^{6}\Delta_j\right) + \frac{1}{6}\left(\sum_{j=k}^{6}\Delta_{6+k-j}\right) + \left(\sum_{j=k}^{6}\Delta_j\Delta_{6+k-j}\right) - \frac{1}{6}\right|$$
$$= \left|\sum_{j=k}^{6}\Delta_j\Delta_{6+k-j} + \sum_{j=1}^{k-1}\Delta_j\Delta_{k-j}\right|.$$

Die maximale Abweichung beträgt somit

$$\max_{k \in \{1,\ldots,6\}} |\Delta_1\Delta_{k-1} + \cdots + \Delta_{k-1}\Delta_1 + \Delta_k\Delta_6 + \cdots + \Delta_6\Delta_k|.$$

Dieser Ausdruck kann nach oben durch $6 \cdot (\max\{|\Delta_1|,\ldots,|\Delta_k|\})^2$ abgeschätzt werden. Da $|\Delta_k| \leq \frac{1}{12}$ für alle $k \in \{1,\ldots,6\}$ gilt, beträgt die Abweichung von der Gleichverteilung höchstens $\frac{6}{144} = \frac{1}{24}$. Unsere Antwort lautet deshalb: Die maximale Abweichung von der Gleichverteilung wird mindestens um den Faktor 2 reduziert.

5.36 (a) Sei X_n die Anzahl der Ausfälle *Kopf* nach n Würfen. Spieler A gewinnt bei einem Spiel mit $(n+1)$ Würfen genau dann, wenn A bei einem Spiel mit n Würfen gewonnen hätte und $X_{n+1} = X_n + 1$ gilt oder wenn A bei einem Spiel mit n Würfen nicht gewonnen hätte und $X_{n+1} = X_n$ gilt. Bezeichnen wir die gesuchte Wahrscheinlichkeit, dass A bei einem Spiel mit n Würfen gewinnt, als P_n. Aus dem eben Gesagten resultiert eine einfache Rekursionsformel für P_n:

$$P_{n+1} = P_n \cdot \left(\frac{1}{2} + \varepsilon_{n+1}\right) + (1 - P_n) \cdot \left(\frac{1}{2} - \varepsilon_{n+1}\right) = 2\varepsilon_{n+1} P_n + \frac{1}{2} - \varepsilon_{n+1}.$$

Als Anfangswert erhält man $P_1 = \frac{1}{2} + \varepsilon_1$, und dann ist

$$P_2 = \frac{1}{2} + 2\varepsilon_1 \varepsilon_2, \qquad P_3 = \frac{1}{2} + 2^2 \varepsilon_1 \varepsilon_2 \varepsilon_3.$$

Das Bildungsgesetz springt ins Auge. Man kann vermuten, dass ganz allgemein

$$P_n = \frac{1}{2} + 2^{n-1} \cdot \prod_{j=1}^{n} \varepsilon_j, \qquad \forall n \in \mathbb{N}. \tag{5.19}$$

Es ist leicht, diese Vermutung mit vollständiger Induktion nach n zu beweisen. Der Induktionsanfang für $n = 1$ ist trivial zu überprüfen. Den Induktionsschritt bewältigen wir mit Hilfe der Rekursionsformel.

$$P_{n+1} = 2\varepsilon_{n+1} P_n + \frac{1}{2} - \varepsilon_{n+1} = 2\varepsilon_{n+1} \left(\frac{1}{2} + 2^{n-1} \cdot \prod_{j=1}^{n} \varepsilon_j\right) + \frac{1}{2} - \varepsilon_{n+1}$$

$$= 2^n \cdot \prod_{j=1}^{n+1} \varepsilon_j + \frac{1}{2}.$$

(b) Nach dem ersten Aufgabenteil liegt die Antwort nun auf der Hand. Eine Münze (die mit Nummer i) sei unverfälscht, es gelte also $\varepsilon_i = 0$. Dann ist nach (5.19)

$$P_n = \frac{1}{2} + 2^{n-1} \cdot \underbrace{\varepsilon_i}_{=0} \cdot \prod_{j \neq i} \varepsilon_j = \frac{1}{2}.$$

Folglich haben A und B dieselbe Chance, das Spiel zu gewinnen.

5.37 Sei X der Gewinn von Spieler A in Euro, falls dieser die Strategie p_A verfolgt und B die Strategie p_B. Die Information in der Aufgabenstellung kann man formulieren als

$$P(X = +3) = p_A(1-p_B) + p_B(1-p_A)$$
$$P(X = -2) = p_A p_B$$
$$P(X = -4) = (1-p_A)(1-p_B).$$

(a) Der erwartete Gewinn $E(p_A, p_B)$ von A ist

$$\begin{aligned}E(p_A, p_B) &= 3[p_A(1-p_B) + p_B(1-p_A)] - 2p_A p_B - 4(1-p_A)(1-p_B) \\ &= 7(p_A + p_B) - 12p_A p_B - 4.\end{aligned} \quad (5.20)$$

(b) Mit $p_A = \frac{1}{2} = p_B$ erhalten wir aus (5.20)

$$E\left(\frac{1}{2}, \frac{1}{2}\right) = 0,$$

und somit ist das Spiel fair für diese Strategien.

(c) Existiert eine derartige Strategie, so muss sie für $p_B = 0$ und für $p_B = 1$ jeweils denselben positiven erwarteten Gewinn $c := E(p_A^*, 0) = E(p_A^*, 1)$ für noch zu bestimmende p_A^* und c ergeben. Mit (5.20) führt diese Einsicht zu zwei Gleichungen für p_A^* und c:

$$7p_A^* - 4 = c$$
$$7(1 + p_A^*) - 12p_A^* - 4 = c.$$

Durch Subtraktion der zweiten von der ersten Gleichung ergibt sich

$$12p_A^* - 7 = 0$$

und somit

$$p_A^* = \frac{7}{12}.$$

In der Tat ist

$$E(p_A^*, p_B) = 7(p_A^* + p_B) - 12p_A^* p_B - 4 = \frac{1}{12}, \qquad \forall p_B \in [0,1].$$

Das Ergebnis ist nennenswert: A gewinnt im Mittel 0.085 Euro, wenn er die Strategie $p_A^* = \frac{7}{12}$ verfolgt, unabhängig von der von B gewählten Strategie.

5.38 (a) Mit Wahrscheinlichkeit $(1-p)^m$ sind die m Personen, deren Blutproben gemischt werden, allesamt gesund, und es reicht ein Test für m Personen, also $1/m$ Tests pro Person. Mit Wahrscheinlichkeit $1-(1-p)^m$ ist mindestens eine der m Personen erkrankt, und man benötigt $(m+1)$ Tests, also $(1+1/m)$ Tests pro Person. Damit ist

5.2 Lösungen

$$ET_m = \frac{1}{m} \cdot (1-p)^m + \left(1 + \frac{1}{m}\right) \cdot [1 - (1-p)^m] = 1 + \frac{1}{m} - (1-p)^m.$$

(b) Bei der traditionellen Methode der Einzeluntersuchungen wird ein Test pro Person eingesetzt. Beim Gruppen-Screening ergibt sich gegenüber dieser Methode im Mittel nur dann eine Ersparnis, falls

$$ET_m < 1$$

ist, d.h. wenn $(1-p)^m > \frac{1}{m}$ bzw.

$$p < 1 - \left(\frac{1}{m}\right)^{1/m}$$

gilt. Das Minimum der Zahlen $(1/m)^{1/m}$, $m \in \mathbb{N}$, tritt bei $m = 3$ auf und beträgt 0.693. Deshalb muss $p < 0.307$ sein, damit eine Ersparnis überhaupt erreichbar ist.

(c) Wir leiten ET_m nach m ab:

$$\frac{\partial ET_m}{\partial m} = -\frac{1}{m^2} - (1-p)^m \cdot \ln(1-p). \tag{5.21}$$

Für kleine p arbeiten wir mit den Näherungen

$$(1-p)^m = 1 - pm + O(p^2)$$
$$-\ln(1-p) = p + O(p^2).$$

Diese führen bei Nullsetzen von (5.21) zu

$$\frac{1}{m_{opt.}^2} = (1 - pm_{opt.})p + O(p^2) = p + O(p^2),$$

was die Approximation $m_{opt.} = p^{-1/2}$ ergibt. Setzt man $m_{opt.}$ wiederum in ET_m ein, erhält man

$$ET_{m_{opt.}} = 1 + \frac{1}{m_{opt.}} - (1-p)^{m_{opt.}} = 1 + p^{1/2} - (1 - pm_{opt.} + O(p^2))$$
$$= 2p^{1/2} + O(p^2).$$

5.39 (a) Unser Weg führt über die Ermittlung der Wahrscheinlichkeit p_A, dass beim Tennis Spieler A ein Spiel gewinnt. Die Wahrscheinlichkeit, dass A ein Spiel mit $4:0$ gewinnt, ist offenbar

$$P(4:0) = p^4.$$

Ein $4:1$-Sieg von A ist nur über das Zwischenergebnis $3:1$ erreichbar, wobei dies auf beliebige Weise zustande kommen kann. Unter Verwendung der Binomialverteilung ist die Wahrscheinlichkeit für das Zustandekommen des Spielstandes $3:1$ nach 4 ausgespielten Bällen gegeben durch

$$P(3:1) = \binom{4}{1} p^3 q,$$

und somit erhalten wir

$$P(4:1) = p \cdot P(3:1) = \binom{4}{1} p^4 q.$$

Analog ist ein $4:2$-Sieg nur über den Zwischenstand $3:2$ erreichbar und

$$P(3:2) = \binom{5}{2} p^3 q^2,$$

also

$$P(4:2) = \binom{5}{2} p^4 q^2.$$

Ferner gibt es die Gewinnmöglichkeiten $5:3$, $6:4$, $7:5$, etc. Zur Berechnung der zugehörigen Wahrscheinlichkeiten überzeuge man sich, dass ein $5:3$-Sieg nur über ein $3:3$-Zwischenresultat erreichbar ist, ein $6:4$ nur über ein $4:4$, ein $7:5$ nur über ein $5:5$, und es gilt

$$P((n+2):n) = p^2 \cdot P(n:n), \quad \forall n \geq 3,$$

sowie

$$\begin{aligned}
P(3:3) &= \binom{6}{3} p^3 q^3 \\
P(4:4) &= P(3:3) \cdot 2pq \\
P(5:5) &= P(4:4) \cdot 2pq = P(3:3) \cdot (2pq)^2.
\end{aligned}$$

Allgemein ist

$$P(n:n) = P(3:3) \cdot (2pq)^{n-3} = \binom{6}{3} p^3 q^3 (2pq)^{n-3}, \quad \forall n \geq 3.$$

Was man so erreicht hat, ist

$$P((n+2):n) = \binom{6}{3} p^5 q^3 (2pq)^{n-3}, \quad \forall n \geq 3,$$

und man kann damit die benötigte Wahrscheinlichkeit p_A angeben als

$$\begin{aligned} p_A &= P(4:0) + P(4:1) + P(4:2) + \sum_{n=3}^{\infty} P((n+2):n) \\ &= p^4 + \binom{4}{1}p^4q + \binom{5}{2}p^4q^2 + \sum_{n=3}^{\infty}\binom{6}{3}p^5q^3(2pq)^{n-3} \\ &= p^4(1 + 4q + 10q^2) + 20p^5q^3 \sum_{n=0}^{\infty}(2pq)^n. \end{aligned}$$

Mit der geometrischen Summenformel wird dies zu

$$p_A = p^4(1 + 4q + 10q^2) + 20p^5q^3 \cdot \frac{1}{1-2pq}.$$

Dieselbe Vorgehensweise eignet sich auch dafür, die Wahrscheinlichkeit für einen Satzgewinn von Spieler A zu berechnen:

$$\begin{aligned} P(6:0) &= p_A^6, & P(6:1) &= \binom{6}{1}p_A^6 q_A \\ P(6:2) &= \binom{7}{2}p_A^6 q_A^2, & P(6:3) &= \binom{8}{3}p_A^6 q_A^3 \\ P(6:4) &= \binom{9}{4}p_A^6 q_A^4. \end{aligned}$$

Die weiteren Siegmöglichkeiten sind $(n+2):n$ für $n \geq 5$. Die zugehörigen Spielverläufe müssen über das Zwischenergebnis $n:n$ gehen. Eine bereits bekannte Situation liegt vor. Analog zu den früheren Überlegungen zum Spielgewinn erhält man jetzt für den Satzgewinn

$$\begin{aligned} P(5:5) &= \binom{10}{5}p_A^5 q_A^5 \\ P(n:n) &= \binom{10}{5}p_A^5 q_A^5 (2p_A q_A)^{n-5} \\ P((n+2):n) &= \binom{10}{5}p_A^7 q_A^5 (2p_A q_A)^{n-5}, \quad \forall n \geq 5. \end{aligned}$$

Aus all diesen Feststellungen folgt

$$\begin{aligned} P_T &= p_A^6(1 + 6q_A + 21q_A^2 + 56q_A^3 + 126q_A^4) + \binom{10}{5}p_A^7 q_A^5 \sum_{n=0}^{\infty}(2p_A q_A)^n \\ &= p_A^6(1 + 6q_A + 21q_A^2 + 56q_A^3 + 126q_A^4) + \frac{252 p_A^7 q_A^5}{1 - 2p_A q_A}. \end{aligned}$$

(b) Die Argumentation verläuft nach dem schon bekannten Muster. Beim Tischtennis ist die Wahrscheinlichkeit für einen Satzgewinn von Spieler A gegeben durch

$$\begin{aligned} P_{TT} &= \sum_{n=0}^{19} P(21:n) + \sum_{n=20}^{\infty} P((n+2):n) \\ &= \sum_{n=0}^{19} \binom{20+n}{n} p^{21} q^n + \sum_{n=0}^{\infty} \binom{40}{20} p^{22} q^{20} (2pq)^n \\ &= \sum_{n=0}^{19} \binom{20+n}{n} p^{21} q^n + \binom{40}{20} p^{22} q^{20} \frac{1}{1-2pq}. \end{aligned}$$

(c) In der Tabelle sind die Gewinnwahrscheinlichkeiten des schwächeren Spielers für alle angeführten $p < 1/2$ beim Tischtennis jeweils größer als beim Tennis. Die Zählweise beim Tennis ermöglicht deshalb eine bessere Unterscheidung von stärkeren und schwächeren Spielern. (Siehe auch Witzel (1984).)

5.41 (a) Eine direkte Rechnung liefert das explizite Ergebnis

$$\begin{aligned} P(Y=k) &= \sum_{n=k}^{\infty} P(Y=k \mid X=n) \cdot P(X=n) \\ &= \sum_{n=k}^{\infty} \binom{n}{k} p^k (1-p)^{n-k} e^{-\lambda} \frac{\lambda^n}{n!} = \frac{e^{-\lambda}}{k!} \left(\frac{p}{1-p} \right)^k \sum_{n=k}^{\infty} \frac{[(1-p)\lambda]^n}{(n-k)!} \\ &= \frac{e^{-\lambda}}{k!} \left(\frac{p}{1-p} \right)^k [(1-p)\lambda]^k \sum_{m=0}^{\infty} \frac{[(1-p)\lambda]^m}{m!} = \frac{e^{-p\lambda}(p\lambda)^k}{k!}, \qquad \forall k \in \mathbb{N}_0. \end{aligned}$$

Also besitzt die Anzahl Y der ausgeschlüpften Vögel eine Poisson-Verteilung mit Parameter λp.

(b) Offensichtlich ist

$$\begin{aligned} EX &= \lambda = \operatorname{var} X, \\ EY &= p\lambda = \operatorname{var} Y. \end{aligned}$$

(c) Die Fragestellung zielt auf die bedingten Wahrscheinlichkeiten

$$\begin{aligned} P(X=k \mid Y=m) &= \frac{P(Y=m \mid X=k) \cdot P(X=k)}{P(Y=m)} \\ &= \binom{k}{m} p^m (1-p)^{k-m} \frac{e^{-\lambda} \lambda^k m!}{k! e^{-p\lambda} (p\lambda)^m} \\ &= \frac{e^{-(1-p)\lambda} [(1-p)\lambda]^{k-m}}{(k-m)!}, \qquad \forall k \geq m. \end{aligned}$$

Unter der Bedingung $Y = m$ besitzt $X - m$ eine Poisson-Verteilung mit Parameter $(1-p)\lambda$.

5.42 Die Auflage der Zeitung sei z, und X sei die als $\mathbf{N}(1, 0.2^2)$-verteilt angenommene tägliche Nachfrage (beides in der Einheit *Millionen*).
Es werden täglich $\min(z, X)$ Zeitungen verkauft und $\max(0, z - X)$ Zeitungen nicht verkauft. Der erwartete Nettogewinn (in Millionen Euro) ist damit

$$G(z) = 0.1 \cdot E\min(z, X) - 0.5 \cdot E\max(0, z - X)$$
$$= 0.1 \cdot E[z - (z - X)^+] - 0.5 \cdot E[(z - X)^+]$$
$$= 0.1z - 0.6 \cdot E[(z - X)^+] = 0.1z - 0.6 \cdot \int_{-\infty}^{z} (z - x)f(x)dx,$$

wobei f die Dichte der $\mathbf{N}(1, 0.2^2)$-Verteilung bezeichnet. Wir bestimmen das Maximum von G:

$$G'(z) = 0.1 - 0.6 \cdot \int_{-\infty}^{z} f(x)dx = 0.1 - 0.6 \cdot P(X \leq z)$$
$$= 0.1 - 0.6 \cdot P\left(\frac{X-1}{0.2} \leq \frac{z-1}{0.2}\right) = 0.1 - 0.6 \cdot \Phi\left(\frac{z-1}{0.2}\right)$$
$$= 0.1 - 0.6\left[1 - \Phi\left(\frac{1-z}{0.2}\right)\right],$$

wobei Φ die $\mathbf{N}(0,1)$-Verteilungsfunktion bezeichnet. Nullsetzen liefert $\Phi\left(\frac{1-z^*}{0.2}\right) = \frac{5}{6}$, was mit der Tabelle im Anhang A die Gleichung $(1-z^*)/0.2 = 0.97$ ergibt. Ihre Lösung ist

$$z^* = 0.806.$$

Eine Überprüfung der 2. Ableitung von G zeigt, dass es sich hierbei tatsächlich um das (globale) Maximum von G handelt. Die tägliche Auflage der Tageszeitung sollte also 806 000 Zeitungen umfassen.

5.44 Zur Vorbereitung weiterer Schritte bestimmen wir zunächst die bedingte Wahrscheinlichkeit von $Y_j = l$ unter der Voraussetzung $X_j = x_j$. Da es sich um Ziehen ohne Zurücklegen handelt, ist

$$P(Y_j = l \mid X_j = x_j) = \binom{n}{l}\frac{x_j}{N} \cdot \ldots \cdot \frac{x_j - (l-1)}{N - (l-1)} \cdot \frac{N - x_j}{N - l} \cdot \ldots \cdot \frac{N - x_j - (n - l - 1)}{N - (n-1)}$$
$$= \frac{\binom{x_j}{l}\binom{N-x_j}{n-l}}{\binom{N}{n}},$$

falls $\max\{0, n + x_j - N\} \leq l \leq \min\{x_j, n\}$ und 0 sonst. Bei der bedingten Verteilung von Y_j gegeben $X_j = x_j$ handelt es sich also um eine $\mathbf{H}(N, x_j, n)$-Verteilung.

Gehen wir nun der Frage nach, welche unbedingte Verteilung Y_j unter der Annahme besitzt, dass X_j selbst $\mathbf{B}(N, p)$-verteilt ist. Stützt man sich auf den Zerlegungssatz, so gilt für $l \in \{0, \ldots, n\}$ und $N \geq n$

$$P(Y_j = l) = \sum_{m=0}^{N} P(Y_j = l \mid X_j = m) \cdot P(X_j = m)$$

$$= \sum_{m=l}^{N-n+l} \binom{m}{l} \binom{N-m}{n-l} \binom{N}{n}^{-1} \cdot \binom{N}{m} p^m (1-p)^{N-m}$$

$$= \sum_{m=l}^{N-n+l} \frac{m! \cdot (N-m)! \cdot (N-n)! \cdot n! \cdot N! \cdot p^m (1-p)^{N-m}}{l! \cdot (m-l)! \cdot (n-l)! \cdot (N-m-n+l)! \cdot N! \cdot (N-m)! \cdot m!}$$

$$= \sum_{m=l}^{N-n+l} \binom{n}{l} \binom{N-n}{m-l} p^m (1-p)^{N-m}$$

$$= \binom{n}{l} \sum_{m=0}^{N-n} \binom{N-n}{m} p^{m+l} (1-p)^{N-m-l}$$

$$= \binom{n}{l} p^l (1-p)^{n-l} \underbrace{\sum_{m=0}^{N-n} \binom{N-n}{m} p^m (1-p)^{N-n-m}}_{=1},$$

wenn man zusätzlich den binomischen Lehrsatz bedenkt. Unser 2. Ergebnis lautet also: Die Anzahl Y_j der defekten Objekte in der Stichprobe besitzt eine $\mathbf{B}(n, p)$-Verteilung.

Noch zu ermitteln ist die Verteilung der Gesamtzahl defekter Objekte in k Stichproben. Dabei werden die Stichproben der Größe n aus rein zufällig gewählten Teilmengen gezogen. Nehmen wir an, es gäbe M verschiedene Teilmengen und $(K_1, \ldots, K_M)$ bezeichne den Vektor, der angibt, wie viele der Stichproben aus der 1., …, M. Teilmenge gezogen wurden. Die K_j sind Zufallsgrößen, und es gilt $\sum_{j=1}^{M} K_j = k$. Die $\tilde{Y}_j$ geben nun die Anzahl der defekten Stücke an, die jeweils aus der j. Teilmenge gezogen wurden. Der zu $\tilde{Y}_j$ gehörige Stichprobenumfang beträgt also $K_j \cdot n$. Nach dem oben Gezeigten muss $\tilde{Y}_j$ unter der Voraussetzung $K_j = k_j$ eine $\mathbf{B}(nk_j, p)$-Verteilung besitzen. Unter der Bedingung $K_1 = k_1, \ldots, K_M = k_M$ sind $\tilde{Y}_1, \ldots, \tilde{Y}_M$ unabhängig, die Gesamtzahl der defekten Stücke in den Stichproben $\tilde{Y}_1 + \cdots + \tilde{Y}_M$ ist nach der Faltungsregel für Binomialverteilungen somit $\mathbf{B}(n(k_1 + \cdots + k_M), p) = \mathbf{B}(nk, p)$-verteilt. Die Verteilung der Gesamtzahl defekter Stücke in den Stichproben hängt demnach nicht von $K_1, \ldots, K_n$ ab, sondern nur von dem deterministischen Wert für k. Daher ist die unbedingte Verteilung der Gesamtzahl defekter Objekte in den k Stichproben ebenso $\mathbf{B}(nk, p)$.

5.45 (a) Wir richten unsere Strategie an der Möglichkeit aus, eine einfache Rekursion für

$$F_n(x) := P\left(\sum_{i=1}^n X_i \leq x\right),$$

die Verteilungsfunktion des Gewichts von n Gegenständen, abzuleiten. Für $x \in [0,1]$ ist nämlich

$$F_{n+1}(x) = P\left(\sum_{i=1}^n X_i + X_{n+1} \leq x\right) = \int_0^1 F_n(x-y) f_X(y) dy,$$

wobei $f_X(y) = 1_{[0,1]}(y)$ die Dichte der X_i bezeichnet. Das kann man auch in der leicht zu lösenden Form

$$F_{n+1}(x) = \int_0^x F_n(x-y) dy = \int_0^x F_n(y) dy$$

schreiben. Wegen $F_1(x) = x$ ist $F_2(x) = x^2/2!, \ldots, F_n(x) = x^n/n!$ für $x \in [0,1]$ und $n \in \mathbb{N}$. Der gesuchte Erwartungswert ergibt sich daraus überraschend schnell mit der Rechnung

$$EN_1 = \sum_{n=1}^\infty P(N_1 \geq n) = \sum_{n=1}^\infty F_n(1) = \sum_{n=1}^\infty \frac{1}{n!} = e - 1.$$

(b) Wir wollen uns überzeugen, dass $EN_i \leq EN_1$ für alle $i \in \mathbb{N}$. Dazu betrachten wir einmal den Gegenstand, der als Erster in Karton $i > 1$ gegeben wird. Sein Gewicht war größer als die im Karton $i-1$ verbleibende Restkapazität. Die Verteilung seines Gewichtes ist also eine bedingte $\mathbf{U}[0,1]$-Verteilung gegeben, dass das Gewicht größer ist als ein zufälliger Wert. Damit ist es im Mittel größer als ein $\mathbf{U}[0,1]$-verteiltes Gewicht, lässt also im Mittel im i. Karton weniger Restkapazität, als im 1. Karton nach Platzierung von G_1 im Mittel verbleibt. Wir haben also

$$EN_i \leq EN_1 = e - 1$$

und

$$E\left(\sum_{i=1}^n N_i\right) \leq n(e-1).$$

(c) Wir schreiben $\tilde{N}_i$ für die Anzahl der Gegenstände im i. Karton bei Verfolgung der im Hinweis beschriebenen Verpackungsstrategie. Offensichtlich können mit dieser Startegie nicht so viele Gegenstände eingepackt werden wie mit der ursprünglichen Vorgehensweise, und wir haben

$$\sum_{i=1}^n N_i \geq \sum_{i=1}^n \tilde{N}_i.$$

Nach (a) ist es ferner möglich

$$E\tilde{N}_i = \begin{cases} 1, & \text{falls } n \text{ gerade ist} \\ e-1, & \text{falls } n \text{ ungerade ist} \end{cases}$$

zu schreiben mit der Konsequenz

$$E\left(\sum_{i=1}^n N_i\right) \geq \begin{cases} \frac{n}{2}e, & \text{falls } n \text{ gerade ist} \\ \frac{n-1}{2}e + e - 1, & \text{falls } n \text{ ungerade ist.} \end{cases}$$

Für gerade n können wir unsere bisherigen Ergebnisse zusammenfassen in der Form

$$1.36n \leq E\left(\sum_{i=1}^n N_i\right) \leq 1.72n.$$

(d) Unsere erste Anstrengung dient der Bestimmung der Dichte f_{R_n} von $R_n, n \in \mathbb{N}$. Dabei gehen wir rekursiv vor. Offensichtlich ist

$$f_{R_1}(x) = f_X(x) = 1_{[0,1]}(x),$$

und für $n \in \mathbb{N}$ gilt die Beziehung

$$f_{R_{n+1}}(y) = \int_0^y f_{R_n}(x) f_X(y-x)dx + \int_{1-y}^1 f_{R_n}(x) f_X(y)dx, \quad \forall y \in [0,1].$$

Der erste Summand ergibt sich aus der Möglichkeit, dass der Gegenstand G_{n+1} noch in den M_n. Karton passt; der zweite Summand bezieht sich darauf, dass mit diesem Gegenstand ein neuer Karton begonnen werden muss. Setzt man $1_{[0,1]}$ für f_X ein, erhält man

$$f_{R_{n+1}}(y) = \int_0^y f_{R_n}(x)dx + \int_{1-y}^1 f_{R_n}(x)dx = F_{R_n}(y) + 1 - F_{R_n}(1-y),$$

wobei F_{R_n} die Verteilungsfunktion von R_n bezeichnet. Aus dieser Rekursion kann man die einfache Lösung

$$f_{R_n}(x) = \begin{cases} 1_{[0,1]}(x), & \text{falls } n = 1 \\ 2x \cdot 1_{[0,1]}(x), & \text{falls } n = 2, 3, \ldots \end{cases}$$

ablesen. Mit ihr erhalten wir das Teilergebnis

$$ER_n = \begin{cases} \frac{1}{2}, & \text{falls } n = 1 \\ \frac{2}{3}, & \text{falls } n = 2, 3, \ldots. \end{cases}$$

5.2 Lösungen

Um abschließend EM_n noch herzuleiten, führen wir Bezeichnungen wie folgt ein:
$$p_n(k) = P(M_n = k)$$
$$P_n(k,x) = P(M_n = k \cap R_n \leq x)$$
$$p_n(k,x) = \frac{d}{dx}P_n(k,x).$$

Dann ist
$$p_n(k) = P_n(k,1)$$
$$F_{R_n}(x) = \sum_{k=1}^{\infty} P_n(k,x)$$

und ferner
$$M_n = M_{n-1} + I_n$$

mit
$$I_n = \begin{cases} 0, & \text{falls Gegenstand } G_n \text{ in Karton } M_{n-1} \text{ passt} \\ 1, & \text{sonst.} \end{cases}$$

Nach einer ähnlichen Überlegung wie zuvor erhalten wir die Rekursion
$$p_n(k,x) = \int_0^x p_{n-1}(k,s) f_X(x-s) ds + \int_{1-x}^1 p_{n-1}(k-1,s) f_X(x) ds$$

und
$$p_1(k,x) = \delta_{k,1} \cdot f_X(x).$$

Daraus folgt
$$p_n(k,x) = P_{n-1}(k,x) + p_{n-1}(k-1) - P_{n-1}(k-1, 1-x).$$

Integration über $x \in [0,1]$ liefert
$$p_n(k) = \int_0^1 P_{n-1}(k,x) dx + p_{n-1}(k-1) - \int_0^1 P_{n-1}(k-1,x) dx.$$

Nun multiplizieren wir beide Seiten mit k und summieren über alle $k \in \mathbb{N}$. Außerdem ordnen wir die Summanden so, dass deutlich wird, wie man die rechte Seite vereinfachen kann. Insgesamt gelangt man zu

$$EM_n = \sum_{k=1}^{\infty} k \int_0^1 P_{n-1}(k,x) dx + \sum_{k=1}^{\infty} (k-1) p_{n-1}(k-1)$$
$$+ \sum_{k=1}^{\infty} p_{n-1}(k-1) - \sum_{k=1}^{\infty} (k-1) \int_0^1 P_{n-1}(k-1,x) dx$$
$$- \sum_{k=1}^{\infty} \int_0^1 P_{n-1}(k-1,x) \, dx, \qquad \forall n \geq 2.$$

Daraus leitet man

$$EM_n = EM_{n-1} + 1 - \int_0^1 F_{R_{n-1}}(x)dx$$
$$= EM_{n-1} + ER_{n-1}, \quad \forall n \geq 2,$$

ab, und die Hauptleistung ist erbracht. Der Rest besteht aus

$$\sum_{k=2}^n (EM_k - EM_{k-1}) = \sum_{k=2}^n ER_{k-1}, \quad \forall n \geq 2,$$

d.h.

$$EM_n = EM_1 + \frac{1}{2} + (n-2)ER_2$$

und führt zu

$$EM_n = \begin{cases} 1, & \text{falls } n=1 \\ \frac{2}{3}n + \frac{1}{6}, & \text{falls } n = 2,3,\ldots. \end{cases}$$

5.46 Als Vorbereitung für beide Aufgabenteile vermerken wir, dass $P(X_1 + X_2 = n) = \sum_{j=1}^6 P(X_1 = j) \cdot P(X_2 = n-j)$. Weiter ist $P(X_2 = n-j) \neq 0$ genau dann, wenn $n - 6 \leq j \leq n - 1$. Daraus erhält man die zweckdienliche Beziehung

$$P(X_1 + X_2 = n) = \sum_{j=\max(1,n-6)}^{\min(6,n-1)} p_{1j} p_{2,n-j}. \tag{5.22}$$

(a) Es gilt $p_{1j} = p_{2j} = \frac{1}{6}$, und (5.22) erlaubt

$$P(X_1 + X_2 = n) = \frac{1}{36}\left[\min(6, n-1) - \max(1, n-6) + 1\right]$$
$$= \begin{cases} \frac{n-1}{36}, & \text{für } 1 \leq n \leq 7 \\ \frac{13-n}{36}, & \text{für } 7 \leq n \leq 12. \end{cases}$$

Für $l \in \{0,\ldots,5\}$ ergibt sich daraus

$$P((X_1 + X_2) \mod 6 = l)$$
$$= \begin{cases} P(X_1 + X_2 \in \{l, l+6\}), & \text{für } l \in \{1,\ldots,5\} \\ P(X_1 + X_2 \in \{l+6, l+12\}), & \text{für } l = 0 \end{cases}$$
$$= \begin{cases} \frac{l-1}{36} + \frac{13-(l+6)}{36} = \frac{1}{6}, & \text{für } l \in \{1,\ldots,5\} \\ \frac{6-1}{36} + \frac{13-12}{36} = \frac{1}{6}, & \text{für } l = 0. \end{cases}$$

Daher ist $(X_1 + X_2) \mod 6$ gleichverteilt auf $\{0,\ldots,5\}$.

(b) Hier gilt

$$P(X_1 + X_2 = n) = \sum_{j=\max(1,n-6)}^{\min(6,n-1)} \frac{1}{6} p_{2,n-j} = \frac{1}{6} \sum_{j=\max(1,n-6)}^{\min(6,n-1)} p_{2j}.$$

Wie schon in (a) bietet sich auch hier eine Fallunterscheidung bezüglich l an:

$P((X_1 + X_2) \mod 6 = l)$

$$= \begin{cases} \frac{1}{6} \sum_{j=\max(1,l-6)}^{\min(6,l-1)} p_{2j} + \frac{1}{6} \sum_{j=\max(1,l)}^{\min(6,l+5)} p_{2j}, & \text{für } l \in \{1,\ldots,5\} \\ \frac{1}{6} \sum_{j=\max(1,0)}^{\min(6,5)} p_{2j} + \frac{1}{6} \sum_{j=\max(1,6)}^{\min(6,11)} p_{2j}, & \text{für } l = 0 \end{cases}$$

$$= \begin{cases} \frac{1}{6} \sum_{j=1}^{l-1} p_{2j} + \frac{1}{6} \sum_{j=l}^{6} p_{2j} = \frac{1}{6}, & \text{für } l \in \{1,\ldots,5\} \\ \frac{1}{6} \sum_{j=1}^{5} p_{2j} + \frac{1}{6} \sum_{j=6}^{6} p_{2j} = \frac{1}{6}, & \text{für } l = 0. \end{cases}$$

Also ist auch hier $(X_1 + X_2) \mod 6$ gleichverteilt auf $\{0,\ldots,5\}$.

5.47 (a) Wenn $X \in [a+1/2, a+1)$ ist, so wird $Y = a+1$ sein; wenn dagegen $X \in [a, a+1/2)$ ist, so gilt $Y = a$. Damit ist klar, dass die Verteilung von $X - Y$ auf dem Intervall $[-1/2, 1/2)$ konzentriert ist. Um die Verteilungsfunktion zu ermitteln, kommt nun eine elementare Rechnung in Gang. Für $c \in [0, 1/2]$ ist

$$P(X - Y \leq c) = \sum_{a=0}^{\infty} P(X \in [a+1/2, a+1) \cap X \leq c+a+1)$$
$$+ \sum_{a=0}^{\infty} P(X \in [a, a+1/2) \cap X \leq c+a)$$
$$= \sum_{a=0}^{\infty} P(X \in [a+1/2, a+1)) + \sum_{a=0}^{\infty} P(X \in [a, c+a))$$
$$= \sum_{a=0}^{\infty} \left(e^{-\lambda(a+1/2)} - e^{-\lambda(a+1)} \right) + \sum_{a=0}^{\infty} \left(e^{-\lambda a} - e^{-\lambda(c+a)} \right)$$
$$= \left(e^{-\lambda/2} - e^{-\lambda} + 1 - e^{-\lambda c} \right) \cdot \sum_{a=0}^{\infty} e^{-\lambda a}$$
$$= \left(e^{-\lambda/2} - e^{-\lambda} + 1 - e^{-\lambda c} \right) \cdot \frac{1}{1 - e^{-\lambda}}$$
$$= 1 - \frac{e^{-\lambda c} - e^{-\lambda/2}}{1 - e^{-\lambda}}$$

nach Einsetzen für die **Exp**(λ)-Verteilung. Im Fall $c \in [-1/2, 0)$ ist

$$P(X - Y \leq c) = \sum_{a=0}^{\infty} P(X \in [a + 1/2, a + 1) \cap X \leq c + a + 1)$$

$$+ \underbrace{\sum_{a=0}^{\infty} P(X \in [a, a + 1/2) \cap X \leq c + a)}_{=0}$$

$$= \sum_{a=0}^{\infty} P(X \in [a + 1/2, c + a + 1))$$

$$= \sum_{a=0}^{\infty} \left(e^{-\lambda(a+1/2)} - e^{-\lambda(c+a+1)} \right)$$

$$= \left(e^{-\lambda/2} - e^{-\lambda(c+1)} \right) \sum_{a=0}^{\infty} e^{-\lambda a}$$

$$= \frac{e^{-\lambda/2} - e^{-\lambda(c+1)}}{1 - e^{-\lambda}}.$$

Differenzieren nach c liefert die Dichte

$$f_{X-Y}(z) = \begin{cases} \frac{\lambda e^{-\lambda(z+1)}}{1-e^{-\lambda}}, & \text{für } z \in [-1/2, 0) \\ \frac{\lambda e^{-\lambda z}}{1-e^{-\lambda}}, & \text{für } z \in [0, 1/2) \end{cases}$$

und mit ihr den Erwartungswert

$$E(X - Y) = \int_{-1/2}^{0} z \cdot \frac{\lambda e^{-\lambda(z+1)}}{1 - e^{-\lambda}} \, dz + \int_{0}^{1/2} z \cdot \frac{\lambda e^{-\lambda z}}{1 - e^{-\lambda}}$$

$$= \frac{e^{-\lambda}}{\lambda(1 - e^{-\lambda})} \left[(-y - 1)e^{-y} \right]_{-\lambda/2}^{0} + \frac{1}{\lambda(1 - e^{-\lambda})} \left[(-y - 1)e^{-y} \right]_{0}^{\lambda/2}$$

$$= \frac{-\lambda e^{-\lambda/2} - e^{-\lambda} + 1}{\lambda(1 - e^{-\lambda})}.$$

Für $\lambda = 1$ etwa ergibt sich $E(X - Y) = 0.040$.

(b) Die Zufallsgröße Y^* kann dargestellt werden als

$$Y^* = (\lfloor X \rfloor + 1) \cdot 1_{[0, X - \lfloor X \rfloor]}(\varepsilon) + \lfloor X \rfloor \cdot \left(1 - 1_{[0, X - \lfloor X \rfloor]}(\varepsilon) \right),$$

wobei ε eine von X unabhängige, **U**$[0, 1]$-verteilte Zufallsgröße ist. Damit kann man die fragliche Differenz ausdrücken als

$$X - Y^* = X - \lfloor X \rfloor - 1_{[0, X - \lfloor X \rfloor]}(\varepsilon).$$

Bestimmen wir zunächst die Verteilung von $Z := X - \lfloor X \rfloor$. Sie ist auf $[0,1]$ konzentriert, und für $z \in (0,1)$ gilt

$$P(Z \leq z) = \sum_{a=0}^{\infty} P(X - \lfloor X \rfloor \leq z \cap X \in [a, a+1))$$

$$= \sum_{a=0}^{\infty} P(X \leq a + z \cap X \in [a, a+1))$$

$$= \sum_{a=0}^{\infty} P(X \in [a, a+z]) = \sum_{a=0}^{\infty} e^{-\lambda a}\left(1 - e^{-\lambda z}\right)$$

$$= \frac{1 - e^{-\lambda z}}{1 - e^{-\lambda}}.$$

Durch Differenzieren nach z ermittelt man

$$f_Z(z) = \frac{\lambda}{1 - e^{-\lambda}} \cdot e^{-\lambda z} \cdot 1_{[0,1]}(z)$$

als Dichte von Z. Mit diesem Ergebnis kehren wir zur Bestimmung der Verteilung von $X - Y^*$ zurück. Diese Zufallsgröße kann nach Obigem als $X - Y^* = Z - 1_{[0,Z]}(\varepsilon)$ dargestellt werden, wobei dann auch Z und ε unabhängig sind. Die Verteilung von $X - Y^*$ ist konzentriert auf $(-1,1)$. Für $c \in [-1,1]$ erhalten wir

$$P(X - Y^* \leq c) = \int_0^1 P\left(z - 1_{[0,z]}(\varepsilon) \leq c\right) \cdot \frac{\lambda}{1 - e^{-\lambda}} \cdot e^{-\lambda z}\, dz$$

$$= \int_0^1 P\left(1_{[0,z]}(\varepsilon) \geq z - c\right) \cdot \frac{\lambda}{1 - e^{-\lambda}} \cdot e^{-\lambda z}\, dz.$$

Da ε über $[0,1]$ gleichverteilt ist, gilt für $z \in [0,1]$

$$P\left(1_{[0,z]}(\varepsilon) \geq z - c\right) = \begin{cases} 1 & \text{für } z \leq c \\ z & \text{für } z \in (c, c+1] \\ 0 & \text{sonst.} \end{cases}$$

Es ist daher ratsam, die Fälle $c > 0$ und $c < 0$ zu unterscheiden. Im Falle von $c \in [-1,0)$ ist

$$P(X - Y^* \leq c) = \int_0^{c+1} z \cdot \frac{\lambda}{1 - e^{-\lambda}} \cdot e^{-\lambda z}\, dz = \frac{1 - (\lambda(c+1) + 1)e^{-\lambda(c+1)}}{\lambda(1 - e^{-\lambda})}.$$

Im Falle von $c \in [0,1)$ ist

$$P(X - Y^* \leq c) = \int_0^c \frac{\lambda}{1 - e^{-\lambda}} \cdot e^{-\lambda z} \, dz + \int_c^1 z \cdot \frac{\lambda}{1 - e^{-\lambda}} \cdot e^{-\lambda z} \, dz$$

$$= \frac{1 - e^{-\lambda c}}{1 - e^{-\lambda}} - \frac{\lambda e^{-\lambda} + e^{-\lambda} - e^{-\lambda c} - \lambda c e^{-\lambda c}}{\lambda(1 - e^{-\lambda})}$$

$$= \frac{-\lambda e^{-\lambda} - e^{-\lambda} + e^{-\lambda c} + \lambda c e^{-\lambda c} - \lambda e^{-\lambda c} + \lambda}{\lambda(1 - e^{-\lambda})}.$$

Man kann nachprüfen, dass die Verteilungsfunktion stetig ist, indem man ihren links- und rechtsseitigen Limes an der Stelle 0 berechnet und Übereinstimmung feststellt. Differenzieren liefert die Dichte

$$f_{X-Y^*}(z) = \begin{cases} \frac{\lambda(z+1)e^{-\lambda(z+1)}}{1-e^{-\lambda}}, & \text{für } z \in [-1, 0) \\ \frac{\lambda(1-z)e^{-\lambda z}}{1-e^{-\lambda}}, & \text{für } z \in (0, 1]. \end{cases}$$

Schließlich kann damit der Erwartungswert berechnet werden.

$$E(X - Y^*) = 0.$$

In der gegebenen Situation ist probabilistisches Runden also unverfälscht.

Kapitel 6

Konvergenz

6.1 Aufgaben

6.1 Es sei $(\Omega, \mathcal{A}, P)$ ein W-Raum. Ein Ereignis $A \in \mathcal{A}$ mit $P(A) > 0$ heißt *Atom*, falls für $B \in \mathcal{A}$ mit $B \subseteq A$ entweder $P(B) = 0$ oder $P(B) = P(A)$ gilt. Sei Ω eine abzählbare Vereinigung disjunkter Atome und $(X_n)_{n \in \mathbb{N}}$ eine Folge von Zufallsgrößen auf Ω.

Zeigen Sie: $(X_n)_{n \in \mathbb{N}}$ konvergiert nach Wahrscheinlichkeit $\Rightarrow$ $(X_n)_{n \in \mathbb{N}}$ konvergiert P-f.s.

6.4 Es sei $(X_n)_{n \in \mathbb{N}}$ eine Folge von Zufallsgrößen, die alle auf demselben W-Raum definiert sind. Konvergiert $(X_n)_{n \in \mathbb{N}}$ nach Verteilung gegen X und ist X fast sicher konstant, dann konvergiert $(X_n)_{n \in \mathbb{N}}$ auch nach Wahrscheinlichkeit gegen X. Beweisen Sie diesen Satz.

6.5 Beweisen Sie die folgende Aussage: Ist $(X_n)_{n \in \mathbb{N}}$ eine Folge von Zufallsgrößen mit $P(|X_n| \leq Y) = 1$ für eine $\mathcal{L}^r$-Zufallsgröße Y und alle $n \in \mathbb{N}$, dann folgt aus $X_n \xrightarrow{p} X$ die Konvergenz im r. Mittel $X_n \xrightarrow{\mathcal{L}^r} X$.

6.6 Sei $(X_n)_{n \in \mathbb{N}}$ eine Folge von Zufallsgrößen mit $\sum_{n=1}^{\infty} E|X_n - X|^r < \infty$. Zeigen Sie, dass $(X_n)_{n \in \mathbb{N}}$ gegen X fast sicher konvergiert.

6.7 Es sei $(X_n)_{n \in \mathbb{N}}$ eine Folge unabhängiger, identisch verteilter, quadratisch integrierbarer Zufallsgrößen auf demselben W-Raum. Zeigen Sie, dass

$$nP(|X_1| \geq \varepsilon\sqrt{n}) \xrightarrow{n \to \infty} 0, \qquad \forall \varepsilon > 0.$$

Konvergiert $n^{-1/2} \max\{|X_1|, \ldots, |X_n|\}$ für $n \to \infty$ nach Wahrscheinlichkeit?

6.8 Die auf einem gemeinsamen W-Raum definierten Zufallsgrößen der Folge $(X_n)_{n\in\mathbb{N}}$ seien unabhängig mit $X_k \sim \mathbf{B}(\frac{1}{k}), \forall k \in \mathbb{N}$. Untersuchen Sie für $n \to \infty$

$$\frac{1}{\ln n} \sum_{k=1}^{n} X_k$$

auf Konvergenz im 2. Mittel.

6.11 (Lévy-Abstand) Für zwei Verteilungsfunktionen F und G sei

$$d_L(F, G) := \inf\{\varepsilon > 0 : F(x-\varepsilon) - \varepsilon \leq G(x) \leq F(x+\varepsilon) + \varepsilon, \forall x \in \mathbb{R}\}$$

der *Lévy-Abstand*.

(a) Zeigen Sie, dass d_L eine Metrik auf der Menge der Verteilungsfunktionen definiert.

(b) Sei $(X_n)_{n\in\mathbb{N}}$ eine Folge von Zufallsgrößen mit zugehöriger Folge von Verteilungsfunktionen $(F_n)_{n\in\mathbb{N}}$, und sei X eine Zufallsgröße mit Verteilungsfunktion F. Zeigen Sie:

$$X_n \xrightarrow{d} X \iff d_L(F_n, F) \xrightarrow{n\to\infty} 0.$$

6.12 Es sei $(X_n)_{n\in\mathbb{N}}$ eine Folge von Zufallsgrößen mit $X_n \xrightarrow{p} X$ für $n \to \infty$. Dann gibt es entweder eine Konstante c mit $P(X = c) = 1$ oder X und X_n sind abhängige Zufallsgrößen für alle außer endlich vielen Werten von n. Beweisen Sie dies.

6.16 (Der größte Binomialkoeffizient) Unter den Binomialkoeffizienten

$$\binom{2n}{k}, \qquad k = 0, \ldots, 2n,$$

ist $\binom{2n}{n}$ der größte. Er tritt in zahlreichen Formeln auf sowie auch in der Definition der Catalan'schen Zahlen. Geben Sie einen probabilistischen Beweis der Abschätzung

$$\binom{2n}{n} \geq \frac{2^{2n}}{4\sqrt{\lceil n \rceil}}, \qquad \forall n \in \mathbb{N}.$$

Hinweis: Es seien $(X_n)_{n\in\mathbb{N}}$ unabhängige, jeweils $\mathbf{B}(\frac{1}{2})$-verteilte Zufallsgrößen und $S_{2n} = X_1 + \ldots + X_{2n}$. Verwenden Sie die Tschebyscheff-Ungleichung in der Form

$$P(|S_{2n} - n| < \sqrt{n}) \geq \frac{1}{2}.$$

6.18 (Die probabilistische Methode, Fortsetzung von Aufgabe 2.35) Es sei X eine Zufallsgröße mit Erwartungswert 0 und $E\exp(t|X|) < \infty$ für ein $t > 0$. Die Chernoff-Schranke besagt, dass

$$P(|X| \geq \lambda) \leq \inf_{t \geq 0} e^{-t\lambda} E \exp(t|X|), \qquad \forall \lambda \geq 0, \tag{6.1}$$

und die Markov-Ungleichung liefert die Abschätzung

$$P(|X| \geq \lambda) \leq \lambda^{-k} E|X|^k, \qquad \forall k \geq 0 \text{ und } \forall \lambda \geq 0. \tag{6.2}$$

Zeigen Sie mit Hilfe der probabilistischen Methode, dass es (abgesehen von trivialen Fällen) für jedes λ ein k gibt, so dass die Ungleichung (6.2) schärfer ist als (6.1).

Hinweis: Nehmen Sie eine Taylor-Entwicklung von $E \exp(t|X|)$ vor.

6.19 (Klassische Belegungsprobleme) Jede von n Kugeln wird unabhängig von allen anderen Kugeln rein zufällig in einen von m Behältern gegeben.
Zeigen Sie:

(a) Die Wahrscheinlichkeit $p_0(n,m)$, dass kein Behälter leer bleibt, ist

$$\sum_{j=0}^{m} (-1)^j \binom{m}{j} \left(1 - \frac{j}{m}\right)^n.$$

(b) Die Wahrscheinlichkeit $p_k(n,m)$, dass genau k Behälter leer bleiben, ist

$$\binom{m}{k} \left(1 - \frac{k}{m}\right)^n p_0(n, m-k).$$

(c) Sei $N(n,m)$ die Anzahl der leeren Behälter. Ermitteln Sie die Grenzverteilung von $N(n,m)$, falls $n, m \to \infty$ so, dass $m \exp(-n/m) \longrightarrow \lambda \in (0, \infty)$.

Hinweis: Aus $m \exp(-n/m) \to \lambda$ folgt, dass $n/m^2 \to 0$. Berücksichtigen Sie ferner die Abschätzung $1 - x \leq \exp(-x)$ für alle $x \in (0,1)$, um zu zeigen, dass

$$\binom{m}{k} \left[1 - \frac{k}{m}\right]^n \longrightarrow \frac{\lambda^k}{k!}.$$

(d) Angenommen, es werden so lange unabhängig und rein zufällig Kugeln auf Behälter verteilt, bis genau k Behälter belegt sind. Sei N_k die Anzahl der benötigten Kugeln. Beweisen Sie, dass für $k = m$

$$\frac{1}{m}(N_m - m \ln m) \xrightarrow{d} N,$$

wobei N die Verteilungsfunktion $P(N \leq x) = e^{-e^{-x}}$, $\forall x \in \mathbb{R}$, hat. Die Grenzverteilung heißt *Extremwertverteilung*.

Hinweis: Benutzen Sie das Resultat in (c) mit $n = m \ln m + mx$.

(e) Die Zufallsgröße $N_k - k$ konvergiert nach Verteilung, falls $k^2/m \to \lambda$. Bestimmen Sie die Grenzverteilung.

Hinweis: Stellen Sie $N_k - k$ als Summe von $k-1$ unabhängigen Zufallsgrößen dar.

6.21 Angenommen, es ist $P(X = k) = p(1-p)^{k-1}$ für alle $k \in \mathbb{N}$ und einen Parameter $p \in [0, 1]$.

(a) Bestimmen Sie die bedingte Verteilung von X gegeben $\{X \leq n\}$.

(b) Zeigen Sie, dass die bedingte Verteilung in (a) für $p \downarrow 0$ konvergiert, und geben Sie die Grenzverteilung an.

6.23 (William-Lowell-Putnam-Mathematikwettbewerb) Sei p_n die Wahrscheinlichkeit, dass $c + d$ eine Quadratzahl ist, wenn die Zahlen c und d unabhängig nach der Gleichverteilung aus $\{1, \ldots, n\}$ gewählt werden. Zeigen Sie, dass $\sqrt{n}p_n$ konvergiert, und drücken Sie diesen Grenzwert in der Form $r(\sqrt{s} - t)$ aus, wobei s, t natürliche Zahlen und r eine rationale Zahl ist.

6.26 Es sei $(X_n)_{n \in \mathbb{N}}$ eine Folge unabhängiger und identisch verteilter Zufallsgrößen mit der Dichte
$$f(x) = \begin{cases} |x|^{-3}, & \text{falls } |x| \geq 1 \\ 0, & \text{sonst.} \end{cases}$$
Sei $S_n = X_1 + \cdots + X_n$.

(a) Überzeugen Sie sich, dass $\operatorname{var} S_n = \infty$.

(b) Zeigen Sie, dass
$$\frac{S_n}{n \ln n}$$
nach Verteilung konvergiert, und ermitteln Sie die Grenzverteilung.

6.27 Sukzessive werden Realisierungen unabhängiger, $\mathbf{U}[0, 1]$-verteilter Zufallsgrößen beobachtet. Wenn $2n - 1$ Realisierungen vorliegen, wird mit $X_{[n]}$ deren Median bezeichnet. Zeigen Sie, dass die Folge der Mediane $(X_{[n]})_{n \in \mathbb{N}}$ nach Verteilung, nach Wahrscheinlichkeit sowie in $\mathcal{L}^2$ konvergiert, und ermitteln Sie die Grenzverteilung. Was ergibt sich als Grenzverteilung, wenn die Realisierungen aus der $\mathbf{Exp}(\lambda)$-Verteilung kommen?

6.29 Die Zufallsgrößen X und Z_n seien unabhängig für alle $n \in \mathbb{N}$. Dabei habe X die Dichte $f(x) = 1$ auf $[0, 1]$, und es sei
$$P(Z_n = 1) = 1 - P(Z_n = 0) = \frac{1}{n}.$$
Wir definieren
$$Y_n := X + nZ_n, \qquad \forall n \in \mathbb{N}.$$
Zeigen Sie:

(a) $Y_n \xrightarrow{p} X$.

(b) $(Y_n)_{n \in \mathbb{N}}$ konvergiert nicht fast sicher.

6.1 Aufgaben

(c) Sei $n_k = 2^k$. Dann gilt für $k \to \infty$
$$Y_{n_k} \longrightarrow X \quad \text{f.s.}$$

(d) $Y_n \xrightarrow{\mathcal{L}^p} X$ für $p < 1$, aber nicht für $p \geq 1$.

(e) Aus (a) können wir folgern, dass $Y_n \xrightarrow{d} X$. Sei nun aber $(X_n)_{n \in \mathbb{N}}$ eine Folge unabhängiger Zufallsgrößen, jeweils mit derselben Verteilung wie X, aber unabhängig von X und so, dass auch die X_n von den Z_n unabhängig sind. Wir setzen
$$W_n := X_n + nZ_n.$$
Konvergiert $(W_n)_{n \in \mathbb{N}}$ nach Verteilung gegen X? Konvergiert $(W_n)_{n \in \mathbb{N}}$ nach Wahrscheinlichkeit gegen X?

6.30 (Ein Null-Eins-Gesetz) Es sei $(X_n)_{n \in \mathbb{N}}$ eine Folge unabhängiger Zufallsgrößen und $(c_n)_{n \in \mathbb{N}}$ eine Folge reeller Konstanten dergestalt, dass $c_n X_n(\omega) \xrightarrow{n \to \infty} 0$, punktweise für alle ω aus einer Menge mit positiver Wahrscheinlichkeit. Beweisen Sie:

(a) $c_n X_n \xrightarrow{n \to \infty} 0$ f.s.

(b) Für jede Konstante $\alpha > 0$ ist $\sum_{n=1}^{\infty} P\left(|X_n| \geq \frac{\alpha}{c_n}\right) < \infty$.

6.33 Sei N eine geometrisch auf $\mathbb{N}_0$ verteilte Zufallsgröße mit Parameter p:
$$P(N = k) = p(1-p)^k, \quad \forall k \in \mathbb{N}_0.$$
Ferner sei $(X_n)_{n \in \mathbb{N}}$ eine Folge unabhängiger und identisch verteilter Zufallsgrößen mit Erwartungswert $\mu > 0$.

(a) Zeigen Sie, dass
$$\lim_{p \to 0} P(pN \leq x) = 1 - e^{-x}, \quad \forall x \geq 0.$$

(b) Zeigen Sie: Ist N unabhängig von den X_n, dann gilt mit $S_0 := 0$ und $S_n := X_1 + \cdots + X_n$,
$$\lim_{p \to 0} P\left(\frac{S_N}{ES_N} \leq x\right) = 1 - e^{-x}, \quad \forall x \geq 0.$$

6.35 Es sei $(X_n)_{n \in \mathbb{N}}$ eine Folge von unabhängigen und identisch verteilten Zufallsgrößen. Für $\alpha \in (0, 1)$ definieren wir
$$Z_n := \sum_{k=1}^{n} \alpha^k X_k, \quad n \in \mathbb{N}.$$
Uns interessiert die Konvergenz von $(Z_n)_{n \in \mathbb{N}}$ nach Verteilung.

(a) Genau dann ist Z eine Grenzzufallsgröße von $(Z_n)_{n\in\mathbb{N}}$, wenn die zugehörige charakteristische Funktion Ψ_Z die Beziehung

$$\Psi_Z(t) = \Psi_Z(\alpha t)\Psi_\alpha(t), \qquad \forall t \in \mathbb{R},$$

erfüllt, wobei Ψ_α die charakteristische Funktion einer Zufallsgröße ist. Beweisen Sie diese Aussage.

(b) Angenommen, es ist $\alpha = \frac{1}{2}$ und

$$P(X_n = -1) = \frac{1}{2} = P(X_n = +1), \qquad \forall n \in \mathbb{N}.$$

Zeigen Sie, dass $(Z_n)_{n\in\mathbb{N}}$ nach Verteilung konvergiert, und bestimmen Sie die Grenzverteilung.

6.37 Sei $(\Omega, \mathcal{A}, P)$ der W-Raum bestehend aus

$$\begin{aligned} \Omega &= [0,1], \\ \mathcal{A} &= \mathcal{B}([0,1]), \\ P &= \lambda. \end{aligned}$$

Ferner sei
$$A_n := [2^{-m}k, 2^{-m}(k+1)], \qquad \forall n \in \mathbb{N},$$

wobei $2^m + k = n$ die eindeutige Zerlegung von $n \in \mathbb{N}$ ist mit $m \in \mathbb{N}_0$ und $k \in \{0, \ldots, 2^m - 1\}$.
Zeigen Sie:

(a) $1_{A_n} \xrightarrow{p} 0$, $n \to \infty$.

(b) $\limsup\limits_{n\to\infty} 1_{A_n} = 1$.

(c) $\liminf\limits_{n\to\infty} 1_{A_n} = 0$.

6.38 Auf dem Kreisumfang des Einheitskreises werden jeweils gemäß der Gleichverteilung und unabhängig voneinander n Punkte platziert. Sei X_n die Bogenlänge des längsten Bogens, der keine Punkte enthält. Konvergiert $(X_n)_{n\in\mathbb{N}}$ für $n \to \infty$

(a) nach Verteilung?

(b) im r. Mittel?

(c) nach Wahrscheinlichkeit?

(d) fast sicher?

6.39 Es seien $(X_n)_{n\in\mathbb{N}}$ unabhängige Zufallsgrößen und $S_n := X_1 + \cdots + X_n$. Beweisen Sie: Falls $S_n \xrightarrow{p} S$, dann $S_n \longrightarrow S$ f.s.

Hinweis: Offenbar ist

$$P\left(\sup_{m\geq n}|S_m - S| > \varepsilon\right) \leq P\left(\sup_{m\geq n}|S_m - S_n| > \frac{\varepsilon}{2}\right) + P\left(|S_n - S| > \frac{\varepsilon}{2}\right).$$

Um zu zeigen, dass

$$\lim_{n\to\infty} P\left(\sup_{m\geq n}|S_m - S_n| > \frac{\varepsilon}{2}\right) = 0,$$

ist die Einführung der disjunkten Mengen

$$D_k := \left\{\max_{1\leq j<k}|S_{j+n} - S_n| \leq \varepsilon \cap |S_{k+n} - S_n| > \varepsilon\right\}$$

nützlich. Mit dieser Festlegung haben wir

$$\bigcup_{k=1}^{\infty} D_k = \left\{\sup_{m\geq n}|S_m - S_n| > \varepsilon\right\}$$

und für $i \geq k$

$$D_k \cap \left\{|S_{i+n} - S_{k+n}| \leq \frac{\varepsilon}{2}\right\} \subseteq \left\{|S_{i+n} - S_n| > \frac{\varepsilon}{2}\right\}.$$

6.40 (Zufällige Vorzeichen) Es sei $(X_n)_{n\in\mathbb{N}}$ eine Folge unabhängiger Zufallsgrößen mit

$$P(X_n = -1) = P(X_n = +1) = \frac{1}{2}.$$

Untersuchen Sie

$$\sum_{n=1}^{\infty} \frac{X_n}{n}$$

auf Konvergenz. Vergleichen Sie das Ergebnis mit $\sum_{n=1}^{\infty} \frac{1}{n}$ und $\sum_{n=1}^{\infty} \frac{(-1)^n}{n}$.

6.2 Lösungen

6.1 Nach Voraussetzung kann Ω als abzählbare Vereinigung disjunkter Atome Ω_j geschrieben werden, also $\Omega = \bigcup_{j\in\mathbb{N}} \Omega_j$. Die Folge $(X_n)_{n\in\mathbb{N}}$ konvergiere nach Wahrscheinlichkeit gegen eine Zufallsgröße X. Um zu zeigen, dass diese Konvergenz sogar fast sicher erfolgt, berufen wir uns auf das Kriterium aus AW, Satz 6.1.2. Dazu betrachten wir für beliebiges $\varepsilon > 0$

$$P\Big(\bigcup_{m=n}^{\infty} \{|X_m - X| \geq \varepsilon\}\Big) = P\Big(\bigcup_{j\in\mathbb{N}} \bigcup_{m=n}^{\infty} \{\omega \in \Omega_j : |X_m(\omega) - X(\omega)| \geq \varepsilon\}\Big)$$

$$= \sum_{j\in\mathbb{N}} P\Big(\bigcup_{m=n}^{\infty} \{\omega \in \Omega_j : |X_m(\omega) - X(\omega)| \geq \varepsilon\}\Big),$$

wobei der j. Summand für alle n jeweils nicht größer als $P(\Omega_j)$ ausfällt. Wenn wir zeigen können, dass jeder Summand gegen 0 konvergiert für $n \to \infty$, dann sorgt der Satz von der majorisierten Konvergenz für alles Weitere.

Dazu verwenden wir, dass wegen $X_n \xrightarrow{p} X$ für jedes j mit $P(\Omega_j) > 0$ ein $n(j)$ existiert, so dass für alle $m \geq n(j)$ stets

$$P(\Omega_j) > P(\{\omega \in \Omega : |X_m(\omega) - X(\omega)| \geq \varepsilon\})$$
$$\geq P(\{\omega \in \Omega_j : |X_m(\omega) - X(\omega)| \geq \varepsilon\}).$$

Da Ω_j ein Atom ist, folgt daraus

$$P(\{\omega \in \Omega_j : |X_m(\omega) - X(\omega)| \geq \varepsilon\}) = 0, \qquad \forall m \geq n(j).$$

Weil die Vereinigung abzählbar vieler Nullmengen selbst wieder eine Nullmenge ist, gelangen wir zu

$$P\Big(\bigcup_{m=n(j)}^{\infty} \{\omega \in \Omega_j : |X_m(\omega) - X(\omega)| \geq \varepsilon\} \Big) = 0.$$

Für $n \to \infty$ konvergiert also $P\Big(\bigcup_{m=n}^{\infty} \{\omega \in \Omega_j : |X_m(\omega) - X(\omega)| \geq \varepsilon\}\Big)$ für jedes j punktweise gegen 0 bzw. ist sogar jeweils bis auf die ersten $n(j) - 1$ Folgeglieder konstant 0. Damit ist die Aufgabe gelöst.

6.4 Nach Voraussetzung gibt es ein $c \in \mathbb{R}$ mit $X = c$ fast sicher. Wählen wir $\varepsilon > 0$ beliebig und betrachten

$$P(|X_n - X| \geq \varepsilon) = P(\{|X_n - X| \geq \varepsilon\} \cap \{X = c\}) \leq P(|X_n - c| \geq \varepsilon)$$
$$= 1 + F_n(c - \varepsilon) - F_n(c + \varepsilon-),$$

wobei F_n die Verteilungsfunktion von X_n und später $F = 1_{[c,\infty)}$ die Verteilungsfunktion von X bezeichne. Da nach Voraussetzung F_n an allen Stetigkeitsstellen von F, also auf $\mathbb{R}\setminus\{c\}$, punktweise gegen F konvergiert, erhalten wir

$$F_n(c - \varepsilon) \xrightarrow{n \to \infty} F(c - \varepsilon) = 0$$

und

$$F_n(c + \varepsilon-) \xrightarrow{n \to \infty} F(c + \varepsilon) = 1.$$

Daher kann man mit obiger Abschätzung schließen, dass $P(|X_n - X| \geq \varepsilon)$ gegen $1 + 0 - 1 = 0$ konvergiert, womit $X_n \xrightarrow{p} X$ bewiesen ist.

6.5 Wir wählen zunächst ein beliebiges $n \in \mathbb{N}$ und verwenden, dass Y fast sicher größer oder gleich $|X_n| \geq 0$ ist.

$$\begin{aligned}
P(|X| > 2Y + 1) &\leq P(|X_n| + |X - X_n| > 2Y + 1) \\
&\leq P\big(|X_n| > 2Y + \tfrac{1}{2} \cup |X_n - X| > \tfrac{1}{2}\big) \\
&\leq P\big(|X_n| > 2Y + \tfrac{1}{2}\big) + P\big(|X_n - X| > \tfrac{1}{2}\big) \\
&= P\big(Y \geq |X_n| > 2Y + \tfrac{1}{2}\big) + P\big(|X_n - X| > \tfrac{1}{2}\big) \\
&\leq P\big(Y > 2Y + \tfrac{1}{2}\big) + P\big(|X_n - X| > \tfrac{1}{2}\big) \\
&= \underbrace{P(Y < -1/2)}_{=0} + P\big(|X_n - X| > \tfrac{1}{2}\big) \\
&= P\big(|X_n - X| > \tfrac{1}{2}\big) \xrightarrow{n \to \infty} 0,
\end{aligned}$$

da $X_n \xrightarrow{p} X$. Daraus folgt das Zwischenergebnis

$$P(|X| > 2Y + 1) = 0.$$

Es dient dazu, eine von n unabhängige, integrierbare Majorante für $|X_n - X|^r$ zu finden; es ist nämlich

$$|X_n - X|^r \leq (|X_n| + |X|)^r \leq |3Y + 1|^r$$

fast sicher. Die $\mathcal{L}^r$-Integrabilität von Y überträgt sich auf $3Y + 1$, da $\mathcal{L}^r$ ein linearer Raum ist. Mit dieser Erkenntnis schreiten wir nun zum Konvergenzbeweis. Für ein beliebiges $\varepsilon > 0$ und ein beliebiges $K > 0$ gilt

$$\begin{aligned}
E|X_n - X|^r &= E\big(|X_n - X|^r \cdot 1_{\{|X_n - X|^r < \varepsilon/3\}}\big) + E\big(|X_n - X|^r \cdot 1_{\{|X_n - X|^r \geq \varepsilon/3\}}\big) \\
&\leq \tfrac{\varepsilon}{3} + E\big(|3Y + 1|^r \cdot 1_{\{|X_n - X|^r \geq \varepsilon/3\}}\big) \\
&\leq \tfrac{\varepsilon}{3} + E\big(|3Y + 1|^r \cdot 1_{\{|3Y+1|^r \geq K\}}\big) + K \cdot P(|X_n - X|^r \geq \varepsilon/3).
\end{aligned}$$

Der mittlere Summand konvergiert für $K \to +\infty$ gegen 0 nach dem Satz von der majorisierten Konvergenz. Daher wählen wir zunächst K in Abhängigkeit von ε groß genug, so dass dieser Summand kleiner als $\varepsilon/3$ ist. Anschließend wählen wir M in Abhängigkeit von ε und $K(\varepsilon)$ so groß, dass für alle $n \geq M$ der dritte Summand ebenfalls kleiner als $\varepsilon/3$ ist. Dies ist wegen $X_n \xrightarrow{p} X$ möglich. Insgesamt ist somit gezeigt, dass für alle $n \geq M$ der Term $E|X_n - X|^r \leq \varepsilon$ ist. Daraus folgt die Konvergenz von $E|X_n - X|^r$ gegen 0 für $n \to \infty$.

6.6 Die einfache Überlegung ist auf das Kriterium für fast sichere Konvergenz in AW, Satz 6.1.2 gegründet. Sei $\varepsilon > 0$ beliebig. Dann folgt unter Verwendung der Markov'schen Ungleichung

$$P\Big(\bigcup_{m=n}^{\infty} \{|X_m - X| \geq \varepsilon\}\Big) \leq \sum_{m=n}^{\infty} P(|X_m - X| \geq \varepsilon) \leq \frac{1}{\varepsilon^r} \sum_{m=n}^{\infty} E|X_m - X|^r.$$

Da $\sum_{n=1}^{\infty} E|X_n - X|^r < \infty$ gilt, konvergiert obiger Ausdruck für $n \to \infty$ gegen 0. Damit ist die fast sichere Konvergenz gezeigt.

6.7 Das essentielle Hilfsmittel ist die offensichtlich gültige Abschätzung

$$E\big(|X_1|^2 1_{\{|X_1|^2 \geq \varepsilon^2 n\}}\big) \geq \varepsilon^2 \cdot n \cdot P(|X_1| \geq \varepsilon\sqrt{n}).$$

Da X_1 quadratisch integrierbar ist, besitzt der Integrand $|X_1|^2 1_{\{|X_1|^2 \geq \varepsilon^2 n\}}$ mit $|X_1|^2$ eine integrierbare Majorante. Für fast alle ω gibt es ein N, so dass für alle $n \geq N$ der Integrand gleich 0 ist. Mit Hilfe des Satzes von der majorisierten Konvergenz folgt, dass $E\big(|X_1|^2 1_{\{|X_1|^2 \geq \varepsilon^2 n\}}\big)$ und somit auch $n \cdot P(|X_1| \geq \varepsilon\sqrt{n})$ für $n \to \infty$ gegen 0 streben.

Wir werden nun noch zeigen, dass $n^{-1/2} \max\{|X_1|, \ldots, |X_n|\}$ nach Wahrscheinlichkeit gegen 0 konvergiert. Der Beweis kommt zustande durch die einfache Rechnung

$$\begin{aligned} P\big(n^{-1/2} \max\{|X_1|, \ldots, |X_n|\} \geq \varepsilon\big) &= 1 - P(\max\{|X_1|, \ldots, |X_n|\} < \sqrt{n}\varepsilon) \\ &= 1 - \big[P(|X_1| < \sqrt{n}\varepsilon)\big]^n \\ &= 1 - \big[1 - P(|X_1| \geq \sqrt{n}\varepsilon)\big]^n \end{aligned}$$

und die folgende Zusatzüberlegung: Nach dem oben gezeigten Konvergenzverhalten kann $P(|X_1| \geq \varepsilon\sqrt{n})$ als a_n/n dargestellt werden, wobei $(a_n)_{n\in\mathbb{N}}$ eine gewisse gegen 0 konvergente Folge ist. Wählt man für ein beliebiges $a \in (0,1)$ ein hinreichend großes N, so gilt $0 \leq a_n < a$ für alle $n \geq N$. Für jene n gilt dann die Abschätzung

$$1 \geq \big(1 - a_n/n\big)^n \geq \big(1 - a/n\big)^n \xrightarrow{n \to \infty} e^{-a}.$$

Lässt man a gegen 0 streben, so hat man die Konvergenz von $\big(1 - a_n/n\big)^n$ gegen 1 und somit die Konvergenz nach Wahrscheinlichkeit gezeigt.

6.8 Nennen wir die zu untersuchende Folge $(Y_n)_{n\in\mathbb{N}} := \big(\frac{1}{\ln n} \sum_{k=1}^{n} X_k\big)_{n\in\mathbb{N}}$. Wir bewältigen die gestellte Aufgabe, indem wir die Folge der Erwartungswerte und der Varianzen der Y_n auf Konvergenz untersuchen. Wir vermerken sogleich, dass

$$EY_n = \frac{1}{\ln n} \sum_{k=1}^{n} EX_k = \frac{1}{\ln n} \sum_{k=1}^{n} \frac{1}{k},$$

und aus der Analysis ist bekannt, dass

$$\sum_{k=1}^{n} \frac{1}{k} - \ln n \xrightarrow{n \to \infty} \gamma_E$$

gilt, wobei γ_E die Euler'sche Konstante bezeichnet. Es liegt dann auf der Hand, dass die Folge der Erwartungswerte $(EY_n)_{n \in \mathbb{N}}$ gegen 1 konvergiert. Untersuchen wir nun die Varianz der Y_n. Wegen der Unabhängigkeit der X_k folgt

$$var\, Y_n = \frac{1}{(\ln n)^2} \sum_{k=1}^{n} var\, X_k \leq \frac{1}{(\ln n)^2} \sum_{k=1}^{n} E(X_k^2) = \frac{1}{(\ln n)^2} \sum_{k=1}^{n} \frac{1}{k}$$
$$= \frac{1}{\ln n} \frac{1}{\ln n} \sum_{k=1}^{n} \frac{1}{k} \xrightarrow{n \to \infty} 0.$$

Nun geht es darum, beide Ergebnisse zusammenzufügen. Für das asymptotische Verhalten von $(Y_n)_{n \in \mathbb{N}}$ im 2. Mittel bedeuten sie:

$$E(Y_n - 1)^2 = (EY_n - 1)^2 + var\, Y_n \xrightarrow{n \to \infty} 0.$$

Also konvergiert $(Y_n)_{n \in \mathbb{N}}$ im 2. Mittel gegen 1.

6.11 Eine Funktion $d : M \times M \to \mathbb{R}$ ist bekanntlich dann eine Metrik auf M, wenn die Eigenschaften

$$
\begin{aligned}
(i) & \quad d(x,y) = d(y,x) \geq 0, && \forall x, y \in M \\
(ii) & \quad d(x,y) = 0 \Longleftrightarrow x = y \\
(iii) & \quad d(x,y) \leq d(x,z) + d(z,y), && \forall x, y, z \in M
\end{aligned}
$$

bestehen.

(a) Wir prüfen, dass d_L die Eigenschaften $(i) - (iii)$ auf der Menge M der Verteilungsfunktionen besitzt und gehen dabei schrittweise vor.

(i) Die Nichtnegativität der Funktion d_L ist in ihrer Definition angelegt und Symmetrie liegt vor wegen

$$
\begin{aligned}
F(x) &\leq G(x+\varepsilon) + \varepsilon, & \forall x \in \mathbb{R}, \\
F(x) &\geq G(x-\varepsilon) - \varepsilon, & \forall x \in \mathbb{R} \\
&\Longleftrightarrow & \\
G(x) &\geq F(x-\varepsilon) - \varepsilon, & \forall x \in \mathbb{R}, \\
G(x) &\leq F(x+\varepsilon) + \varepsilon, & \forall x \in \mathbb{R}.
\end{aligned}
$$

(ii) Sei $d_L(F,G) = 0$. Dann ist für alle $x \in \mathbb{R}$

$$F(x) \leq G(x+\varepsilon)+\varepsilon, \qquad \forall \varepsilon > 0,$$
$$\text{also } F(x) \leq \lim_{\varepsilon \downarrow 0}[G(x+\varepsilon)+\varepsilon] = G(x). \qquad (6.3)$$

Ferner ist

$$F(y) \geq G(y-\varepsilon)-\varepsilon, \qquad \forall \varepsilon > 0,$$
$$\text{also } F(y) \geq \lim_{\varepsilon \downarrow 0}[G(y-\varepsilon)-\varepsilon] = G(y-). \qquad (6.4)$$

Außerdem gilt $G(y-) \geq G(x)$, falls $y > x$ ist, d.h. nach Bildung des Grenzwertes $\lim_{y \downarrow x}$ auf beiden Seiten von (6.4)

$$F(x) = \lim_{y \downarrow x} F(y) \geq \lim_{y \downarrow x} G(y-) \geq G(x). \qquad (6.5)$$

Fügt man (6.3) und (6.5) zusammen, folgt $F(x) = G(x)$ für alle $x \in \mathbb{R}$.

(iii) Aus $F(x) \leq G(x+\varepsilon)+\varepsilon$ und $G(x) \leq H(x+\delta)+\delta$ für alle $x \in \mathbb{R}$ und alle $\varepsilon > d_L(F,G), \delta > d_L(G,H)$ erhalten wir

$$F(x) \leq H(x+\varepsilon+\delta)+\varepsilon+\delta, \quad \forall x \in \mathbb{R}, \quad \forall \varepsilon > d_L(F,G), \quad \forall \delta > d_L(G,H),$$

und nach Grenzwertbildungen $\varepsilon \downarrow d_L(F,G), \delta \downarrow d_L(G,H)$ ist sichergestellt, dass

$$F(x) \leq H(x+d_L(F,G)+d_L(G,H))+d_L(F,G)+d_L(G,H).$$

Nach demselben Muster gelangt man zu einer ähnlichen unteren Schranke für $F(x)$. Aus beidem folgt

$$d_L(F,H) \leq d_L(F,G)+d_L(G,H).$$

(b) Wir nehmen eine Zweiteilung vor und zeigen separat:

(i) $F_n(x) \stackrel{n \to \infty}{\longrightarrow} F(x)$ für alle Stetigkeitspunkte x von $F \implies d_L(F_n, F) \stackrel{n \to \infty}{\longrightarrow} 0$

(ii) $d_L(F_n, F) \stackrel{n \to \infty}{\longrightarrow} 0 \implies F_n(x) \stackrel{n \to \infty}{\longrightarrow} F(x)$ für alle Stetigkeitspunkte x von F.

(i) Für festes $\varepsilon > 0$ wähle man reelle Zahlen $a = x_1 < x_2 < \ldots < x_n = b$, die allesamt Stetigkeitspunkte von F sind, mit $x_{i+1} - x_i < \varepsilon, \forall i \in \{1, \ldots, n-1\}$ und $F_i(a) < \varepsilon, F_i(b) > 1-\varepsilon, \forall i \in \mathbb{N}$. Um z.B. ein derartiges a zu finden, kann man wie folgt vorgehen:

– wähle einen Stetigkeitspunkt a_0 von F mit $F(a_0) < \varepsilon/2$
– wähle K so, dass $|F_i(a_0) - F(a_0)| < \varepsilon/2, \quad \forall i \geq K$
– wähle einen Stetigkeitspunkt $a < a_0$ von F mit $F_i(a) < \varepsilon, \forall i \in \{1, \ldots, K-1\}$.

Da es nur endlich viele x_i gibt, existiert ein M mit $|F_m(x_i) - F(x_i)| < \varepsilon$ für alle i und alle $m \geq M$. Für $x \in [x_i, x_{i+1}]$ und alle $m \geq M$ ist dann sichergestellt, dass

6.2 Lösungen

$$F_m(x) \leq F_m(x_{i+1}) < F(x_{i+1}) + \varepsilon \leq F(x+\varepsilon) + \varepsilon$$
$$F_m(x) \geq F_m(x_i) > F(x_i) - \varepsilon \geq F(x-\varepsilon) - \varepsilon.$$

Für $x \leq a$ und $x \geq b$ bestehen entsprechende Ungleichungen. Damit ist man für den Schluss $d(F_m, F) < \varepsilon$ für alle $m \geq M$ und somit für

$$d_L(F_m, F) \overset{n\to\infty}{\longrightarrow} 0$$

gerüstet.

(ii) Wegen $d_L(F_n, F) \to 0$ gibt es für jedes $\varepsilon > 0$ ein N mit

$$F(x-\varepsilon) - \varepsilon \leq F_n(x) \leq F(x+\varepsilon) + \varepsilon, \quad \forall x \in \mathbb{R}. \qquad (6.6)$$

Für Stetigkeitspunkte x von F bilden wir nun in (6.6) zunächst den Grenzwert $\lim_{n\to\infty}$ und anschließend den Grenzwert $\lim_{\varepsilon\downarrow 0}$. Das ist zulässig und liefert

$$F(x) \leq \lim_{n\to\infty} F_n(x) \leq F(x).$$

Mit anderen Worten: $\lim_{n\to\infty} F_n(x) = F(x)$ für alle Stetigkeitspunkte von F.

6.12 Nehmen wir an, die in der Aufgabenstellung erwähnte Alternative (dass X und X_n stochastisch abhängig für alle bis auf endlich viele n sind) treffe nicht zu. Wir werden sehen, dass X dann fast sicher konstant sein muss.
Durch Übergang zu einer Teilfolge von $(X_n)_{n\in\mathbb{N}}$ kann man davon ausgehen, dass für alle n jeweils X_n und X unabhängig sind und zugleich $X_n \overset{p}{\to} X$ gilt. F und F_n seien die Verteilungsfunktionen von X und X_n.
Sei $x \in \mathbb{R}$ beliebig mit $F(x) \neq 0$. Sei $y > x$ eine beliebige Stetigkeitsstelle von F. Dann haben wir für ein beliebiges n unter Verwendung der Unabhängigkeit

$$F(x) = P(X \leq x) = P(X \leq x \cap X_n \leq y) + P(X \leq x \cap X_n > y)$$
$$= P(X \leq x) \cdot P(X_n \leq y) + P(X \leq x \cap X_n > y),$$

also

$$0 \leq F(x) - F(x)F_n(y) = P(X \leq x \cap X_n > y)$$
$$\leq P(|X - X_n| \geq y - x > 0) \overset{n\to\infty}{\longrightarrow} 0$$

wegen $X_n \overset{p}{\to} X$. Damit gilt $F(x) - F(x)F_n(y) = F(x)(1 - F_n(y)) \longrightarrow 0$. Wegen $F(x) \neq 0$ gilt auch $F_n(y) \longrightarrow 1$ für $n \to \infty$. Da y Stetigkeitsstelle von F ist, folgt $F_n(y) \longrightarrow F(y)$, denn $X_n \overset{p}{\to} X$ impliziert die Konvergenz nach Verteilung.

Als derzeitiges Zwischenergebnis formulieren wir: Wenn $F(x) \neq 0$ für ein beliebiges $x \in \mathbb{R}$ ist, so folgt $F(y) = 1$ für alle Stetigkeitsstellen $y > x$ von F. Als Komplement einer abzählbaren Menge liegen die Stetigkeitsstellen von F dicht in $\mathbb{R}$. Daher kann man eine Folge $(y_n)_{n \in \mathbb{N}}$ aus Stetigkeitsstellen von F mit $y_n \downarrow x$ konstruieren. Sobald man das weiß, ist es reine Routine zu folgern, dass

$$1 = F(y_n) \stackrel{n \to \infty}{\Longrightarrow} F(x),$$

was $F(x) = 1$ erzwingt. Deshalb kann die Verteilungsfunktion F nur die beiden Werte 0 und 1 annehmen, und für die Sprungstelle c von F gilt $P(X = c) = 1$.

6.16 Der Hinweis garantiert einen reibungslosen Ablauf: Es ist nämlich S_{2n} binomialverteilt mit den Parametern $2n$ und $\frac{1}{2}$, so dass

$$\begin{aligned}\frac{1}{2} &\leq P(|S_{2n} - n| < \sqrt{n}) \\ &= \binom{2n}{n}\left(\frac{1}{2}\right)^{2n} + \binom{2n}{n-1}\left(\frac{1}{2}\right)^{2n} + \binom{2n}{n+1}\left(\frac{1}{2}\right)^{2n} + \ldots\end{aligned}$$

mit insgesamt nicht mehr als $2\lceil\sqrt{n}\rceil$ Summanden. Alle auftretenden Binomialkoeffizienten sind nicht größer als $\binom{2n}{n}$. Also haben wir

$$\frac{1}{2} \leq \binom{2n}{n} \cdot \left(\frac{1}{2}\right)^{2n} \cdot 2\lceil\sqrt{n}\rceil, \qquad \forall n \in \mathbb{N},$$

und daraus folgt die gegebene Schranke für $\binom{2n}{n}$.

6.18 Die trivialen Fälle, die wir ausschließen, sind:

(i) Das Infimum von $e^{-t\lambda} E \exp(t|X|)$ wird nicht angenommen. In diesem Fall ist die rechte Seite der Chernoff-Ungleichung gleich 0 und damit nicht mehr verbesserungsfähig.

(ii) Die rechte Seite der Markov-Ungleichung ist für alle $k \in \mathbb{N}_0$ identisch.

Wir ziehen uns also auf die Situation mit

$$\inf_{t \geq 0} e^{-t\lambda} E \exp(t|X|) = \min_{t \geq 0} e^{-t\lambda} E \exp(t|X|) = e^{-t_0 \lambda} E \exp(t_0|X|) < \infty$$

für festes vorgegebenes $\lambda \in \mathbb{R}_+^0$ zurück. Der Kunstgriff besteht in der Einführung einer von X unabhängigen Zufallsgröße K mit $\mathbf{P}(\lambda t_0)$-Verteilung. Da die Markov-Ungleichung für alle $k \geq 0$ gilt – insbesondere also für $k \in \mathbb{N}_0$ – gilt sie somit für jede Realisierung von K. Also haben wir

$$P(|X| \geq \lambda) \leq E\bigl(\lambda^{-K} E|X|^K\bigr),$$

wobei auf der rechten Seite die erste Erwartungswertbildung bezüglich K, die zweite bezüglich X vorgenommen wird. Die weiteren Einzelheiten sind elementar:

$$P(|X| \geq \lambda) \leq E(\lambda^{-K} E|X|^K)$$
$$= \sum_{k=0}^{\infty} \lambda^{-k} E|X|^k e^{-t_0\lambda} \frac{(t_0\lambda)^k}{k!} = e^{-t_0\lambda} \sum_{k=0}^{\infty} \frac{E[(t_0|X|)^k]}{k!} = e^{-t_0\lambda} E\exp(t_0|X|),$$

und wir sind bei der Chernoff-Schranke angekommen. Da ferner bei integrierbaren Zufallsgrößen, die nicht fast sicher gleich einer Konstanten sind (wegen des Ausschlusses von (ii) gehört $\lambda^{-K} E|X|^K$ dazu), Realisierungen möglich sind, die kleiner (und auch solche, die größer) als der Erwartungswert sind, existiert also ein $k_0 \in \mathbb{N}_0$ mit

$$\lambda^{-k_0} E|X|^{k_0} < E(\lambda^{-K} E|X|^K) = e^{-t_0\lambda} E\exp(t_0|X|).$$

Für dieses k_0 und das gegebene λ ist die Markov-Ungleichung also schärfer als die Chernoff-Schranke.

6.19 (a) Sei A_j das Ereignis, dass nach Platzierung von n Kugeln der j. Behälter leer bleibt. Gesucht ist die Wahrscheinlichkeit

$$p_0(n,m) = 1 - P\left(\bigcup_{j=1}^{m} A_j\right) = 1 - \sum_{j=1}^{m} \sum_{1 \leq i_1 < \cdots < i_j \leq m} (-1)^{j-1} P(A_{i_1} \cap \ldots \cap A_{i_j})$$
$$= 1 - \sum_{j=1}^{m} \sum_{1 \leq i_1 < \cdots < i_j \leq m} (-1)^{j-1} \left(\frac{m-j}{m}\right)^n$$
$$= 1 - \sum_{j=1}^{m} (-1)^{j-1} \binom{m}{j} \left(1 - \frac{j}{m}\right)^n$$
$$= 1 + \sum_{j=1}^{m} (-1)^{j} \binom{m}{j} \left(1 - \frac{j}{m}\right)^n,$$

wobei die Formel von Poincaré-Sylvester (AW, Satz 2.2.4) in Anspruch genommen wurde. Man sieht, dass sich für $j = 0$ in obiger Summe die Zahl 1 als Summand ergibt. Daher kann $p_0(n,m)$ kompakt geschrieben werden als

$$p_0(n,m) = \sum_{j=0}^{m} (-1)^{j} \binom{m}{j} \left(1 - \frac{j}{m}\right)^n.$$

(b) In einem ersten Schritt bestimmen wir zunächst die Wahrscheinlichkeit, dass k fest ausgewählte Behälter $B_1, \ldots, B_k$ leer bleiben und in alle übrigen Behälter mindestens eine Kugel fällt. Die bedingte Wahrscheinlichkeit, dass keiner der übrigen Behälter leer bleibt, gegeben das Ereignis, dass $B_1, \ldots, B_k$ leer bleiben, entspricht der Wahrscheinlichkeit, dass keiner der übrigen Behälter in einem Experiment leer bleibt, bei dem n Kugeln ausschließlich auf diese $m - k$ Behälter rein zufällig verteilt werden. Also beträgt die unbedingte Wahrscheinlichkeit, dass genau B_1 bis B_k leer bleiben,

$$\left(1 - \frac{k}{m}\right)^n \cdot p_0(n, m - k).$$

Wir sind damit für die Bestimmung der gesuchten Wahrscheinlichkeit gerüstet: Da es $\binom{m}{k}$ Möglichkeiten gibt, die $B_1, \ldots, B_k$ aus den m Behältern auszuwählen, folgt umgehend

$$p_k(n, m) = \binom{m}{k} \cdot \left(1 - \frac{k}{m}\right)^n \cdot p_0(n, m - k).$$

(c) Wegen $P(N(n, m) = k) = p_k(n, m)$ ist das Verhalten von $p_k(n, m)$ in der angegebenen Asymptotik zu untersuchen. Zunächst lenken wir den Blick auf den Ausdruck

$$\binom{m}{k} \cdot m^{-k} = \frac{m!}{k!(m-k)!m^k} = \frac{1}{k!} \cdot \prod_{j=0}^{k-1} \frac{m-j}{m} \xrightarrow{m \to \infty} \frac{1}{k!}$$

und schließen daraus

$$\lim_{m \to \infty} \binom{m}{k} \left[1 - \frac{k}{m}\right]^{n_m} = \frac{1}{k!} \lim_{m \to \infty} m^k \left[1 - \frac{k}{m}\right]^{n_m}. \qquad (6.7)$$

Schreibt man $x_m := m\exp(-n/m)$, so konvergiert $(x_m)_{m \in \mathbb{N}}$ nach Voraussetzung gegen λ. Umgekehrt setzen wir $n_m := n = -m\ln(x_m/m)$. Unsere Bemühungen gelten dem asymptotischen Verhalten von

$$m^k \cdot \left[1 - \frac{k}{m}\right]^{-m \cdot \ln(x_m/m)} = m^k \cdot \left[1 - \frac{k}{m}\right]^{-m \cdot \ln x_m} \cdot \left[1 - \frac{k}{m}\right]^{m \cdot \ln m}$$

$$= \left(\left[1 - \frac{k}{m}\right]^m\right)^{-\ln x_m} \cdot m^k \cdot \left[1 - \frac{k}{m}\right]^{m \cdot \ln m}. \qquad (6.8)$$

Der erste Faktor in (6.8) ist gutartig:

$$\lim_{m \to \infty} \left(\left[1 - \frac{k}{m}\right]^m\right)^{-\ln x_m} = \left(\lim_{m \to \infty} \left[1 - \frac{k}{m}\right]^m\right)^{-\lim_{m \to \infty} \ln x_m}$$

$$= \left(e^{-k}\right)^{-\ln \lambda} = e^{k \cdot \ln \lambda} = \lambda^k.$$

Den zweiten Faktor in (6.8) behandeln wir mit

$$m^k \cdot \left[1 - \frac{k}{m}\right]^{m \cdot \ln m} = \exp\left(k \cdot (\ln m) + m \cdot (\ln m) \cdot \ln\left[1 - \frac{k}{m}\right]\right)$$
$$= \exp\left(k \cdot (\ln m) \cdot \left(1 + \frac{m}{k} \cdot \ln\left[1 - \frac{k}{m}\right]\right)\right)$$
$$= \exp\left(k^2 \cdot \frac{\ln m}{m} \cdot \left[\frac{k/m + \ln(1 - k/m)}{(k/m)^2}\right]\right). \quad (6.9)$$

Um den Limes

$$\frac{k/m + \ln(1 - k/m)}{(k/m)^2}$$

für $m \to \infty$ zu berechnen, substituieren wir $y = k/m$ und bestimmen mit den Regeln von de l'Hospital

$$\lim_{y \to 0} \frac{y + \ln(1-y)}{y^2} = \lim_{y \to 0} \frac{1 - 1/(1-y)}{2y} = \lim_{y \to 0} -\frac{1}{2(1-y)} = -\frac{1}{2}.$$

Somit ist der Grenzwert von (6.9)

$$\lim_{m \to \infty} \left(m^k \cdot \left[1 - \frac{k}{m}\right]^{m \cdot \ln m}\right) = 1.$$

Dies auf (6.8) angewendet ergibt

$$m^k \cdot \left[1 - \frac{k}{m}\right]^{-m \cdot \ln(x_m/m)} \stackrel{m \to \infty}{\longrightarrow} \lambda^k$$

und gemäß (6.7) schließlich

$$\binom{m}{k} \left[1 - \frac{k}{m}\right]^{n_m} \stackrel{m \to \infty}{\longrightarrow} \frac{\lambda^k}{k!}$$

für jedes $k \in \mathbb{N}_0$. Unser derzeitiger Horizont ist dann folgender: Für alle j konvergiert der j. Summand von $p_0(n, m)$ in der Darstellung in (a) punktweise gegen $(-\lambda)^j/j!$. Um die Konvergenz der Summe zu verankern, benötigt man noch eine summierbare Majorante. Diese kann mittels der Ungleichung $1 - x \leq \exp(-x)$, $\forall x \in (0,1)$, gewonnen werden:

$$\binom{m}{j} \left[1 - \frac{j}{m}\right]^{n_m} \leq \binom{m}{j} \exp(-jn_m/m) = \binom{m}{j} \exp\left(j \ln \frac{x_m}{m}\right) = \binom{m}{j} \cdot \frac{x_m^j}{m^j} \leq \frac{c^j}{j!}$$

mit einer Konstanten $c > 0$. Der Satz von der majorisierten Konvergenz sorgt nun für

$$p_0(n_m, m) \stackrel{m \to \infty}{\longrightarrow} \sum_{j=0}^{\infty} \frac{(-\lambda)^j}{j!} = e^{-\lambda}$$

sowie auch für

$$p_0(n_m, m - k) \stackrel{m \to \infty}{\longrightarrow} e^{-\lambda}$$

bei beliebigem, aber festem k. Gemäß Teilaufgabe (b) folgt schließlich

$$p_k(n_m, m) \stackrel{m \to \infty}{\longrightarrow} e^{-\lambda} \frac{\lambda^k}{k!},$$

und zwar punktweise für jedes $k \in \mathbb{N}_0$. Damit ist gezeigt, dass $N(n, m)$ nach Verteilung gegen eine $\mathbf{P}(\lambda)$-verteilte Zufallsgröße konvergiert.

(d) Das Ereignis $\{N_m \leq y\}$ ist äquivalent dazu, dass nach $\lfloor y \rfloor$ platzierten Kugeln alle Behälter belegt sind. Diese Tatsache verschafft uns

$$P(N_m \leq y) = p_0(\lfloor y \rfloor, m).$$

Doch uns interessiert die Folge $(Z_m)_{m \in \mathbb{N}}$ mit $Z_m := \frac{1}{m}(N_m - m \ln m)$. Die Verteilungsfunktion von Z_m ist

$$P(Z_m \leq x) = P(N_m \leq m \ln m + mx) = p_0(\lfloor m \ln m + mx \rfloor, m).$$

In Analogie zu (c) setzen wir $n_m := \lfloor m \ln m + mx \rfloor$ und möchten das in (c) bewiesene Konvergenzresultat zum Einsatz bringen. Als dessen Voraussetzung überprüfen wir

$$m \exp(-n_m/m) \geq m \exp\bigl[-(m \ln m + mx)/m\bigr]$$
$$= m \cdot e^{-\ln m} \cdot e^{-x} = e^{-x}$$

sowie

$$m \exp(-n_m/m) \leq m \exp\bigl[-(m \ln m + mx - 1)/m\bigr] = e^{1/m} \cdot e^{-x} \stackrel{m \to \infty}{\longrightarrow} e^{-x}.$$

Es folgt $\lim_{m \to \infty} m \exp(-n_m/m) = e^{-x}$. Die Anwendung des Ergebnisses aus (c) mit $\lambda = e^{-x}$ ergibt schließlich

$$P(Z_m \leq x) \stackrel{m \to \infty}{\longrightarrow} e^{-\lambda} \frac{\lambda^0}{0!} = e^{-e^{-x}}$$

für alle $x \in \mathbb{R}$.

(e) Wir definieren die Zufallsgrößen $X_1 = N_1$ und $X_j = N_j - N_{j-1}$ für $j \geq 2$. Anschaulich gesprochen gibt X_j die Anzahl der Kugeln an, die nach erstmaliger Belegung von $j-1$ Behältern platziert werden müssen, bis zum ersten Mal j Behälter belegt sind. Aus dieser Anschauung heraus wird zum einen ersichtlich, dass die X_j unabhängig sind; zum anderen erkennt man, dass

$$P(X_j > l) = \left(\frac{j-1}{m}\right)^l$$

sein muss, denn X_j ist genau dann größer als l, wenn nach erstmaliger Belegung von $j-1$ Behältern die nächsten l Kugeln in diese $j-1$ bereits belegten der insgesamt m Behälter platziert werden. Das bedeutet, dass X_j geometrisch auf $\mathbb{N}$ mit Parameter $p_{j,m} = 1 - \frac{j-1}{m}$ verteilt ist. Weiterhin ist

$$N_k = \sum_{j=1}^{k} X_j.$$

Die Verteilung von N_k ergibt sich demnach als Faltung der Verteilungen von $X_1, \ldots, X_k$. Die wahrscheinlichkeitserzeugende Funktion von N_k bestimmt man mit

$$G_{X_j}(t) := Et^{X_j} = \left(1 - \frac{j-1}{m}\right) \sum_{i=1}^{\infty} \left(\frac{j-1}{m}\right)^{i-1} t^i = \left(1 - \frac{j-1}{m}\right) \cdot \frac{t}{1 - \frac{j-1}{m}t}$$

zu

$$G_{N_k}(t) := Et^{N_k} = \prod_{j=1}^{k} \left(1 - \frac{j-1}{m}\right) \frac{t}{1 - \frac{j-1}{m}t},$$

so dass nach Multiplikation beider Seiten mit t^{-k} folgt:

$$G_{N_k-k}(t) := Et^{N_k-k} = \prod_{j=1}^{k} \left(1 - \frac{j-1}{m}\right) \left(\frac{1}{1 - (j-1)t/m}\right).$$

Logarithmieren und Taylor-Entwicklung bei $t = 1$ liefert

$$\ln G_{N_k-k}(t) = \sum_{j=1}^{k} \left[\ln\left(1 - \frac{j-1}{m}\right) - \ln\left(1 - \frac{j-1}{m}t\right)\right]$$

$$= \frac{k^2}{2m}(t-1) + O\left(\frac{k^3}{m^2}\right) \longrightarrow \frac{\lambda}{2}(t-1).$$

Die wahrscheinlichkeitserzeugende Funktion von $N_k - k$ konvergiert also punktweise auf $[0,1]$ gegen die Funktion $f(t) := e^{-\lambda/2} \cdot \exp(\lambda t/2)$, welche die Potenzreihendarstellung

$$f(t) = \sum_{j=0}^{\infty} \left(e^{-\lambda/2} \frac{1}{j!} (\lambda/2)^j \right) t^j$$

besitzt. Somit ist f die wahrscheinlichkeitserzeugende Funktion einer $\mathbf{P}(\lambda/2)$-verteilten Zufallsgröße X.

Zwecks Vollständigkeit wollen wir noch zeigen, dass aus der punktweisen Konvergenz der wahrscheinlichkeitserzeugenden Funktionen die Konvergenz nach Verteilung folgt. Wir beweisen dies allgemein und stützen uns auf zwei Hilfsaussagen. Die erste ist aus der Analysis bekannt und leicht zu beweisen:

H1: Seien $r_{n,k} \in [0,1]$ Koeffizienten mit $n,k \in \mathbb{N}_0$ und $r_{n,k} \xrightarrow{n \to \infty} r_k$ für jedes $k \in \mathbb{N}_0$. Dann gilt für jedes $t \in (0,1)$ die punktweise Konvergenz

$$\sum_{k=0}^{\infty} r_{n,k} t^k \xrightarrow{n \to \infty} \sum_{k=0}^{\infty} r_k t^k.$$

H2: Für jede Familie von Folgen $(r_{n,k})_{n \in \mathbb{N}_0}$ mit $k \in \mathbb{N}_0$ und $r_{n,k} \in [0,1]$, $\forall k \in \mathbb{N}_0$, gibt es eine von k unabhängige, streng monoton wachsende Abbildung $\sigma : \mathbb{N}_0 \to \mathbb{N}_0$ mit

$$r_{\sigma(n),k} \xrightarrow{n \to \infty} r_k$$

für jedes $k \in \mathbb{N}_0$ und geeignet gewählte reelle Zahlen $r_k \in [0,1]$.

Beweis: Zunächst folgt wegen $r_{n,k} \in [0,1]$ mit dem Satz von Bolzano-Weierstrass, dass $(r_{n,0})_{n \in \mathbb{N}_0}$ eine (gegen ein r_0) konvergente Teilfolge besitzt, die wir mit $(r_{\sigma_0(n),0})_{n \in \mathbb{N}_0}$ mit einer streng monoton wachsenden Abbildung $\sigma_0 : \mathbb{N}_0 \to \mathbb{N}_0$ bezeichnen. Betrachten wir die Folge $(r_{\sigma_0(n),1})_{n \in \mathbb{N}_0}$. Auch sie ist beschränkt und besitzt eine (gegen ein r_1) konvergente Teilfolge $\left(r_{(\sigma_1 \circ \sigma_0)(n),1} \right)_{n \in \mathbb{N}_0}$. Insgesamt kann durch Induktion gefolgert werden, dass es für jedes $k \in \mathbb{N}_0$ eine konvergente Teilfolge

$$r_{(\sigma_k \circ \cdots \circ \sigma_0)(n),k} \xrightarrow{n \to \infty} r_k \in [0,1]$$

gibt. Die Verkettung streng monoton wachsender Selbstabbildungen des $\mathbb{N}_0$ ist selbst wieder eine solche, wir schreiben $\sigma(n) := (\sigma_n \circ \cdots \circ \sigma_0)(n)$. Für jedes $k \in \mathbb{N}_0$ ist die Folge $(r_{\sigma(n),k})_{n \geq k}$ Teilfolge von $\left(r_{(\sigma_k \circ \cdots \circ \sigma_0)(n),k} \right)_{n \geq k}$ und konvergiert folglich gegen r_k. Dann konvergiert auch $(r_{\sigma(n),k})_{n \in \mathbb{N}_0}$ für jedes $k \in \mathbb{N}_0$ gegen r_k. Ferner ist $(r_{\sigma(n),k})_{n \in \mathbb{N}_0}$ für jedes $k \in \mathbb{N}_0$ Teilfolge von $(r_{n,k})_{n \in \mathbb{N}_0}$. Ein

σ mit den gewünschten Eigenschaften ist somit gefunden, und *H2* ist bewiesen.

Nun nehmen wir an, $(X_n)_{n\in\mathbb{N}_0}$ sei eine Folge $\mathbb{N}_0$-wertiger Zufallsgrößen, deren wahrscheinlichkeitserzeugende Funktionen $G_{X_n}(t)$ für $t\in(0,1)$ punktweise gegen die wahrscheinlichkeitserzeugende Funktion $G_X(t)$ einer $\mathbb{N}_0$-wertigen Zufallsgröße X konvergieren. Wir schreiben $p_{n,k} := P(X_n = k)$.
Wenn $(X_n)_{n\in\mathbb{N}_0}$ nicht nach Verteilung gegen X konvergiert, so gibt es ein $k\in\mathbb{N}_0$, so dass $(p_{n,k})_{n\in\mathbb{N}_0}$ nicht gegen $P(X=k)$ konvergiert. Folglich gibt es eine Teilfolge $(p_{\sigma(n),k})_{n\in\mathbb{N}_0}$ und ein $\varepsilon > 0$ mit $|p_{\sigma(n),k} - P(X=k)| \geq \varepsilon$. Diese Eigenschaft überträgt sich auch auf jede Teilfolge von $(p_{\sigma(n),k})_{n\in\mathbb{N}_0}$. Nach *H2* gibt es aber eine monoton wachsende Selbstabbildung $\tilde{\sigma}$ des $\mathbb{N}_0$, so dass $(p_{(\tilde{\sigma}\circ\sigma)(n),j})_{n\in\mathbb{N}}$ für jedes $j\in\mathbb{N}_0$ gegen ein $p_j\in[0,1]$ konvergiert, also auch für $j=k$, woraus

$$p_k \neq P(X=k) \tag{6.10}$$

resultiert. Nach *H1* folgt

$$G_{X_{(\tilde{\sigma}\circ\sigma)(n)}}(t) = \sum_{j=0}^{\infty} p_{(\tilde{\sigma}\circ\sigma)(n),j}\, t^j \stackrel{n\to\infty}{\longrightarrow} \sum_{j=0}^{\infty} p_j\, t^j,$$

punktweise für jedes $t\in(0,1)$. Als Teilfolge von $(G_{X_n}(t))_{n\in\mathbb{N}_0}$ konvergiert $\left(G_{X_{(\tilde{\sigma}\circ\sigma)(n)}}(t)\right)_{n\in\mathbb{N}_0}$ nach Voraussetzung punktweise gegen $G_X(t)$ für jedes $t\in(0,1)$. Dem entnimmt man die Identität der Grenzwerte

$$G_X(t) = \sum_{j=0}^{\infty} p_j\, t^j, \qquad \forall t\in(0,1).$$

Nach dem Eindeutigkeitssatz für wahrscheinlichkeitserzeugende Funktionen (siehe AW, Satz 2.8.2) erhalten wir $P(X=k) = p_k$ und somit einen Widerspruch zu (6.10). Also muss $(X_n)_{n\in\mathbb{N}_0}$ nach Verteilung gegen X konvergieren.

Mit dieser Erkenntnis ist die Aufgabe schließlich vollständig gelöst, und wir haben gesehen, dass $N_k - k$ nach Verteilung gegen eine $\mathbf{P}(\lambda/2)$-verteilte Zufallsgröße konvergiert.
Für weitere Informationen siehe auch Durrett (1991).

6.21 (a) Wir bestimmen

$$P(X=k \mid X\leq n), \qquad \forall k\in\{1,\ldots,n\}.$$

Dafür ist es nützlich, zu wissen, dass

$$P(X\leq n) = p(1-p)^0 + p(1-p)^1 + \cdots + p(1-p)^{n-1} = p\cdot\frac{1-(1-p)^n}{1-(1-p)}$$
$$= 1-(1-p)^n.$$

Also

$$P(X = k \mid X \leq n) = \frac{P(X = k)}{P(X \leq n)} = \frac{p(1-p)^{k-1}}{1-(1-p)^n}. \tag{6.11}$$

(b) Für $n = 1$ ist die Situation trivial. Also nehmen wir $n \geq 2$ und $2 \leq k \leq n$ an. Unter Anwendung der Regel von de l'Hospital erhalten wir für diese n und k mit (6.11)

$$\lim_{p \downarrow 0} \frac{p(1-p)^{k-1}}{1-(1-p)^n} = \left. \frac{(1-p)^{k-1} + p(k-1)(1-p)^{k-2}}{n(1-p)^{n-1}} \right|_{p=0} = \frac{1}{n}.$$

Als Grenzverteilung hat sich also die Gleichverteilung auf $\{1, \ldots, n\}$ ergeben.

6.23 Als Ansatzpunkt dient uns die Verteilung von $c + d$, die wir leicht berechnen mittels

$$P(c + d = k) = \sum_{j=1}^{n} \frac{1}{n} \cdot \frac{1}{n} \cdot 1_{\{1,\ldots,n\}}(k-j)$$

$$= \frac{1}{n^2} \cdot \left[\min(k, n+1) - \max(1, k-n) \right],$$

oder anders ausgedrückt

$$P(c + d = k) = \begin{cases} \frac{k-1}{n^2}, & \text{wenn } k \in \{2, \ldots, n+1\} \\ \frac{2n+1-k}{n^2}, & \text{wenn } k \in \{n+2, \ldots, 2n\}. \end{cases}$$

Daran anknüpfend berechnet man die Wahrscheinlichkeit p_n nun durch

$$p_n = \sum_{j=1}^{\lfloor \sqrt{n+1} \rfloor} \frac{j^2 - 1}{n^2} + \sum_{j=\lfloor \sqrt{n+1} \rfloor + 1}^{\lfloor \sqrt{2n} \rfloor} \frac{2n + 1 - j^2}{n^2}.$$

Setzen wir vereinfachend $a_n := \lfloor \sqrt{n+1} \rfloor$ und $b_n := \lfloor \sqrt{2n} \rfloor$, so wird

$$p_n = \left[\left(2 \sum_{j=1}^{a_n} j^2 \right) - \left(\sum_{j=1}^{b_n} j^2 \right) - a_n + (b_n - a_n)(2n + 1) \right] \bigg/ n^2$$

$$= \frac{1}{n^2} \bigg\{ \frac{2a_n(1 + a_n)(1 + 2a_n)}{6} - \frac{b_n(1 + b_n)(1 + 2b_n)}{6}$$

$$- 2(n+1)a_n + (2n+1)b_n \bigg\}.$$

Also ist

$$\lim_{n\to\infty} \sqrt{n} p_n = \frac{2\cdot 2}{6} \lim_{n\to\infty} \left(\frac{a_n}{\sqrt{n}}\right)^3 - \frac{2}{6} \lim_{n\to\infty} \left(\frac{b_n}{\sqrt{n}}\right)^3$$
$$- 2 \lim_{n\to\infty} \frac{a_n}{\sqrt{n}} + 2 \lim_{n\to\infty} \frac{b_n}{\sqrt{n}}$$
$$= \frac{2}{3} - \frac{1}{3}(\sqrt{2})^3 - 2 + 2\sqrt{2} = \frac{4}{3}(\sqrt{2}-1),$$

und die gesuchte Darstellung ist gefunden.

6.26 (a) Bestimmen wir die ersten beiden Momente der X_j:

$$\int xf(x)\,dx = \int_{-\infty}^{-1} x\cdot\left(-\frac{1}{x^3}\right)dx + \int_1^\infty x\cdot\frac{1}{x^3}\,dx = -1+1 = 0$$

$$\int x^2 f(x)\,dx = \int_{-\infty}^{-1} x^2\cdot\left(-\frac{1}{x^3}\right)dx + \int_1^\infty x^2\cdot\frac{1}{x^3}\,dx = 2\int_1^\infty \frac{1}{x}\,dx = +\infty.$$

Also ist $\operatorname{var} S_n = n\cdot \operatorname{var} X_1 = n\cdot E(X_1^2)$ ebenso unendlich.

(b) Als probates Hilfsmittel zur Untersuchung von Verteilungskonvergenz hat sich schon mehrfach die charakteristische Funktion erwiesen. Auch hier greifen wir darauf zurück und schreiben $\Psi_Z(t)$ für die charakteristische Funktion einer Zufallsgröße Z. Von Interesse ist das Verhalten von

$$\Psi_{S_n/(n\ln n)}(t) = \left[\Psi_{X_1/(n\ln n)}(t)\right]^n = \left[\Psi_{X_1}\left(\frac{t}{n\ln n}\right)\right]^n = \exp\left[n\cdot\ln\left(\Psi_{X_1}\left(\frac{t}{n\ln n}\right)\right)\right]$$

für $n\to\infty$. Auf die Folge $\left(\frac{\ln \Psi_{X_1}(t/(n\ln n))}{n^{-1}}\right)_{n\in\mathbb{N}}$ können die Limes-Regeln von de l'Hospital angewendet werden. Daher entspricht der gesuchte Grenzwert dem von

$$\exp\left[\frac{t}{\Psi_{X_1}(t/(n\ln n))}\cdot \Psi'_{X_1}(t/(n\ln n))\cdot\left(\frac{1}{\ln n} + \frac{1}{(\ln n)^2}\right)\right].$$

Berücksichtigt man, dass $\Psi_{X_1}(t) \xrightarrow{t\to 0} 1$ gilt sowie $\Psi'_{X_1}(t)$ existiert und für $t\to 0$ gegen $i\cdot EX_1 = 0$ konvergiert, so erhält man insgesamt die Konvergenz von $\Psi_{S_n/(n\ln n)}(t)$ gegen 1. Gemäß dem Stetigkeitssatz konvergiert $\left(\frac{S_n}{n\ln n}\right)_{n\in\mathbb{N}}$ daher nach Verteilung gegen eine Zufallsgröße mit Dirac-Verteilung im Punkt 0.

6.27 Die Summe $S_n := \sum_{j=1}^{2n-1} 1_{\{X_j \leq c\}}$ bezeichne für $c \in [0,1]$ die Anzahl aller X_j, die nicht größer als c sind. Wegen der Unabhängigkeit der X_j ist S_n eine $\mathbf{B}(2n-1, c)$-verteilte Zufallsgröße und besitzt den Erwartungswert $(2n-1)c$. Wenn der Median $X_{[n]}$ nicht größer als ein $c \in [0, 1/2]$ ist, dann schließt man aus dem Wortlaut seiner Definition, dass es mindestens n Realisierungen geben muss, die ebenso nicht größer als c sind, d.h. $S_n \geq n$. Das führt zur Rechnung

$$P(X_{[n]} \leq c) = P(S_n \geq n) \leq P\left(\left|\frac{S_n}{2n-1} - c\right| \geq \frac{n}{2n-1} - c\right)$$

$$\leq \left(\frac{1}{2} - c + \frac{1}{4n-2}\right)^{-2} \cdot var(S_n/(2n-1))$$

$$\leq \frac{1}{(2n-1)[(1/2)-c]^2} \cdot var\, 1_{\{X_j \leq c\}} = \frac{1}{2n-1} \frac{c-c^2}{[(1/2)-c]^2} \xrightarrow{n\to\infty} 0$$

unter Verwendung der Tschebyscheff'schen Ungleichung. Wir wissen somit, dass die Verteilungsfunktion des Medians $X_{[n]}$ punktweise auf $[0, 1/2)$ gegen 0 konvergiert.

Lenken wir den Blick nun auf den Fall $c \in (1/2, 1]$. Wenn $X_{[n]} > c$ ist, dann gibt es mindestens n Realisierungen mit $X_j > c$. Daraus kann man schließen, dass

$$P(X_{[n]} > c) = P(S_n \leq n-1) \leq P(S_n \leq n) \leq P\left(\left|\frac{S_n}{2n-1} - c\right| \geq c - \frac{1}{2} - \frac{1}{4n-2}\right).$$

Wählen wir nun N groß genug, so dass für alle $n \geq N$

$$c - \frac{1}{2} - \frac{1}{4n-2} \geq \frac{1}{2}(c - 1/2) > 0$$

gilt, dann kann für diese n die obige Abschätzung fortgesetzt werden durch

$$P(X_{[n]} > c) \leq P\left(\left|\frac{S_n}{2n-1} - c\right| \geq (c-1/2)/2\right) \leq \frac{4}{2n-1} \cdot \frac{c-c^2}{(c-1/2)^2} \xrightarrow{n\to\infty} 0,$$

wobei abermals die Tschebyscheff'sche Ungleichung verwendet wurde. Die Verteilungsfunktion von $X_{[n]}$ konvergiert auf $(1/2, 1]$ also punktweise gegen 1. Damit ist gezeigt, dass der Median nach Verteilung gegen eine Zufallsgröße konvergiert, die fast sicher den Wert $1/2$ annimmt. Dieser Wert ist der Median der $\mathbf{U}[0, 1]$-Verteilung. Nach Aufgabe 6.4 konvergiert $X_{[n]}$ dann aber auch nach Wahrscheinlichkeit gegen $1/2$. Da weiter $|X_{[n]}| \leq 1$ fast sicher gilt, folgt aus Aufgabe 6.5 sogar, dass $X_{[n]}$ in $\mathcal{L}^2$ gegen $1/2$ konvergiert.

Widmen wir uns nun dem Fall, dass die X_j jeweils $\mathbf{Exp}(\lambda)$-verteilt sind. Zu bedenken ist, dass wir nun

$$E1_{\{X_j \leq c\}} = 1 - \exp(-\lambda c),$$
$$\operatorname{var} 1_{\{X_j \leq c\}} = \exp(-c\lambda)(1 - \exp(-c\lambda)) \leq 1$$

für $c > 0$ haben. Will man die geleistete Arbeit also verwenden, ist in der früheren Rechnung stets c durch $1 - \exp(-\lambda c)$ zu ersetzen. Entsprechend sind die Fälle $\frac{1}{2} - (1 - \exp(-\lambda c))$ größer bzw. kleiner als 0 zu unterscheiden, wobei diese zu c kleiner bzw. größer als $\ln(2)/\lambda$ äquivalent sind. Als Grenzverteilung ergibt sich schließlich die Dirac-Verteilung im Punkt $\ln(2)/\lambda$. Dieser ist der Median der **Exp**(λ)-Verteilung.

6.29 (a) Für ein beliebiges $\varepsilon > 0$ betrachte man

$$P(|Y_n - X| \geq \varepsilon) = P(nZ_n \geq \varepsilon) \leq P(Z_n = 1) = 1/n \xrightarrow{n \to \infty} 0,$$

womit $Y_n \xrightarrow{p} X$ gezeigt ist.

(b) Für ein beliebiges $\varepsilon \in (0,1)$ und ein beliebiges $N \in \mathbb{N}$ folgert man aus der Unabhängigkeit der Z_j, dass

$$P\Big(\bigcup_{m \geq n} \{|Y_m - X| \geq \varepsilon\}\Big) = P\Big(\bigcup_{m \geq n} \{mZ_m \geq \varepsilon\}\Big) = P\Big(\bigcup_{m \geq n} \{Z_m = 1\}\Big)$$
$$= 1 - P\Big(\bigcap_{m \geq n} \{Z_m = 0\}\Big) \geq 1 - \prod_{m=n}^{N}\Big(1 - \frac{1}{m}\Big)$$
$$= 1 - \frac{n-1}{N} \xrightarrow{N \to \infty} 1.$$

Demnach gilt $P\Big(\bigcup_{m \geq n} \{|Y_m - X| \geq \varepsilon\}\Big) = 1$ für alle $\varepsilon \in (0,1)$ und alle $n \in \mathbb{N}$. Der Sachverhalt fällt damit unter AW, Satz 6.1.2, und es folgt, dass $(Y_n)_{n \in \mathbb{N}}$ nicht fast sicher gegen X konvergiert. Gegen eine andere Zufallsgröße kann die Folge auch nicht fast sicher konvergieren, da die Konvergenz nach Wahrscheinlichkeit gegen X in (a) bereits gezeigt wurde.

(c) Wählen wir erneut $\varepsilon > 0$ beliebig und rechnen

$$P\Big(\bigcup_{l \geq k} \{|Y_{2^l} - X| \geq \varepsilon\}\Big) = P\Big(\bigcup_{l \geq k} \{2^l Z_{2^l} \geq \varepsilon\}\Big) \leq P\Big(\bigcup_{l \geq k} \{Z_{2^l} = 1\}\Big)$$
$$\leq \sum_{l=k}^{\infty} P(Z_{2^l} = 1) = \sum_{l=k}^{\infty} (1/2)^l = 2^{1-k} \xrightarrow{k \to \infty} 0.$$

Die abermalige Anwendung von AW, Satz 6.1.2, führt hier zu dem Ergebnis, dass $(Y_{2^n})_{n \in \mathbb{N}}$ fast sicher gegen X konvergiert.

(d) Ganz elementar rechnen wir

$$E|Y_n - X|^p = E|nZ_n|^p = n^p \cdot P(Z_n = 1) = n^{p-1}.$$

Dieser Ausdruck konvergiert für $p < 1$ gegen 0, aber nicht für $p \geq 1$.

(e) Wir gehen zu einer anderen Darstellung der W_n über, indem wir schreiben

$$W_n := X_n + nZ_n = X_n - X + Y_n.$$

Dies ist nützlich, denn da X_n wie X verteilt ist und $(Y_n)_{n\in\mathbb{N}}$ nach Wahrscheinlichkeit gegen X konvergiert, folgt die Verteilungskonvergenz von $(W_n)_{n\in\mathbb{N}}$ gegen X. Andererseits gilt

$$X_n - X = W_n - Y_n,$$

wobei $(Y_n)_{n\in\mathbb{N}}$ nach Wahrscheinlichkeit gegen X konvergiert. Würde nun $(W_n)_{n\in\mathbb{N}}$ nach Wahrscheinlichkeit konvergieren, dann auch $(X_n - X)_{n\in\mathbb{N}}$. Doch dies ist nach Aufgabe 6.12 wegen $X \sim \mathbf{U}[0,1]$ unmöglich. Die Folge $(W_n)_{n\in\mathbb{N}}$ konvergiert also nicht nach Wahrscheinlichkeit.

6.30 (a) Der Beweis wird durch Widerspruch unter Einsatz des Borel-Cantelli-Lemmas geführt. Wir nehmen für den Moment einmal an, $(c_n X_n)_{n\in\mathbb{N}}$ konvergiere nicht fast sicher gegen 0. Dann existiert eine Menge D mit $P(D) > 0$ und $c_n X_n(\omega) \not\to 0$ für alle $\omega \in D$, d.h. es existiert ein $\varepsilon > 0$, so dass

$$1 > P(c_n|X_n| \geq \varepsilon \text{ u.o.}) \geq P(D) > 0.$$

Dann muss aber

$$\sum_{n=1}^{\infty} P(c_n|X_n| \geq \varepsilon) = \infty \tag{6.12}$$

sein, denn würde diese Summe existieren, so hätten wir aufgrund des Borel-Cantelli-Lemmas $P(c_n|X_n| \geq \varepsilon \text{ u.o.}) = 0$ im Widerspruch zur Annahme $P(D) > 0$. Aus (6.12) folgt – wiederum mit dem Borel-Cantelli-Lemma –, dass $P(c_n|X_n| \geq \varepsilon \text{ u.o.}) = 1$ ist, was aber der Voraussetzung der Konvergenz von $(c_n X_n)_{n\in\mathbb{N}}$ auf einer Menge positiver Wahrscheinlichkeit widerspricht.

(b) Unser Zugang ist hier folgender: Gäbe es eine Konstante $\alpha^* > 0$ mit

$$\sum_{n=1}^{\infty} P(|X_n| \geq \alpha^*/c_n) = \infty,$$

so wäre $\sum_{n=1}^{\infty} P(|X_n| \geq \alpha/c_n) = \infty, \forall 0 < \alpha \leq \alpha^*$. Dann müsste für diese α

$$P(c_n|X_n| \geq \alpha \text{ u.o.}) = 1$$

sein, was aber der Konvergenz von $(c_n X_n)_{n \in \mathbb{N}}$ auf einer Menge positiver Wahrscheinlichkeit widerspricht.

6.33 (a) Da N auf $\mathbb{N}_0$ geometrisch verteilt ist, kann man die fragliche Wahrscheinlichkeit leicht explizit ausrechnen. Es gilt

$$P(pN \leq x) = \sum_{k=0}^{\lfloor x/p \rfloor} p(1-p)^k = p \cdot \frac{1-(1-p)^{\lfloor x/p \rfloor + 1}}{1-(1-p)} = 1 - (1-p)^{\lfloor x/p \rfloor + 1}.$$

Dieser Ausdruck ist nach unten beschränkt durch $1 - (1-p)^{x/p}$ und nach oben durch $1 - (1-p)^{(x/p)+1}$. Für $p \to 0$ konvergiert die untere Schranke gegen

$$1 - (1-p)^{x/p} = 1 - \exp\left(x \frac{\ln(1-p)}{p}\right) \xrightarrow{p \to 0} 1 - e^{-x},$$

da man mit den Regeln von de l'Hospital leicht überprüfen kann, dass $\lim_{p \to 0} \frac{\ln(1-p)}{p} = -1$. Die obere Schranke konvergiert gegen denselben Ausdruck, denn

$$1 - (1-p)^{(x/p)+1} = 1 - (1-p) \cdot \exp\left(x \frac{\ln(1-p)}{p}\right) \xrightarrow{p \to 0} 1 - e^{-x}.$$

Folglich muss auch $P(pN \leq x)$ für jedes $x \geq 0$ gegen $1 - e^{-x}$ konvergieren.

(b) Unsere erste Anstrengung dient der expliziten Berechnung von ES_N.

$$ES_N = E\left(\sum_{n=0}^\infty S_n \cdot 1_{\{N=n\}}\right) = \sum_{n=0}^\infty (ES_n) P(N=n) = \sum_{n=0}^\infty n\mu p(1-p)^n$$

$$= \mu p(1-p) \sum_{n=0}^\infty n(1-p)^{n-1} = \mu p(1-p) \frac{\partial}{\partial(1-p)} \left[\sum_{n=0}^\infty (1-p)^n\right]$$

$$= \mu p(1-p) \frac{\partial}{\partial(1-p)} \left[\frac{1}{1-(1-p)}\right] = \mu \frac{1-p}{p}.$$

Zweitens: Laut Aufgabenstellung ist zu zeigen, dass $S_N/ES_N = \left(\mu \frac{1-p}{p}\right)^{-1} S_N$ nach Verteilung gegen die **Exp**(1)-Verteilung konvergiert. Nach dem Stetigkeitssatz kann man äquivalent dazu zeigen, dass die Folge der charakteristischen Funktionen punktweise konvergiert. Für diese Zwecke bestimmen wir zunächst die charakteristische Funktion einer **Exp**(1)-verteilten Zufallsgröße:

$$\int_0^\infty e^{itx}e^{-x}\,dx = \lim_{R\to\infty}\left[\frac{1}{it-1}e^{itx-x}\right]_0^R = \frac{1}{1-it}.$$

Abschließend bleibt nun zu überlegen, dass $\Psi_{pS_N/[\mu(1-p)]}(t)$ für $p \to 0$ gegen diese Funktion punktweise konvergiert. Einzelheiten folgen: Unter Ausnutzung der Unabhängigkeit von N und den X_j berechnen wir

$$\Psi_{pS_N/[\mu(1-p)]}(t) = E\exp\left(it\frac{p}{\mu(1-p)}S_N\right)$$

$$= E\left[\sum_{n=0}^\infty \exp\left(it\frac{p}{\mu(1-p)}S_n\right)\cdot 1_{\{N=n\}}\right] = \sum_{n=0}^\infty \Psi_{S_n}\left(t\frac{p}{\mu(1-p)}\right)P(N=n)$$

$$= \sum_{n=0}^\infty \left[\Psi_{X_1}\left(t\frac{p}{\mu(1-p)}\right)\right]^n p(1-p)^n = p\sum_{n=0}^\infty \left[(1-p)\cdot\Psi_{X_1}\left(t\frac{p}{\mu(1-p)}\right)\right]^n$$

$$= \frac{p}{1 - (1-p)\cdot\Psi_{X_1}\left(t\frac{p}{\mu(1-p)}\right)}.$$

Jetzt ist der Grenzübergang für $p \to 0$ vonnöten. Dazu kann de l'Hospital angewendet werden und liefert

$$\lim_{p\to 0}\frac{p}{1 - (1-p)\cdot\Psi_{X_1}\left(t\frac{p}{\mu(1-p)}\right)}$$

$$= \lim_{p\to 0}\left(\Psi_{X_1}\left(t\frac{p}{\mu(1-p)}\right) - (1-p)\Psi'_{X_1}\left(t\frac{p}{\mu(1-p)}\right)\frac{t}{\mu(1-p)^2}\right)^{-1} = \frac{1}{1-it}.$$

Dabei wurde zum einen verwendet, dass Ψ_{X_1} – wie jede charakteristische Funktion – stetig ist mit $\Psi_{X_1}(0) = 1$; zum anderen wurde benutzt, dass Ψ_{X_1} zudem stetig differenzierbar ist mit $\Psi'_{X_1}(0) = i\mu$, da X_1 einen endlichen Erwartungswert besitzt.

6.35 (a) Nach dem Stetigkeitssatz konvergiert Z_n genau dann nach Verteilung gegen Z, wenn die charakteristische Funktion $\Psi_{Z_n}(t)$ punktweise für alle t gegen $\Psi_Z(t)$ konvergiert. Mit seiner Hilfe zeigen wir zunächst, dass aus $Z_n \xrightarrow{d} Z$ die Gleichung $\Psi_Z(t) = \Psi_Z(\alpha t)\Psi_\alpha(t)$ folgt. Man rechnet dazu

$$\Psi_{Z_n}(t) = E\exp\left(it\sum_{k=1}^n \alpha^k X_k\right) = \prod_{k=1}^n \Psi_{X_k}(t\alpha^k) = \prod_{k=1}^n \Psi_{X_1}(t\alpha^k)$$

$$= \Psi_{X_1}(t\alpha)\cdot\left(\prod_{k=2}^n \Psi_{X_1}(t\alpha^k)\right).$$

6.2 Lösungen

Andererseits hat man auch

$$\Psi_{Z_n}(\alpha t) = \prod_{k=1}^{n} \Psi_{X_1}(t\alpha^{k+1}) = \prod_{k=2}^{n+1} \Psi_{X_1}(t\alpha^k) = \Psi_{X_1}(t\alpha^{n+1}) \cdot \left(\prod_{k=2}^{n} \Psi_{X_1}(t\alpha^k)\right).$$

Aus diesen beiden Gleichungen kann man unmittelbar

$$\Psi_{Z_n}(t) \cdot \Psi_{X_1}(t\alpha^{n+1}) = \Psi_{Z_n}(\alpha t) \cdot \Psi_{X_1}(\alpha t) \qquad (6.13)$$

ableiten. Wegen $\Psi_{Z_n}(t) \xrightarrow{n\to\infty} \Psi_Z(t)$, $\Psi_{X_1}(t\alpha^{n+1}) \xrightarrow{n\to\infty} \Psi_{X_1}(0) = 1$ und $\Psi_{Z_n}(\alpha t) \xrightarrow{n\to\infty} \Psi_Z(\alpha t)$ folgt daraus für alle t

$$\Psi_Z(t) = \Psi_Z(\alpha t) \cdot \Psi_{X_1}(\alpha t) = \Psi_Z(\alpha t) \cdot \Psi_{\alpha X_1}(t).$$

Darin setzen wir $\Psi_\alpha(t) := \Psi_{\alpha X_1}(t)$, und es liegt auf der Hand, dass diese Funktion die charakteristische Funktion der Zufallsgröße αX_1 ist.

Kommen wir nun zur Rückrichtung der Behauptung. Für eine Zufallsgröße Z gelte also

$$\Psi_Z(t) = \Psi_Z(\alpha t)\Psi_\alpha(t),$$

wobei $\Psi_\alpha(t)$ charakteristische Funktion einer Zufallsgröße sei, diese nennen wir Y. Wir definieren weiter $X = Y/\alpha$ und führen $X_1, X_2, \ldots$ als unabhängige Kopien von X ein. Ferner setzen wir

$$Z_n := \sum_{k=1}^{n} \alpha^k X_k$$

und nehmen nun die charakteristische Funktion von Z_n unter die Lupe.

Da Ψ_Z stetig ist mit $\Psi_Z(0) = 1$, gibt es eine offene Umgebung U um 0, in der Ψ_Z nicht verschwindet. Für alle $t \in U$ gilt

$$\Psi_{Z_n}(t) = \prod_{k=1}^{n} \Psi_{X_k}(\alpha^k t) = \prod_{k=1}^{n} \Psi_Y(\alpha^{k-1}t) = \prod_{k=1}^{n} \Psi_\alpha(\alpha^{k-1}t)$$

$$= \prod_{k=1}^{n} \frac{\Psi_Z(\alpha^{k-1}t)}{\Psi_Z(\alpha\alpha^{k-1}t)} = \prod_{k=1}^{n} \Psi_Z(\alpha^{k-1}t) \left(\prod_{k=1}^{n} \Psi_Z(\alpha^k t)\right)^{-1}$$

$$= \frac{\Psi_Z(t)}{\Psi_Z(\alpha^n t)} \xrightarrow{n\to\infty} \frac{\Psi_Z(t)}{\Psi_Z(0)} = \Psi_Z(t).$$

Wir benötigen aber die punktweise Konvergenz von $\Psi_{Z_n}(t)$ für alle $t \in \mathbb{R}$. Um dies zu zeigen, bauen wir auf (6.13) auf. Aus dieser Gleichung folgt nämlich

$$|\Psi_{Z_n}(t) - \Psi_{Z_n}(\alpha t) \cdot \Psi_\alpha(t)| \leq |\Psi_\alpha(\alpha^n t) - 1| \stackrel{n\to\infty}{\longrightarrow} 0 \qquad (6.14)$$

für alle $t \in \mathbb{R}$. Mit Hilfe der Dreiecksungleichung ergibt sich

$$\begin{aligned}|\Psi_Z(t) - \Psi_{Z_n}(t)| &= |\Psi_Z(\alpha t) \cdot \Psi_\alpha(t) - \Psi_{Z_n}(t)| \\ &\leq |\Psi_Z(\alpha t) - \Psi_{Z_n}(\alpha t)| \cdot |\Psi_\alpha(t)| + |\Psi_{Z_n}(t) - \Psi_{Z_n}(\alpha t) \cdot \Psi_\alpha(t)|.\end{aligned}$$

In Kombination mit (6.14) erkennen wir daraus, dass für jedes $t \in \mathbb{R}$ der Ausdruck $|\Psi_Z(t) - \Psi_{Z_n}(t)|$ gegen 0 konvergiert, wenn $|\Psi_Z(\alpha t) - \Psi_{Z_n}(\alpha t)|$ gegen 0 konvergiert. Nichts hindert, dasselbe Argument abermals anzuwenden. Demnach konvergiert $|\Psi_Z(\alpha t) - \Psi_{Z_n}(\alpha t)|$ gegen 0, wenn $|\Psi_Z(\alpha^2 t) - \Psi_{Z_n}(\alpha^2 t)|$ gegen 0 konvergiert, usw. Induktiv mag man dies fortsetzen und erhält, dass $|\Psi_Z(t) - \Psi_{Z_n}(t)|$ gegen 0 konvergiert, wenn es ein $m \in \mathbb{N}$ gibt, so dass $|\Psi_Z(\alpha^m t) - \Psi_{Z_n}(\alpha^m t)|$ gegen 0 konvergiert. Da $(\alpha^m t)_{m \in \mathbb{N}}$ gegen 0 strebt, gibt es ein $m \in \mathbb{N}$, so dass $\alpha^m t$ in der Umgebung U liegt und die Konvergenzbedingung somit erfüllt ist. Folglich ist die punktweise Konvergenz von $\left(\Psi_{Z_n}(t)\right)_{n \in \mathbb{N}}$ gegen $\Psi_Z(t)$ für jedes $t \in \mathbb{R}$ gesichert. Mit dem Stetigkeitssatz folgt schließlich $Z_n \stackrel{d}{\longrightarrow} Z$.

(b) Natürlich wird man hier die in (a) gewonnenen Erfahrungen in Anspruch nehmen. Zu diesem Zweck sei zunächst die charakteristische Funktion von αX_n ermittelt:

$$\Psi_{\alpha X_n}(t) = \Psi_{X_n}(\alpha t) = \frac{1}{2}\exp(it \cdot (-1/2)) + \frac{1}{2}\exp(it \cdot (1/2)) = \cos(t/2).$$

Nach (a) ist Z genau dann Grenzzufallsgröße von $(Z_n)_{n \in \mathbb{N}}$, wenn für ihre charakteristische Funktion die Gleichung

$$\Psi_Z(t) = \Psi_Z(t/2) \cdot \cos(t/2)$$

für alle $t \in \mathbb{R}$ erfüllt ist. Dies leistet die Funktion

$$\Psi_Z(t) := \begin{cases} \frac{\sin t}{t}, & t \neq 0 \\ 1, & t = 0, \end{cases}$$

was bei Anwendung des Additionstheorems $\sin(2x) = 2\sin x \cdot \cos x$ deutlich wird. Nach (a) konvergiert $(Z_n)_{n \in \mathbb{N}}$ nach Verteilung also gegen Z mit der angegebenen charakteristischen Funktion. Wegen

$$\frac{1}{2}\int_{-1}^{1} e^{itx} dt = \frac{\sin x}{x}$$

für $x \neq 0$ ist die Zufallsgröße Z also $\mathbf{U}[-1, 1]$-verteilt.

6.2 Lösungen

6.37 (a) Für beliebiges $\varepsilon > 0$ gilt

$$P(|1_{A_n} - 0| > \varepsilon) = P(1_{A_n} = 1) = P(A_n) = \lambda(A_n)$$
$$= 2^{-m(n)}(k(n)+1) - 2^{-m(n)}k(n) = 2^{-m(n)}.$$

Wegen $2^{m(n)} + k(n) = n$ folgt $2^{m(n)} + 2^{m(n)} - 1 \geq n$ und weiter $2^{-m(n)} \leq \frac{2}{n+1}$, womit nun $1_{A_n} \xrightarrow{p} 0$ gezeigt ist.

(b) Die Problemstellung bezieht sich auf das Verhalten von

$$\lim_{n \to \infty} \left(\sup_{k \geq n} 1_{A_k}(\omega) \right).$$

Für ein beliebiges $\omega \in [0,1)$ und ein beliebiges $n \in \mathbb{N}$ werde $N := 2^n + \lfloor 2^n \omega \rfloor$ gesetzt. Dann gilt $N \geq n$ und $1_{A_N}(\omega) = 1$. Also ist $\sup_{k \geq n} 1_{A_k}(\omega) = 1$ für alle $n \in \mathbb{N}$ und für alle $\omega \in [0,1)$. Folglich gilt

$$\limsup_{n \to \infty} 1_{A_n}(\omega) = 1$$

für $\omega \in [0,1)$. Für $\omega = 1$ ist eine geringfügige Modifikation vorzunehmen. Man wählt $N := 2^{n+1} - 1 = 2^n + 2^n - 1$ mit $1_{A_N}(\omega) = 1$, und damit ist die Teilaufgabe für alle $\omega \in [0,1]$ gelöst.

(c) Nun betrachten wir

$$\lim_{n \to \infty} \left(\inf_{k \geq n} 1_{A_k}(\omega) \right).$$

Für $\omega \in (0,1]$ und $n \in \mathbb{N}$ ist $A_{2^n} = [0, 2^{-n}]$ und

$$\lim_{n \to \infty} 1_{A_{2^n}}(\omega) = 0.$$

Für $\omega = 0$ und $n \in \mathbb{N}$ ist $A_{2 \cdot 2^n - 1} = [1 - 2^{-n}, 1]$ und ebenfalls

$$\lim_{n \to \infty} 1_{A_{2 \cdot 2^n - 1}}(0) = 0.$$

Für alle $\omega \in [0,1]$ folgt $\inf_{k \geq n} 1_{A_k}(\omega) = 0$, wenn n groß genug ist. Schließlich gilt

$$\liminf_{n \to \infty} 1_{A_n}(\omega) = 0.$$

6.38 Unsere Vorgehensweise knüpft an folgende Idee an: Nachdem der erste Punkt platziert ist, kann man den Kreisbogen in diesem Punkt durchschneiden und zu einer Strecke der Länge 2π geradeziehen, wobei der erste platzierte Punkt sowohl Anfangs- als auch Endpunkt der Strecke ist. Die Position aller weiteren Punkte kann durch unabhängige Zufallsgrößen $Y_2, \ldots, Y_n$ beschrieben werden, die über $[0, 2\pi]$ gleichverteilt sind. Sei $c \in (0, 2\pi)$ beliebig. Das Ereignis $\{X_n \geq c, \forall n \in \mathbb{N}\}$ ist in dieser modifizierten Darstellungsweise dazu äquivalent, dass es ein offenes Intervall I der Länge c gibt mit $Y_n \notin I$ für alle $n \in \mathbb{N}$. Um die Wahrscheinlichkeit dieses Ereignisses zu bestimmen, führen wir das Ereignis

$$A(I) := \{\omega : Y_j \notin I, \forall j \in \mathbb{N}\}$$

mit einem Intervall $I \subseteq [0, 2\pi]$ ein. Für jedes $n \in \mathbb{N}$ und I mit $\lambda(I) > 0$ erhält man

$$P(A(I)) \leq P(Y_1, \ldots, Y_n \notin I) = \left(P(Y_n \notin I)\right)^n = \left(\frac{2\pi - \lambda(I)}{2\pi}\right)^n \xrightarrow{n \to \infty} 0.$$

Also sind die $A(I)$ für $\lambda(I) > 0$ stets P-Nullmengen. Die gesuchte Wahrscheinlichkeit beträgt dann $P\left(\bigcup_{I \in \mathcal{I}_c} A(I)\right)$, wobei $\mathcal{I}_c$ die Menge aller offenen Intervalle in $[0, 2\pi]$ mit der Länge c bezeichnet. Wer diese Wahrscheinlichkeit ermitteln will, muss bedenken, dass $\mathcal{I}_c$ überabzählbar ist. Da jedes Intervall der Länge c auch ein Intervall der Länge $c/2$ mit rationalem linken Rand enthält, kann die gesuchte Wahrscheinlichkeit aber nach oben abgeschätzt werden durch $P\left(\bigcup_{I \in \mathcal{I}'_{c/2}} A(I)\right)$, wobei $\mathcal{I}'_{c/2}$ die Menge aller offenen Intervalle in $[0, 2\pi]$ mit der Länge $c/2$ und mit rationalem linken Rand bezeichnet; diese Menge ist nun abzählbar. Da die Vereinigung abzählbar vieler Nullmengen selbst wieder Nullmenge ist, kann man schließlich folgern, dass

$$P(X_n \geq c, \forall n \in \mathbb{N}) = 0$$

für alle $c > 0$ gilt.

Ausgestattet mit dieser Erkenntnis, kann man die fast sichere Konvergenz von $(X_n)_{n \in \mathbb{N}}$ gegen 0 beweisen und somit neben (d) die Teilaufgaben (a) und (c) beantworten. Denn aus der Aufgabenstellung wird klar, dass $(X_n)_{n \in \mathbb{N}}$ fast sicher monoton fällt. Daraus folgt für jedes $\varepsilon > 0$

$$P\left(\bigcup_N \bigcap_{n \geq N} \{0 \leq X_n \leq \varepsilon\}\right) = P\left(\bigcup_N \{X_N \leq \varepsilon\}\right) = 1 - P(X_N > \varepsilon, \forall N \in \mathbb{N})$$
$$= 1.$$

In Teilaufgabe (b) betrachte man $E|X_n|^r$, wobei wir $(2\pi)^r$ als integrierbare Majorante für die X_n haben. Damit folgt die Konvergenz von $(X_n)_{n \in \mathbb{N}}$ im $\mathcal{L}^r$-Sinne direkt aus Aufgabe 6.5.

6.39 Wir orientieren uns am Hinweis. Da

$$P\left(\sup_{m\geq n}|S_m-S|>\varepsilon\right)\leq P\left(\sup_{m\geq n}|S_m-S_n|>\frac{\varepsilon}{2}\right)+P\left(|S_n-S|>\frac{\varepsilon}{2}\right)$$

und nach Voraussetzung

$$\lim_{n\to\infty}P\left(|S_n-S|>\frac{\varepsilon}{2}\right)=0$$

gilt, sind wir fertig, wenn wir zeigen, dass

$$\lim_{n\to\infty}P\left(\sup_{m\geq n}|S_m-S_n|>\varepsilon\right)=0, \qquad \forall \varepsilon>0.$$

Dazu definieren wir

$$D_k:=\left\{\max_{1\leq j<k}|S_{j+n}-S_n|\leq\varepsilon\cap|S_{k+n}-S_n|>\varepsilon\right\}.$$

Mit dieser Festlegung ist

$$\bigcup_{k=1}^{\infty}D_k=\left\{\sup_{m\geq n}|S_m-S_n|>\varepsilon\right\},$$

und die D_k sind disjunkt. Ferner ist für $i\geq k$

$$D_k\cap\left\{|S_{i+n}-S_{k+n}|\leq\frac{\varepsilon}{2}\right\}\subseteq\left\{|S_{i+n}-S_n|>\frac{\varepsilon}{2}\right\},$$

und daraus folgt

$$\sum_{k=1}^{i}P\left(D_k\cap\left\{|S_{i+n}-S_{k+n}|\leq\frac{\varepsilon}{2}\right\}\right)\leq P\left(|S_{i+n}-S_n|>\frac{\varepsilon}{2}\right). \tag{6.15}$$

Wegen der Unabhängigkeit von D_k und $\{|S_{i+n}-S_{k+n}|\leq\frac{\varepsilon}{2}\}$ kann man die linke Seite von (6.15) nach unten abschätzen durch

$$\sum_{k=1}^{i}P(D_k)\cdot\min_{1\leq k\leq i}P\left(|S_{i+n}-S_{k+n}|\leq\frac{\varepsilon}{2}\right).$$

Also gilt

$$P\left(\max_{n\leq m\leq n+i}|S_m-S_n|>\varepsilon\right)\cdot\min_{1\leq k\leq i}P\left(|S_{i+n}-S_{k+n}|\leq\frac{\varepsilon}{2}\right)\leq P\left(|S_{i+n}-S_n|>\frac{\varepsilon}{2}\right) \tag{6.16}$$

Es fehlt noch ein kleiner Schritt: Sei dazu $\gamma>0$ gewählt. Es existiert ein $N<\infty$, so dass $P(|S_{l+n}-S_n|\leq\frac{\varepsilon}{2})>1-\gamma$ für alle $l\in\mathbb{N}_0$ und alle $n>N$. Mit (6.16) folgt daraus, dass für alle $n>N$

$$P\left(\sup_{m\geq n}|S_m-S_n|>\varepsilon\right)\leq\frac{\gamma}{1-\gamma}.$$

Damit ist alles bewiesen.

6.40 Setzen wir für $N \in \mathbb{N}$

$$Y_N := \sum_{n=1}^{N} \frac{1}{n} X_n.$$

Man sieht leicht, dass $EY_N = 0$ ist, und für die Varianz haben wir

$$var\, Y_N = \sum_{n=1}^{N} \frac{1}{n^2} var\, X_n = \sum_{n=1}^{N} \frac{1}{n^2} \leq \frac{\pi^2}{6}.$$

Überlegen wir weiter, dass für $M < N$

$$E|Y_N - Y_M|^2 = var\left(\sum_{n=M+1}^{N} \frac{1}{n} X_n\right) = \sum_{n=M+1}^{N} \frac{1}{n^2} \xrightarrow{N,M \to \infty} 0.$$

Daraus folgt, dass $(Y_N)_{N \in \mathbb{N}}$ eine Cauchy-Folge bezüglich der $\mathcal{L}^2$-Norm ist. Da der Raum $\mathcal{L}^2$ vollständig ist, konvergiert $(Y_N)_{N \in \mathbb{N}}$ in $\mathcal{L}^2$ gegen eine Zufallsgröße Y, also auch nach Wahrscheinlichkeit und nach Verteilung.

Die Folge konvergiert zusätzlich sogar fast sicher, da es sich um eine Reihe unabhängiger Zufallsgrößen handelt, und somit unter das Ergebnis der Aufgabe 6.39 fällt. Aus der Analysis ist bekannt, dass $\sum_{n=1}^{\infty} \frac{1}{n}$ divergiert und dass $\sum_{n=1}^{\infty} (-1)^n/n = -\ln 2$.

Kapitel 7

Grenzwertsätze

7.1 Aufgaben

7.1 Sei $(X_n)_{n\geq 2}$ eine Folge unabhängiger Zufallsgrößen auf einem W-Raum $(\Omega, \mathcal{A}, P)$ mit

$$P(X_n = -n) = P(X_n = +n) = \frac{1}{2n \ln n}, \qquad P(X_n = 0) = 1 - \frac{1}{n \ln n}.$$

(a) Genügt die Folge $(X_n)_{n\geq 2}$ dem schwachen Gesetz der großen Zahlen?

(b) Genügt die Folge $(X_n)_{n\geq 2}$ dem starken Gesetz der großen Zahlen?

7.2 (Kurioser Spielverlauf) Mit einem Startkapital von 1 Euro spielen Sie das folgende Glücksspiel: Wenn vor der n. Runde Ihr Kapital K_{n-1} beträgt, dann erhalten Sie in der n. Runde nach dem Wurf einer fairen Münze den Geldbetrag $\frac{2}{3}K_{n-1}$, sofern *Zahl* erscheint, andernfalls verlieren Sie den Betrag $\frac{1}{2}K_{n-1}$.

(a) Berechnen Sie EK_n, und überzeugen Sie sich, dass $EK_n \xrightarrow{n\to\infty} \infty$.

(b) Zeigen Sie, dass $K_n \xrightarrow{p} 0$.

Hinweis: Für $n \in \mathbb{N}$ ist $K_n = Y_1 \cdot \ldots \cdot Y_n$ mit

$$Y_i = \begin{cases} \frac{5}{3}, & \text{falls in der } i. \text{ Runde } \textit{Zahl} \text{ erscheint} \\ \frac{1}{2}, & \text{falls in der } i. \text{ Runde } \textit{Kopf} \text{ erscheint.} \end{cases}$$

Wenden Sie nun das Gesetz der großen Zahlen auf $Z_i = \ln Y_i$ an.

7.3 (Prämienbestimmung) Es sei R_k die von einer Versicherung zu begleichende Schadenshöhe ihres k. Kunden für ein gegebenes Jahr. Die $R_k, k = 1, \ldots, K = 1000$, für die insgesamt K Kunden können als unabhängige, identisch verteilte, nichtnegative Zufallsgrößen mit Erwartungswert μ und Varianz $\sigma^2 > 0$ aufgefasst werden. Die Konstanten μ und σ^2 sind der Versicherung aus Erfahrungen früherer Jahre bekannt. Die Versicherung bemisst die jährliche Prämie W der Kunden nach Standardabweichungen von der erwarteten Schadenshöhe, d.h. $W = \mu + \alpha\sigma$, wobei $\alpha > 0$ ein Risikofaktor ist. Ermitteln Sie nun α approximativ so, dass einerseits höchstens mit 1%-iger Wahrscheinlichkeit die Summe der Ausgaben aufgrund von Schäden größer ist als die Summe der Einnahmen durch Prämien und andererseits aus Gründen der Wettbewerbsfähigkeit α kleinstmöglich ist. Hängt das Ergebnis von μ und σ^2 ab?

7.4 Es sei $(X_n)_{n\in\mathbb{N}}$ eine Folge unabhängiger Zufallsgrößen mit $P(X_n = -2^n) = P(X_n = +2^n) = \frac{1}{2}$. Zeigen Sie, dass $(X_n)_{n\in\mathbb{N}}$ den zentralen Grenzwertsatz nicht erfüllt in dem Sinne, dass $\sum_{k=1}^{n} X_k / [var(\sum_{k=1}^{n} X_k)]^{1/2}$ nicht gegen eine standardnormalverteilte Zufallsgröße konvergiert.
Anleitung: Schätzen Sie $\sum_{k=1}^{n} X_k / [\text{var}(\sum_{k=1}^{n} X_k)]^{\frac{1}{2}}$ ab.

7.5 (Probabilistische Integralberechnung) Es sei $f : [0,1] \to [0,1]$ eine stetige Funktion, deren Integral

$$I = \int_0^1 f(x)dx$$

bestimmt werden soll. Es seien $X_1, Y_1, X_2, Y_2, \ldots$ unabhängige, jeweils $\mathbf{U}[0,1]$-verteilte Zufallsgrößen. Wir definieren

$$Z_n := \begin{cases} 1, & \text{falls } Y_n < f(X_n) \\ 0, & \text{falls } Y_n \geq f(X_n). \end{cases}$$

(a) Man zeige, dass $\frac{1}{n}\sum_{k=1}^{n} Z_k \to \int_0^1 f(x)dx$ f.s.

(b) Wie groß muss n mindestens sein, um das Integral I mit Wahrscheinlichkeit 0.95 auf mindestens 0.01 genau zu bestimmen?

7.6 (Grundproblem der Statistik) Eine Population von N Objekten (z.B. Waren, Aktien, Teilchen, ...) kann als Stichprobenraum betrachtet werden. Zusammen mit der Menge aller Teilmengen von Objekten als σ-Algebra und dem Wahrscheinlichkeitsmaß P, welches jedem Objekt das Maß N^{-1} zuordnet, ergibt sich ein W-Raum. Sei X eine Zufallsgröße auf diesem W-Raum (z.B. eine quantitative Eigenschaft der Objekte wie Gewicht, Wert, Größe, ...). Das Grundproblem der Statistik besteht darin, aufgrund einer Stichprobe von n Objekten und deren Eigenschaften auf die Verteilung von X zu schließen. Wird die Stichprobe mit Zurücklegen gezogen, ergeben sich unabhängige Zufallsgrößen $X_1, \ldots, X_n$ mit derselben Verteilung wie X. Sei

$$\overline{X}_n = \frac{1}{n}\sum_{k=1}^{n} X_k$$

das *Stichprobenmittel* und

$$s_n^2 = \frac{1}{n-1} \sum_{k=1}^{n} (X_k - \overline{X}_n)^2$$

die *Stichprobenvarianz*. Angenommen, es ist $EX = \mu$ und $\text{var}\, X = \sigma^2 < \infty$.

(a) Zeigen Sie, dass $E\overline{X}_n = \mu$ und $Es_n^2 = \sigma^2$ ist.

(b) Zeigen Sie, dass $\overline{X}_n \longrightarrow \mu$ und $s_n^2 \longrightarrow \sigma^2$ P-f.s.

7.9 Es seien $X_1, \ldots, X_n$ unabhängige, jeweils $\mathbf{U}[0, \theta]$-verteilte Zufallsgrößen und $M_n = \max\{X_1, \ldots, X_n\}$.

(a) Ermitteln Sie das asymptotische Verhalten von

$$Z_n := n(\theta - M_n)/\theta \ \text{ für } n \to \infty.$$

(b) Der Parameter θ und damit die Verteilungsfunktion der X_n sei unbekannt. Wir approximieren diese durch die empirische Verteilungsfunktion $\hat{F}_n$, d.h. durch

$$\hat{F}_n(x) = \frac{1}{n} \sum_{k=1}^{n} 1_{(-\infty, x]}(X_k).$$

Seien $Y_1, \ldots, Y_n$ unabhängige, identisch verteilte Zufallsgrößen mit Verteilungsfunktion $\hat{F}_n$ und sei $M_n^* = \max\{Y_1, \ldots, Y_n\}$ sowie

$$Z_n^* := n(M_n - M_n^*)/M_n$$

eine Approximation von Z_n. Untersuchen Sie das asymptotische Verhalten von Z_n^* für $n \to \infty$.

7.10 Es sei $(X_n)_{n \in \mathbb{N}}$ eine Folge unabhängiger, $\mathbf{P}(\lambda)$-verteilter Zufallsgrößen. Der Parameter λ sei unbekannt, und die Wahrscheinlichkeit $P(X_i = 0) = e^{-\lambda}$ soll mittels $X_1, \ldots, X_n$ geschätzt werden. Die beiden Schätzer

$$\hat{T}_1 = \exp\left(-\frac{1}{n} \sum_{i=1}^{n} X_i\right),$$

$$\hat{T}_2 = \frac{1}{n} \sum_{i=1}^{n} 1_{\{X_i = 0\}}$$

werden dafür ins Auge gefasst. Bestimmen Sie die Grenzverteilungen von

$$\sqrt{n}(\hat{T}_j - e^{-\lambda}), \qquad j = 1, 2,$$

für $n \to \infty$.

7.11 (Problem der vollständigen Serie) Aus einer n-elementigen Menge werden jeweils mit Zurücklegen und rein zufällig so lange Elemente gezogen, bis mit der Ziehung τ_n erstmals jedes Element mindestens einmal gezogen worden ist. Zeigen Sie, dass
$$\frac{\tau_n}{n \ln n} \xrightarrow{p} 1.$$

7.12 Es sei $(X_n)_{n \in \mathbb{N}}$ eine Folge unabhängiger, jeweils Cauchy-verteilter Zufallsgrößen mit der Dichte
$$f(x) = \frac{1}{\pi} \frac{1}{1+x^2}, \qquad x \in \mathbb{R}.$$

(a) Für welche α konvergiert
$$\frac{X_1 + \cdots + X_n}{n^\alpha}$$
nach Verteilung?

(b) Bestimmen Sie im Fall der Konvergenz jeweils die Grenzverteilung.

7.13 (Stutzung) Sei $(X_n)_{n \in \mathbb{N}}$ eine Folge unabhängiger Zufallsgrößen und $c_1 < c_2 < \ldots$ seien Konstanten mit $c_n \to \infty$. Durch Stutzung von X_k in der Höhe c_n definieren wir $Y_{k,n} = X_k 1_{\{|X_k| \le c_n\}}$ nebst
$$S_n = \sum_{k=1}^n X_k,$$
$$S_n^* = \sum_{k=1}^n Y_{k,n}.$$

(a) Unter der Voraussetzung $\lim_{n \to \infty} \sum_{k=1}^n P(|X_k| > c_n) = 0$ gilt
$$\frac{S_n}{c_n} - \frac{S_n^*}{c_n} \xrightarrow{p} 0.$$
Beweisen Sie diese Aussage.

(b) Angenommen, die X_n sind darüber hinaus identisch verteilt mit $E|X_n| < \infty$. Sei $Y_k = X_k 1_{\{|X_k| \le k\}}$ sowie $S_n^* = \sum_{k=1}^n Y_k$. Zeigen Sie, dass in diesem Fall sogar
$$\frac{S_n}{n} - \frac{S_n^*}{n} \longrightarrow 0 \quad \text{f.s.}$$

7.14 (Erneuerungen) In eine Alarmanlage ist ein elektronisches Bauelement integriert. Sobald es nicht mehr funktionsfähig ist, wird es unmittelbar durch ein gleichartiges Bauelement ersetzt. Die Lebensdauern der einzelnen Bauelemente dieses Typs seien unabhängig und jeweils **Exp**(λ)-verteilt.

Sei X_n die Lebensdauer des n. Bauelements, $S_0 := 0$ und $S_n := X_1 + \cdots + X_n$. Dann ist S_n der Zeitpunkt der n. Erneuerung und

$$N(t) := \max\{n \in \mathbb{N}_0 : S_n \leq t\}$$

die Anzahl der Erneuerungen im Intervall $[0, t]$.
Zeigen Sie, dass

$$\frac{N(t) - \lambda t}{\sqrt{\lambda t}}$$

nach Verteilung konvergiert, und bestimmen Sie die Grenzverteilung.

7.15 (Muster) Es sei $(X_n)_{n \in \mathbb{N}}$ eine Folge unabhängiger, $\mathbf{B}(\frac{1}{2})$-verteilter Zufallsgrößen. Ein *Muster* ist ein endlicher Abschnitt $x = (x_0, \ldots, x_{k-1})$ mit $x_i \in \{0, 1\}$ für $i = 0, \ldots, k-1$ und $k \in \mathbb{N}$. Wir schreiben

$$Y_n = \begin{cases} 1, & \text{falls } X_n = x_0, \ldots, X_{n+k-1} = x_{k-1} \\ 0, & \text{sonst} \end{cases}$$

für die Indikatorfunktion des Musters x beginnend mit X_n. Zeigen Sie, dass

$$\frac{Y_1 + \ldots + Y_n}{n} \longrightarrow 2^{-k} \quad \text{f.s.}$$

7.17 (H. Walks Beweis des starken Gesetzes der großen Zahlen) Beweisen Sie das starke Gesetz der großen Zahlen für unabhängige, integrierbare Zufallsgrößen X_i, indem Sie die folgenden Schritte durchlaufen:

(a) Für jede Folge $(a_n)_{n \in \mathbb{N}}$ von gleichmäßig nach unten beschränkten reellen Zahlen mit $\sum_{n=1}^{\infty} (a_1 + \cdots + a_n)^2 / n^3 < \infty$ ist stets

$$\lim_{n \to \infty} \frac{1}{n} \sum_{i=1}^{n} a_i = 0.$$

Hinweis: Zeigen Sie durch Widerspruch, dass

$$\limsup_{n \to \infty} \frac{1}{n} \sum_{i=1}^{n} a_i \leq 0 \qquad \text{und} \qquad \liminf_{n \to \infty} \frac{1}{n} \sum_{i=1}^{n} a_i \geq 0,$$

etwa, indem Sie im ersten Fall annehmen, es gebe eine positive Konstante d und unendlich viele Indizes n mit $\sum_{i=1}^{n} a_i \geq dn$ und sich dann vergewissern, dass für alle $k \in \{n, \ldots, \lfloor n\gamma \rfloor\}$ mit geeignetem $\gamma > 1$ jeweils

$$\left(\sum_{i=1}^{k} a_i\right)^2 \geq \text{const.} \, d^2 n^2$$

sein muss.

(b) Stützen Sie sich auf das deterministische Resultat in (a) um nachzuweisen, dass für nichtnegative, unabhängige Zufallsgrößen Y_i mit $EY_i \leq c < \infty, \forall i$, die Voraussetzung

$$\sum_{n=1}^{\infty} \frac{var(Y_1 + \cdots + Y_n)}{n^3} < \infty$$

hinreichend für das starke Gesetz der großen Zahlen ist.

Hinweis: Betrachten Sie

$$E \sum_{n=1}^{\infty} \frac{1}{n^3} \left[\sum_{i=1}^{n} (Y_i - EY_i) \right]^2 .$$

(c) Überprüfen Sie, dass die in der Höhe i gestutzten und als nichtnegativ angenommenen X_i, also $X_i' := X_i \cdot 1_{(-\infty, i]}(X_i)$, die Voraussetzungen in (b) erfüllen.

(d) Überzeugen Sie sich, dass aus (b) und (c) die Gültigkeit des starken Gesetzes der großen Zahlen für beliebige unabhängige, integrierbare Zufallsgrößen folgt.

7.22 Sei $(X_n)_{n \in \mathbb{N}}$ eine Folge unabhängiger Zufallsgrößen mit

$$P(X_n = -n^{3/2}) = P(X_n = +n^{3/2}) = \frac{1}{2n}, \quad P(X_n = 0) = 1 - \frac{1}{n}.$$

Zeigen Sie, dass es für $S_n := \sum_{k=1}^{n} X_k$ ein nicht standard-normalverteiltes S gibt mit

$$\frac{S_n}{\sqrt{varS_n}} \xrightarrow{d} S,$$

wenn $n \to \infty$.

7.24 Bevor die Normalverteilung aufgrund des zentralen Grenzwertsatzes für die Modellierung von Messfehlern populär wurde, gab es eine Reihe verschiedener Hypothesen über deren Verteilungsdichte f:

- Simpson (1757): $\quad f(x) = (\alpha - \alpha^2 |x|) \cdot 1_{[-1/\alpha, +1/\alpha]}(x), \qquad \alpha \in \mathbb{R}_+$.

- Laplace (1774): $\quad f(x) = \frac{1}{2\alpha} \exp(-\frac{|x|}{\alpha}) \cdot 1_{\mathbb{R}}(x), \qquad \alpha \in \mathbb{R}_+$.

- Lagrange (1775): $\quad f(x) = \alpha \cos(2\alpha x) \cdot 1_{[-\pi/4\alpha, +\pi/4\alpha]}(x), \qquad \alpha \in \mathbb{R}_+$.

Ermitteln Sie die Konstanten α jeweils so, dass die Verteilungen Varianz 1 haben. Mit dieser Wahl von α: Vergleichen Sie in jedem der drei Fälle die Wahrscheinlichkeit, dass ein Messfehler vom Betrag nicht größer als eine Standardabweichung ist, mit der entsprechenden Wahrscheinlichkeit für die Standard-Normalverteilung.

7.28 (Sortieren) Der Algorithmus *Bubble Sort* wird zum Sortieren von Zahlenarrays verwendet. Er basiert auf dem Prinzip des fortgesetzten Vergleichens und gelegentlichen Austauschens von aufeinander folgenden Elementen. Gegeben sei ein Datenarray $(a[1], \ldots a[n])$. Nur wenn die Belegung der i. Array-Position $a[i]$ größer ist als das Element in der $(i+1)$. Position $a[i+1]$, erfolgt ein Austausch der beiden Elemente. Anschließend wird dann das aktuelle Element in $a[i+1]$ (also das vormalige Element aus $a[i]$, sofern ein Austausch durchgeführt wurde), mit der Belegung von $a[i+2]$ verglichen, usw. Das Verfahren erfordert im Allgemeinen mehrere Durchläufe. Jeder Durchlauf beginnt mit dem Vergleich von $a[1]$ und $a[2]$. So geht der Array $(4, 3, 5, 1, 2)$ nach einem Durchlauf über in $(3, 4, 1, 2, 5)$. Dieser endet mit der Überführung des größten Elements an das Ende des Arrays. Der zweite Durchlauf liefert $(3, 1, 2, 4, 5)$. Der Algorithmus endet mit einem Durchlauf, bei dem keine Austauschoperationen mehr vorgenommen werden müssen. Für Effizienzbetrachtungen ist die Gesamtzahl D_n der Durchläufe von Interesse.

(a) Ermitteln Sie die Verteilung von D_n für ein Array bestehend aus den Realisierungen $x_1, \ldots, x_n$ von n unabhängigen und identisch verteilten stetigen Zufallsgrößen.

Hinweis: Im zu ordnenden Array sei N_i die Anzahl der Elemente in den Array-Positionen $a[1], \ldots, a[i-1]$, die größer sind als das Element in $a[i]$. Überlegen Sie, dass $D_n = \max\{N_2, \ldots, N_n\} + 1$. Welche Verteilungen besitzen die N_i? Sind die N_i unabhängig?

(b) Zeigen Sie, dass
$$\frac{D_n - n}{\sqrt{n}} \xrightarrow{d} -R,$$
wobei R eine Zufallsgröße mit Dichte $xe^{-x^2/2} \cdot 1_{[0,\infty)}(x)$ ist. (Dies ist die Dichte der so genannten *Raleigh-Verteilung*.)

7.30 Bei einer telefonischen Umfrage sollen mindestens 200 Personen befragt werden. Die von einem Call-Center durchgeführten Befragungen können zeitlich annähernd als Poisson-Prozess mit Parameter $\lambda = 100$ Personen/Stunde modelliert werden. Ein Zeitintervall welcher Länge muss man einplanen, um 90% sicher zu sein, dass mehr als 200 Umfragen durchgeführt werden.

7.31 In der Bundesrepublik gab es von 1970 bis 1999 insgesamt 25 171 123 registrierte Lebendgeburten, davon waren 12 241 392 Mädchen.

(a) Berechnen Sie ein 95%-iges Vertrauensintervall für die Wahrscheinlichkeit p einer Mädchengeburt.

(b) Wenn p tatsächlich $\frac{1}{2}$ wäre, mit welcher Wahrscheinlichkeit würden dann unter 25 171 123 Geburten höchstens 12 241 392 Mädchengeburten auftreten?

7.32 Beim Roulette sind je 18 Zahlen rot bzw. schwarz markiert und eine Zahl (0) ist grün. Setzt ein Spieler auf *Rot* oder *Schwarz*, so bekommt er bei Gewinn den doppelten Einsatz ausbezahlt, beim Setzen auf eine Zahl bei Gewinn den 36-fachen Einsatz. Erscheint 0, so verlieren alle Einsätze. Spieler A setzt stets auf *Rot*, Spieler B stets auf eine Zahl. Bestimmen Sie für beide Spieler approximativ die Wahrscheinlichkeit, in 100 Spielen mit einem Einsatz von je 10 Euro mindestens 40 Euro zu gewinnen.

7.33 Es sei $(X_n)_{n \in \mathbb{N}}$ eine Folge unabhängiger, $\mathbf{P}(\lambda)$-verteilter Zufallsgrößen.

(a) Zeigen Sie, dass
$$\frac{\lambda^n}{n!} e^{-\lambda} \leq P(X_1 \geq n) \leq \frac{\lambda^n}{n!}.$$

(b) Folgern Sie aus (a), dass unabhängig von λ
$$P\left(\limsup_{n \to \infty} \frac{X_n}{\ln n / (\ln \ln n)} = 1\right) = 1.$$

7.36 Es sei $(X_n)_{n \in \mathbb{N}}$ eine Folge von unabhängigen und identisch verteilten Zufallsgrößen mit $EX_n = \mu$ und $\text{var } X_n = \sigma^2 \in (0, \infty)$. Leiten Sie aus dem Gesetz des iterierten Logarithmus ab, dass für $S_n^* := \sum_{i=1}^n X_i - n\mu$ die folgenden Aussagen gelten:

(a) Für alle $\alpha > 1/2$ ist
$$\lim_{n \to \infty} \frac{S_n^*}{n^\alpha} = 0 \qquad \text{f.s.}$$

(b) Für alle $\alpha \in [0, 1/2]$ ist
$$-\infty = \liminf_{n \to \infty} \frac{S_n^*}{n^\alpha} < \limsup_{n \to \infty} \frac{S_n^*}{n^\alpha} = +\infty \qquad \text{f.s.}$$

7.2 Lösungen

7.1 (a) Jedes Folgeglied von $(X_n)_{n \geq 2}$ ist quadratisch integrierbar. Der Erwartungswert der X_n ist

$$EX_n = (-n) \cdot \frac{1}{2n \ln n} + n \cdot \frac{1}{2n \ln n} + 0 \cdot \left(1 - \frac{1}{n \ln n}\right) = 0.$$

Für $S_n := \frac{X_2 + \cdots + X_n}{n-1}$ folgt somit $ES_n = 0$ für jedes $n \geq 2$. Da die X_n unabhängig sind, gilt für die Varianz

$$\text{var } S_n = \frac{1}{(n-1)^2} \sum_{j=2}^n \text{var } X_j = \frac{1}{(n-1)^2} \sum_{j=2}^n EX_j^2 = \frac{1}{(n-1)^2} \sum_{j=2}^n \frac{j}{\ln j}.$$

Zu zeigen, dass $\frac{1}{(n-1)^2} \sum_{j=2}^n \frac{j}{\ln j}$ gegen 0 konvergiert, ist ein Problem der Analysis. Für beliebige $n, m \geq 2$ mit $n > m$ gilt

$$\frac{1}{(n-1)^2}\sum_{j=2}^{n}\frac{j}{\ln j} = \frac{1}{(n-1)^2}\sum_{j=2}^{m}\frac{j}{\ln j} + \frac{1}{(n-1)^2}\sum_{j=m+1}^{n}\frac{j}{\ln j}$$

$$\leq \frac{1}{(n-1)^2}\sum_{j=2}^{m}\frac{j}{\ln j} + \frac{1}{\ln m}\frac{1}{(n-1)^2}\sum_{j=m+1}^{n}j$$

$$\leq \frac{1}{(n-1)^2}\sum_{j=2}^{m}\frac{j}{\ln j} + \frac{1}{\ln m}\frac{1}{(n-1)^2}\frac{n(n+1)}{2}$$

$$\leq \frac{1}{(n-1)^2}\sum_{j=2}^{m}\frac{j}{\ln j} + \frac{c}{\ln m},$$

wobei die Konstante $c < \infty$ unabhängig von n und m ist. Sei nun $\varepsilon > 0$ beliebig. Man wähle zuerst m groß genug, so dass $\frac{c}{\ln m} \leq \varepsilon/2$ gilt und in Abhängigkeit von m anschließend N groß genug, so dass für alle $n \geq N$ die Ungleichung $\frac{1}{(n-1)^2}\sum_{j=2}^{m}\frac{j}{\ln j} \leq \varepsilon/2$ gilt. Damit ist die Konvergenz von $\operatorname{var} S_n$ gegen 0 gezeigt. Diese impliziert zusammen mit $ES_n = 0$, dass S_n im quadratischen Mittel und somit auch nach Wahrscheinlichkeit gegen 0 strebt. Somit erfüllt $(X_n)_{n\geq 2}$ das schwache Gesetz der großen Zahlen.

(b) Das starke Gesetz der großen Zahlen verlangt die fast sichere Konvergenz der Folge $(S_n)_{n\geq 2}$. Für S_n leitet man leicht die Rekursionsformel $S_{n+1} = \frac{n-1}{n}S_n + \frac{1}{n}X_{n+1}$ her. Infolgedessen ist

$$|S_{n+1} - S_n| = \frac{1}{n}|X_{n+1} - S_n| \geq \left|\left|\frac{X_{n+1}}{n}\right| - \left|\frac{S_n}{n}\right|\right|. \tag{7.1}$$

Da – wie aus der Definition ersichtlich – fast sicher $|X_j| \leq j$ gilt für alle $j \geq 2$, haben wir als direkte Folge der Dreiecksungleichung

$$\left|\frac{S_n}{n}\right| = \frac{1}{n(n-1)}\left|\sum_{j=2}^{n}X_j\right| \leq \frac{1}{n(n-1)}\sum_{j=2}^{n}j.$$

Dieser Ausdruck konvergiert für $n \to \infty$ gegen $1/2$. Daher existiert ein N, so dass für alle $n \geq N$ die Ungleichung $\left|\frac{S_n}{n}\right| \leq 3/4$ fast sicher erfüllt ist. Betrachten wir nun den Term $\left|\frac{X_{n+1}}{n}\right|$. Man sieht, dass

$$\sum_{n=2}^{K}P(|X_{n+1}| \geq n) = \sum_{n=2}^{K}P(|X_{n+1}| \neq 0) = \sum_{n=3}^{K+1}\frac{1}{n\ln n} \xrightarrow{K\to\infty} \infty,$$

wenn man sich auf das Integralvergleichskriterium stützt. Mit Hilfe des Borel-Cantelli-Lemmas (AW, Satz 2.2.7) folgt unter Verwendung der Unabhängigkeit der Ereignisse $\{|X_{n+1}| \geq n\}$ daraus

$$P(|X_{n+1}| \geq n \text{ unendlich oft}) = 1$$

d.h.

$$P\left(\left|\frac{X_{n+1}}{n}\right| \geq 1 \text{ unendlich oft}\right) = 1.$$

Sobald man dies weiß, folgert man mit (7.1), dass auch

$$P(|S_{n+1} - S_n| \geq 1/4 \text{ unendlich oft}) = 1.$$

Für fast alle ω existiert daher eine divergente Teilfolge von $(S_n(\omega))_{n\geq 2}$, und damit kann für diese ω die Folge $(S_n(\omega))_{n\geq 2}$ nicht konvergieren. Eine fast sichere Konvergenz der Folge $(S_n)_{n\geq 2}$ ist damit ausgeschlossen, und die Folge $(X_n)_{n\geq 2}$ genügt dem starken Gesetz der großen Zahlen nicht.

7.2 (a) In der n. Runde wird das Kapital K_{n-1} bei Wurf von *Zahl* auf $\frac{5}{3}K_{n-1}$ erhöht, also um den Faktor $5/3$. Bei Wurf von *Kopf* wird das Kapital K_{n-1} auf $\frac{1}{2}K_{n-1}$ verringert, also um den Faktor $1/2$. Demzufolge ist $K_n = Y_1 \cdot \ldots \cdot Y_n$ mit

$$Y_i = \begin{cases} 5/3, & \text{falls in der } i. \text{ Runde } \textit{Zahl} \text{ erscheint} \\ 1/2, & \text{falls in der } i. \text{ Runde } \textit{Kopf}\text{ erscheint,} \end{cases}$$

und die Y_i sind unabhängig. Mit

$$EY_i = \frac{1}{2} \cdot \frac{5}{3} + \frac{1}{2} \cdot \frac{1}{2} = \frac{13}{12}$$

bestimmen wir

$$EK_n = E[Y_1 \cdot \ldots \cdot Y_n] = \prod_{i=1}^{n} EY_i = \left(\frac{13}{12}\right)^n,$$

und es gilt $EK_n \xrightarrow{n\to\infty} \infty$.

(b) Als Erstes notieren wir, dass

$$E \ln Y_i = \frac{1}{2} \ln \frac{5}{3} + \frac{1}{2} \ln \frac{1}{2} = \ln\left[\left(\frac{5}{3}\right)^{1/2}\left(\frac{1}{2}\right)^{1/2}\right] = \ln\left(\frac{5}{6}\right)^{1/2} := \mu < 0.$$

Nach dem Gesetz der großen Zahlen gilt somit

$$\frac{1}{n} \ln K_n = \frac{1}{n} \sum_{i=1}^{n} \ln Y_i \xrightarrow{p} \mu < 0. \tag{7.2}$$

Für alle $\varepsilon \in (0, |\mu|)$ konvergiert $e^{n\varepsilon + n\mu}$ gegen 0, und aus (7.2) folgt

7.2 Lösungen

$$P\left(\frac{1}{n}\ln K_n - \mu > \varepsilon\right) \stackrel{n\to\infty}{\longrightarrow} 0,$$

d.h.

$$P\left(K_n > e^{n\varepsilon+n\mu}\right) \stackrel{n\to\infty}{\longrightarrow} 0.$$

Da die K_n nichtnegativ sind, folgt zwingend $K_n \stackrel{p}{\longrightarrow} 0$.

7.3 Wir müssen das kleinste α mit der Eigenschaft

$$P\left(\sum_{k=1}^{K} R_k > K(\mu + \alpha\sigma)\right) \leq 0.01 \tag{7.3}$$

bestimmen. Die Wahrscheinlichkeit in (7.3) ist monoton fallend in α, demnach kann man (7.3) mit «$=$» statt «$\leq$» lösen, um das gesuchte α zu erhalten. Der zentrale Grenzwertsatz stellt sicher, dass die Zufallsgröße

$$Z := \frac{\sum_{k=1}^{K} R_k - K\mu}{\sqrt{K}\sigma}$$

approximativ standard-normalverteilt ist. Das gesuchte α löst also die Gleichung

$$P(Z > \alpha\sqrt{K}) = 0.01,$$

was mit der Tabelle der Standard-Normalverteilung $\alpha\sqrt{K} = 2.33$ ergibt, bzw.

$$\alpha = \frac{2.33}{\sqrt{K}}.$$

Für $K = 1000$ Kunden haben wir also $\alpha = 0.074$.

7.4 Wir schätzen $\sum_{k=1}^{n} X_k \big/ \left[var\left(\sum_{k=1}^{n} X_k\right)\right]^{1/2}$ nach oben ab:

$$\frac{\sum_{k=1}^{n} X_k}{\left[var\left(\sum_{k=1}^{n} X_k\right)\right]^{1/2}} \leq \frac{\sum_{k=1}^{n} 2^k}{\left(\sum_{k=1}^{n} 4^k\right)^{1/2}} = \frac{2^{n+1} - 2}{\left[\frac{1}{3}(4^{n+1} - 4)\right]^{1/2}}, \tag{7.4}$$

da für $x \neq 1$ stets $(x + x^2 + \cdots + x^n) \cdot (1 - x) = x - x^{n+1}$ ist. Für $n \to \infty$ konvergiert die Schranke auf der rechten Seite von (7.4) gegen $\sqrt{3}$, und es liegt auf der Hand, dass die linke Seite von (7.4) für $n \to \infty$ nicht gegen eine standard-normalverteilte Zufallsgröße konvergieren kann.

7.5 (a) Die Aussage folgt unmittelbar aus dem starken Gesetz der großen Zahlen, wenn wir uns überzeugen, dass $EZ_k = I$ ist, denn die Z_k sind unabhängig und identisch verteilt. Es ist

$$EZ_k = P(Z_k = 1) = P(Y_n < f(X_n)) = \iint\limits_{\{(x,y):y<f(x)\}} 1\,dy\,dx$$

$$= \int_0^1 \int_0^{f(x)} 1\,dy\,dx = \int_0^1 f(x)\,dx = I$$

unter Verwendung der Tatsache, dass die gemeinsame Dichte von X_n und Y_n identisch gleich 1 ist auf $[0,1] \times [0,1]$.

(b) Wir suchen das kleinste n mit der Eigenschaft

$$P\left(\left|\frac{1}{n}\sum_{k=1}^n Z_k - I\right| \leq 0.01\right) = 0.95,$$

d.h.

$$P\left(\left|\frac{1}{\sigma\sqrt{n}}\left(\sum_{k=1}^n Z_k - nI\right)\right| \leq \frac{0.01}{\sigma} \cdot \sqrt{n}\right) = 0.95, \qquad (7.5)$$

wobei σ die Standardabweichung der Z_k ist. Da die Z_k allesamt $\mathbf{B}(I)$-verteilt sind, ist

$$\sigma = \sqrt{I(1-I)}.$$

Je kleiner σ ist, desto kleiner muss n sein, um (7.5) zu erreichen. Der ungünstigste Fall tritt ein, wenn σ mit $\frac{1}{2}$ maximal ist, d.h. $\frac{1}{\sigma} = 2$ ist. Statt aus (7.5) können wir n damit aus

$$P(|W| \leq 0.02\sqrt{n}) = 0.95 \qquad (7.6)$$

bestimmen, wobei wir aufgrund des zentralen Grenzwertsatzes W als standardnormalverteilte Zufallsgröße betrachten. Mit deren Verteilungsfunktion Φ schreibt sich (7.6) als

$$\Phi(0.02\sqrt{n}) - \Phi(-0.02\sqrt{n}) = 0.95$$

bzw. $2\Phi(0.02\sqrt{n}) - 1 = 0.95$ oder $\Phi(0.02\sqrt{n}) = 0.975$. Eine Tabelle liefert $0.02\sqrt{n} = 1.96$, und als Ergebnis haben wir

$$n = \left(\frac{1.96}{0.02}\right)^2 = 9604.$$

7.6 (a) Offensichtlich ist

$$E\overline{X}_n = E\left(\frac{1}{n}\sum_{k=1}^n X_k\right) = \frac{1}{n}\sum_{k=1}^n EX_k = \frac{1}{n}\cdot n\cdot \mu = \mu.$$

Ferner gilt

$$\sum_{k=1}^n (X_k - \overline{X}_n)^2 = \sum_{k=1}^n X_k^2 - 2\overline{X}_n \sum_{k=1}^n X_k + n\overline{X}_n^2 = \sum_{k=1}^n X_k^2 - n\overline{X}_n^2.$$

Also ist

$$s_n^2 = \frac{1}{n-1}\sum_{k=1}^n X_k^2 - \frac{n}{n-1}\overline{X}_n^2. \tag{7.7}$$

Um Es_n^2 zu ermitteln, benötigen wir $EX_k^2 = \sigma^2 + \mu^2$ und

$$\begin{aligned}E\overline{X}_n^2 &= \frac{1}{n^2}E\big[(X_1 + \cdots + X_n)(X_1 + \cdots + X_n)\big] \\ &= \frac{1}{n^2}\big[n\cdot EX_1^2 + n(n-1)E(X_1 X_2)\big] \\ &= \frac{1}{n}(\sigma^2 + \mu^2) + \frac{n(n-1)}{n^2}EX_1\cdot EX_2 = \frac{1}{n}\sigma^2 + \mu^2.\end{aligned}$$

Zusammenfassend haben wir

$$Es_n^2 = \frac{n}{n-1}(\sigma^2 + \mu^2) - \frac{n}{n-1}\left(\frac{1}{n}\sigma^2 + \mu^2\right) = \sigma^2.$$

(b) Da die X_i unabhängig und identisch verteilt sind mit $EX_i = \mu$, folgt

$$\overline{X}_n \longrightarrow \mu \qquad P\text{-f.s.}$$

unmittelbar aus dem starken Gesetz der großen Zahlen. Zum Beweis von

$$s_n^2 \longrightarrow \sigma^2 \qquad P\text{-f.s.}$$

ziehen wir (7.7) heran in der Form

$$s_n^2 = \frac{n}{n-1}\left[\frac{1}{n}\sum_{k=1}^n X_k^2 - \overline{X}_n^2\right]. \tag{7.8}$$

Nach dem starken Gesetz der großen Zahlen konvergiert $n^{-1}\sum_{k=1}^n X_k^2$ P-f.s. gegen $EX_k^2 = \sigma^2 + \mu^2$ und $\overline{X}_n$ gegen μ, also $\overline{X}_n^2$ gegen μ^2. Da ferner $\frac{n}{n-1}$

gegen 1 strebt für $n \to \infty$, konvergiert die rechte Seite von (7.8) für $n \to \infty$ P-f.s. gegen σ^2.

7.9 (a) Bestimmen wir zunächst die Verteilungsfunktion von Z_n an der Stelle $z \in [0,n)$.

$$P(Z_n \leq z) = P(M_n \geq \theta - (z\theta/n)) = 1 - P(X_k < \theta - (z\theta)/n, \forall k \in \{1,\ldots,n\})$$
$$= 1 - (P(X_1 < \theta - (z\theta)/n))^n = 1 - \left(\frac{\theta - (z\theta)/n}{\theta}\right)^n = 1 - \left(1 - \frac{z}{n}\right)^n$$
$$\xrightarrow{n \to \infty} 1 - e^{-z}.$$

Also konvergiert $(Z_n)_{n \in \mathbb{N}}$ für $n \to \infty$ nach Verteilung gegen eine **Exp(1)**-verteilte Zufallsgröße.

(b) Unsere Bemühungen gelten der expliziten Bestimmung der Wahrscheinlichkeit

$$P(Z_n^* \leq z) = 1 - P(M_n^* < \alpha_n M_n)$$

für $z \in [0,n)$, wobei $\alpha_n := 1 - z/n$ gesetzt wird. Zu diesem Zweck führen wir die Zufallsgröße $T := \#\{X_j : X_j < \alpha_n M_n\}$ ein und ermitteln ihre Verteilung. Klar ist, dass T in der von $X_1,\ldots,X_n$ erzeugten σ-Algebra messbar ist und ihre Verteilung auf $\{0,\ldots,n-1\}$ konzentriert ist. Wir merken noch an, dass wegen der stetigen Verteilung der X_j der Fall $X_j = M_n = X_k$ für $j \neq k$ mit Wahrscheinlichkeit 0 auftritt und berechnen für $t \in \{0,\ldots,n-1\}$

$$P(T = t) = \sum_{k=1}^{n} P(T = t \cap X_k = M_n)$$
$$= \sum_{k=1}^{n} \int_0^{\theta} P(T = t \cap X_k = M_n = s \mid X_k = s) \frac{1}{\theta} ds$$
$$= \frac{1}{\theta} \sum_{k=1}^{n} \int_0^{\theta} P(\#([0,\alpha_n s) \cap \{X_1,\ldots,X_n\}\setminus\{X_k\}) = t$$
$$\cap \#([\alpha_n s, s] \cap \{X_1,\ldots,X_n\}\setminus\{X_k\}) = n - 1 - t \mid X_k = s)\, ds$$
$$= \frac{1}{\theta} \sum_{k=1}^{n} \int_0^{\theta} \binom{n-1}{t} \left(\frac{\alpha_n s}{\theta}\right)^t \left(\frac{(1-\alpha_n)s}{\theta}\right)^{n-1-t} ds$$
$$= \frac{1}{\theta^n} \binom{n-1}{t} \alpha_n^t (1-\alpha_n)^{n-1-t} \sum_{k=1}^{n} \int_0^{\theta} s^{n-1} ds$$
$$= \binom{n-1}{t} \alpha_n^t (1-\alpha_n)^{n-1-t}.$$

Somit hat T eine $\mathbf{B}(n-1, \alpha_n)$-Verteilung.

Die Zufallsgrößen $Y_1, \ldots, Y_n$ sind gemäß der empirischen Verteilung der X_j verteilt, d.h. $P(Y_j = x \mid x \in \{X_1, \ldots, X_n\}) = 1/n$. Ihr Maximum M_n^* ist folglich genau dann kleiner als $\alpha_n M_n$, wenn sich alle Y_j in der Menge $\{X_j : X_j < \alpha_n M_n\}$ finden, deren Mächtigkeit durch T angegeben wird; es gibt hierfür also T günstige Fälle. In eine Gleichung umgesetzt wird dies zu

$$P(M_n^* < \alpha_n M_n) = \sum_{t=0}^{n-1} \left(\frac{t}{n}\right)^n P(T = t).$$

Mit der bereits ermittelten Verteilung von T folgern wir mittels Umkehrung der Summationsreihenfolge

$$P(M_n^* < \alpha_n M_n) = \sum_{t=0}^{n-1} \left(\frac{t}{n}\right)^n \binom{n-1}{t} \alpha_n^t (1-\alpha_n)^{n-1-t}$$

$$= \sum_{t=0}^{n-1} \left(1 - \frac{t+1}{n}\right)^n \frac{(n-1)!}{(n-1-t)! \cdot t!} \alpha_n^{n-1-t} \left(\frac{z}{n}\right)^t$$

$$= \sum_{t=0}^{n-1} \frac{z^t}{t!} \left(1 - \frac{t+1}{n}\right)^n \frac{(n-1)(n-2) \cdot \ldots \cdot (n-t)}{n^t} \alpha_n^{n-1-t}$$

$$= \sum_{t=0}^{\infty} \frac{z^t}{t!} \left(1 - \frac{t+1}{n}\right)^n \left(1 - \frac{z}{n}\right)^{n-1-t} \prod_{j=1}^{t} \left(1 - \frac{j}{n}\right) \cdot 1_{\{t \leq n-1\}}.$$

Damit ist die Hauptleistung erbracht. Eine unendliche Reihe ist entstanden, deren Summanden nichtnegativ sind und unabhängig von n gegen $z^t/t!$ nach oben beschränkt sind. Somit besitzt die Reihe eine summierbare Majorante bzw. integrierbare Majorante bezüglich des Zählmaßes auf $\mathbb{N}_0$. Für ein beliebiges, aber festes t konvergiert zudem der t. Summand gegen $\frac{z^t}{t!} e^{-(t+1)} e^{-z}$. Ziehen wir den Satz von der majorisierten Konvergenz heran, so folgt, dass die Reihe und somit $P(M_n^* < \alpha_n M_n)$ gegen

$$\sum_{t=0}^{\infty} \frac{z^t}{t!} e^{-(t+1)} e^{-z} = e^{-z-1} \sum_{t=0}^{\infty} \frac{(z/e)^t}{t!} = e^{-z-1} \cdot e^{z/e} = \exp\left[\left(\frac{1}{e} - 1\right)z - 1\right]$$

strebt. Insgesamt haben wir gezeigt, dass $(Z_n^*)_{n \in \mathbb{N}}$ nach Verteilung gegen eine Zufallsgröße Z^* mit der Verteilungsfunktion

$$P(Z^* \leq z) = \begin{cases} 0, & \text{falls } z < 0 \\ 1 - \exp\left[\left(\frac{1}{e} - 1\right)z - 1\right], & \text{falls } z \geq 0 \end{cases}$$

konvergiert.

7.10 Beschäftigen wir uns zuerst mit dem Schätzer $\hat{T}_1$. Zur Bestimmung der Grenzverteilung untersucht man

$$\sqrt{n}\left[\exp\left(-\frac{1}{n}\sum_{i=1}^n X_i\right) - \exp(-\lambda)\right] = e^{-\lambda} \cdot \frac{\exp\left(\lambda - \frac{1}{n}\sum_{i=1}^n X_i\right) - 1}{1/\sqrt{n}}$$

$$= e^{-\lambda} \cdot \frac{\exp\left(-\sqrt{\lambda/n}Y_n\right) - 1}{1/\sqrt{n}}$$

mit $Y_n := n^{-1/2}\sum_{i=1}^n \frac{X_i - \lambda}{\sqrt{\lambda}}$. Gemäß dem zentralen Grenzwertsatz konvergiert $(Y_n)_{n\in\mathbb{N}}$ nach Verteilung gegen eine standard-normalverteilte Zufallsgröße Y. Ermitteln wir nun die Verteilungsfunktion obigen Ausdrucks.

$$P\left(e^{-\lambda}\frac{\exp\left(-\sqrt{\lambda/n}Y_n\right) - 1}{1/\sqrt{n}} \leq x\right) = P\left(e^{-\lambda}[\exp\left(-\sqrt{\lambda/n}Y_n\right) - 1] \leq \frac{x}{\sqrt{n}}\right)$$

$$= P\left(Y_n \geq -\sqrt{\frac{n}{\lambda}} \cdot \ln(1 + xe^\lambda/\sqrt{n})\right).$$

Da $\left(-\sqrt{\frac{n}{\lambda}} \cdot \ln(1 + xe^\lambda/\sqrt{n})\right)_{n\in\mathbb{N}}$ gegen $-xe^\lambda/\sqrt{\lambda}$ konvergiert, kann man mit Hilfe der Monotonie und Stetigkeit von Normalverteilungsfunktionen schließen, dass $P\left(e^{-\lambda}\frac{\exp(-\sqrt{\lambda/n}Y_n)-1}{1/\sqrt{n}} \leq x\right)$ für $n \longrightarrow \infty$ gegen $P\left(-\exp(-\lambda)\sqrt{\lambda}Y \leq x\right)$ konvergiert. Also konvergiert $\sqrt{n}(\hat{T}_1 - e^{-\lambda})$ nach Verteilung gegen die Zufallsgröße $\exp(-\lambda)\sqrt{\lambda}Y$, also eine $\mathbf{N}(0, \lambda e^{-2\lambda})$-verteilte Zufallsgröße.

Zweitens befassen wir uns mit $\sqrt{n}(\hat{T}_2 - e^{-\lambda})$. Berücksichtigt man $E1_{\{X_1=0\}} = P(X_1 = 0) = e^{-\lambda}$ und $var\, 1_{\{X_1=0\}} = e^{-\lambda} - e^{-2\lambda}$, so kann man diesen Ausdruck schreiben als

$$\underbrace{\sqrt{e^{-\lambda} - e^{-2\lambda}} \cdot n^{-1/2} \cdot \sum_{i=1}^n \frac{1_{\{X_i=0\}} - e^{-\lambda}}{\sqrt{e^{-\lambda} - e^{-2\lambda}}}}_{=:Z_n}.$$

Nach dem zentralen Grenzwertsatz konvergiert $(Z_n)_{n\in\mathbb{N}}$ nach Verteilung gegen eine standard-normalverteilte Zufallsgröße und der zu untersuchende Term $\sqrt{n}(\hat{T}_2 - e^{-\lambda})$ daher gegen eine $\mathbf{N}(0, e^{-\lambda} - e^{-2\lambda})$-Verteilung.

Zu Vergleichszwecken haben wir in folgendem Diagramm die Funktionen $\lambda e^{-2\lambda}$ und $e^{-\lambda} - e^{-2\lambda}$ dargestellt (siehe Abbildung 7.1).

7.11 Seien $X_1, X_2, \ldots$ unabhängige, auf $\{1, \ldots, n\}$ gleichverteilte Zufallsgrößen, welche die Ergebnisse der Ziehungen wiedergeben. Sei $T_{j,n}$ die Anzahl der Ziehungen, bis erstmals j verschiedene Elemente gezogen worden sind. Es gilt also $\tau_n = T_{n,n}$.

7.2 Lösungen

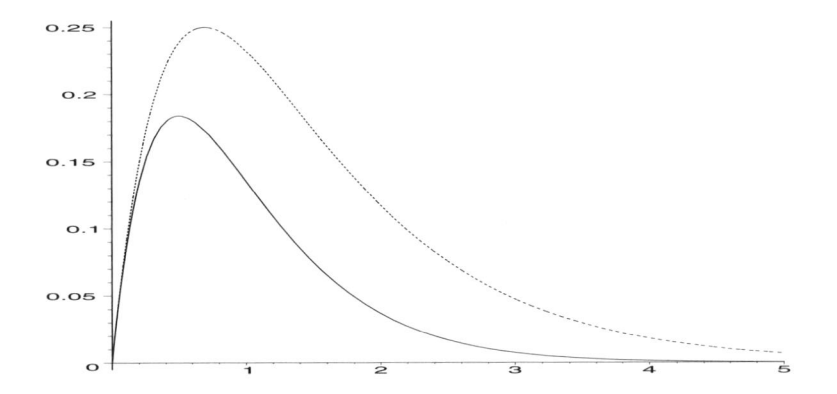

Abbildung 7.1: Graphen der Funktionen $\lambda e^{-2\lambda}$ und $e^{-\lambda} - e^{-2\lambda}$ (gestrichelt).

Das Ereignis $\{\omega : T_{j,n}(\omega) = t\}$ ist gleich dem Ereignis $\{\omega : \#\{X_1, \ldots, X_t\} = j \cap \#\{X_1, \ldots, X_{t-1}\} = j-1\}$. Daher ist $\{\omega : T_{j,n}(\omega) = t\}$ in der von $X_1, \ldots, X_t$ erzeugten σ-Algebra als Element enthalten. Man definiere das Ereignis $B_{j,n} = \{T_{j,n} = t_j \cap \cdots \cap T_{1,n} = t_1\}$ für beliebige $t_1 < \cdots < t_j \in \mathbb{N}$. Wegen der Unabhängigkeit der $X_{t+1}, X_{t+2}, \ldots$ von den $X_1, \ldots, X_t$ für jedes t folgt somit für jedes $j \in \{1, \ldots, n-1\}$, $c \in \mathbb{N}$ und für $S_{j,n} := T_{j+1,n} - T_{j,n}$

$$P(S_{j,n} > c \mid B_{j,n}) = P(X_{t_j+k} \in \{X_1, \ldots, X_{t_j}\}, \forall k \in \{1, \ldots, c\} \mid B_{j,n})$$
$$= \sum_{1 \le x_1, \ldots, x_{t_j} \le n} P(X_{t_j+k} \in \{x_1, \ldots, x_{t_j}\}, \forall k \cap X_1 = x_1 \cap \cdots \cap X_{t_j} = x_{t_j} \mid B_{j,n})$$
$$= \sum_{1 \le x_1, \ldots, x_{t_j} \le n} \left[P(X_{t_j+1} \in \{x_1, \ldots, x_{t_j}\} \mid B_{j,n})\right]^c \cdot P(X_1 = x_1 \cap \cdots \cap X_{t_j} = x_{t_j} \mid B_{j,n})$$
$$= \sum_{1 \le x_1, \ldots, x_{t_j} \le n} \left(\frac{j}{n}\right)^c \cdot P(X_1 = x_1 \cap \cdots \cap X_{t_j} = x_{t_j} \mid B_{j,n}) = \left(\frac{j}{n}\right)^c.$$

Dabei wurde verwendet, dass unter der Bedingung $B_{j,n}$ die Wahrscheinlichkeit von $\{X_1 = x_1 \cap \ldots \cap X_{t_j} = x_{t_j}\}$ nur dann positiv ist, wenn $\#\{x_1, \ldots, x_{t_j}\} = j$ gilt, und dass $\{X_{t_j+1} = x_i\}$ von $B_{j,n}$ unabhängig ist. Die berechnete Wahrscheinlichkeit ist unabhängig von $t_1, \ldots, t_j$. Somit ist auch die unbedingte Wahrscheinlichkeit $P(S_{j,n} > c) = \left(\frac{j}{n}\right)^c$, und die von $S_{j,n}$ erzeugte σ-Algebra ist unabhängig von der durch $T_{1,n}, \ldots, T_{j,n}$ erzeugten σ-Algebra, die identisch mit der von $S_{1,n}, \ldots, S_{j-1,n}$ generierten σ-Algebra ist (da $T_{1,n} = 1$ fast sicher). Somit sind die $S_{1,n}, \ldots, S_{n-1,n}$ unabhängig, und es gilt für alle $s \in \mathbb{N}$

$$P(S_{j,n} = s) = \left(\frac{j}{n}\right)^{s-1} - \left(\frac{j}{n}\right)^s = \left(\frac{j}{n}\right)^{s-1} \cdot \frac{n-j}{n}.$$

Anders formuliert: $S_{j,n}$ ist geometrisch auf $\mathbb{N}$ verteilt mit Parameter $p = \frac{n-j}{n}$. Folglich haben wir

$$E(S_{j,n}) = \frac{1}{p} = \frac{n}{n-j}, \quad var(S_{j,n}) = \frac{1-p}{p^2} = \frac{jn}{(n-j)^2},$$

siehe dazu auch AW, S. 186. Die Zufallsgröße $\tau_n = T_{n,n}$ kann aus den $S_{j,n}$ in einer Teleskopsumme rekonstruiert werden,

$$\tau_n = T_{1,n} + \sum_{j=1}^{n-1} S_{j,n}.$$

Daraus leiten wir

$$E\left(\frac{\tau_n}{n \ln n} - 1\right)^2 = var\left(\frac{\tau_n}{n \ln n}\right) + \left[E\left(\frac{\tau_n}{n \ln n}\right) - 1\right]^2$$

ab. Der erste Summand (Varianzterm) lässt sich mit Hilfe der Unabhängigkeit der $S_{j,n}$ umformen in

$$var\left(\frac{\tau_n}{n \ln n}\right) = \frac{1}{n^2 (\ln n)^2} \sum_{j=1}^{n-1} var(S_{j,n}) = \frac{1}{n(\ln n)^2} \sum_{j=1}^{n-1} \frac{j}{(n-j)^2}$$

$$= \frac{1}{(\ln n)^2} \sum_{j=1}^{n-1} \frac{1}{j^2} - \frac{1}{n(\ln n)^2} \sum_{j=1}^{n-1} \frac{1}{j}.$$

Da wir nach Resultaten der Analysis $\sum_{j=1}^{\infty} \frac{1}{j^2} < +\infty$ und $\frac{1}{\ln n} \sum_{j=1}^{n} \frac{1}{j} \to 1$ für $n \to \infty$ haben, konvergiert der Varianzterm gegen 0. Der zweite Summand (Verzerrungsterm) ist gleich

$$\left[E\left(\frac{\tau_n}{n \ln n}\right) - 1\right]^2 = \left[\frac{1}{n \ln n}\left(1 + \sum_{j=1}^{n-1} E(S_{j,n})\right) - 1\right]^2$$

$$= \left(\frac{1}{n \ln n} + \frac{1}{n \ln n} \sum_{j=1}^{n-1} \frac{n}{n-j} - 1\right)^2 = \left(\frac{1}{n \ln n} + \frac{1}{\ln n} \sum_{j=1}^{n-1} \frac{1}{j} - 1\right)^2.$$

Wegen $\frac{1}{\ln n} \sum_{j=1}^{\infty} \frac{1}{j} \to 1$ für $n \to \infty$ konvergiert auch dieser Verzerrungsterm gegen 0. Zusammenfassend konvergiert $\frac{\tau_n}{n \ln n}$ im quadratischen Mittel gegen 1 und damit auch nach Wahrscheinlichkeit.

7.12 Die charakteristische Funktion der Cauchy-verteilten Zufallsgrößen X_j berechnet man als

$$\Psi_{X_j}(t) = \exp(-|t|).$$

Für die zu untersuchende Folge ergibt sich

$$\Psi_{(X_1+\cdots+X_n)/n^\alpha}(t) = E\exp\left(itn^{-\alpha}(X_1+\cdots+X_n)\right)$$
$$= \left(\Psi_{X_1}(t/n^\alpha)\right)^n = \exp(-|t|\cdot n^{1-\alpha}).$$

Nun ist eine Fallunterscheidung für α ratsam.
Erstens sei $\alpha < 1$. In diesem Fall konvergiert $\Psi_{(X_1+\cdots+X_n)/n^\alpha}(t)$ gegen 0 für alle $t \neq 0$ und gegen 1 für $t = 0$. Die Funktion, gegen welche die Folge der charakteristischen Funktionen punktweise konvergiert, ist also in $t = 0$ nicht stetig und kann daher nicht charakteristische Funktion einer Zufallsgröße sein. Nach dem Stetigkeitssatz konvergiert $\frac{X_1+\cdots+X_n}{n^\alpha}$ somit nicht nach Verteilung.
Zweitens: Für $\alpha = 1$ ist die Folge $\Psi_{(X_1+\cdots+X_n)/n^\alpha}(t)$ gleich $e^{-|t|}$ und somit unabhängig von n. In diesem Fall konvergiert $\frac{X_1+\cdots+X_n}{n^\alpha}$ also nach Verteilung gegen eine Cauchy-verteilte Zufallsgröße.
Drittens: Für $\alpha > 1$ konvergiert $\Psi_{(X_1+\cdots+X_n)/n^\alpha}(t)$ für jedes $t \in \mathbb{R}$ gegen $e^0 = 1$. Demnach konvergiert $\frac{X_1+\cdots+X_n}{n^\alpha}$ nach Verteilung gegen eine Zufallsgröße mit Dirac-Verteilung in 0.

7.13 Wir stellen zunächst den zu untersuchenden Ausdruck dar als

$$\frac{S_n}{c_n} - \frac{S_n^*}{c_n} = \frac{1}{c_n}\sum_{k=1}^n (X_k - Y_{k,n}) = \frac{1}{c_n}\sum_{k=1}^n X_k \cdot 1_{\{|X_k|>c_n\}}.$$

(a) Die Konvergenz nach Wahrscheinlichkeit kann mit der folgenden, für beliebiges $\varepsilon > 0$ gültigen Abschätzung gezeigt werden. Dabei ist zu beachten, dass ab einem festen N alle c_n mit Index $n \geq N$ positiv sind.

$$P\left(\frac{1}{c_n}\sum_{k=1}^n X_k \cdot 1_{\{|X_k|>c_n\}} > \varepsilon\right) \leq P\left(\frac{1}{c_n}\sum_{k=1}^n |X_k| \cdot 1_{\{|X_k|>c_n\}} > \varepsilon\right)$$
$$\leq P\left(\bigcup_{k=1}^n \{|X_k| \cdot 1_{\{|X_k|>c_n\}} > c_n\varepsilon/n\}\right) \leq \sum_{k=1}^n P(|X_k| \cdot 1_{\{|X_k|>c_n\}} > c_n\varepsilon/n)$$
$$\leq \sum_{k=1}^n P(|X_k| > c_n) \stackrel{n\to\infty}{\longrightarrow} 0.$$

Somit ist Teilaufgabe (a) gelöst.
(b) Die zu untersuchende Differenz besitzt die Darstellung

$$\frac{S_n}{n} - \frac{S_n^*}{n} = \frac{1}{n}\sum_{k=1}^n X_k \cdot 1_{\{|X_k|>n\}}.$$

Sei $m \in \mathbb{N}$. Aus dem starken Gesetz der großen Zahlen folgern wir für alle $n \geq m$

$$\left|\frac{1}{n}\sum_{k=1}^n X_k \cdot 1_{\{|X_k|>n\}}\right| \leq \frac{1}{n}\sum_{k=1}^n |X_k| \cdot 1_{\{|X_k|>m\}}$$
$$\stackrel{n\to\infty}{\longrightarrow} E\bigl(|X_1| \cdot 1_{\{|X_1|>m\}}\bigr) \qquad \text{f.s.}$$

Da nach dem Satz von der majorisierten Konvergenz der Ausdruck $E\bigl(|X_1|\cdot 1_{\{|X_1|>m\}}\bigr)$ für $m \to \infty$ gegen 0 konvergiert, folgt nach Obigem

$$\limsup_{n\to\infty} \left|\frac{1}{n}\sum_{k=1}^n X_k \cdot 1_{\{|X_k|>n\}}\right| = 0 \qquad \text{f.s.}$$

Wenn der größte Häufungspunkt einer nichtnegativen Folge also 0 ist, muss die Folge gegen 0 konvergieren, und wir erhalten

$$\frac{1}{n}\sum_{k=1}^n X_k \cdot 1_{\{|X_k|>n\}} \stackrel{n\to\infty}{\longrightarrow} 0 \qquad \text{f.s.,}$$

wodurch die gewünschte fast sichere Konvergenz gezeigt ist.

7.14 In einem ersten Schritt bestimmen wir die Verteilung der Anzahl $N(t)$ der Erneuerungen im Intervall $[0,t]$. Offensichtlich besteht die Identität

$$\{N(t) \geq k\} = \{S_k \leq t\}, \qquad \forall k \in \mathbb{N}_0.$$

Dann ist

$$P(N(t) = k) = P(N(t) \geq k) - P(N(t) \geq k+1) = P(S_k \leq t) - P(S_{k+1} \leq t).$$

Die Verteilung von S_k ist $\boldsymbol{\Gamma}(\lambda, k)$. Wir rechnen explizit

$$P(N(t) = k) = \int_0^t \frac{\lambda^k}{\Gamma(k)} x^{k-1} e^{-\lambda x} dx - \int_0^t \frac{\lambda^{k+1}}{\Gamma(k+1)} x^k e^{-\lambda x} dx$$
$$= \frac{1}{k!}\int_0^t \frac{d}{dx}\left[e^{-\lambda x}(\lambda x)^k\right] dx = \frac{1}{k!}\left[e^{-\lambda x}(\lambda x)^k\right]_0^t = \frac{e^{-\lambda t}(\lambda t)^k}{k!}$$

für alle $k \in \mathbb{N}_0$. Die Verteilung von $N(t)$ erkennt man als Poisson-Verteilung mit Parameter λt. Wir zeigen nun, dass die Verteilung von

$$Z_t := \frac{N(t) - \lambda t}{\sqrt{\lambda t}}$$

für $t \to \infty$ gegen eine Standard-Normalverteilung konvergiert. Wir arbeiten mit der charakteristischen Funktion von Z_t:

$$\Psi_{Z_t}(s) = \sum_{k=0}^{\infty} e^{is(k-\lambda t)/\sqrt{\lambda t}} \cdot e^{-\lambda t} \frac{(\lambda t)^k}{k!} = e^{-\lambda t} \cdot e^{-is\sqrt{\lambda t}} \sum_{k=0}^{\infty} \frac{(e^{is/\sqrt{\lambda t}} \cdot \lambda t)^k}{k!}$$

$$= e^{-\lambda t} \cdot e^{-is\sqrt{\lambda t}} \cdot \exp(\lambda t \cdot e^{is/\sqrt{\lambda t}})$$

$$= e^{-\lambda t} \cdot e^{-is\sqrt{\lambda t}} \cdot \exp\left(\lambda t \left[1 + \frac{is}{\sqrt{\lambda t}} + \frac{i^2 s^2}{2\lambda t} + o(1/t)\right]\right) = e^{-\frac{s^2}{2} + o(1)}$$

für $t \to \infty$. Also konvergiert Ψ_{Z_t} gegen die charakteristische Funktion der Standard-Normalverteilung. Der Stetigkeitssatz leistet nun alles Weitere.

7.15 Für Y_n gibt es eine Darstellung mit Hilfe von Indikatorfunktionen als

$$Y_n = 1_{\{X_n = x_0\}} \cdot \ldots \cdot 1_{\{X_{n+k-1} = x_{k-1}\}}.$$

Die $(Y_n)_{n \in \mathbb{N}}$ sind identisch verteilt, aber nicht unabhängig. Allerdings sind die Zufallsgrößen $(Y_{l+jk})_{j \in \mathbb{N}_0}$ für beliebiges $l \in \{1, \ldots, k\}$ jeweils unabhängig, da Y_{l+jk} bezüglich der von $X_{l+jk}, \ldots, X_{l+(j+1)k-1}$ erzeugten σ-Algebra messbar ist. Das starke Gesetz der großen Zahlen ist wegen $E|Y_1| \leq 1$ anwendbar. Mit seiner Hilfe kann die fast sichere Konvergenz

$$\frac{1}{n+1} \sum_{j=0}^{n} Y_{l+jk} \stackrel{n \to \infty}{\longrightarrow} EY_l = EY_1$$

für jedes $l \in \{1, \ldots, k\}$ gesichert werden. Eine Rechnung mit dem Multiplikationssatz liefert

$$EY_1 = E\left(1_{\{X_1 = x_0\}} \cdot \ldots \cdot 1_{\{X_{1+k-1} = x_{k-1}\}}\right)$$

$$= P(X_1 = x_0) \cdot \ldots \cdot P(X_{1+k-1} = x_{k-1}) = 2^{-k}.$$

Für die im Weiteren betrachtete Folge, die sich aus fast sicher konvergierenden Folgen zusammensetzt, gilt für jedes k

$$2^{-k} \stackrel{m \to \infty}{\longleftarrow} \frac{1}{k} \sum_{l=1}^{k} \left(\frac{1}{m+1} \sum_{j=0}^{m} Y_{l+jk}\right) = \frac{1}{k(m+1)} \sum_{j=0}^{m} \left(\sum_{l=1}^{k} Y_{l+jk}\right)$$

$$= \frac{1}{k(m+1)} \sum_{j=1}^{(m+1)k} Y_j.$$

Damit ist die fast sichere Konvergenz der Teilfolge $\left(\frac{Y_1+\cdots+Y_{km}}{km}\right)_{m\in\mathbb{N}}$ gegen 2^{-k} verifiziert. Jede natürliche Zahl n lässt sich eindeutig darstellen als $n = l + mk$ mit $l \in \{1,\ldots,k\}$. Der Grenzübergang $n \to \infty$ überträgt sich auf $m \to \infty$. Mit dieser Darstellung ist

$$\frac{1}{n}\sum_{j=1}^{n} Y_j = \frac{mk}{l+mk}\left(\frac{1}{mk}\sum_{j=1}^{mk} Y_j\right) + \frac{1}{l+mk}\underbrace{\sum_{j=1+mk}^{l+mk} Y_j}_{\leq l \leq k \text{ f.s.}}.$$

Aus dieser Aufspaltung ist ersichtlich, dass $\frac{1}{n}\sum_{j=1}^{n} Y_j$ für $n \to \infty$ fast sicher gegen 2^{-k} konvergiert.

7.17 (a) Für alle $x, x_0 \in \mathbb{R}$ gilt wegen $(x-x_0)^2 \geq 0$ die Ungleichung

$$x^2 \geq x_0^2 + 2x_0(x - x_0). \tag{7.9}$$

Sei $q > 0, B > 0$. Aufgrund von (7.9) gilt für $x_0 \geq q, x - x_0 \geq -B$ und auch für $x_0 \leq -q, x - x_0 \leq B$ jeweils

$$x^2 \geq q^2\left(1 - \frac{2B}{q}\right). \tag{7.10}$$

Nach Voraussetzung existiert ein $a > 0$ mit $a_n \geq -a, \forall n \in \mathbb{N}$. Wir zeigen, dass

$$(i)\ \limsup_{n\to\infty}\frac{1}{n}\sum_{i=1}^{n} a_i \leq 0, \qquad (ii)\ \liminf_{n\to\infty}\frac{1}{n}\sum_{i=1}^{n} a_i \geq 0.$$

Die Beweise sind jeweils indirekt. Angenommen, der lim sup in (i) sei positiv. Dann existiert ein $R > 0$, so dass für unendlich viele Indizes n jeweils $\sum_{i=1}^{n} a_i \geq Rn$ ist. Für jedes solche n gilt – mit $p := 1 + R/4a$ –

$$\sum_{i=1}^{k} a_i - \sum_{i=1}^{n} a_i = \sum_{i=n+1}^{k} a_i \geq -n(p-1)a, \qquad \forall k = n, \ldots, \lfloor np\rfloor.$$

Mit (7.10) ist dann

$$\left(\sum_{i=1}^{k} a_i\right)^2 \geq R^2n^2\left[1 - \frac{2n(p-1)a}{Rn}\right] = \frac{1}{2}R^2n^2$$

und somit

$$\sum_{k=n}^{\lfloor np\rfloor}\frac{1}{k^3}\left(\sum_{i=1}^{k} a_i\right)^2 \geq \frac{1}{n^3p^3}\cdot\frac{1}{2}R^2n^2n(p-1) = \frac{p-1}{2p^3}R^2.$$

7.2 Lösungen

Da dies für unendlich viele Indizes n gilt, ergibt sich

$$\sum_{k=1}^{\infty} \frac{1}{k^3}\left(\sum_{i=1}^{k} a_i\right)^2 = \infty \qquad (7.11)$$

im Widerspruch zur Voraussetzung. Zum Beweis von (ii) nehmen wir an, der lim inf sei negativ. Dann existiert ein $R \in (0, 4a)$ mit

$$\sum_{i=1}^{n} a_i \leq -Rn$$

für unendlich viele Indizes n. Mit $p := (1 - R/4a)^{-1}$ ist dann

$$\sum_{i=1}^{k} a_i - \sum_{i=1}^{n} a_i = -\sum_{i=k+1}^{n} a_i \leq n\left(1 - \frac{1}{p}\right)a, \qquad \forall k = \lfloor n/p \rfloor + 1, \ldots, n,$$

was wiederum mit (7.10) auf $(\sum_{i=1}^{k} a_i)^2 \geq \frac{1}{2}R^2 n^2$ führt. Dies mündet abermals in einen Widerspruch, denn es folgt

$$\sum_{k=\lfloor n/p \rfloor}^{n} \frac{1}{k^3}\left(\sum_{i=1}^{k} a_i\right)^2 \geq \frac{1}{n^3} \cdot \frac{1}{2}R^2 n^2 n \left(1 - \frac{1}{p}\right) = \frac{p-1}{2p}R^2,$$

und daraus ergibt sich (7.10), was wegen der Voraussetzung nicht sein kann.

(b) Unter Verwendung des Satzes von der monotonen Konvergenz und der Voraussetzung ist

$$E \sum_{n=1}^{\infty} \frac{1}{n^3}\left[\sum_{i=1}^{n}(Y_i - EY_i)\right]^2 = \sum_{n=1}^{\infty} \frac{1}{n^3} E\left[\sum_{i=1}^{n}(Y_i - EY_i)\right]^2$$

$$= \sum_{n=1}^{\infty} \frac{var(Y_1 + \ldots + Y_n)}{n^3} < \infty.$$

Weiß man dies, so auch, dass fast sicher

$$\sum_{n=1}^{\infty} \frac{1}{n^3}\left[\sum_{i=1}^{n}(Y_i - EY_i)\right]^2 < \infty$$

sein muss. Die Y_i sind nichtnegativ, und ihre Erwartungswerte sind gleichmäßig beschränkt, also ist für alle ω die Folge

$$(Y_n(\omega) - EY_n)_{n \in \mathbb{N}}$$

gleichmäßig nach unten beschränkt. Demnach sind die Voraussetzungen von (a) für $a_i = Y_i(\omega) - EY_i$ für alle ω außerhalb einer Nullmenge erfüllt, und es gilt das starke Gesetz der großen Zahlen

$$\lim_{n \to \infty} \frac{1}{n} \sum_{i=1}^{n}(Y_i - EY_i) = 0 \qquad \text{f.s.}$$

(c) Die folgenden Abschätzungen sind elementar:

$$\sum_{n=1}^{\infty} \frac{var(X_1') + \cdots + var(X_n')}{n^3} \leq \sum_{n=1}^{\infty} \frac{E(X_1'^2) + \cdots + E(X_n'^2)}{n^3} \leq \sum_{n=1}^{\infty} \frac{E(X_n'^2)}{n^2}$$

$$\leq E X_1^2 \sum_{n=1}^{\infty} \frac{1_{\{X_1 \leq n\}}}{n^2} \leq 2 E X_1 < \infty,$$

bei Berücksichtigung von

$$\sum_{n=1}^{\infty} \frac{1}{n^2} 1_{\{x \leq n\}} = \sum_{n \geq x} \frac{1}{n^2} \leq 2 \int_{x}^{\infty} y^{-2} \, dy \leq \frac{2}{x}.$$

(d) Wir schreiben $S_n := \sum_{i=1}^{n} X_i$. Wegen

$$\frac{S_n}{n} = \frac{1}{n}\sum_{i=1}^{n} X_i^+ - \frac{1}{n}\sum_{i=1}^{n} X_i^- \longrightarrow E X_1^+ - E X_1^- = E X_1 \quad \text{f.s.}$$

reicht es, das Gesetz der großen Zahlen für nichtnegative integrierbare Zufallsgrößen zu beweisen. Ferner reicht auch die entsprechende Aussage für gestutzte Zufallsgrößen, denn diese unterscheiden sich von den ungestutzten Zufallsgrößen nur unwesentlich:

$$\sum_{n=1}^{\infty} P(X_n \neq X_n') = \sum_{n=1}^{\infty} P(X_n > n) = \sum_{n=1}^{\infty} P(X_1 > n)$$

$$\leq \int_{0}^{\infty} P(X_1 > x) dx = E X_1 < \infty,$$

so dass aufgrund des Borel-Cantelli-Lemmas $X_n \neq X_n'$ f.s. nur endlich oft in n ist. Von hier kommt man umgehend nach

$$\frac{S_n - S_n'}{n} \longrightarrow 0 \qquad \text{f.s.}, \tag{7.12}$$

wobei S_n' die Partialsumme der gestutzten Zufallsgrößen bezeichnet. Aus (7.12) folgt das starke Gesetz der großen Zahlen für ungestutzte Zufallsgrößen, da $E X_n' \overset{n\to\infty}{\longrightarrow} E X_1$ und $\frac{1}{n}\sum_{i=1}^{n} E X_i \overset{n\to\infty}{\longrightarrow} E X_1$.

7.22 Da die X_n symmetrische Zufallsgrößen mit $E X_n = 0$ sind, ist deren Varianz gleich

$$var\, X_n = E X_n^2 = \frac{(n^{3/2})^2}{2n} + \frac{(-n^{3/2})^2}{2n} = n^2.$$

7.2 Lösungen

Für die skalierende Folge $\sqrt{var\, S_n}$ gilt somit

$$\sqrt{var\, S_n} = \left(\sum_{k=1}^n var\, X_k\right)^{1/2} = \left(\sum_{k=1}^n k^2\right)^{1/2} = \sqrt{\frac{1}{6}n(n+1)(2n+1)}.$$

Wegen $\frac{n^{3/2}}{\sqrt{var\, S_n}} \xrightarrow{n\to\infty} \sqrt{3}$ konvergiert $\frac{S_n}{\sqrt{var\, S_n}}$ genau dann nach Verteilung gegen eine Zufallsgröße S, wenn

$$\frac{S_n}{n^{3/2}} \xrightarrow{d} S/\sqrt{3} \qquad (7.13)$$

für $n \to \infty$. Untersuchen wir nun diesen Term.
Die charakteristische Funktion der X_k berechnet man als

$$\Psi_{X_k}(t) = e^{-itk^{3/2}} \cdot \frac{1}{2k} + e^{+itk^{3/2}} \cdot \frac{1}{2k} + 1 - \frac{1}{k} = 1 - \frac{1}{k}\left(1 - \cos(k^{3/2}t)\right).$$

Daraus folgt für die charakteristische Funktion der zu untersuchenden Folge

$$\Psi_{S_n/n^{3/2}}(t) = \prod_{k=1}^n \Psi_{X_k}(t/n^{3/2}) = \prod_{k=1}^n \left\{1 - \frac{1}{k}\left[1 - \cos((k/n)^{3/2}t)\right]\right\}$$
$$= \exp\left[\sum_{k=1}^n \ln\left\{1 - \frac{1}{k}\left[1 - \cos((k/n)^{3/2}t)\right]\right\}\right]. \qquad (7.14)$$

Nach dem Stetigkeitssatz (AW, Satz 2.8.12) konvergiert $\left(\frac{S_n}{n^{3/2}}\right)_{n\in\mathbb{N}}$ genau dann nach Verteilung, wenn die Folge der zugehörigen charakteristischen Funktionen punktweise gegen eine in 0 stetige Funktion konvergiert, welche dann charakteristische Funktion der Grenzzufallsgröße ist. Dies ist unsere Methode für (7.13).
Das Problem besteht darin, die mittels Logarithmieren von (7.14) entstehende Summe für $n \to \infty$ als konvergent zu erkennen. Separieren wir die ersten beiden Summanden, so erhalten wir mit Hilfe des Mittelwertsatzes der Differentialrechnung

$$\sum_{k=1}^{n} \ln\left\{1 - \frac{1}{k}[1 - \cos((k/n)^{3/2}t)]\right\}$$
$$= \ln\left(\cos(t/n^{3/2})\right) + \ln\left((1/2)\cos\left[(2/n)^{3/2} \cdot t\right] + 1/2\right)$$
$$+ \sum_{k=3}^{n} \ln\left\{1 - \frac{1}{k}[1 - \cos((k/n)^{3/2}t)]\right\} - \ln 1$$
$$= \ln\left(\cos(t/n^{3/2})\right) + \ln\left((1/2)\cos\left[(2/n)^{3/2} \cdot t\right] + 1/2\right)$$
$$+ \sum_{k=3}^{n} \ln'(\xi_{k,n}) \cdot \left(-\frac{1}{k}\right) \cdot [1 - \cos((k/n)^{3/2}t)]$$
$$= \ln\left(\cos(t/n^{3/2})\right) + \ln\left((1/2)\cos\left[(2/n)^{3/2} \cdot t\right] + 1/2\right)$$
$$- \underbrace{\sum_{k=3}^{n} \frac{1}{\xi_{k,n}} \cdot \frac{1}{k} \cdot [1 - \cos((k/n)^{3/2}t)]}_{=: b_n(t)}.$$

Die ersten beiden Summanden konvergieren gegen 0, so dass noch $b_n(t)$ auf punktweise Konvergenz geprüft werden muss. Die $\xi_{k,n}$ liegen im Intervall $\left[1 - \frac{1}{k}[1 - \cos((k/n)^{3/2}t)], 1\right]$ und somit im Intervall $\left[1 - \frac{2}{k}, 1\right]$. Definieren wir

$$a_n(t) := \sum_{k=3}^{n} \frac{1 - \cos((k/n)^{3/2}t)}{k}, \qquad (7.15)$$

so folgt aus $\xi_{k,n}^{-1} \in \left[1, 1 + \frac{2}{k-2}\right]$, dass $b_n(t) \geq a_n(t)$ für alle n und t gilt. Weiter muss auch eine obere Schranke für $b_n(t)$ ermittelt werden. Dazu schätzen wir folgendermaßen ab:

$$b_n(t) \leq \sum_{k=3}^{n} \left(1 + \frac{2}{k-2}\right) \cdot \frac{1}{k} \cdot [1 - \cos((k/n)^{3/2}t)]$$
$$\leq a_n(t) + \sum_{k=3}^{n} \frac{2}{k(k-2)} \cdot [1 - \cos((k/n)^{3/2}t)]$$
$$\leq a_n(t) + \sum_{k=3}^{\infty} \frac{2}{k(k-2)} \cdot [1 - \cos((k/n)^{3/2}t)].$$

Die in der Summe auftretenden Summanden besitzen $\frac{4}{k(k-2)}$ als summierbare Majorante. Jeder Summand konvergiert für $n \to \infty$ gegen 0. Der Satz von der majorisierten Konvergenz erlaubt den Schluss, dass

$$\sum_{k=3}^{\infty} \frac{2}{k(k-2)} \cdot [1 - \cos((k/n)^{3/2}t)] \stackrel{n\to\infty}{\longrightarrow} 0.$$

Wenn wir uns also überzeugen können, dass $(a_n(t))_{n\geq 3}$ für jedes $t \in \mathbb{R}$ punktweise konvergiert, dann folgt auch die punktweise Konvergenz von $(b_n(t))_{n\geq 3}$, und zwar gegen dieselbe Grenzfunktion.

Deshalb werden wir nun $(a_n(t))_{n\geq 3}$ auf punktweise Konvergenz untersuchen. Da alle Funktionen $a_n(t)$ gerade sind, können wir uns im Weiteren auf $t \geq 0$ einschränken. Mit der Substitution $s := t^{2/3}$ erhalten wir

$$a_n(t = s^{3/2}) = \sum_{k=2}^{n} \frac{1 - \cos\left((ks/n)^{3/2}\right)}{ks/n} \cdot \frac{s}{n}.$$

Mit anderen Worten: $a_n(s^{3/2})$ ist das Integral einer zugehörigen Treppenfunktion von

$$f(x) := \frac{1 - \cos\left(x^{3/2}\right)}{x}$$

mit äquidistanter Intervallzerlegung über dem Intervall $[0, s]$. Da $f(x)$ stetig ist bzw. in $x = 0$ durch 0 stetig ergänzt werden kann (nachweisbar z.B. mittels der Regel von de l'Hospital), ist f Cauchy-integrierbar und $(a_n(t))_{n\geq 3}$ konvergiert somit für $n \to \infty$ gegen

$$a(t) = \int_0^{t^{2/3}} f(x)\, dx$$

für $t \geq 0$. Da die $a_n(t)$ gerade Funktionen sind, konvergiert $(a_n(t))_{n\in\mathbb{N}}$ für jedes $t \in \mathbb{R}$ punktweise gegen

$$a(t) = \int_0^{|t|^{2/3}} f(x)\, dx.$$

Die Funktion $a(t)$ muss also stetig sein, insbesondere in $t = 0$.

Schließlich folgt nach (7.14), dass $\Psi_{S_n/n^{3/2}}(t)$ punktweise für $n \to \infty$ gegen die Funktion $\exp(-a(t))$ konvergiert, welche in $t = 0$ als Verkettung zweier an dieser Stelle stetiger Funktionen ebenso stetig ist. Damit ist die Konvergenz von $(S_n/n^{3/2})_{n\in\mathbb{N}}$ nach Verteilung gegen $S/\sqrt{3}$ gezeigt.

Zuletzt muss noch geprüft werden, dass $S/\sqrt{3}$ bzw. S nicht normalverteilt ist. Dazu nehmen wir die bereits ermittelte charakteristische Funktion von S in Augenschein. Wir verwenden, dass $\sup_{x>0} f(x) \leq c < +\infty$ gilt, was aufgrund der Stetigkeit und des asymptotischen Verhaltens von $f(x)$ für $x \to 0$ und $x \to +\infty$

erkannt werden kann.

$$\Psi_S(t) = \exp\left(-\int_0^{3^{1/3}|t|^{2/3}} f(x)\,dx\right) \geq \exp\left(-3^{1/3} \cdot c \cdot |t|^{2/3}\right).$$

Die charakteristische Funktion $\Psi_S(t)$ klingt demnach langsamer ab als die charakteristischen Funktionen von Normalverteilungen, welche bekanntlich mit der Ordnung $O(\exp(-C \cdot t^2))$ abklingen. Es kann sich daher bei S nicht um eine normalverteilte Zufallsgröße handeln.

7.24 Wir überzeugen uns als Erstes, dass es sich in allen 3 Fällen für alle $\alpha \in \mathbb{R}_+$ um Wahrscheinlichkeitsdichten handelt. Zunächst sind die gegebenen Funktionen für alle $\alpha \in \mathbb{R}$ jeweils nichtnegativ. Ferner haben wir

$$\int_{-1/\alpha}^{+1/\alpha} (\alpha - \alpha^2|x|)\,dx = 2\int_0^{1/\alpha}(\alpha - \alpha^2 x)\,dx = 2 \cdot \left[\alpha x - \frac{\alpha^2}{2}x^2\right]_0^{1/\alpha} = 1,$$

$$\frac{1}{2\alpha}\int_{-\infty}^{+\infty}\exp\left(-\frac{|x|}{\alpha}\right)dx = \frac{1}{\alpha}\int_0^{\infty}\exp\left(-\frac{x}{\alpha}\right)dx = \frac{1}{\alpha}\cdot\left[-\alpha\exp\left(-\frac{x}{\alpha}\right)\right]_0^{\infty} = 1,$$

$$\alpha\int_{-\pi/(4\alpha)}^{+\pi/(4\alpha)}\cos(2\alpha x)\,dx = 2\alpha\int_0^{\pi/(4\alpha)}\cos(2\alpha x)\,dx = 2\alpha\cdot\left[\frac{1}{2\alpha}\sin(2\alpha x)\right]_0^{\pi/(4\alpha)} = 1.$$

Die Erwartungswerte der zugehörigen Verteilung sind in allen 3 Fällen aufgrund von Symmetrie gleich 0. Damit sind die Varianzen jeweils gleich dem 2. Moment der Verteilung. Wir haben im 1. Fall

$$\int_{-1/\alpha}^{+1/\alpha} x^2(\alpha - \alpha^2|x|)dx = 2\cdot\left[\frac{\alpha}{3}x^3 - \frac{\alpha^2}{4}x^4\right]_0^{1/\alpha} = \frac{1}{6\alpha^2}.$$

Damit die Verteilung die Varianz 1 besitzt, muss also $\alpha = 1/\sqrt{6}$ sein.
Im 2. Fall berechnen wir

$$\frac{1}{2\alpha}\int_{\mathbb{R}} x^2 \exp\left(-\frac{|x|}{\alpha}\right)dx = \frac{1}{\alpha}\int_0^{\infty} x^2 \exp\left(-\frac{x}{\alpha}\right)dx = 2\int_0^{\infty} x\exp\left(-\frac{x}{\alpha}\right)dx$$

$$= 2\alpha\int_0^{\infty} x\cdot\frac{1}{\alpha}\exp\left(-\frac{x}{\alpha}\right)dx = 2\alpha^2.$$

Damit die Verteilung Varianz 1 besitzt, muss $\alpha = \frac{1}{\sqrt{2}}$ sein.
Im 3. Fall ist schließlich

$$\int_{-\pi/(4\alpha)}^{+\pi/(4\alpha)} x^2 \alpha \cos(2\alpha x)\, dx = 2\alpha \int_0^{\pi/(4\alpha)} x^2 \cos(2\alpha x)\, dx$$

$$= 2\alpha \left\{ \frac{\pi^2}{32\alpha^3} - \frac{1}{\alpha} \int_0^{\pi/(4\alpha)} x \sin(2\alpha x)\, dx \right\} = \frac{\pi^2}{16\alpha^2} - \frac{1}{\alpha} \int_0^{\pi/(4\alpha)} \cos(2\alpha x)\, dx$$

$$= \frac{\pi^2}{16\alpha^2} - \frac{1}{\alpha} \left[\frac{1}{2\alpha} \sin(2\alpha x) \right]_0^{\pi/(4\alpha)} = \frac{\pi^2/16 - 1/2}{\alpha^2}.$$

Damit die Verteilung Varianz 1 besitzt, muss $\alpha = \frac{1}{4}\sqrt{\pi^2 - 8}$ sein. Für standardnormalverteilte Messfehler ist die Wahrscheinlichkeit, dass eine Realisierung betragsmäßig nicht größer als eine Standardabweichung ist, gerade $\Phi(1) - \Phi(-1) = 2\Phi(1) - 1 = 0.683$, wobei Φ die zugehörige Verteilungsfunktion bezeichnet.
Im Fall der von Simpson favorisierten Dichte mit $\alpha = 1/\sqrt{6}$ ergibt sich entsprechend

$$\int_{-1}^{+1} \left(\frac{1}{\sqrt{6}} - \frac{1}{6}|x| \right) dx = 2 \cdot \left[\frac{1}{\sqrt{6}} x - \frac{1}{12} x^2 \right]_0^1 \doteq 0.650.$$

Ferner ist im 2. Fall mit $\alpha = \frac{1}{\sqrt{2}}$

$$\frac{\sqrt{2}}{2} \int_{-1}^{+1} \exp(-\sqrt{2}|x|)\, dx = \sqrt{2} \cdot \left[-\frac{1}{\sqrt{2}} \exp(-\sqrt{2}x) \right]_0^1 = 1 - \exp(-\sqrt{2}) \doteq 0.757.$$

Im 3. Fall schließlich mit $\alpha = \frac{1}{4}\sqrt{\pi^2 - 8}$ erhalten wir

$$\alpha \int_{-1}^{+1} \cos(2\alpha x)\, dx = 2\alpha \cdot \left[\frac{1}{2\alpha} \sin(2\alpha x) \right]_0^1 = \sin(2\alpha) \doteq 0.632.$$

7.28 (a) Ein Paar $a[i], a[j]$ nennen wir eine Inversion, falls $a[j] > a[i]$ für $i > j$. Angenommen, im Ausgangsarray ist $k = a[i]$ ein Element, dem N_i größere Elemente vorausgehen. Bei jedem Durchlauf wird genau eines dieser größeren Elemente an k vorbei bewegt. Also sind N_i Durchläufe nötig, um alle Inversionen zu beseitigen, die vom ursprünglichen Element in $a[i]$ in der Ausgangsstellung verursacht werden. Um alle Inversionen zu beseitigen, sind somit $\max\{N_1, \ldots N_m\}$ Durchläufe nötig. Dann ist noch ein letzter Durchlauf erforderlich, um zu erkennen, dass das Array vollständig sortiert ist. Wegen $N_1 \equiv 0$ ist also

$$D_n = \max\{N_2, \ldots, N_n\} + 1$$

die Gesamtzahl der benötigten Durchläufe. Wir bestimmen die Verteilungen der N_k. Es seien $X_1, \ldots, X_n$ die Zufallsgrößen, deren Realisierungen $x_1, \ldots, x_n$ sortiert werden. Jede mögliche Anordnung der x_i hat dieselbe Wahrscheinlichkeit. Es gibt $n!$ mögliche Anordnungen. Jede dieser Anordnungen hat somit die Wahrscheinlichkeit $1/n!$. Es ist

$$N_k = \sum_{i=1}^{k-1} 1_{\{X_i > X_k\}}.$$

Wir zeigen, dass $N_1, \ldots N_n$ unabhängig sind und N_k gleichverteilt ist auf der Menge $\{0, 1, \ldots, k-1\}, k = 1, 2, \ldots, n$. Durch jede Realisierung von $N_1, \ldots, N_n$ wird genau eine Anordnung der Realisierungen von $X_1, \ldots, X_n$ bestimmt, und so hat jede Realisierung von $N_1, \ldots, N_n$ dieselbe Wahrscheinlichkeit wie die zugehörige Anordnung der Realisierungen von $X_1, \ldots, X_n$, d.h.

$$P(N_1 = j_1 \cap \ldots \cap N_n = j_n) = \frac{1}{n!}, \quad \forall j_k \in \{0, 1, \ldots, k-1\},$$

$$\forall k \in \{1, 2, \ldots, n\}, \forall n \in \mathbb{N}.$$

Daraus leiten wir für alle $k \in \mathbb{N}$ und alle $j_k \in \{0, 1, \ldots, k-1\}$ ab, dass

$$P(N_k = j_k) = \sum_{j_1=0}^{0} \sum_{j_2=0}^{1} \cdots \sum_{j_{k-1}=0}^{k-2} \frac{1}{k!} = \frac{1}{k}, \qquad (7.16)$$

denn es gibt insgesamt $1 \cdot 2 \cdot \ldots \cdot (k-1)$ Summanden. Damit ist N_k gleichverteilt auf $\{0, 1, \ldots, k-1\}$. Aus (7.16) ist auch die Unabhängigkeit von $N_1, \ldots, N_n$ ableitbar, denn wir haben

$$P(N_1 = j_1 \cap \ldots \cap N_n = j_n) = \frac{1}{n!} = P(N_1 = j_1) \cdot \ldots \cdot P(N_n = j_n)$$

für alle $j_k \in \{0, 1, \ldots, k-1\}$, für alle $k \in \{1, 2, \ldots, n\}$ und für alle $n \in \mathbb{N}$. Dies rechtfertigt die Rechnung

$$\begin{aligned}
P(D_n \le k) &= P(1 + \max\{N_2, \ldots, N_n\} \le k) \\
&= P(N_1 \le k-1 \cap \ldots \cap N_n \le k-1) \\
&= P(N_1 \le k-1) \cdot \ldots \cdot P(N_n \le k-1).
\end{aligned}$$

Die Wahrscheinlichkeiten $P(N_i \le k-1)$ sind für alle $i = 1, \ldots, k$ gleich 1. Aus all dem wird ersichtlich, dass

$$P(D_n \le k) = \prod_{j=k+1}^{n} P(N_j \le k-1) = \prod_{j=k+1}^{n} \frac{k}{j} = \frac{k! k^{n-k}}{n!}. \qquad (7.17)$$

(b) Wir weisen dies nach durch direkte Ermittlung der Verteilungsfunktion:

$$P\left(\frac{D_n - n}{\sqrt{n}} \leq x\right) = P(D_n \leq n + x\sqrt{n}) = P(D_n \leq \lfloor n + x\sqrt{n} \rfloor).$$

Für x aus einem geeigneten Bereich gilt wegen (7.17) also

$$P\left(\frac{D_n - n}{\sqrt{n}} \leq x\right) = \lfloor n + x\sqrt{n} \rfloor^{n - \lfloor n + x\sqrt{n} \rfloor} \cdot \frac{\lfloor n + x\sqrt{n} \rfloor!}{n!}.$$

Mit einem geeigneten $\beta_n \in [0,1)$ kann man $\lfloor n + x\sqrt{n} \rfloor = n + x\sqrt{n} - \beta_n$ schreiben. Das führt zu

$$P\left(\frac{D_n - n}{\sqrt{n}} \leq x\right) = (n + x\sqrt{n} - \beta_n)^{n - (n + x\sqrt{n} - \beta_n)} \cdot \frac{(n + x\sqrt{n} - \beta_n)!}{n!}.$$

Die Fakultäten approximieren wir mit Stirlings Formel und erhalten

$$P\left(\frac{D_n - n}{\sqrt{n}} \leq x\right) \sim (n + x\sqrt{n} - \beta n)^{\beta_n - x\sqrt{n}}$$

$$\cdot \frac{(\frac{n + x\sqrt{n} - \beta_n}{e})^{n + x\sqrt{n} - \beta_n} \cdot \sqrt{2\pi(n + x\sqrt{n} - \beta_n)}}{(n/e)^n \cdot \sqrt{2\pi n}}$$

$$\sim \left(1 + \frac{x\sqrt{n} - \beta_n}{n}\right)^n e^{-x\sqrt{n} + \beta_n} \sqrt{\frac{n + x\sqrt{n}}{n}}.$$

Da stets $D_n \leq n$ ist, haben wir $P\left(\frac{D_n - n}{\sqrt{n}} \leq x\right) = 1$ für alle nichtnegativen x, und es reicht, negative x zu betrachten. Wegen $D_n \geq 1$ haben wir außerdem

$$P\left(\frac{D_n - n}{\sqrt{n}} \leq x\right) = 0, \qquad \forall x < (1-n)/\sqrt{n}.$$

Aufgrund von

$$\left(1 + \frac{x\sqrt{n} - \beta_n}{n}\right)^n = \exp\left\{n \ln\left(1 + \frac{x\sqrt{n} - \beta_n}{n}\right)\right\}$$

und Entwicklung des Logarithmus als $(x\sqrt{n}/n - \beta_n/n) - x^2 n/(2n^2) + O(n^{1/2}/n^2)$ erhalten wir

$$P\left(\frac{D_n - n}{n} \leq x\right) \sim e^{-x^2/2 + O(n^{-1/2})} \cdot \sqrt{1 + x \cdot O(n^{-1/2})},$$

so dass

$$P\left(\frac{D_n - n}{\sqrt{n}} \leq x\right) \xrightarrow{n \to \infty} e^{-x^2/2}, \qquad \forall x < 0.$$

Dies aber bedeutet: $(D_n - n)/\sqrt{n}$ konvergiert nach Verteilung. Nennt man die Grenzzufallsgröße $-R$, so hat R die Verteilungsfunktion

$$F_R(x) = \begin{cases} 1 - e^{-x^2/2}, & \text{falls } x \geq 0 \\ 0, & \text{sonst.} \end{cases}$$

Die Dichte f_R von R erhält man daraus durch Ableiten:

$$f_R(x) = xe^{-x^2/2} 1_{[0,\infty)}(x).$$

7.30 Sei X die Anzahl der in einem Zeitintervall der Länge t Stunden befragten Personen. Dann hat X eine Poisson-Verteilung mit Parameter $100t$. Wir wollen $t = t_0$ so bestimmen, dass $P(X > 200) = 0.90$ bzw.

$$P(X \leq 200) = 0.10.$$

Es seien $X_1, X_2, \ldots$, unabhängige, $\mathbf{P}(t_0)$-verteilte Zufallsgrößen. Dann muss gelten:

$$\begin{aligned} 0.1 &= P(X \leq 200) = P(X_1 + \ldots + X_{100} \leq 200) \\ &= P\left(\frac{X_1 + \ldots + X_{100} - 100t_0}{\sqrt{100t_0}} \leq \frac{200 - 100t_0}{\sqrt{100t_0}}\right) \\ &\doteq \Phi\left(\frac{200 - 100t_0}{\sqrt{100t_0}}\right) \end{aligned} \tag{7.18}$$

aufgrund des zentralen Grenzwertsatzes. Der Tafel der Standard-Normalverteilung für deren Verteilungsfunktion Φ entnimmt man

$$\Phi(1.28) = 0.90,$$

was wegen Symmetrie auf
$$\Phi(-1.28) = 0.10$$

führt. Mit (7.18) löst das gesuchte t_0 die Gleichung

$$\frac{200 - 100t_0}{10\sqrt{t_0}} = -1.28,$$

bzw., wenn man $x_0 = \sqrt{t_0}$ schreibt, die Gleichung

$$100x_0^2 - 12.8x_0 - 200 = 0. \tag{7.19}$$

Die einzige nichtnegative Lösung, die (7.19) zulässt, ist

$$x_0 = 1.48,$$

und somit muss das zu veranschlagende Zeitintervall eine Länge von $t_0 = x_0^2 = 2.19$ Stunden haben.

7.31 (a) Bei einem 95%-igen Vertrauensintervall für einen Parameter p handelt es sich um ein zufälliges Intervall $[p_1, p_2]$, das mit Wahrscheinlichkeit 0.95 das unbekannte p überdeckt. Wir modellieren eine Geburt als Realisierung einer Bernoulli-Zufallsgröße mit Parameter $p = P(\text{das Kind ist ein Mädchen})$. Damit haben wir unabhängige, jeweils $\mathbf{B}(p)$-verteilte $X_1, \ldots, X_n$ mit $n = 25\,171\,123$. Für $S_n := \sum_{i=1}^{n} X_i$ gilt nach dem zentralen Grenzwertsatz:

$$\frac{S_n - np}{\sqrt{np(1-p)}} \xrightarrow{d} Z \sim \mathbf{N}(0,1).$$

Mit einer Wahrscheinlichkeit, die für $n \to \infty$ gegen $2\Phi(t) - 1$ strebt (Φ sei die Verteilungsfunktion der Standard-Normalverteilung), ist also

$$|S_n - np| \leq t\sqrt{np(1-p)}$$

bzw. $(S_n - np)^2 \leq t^2 np(1-p)$, was nach Umformung dasselbe ist wie

$$(n^2 + nt^2)p^2 - (t^2 n + 2nS_n)p + S_n^2 \leq 0. \tag{7.20}$$

Die Randpunkte $\hat{p}_1, \hat{p}_2$ (einer Realisierung) des 95%-igen Vertrauensintervalls erhält man nun durch Lösen von (7.20) mit dem Gleichheitszeichen und für $t = 1.96$. Die Randpunkte sind demnach die Nullstellen einer Parabel: Mit $\hat{p} := \frac{S_n}{n}$ ergibt sich

$$\hat{p}_1 := \frac{1}{n+t^2}\left(n\hat{p} + \frac{t^2}{2} - t\sqrt{n\hat{p}(1-\hat{p}) + \frac{t^2}{4}}\right),$$

$$\hat{p}_2 := \frac{1}{n+t^2}\left(n\hat{p} + \frac{t^2}{2} + t\sqrt{n\hat{p}(1-\hat{p}) + \frac{t^2}{4}}\right).$$

Konkret errechnen wir für das gegebene n und mit

$$\hat{p} = \frac{12\,241\,392}{25\,171\,123} = 0.48633$$

die Werte

$$\hat{p}_1 = 0.48613,$$
$$\hat{p}_2 = 0.48652.$$

(b) Für unabhängige, jeweils $\mathbf{B}\left(\frac{1}{2}\right)$-verteilte $X_1, \ldots, X_n$ errechnen wir bei $n = 25\,171\,123$ und $p = \frac{1}{2}$ die Wahrscheinlichkeit

$$P(S_n \leq 12\,241\,392) = P\left(\frac{S_n - np}{\sqrt{np(1-p)}} \leq \frac{12\,241\,392 - np}{\sqrt{np(1-p)}}\right) \doteq \Phi\left(\frac{12\,241\,392 - np}{\sqrt{np(1-p)}}\right)$$

$$= \Phi(-137.2) = 1 - \Phi(137.2) = \int_{137.2}^{\infty} \frac{1}{\sqrt{2\pi}} e^{-z^2/2}\,dz$$

$$\leq \frac{1}{\sqrt{2\pi}} \cdot \frac{1}{137.2} \cdot \exp\left(-\frac{137.2^2}{2}\right) \doteq 3 \cdot 10^{-4091}.$$

7.32 Wir bezeichnen mit X_i den Zugewinn von Spieler A im i. Spiel. Mit Wahrscheinlichkeit $\frac{18}{37}$ ist $X_i = 10$ und mit Wahrscheinlichkeit $\frac{19}{37}$ ist $X_i = -10$. Also haben wir

$$EX_i = \frac{18}{37} \cdot 10 + \frac{19}{37} \cdot (-10) = -\frac{10}{37} =: \mu,$$
$$\operatorname{var} X_i = EX_i^2 - (EX_i)^2 = 100 - \frac{100}{37^2} =: \sigma^2.$$

Die gesuchte Wahrscheinlichkeit für Spieler A ist

$$P\left(\sum_{i=1}^{100} X_i \geq 40\right) = P\left(\frac{1}{10\sigma}\left(\sum_{i=1}^{100} X_i - 100\mu\right) \geq \frac{40 - 100\mu}{10\sigma}\right)$$
$$\doteq 1 - \Phi\left(\frac{40 - 100\mu}{10\sigma}\right)$$
$$\doteq 1 - \Phi(0.067) \doteq 0.47$$

bei Anwendung des zentralen Grenzwertsatzes; Φ bezeichnet die $\mathbf{N}(0,1)$-Verteilungsfunktion. Mit Y_i bezeichnen wir den Zugewinn von Spieler B im i. Spiel. Mit Wahrscheinlichkeit $\frac{1}{37}$ nimmt Y_i den Wert 350 an, und mit Wahrscheinlichkeit $\frac{36}{37}$ ist $Y_i = -10$. Also:

$$EY_i = \frac{1}{37} \cdot 350 + \frac{36}{37} \cdot (-10) = -\frac{10}{37} = \mu,$$
$$\operatorname{var} Y_i = EY_i^2 - (EY_i)^2 = \frac{1}{37} \cdot 350^2 + \frac{36}{37} \cdot 100 - \frac{100}{37^2} =: \rho^2.$$

Das führt zu

$$P\left(\sum_{i=1}^{100} Y_i \geq 40\right) = P\left(\frac{1}{10\rho}\left(\sum_{i=1}^{100} Y_i - 100\mu\right) \geq \frac{40 - 100\mu}{10\rho}\right)$$
$$= 1 - \Phi\left(\frac{40 - 100\mu}{10\rho}\right) \doteq 1 - \Phi(0.12) \doteq 0.45.$$

7.2 Lösungen

7.33 (a) Infolge der Nichtnegativität der Summanden ist

$$P(X_1 \geq n) = \sum_{j=n}^{\infty} e^{-\lambda} \frac{\lambda^j}{j!} \geq e^{-\lambda} \frac{\lambda^n}{n!}.$$

Um die obere Schranke zu ermitteln, nehmen wir folgende Indexverschiebung vor:

$$P(X_1 \geq n) = \sum_{j=0}^{\infty} e^{-\lambda} \frac{\lambda^{j+n}}{(j+n)!} = e^{-\lambda} \frac{\lambda^n}{n!} \sum_{j=0}^{\infty} \frac{\lambda^j}{j!} \cdot \frac{n! \cdot j!}{(n+j)!}$$

$$= e^{-\lambda} \frac{\lambda^n}{n!} \sum_{j=0}^{\infty} \frac{\lambda^j}{j!} \underbrace{\binom{n+j}{n}^{-1}}_{\leq 1} \leq e^{-\lambda} e^{\lambda} \frac{\lambda^n}{n!} = \frac{\lambda^n}{n!}.$$

(b) Wir schreiben $A_n(\delta)$ für das Ereignis $\left\{X_n \geq \delta \frac{\ln n}{\ln \ln n}\right\}$ mit $\delta > 0$. Der Limes superior der Folge $\left(\frac{X_n}{\ln n / (\ln \ln n)}\right)_{n \geq 3}$ ist genau dann gleich 1, wenn für jedes $\delta \in (0,1)$ unendlich viele der Ereignisse $A_n(\delta)$ eintreten und für jedes $\delta \in (1, \infty)$ höchstens endlich viele. Demzufolge ist

$$P(A_n(\delta) \text{ u.o.}) = \begin{cases} 1, & \text{wenn } \delta \in (0,1) \\ 0, & \text{wenn } \delta \in (1, \infty) \end{cases} \tag{7.21}$$

zu prüfen. Da $(A_n(\delta))_{n \geq 3}$ für beliebiges, aber festes δ eine Folge von unabhängigen Ereignissen ist, kann das Borel-Cantelli-Lemma (AW, Satz 2.2.7) angewendet werden. Demnach ist (7.21) gezeigt, wenn der Beweis für

$$\sum_{n=3}^{\infty} P(A_n(\delta)) \begin{cases} = \infty, & \text{wenn } \delta \in (0,1) \\ < \infty, & \text{wenn } \delta \in (1, \infty) \end{cases}$$

erbracht ist. Untersuchen wir also diese Reihe auf Konvergenz. Indem wir uns auf das Ergebnis in (a) stützen, folgern wir bei Verwendung des Kürzels $b_n(\delta) := \left\lceil \delta \frac{\ln n}{\ln \ln n} \right\rceil$, dass

$$\sum_{n=3}^{\infty} P(A_n(\delta)) = \sum_{n=3}^{\infty} P(X_n \geq b_n(\delta)) \leq \sum_{n=3}^{\infty} \frac{\lambda^{b_n(\delta)}}{(b_n(\delta))!} = \sum_{k=0}^{\infty} \frac{\lambda^k}{k!} \cdot (N_k(\delta) - N_{k-1}(\delta))$$

mit $N_k(\delta) := \#\left\{n \geq 3 : \delta \frac{\ln n}{\ln \ln n} \leq k\right\}$ für $k \in \mathbb{N}_0$, $N_{-1} = 0$. Der Ausdruck $N_k(\delta) - N_{k-1}(\delta)$ gibt an, für wie viele n die Beziehung $b_n(\delta) = k$ erfüllt ist. Mit Hilfe der unteren Schranke in (a) kann auch die zu untersuchende Reihe nach unten abgeschätzt werden:

$$\sum_{n=3}^{\infty} P(A_n(\delta)) \geq \sum_{n=3}^{\infty} e^{-\lambda} \frac{\lambda^{b_n(\delta)}}{(b_n(\delta))!} = e^{-\lambda} \sum_{k=0}^{\infty} \frac{\lambda^k}{k!} \cdot (N_k(\delta) - N_{k-1}(\delta)). \quad (7.22)$$

Wegen $e^{-\lambda} \neq 0$ gilt $\sum_{n=3}^{\infty} P(A_n(\delta)) < \infty$ offensichtlich genau dann, wenn $\sum_{k=0}^{\infty} \frac{\lambda^k}{k!} \cdot (N_k(\delta) - N_{k-1}(\delta)) < \infty$. Man erkennt, dass

$$\sum_{k=0}^{n} \frac{\lambda^k}{k!} \cdot (N_k(\delta) - N_{k-1}(\delta)) = \frac{\lambda^n}{n!} N_n(\delta) + \sum_{k=0}^{n-1} \frac{\lambda^k}{k!} \cdot (1 - \frac{\lambda}{k+1}) N_k(\delta).$$

Wegen $N_k(\delta) \geq 0$ folgt somit, dass die Konvergenz der Reihe (7.22) das Ergebnis

$$\sum_{k=0}^{\infty} \frac{\lambda^k}{k!} N_k(\delta) < \infty \quad (7.23)$$

impliziert. Die Umkehrrichtung jener Implikation gilt offensichtlich, so dass also die Gültigkeit von (7.23) zu untersuchen bleibt. Da es sich um eine Potenzreihe bezüglich $\lambda > 0$ handelt, kann das Kriterium von Cauchy-Hadamard aus der Analysis zur Ermittlung des Konvergenzradius herangezogen werden. Dies besagt, dass (7.23) für jedes $\lambda > 0$ gilt, wenn

$$\left(\frac{N_k(\delta)}{k!}\right)^{1/k} \xrightarrow{k \to \infty} 0,$$

und dass (7.23) für kein $\lambda > 0$ gilt, wenn

$$\left(\frac{N_k(\delta)}{k!}\right)^{1/k} \xrightarrow{k \to \infty} +\infty.$$

Mit elementaren Methoden aus der Analysis kann verifiziert werden, dass $\frac{(k!)^{1/k}}{k} \xrightarrow{k \to \infty} e^{-1}$. Als Problem verbleibt, ob $\frac{N_k(\delta)^{1/k}}{k}$ im Falle von $\delta \in (0,1)$ gegen $+\infty$ divergiert und für $\delta > 1$ gegen 0 konvergiert. Dazu muss $N_k(\delta)$ einer genaueren Untersuchung unterzogen werden. Die Funktion $f(x) = \frac{x}{\ln x}$ wächst für $x > e$ streng monoton, was durch die Positivität der Ableitung von f auf diesem Intervall leicht erkannt werden kann. Daher wächst die Folge $\left(\frac{\ln n}{\ln \ln n}\right)_{n \geq 16}$ ebenfalls streng monoton und strebt für $n \to \infty$ gegen $+\infty$. Definieren wir

$$M_k := \max\left\{n : \frac{\ln n}{\ln \ln n} \leq \frac{k}{\delta}\right\},$$

dann resultiert nach der Definition von $N_k(\delta)$, dass $|N_k(\delta) - M_k| \leq 16$ ist. Der Ausdruck $\frac{M_k^{1/k}}{k}$ weist somit dasselbe asymptotische Verhalten auf wie der zu untersuchende Term $\frac{[N_k(\delta)]^{1/k}}{k}$.

7.2 Lösungen

Unsere nächste Aufgabe ist daher, die Geschwindigkeit zu ermitteln, mit der M_k für $k \to \infty$ gegen unendlich strebt. Eine direkte Konsequenz des Mittelwertsatzes der Differentialrechnung mit der Funktion $f(x) = x/(k \cdot \ln x)$ und $\xi \in [\ln M_k, \ln(M_k + 1)]$ ist die Abschätzung

$$\left| \frac{\ln M_k}{k \cdot \ln \ln M_k} - \frac{\ln(M_k + 1)}{k \cdot \ln \ln(M_k + 1)} \right| = \left| 1 - \frac{1}{\ln \xi} \right| \cdot \frac{1}{|k \cdot \ln \xi|} |\ln M_k - \ln(M_k + 1)|$$

$$\leq const. \cdot \frac{1}{k} \cdot \left| \ln\left(\frac{1}{1 + 1/M_k} \right) \right| \stackrel{k \to \infty}{\longrightarrow} 0.$$

Nach Definition von M_k gilt einerseits $\frac{\ln M_k}{k \cdot \ln \ln M_k} \leq \frac{1}{\delta}$ und andererseits $\frac{\ln(M_k+1)}{k \cdot \ln \ln(M_k+1)} > \frac{1}{\delta}$, woraus

$$\frac{\ln M_k}{k \cdot \ln \ln M_k} \stackrel{k \to \infty}{\longrightarrow} \frac{1}{\delta} \qquad (7.24)$$

für jedes $\delta > 0$ folgt. Mit dieser Erkenntnis kann der Limes von $\frac{M_k^{1/k}}{k}$ bestimmt werden.

Betrachten wir zuerst den Fall $\delta \in (0, 1)$, also $1/\delta > 1$. Eine Rechnung mit zweifacher Verwendung von (7.24) liefert für hinreichend großes k

$$\frac{M_k^{1/k}}{k} = \frac{1}{k} \cdot \exp\left(\frac{\ln M_k}{k \cdot \ln \ln M_k} \cdot \ln \ln M_k \right) \geq \frac{1}{k} \cdot \exp\left(\frac{1+\delta}{2\delta} \ln \ln M_k \right)$$

$$= \frac{1}{k} \cdot (\ln M_k)^{(1+\delta)/(2\delta)} = \frac{\ln M_k}{k \cdot \ln \ln M_k} \cdot (\ln M_k)^{(1-\delta)/(2\delta)} \cdot \ln \ln M_k$$

$$\geq \frac{1+\delta}{2\delta} \cdot (\ln M_k)^{(1-\delta)/(2\delta)} \cdot \ln \ln M_k,$$

was für $k \to \infty$ gegen ∞ strebt.

Im Fall $\delta > 1$ bzw. $1/\delta \in (0, 1)$ haben wir entsprechend

$$\frac{M_k^{1/k}}{k} = \frac{1}{k} \cdot \exp\left(\frac{\ln M_k}{k \cdot \ln \ln M_k} \cdot \ln \ln M_k \right) \leq \frac{1}{k} \cdot \exp\left(\frac{1+\delta}{2\delta} \ln \ln M_k \right)$$

$$= \frac{1}{k} \cdot (\ln M_k)^{(1+\delta)/(2\delta)} = \frac{\ln M_k}{k \cdot \ln \ln M_k} \cdot (\ln M_k)^{(1-\delta)/(2\delta)} \cdot \ln \ln M_k$$

$$\leq \frac{1+\delta}{2\delta} \cdot \frac{\ln \ln M_k}{(\ln M_k)^{(\delta-1)/(2\delta)}} \stackrel{k \to \infty}{\longrightarrow} 0.$$

Damit ist alles bewiesen.

7.36 (a) Wir schreiben $S_n := \sum_{i=1}^{n} X_i$ und wählen die Darstellung

$$\left|\frac{S_n^*}{n^\alpha}\right| = \left|\frac{\sqrt{2\sigma^2 \ln \ln n}}{n^{\alpha-1/2}} \cdot \underbrace{\left(\frac{n}{2\sigma^2 \ln \ln n}\right)^{1/2} \cdot \left(\frac{S_n}{n} - \mu\right)}_{=:T_n}\right|.$$

Indem man dem Gesetz des iterierten Logarithmus vertraut, folgt

$$\limsup_{n\to\infty} T_n = 1 \quad \text{und} \quad \liminf_{n\to\infty} T_n = -1 \quad \text{f.s.}$$

Für P-fast alle ω gibt es nur endlich viele $|T_n(\omega)|$, die nicht in $[0,2]$ liegen. Wegen $\alpha > 1/2$ konvergiert für jene ω

$$\frac{\sqrt{2\sigma^2 \ln \ln n}}{n^{\alpha-1/2}} \cdot T_n(\omega)$$

gegen 0 für $n \to \infty$. Somit ist (a) gelöst.

(b) Die Umformung aus (a) kann auch hier eingesetzt werden:

$$\frac{S_n^*}{n^\alpha} = \frac{\sqrt{2\sigma^2 \ln \ln n}}{n^{\alpha-1/2}} \cdot T_n.$$

Nach dem Gesetz des iterierten Logarithmus gilt für P-fast alle ω

$$\sup\{T_m(\omega) : m \geq n\} \stackrel{n\to\infty}{\longrightarrow} 1$$

und somit

$$\sup\{T_m(\omega) : m \geq n\} \geq 1$$

für alle $n \in \mathbb{N}$. Für diese ω folgt dann

$$\sup\{S_m^*(\omega)/m^\alpha : m \geq n\} \geq \sqrt{2\sigma^2 \ln \ln n} \stackrel{n\to\infty}{\longrightarrow} +\infty,$$

womit $\limsup_{n\to\infty} S_n^*/n^\alpha = +\infty$ f.s. gezeigt ist.
Das Gesetz des iterierten Logarithmus besagt zudem, dass auch

$$\liminf_{n\to\infty} T_n = -1$$

fast sicher besteht. Analog zu obiger Argumentation kann man daraus folgern, dass

$$\liminf_{n\to\infty} S_n^*/n^\alpha = -\infty \quad \text{f.s.}$$

Kapitel 8

Abhängigkeit

8.1 Aufgaben

8.4 Kann man aus $E(X\,|\,Y) = E(X)$ f.s. auf die Unabhängigkeit der Zufallsgrößen X und Y schließen?

8.5 Es sei X die als $\mathbf{Exp}(\lambda)$-verteilt angenommene Lebensdauer eines elektrischen Gerätetyps, wobei $\lambda > 0$ ein unbekannter Parameter ist. Bei einer Untersuchung zur mittleren Lebensdauer werden einige Geräte im Zeitintervall $[0, t]$ beobachtet: Für $t > 0$ sei $W_t := \min(X, t)$. Zeigen Sie, dass

$$E(X\,|\,W_t) = X \cdot 1_{\{X<t\}} + (t + 1/\lambda) \cdot 1_{\{X \geq t\}}.$$

8.8 Es sei $X_0 = 0$ f.s. und für alle $k \in \mathbb{N}$

$$P(X_k = +1\,|\,X_{k-1} = 0) = P(X_k = -1\,|\,X_{k-1} = 0) = \frac{1}{2k},$$
$$P(X_k = 0\,|\,X_{k-1} = 0) = 1 - \frac{1}{k}$$

sowie

$$P(X_k = k \cdot X_{k-1}\,|\,X_{k-1} \neq 0) = \frac{1}{k}, \qquad P(X_k = 0\,|\,X_{k-1} \neq 0) = 1 - \frac{1}{k}.$$

(a) Zeigen Sie, dass es sich bei $(X_n)_{n \in \mathbb{N}_0}$ um ein Martingal bezüglich der Filtration $(\mathcal{A}_n)_{n \in \mathbb{N}_0}$ handelt, wobei $\mathcal{A}_n = \sigma(X_0, \ldots, X_n)$ ist.
(b) Konvergiert $(X_n)_{n \in \mathbb{N}_0}$ nach Wahrscheinlichkeit?
(c) Konvergiert $(X_n)_{n \in \mathbb{N}_0}$ fast sicher?

8.9 Es sei $(X_n)_{n \in \mathbb{N}}$ eine Folge von P-integrierbaren Zufallsgrößen auf einem W-Raum $(\Omega, \mathcal{A}, P)$. Ferner sei $(\mathcal{A}_n)_{n \in \mathbb{N}}$ eine Filtration, und X_n sei $\mathcal{A}_n$-messbar, $\forall n \in \mathbb{N}$. Angenommen, es ist

$$E_{\mathcal{A}_n}(X_{n+1}) = \frac{1}{2}X_n + \frac{1}{2}X_{n-1}, \qquad \forall n = 2, 3, \ldots.$$

Zeigen Sie: Falls $\sup_n E|X_n| < \infty$, dann konvergiert $(X_n)_{n\in\mathbb{N}}$ P-f.s. für $n \to \infty$.

Hinweis: Die Folge $(Y_n)_{n\geq 2}$ mit $Y_n = X_n + \frac{1}{2}X_{n-1}$ ist ein Martingal. Schließen Sie von der P-f.s. Konvergenz der Folge $(Y_n)_{n\geq 2}$ auf die P-f.s. Konvergenz der Folge $(X_n)_{n\in\mathbb{N}}$.

8.10 (Selbstverschärfende Ungleichungen) Manche Ungleichungen sind selbstverschärfend. Damit wird ausgedrückt, dass ihre Anwendung eine schärfere Version ihrer selbst erzeugt. Ein Beispiel ist die

(a) **(Doob'sche Maximalungleichung)** Sei $(X_n)_{n\in\mathbb{N}}$ ein nichtnegatives Submartingal und $\alpha > 0$. Dann gilt

$$\alpha P\Big(\sup_{1\leq n\leq m} X_n \geq \alpha\Big) \leq EX_m. \tag{8.1}$$

Beweisen Sie dies.

(b) Folgern Sie aus (8.1) die folgende schärfere Version: Für alle $p \geq 1$ ist

$$\alpha^p P\Big(\sup_{1\leq n\leq m} X_n \geq \alpha\Big) \leq EX_m^p.$$

8.12 (Versicherungs-Insolvenz, Fortsetzung von Aufgabe 7.3) Sei V_n das Vermögen einer Versicherung am Ende des n. Jahres und V_0 das Anfangsvermögen. Im Jahr $n \in \mathbb{N}$ hat die Versicherung Einnahmen durch Prämienzahlungen ihrer K Kunden in Höhe von $K\cdot W = K(\mu + \alpha\sigma)$, und aufgrund von Schäden entstehen im Jahr n Ausgaben in Höhe von $\sum_{k=1}^{K} R_{k,n}$, wobei die $R_{k,n}$ als unabhängige, annähernd $\mathbf{N}(\mu,\sigma^2)$-verteilte Zufallsgrößen aufgefasst werden können. Die Versicherung wird insolvent, wenn ihr Vermögen jemals Null oder negativ wird. Dem Versicherungsmathematiker ist die Aussage geglückt, dass die Wahrscheinlichkeit hierfür nicht größer ist als $\exp(-2\alpha V_0/\sigma)$. Bestätigen Sie diese Aussage.

Hinweis: Die Folge $(M_n)_{n\in\mathbb{N}_0}$ mit $M_n = \exp(-2\alpha V_n/\sigma)$ ist ein Martingal. Verwenden Sie den Satz vom optionalen Stoppen mit

$$N = \begin{cases} \infty, & \text{falls } V_n \in (0,a), \forall n \in \mathbb{N}_0 \\ \inf\{n \geq 0 : V_n \in (-\infty, 0] \text{ oder } V_n \in [a,\infty)\}, & \text{sonst} \end{cases}$$

für $a > V_0$.

8.13 Es sei $((0,1), \mathcal{B}\cap(0,1), \lambda)$ ein W-Raum, wobei λ das Lebesgue-Maß bezeichnet. Ferner sei

$$\mathcal{A}_t := \begin{cases} \{A \in \mathcal{B}\cap(0,1) : A \subseteq (0,t) \text{ oder } (t,1) \subseteq A\}, & \text{falls } t \in (0,1) \\ \mathcal{B}\cap(0,1), & \text{falls } t \geq 1 \end{cases}$$

eine Familie von σ-Algebren und X eine λ-integrierbare Zufallsgröße auf dem Messraum $((0,1), \mathcal{B}\cap(0,1))$.

(a) Zeigen Sie: $(\mathcal{A}_t)_{t>0}$ ist eine Filtration.

(b) Berechnen Sie das Martingal $(E_{\mathcal{A}_t}(X))_{t>0}$.

8.14 Ein Flugzeug bietet Platz für 100 Passagiere, und alle Sitzplätze sind reserviert. Beim Boarding nimmt jeder Passagier seinen reservierten Platz ein, es sei denn, dieser ist bereits besetzt. In diesem Fall wählt er unter den noch freien Plätzen rein zufällig einen aus. Der erste Passagier ist ein älterer Herr, der sich nicht die Mühe macht, seinen reservierten Platz zu suchen, sondern einfach den ersten Sitzplatz einnimmt, den er erreicht. Wie groß ist die Wahrscheinlichkeit, dass der letzte einsteigende Passagier seinen reservierten Platz einnehmen kann?

8.15 Jemand wettet auf die Ausfälle eines Bernoulli-Prozesses und gewinnt bei jedem Ausfall mit Wahrscheinlichkeit $p \in (0,1)$. Sein Kapital nach dem n. Ausfall sei X_n mit $X_0 = 1$. Sein Einsatz bei der n. Wette betrage αX_{n-1}, $0 < \alpha < 1$. Er erhält αX_{n-1} zusätzliche Euros im Falle eines Gewinns und verliert den Einsatz im Falle eines Verlustes.

(a) Zeigen Sie, dass
$$X_n = \prod_{k=1}^{n}(1+\alpha Y_k)$$
ist, wobei die Y_k unabhängige, identisch verteilte Zufallsgrößen sind mit $P(Y_k = +1) = p = 1 - P(Y_k = -1)$.

(b) Wie verhält sich $\frac{1}{n}\ln X_n$ für $n \to \infty$ in Abhängigkeit von p und α?

(c) Sei $p \leq \frac{1}{2}$. Zeigen Sie, dass $(X_n)_{n \in \mathbb{N}_0}$ fast sicher gegen 0 geht.
Sei $p > \frac{1}{2}$. Zeigen Sie, dass es ein α^* gibt, so dass
$$X_n \longrightarrow \begin{cases} 0 \text{ f.s.,} & \text{falls } \alpha > \alpha^* \\ \infty \text{ f.s.,} & \text{falls } \alpha < \alpha^*. \end{cases}$$

8.17 (**Aussterbewahrscheinlichkeiten**) Weiße US-Männer haben

$\quad 0$ Söhne mit Wahrscheinlichkeit $p_0 = 0.482$,
$\quad k$ Söhne mit Wahrscheinlichkeit $p_k = 0.213 \cdot 0.589^{k-1}$, $k \in \mathbb{N}$.

Mit welcher Wahrscheinlichkeit stirbt der männliche Zweig einer Familie aus?

8.19 (**Qualitätskontrolle**) In einer Fertigungsstraße wird ein zweiphasiges Verfahren zur Qualitätskontrolle eingesetzt. In Phase 1 wird jedes produzierte Werkstück unabhängig von allen anderen mit Wahrscheinlichkeit α geprüft. In Phase 2 werden alle Werkstücke geprüft. Ein Wechsel von Phase 1 nach Phase 2 findet statt, sobald ein defektes Werkstück gefunden wird. Ein Wechsel von Phase 2 nach Phase 1 findet statt, wenn eine Serie von K aufeinander folgenden intakten Werkstücken auftritt. Es sei p die Wahrscheinlichkeit, dass ein gefertigtes Werkstück defekt ist. Die Werkstücke seien unabhängig voneinander defekt oder intakt.

(a) Welcher Anteil von Werkstücken wird langfristig geprüft?

(b) Die *Effektivität* eines Kontrollverfahrens ist definiert als Quotient aus dem langfristigen Anteil der gefundenen defekten Werkstücke und dem langfristigen Anteil defekter Werkstücke. Bestimmen Sie die Effektivität des zweiphasigen Verfahrens.

Hinweis: Konstruieren Sie eine Markov-Kette $(X_n)_{n \in \mathbb{N}}$ auf dem Zustandsraum $S = \{0, \ldots, K\}$. Dabei bezeichne X_n den Zustand des Kontrollverfahrens nach dem n. geprüften Werkstück, und $X_n = i$ für $i = 0, \ldots, K-1$ bedeutet: Das Kontrollverfahren ist in Phase 2 und i aufeinander folgende intakte Werkstücke wurden beobachtet. Ist das Kontrollverfahren nach dem n. geprüften Werkstück in Phase 1, wird dies mit $X_n = K$ markiert.

8.20 (Ein Suchproblem) Bei einigen praktischen Problemen besteht das Ziel darin, das hinsichtlich eines gegebenen Kriteriums beste Element in einer Menge von K Elementen zu bestimmen. Für diese Aufgabe stehen Algorithmen zur Verfügung, die nach folgendem Prinzip arbeiten: Zu Anfang wird ein Element rein zufällig ausgewählt. Bei jedem weiteren Schritt springt der Algorithmus dann rein zufällig zu einem der besseren Elemente, bis er schließlich das beste Element erreicht hat. D.h. ist $(e_1, \ldots, e_K)$ eine Anordnung der Elemente nach abnehmender Qualität und befindet sich der Algorithmus im n. Schritt bei e_j, so springt er als Nächstes mit Wahrscheinlichkeit $(j-1)^{-1}$ zu e_k, $\forall k = 1, \ldots, j-1$. (Als Beispiel kann der *Simplex-Algorithmus* aus der linearen Programmierung dienen, der das Maximum einer linearen Funktion unter linearen Nebenbedingungen aufspürt. Die Elemente entsprechen dabei den Ecken des zulässigen Bereiches.)
Von Interesse sind Verteilung und Erwartungswert von N_k, der Zahl der benötigten Übergänge, um von e_k nach e_1 zu gelangen.

(a) Entwickeln Sie eine Rekursionsformel für EN_k, etwa durch Konditionierung auf den ersten Übergang.

(b) Zeigen Sie, dass
$$EN_k = \sum_{i=1}^{k-1} \frac{1}{i}.$$

(c) Es sei
$$I_k := \begin{cases} 1, & \text{falls der Algorithmus das Element } e_k \text{ erreicht} \\ 0, & \text{sonst.} \end{cases}$$

Zeigen Sie:
Die Zufallsgrößen $I_1, \ldots, I_{K-1}$ sind unabhängig mit $P(I_k = 1) = \frac{1}{k}$ für $1 \leq k \leq K-1$.

(d) Prüfen Sie, dass
$$N_K = \sum_{k=1}^{K-1} I_k.$$

ist, und bestätigen Sie den Ausdruck

$$var\, N_k = \sum_{k=1}^{K-1} \frac{1}{k}\left(1 - \frac{1}{k}\right).$$

8.22 (Selbstorganisierende Listen) Der Zugriff auf Datenmengen ist eine der zentralen Operationen in Computern. Es wird deshalb angestrebt, Datenlisten so anzuordnen, dass Zugriffe schnell und kostengünstig erfolgen können. Sei $L := \{e_1, \ldots, e_M\}$ die Menge der gespeicherten Elemente und $p_i > 0$ die Wahrscheinlichkeit eines Zugriffs auf $e_i, i = 1, \ldots, M$. Sei $\pi = (\pi_1, \ldots, \pi_M)$ eine Permutation der Zahlen $1, \ldots, M$. Durch jede Permutation wird eine Anordnung der Elemente von L in einer Liste beschrieben: π beschreibt die Liste, bei der sich das Element e_i in Position π_i befindet. Die Kosten eines Zugriffs auf das Listenelement in Position i seien gleich i. Sind die Zugriffshäufigkeiten p_i bekannt, so ist es ratsam (und optimal), die Elemente nach abnehmender Zugriffshäufigkeit zu sortieren, jede Suche am Anfang der Liste zu beginnen und sie schrittweise nach hinten fortzusetzen. Sind die Zugriffshäufigkeiten nicht bekannt, kann man zunächst mit einer rein zufällig gewählten Anordnung beginnen und nach jedem Zugriff die Listenanordnung so verändern, dass spätere Zugriffe auf dasselbe Element schneller erfolgen können. Auf diese Weise organisiert sich die Liste selbst. Wichtige Strategien der Selbstorganisation sind die folgenden:

- Nach-Vorne-Holen (V-Regel): Nach dem Zugriff auf ein Element wird dieses anschließend am Anfang der Liste platziert. Die relative Anordnung aller übrigen Listenelemente wird nicht geändert.
- Transponieren (T-Regel): Nach dem Zugriff auf ein Element wird dieses anschließend mit dem unmittelbar vorausgehenden Element vertauscht. Das erste Element der Liste nimmt nach Zugriff wiederum die erste Position ein.
- Häufigkeiten zählen (H-Regel): Die Häufigkeiten der Zugriffe auf die Listenelemente werden gezählt. Nach jedem Zugriff werden die Listenelemente nach abnehmender Zugriffshäufigkeit neu geordnet.

Ohne Einschränkung der Allgemeinheit nehmen wir an, dass $p_1 \geq p_2 \geq \cdots \geq p_M$ ist.

(a) Modellieren Sie eine Serie von Listenzugriffen unter den 3 genannten Strategien jeweils als Markov-Kette auf $M!$ Zuständen. Existieren stationäre Verteilungen?

(b) Sei β_π^T die stationäre Wahrscheinlichkeit der durch π beschriebenen Anordnung bei Einsatz der T-Regel. Zeigen Sie, dass

$$\beta_\pi^T = c \prod_{i=1}^{M} p_i^{M-\pi_i}$$

für eine geeignete Konstante c.

(c) Sei $q_T(j,i)$ die asymptotische Wahrscheinlichkeit unter der T-Regel, dass Element e_j vor Element e_i positioniert ist und $q_V(j,i)$ die entsprechende Wahrscheinlichkeit unter der V-Regel. Ferner sei π eine Anordnung, bei der e_i vor e_j steht, $j > i$, sowie π^* diese Anordnung nach Vertauschen von e_i und e_j. Zeigen Sie, dass

$$\beta_{\pi^*}^T \le \frac{p_j}{p_i}\beta_\pi^T$$

und

$$q_T(j,i) \le \frac{p_j}{p_i}[1 - q_T(j,i)].$$

Schließen Sie daraus, dass

$$q_T(j,i) \le \frac{p_j}{p_i+p_j} = q_V(j,i), \qquad \forall j > i.$$

(d) Seien

$$C^T := \sum_\pi \beta_\pi^T \sum_{i=1}^M p_i \pi_i$$

die mittleren asymptotischen Zugriffskosten unter der T-Regel und C^V die entsprechenden Zugriffskosten unter der V-Regel. Zeigen Sie, dass

$$C^T \le C^V$$

für alle positiven $p_1, \ldots, p_M$ mit $\sum_{i=1}^M p_i = 1$.

Hinweis: Überlegen Sie sich, dass

$$C^V = \sum_{i=1}^M p_i \Big[1 + \sum_{1 \le j \ne i \le M} q_V(j,i)\Big].$$

(e) Leiten Sie aus dem Hinweis in (d) ab, dass

$$C^V = 1 + 2 \sum_{1 \le j < i \le M} \frac{p_i p_j}{p_i + p_j}.$$

(f) Für $p_1 \ge p_2 \ge \cdots \ge p_M$ ist die unverändert beibehaltene Anordnung $e_1, \ldots, e_M$ optimal. Die mittleren Zugriffskosten sind $C_{opt.} = \sum_{i=1}^M i p_i$. Zeigen Sie, dass

$$C^V \le 2 C_{opt.} - 1.$$

Hinweis: Verwenden Sie $p_i/(p_i+p_j) \le 1$ und (e).

(g) Benutzen Sie den geschlossenen Ausdruck in (e), um C^V und $C^V/C_{opt.}$ für die folgenden Zugriffsverteilungen herzuleiten:

– Zipf'sche Verteilung: $p_i = c i^{-1}$ mit $c = \Big(\sum_{i=1}^M \frac{1}{i}\Big)^{-1}$.

– Lotka'sche Verteilung: $p_i = c i^{-2}$ mit $c = \Big(\sum_{i=1}^M \frac{1}{i^2}\Big)^{-1}$.

8.23 (Entropie und Zeitrichtung) Sei $(X_n)_{n\in\mathbb{N}}$ eine irreduzible Markov-Kette auf dem Zustandsraum S mit aperiodischen Zuständen und stationärer Verteilung $\pi := (\pi_i)_{i\in S}$. Sei

$$H(X_n|\pi) := -\sum_{i\in S} P(X_n = i) \log_2 \frac{P(X_n = i)}{\pi_i}$$

die *relative Entropie* der Verteilung von X_n bezüglich π.
Beweisen Sie, dass $H(X_n|\pi)$ monoton wachsend in n ist. (Damit wird durch die Entropie H für Markov-Ketten mit stationärer Verteilung eine Zeitrichtung festgelegt, analog zum *2. Hauptsatz der Thermodynamik*.)

8.25 (Regen und Regenschirme) Herr K besitzt insgesamt R Regenschirme, deren Verteilung zwischen Wohnung und Büro sich nach folgendem Muster ändert. Regnet es bei Verlassen der Wohnung, so benutzt er einen Schirm auf dem Weg ins Büro, sofern in der Wohnung ein solcher vorhanden ist. Regnet es bei Verlassen des Büros, so benutzt er einen Schirm auf dem Heimweg, sofern im Büro ein solcher vorhanden ist. Regnet es nicht, dann geht er ohne Schirm. Bei Verlassen von Wohnung oder Büro regnet es mit Wahrscheinlichkeit p. Sei X_n die Zahl der Schirme an dem Ort, wo der n. Weg beginnt.

(a) Zeigen Sie, dass $(X_n)_{n\in\mathbb{N}}$ eine Markov-Kette ist, und bestimmen Sie die stationäre Verteilung.

(b) Wie groß sollte die Zahl R der Schirme mindestens sein, damit die Wahrscheinlichkeit, nass zu werden, höchstens α ist bei einem Klima p.

(c) Zeigen Sie, dass für $\alpha = 0.05$ bei jedem Klima 5 Schirme ausreichend sind.

8.26 (a) Sei $(X_n)_{n\in\mathbb{N}}$ eine Markov-Kette auf dem Zustandsraum S mit Übergangswahrscheinlichkeiten p_{ij}. Sei $B \subseteq S$ und τ_B die Ersteintrittszeit in die Zustandsmenge B (mit $\tau_B = \infty$, falls $X_n \notin B$ für alle n). Beweisen Sie: Die Absorptionswahrscheinlichkeiten $\beta_i = P_i(\tau_B < \infty)$ sind die minimale, nichtnegative Lösung der Gleichungen

$$\begin{aligned}\beta_i &= \sum_{j\in S} p_{ij}\beta_j, & \text{für } i \in B^c \\ \beta_i &= 1, & \text{für } i \in B,\end{aligned}$$

d.h. ist $\gamma_i \geq 0$, $i \in S$, eine beliebige Lösung dieser Gleichung, dann gilt $\gamma_i \geq \beta_i$, $\forall i \in S$.

Hinweis: Stellen Sie γ_i dar als $\gamma_i = \sum_{j\in B} p_{ij} + \sum_{j\notin B} p_{ij}\gamma_j$, und setzen Sie für γ_j ein:

$$\begin{aligned}\gamma_i &= \sum_{j\in B} p_{ij} + \sum_{j\notin B} p_{ij}\left(\sum_{k\in B} p_{jk} + \sum_{k\notin B} p_{jk}\gamma_k\right) \\ &= P_i(X_1 \in B) + P_i(X_1 \notin B \cap X_2 \in B) + \sum_{j\notin B}\sum_{k\notin B} p_{ij}p_{jk}\gamma_k.\end{aligned}$$

Wiederholen Sie dies insgesamt n-mal. Schließen Sie daraus, dass $\gamma_i \geq P_i(\tau_B \leq n)$, $\forall n \in \mathbb{N}$.

(b) Beweisen Sie: Die mittleren Absorptionszeiten $\mu_i = E_i \tau_B$ sind die minimale, nichtnegative Lösung der Gleichungen

$$\mu_i = 1 + \sum_{j \notin B} p_{ij} \mu_j, \quad \text{falls } i \in B^c,$$
$$\mu_i = 0, \quad \text{falls } i \in B.$$

Mit anderen Worten: Ist $\nu_i \geq 0, i \in S$, eine beliebige Lösung dieses Gleichungssystems, dann ist $\nu_i \geq \mu_i, \forall i \in S$.

8.27 (Warteschlangen) Kunden treffen an einem Schalter gemäß einem Poisson-Prozess mit Parameter λ ein und werden dort sofort bedient, wenn dieser frei ist. Andernfalls schließen sie sich am Ende einer Warteschlange an. Die Bedienungszeiten am Schalter seien unabhängig und $\mathbf{Exp}(\mu)$-verteilt. Sei X_n die Zahl der Kunden im System (am Schalter und in der Schlange), wenn gerade der n. Kunde, nachdem er bedient worden ist, das System verlassen hat. Bestätigen Sie die folgenden Systemeigenschaften unter der stationären Verteilung:

(a) ρ ist die Wahrscheinlichkeit für mindestens einen Kunden im System (der *Auslastungsgrad* des Systems).

(b) $N_Q := \rho^2/(1-\rho)$ ist die mittlere Anzahl der Kunden in der Schlange.

(c) $N_S := \rho/(1-\rho)$ ist die mittlere Anzahl der Kunden im System.

(d) Die Verteilungsfunktion der Wartezeit in der Schlange ist

$$F(t) = 1 - \rho \exp(-(\mu - \lambda)t) \cdot 1_{\mathbb{R}_+^0}(t).$$

Dies ist eine Linearkombination der Dirac-Verteilung im Nullpunkt und einer Exponentialverteilung.

(e) $T_Q := \rho/(\mu - \lambda)$ ist die mittlere Zeit, die ein Kunde in der Schlange verbringt.

(f) $T_S := 1/(\mu - \lambda)$ ist die mittlere Zeit, die ein Kunde im System verbringt.

(g) **(Beschleunigung)** Im Mittel kommen statt λ nun $M\lambda$ Kunden pro Zeiteinheit an, d.h. die Zwischenankunftszeiten sind $\mathbf{Exp}(M\lambda)$-verteilt. Um die M-fache Beschleunigung des Ankunftsprozesses zu kompensieren, wird entsprechend ein M-fach schnellerer Bediener eingestellt, so dass die Bedienzeiten nun $\mathbf{Exp}(M\mu)$-verteilt sind.
Zeigen Sie: Die mittlere Anzahl der Kunden im System ändert sich gegenüber der Ausgangssituation nicht. Die mittlere Zeit, die ein Kunde im System verbringt, reduziert sich gegenüber der Ausgangssituation um den Faktor $1/M$.

8.30 (Zellteilung) Eine Zelle teilt sich nach $\mathbf{Exp}(\lambda)$-verteilter Zeit in zwei identische Zellen, die sich unabhängig voneinander auf dieselbe Weise verhalten, usw. Sei X_t die Anzahl der Zellen zur Zeit t mit $X_0 = 1$. Zeigen Sie, dass die wahrscheinlichkeitserzeugende Funktion $G_s(t) := E\left(s^{X_t}\right)$ die Integralgleichung

$$G_s(t) = s e^{-\lambda t} + \int_0^t \lambda e^{-\lambda \tau} G_s^2(t - \tau) d\tau$$

erfüllt. Überzeugen Sie sich, dass für alle $n \in \mathbb{N}$

$$P(X_t = n) = p(1-p)^{n-1}$$

mit $p = e^{-\lambda t}$ ist. (X_t besitzt eine Geometrische Verteilung auf $\mathbb{N}$ mit Parameter $e^{-\lambda t}$.)

Hinweis: Nach der Substitution $\nu = t - \tau$ im Integral ist es nützlich, die Ableitung $\frac{d}{dt} G_s(t) = \lambda G_s(t)[G_s(t) - 1]$ zu bilden.

8.31 (Zufallsirrfahrt auf einem Graphen) Ein Graph G ist eine abzählbare Menge von Zuständen – meist als *Ecken* bezeichnet –, von denen einige durch *Kanten* miteinander verbunden sind. Die Kante, welche die Ecken i und j miteinander verbindet, wird mit (i,j) oder (j,i) bezeichnet. Die *Valenz* $v_i < \infty$ der Ecke i ist die Gesamtzahl der Kanten in i. Eine Zufallsirrfahrt auf G ist ein stochastischer Prozess auf den Ecken, bei dem Übergänge entlang der Kanten erfolgen, und zwar derart, dass unter allen möglichen Kanten einer Ecke eine rein zufällig ausgewählt wird. Also sind die Übergangswahrscheinlichkeiten gegeben durch

$$p_{ij} = \begin{cases} \frac{1}{v_i}, & \text{falls es eine Kante } (i,j) \text{ in } G \text{ gibt} \\ 0, & \text{sonst.} \end{cases}$$

Ein Graph heißt *zusammenhängend*, wenn es für je zwei Ecken i und j eine Verbindung zwischen i und j über Kanten $(i,k), (k,l), \ldots, (m,j)$ gibt. Zeigen Sie:

(a) Ist G zusammenhängend, dann ist die Zufallsirrfahrt auf G eine irreduzible Markov-Kette.

(b) Wenn $v := \sum_{n \in G} v_n$ endlich ist, dann ist $(\pi_n)_{n \in G}$ mit $\pi_n = v_n/v$ eine stationäre Verteilung.

(c) **(Zufallsirrfahrt eines Springers)** Ein Springer auf dem Schachbrett wählt jeweils unter allen möglichen Zügen einen rein zufällig aus. Wenn er in einer Ecke des Schachbretts beginnt, dann benötigt er im Mittel 168 Züge, um erstmals dorthin zurückzukehren.

Hinweis: Ist β ein Vektor mit $\sum_{n \in G} \beta_n < \infty$ und $\beta_i p_{ij} = \beta_j p_{ji}$, $\forall i,j \in G$, dann ist $(\pi_n)_{n \in G}$ mit $\pi_n = \beta_n / \sum_{n \in G} \beta_n$ eine stationäre Verteilung.

8.33 (Tennis) A und B spielen Tennis. A gewinnt jeden Punkt unabhängig mit Wahrscheinlichkeit p und B entsprechend mit Wahrscheinlichkeit $1 - p =: q$.

(a) Mit welcher Wahrscheinlichkeit gewinnt A ein Spiel?

(b) Wie viele Punkte dauert ein Spiel im Mittel?

Hinweis: Modellieren Sie den Verlauf eines Spiels als Markov-Kette. Verkleinern Sie den Zustandsraum, indem Sie geeignete Spielstände identifizieren, z.B. «Einstand» und «30:30». Überlegen Sie sich, dass der gesamte Spielverlauf modelliert werden kann als Zufallsirrfahrt auf den 5 Zuständen

```
Spiel A  ←p—  | 40 − 30 bzw. Vorteil A |  ←p / q→  | 30 − 30 bzw. Einstand |  ←p / q→  | 30 − 40 bzw. Vorteil B |  —q→  Spiel B
```

mit einer Anfangsverteilung, die sich aus den Wahrscheinlichkeiten ergibt, jeden dieser Zustände vom Spielstand «0:0» direkt zu erreichen.

8.34 (Zufallsirrfahrt auf einem Kreis) Ein Teilchen führt eine Zufallsirrfahrt auf N kreisförmig angeordneten Punkten durch. Dabei springt es mit den Wahrscheinlichkeiten p bzw. $q = 1 - p$ zum nächstgelegenen Punkt im Uhrzeigersinn bzw. im Gegenuhrzeigersinn. Die Zufallsirrfahrt beginnt in einem beliebigen Punkt Q. Wir sagen, das Teilchen führt eine *Umrundung* durch, wenn die erste Rückkehr nach Q von dem anderen benachbarten Punkt von Q erfolgt als dem, der bei Verlassen von Q besucht wurde.

(a) Bestimmen Sie die Wahrscheinlichkeit für eine Umrundung, falls $p \neq q$ ist. (Antwort: $(p - q)(p^N + q^N)/(p^N - q^N)$)

(b) Was ergibt sich für $p = q$?

8.36 (Ausbreitung von Krankheiten) In einer Population von N Personen leiden zum Zeitpunkt $t_0 = 0$ genau k Personen an einer ansteckenden Krankheit. Zu den Zeiten $t_1 < t_2 < \ldots$ registrieren wir jeweils den aktuellen Ausbreitungsgrad der Krankheit. Dabei bezeichnen wir mit X_n die Anzahl der Erkrankten zum Zeitpunkt t_n. Der Zustand X_{n+1} hängt von der Anzahl der Erkrankten zum Zeitpunkt t_n ab. Der Ausbreitungsgrad der Krankheit beeinflusst insbesondere die Ansteckungs- und die Gesundungswahrscheinlichkeit: Konkret wird eine zum Zeitpunkt t_n gesunde Person unabhängig von anderen Personen mit Wahrscheinlichkeit X_n/N zum Zeitpunkt t_{n+1} erkrankt sein, eine zum Zeitpunkt t_n erkrankte Person wird unabhängig von anderen Personen mit Wahrscheinlichkeit $1 - X_n/N$ zum Zeitpunkt t_{n+1} gesund sein.

(a) Zeigen Sie, dass $(X_n)_{n \in \mathbb{N}_0}$ eine Markov-Kette ist.

(b) Zeigen Sie, dass die Markov-Kette $(X_n)_{n \in \mathbb{N}_0}$ ein Martingal ist.

(c) Welche Zustände sind absorbierend?

(d) Ermitteln Sie die Absorptionswahrscheinlichkeiten.

8.38 (Bernoulli-Laplace-Modell) Zur Beschreibung der Vermischung zweier Flüssigkeiten wurde von J. Bernoulli und P. S. Laplace das folgende Urnen-Modell konzipiert: 2 Urnen enthalten jeweils N Kugeln. Unter diesen $2N$ Kugeln befinden sich $2s$ schwarze und $2w$ weiße Kugeln, $1 \leq s \leq w$. Zu den Zeiten $t_0 < t_1 < \ldots$ wird aus beiden Urnen gleichzeitig jeweils eine Kugel rein zufällig ausgewählt und in die jeweils andere Urne gegeben. Sei X_n die Anzahl der schwarzen Kugeln in Urne 1 vor dem Austausch zur Zeit t_n.

(a) Zeigen Sie, dass $(X_n)_{n \in \mathbb{N}_0}$ eine Markov-Kette ist, und bestimmen Sie die Übergangswahrscheinlichkeiten.

(b) Zeigen Sie, dass alle Zustände des Zustandsraumes rekurrent sind.

(c) Ermitteln Sie die stationäre Verteilung der Markov-Kette.

8.39 Betrachten Sie die durch folgende Angaben definierte Markov-Kette. Sei $X_0 = 0$ und

$$P(X_{n+1} = n+1 \mid X_n = n) = p_{n+1} = 1 - P(X_{n+1} = -(n+1) \mid X_n = n)$$
$$P(X_{n+1} = -k \mid X_n = -k) = 1 \qquad \forall n \in \mathbb{N}_0, \forall k \in \mathbb{N}.$$

(a) Zeigen Sie, dass für $p_{n+1} = (2n+1)/(2n+2), \forall n \in \mathbb{N}_0$, die Markov-Kette ein Martingal ist.

(b) Zeigen Sie: Werden die p_{n+1} wie in (a) gewählt, dann existiert eine ganze Zahl, gegen die $(X_n)_{n \in \mathbb{N}_0}$ fast sicher konvergiert, obwohl $E|X_n| \to \infty$ für $n \to \infty$.

8.41 (Das Heirats-Problem) Wir denken uns eine Gesellschaft bestehend aus n Frauen $A, B, C, \ldots$ und n Männern $a, b, c, \ldots$. Jede Frau und jeder Mann hat eine persönliche Rangliste der Mitglieder des anderen Geschlechts, geordnet nach abnehmender Attraktivität. Eine *Verheiratung* ist eine bijektive Abbildung V von der Menge der Frauen in die Menge der Männer. Wir sagen, i und $V(i), i = A, B, C, \ldots$, sind unter V miteinander verheiratet. Eine Verheiratung ist *instabil*, wenn es zwei Paare (A, a) und (B, b) gibt, so dass b für A anziehender ist als a und gleichzeitig A für b anziehender ist als B. Wir sagen, die Personen A und b sind mit der Verheiratung *unzufrieden*, und es besteht die Möglichkeit, dass sie ihre aktuellen Ehepartner verlassen und selbst ein Paar bilden. Eine Verheiratung, bei der es keine unzufriedenen Personen gibt, heißt *stabil*.

Das Ziel besteht nun darin, bei gegebenen Präferenzlisten der beteiligten Personen eine stabile Verheiratung zu finden. (Anwendungen bestehen etwa in der Zuordnung von n Arbeitsuchenden und n Arbeitgebern, die je eine Präferenzliste geordnet nach Stellenattraktivität bzw. Bewerberqualifikation besitzen.)

Wir betrachten folgenden Algorithmus A: Die Männer werden in beliebiger Weise von 1 bis n nummeriert. Bei jedem Schritt macht der unverheiratete Mann mit der kleinsten Nummer der auf seiner Präferenzliste anziehendsten Frau, die ihn noch nicht abgewiesen hat, einen Heiratsantrag. Diese Frau nimmt den Antrag an, wenn sie noch unverheiratet ist oder wenn ihr aktueller Ehemann a weniger anziehend ist als der Antragsteller, a ist anschließend wieder single. Andernfalls wird der Antragsteller abgewiesen. Dieser Vorgang wiederholt sich, bis alle Personen verheiratet sind.

(a) Zeigen Sie, dass dieser Algorithmus zu einer stabilen Verheiratung führt.

(b) (Worst-case-Analyse von Algorithmus A) Zeigen Sie, dass höchstens n^2 Heiratsanträge nötig sind, um zu einer stabilen Verheiratung zu kommen.

(c) (Average-case-Analyse von Algorithmus A) Die Präferenzlisten der Männer seien unabhängig und rein zufällig ausgewählt aus der Menge aller $n!$ möglichen Präferenzlisten. Die Präferenzlisten der Frauen seien beliebig, aber fest. Sei N_A die Anzahl der Heiratsanträge bis zur stabilen Verheiratung unter Algorithmus A. Zeigen Sie:

$$EN_A \leq n \ln n + O(n)$$
$$P(N_A > n(\ln n + c)) \leq e^{-c}, \qquad \forall c \geq 0.$$

(Da e^{-c} schnell abklingt, ist offenbar die Verteilung von N_A stark um den Erwartungswert konzentriert.)

Hinweis: Betrachten Sie dazu die folgenden Modifikationen von Algorithmus A:
Algorithmus B: Immer, wenn ein Mann einen Heiratsantrag macht, wählt er als Adressatin rein zufällig eine Frau aus der Menge aller Frauen, die ihn noch nicht abgewiesen haben.
Algorithmus C: Immer, wenn ein Mann einen Heiratsantrag macht, wählt er als Adressatin rein zufällig eine Frau aus der Menge aller Frauen.
Seien N_B und N_C entsprechend die Anzahlen der Heiratsanträge unter den Algorithmen B und C, bis sich eine vollständige Verheiratung gebildet hat. In welcher Beziehung stehen $P(N_A > m), P(N_B > m), P(N_C > m)$ für $m \in \mathbb{N}_0$?

8.42 (Suchen) Der Algorithmus FIND sucht aus einer Menge $\mathcal{M}$ von n verschiedenen Zahlen die j-kleinste. Dabei geht er so vor: Ein Element x wird rein zufällig gewählt und die Menge $\mathcal{M}\setminus\{x\}$ in zwei Teilmengen $\mathcal{M}_1$ und $\mathcal{M}_2$ zerlegt, wobei $\mathcal{M}_1$ alle Elemente von $\mathcal{M}$ enthält, die kleiner als x sind, $\mathcal{M}_2$ enthält die Elemente größer als x. Angenommen, es ist $\#\mathcal{M}_1 = j-1$, dann ist x das gesuchte Element. Ist $\#\mathcal{M}_1 \geq j$, dann sucht FIND anschließend mit derselben Vorgehensweise das j-kleinste Element von $\mathcal{M}_1$. Ist dagegen $\#\mathcal{M}_1 < j-1$, dann wird stattdessen das $(j - \#\mathcal{M}_1 - 1)$-kleinste Element von $\mathcal{M}_2$ gesucht.
Wir fragen uns: Wie oft muss FIND im Mittel ein zufälliges Element wählen, bis das j-kleinste Element von $\mathcal{M}$ gefunden ist? Schätzen Sie die Ordnung dieses Erwartungswertes ab.

Hinweis: Sei $h: \mathbb{R} \to \mathbb{R}$ eine monoton nichtfallende Funktion. Sei $(X_n)_{n \in \mathbb{N}}$ eine Markov-Kette mit Zustandsraum $\mathbb{N}$, die von jedem Zustand fast sicher zu kleineren Zuständen übergeht und die Ungleichung $E(X_{i+1} | X_i = m) \leq m - h(m)$ erfüllt. Sei N_n die Schrittzahl bis zur Absorption im Zustand 1, falls $X_0 = n$ ist. Überlegen Sie, dass

$$EN_n \leq \int_1^n \frac{1}{h(x)} dx.$$

Überzeugen Sie sich, dass dieses Ergebnis mit $h(x) \geq \frac{x}{4}$ auf die Problemstellung zum FIND-Algorithmus angewendet werden kann.

8.43 (Probabilistisches Zählen; Das Rucksack-Problem) Wir sind an der Anzahl der Elemente einer endlichen Menge $\mathcal{M}$ interessiert. Die Mächtigkeit $m := \#\mathcal{M}$

sei zu groß, als dass es unter praktischen Gesichtspunkten sinnvoll sein könnte, die Elemente von $\mathcal{M}$ der Reihe nach abzuzählen. Wir greifen deshalb auf zufällige Algorithmen zurück, die mit großer Wahrscheinlichkeit zu einer guten Approximation für m führen, d.h., die zu vorgegebenen $\varepsilon, \delta > 0$ als Schätzung für m eine Realisierung einer Zufallsgröße $\hat{m}$ liefern, welche die Ungleichung

$$P((1-\varepsilon)\hat{m} \leq m \leq (1+\varepsilon)\hat{m}) \geq 1-\delta \qquad (8.2)$$

erfüllt. Mit ε und δ kann die Genauigkeit der Approximation eingestellt werden. Gegeben seien ein Vektor $g = (g_1, \ldots, g_n)^t \in \mathbb{N}^n$ und eine natürliche Zahl k. Das (g,k)-Rucksackproblem fragt nach der Anzahl $m = m(g,k)$ der verschiedenen Vektoren $x = (x_1, \ldots, x_n)^t \in \{0,1\}^n$ mit

$$g^t \cdot x = \sum_{i=1}^n g_i x_i \leq k.$$

Man stelle sich etwa vor, dass die g_i Gewichte von Gegenständen sind. Dann ist m die Anzahl der verschiedenen Möglichkeiten, einen Rucksack der Kapazität k zu packen. Diese Zahl m soll durch probabilistisches Zählen approximiert werden. Sei dazu $(X_n^k)_{n \in \mathbb{N}_0}$ die Markov-Kette auf dem Zustandsraum $\mathcal{M} = \{x \in \{0,1\}^n : g^t \cdot x \leq k\}$ mit Übergangswahrscheinlichkeiten

$$p_{ij} := \begin{cases} \frac{1}{2n}, & \text{falls } \|i-j\| = 1 \text{ und } j \in \mathcal{M} \\ 0, & \text{falls } \|i-j\| > 1 \\ \gamma, & \text{falls } i = j, \end{cases}$$

wobei $\|\cdot\|$ z.B. den euklidischen Abstand bezeichnet und γ sich aus der Bedingung $\sum_{j \in \mathcal{M}} p_{ij} = 1$ ergibt.

Zeigen Sie, dass für alle Rucksack-Kapazitäten $k \in \mathbb{N}_0$ die Markov-Ketten $(X_n^k)_{n \in \mathbb{N}_0}$ irreduzibel und aperiodisch sind. Zeigen Sie, dass die stationäre Verteilung durch die Gleichverteilung auf $\mathcal{M}$ gegeben ist.

Wir erzeugen nun n ineinander verschachtelte Rucksackprobleme. Für den gegebenen Vektor $g \in \mathbb{N}^n$ setzen wir dazu $k_0 := 0$ und

$$k_i := \left(\sum_{j=1}^i g_{(j)}\right) \wedge k, \qquad 1 \leq i \leq n,$$

wobei $g_{(j)}$ das j-Kleinste von $g_1, \ldots, g_n$ bezeichnet. Sei $\mathcal{M}_i$ die Menge der Lösungen des (g, k_i)-Rucksackproblems. Dann ist $\#\mathcal{M}_n = \#\mathcal{M} = m$. Überzeugen Sie sich, dass

$$\#\mathcal{M}_i \leq \#\mathcal{M}_{i+1} \leq (n+1)\#\mathcal{M}_i, \qquad \forall i = 0, \ldots, n-1.$$

Offensichtlich ist

$$m = \prod_{i=1}^n \alpha_i$$

mit $\alpha_i := \#\mathcal{M}_i/\#\mathcal{M}_{i-1}$. Es seien nun $\tilde{X}_1^{k_i}, \ldots, \tilde{X}_r^{k_i}$, $i = 1, \ldots, n$, unabhängige Zufallsgrößen mit der Gleichverteilung auf $\mathcal{M}_i$ (die man sich verschaffen kann, indem man wiederholt die Markov-Kette $(X_n^{k_i})_{n \in \mathbb{N}}$ laufen lässt, bis die stationäre Verteilung erreicht ist). Zeigen Sie, dass mit

$$\hat{\alpha}_i := \left[\frac{1}{r} \sum_{j=1}^{r} 1_{\{\tilde{X}_j^{k_i} \in \mathcal{M}_{i-1}\}} \right]^{-1}, \qquad 1 \leq i \leq n,$$

der Schätzer

$$\hat{m} := \prod_{i=1}^{n} \hat{\alpha}_i$$

für geeignetes $r = r(\varepsilon, \delta)$ die Ungleichung (8.2) erfüllt.

Hinweis: Die Zufallsgrößen $r\hat{\alpha}_i^{-1}$, $1 \leq i \leq n$, sind unabhängig und binomialverteilt.

8.44 (**Schuldentilgung**) A schuldet B den Betrag $x \in [0,1]$ in Euro. Doch er besitzt nur eine 1-Euro-Münze, und B kann nicht wechseln. Sie entscheiden sich für folgendes Verfahren der Schuldentilgung:

1. Zunächst wird sichergestellt, dass $x \in [0, \frac{1}{2}]$ ist. Sollte dies nicht der Fall sein, dann wechselt die Münze den Besitzer, und dieser schuldet nun den Betrag $1 - x$.

2. Wer die Münze hat, wirft sie. Bei *Kopf* geht sie in seinen Besitz über, und die Schulden gelten als beglichen. Bei *Zahl* werden seine Schulden verdoppelt, und das Verfahren beginnt von neuem bei Schritt 1.

Zeigen Sie, dass diese Vorgehensweise fair ist in dem Sinne, dass B von A im Mittel den Betrag x erhält.

Hinweis: Stellen Sie x im binären Zahlensystem dar.

8.45 (**Asymmetrische Alternativen mit einer idealen Münze**) Mit einer idealen Münze soll zwischen den Alternativen A und B mit den eventuell auch irrationalen Wahrscheinlichkeiten p und $1-p$ entschieden werden. Es sei

$$p = 0.b_1 b_2 \ldots = \sum_{k=1}^{\infty} b_k \cdot \left(\frac{1}{2}\right)^k \quad \text{mit } b_k \in \{0,1\}$$

die Binärdarstellung von p. Wir führen eine Serie $X_1, X_2, \ldots$ von idealen Münzwürfen durch mit $P(X_i = 0) = P(X_i = 1) = \frac{1}{2}$. Wir definieren

$$N = \inf\{k \in \mathbb{N} : X_k \neq b_k\}$$

mit $N = \infty$, falls $X_k = b_k, \forall k \in \mathbb{N}$. Ist N endlich, so entscheiden wir uns für die Alternative A, falls $X_N < b_N$, andernfalls entscheiden wir zugunsten von B.

(a) Zeigen Sie, dass $P(N < \infty) = 1$.

(b) Zeigen Sie, dass die Entscheidung zugunsten von A mit Wahrscheinlichkeit p fällt.

(c) Bestimmen Sie die mittlere Wurfzahl bis zur Entscheidung.

8.49 Die Spieler A und B beobachten einen Bernoulli-Prozess mit Parameter $p = \frac{1}{2}$. Spieler A wartet auf die Sequenz 1100 in aufeinander folgenden Ausfällen, Spieler B wartet auf 000. Sieger ist der Spieler, dessen Sequenz zuerst erscheint.
Zeigen Sie:

(a) Obwohl A auf die längere Sequenz warten muss, ist seine Gewinnwahrscheinlichkeit größer als die von B ($\frac{7}{12}$ gegen $\frac{5}{12}$).

(b) Obwohl A die größere Siegchance hat, muss er im Mittel länger auf 1100 warten als B auf 000 (16 Ausfälle gegen 14 Ausfälle).

(c) Es dauert im Mittel $9\frac{1}{3}$ Ausfälle, bis entweder 1100 oder 000 erscheint.

8.2 Lösungen

8.4 Die Antwort ist Nein. Wir konstruieren ein explizites Gegenbeispiel. Als Wahrscheinlichkeitsraum wählen wir $\Omega = \{\omega_1, \omega_2, \omega_3, \omega_4\}$ mit dem durch $P(\{\omega_j\}) = 1/4$ für alle $j \in \{1,2,3,4\}$ festgelegten W–Maß auf der Potenzmenge von Ω. Weiter definieren wir auf Ω die Zufallsgrößen $X : \Omega \longrightarrow \{0,1,2,3,4\}$ mit $X(\omega_1) = 4$, $X(\omega_2) = 1$, $X(\omega_3) = 2$, $X(\omega_4) = 3$ und $Y : \Omega \longrightarrow \{0,1,2,3,4\}$ mit $Y(\omega_1) = 1$, $Y(\omega_2) = 1$, $Y(\omega_3) = 0$, $Y(\omega_4) = 0$.
Die an der Behauptung beteiligten Erwartungswerte sind

$$EX = 1 \cdot \frac{1}{4} + 2 \cdot \frac{1}{4} + 3 \cdot \frac{1}{4} + 4 \cdot \frac{1}{4} = 5/2$$

und

$$E(X \mid Y) = E(X \mid Y = 0) \cdot 1_{\{Y=0\}} + E(X \mid Y = 1) \cdot 1_{\{Y=1\}}$$
$$= \left(2 \cdot \frac{1}{2} + 3 \cdot \frac{1}{2}\right) 1_{\{Y=0\}} + \left(4 \cdot \frac{1}{2} + 1 \cdot \frac{1}{2}\right) 1_{\{Y=1\}}$$
$$= \frac{5}{2} \cdot \left(1_{\{Y=0\}} + 1_{\{Y=1\}}\right) = 5/2 \qquad \text{f.s.}$$

Also ist $E(X \mid Y)$ fast sicher gleich $E(X)$, doch die Zufallsgrößen X, Y sind nicht unabhängig, da

$$P(X = 4 \mid Y = 1) = \frac{1}{2} \neq 0 = P(X = 4 \mid Y = 0).$$

Wir haben als Fazit, dass die fast sichere Identität $E(X \mid Y) = E(X)$ im Allgemeinen nicht die Unabhängigkeit von X und Y nach sich zieht.

8.5 Auf der Menge $\{X < t\}$ gilt die Gleichung $W_t = X$, und es ist klar, dass $E(X \mid W_t = X) = X$ sein muss. Im anderen Fall – auf der Menge $\{X \geq t\}$ – haben wir $W_t = t$ und

$$E(X \mid W_t = t) = E(X \mid X \geq t) = \int_0^\infty P(X > x \mid X \geq t)\,dx$$

$$= \int_0^t 1\,dx + \int_t^\infty \frac{P(X > x \cap X \geq t)}{P(X \geq t)}\,dx = t + e^{\lambda t}\int_t^\infty P(X > x)\,dx$$

$$= t + e^{\lambda t}\int_t^\infty e^{-\lambda x}\,dx = t + \frac{1}{\lambda}.$$

Die behauptete Gleichung ist bewiesen.

8.8 (a) Bei $(X_n)_{n \in \mathbb{N}_0}$ handelt es sich um eine Familie von P-integrierbaren Zufallsgrößen. Den Beweis der Martingal-Eigenschaft von $(X_n)_{n \in \mathbb{N}_0}$ bewältigen wir mit AW, Satz 8.2.2, und der Rechnung

$$E_{\mathcal{A}_{n-1}}(X_n)$$
$$= E(X_n \mid X_{n-1} = 0) \cdot 1_{\{0\}}(X_{n-1}) + E(X_n \mid X_{n-1} \neq 0) \cdot 1_{\mathbb{R}\setminus\{0\}}(X_{n-1})$$
$$= [1 \cdot P(X_n = 1 \mid X_{n-1} = 0) + (-1) \cdot P(X_n = -1 \mid X_{n-1} = 0)] \cdot 1_{\{0\}}(X_{n-1})$$
$$\quad + nX_{n-1} \cdot P(X_n = nX_{n-1} \mid X_{n-1} \neq 0) \cdot 1_{\mathbb{R}\setminus\{0\}}(X_{n-1})$$
$$= \left(\frac{1}{2n} - \frac{1}{2n}\right) \cdot 1_{\{0\}}(X_{n-1}) + \frac{nX_{n-1}}{n} \cdot 1_{\mathbb{R}\setminus\{0\}}(X_{n-1})$$
$$= X_{n-1} \cdot 1_{\mathbb{R}\setminus\{0\}}(X_{n-1}) = X_{n-1} \qquad \text{f.s.}$$

(b) Widmen wir uns nun der Wahrscheinlichkeit

$$P(X_n = 0) = P(X_n = 0 \mid X_{n-1} = 0) \cdot P(X_{n-1} = 0)$$
$$\qquad + P(X_n = 0 \mid X_{n-1} \neq 0) \cdot P(X_{n-1} \neq 0)$$
$$= \left(1 - \frac{1}{n}\right) \cdot P(X_{n-1} = 0) + \left(1 - \frac{1}{n}\right) \cdot P(X_{n-1} \neq 0) = 1 - \frac{1}{n}.$$

Für ein beliebiges $\varepsilon > 0$ gilt daher

$$P(|X_n - 0| > \varepsilon) \leq P(X_n \neq 0) = \frac{1}{n} \stackrel{n \to \infty}{\longrightarrow} 0.$$

Folglich konvergiert $(X_n)_{n \in \mathbb{N}_0}$ nach Wahrscheinlichkeit gegen 0.

(c) Nehmen wir an, $(X_n)_{n \in \mathbb{N}}$ konvergiere sogar fast sicher gegen 0. Nach AW, Satz 6.1.2, folgt daraus für alle $\varepsilon > 0$

$$P\Big(\bigcup_{m\geq n}\{|X_m-0|>\varepsilon\}\Big)\stackrel{n\to\infty}{\longrightarrow}0.$$

Da die X_n fast sicher ganze Zahlen sind, folgt weiter

$$P\Big(\bigcup_{m\geq n}\{X_m\neq 0\}\Big)\stackrel{n\to\infty}{\longrightarrow}0.$$

Anders ausgedrückt muss die Wahrscheinlichkeit, dass $X_m = 0$ für alle $m \geq n$ erfüllt ist, für $n \to \infty$ gegen 1 streben, was wir als Zwischenergebnis festhalten. Zur weiteren Untersuchung führen wir die Wahrscheinlichkeiten

$$\alpha_{n,k} := P\Big(\bigcap_{m\in\{n,\ldots,k\}}\{X_m=0\}\Big)$$

mit $k \geq n$ ein; diese besitzen die folgende rekursive Struktur:

$$\alpha_{n,k+1} = P\Big(\{X_{k+1}=0\}\cap \bigcap_{m\in\{n,\ldots,k\}}\{X_m=0\}\Big)$$
$$= P\Big(X_{k+1}=0\Big|\bigcap_{m\in\{n,\ldots,k\}}\{X_m=0\}\Big)\cdot\alpha_{n,k}.$$

Nach Definition besitzt $(X_n)_{n\in\mathbb{N}_0}$ die Markov-Eigenschaft, d.h. die Verteilung von X_{n+1} hängt nur von X_n, aber nicht explizit von $X_0,\ldots,X_{n-1}$ ab. Also schreiben wir

$$\alpha_{n,k+1} = P(X_{k+1}=0\mid X_k=0)\cdot\alpha_{n,k} = \Big(1-\frac{1}{k+1}\Big)\cdot\alpha_{n,k},$$

und man mag induktiv fortschreiten bis zur geschlossenen Formel

$$\alpha_{n,k} = \alpha_{n,n}\cdot\prod_{j=n+1}^{k}\Big(1-\frac{1}{j}\Big) = P(X_n=0)\cdot\frac{n}{k},$$

woraus $\lim_{k\to\infty}\alpha_{n,k}=0$ für jedes n abgelesen werden kann. Für die ursprünglich betrachtete Wahrscheinlichkeit haben wir

$$P\Big(\bigcap_{m\geq n}\{X_m=0\}\Big)\leq\alpha_{n,k}$$

für alle $k \geq n$ und somit auch

$$P\Big(\bigcap_{m\geq n}\{X_m=0\}\Big) \leq \lim_{k\to\infty} \alpha_{n,k} = 0,$$

was $P\big(\bigcap_{m\geq n}\{X_m=0\}\big) = 0$ für alle n bedeutet. Dieser Ausdruck konvergiert aber unter der getroffenen Annahme fast sicherer Konvergenz für $n \to \infty$ gegen 1, wie oben gezeigt. Also ist ein Widerspruch zur Annahme erreicht, und $(X_n)_{n\in\mathbb{N}_0}$ konvergiert nicht fast sicher.

8.9 Der Gedankengang beginnt mit der Überprüfung, dass die im Hinweis definierte Folge $(Y_n)_{n\in\mathbb{N}}$ ein Martingal ist. Integrierbarkeit der Y_n folgt nach Voraussetzung. Jedes Y_n ist $\mathcal{A}_n$-messbar, da X_n und X_{n-1} bezüglich dieser σ-Algebra messbar sind. Gemäß AW, Satz 8.2.2, rechnen wir

$$E_{\mathcal{A}_n}(Y_{n+1}) = E_{\mathcal{A}_n}\big(X_{n+1} + \tfrac{1}{2}X_n\big) = E_{\mathcal{A}_n}(X_{n+1}) + \tfrac{1}{2}E_{\mathcal{A}_n}(X_n)$$
$$= \tfrac{1}{2}X_n + \tfrac{1}{2}X_{n-1} + \tfrac{1}{2}X_n = Y_n \qquad \text{f.s.,}$$

und somit ist $(Y_n)_{n\in\mathbb{N}}$ ein Martingal.

Zudem ist $\sup_n E|Y_n| \leq \big(\sup_n E|X_n|\big) + \tfrac{1}{2}\big(\sup_n E|X_n|\big) < +\infty$. Dieser Sachverhalt fällt also unter AW, Theorem 8.2.9 (Martingal-Konvergenzsatz); es folgt, dass $(Y_n)_{n\in\mathbb{N}}$ fast sicher gegen eine integrierbare Zufallsgröße konvergiert, die wir Y nennen.

Nun zeigen wir, dass $\sum_{j=2}^n (-1/2)^{n-j} Y_j - X_n$ für $n \to \infty$ fast sicher gegen 0 konvergiert. Dazu berechnen wir

$$\sum_{j=2}^n (-2)^j Y_j = \sum_{j=2}^n (-2)^j \Big(X_j + \tfrac{1}{2}X_{j-1}\Big) = \sum_{j=2}^n (-2)^j X_j - \sum_{j=1}^{n-1} (-2)^j X_j$$
$$= (-2)^n X_n + 2X_1.$$

Mit dieser Gleichung ist man sofort bei

$$\Big|\sum_{j=2}^n (-1/2)^{n-j} Y_j - X_n\Big| = 2^{1-n}|X_1| \stackrel{n\to\infty}{\longrightarrow} 0 \qquad \text{f.s.}$$

Außerdem notieren wir noch

$$\Big|\sum_{j=2}^n (-1/2)^{n-j}(Y_j - Y)\Big| \leq \sum_{j=2}^n (1/2)^{n-j}|Y_j - Y|.$$

Wir wählen $\varepsilon > 0$ beliebig. Für P-fast alle ω existiert ein $N(\omega) \in \mathbb{N}$, so dass $|Y_j(\omega) - Y(\omega)| < \varepsilon$ für alle $j \geq N(\omega)$ gilt. Bei Verwendung dieser Aussage kann der obige Ausdruck weiter abgeschätzt werden durch

$$\sum_{j=2}^{n} (1/2)^{n-j} |Y_j(\omega) - Y(\omega)|$$

$$= \sum_{j=2}^{N(\omega)} (1/2)^{n-j} |Y_j(\omega) - Y(\omega)| + \sum_{j=N(\omega)+1}^{n} (1/2)^{n-j} |Y_j(\omega) - Y(\omega)|$$

$$\leq \Big(\sum_{j=2}^{N(\omega)} |Y_j(\omega) - Y(\omega)| \Big) \cdot (1/2)^{n-N(\omega)} + 2\varepsilon.$$

Der erste Summand konvergiert für $n \to \infty$ gegen 0, somit kann der gesamte Term für hinreichend großes n z.B. gegen 3ε abgeschätzt werden. Eine andere Art, dies auszudrücken, ist

$$\Big| \sum_{j=2}^{n} (-1/2)^{n-j} (Y_j - Y) \Big| \xrightarrow{n \to \infty} 0 \qquad \text{f.s.}$$

Wir haben also die fast sichere Konvergenz der Terme $\Big| \sum_{j=2}^{n} (-1/2)^{n-j} (Y_j - Y) \Big|$ und $\Big| \sum_{j=2}^{n} (-1/2)^{n-j} Y_j - X_n \Big|$ gezeigt. Eine einfache Anwendung der Dreiecksungleichung liefert

$$\Big| X_n - \sum_{j=2}^{n} (-1/2)^{n-j} Y \Big| \xrightarrow{n \to \infty} 0 \qquad \text{f.s.},$$

und daraus folgt schließlich unter Verwendung der geometrischen Summenformel, dass $(X_n)_{n \in \mathbb{N}}$ gegen $\frac{2}{3} Y$ fast sicher konvergiert.

8.10 (a) Wir überzeugen uns von der Gültigkeit der ersten Ungleichung in

$$\alpha P \Big(\sup_{1 \leq n \leq m} X_n \geq \alpha \Big) \leq E[X_m \cdot 1_{[\alpha, \infty)} (\sup_{1 \leq n \leq m} X_n)] \leq E X_m. \tag{8.3}$$

Dazu sei $\mathcal{A}_k := \sigma(X_1, \ldots, X_k)$ die von $X_1, \ldots, X_k$ erzeugte σ-Algebra. Die Ereignisse $A_1 := \{X_1 \geq \alpha\}$, $A_2 := \{X_1 < \alpha \cap X_2 \geq \alpha\}$, ..., $A_k := \{X_i < \alpha \text{ für } 1 \leq i < k, X_k \geq \alpha\}$ sind paarweise disjunkt, und ihre Vereinigung ist darstellbar als

$$\bigcup_{k=1}^{m} A_k = \Big\{ \sup_{1 \leq n \leq m} X_n \geq \alpha \Big\}.$$

Wegen beidem gilt

$$P \Big(\sup_{1 \leq n \leq m} X_n \geq \alpha \Big) = \sum_{k=1}^{m} P(A_k).$$

Da auf A_k natürlich $1 \leq X_k/\alpha$ ist, liefert die Submartingal-Eigenschaft von $(X_n)_{n\in\mathbb{N}}$

$$P(A_k) = E1_{A_k} \leq \frac{1}{\alpha}E(1_{A_k} \cdot X_k) \leq \frac{1}{\alpha}E[1_{A_k} \cdot E_{\mathcal{A}_k}(X_m)], \qquad \forall k \leq m.$$

Wegen der A_k-Messbarkeit von 1_{A_k} haben wir $1_{A_k} \cdot E_{\mathcal{A}_k}(X_m) = E_{\mathcal{A}_k}(1_{A_k} \cdot X_m)$, und das ergibt

$$P(A_k) \leq \frac{1}{\alpha}E[E_{\mathcal{A}_k}(1_{A_k} \cdot X_m)] = \frac{1}{\alpha}E(1_{A_k} \cdot X_m).$$

Summation über k führt uns zu

$$\sum_{k=1}^m P(A_k) \leq \frac{1}{\alpha}E\big[X_m \cdot 1_{[\alpha,\infty)}\big(\sup_{1\leq n\leq m} X_n\big)\big],$$

und wir sind fertig.

(b) Auf $\mathbb{R}_+^0$ ist $f(x) = x^p$ mit $p \geq 1$ eine nichtfallende, konvexe, stetige Funktion. Deshalb ist $(X_n^p)_{n\in\mathbb{N}}$ ein nichtnegatives Submartingal. Mit (a) folgt

$$\alpha^p P\left(\sup_{1\leq n\leq m} X_n^p \geq \alpha^p\right) \leq EX_m^p,$$

d.h.

$$\alpha^p P\left(\sup_{1\leq n\leq m} X_n \geq \alpha\right) \leq EX_m^p.$$

8.12 Wir vermerken zunächst, dass

$$V_n = V_0 + nKW - \sum_{m=1}^n \sum_{k=1}^K R_{k,m} \sim \mathbf{N}(V_0 + nK\alpha\sigma, nK\sigma^2)$$

$$V_{n+1} = V_0 + (n+1)KW - \sum_{m=1}^{n+1} \sum_{k=1}^K R_{k,m}$$

und somit

$$V_{n+1} - V_n = KW - \sum_{k=1}^K R_{k,n+1} =: Z_n.$$

Demnach unterscheidet sich V_{n+1} von V_n für alle n jeweils durch eine $\mathbf{N}(K\alpha\sigma, K\sigma^2)$-verteilte Zufallsgröße, die unabhängig von V_n ist. Und $(V_n)_{n\in\mathbb{N}_0}$ ist eine Markov-Kette.

Als Nächstes folgen wir dem Hinweis. Der Erwartungswert $E|M_n|$ ist der Wert der momenterzeugenden Funktion (an der Stelle $-2\alpha/\sigma$) einer $\mathbf{N}(V_0+nK\alpha\sigma, nK\sigma^2)$-verteilten Zufallsgröße und existiert also für alle n. Ferner ist

8.2 Lösungen

$$E(M_{n+1} \mid M_n) = E\left[\exp\left(-\frac{2\alpha}{\sigma}(V_n + Z_n)\right) \mid V_n\right]$$

$$= \exp\left(-\frac{2\alpha}{\sigma}V_n\right) \cdot E\exp\left(-\frac{2\alpha}{\sigma}Z_n\right)$$

$$= M_n \cdot \exp\left(K\alpha\sigma \cdot (-2)\alpha/\sigma + (K\sigma^2/2) \cdot (4\alpha^2/\sigma^2)\right) = M_n.$$

Also ist die Folge $(M_n)_{n\in\mathbb{N}_0}$ ein Martingal. Wir wissen auch noch, dass

$$E(|M_{n+1} - M_n|) = E\left[\exp\left(-\frac{2\alpha}{\sigma}V_n\right) \left|\exp\left(-\frac{2\alpha}{\sigma}Z_n\right) - 1\right|\right]$$

$$\leq EM_n \left\{\left[E\exp\left(-\frac{2\alpha}{\sigma}Z_n\right)\right] + 1\right\} \leq 2EM_n,$$

und auf der Menge $\{N \geq n+1\}$ ist $V_n \in (0, a)$ und somit $EM_n \leq 1$. Schließlich schreiben wir

$$\alpha := \sup_{v \in (0,a)} P(V_{n+1} \in (0,a) \mid V_n = v),$$

und es ist offensichtlich $\alpha < 1$. Mit α gelangt man zu der einfachen Abschätzung

$$P(N > n) = P(V_0 \in (0,a)) \cdot \prod_{j=1}^{n} P(V_j \in (0,a) \mid V_{j-1} \in (0,a)) \leq \alpha^n, \forall n \in \mathbb{N}_0.$$

Also:

$$EN = \sum_{n=0}^{\infty} P(N > n) \leq \sum_{n=0}^{\infty} \alpha^n = \frac{1}{1-\alpha} < \infty.$$

Alle Voraussetzungen des Satzes vom optionalen Stoppen sind damit erfüllt, und seine Anwendung ergibt

$EM_0 = EM_N$
$= E(M_N \mid V_N \in (-\infty, 0])P(V_N \in (-\infty, 0]) + E(M_N \mid V_N \in [a, \infty))P(V_N \in [a, \infty))$
$\geq E(M_N \mid V_N \in (-\infty, 0])P(V_N \in (-\infty, 0]),$

bzw.

$$P(V_N \in (-\infty, 0]) \leq \frac{EM_0}{E(M_N \mid V_N \in (-\infty, 0])} \leq \exp\left(-\frac{2\alpha}{\sigma}V_0\right),$$

als Folge von $EM_0 = \exp(-2\alpha V_0/\sigma)$ und $E(M_N \mid V_N \in (-\infty, 0]) \geq 1$. Dies ist die gesuchte Abschätzung für die Wahrscheinlichkeit $P(V_N \in (-\infty, 0])$, dass die Versicherung jemals insolvent wird.

8.13 (a) In der Aufgabenstellung wird dies zwar schon behauptet, aber wir überprüfen dennoch kurz, dass $\mathcal{A}_t$ für alle $t > 0$ eine σ-Algebra ist. Für $t \geq 1$ ist dies klar. Sei also $t \in (0,1)$.

   i. $\Omega = (0,1) \in \mathcal{A}_t$, da $(t,1) \subseteq \Omega$.

   ii. Ist $\mathcal{A}_t \ni A \subseteq (0,t]$, dann ist $(t,1) \subseteq A^c$, also auch $A^c \in \mathcal{A}_t$. Ist $(t,1) \subseteq A \in \mathcal{A}_t$, dann ist $A^c \subseteq (0,t]$, also auch $A^c \in \mathcal{A}_t$.

   iii. Angenommen, $A_i \in \mathcal{A}_t$, $\forall i \in \mathbb{N}$. Sind alle $A_i \subseteq (0,t)$, dann ist $\bigcup_{i=1}^\infty A_i \subseteq (0,t)$ und somit $\bigcup_{i=1}^\infty A_i \in \mathcal{A}_t$. Ist für mindestens ein i die Inklusion $(t,1) \subseteq A_i$ erfüllt, dann ist $(t,1) \subseteq \bigcup_{i=1}^\infty A_i$ und somit $\bigcup_{i=1}^\infty A_i \in \mathcal{A}_t$.

Damit ist alles Nötige erfüllt, und $\mathcal{A}_t$ ist eine σ-Algebra. Nun zeigen wir, dass $\mathcal{A}_s \subseteq \mathcal{A}_t$, für alle $0 < s < t$. Für $t \geq 1$ ist dies offenkundig, also nehmen wir $t < 1$ an. Sei $A \in \mathcal{A}_s$.

Ist $B \cap (0,1) \ni A \subseteq (0,s]$, dann auch $A \subseteq (0,t]$ und also $A \in \mathcal{A}_t$. Ist $(s,1) \subseteq A \in B \cap (0,1)$, dann auch $(t,1) \subseteq A$ und also $A \in \mathcal{A}_t$.

Damit ist $(\mathcal{A}_t)_{t>0}$ eine Filtration.

(b) Wir schreiben $M_t := E_{\mathcal{A}_t}(X)$. Für $t \geq 1$ ist X natürlich $\mathcal{A}_t$-messbar, also $M_t = X$. Sei nun $t \in (0,1)$. Wir zeigen, dass M_t fast sicher gegeben ist durch

$$M_t(\omega) = \begin{cases} X(\omega), & \text{falls } \omega \in (0,t] \\ \frac{1}{1-t} \int_t^1 X(v)dv, & \text{falls } \omega \in (t,1). \end{cases}$$

Dazu überprüfen wir im Einzelnen:

   i. M_t ist $\mathcal{A}_t$-messbar.

   ii.
   $$\int_A M_t d\lambda = \int_A X d\lambda \qquad \forall A \in \mathcal{A}_t. \tag{8.4}$$

   i. Für eine Borel-Menge B ist $M_t^{-1}(B)$ entweder gleich $X^{-1}(B) \cup (t,1)$ oder gleich $X^{-1}(B) \setminus (t,1)$. Aufgrund der Messbarkeit von X ist $X^{-1}(B) \in B \cap (0,t)$ und ferner

   $$(t,1) \subseteq X^{-1}(B) \cup (t,1) \text{ und } X^{-1}(B) \setminus (t,1) \subseteq (0,t].$$

   Also ist $M_t^{-1}(B) \in \mathcal{A}_t$.

   ii. Sei $A \in \mathcal{A}_t$ und $A \subseteq (0,t]$. In diesem Fall besteht die Gleichung (8.4), da $M_t = X$ f.s. auf A. Ist andererseits $(t,1) \subseteq A$, dann kann man wie folgt rechnen:

$$\int_A M_t d\lambda = \int_{A\cap(0,t]} M_t d\lambda + \int_{(t,1)} M_t d\lambda$$

$$= \int_{A\cap(0,t]} X d\lambda + \int_t^1 \left[\frac{1}{1-t}\int_t^1 X(v)dv\right] d\lambda$$

$$= \int_{A\cap(0,t]} X d\lambda + \int_t^1 X(v)dv$$

$$= \int_{A\cap(0,t]} X d\lambda + \int_{(t,1)} X d\lambda = \int_A X d\lambda .$$

Damit ist alles gezeigt, und wir sind fertig.

8.14 Der Gedankengang basiert auf der geschickten Einführung einer Markov-Kette. Mit X_k bezeichnen wir die Anzahl aller bereits eingestiegenen Passagiere zu dem Zeitpunkt, da der k. der Passagiere, die nicht an ihrem reservierten Platz sitzen, zusteigt. Wenn keine weiteren Passagiere, die nicht an ihrem reservierten Platz sitzen können, nach dem k. mehr einsteigen, setze man $X_{k+1} = 100$. Wegen der Sonderrolle des ersten Passagiers betrachten wir X_k für $k \geq 2$. Wenn sich der erste Passagier zufällig auf den für ihn reservierten Platz gesetzt hat, ist $X_2 = 100$. Sitzt der erste Passagier auf dem Platz, der für den j. einsteigenden Passagier reserviert war ($j > 1$), dann gilt $X_2 = j - 1$. Zusammenfassend ergibt sich

$$X_2 = \begin{cases} 100, & \text{mit Ws. } 0.01 \\ 99, & \text{mit Ws. } 0.01 \\ \vdots & \vdots \\ 1, & \text{mit Ws. } 0.01. \end{cases}$$

Leiten wir eine Rekursionsformel für X_k her. Wir setzen $X_k < 99$ voraus. Sei P_1 der erste Passagier, der rein zufällig einen Platz gewählt hat, und P_j für $1 < j \leq k$ der j. Passagier, der nicht an seinem reservierten Platz sitzen kann. Wir betrachten den Zeitpunkt, zu dem P_k gerade das Flugzeug betritt. Da sich alle Passagiere außer dem ersten nur dann rein zufällig einen Platz aussuchen, wenn der für sie reservierte belegt ist, sitzt P_2 auf dem für P_3 reservierten Platz, P_3 auf dem für P_4 reservierten Platz, ..., P_{k-1} auf dem für P_k reservierten Platz. Folglich sind die für $P_2, \ldots, P_k$ reservierten Plätze besetzt, der für P_1 reservierte Platz dagegen noch nicht. P_k wählt nun aus allen $100 - X_k$ noch freien Plätzen rein zufällig aus. Mit Wahrscheinlichkeit $\frac{1}{100-X_k}$ wählt er den für P_1 reservierten Platz aus; dieses Ereignis ist äquivalent zu $X_{k+1} = 100$. Andernfalls wählt P_k den Platz des j. der $99 - X_k$ Passagiere aus, die noch einsteigen müssen; dies ist gleichbedeutend mit $X_{k+1} = X_k + j$. Bei dieser Wahl ergibt sich eine bedingte Gleichverteilung über $\{1,\ldots,99-X_k\}$. Somit tritt $X_{k+1} = X_k + j$ für $j \in \{1,\ldots,99-X_k\}$ mit Wahrscheinlichkeit

$$\frac{99-X_k}{100-X_k} \cdot \frac{1}{99-X_k} = \frac{1}{100-X_k}$$

ein. Daher gilt für die X_k das folgende rekursive Schema:

$$X_{k+1} = \begin{cases} 100, & \text{mit Ws. } 1/(100-X_k) \\ 99, & \text{mit Ws. } 1/(100-X_k) \\ \vdots & \vdots \\ X_k + 1, & \text{mit Ws. } 1/(100-X_k), \end{cases}$$

wenn $X_k < 99$ ist. Der letzte einsteigende Passagier kann sich genau dann auf seinen reservierten Platz setzen, wenn $X_k \neq 99$ ist für alle $k \geq 2$. Die Wahrscheinlichkeit dieses Ereignisses bestimmen wir nach unseren Vorarbeiten wie folgt. Man erkennt, dass es sich bei $(X_k)_{k \in \mathbb{N}}$ um eine Markov-Kette handelt mit

$$P(X_{k+1} = l+1) = \sum_{j=1}^{l} \frac{1}{100-j} P(X_k = j).$$

Die Ereignisse $\{X_k = j\}_{k \geq 2}$ sind für alle $j \leq 99$ disjunkt, da $(X_k)_{k \geq 2}$ in diesem Bereich fast sicher streng monoton wächst, und als Folge der Disjunktheit ist

$$P\left(\bigcup_{k \geq 3} \{X_k = l+1\}\right) = \sum_{j=1}^{l} \frac{1}{100-j} P\left(\bigcup_{k \geq 2} \{X_k = j\}\right)$$

$$= P\left(\bigcup_{k \geq 2} \{X_k = l+1\}\right) - P(X_2 = l+1).$$

Setzen wir abkürzend $p_l := P\left(\bigcup_{k \geq 2} \{X_k = l\}\right)$, dann schreibt sich obige Gleichung für alle $l \leq 98$ als

$$p_{l+1} = \sum_{j=1}^{l} \frac{1}{100-j} p_j + \frac{1}{100}.$$

Daraus wiederum kann man durch Bildung der Differenz $p_{l+1} - p_l$ leicht das Gesetz $p_{l+1} = p_l \cdot \frac{101-l}{100-l}$ herleiten. Sobald man das weiß, liefert die Kenntnis des Anfangswertes $p_1 = 0.01$ die Grundlage für die Rechnung

$$p_{99} = \frac{101-98}{100-98} \cdot \frac{101-97}{100-97} \cdot \ldots \cdot \frac{100}{99} \cdot \frac{1}{100} = \frac{1}{2}.$$

Aber $1 - p_{99} = \frac{1}{2}$ ist gerade die gesuchte Wahrscheinlichkeit, dass der letzte einsteigende Passagier seinen Platz einnehmen kann.

8.15 (a) Die unabhängigen und identisch verteilten Zufallsgrößen Y_k geben jeweils den Ausgang des k. Bernoulli-Versuches wieder, und $Y_k = 1$ gilt genau dann, wenn der Spieler im k. Versuch gewinnt, andernfalls ist $Y_k = -1$. Im n. Spiel beträgt der Einsatz αX_{n-1}, daraus leitet man leicht die Rekursion $X_n = X_{n-1} + \alpha Y_n X_{n-1} = X_{n-1} \cdot (1 + \alpha Y_n)$ her. Als direkte Konsequenz erhält man daraus induktiv die Darstellung

$$X_n = \prod_{k=1}^{n} (1 + \alpha Y_k).$$

(b) Wir bringen den zu untersuchenden Ausdruck zunächst in eine handlichere Form:

$$\frac{1}{n} \ln X_n = \frac{1}{n} \ln \left(\prod_{k=1}^{n} (1 + \alpha Y_k) \right) = \frac{1}{n} \sum_{k=1}^{n} \ln(1 + \alpha Y_k).$$

Die Zufallsgrößen $\ln(1 + \alpha Y_k)$ sind unabhängig und identisch verteilt, und sie sind integrierbar, denn

$$E|\ln(1 + \alpha Y_k)| = |\ln(1 + \alpha)| \cdot p + |\ln(1 - \alpha)| \cdot (1 - p) < +\infty.$$

Somit ist das starke Gesetz der großen Zahlen anwendbar, woraus nach obiger Darstellung die fast sichere Konvergenz von $\frac{1}{n} \ln X_n$ gegen

$$E \ln(1 + \alpha Y_1) = p \cdot \ln(1 + \alpha) + (1 - p) \cdot \ln(1 - \alpha)$$
$$= \ln \left[(1 + \alpha)^p (1 - \alpha)^{1-p} \right]$$

folgt.

(c) Setzen wir den in (b) untersuchten Term $\frac{1}{n} \ln X_n =: Z_n$. Umgekehrt ist dann $X_n = \exp(n \cdot Z_n)$. Unser Augenmerk gilt zunächst dem Fall $p \leq 1/2$. Da die Funktion $f(\alpha, p) := \ln \left[(1 + \alpha)^p (1 - \alpha)^{1-p} \right]$ bezüglich p für festes α monoton wächst, konvergiert $(Z_n)_{n \in \mathbb{N}}$ gegen einen Wert, der kleiner oder gleich $\ln \sqrt{(1-\alpha)(1+\alpha)} = \frac{1}{2} \ln(1 - \alpha^2) < 0$ ist, für fast alle ω. Für diese ω konvergiert $X_n = \exp(n \cdot Z_n)$ gegen 0. Also ist in diesem Fall die Aussage bewiesen. Im Falle $p > 1/2$ wollen wir die oben definierte Funktion f für ein festes, aber beliebiges p genauer untersuchen. Da wir vorrangig an ihrem Monotonieverhalten interessiert sind, können wir äquivalent auch die auf $[0, 1]$ stetige Funktion $g_p(\alpha) := (1 + \alpha)^p (1 - \alpha)^{1-p}$ heranziehen. Die Randwerte sind $g_p(0) = 1$ und $g_p(1) = 0$, die Ableitung ist

$$g'_p(\alpha) = p(1+\alpha)^{p-1}(1-\alpha)^{1-p} - (1+\alpha)^p(1-p)(1-\alpha)^{-p}$$
$$= (2p - \alpha - 1)(1+\alpha)^{p-1}(1-\alpha)^{-p}.$$

Dem entnimmt man, dass g_p auf dem Intervall $[0, 2p-1)$ monton wächst und auf $(2p-1, 1]$ monoton fällt, wobei die Fallbedingung $2p - 1 > 0$ zu beachten ist. Damit ist auch klar, dass es ein $\alpha^* \in (0,1)$ gibt, so dass $g_p(\alpha) > 1$ ist für $\alpha \in (0, \alpha^*)$ und $g_p(\alpha) < 1$ für $\alpha \in (\alpha^*, 1)$. Das bedeutet weiter, dass $(Z_n)_{n\in\mathbb{N}}$ fast sicher gegen den Wert $f(\alpha, p) = \ln g_p(\alpha) > 0$ für $\alpha \in (0, \alpha^*)$ und gegen $f(\alpha, p) = \ln g_p(\alpha) < 0$ für $\alpha \in (\alpha^*, 1)$ konvergiert. Entsprechend konvergieren die $X_n = \exp(n \cdot Z_n)$ für $\alpha \in (\alpha^*, 1)$ fast sicher gegen 0 und divergieren für $\alpha \in (0, \alpha^*)$ fast sicher gegen $+\infty$.

8.17 Sei ξ_k die Wahrscheinlichkeit, dass ein weißer US-Amerikaner k Söhne hat und G die wahrscheinlichkeitserzeugende Funktion der Verteilung männlicher Nachkommen, d.h.

$$G(s) = \sum_{k=0}^{\infty} \xi_k s^k = 0.482 + \sum_{k=1}^{\infty} 0.213 \times 0.589^{k-1} s^k$$
$$= 0.482 + 0.213s \sum_{k=0}^{\infty} (0.589s)^k = 0.482 + \frac{0.213s}{1 - 0.589s}. \qquad (8.5)$$

Die mittlere Zahl männlicher Nachkommen eines weißen US-Amerikaners ist

$$G'(1) = \frac{(1 - 0.589s) \times 0.213 + 0.213s \times 0.589}{(1 - 0.589s)^2}\bigg|_{s=1} = 1.26 > 1.$$

Sei X_k die Anzahl der Männer in der k. Generation und ρ_i die Wahrscheinlichkeit, dass der männliche Zweig ausstirbt, wenn es anfangs $X_0 = i$ Männer gibt. Wir schreiben $\rho := \rho_1$ für die gesuchte Wahrscheinlichkeit. Wegen $\rho_k = \rho^k$ ist

$$\rho = \sum_{k=0}^{\infty} P(X_1 = k | X_0 = 1) \cdot \rho_k = \sum_{k=0}^{\infty} \xi_k \rho^k = G(\rho).$$

Demzufolge ist die Aussterbewahrscheinlichkeit eine Lösung der Gleichung

$$s = G(s). \qquad (8.6)$$

Im Fall $G'(1) =: \mu > 1$ gibt es neben der offensichtlichen Lösung $s = 1$ noch eine weitere Lösung $s_0 \in (0, 1)$. Um dies zu zeigen, betrachten wir die Funktion $g(s) := G(s) - s$ mit

$$g(0) = G(0) = \xi_0 > 0, \ g(1) = 0, \ g'(1) = \mu - 1 > 0.$$

Daraus kann man schließen, dass g mindestens eine Nullstelle in $(0, 1)$ besitzt. Da wegen

$$g''(s) = \sum_{k=2}^{\infty} k(k-1)\xi_k s^{k-2} > 0, \qquad \forall s \in (0,1),$$

g konvex ist, kann es nur genau eine Nullstelle in $(0,1)$ geben. Wir überzeugen uns, dass es sich bei dieser Nullstelle s_0 um die Aussterbewahrscheinlichkeit ρ handelt. Sei dazu
$$q_n := P(X_n = 0 | X_0 = 1)$$
die Wahrscheinlichkeit, dass der männliche Zweig bis zur n. Generation ausstirbt. Offenkundig haben wir $q_n \leq q_m$, $\forall n \leq m$, da mit $X_n = 0$ auch $X_m = 0$ ist. Wegen $P(X_n = 0 | X_0 = j) = q_n^j$, $\forall j \in \mathbb{N}_0$, haben wir auch noch
$$q_{n+1} = \sum_{j=0}^{\infty} \xi_j q_n^j = G(q_n).$$
Außerdem ist $q_1 = \xi_0 = G(0) < G(s_0) = s_0$, denn wegen
$$G'(s) = \sum_{k=1}^{\infty} k \xi_k s^{k-1} > 0, \qquad \forall s \in (0,1),$$
ist G streng monoton wachsend. Ferner ist $q_2 = G(q_1) < G(s_0) = s_0$ und iterativ fortschreitend sogar $q_n < s_0$, für alle $n \in \mathbb{N}$. Also muss $\rho = \lim_{n \to \infty} q_n \leq s_0$ sein. Daraus erhalten wir mit obigen Überlegungen $\rho = s_0$. Das gesuchte ρ ist demnach als kleinste Lösung der Gleichung (8.6) gegeben. Mit dem speziellen G in (8.5) kann die zu lösende Gleichung
$$0.482 + \frac{0.213 s}{1 - 0.589 s} = s$$
in eine quadratische umgewandelt werden:
$$s^2 + \frac{(0.213 - 0.482 \times 0.589 - 1)}{0.589} s + \frac{0.482}{0.589} = 0$$
oder
$$s^2 - 1.818 s + 0.818 = 0.$$
Die kleinste Lösung dieser Gleichung ist
$$\rho = \frac{1.818}{2} - \sqrt{\left(\frac{1.818}{2}\right)^2 - 0.818} = 0.82.$$
Mit der Wahrscheinlichkeit 0.82 stirbt der männliche Zweig einer Familie aus.

8.19 Der Aufgabenstellung können die Übergangswahrscheinlichkeiten für die Markov-Kette $(X_n)_{n \in \mathbb{N}}$ entnommen werden:

$$\begin{aligned}
P(X_{n+1} = 0 \mid X_n = K) &= \alpha p, \\
P(X_{n+1} = K \mid X_n = K) &= 1 - \alpha p, \\
P(X_{n+1} = i+1 \mid X_n = i) &= 1 - p, \qquad \forall i \in \{0, \ldots, K-1\}, \\
P(X_{n+1} = 0 \mid X_n = i) &= p, \qquad \forall i \in \{0, \ldots, K-1\}.
\end{aligned}$$

Um die stationäre Verteilung von $(X_n)_{n\in\mathbb{N}}$ zu ermitteln, muss das lineare Gleichungssystem $\pi_j = \sum_{i=0}^{K} \pi_i p_{ij}$ für $j \in \{0, \ldots, K\}$ gelöst werden. Dem entspricht

$$\pi_j = \sum_{i=0}^{K-1} \pi_i \big(p\delta_{j0} + (1-p)\delta_{j,i+1}\big) + \pi_K \big(\alpha p \delta_{j0} + (1-\alpha p)\delta_{jK}\big)$$

für alle $j = 0, \ldots, K$. Widmen wir uns zuerst den Gleichungen mit $j \in \{1, \ldots, K-1\}$. Diese schreiben sich auch als

$$\pi_j = (1-p)\pi_{j-1},$$

woraus wir iterativ $\pi_j = (1-p)^j \pi_0$ für $j \in \{1, \ldots, K-1\}$ ableiten. Die Gleichung für $j = K$ liefert noch

$$\pi_K = (1-p)\pi_{K-1} + (1-\alpha p)\pi_K,$$

wonach $\pi_K = \frac{(1-p)^K}{\alpha p} \cdot \pi_0$ gilt. Aus der Normiertheitsbedingung $\sum_{j=0}^{K} \pi_j = 1$ bekommt man das noch fehlende π_0. Es ergibt sich

$$\pi_j = \frac{\alpha p (1-p)^j}{\alpha + (1-\alpha)(1-p)^K}, \qquad j \in \{0, \ldots, K-1\},$$

$$\pi_K = \frac{(1-p)^K}{\alpha + (1-\alpha)(1-p)^K}$$

als stationäre Verteilung.

(a) Das n. Werkstück wird fast sicher geprüft, wenn $X_{n-1} < K$ ist, und es wird mit Wahrscheinlichkeit α geprüft im Falle von $X_{n-1} = K$. Da nach dem langfristigen Anteil gefragt ist, kann man davon ausgehen, dass X_{n-1} die stationäre Verteilung besitzt. Damit hängt auch die Wahrscheinlichkeit, dass ein Werkstück geprüft wird, nicht von seiner Nummer ab. Die Wahrscheinlichkeit, dass ein beliebiges Werkstück geprüft wird, entspricht daher dem langfristigen Anteil der geprüften Stücke; dieser beträgt

$$\pi_K \alpha + 1 - \pi_K = \frac{\alpha}{\alpha + (1-\alpha)(1-p)^K}.$$

(b) Der langfristige Anteil der gefundenen defekten Werkstücke entspricht der Wahrscheinlichkeit, dass ein Werkstück defekt ist und unter der stationären Verteilung geprüft wird. Ob ein Werkstück geprüft wird, hängt nur von dem Zustand der vorausgegangenen Werkstücke ab, nicht aber von seinem eigenen Zustand. Das Ereignis, dass ein Werkstück defekt ist, und das Ereignis, dass ein Werkstück geprüft wird, sind also unabhängig, so dass der langfristige Anteil der gefundenen defekten Teile gegeben ist durch

$$p \cdot \frac{\alpha}{\alpha + (1-\alpha)(1-p)^K}.$$

Der langfristige Anteil der defekten Teile beträgt p, die Wahrscheinlichkeit, dass ein Teil defekt ist. Die Effektivität des Verfahrens ist daher gleich dem in (a) berechneten Anteil

$$\frac{\alpha}{\alpha + (1-\alpha)(1-p)^K}.$$

8.20 (a) Wir führen eine Zufallsgröße S_k ein, die den Wert j annimmt, wenn der Algorithmus von e_k nach e_j springt. Die Wahrscheinlichkeit, mit der dies geschieht, ist

$$P(S_k = j) = \frac{1}{k-1}, \qquad \forall j = 1, \ldots, k-1.$$

Mit der neu eingeführten Zufallsgröße sind die Beziehungen

$$N_k = 1 + N_{S_k}$$

$$E(N_k | S_k = j) = 1 + E(N_j | S_k = j)$$

sofort einsehbar. Ferner haben wir $EN_1 = 0$ sowie

$$EN_k = \sum_{j=1}^{k-1} E(N_k | S_k = j) \cdot P(S_k = j) = \frac{1}{k-1} \sum_{j=1}^{k-1} (1 + EN_j), \qquad \forall k \geq 2,$$

eine Identität, die uns zu

$$(k-1)EN_k - (k-2)EN_{k-1} = 1 + EN_{k-1}$$

bzw.
$$EN_k = EN_{k-1} + \frac{1}{k-1} \qquad (8.7)$$

führt.

(b) Die Berechnung des Erwartungswertes EN_k bewältigen wir mit (8.7) und

$$EN_k = \sum_{i=2}^{k} (EN_i - EN_{i-1}) = \sum_{i=2}^{k} \frac{1}{i-1} = \sum_{i=1}^{k-1} \frac{1}{i}.$$

(c) Beginnt der Algorithmus in e_K, so ist $I_K = 1$ auf dem ganzen Wahrscheinlichkeitsraum. Und es ist $I_{K-1} = 1$ nur dann, wenn der Algorithmus im nächsten Schritt nach e_{K-1} springt. Das geschieht mit Wahrscheinlichkeit

$$P(I_{K-1} = 1 | I_K = 1) = \frac{1}{K-1}.$$

Dies gilt entsprechend für alle Indikatorfunktionen mit aufeinander folgenden Indizes. Ferner haben wir

$$\begin{aligned}P(I_{K-2}=1|I_K=1) &= \sum_{i=1}^{K-1} P(I_{K-2}=1|I_K=1 \cap S_K=i) \cdot P(S_K=i)\\ &= 1 \cdot P(S_K=K-2)\\ &\quad + P(I_{K-2}=1|I_{K-1}=1) \cdot P(S_K=K-1)\\ &= \frac{1}{K-1} + \frac{1}{K-2} \cdot \frac{1}{K-1} = \frac{1}{K-2}.\end{aligned}$$

Iterativ fortschreitend zeigt man, dass

$$P(I_k=1|I_K=1) = \frac{1}{k}, \qquad \forall k < K. \tag{8.8}$$

Damit haben wir für $j < k$

$$\begin{aligned}P(I_j=1 \cap I_k=1) &= P(I_j=1 \cap I_k=1|I_K=1)\\ &= P(I_k=1|I_K=1) \cdot P(I_j=1|I_k=1) = \frac{1}{k} \cdot \frac{1}{j}\\ &= P(I_j=1|I_K=1) \cdot P(I_k=1|I_K=1)\\ &= P(I_j=1) \cdot P(I_k=1).\end{aligned}$$

Die Ereignisse $A := \{I_j = 1\}$ und $B := \{I_k = 1\}$ sind demzufolge unabhängig. Daraus folgt die Unabhängigkeit von A^c und B, A und B^c sowie von A^c und B^c. Also sind I_j und I_k unabhängig.

(d) Die Zahl der benötigten Übergänge ist gleich der Anzahl der erreichten Elemente, also

$$N_K = \sum_{k=1}^{K-1} I_k. \tag{8.9}$$

Die Unabhängigkeit der I_k sowie (8.9) und (8.8) sind nützlich bei der Berechnung von

$$\begin{aligned}\mathrm{var} N_K &= \mathrm{var}\Big(\sum_{k=1}^{K-1} I_k\Big) = \sum_{k=1}^{K-1} \mathrm{var}(I_k) = \sum_{k=1}^{K-1} E(I_k^2) - (EI_k)^2\\ &= \sum_{k=1}^{K-1} (EI_k)(1-EI_k) = \sum_{k=1}^{K-1} \frac{1}{k}\Big(1-\frac{1}{k}\Big),\end{aligned}$$

da $E(I_k^2) = EI_k = \frac{1}{k}$.

8.22 (a) Unter allen drei Regeln kann eine Serie von Listenzugriffen jeweils modelliert werden als Markov-Kette auf der Menge S_M von Permutationen der Zahlen $\{1, \ldots, M\}$. Die Übergangswahrscheinlichkeiten hängen von der verwendeten Regel ab und sind leicht zu ermitteln. Betrachten wir konkret etwa in der durch die

Permutation $(1,\ldots,M)$ beschriebenen Anordnung $e_1,\ldots,e_M$ Zugriffe auf die Elemente e_3, e_4, e_2, e_3 in dieser Reihenfolge, so ergeben sich:

V-Regel: $(1,2,3,4,5,\ldots,M)$ H-Regel: $(1,2,3,4,5,\ldots,M)$
$\downarrow$ mit Ws. p_3 $\downarrow$ mit Ws. p_3
$(2,3,1,4,5,\ldots,M)$ $(2,3,1,4,5,\ldots,M)$
$\downarrow$ mit Ws. p_4 $\downarrow$ mit Ws. p_4
$(3,4,2,1,5,\ldots,M)$ $(3,4,1,2,5,\ldots,M)$
$\downarrow$ mit Ws. p_2 $\downarrow$ mit Ws. p_2
$(4,1,3,2,5,\ldots,M)$ $(4,3,1,2,5,\ldots,M)$
$\downarrow$ mit Ws. p_3 $\downarrow$ mit Ws. p_3
$(4,2,1,3,5,\ldots,M)$ $(4,3,1,2,5,\ldots,M)$

T-Regel: $(1,2,3,4,5,\ldots,M)$
$\downarrow$ mit Ws. p_3
$(1,3,2,4,5,\ldots,M)$
$\downarrow$ mit Ws. p_4
$(1,4,2,3,5,\ldots,M)$
$\downarrow$ mit Ws. p_2
$(1,3,2,4,5,\ldots,M)$
$\downarrow$ mit Ws. p_3
$(2,3,1,4,5,\ldots,M)$

Man überzeugt sich leicht, dass in allen drei Fällen die zugehörige Markov-Kette irreduzibel ist. Auch sind jeweils alle Zustände positiv-rekurrent. Damit existiert in jedem der 3 Fälle eine stationäre Verteilung und ist eindeutig.

(b) Die Übergangswahrscheinlichkeiten seien mit $p(\pi, \tilde\pi)$, $\pi, \tilde\pi \in S_M$, bezeichnet. Wenn nichtnegative Zahlen $\beta_\pi, \pi \in S_M$, existieren mit

$$\beta_\pi p(\pi, \tilde\pi) = \beta_{\tilde\pi} p(\tilde\pi, \pi), \qquad \forall \pi, \tilde\pi \in S_M,$$
$$\sum_{\pi \in S_M} \beta_\pi = 1,$$

dann handelt es sich bei den β_π um eine stationäre Verteilung. Denn hieraus folgt bei Summation über alle $\pi \in S_M$ sofort

$$\sum_{\pi \in S_M} \beta_\pi p(\pi, \tilde\pi) = \beta_{\tilde\pi} \sum_{\pi \in S_M} p(\tilde\pi, \pi) = \beta_{\tilde\pi}, \quad \forall \tilde\pi \in S_M.$$

Wir überzeugen uns, dass diese Gleichungen für die angegebenen β_π^T mit einer Konstanten c, die so gewählt ist, dass $\sum_{\pi \in S_M} \beta_\pi^T = 1$ gilt, erfüllt sind. Sei dazu $\pi = (\pi_1, \ldots, \pi_M)$ eine Permutation mit $\pi_1 = 1, \pi_2 = 2$ und

$$\Pi : \{1, \ldots, M\} \longrightarrow \{1, \ldots, M\}$$
$$i \longrightarrow \Pi(i) = \pi_i.$$

Die Reihenfolge der Elemente der durch diese Permutation π beschriebenen Anordnung ist

$$e_1, e_2, e_{\Pi^{-1}(3)}, \ldots, e_{\Pi^{-1}(M)}. \tag{8.10}$$

Als Permutation $\tilde{\pi}$ wählen wir jene, die die Anordnung beschreibt, die aus (8.10) durch Vertauschen des 1. und 2. Elementes hervorgeht. Der allgemeine Fall für beliebige $\pi, \tilde{\pi}$ ist nur von der Bezeichnungsweise komplizierter. Die von $\tilde{\pi}$ beschriebene Anordnung ist

$$e_2, e_1, e_{\Pi^{-1}(3)}, \ldots, e_{\Pi^{-1}(M)},$$

d.h. es ist $\tilde{\pi} = (2, 1, \pi_3, \ldots, \pi_M)$. Falls auf das Element e_2 zugegriffen wird, geht die Anordnung π unter der T-Regel in die Anordnung $\tilde{\pi}$ über. Dies ist mit Wahrscheinlichkeit $p(\pi, \tilde{\pi}) = p_2$ der Fall. Umgekehrt, falls in der Anordnung $\tilde{\pi}$ auf e_1 zugegriffen wird, geht $\tilde{\pi}$ in π über. Das geschieht mit Wahrscheinlichkeit $p(\tilde{\pi}, \pi) = p_1$. Damit haben wir:

$$\begin{aligned}\beta_\pi^T p(\pi, \tilde{\pi}) &= c p_1^{M-1} p_2^{M-2} p_3^{M-\pi_3} \cdot \ldots \cdot p_M^{M-\pi_M} \cdot p_2 \\ &= c p_1^{M-1} p_2^{M-1} p_3^{M-\pi_3} \cdot \ldots \cdot p_M^{M-\pi_M},\end{aligned}$$

und denselben Ausdruck erhält man für

$$\begin{aligned}\beta_{\tilde{\pi}}^T p(\tilde{\pi}, \pi) &= c p_1^{M-2} p_2^{M-1} p_3^{M-\pi_3} \cdot \ldots \cdot p_M^{M-\pi_M} \cdot p_1 \\ &= c p_1^{M-1} p_2^{M-1} p_3^{M-\pi_3} \cdot \ldots \cdot p_M^{M-\pi_M}.\end{aligned}$$

Somit hat die stationäre Verteilung die angegebene Form.

(c) Sei

$$\pi = (\pi_1, \pi_2, \ldots, \pi_{i-1}, \pi_i, \pi_{i+1}, \ldots, \pi_{j-1}, \pi_j, \pi_{j+1}, \ldots, \pi_M).$$

Dann ist

$$\pi^* = (\pi_1, \pi_2, \ldots, \pi_{i-1}, \pi_j, \pi_{i+1}, \ldots, \pi_{j-1}, \pi_i, \pi_{j+1}, \ldots, \pi_M).$$

Bei der durch π dargestellten Anordnung stehen die Elemente e_i und e_j auf den Positionen π_i bzw. π_j, und da e_i vor e_j steht, ist $\pi_i < \pi_j$, d.h.

$$\pi_j - \pi_i - 1 \geq 0. \tag{8.11}$$

Wir wissen, dass

$$\begin{aligned}p_i \beta_{\pi^*}^T = c p_1^{M-\pi_1} &\cdot \ldots \cdot p_{i-1}^{M-\pi_{i-1}} p_i^{M-(\pi_j-1)} p_{i+1}^{M-\pi_{i+1}} \\ &\cdot \ldots \cdot p_{j-1}^{M-\pi_{j-1}} p_j^{M-\pi_i} p_{j+1}^{M-\pi_{j+1}} \cdot \ldots \cdot p_M^{M-\pi_M}\end{aligned}$$

und dass

$$\begin{aligned}p_j \beta_\pi^T = c p_1^{M-\pi_1} &\cdot \ldots \cdot p_{i-1}^{M-\pi_{i-1}} p_i^{M-\pi_i} p_{i+1}^{M-\pi_{i+1}} \\ &\cdot \ldots \cdot p_{j-1}^{M-\pi_{j-1}} p_j^{M-(\pi_j-1)} p_{j+1}^{M-\pi_{j+1}} \cdot \ldots \cdot p_M^{M-\pi_M}.\end{aligned}$$

8.2 Lösungen

Es gilt also $p_i \beta_{\pi^*}^T \leq p_j \beta_{\pi}^T$ genau dann, wenn

$$p_i^{M-(\pi_j-1)} p_j^{M-\pi_i} \leq p_i^{M-\pi_i} p_j^{M-(\pi_j-1)}$$

bzw. wenn

$$p_j^{\pi_j-\pi_i-1} \leq p_i^{\pi_j-\pi_i-1}.$$

Doch dies ist erfüllt wegen (8.11) und wegen $p_i \geq p_j$ für $j > i$. Die zweite Ungleichung verifiziert man durch eine kurze, aber geschickte Umwandlung aus der ersten wie folgt: Es ist

$$\sum_{\{\pi : \pi_i < \pi_j\}} \beta_\pi^T = q_T(i,j) = 1 - q_T(j,i).$$

Also:

$$\frac{p_j}{p_i}(1 - q_T(j,i)) \geq \sum_{\{\pi^* : \pi_j^* < \pi_i^*\}} \beta_{\pi^*}^T = q_T(j,i).$$

Daraus ergibt sich auch sofort die dritte Ungleichung durch Umformung. Wir überzeugen uns noch, dass

$$q_V(j,i) = \frac{p_j}{p_i + p_j}.$$

Element e_j steht asymptotisch vor e_i genau dann, wenn es ein n gibt, so dass es sich bei den letzten $n+1$ Zugriffen um einen Zugriff auf e_j gefolgt von n Zugriffen auf Elemente verschieden von e_i oder e_j handelt. Hat man das erkannt, so gelangt man zur Beziehung

$$q_V(j,i) = p_j \sum_{n=0}^{\infty} [1-(p_i+p_j)]^n = \frac{p_j}{1-[1-(p_i+p_j)]} = \frac{p_j}{p_i+p_j}.$$

(d) Wir überzeugen uns zunächst von der Richtigkeit des Hinweises. Es ist

$$C^V = \sum_{\pi \in S_M} \beta_\pi^V \sum_{i=1}^M p_i \pi_i,$$

wobei β_π^V die stationäre Wahrscheinlichkeit der durch π beschriebenen Anordnung bei Verwendung der V-Regel bezeichnet. Wir setzen $\gamma_i := \sum_{\pi \in S_M} \beta_\pi^V \pi_i$ und erhalten

$$C^V = \sum_{i=1}^M p_i \gamma_i.$$

Außerdem ist

$$\begin{aligned}
\gamma_i &= \sum_{\pi \in S_M} \beta_\pi^V \pi_i = \sum_{\pi \in S_M} \beta_\pi^V \cdot (1 + \#\{j : \pi_j < \pi_i\}) \\
&= 1 + \sum_{1 \leq j \neq i \leq M} \sum_{\{\pi : \pi_j < \pi_i\}} \beta_\pi^V = 1 + \sum_{1 \leq j \neq i \leq M} q_V(j,i),
\end{aligned}$$

denn $\sum_{\{\pi:\pi_j<\pi_i\}} \beta_\pi^V$ ist die asymptotische Wahrscheinlichkeit, dass e_j vor e_i steht.

Genauso verfährt man auch, um zu prüfen, dass

$$C^T = \sum_{i=1}^{M} p_i \left[1 + \sum_{1 \leq j \neq i \leq M} q_T(j,i) \right].$$

Wir formen C^V nochmals um:

$$\begin{aligned}
C^V &= \sum_{i=1}^{M} p_i \left[1 + \sum_{1 \leq j \neq i \leq M} q_V(j,i) \right] = 1 + \sum_{i=1}^{M} p_i \sum_{1 \leq j \neq i \leq M} q_V(j,i) \\
&= 1 + \sum_{i=1}^{M} \sum_{j>i} [p_i q_V(j,i) + p_j q_V(i,j)] \quad (8.12) \\
&= 1 + \sum_{i=1}^{M} \sum_{j>i} [p_i q_V(j,i) + p_j(1 - q_V(j,i))] \\
&= 1 + \sum_{i=1}^{M} \sum_{j>i} (p_i - p_j) q_V(j,i) + \sum_{i=1}^{M} \sum_{j>i} p_j.
\end{aligned}$$

Da für alle $j > i$ jeweils $p_j \leq p_i$, also $p_i - p_j \geq 0$ ist, und $q_T(j,i) \leq q_V(j,i)$ gilt, haben wir

$$C^T \leq C^V.$$

(e) Mit (8.12) und dem Ergebnis von (c) gewinnen wir dann die Darstellung

$$C^V = 1 + \sum_{i=1}^{M} \sum_{j>i} \left[\frac{p_i p_j}{p_i + p_j} + \frac{p_i p_j}{p_i + p_j} \right] = 1 + 2 \sum_{1 \leq i < j \leq M} \frac{p_i p_j}{p_i + p_j}.$$

(f) Die Rechnung ist kurz und beginnt mit dem Hinweis:

$$C^V = 1 + 2 \sum_{1 \leq j < i \leq M} \frac{p_i p_j}{p_i + p_j} \leq 1 + 2 \sum_{i=1}^{M} (i-1) p_i = 2C_{\text{opt.}} - 1.$$

(g) Im Falle der Zipf'schen Verteilung ist

$$C_{\text{opt.}} = \sum_{i=1}^{M} i \cdot \frac{c}{i} = M \cdot c = \frac{M}{\sum_{i=1}^{M} \frac{1}{i}} \sim \frac{M}{\ln M}.$$

sowie

$$C^V = 1 + 2 \sum_{1 \le j < i \le M} \frac{c^2/ij}{\frac{c}{i} + \frac{c}{j}} = 1 + 2c \sum_{1 \le j < i \le M} \frac{1}{i+j}$$

$$\frac{C^V}{C_{\text{opt.}}} = \frac{1}{Mc} + \frac{2}{M} \sum_{1 \le j < i \le M} \frac{1}{i+j}.$$

Für $M = 100$ etwa ergibt sich $C_{\text{opt.}} = 19.28, C^V = 26.26, C^V/C_{\text{opt.}} = 1.36$. Für die Lotka'sche Verteilung ist

$$C_{\text{opt.}} = \sum_{i=1}^{M} i \cdot \frac{c}{i^2} = c \cdot \sum_{i=1}^{M} \frac{1}{i} \sim \frac{\pi^2}{6} \ln M$$

sowie

$$C^V = 1 + 2 \sum_{1 \le j < i \le M} \frac{c^2/i^2 j^2}{\frac{c}{i^2} + \frac{c}{j^2}} = 1 + 2c \sum_{1 \le j < i \le M} \frac{1}{i^2 + j^2}$$

$$\frac{C^V}{C_{\text{opt.}}} = \frac{1}{c \cdot \sum_{i=1}^{M} \frac{1}{i}} + \frac{2}{\sum_{i=1}^{M} \frac{1}{i}} \sum_{1 \le j < i \le M} \frac{1}{i^2 + j^2}.$$

Für $M = 100$ ergibt sich hier $C_{\text{opt.}} = 3.17, C^V = 4.43, C^V/C_{\text{opt.}} = 1.40$.

8.23 Die gestellte Aufgabe bewältigen wir mit der folgenden Ungleichung als entscheidendem Hilfsmittel: Für beliebige nichtnegative Zahlen $\alpha_1, \ldots, \alpha_n$ und $\beta_1, \ldots, \beta_n$, $n \in \mathbb{N}$, ist stets

$$\sum_{j=1}^{n} \alpha_j \log_2 \frac{\alpha_j}{\beta_j} \ge \alpha \log_2 \frac{\alpha}{\beta} \tag{8.13}$$

mit $\alpha = \sum_{j=1}^{n} \alpha_j$ und $\beta = \sum_{j=1}^{n} \beta_j$. Die Gültigkeit von (8.13) ist leicht zu verifizieren. Zunächst kann man die α_j als positiv annehmen, da die Beseitigung aller Paare (α_j, β_j) mit $\alpha_j = 0$ die linke Seite der Gleichung unverändert lässt, während die rechte Seite nicht kleiner wird. Ferner kann man die β_j als positiv annehmen, da andernfalls die Ungleichung trivial ist. Außerdem reicht es, die Aussage für $\alpha = \beta$ zu beweisen, da die Multiplikation der β_j mit einer Konstanten c die Ungleichung unverändert lässt. In diesem Fall folgt nun die Aussage aus der Beziehung

$$\log_2 x \le \frac{x-1}{\ln 2},$$

wenn man $x = \beta_j/\alpha_j$ einsetzt.
Mit (8.13) zeigen wir die Monotonie der $H(X_n \mid \pi)$. Für festes, aber beliebiges i ist wegen (8.13) nach Kürzen der Übergangswahrscheinlichkeiten $p_{ji} := P(X_{n+1} = i \mid X_n = j)$ im Logarithmus

$$P(X_{n+1} = i) \log_2 \frac{P(X_{n+1} = i)}{\pi_i}$$
$$= \left[\sum_{j \in S} P(X_n = j) \cdot p_{ji}\right] \cdot \frac{\log_2\left[\sum_{j \in S} P(X_n = j) p_{ij}\right]}{\sum_{j \in S} \pi_j p_{ji}}$$
$$\leq \sum_{j \in S} P(X_n = j) p_{ji} \log_2 \frac{P(X_n = j)}{\pi_j}.$$

Summation über $i \in S$ liefert dann

$$-H(X_{n+1} \mid \pi) \leq \sum_{j \in S} P(X_n = j) \cdot \left(\sum_{i \in S} p_{ji}\right) \cdot \log_2 \frac{P(X_n = j)}{\pi_j} = -H(X_n \mid \pi),$$

woraus die behauptete Monotonie folgt.

8.25 (a) Es sei X_n wie angegeben die Anzahl der Regenschirme, welche Herrn K vor Beginn seines n. Weges zur Verfügung stehen, und Y_n nehme genau dann den Wert 1 an, wenn es vor Beginn des n. Weges regnet; Y_n ist somit eine **B**(p)-verteilte Zufallsgröße, die von $X_1, \ldots, X_n$ unabhängig ist. Also ist Herr K genau dann auf seinem n. Weg mit einem Schirm unterwegs, wenn $Y_n = 1$ und $X_n > 0$ gilt. Da Herr K mit jedem Weg den Ort (Wohnung/ Büro) jeweils wechselt und insgesamt R Schirme vorhanden sind, kann man für $(X_n)_{n \in \mathbb{N}}$ die Rekursionsformel

$$X_{n+1} = \begin{cases} R - X_n + 1, & \text{wenn } Y_n = 1 \text{ und } X_n > 0 \\ R - X_n, & \text{sonst} \end{cases}$$

aufstellen. Aus dieser Darstellung wird auch klar, dass es sich bei $(X_n)_{n \in \mathbb{N}}$ um eine Markov-Kette handelt, und die Übergangswahrscheinlichkeiten können mit einer Fallunterscheidung für j berechnet werden:

$$p_{0k} = P(X_{n+1} = k \mid X_n = 0) = P(R - X_n = k \mid X_n = 0) = \delta_{k,R}$$

und für $j > 0$ ist

$$\begin{aligned}
p_{jk} = P(X_{n+1} = k \mid X_n = j) &= P(R - X_n + 1 = k \cap Y_n = 1 \mid X_n = j) \\
&\quad + P(R - X_n = k \cap Y_n = 0 \mid X_n = j) \\
&= \delta_{j+k, R+1} \cdot P(Y_n = 1) + \delta_{j+k, R} \cdot P(Y_n = 0) \\
&= \delta_{j+k, R+1} \cdot p + \delta_{j+k, R} \cdot (1-p),
\end{aligned}$$

für $j, k \in \{0, \ldots, R\}$. Die Übergangsmatrix hat also die Gestalt

$$\left\| \begin{matrix} 0 & \cdots & 0 & 0 & 0 & 1 \\ 0 & \cdots & 0 & 0 & 1-p & p \\ 0 & \cdots & 0 & 1-p & p & 0 \\ \vdots & \vdots & & & & \vdots \\ 1-p & p & 0 & \cdots & & 0 \end{matrix} \right\|$$

Die stationäre Verteilung kann nach dem Wortlaut ihrer Definition durch Lösen des linearen Gleichungssystemes

$$\begin{aligned}
(1-p)\pi_R &= \pi_0 \\
(1-p)\pi_{R-j} + p\pi_{R+1-j} &= \pi_j, \qquad \forall j \in \{1, \ldots, R-1\}, \\
\pi_0 + p\pi_1 &= \pi_R
\end{aligned}$$

ermittelt werden. Man kann nachprüfen, dass $\pi_0 = a$, $\pi_1 = \ldots = \pi_R = \frac{a}{1-p}$ für jedes $a \in \mathbb{R}$ eine Lösung des Systems ist. Durch Normierung erhält man $a = \frac{1-p}{1-p+R}$ und

$$\pi_0 = \frac{1-p}{1-p+R}, \qquad \pi_1 = \ldots = \pi_R = \frac{1}{1-p+R}$$

als stationäre Verteilung.

(b) Wir nehmen n als sehr groß an, so dass wir die in (a) bestimmte stationäre Verteilung näherungsweise als Verteilung von X_n erachten können. Herr K wird genau dann nass, wenn er keinen Schirm zur Verfügung hat ($X_n = 0$) und es regnet ($Y_n = 1$). Die Wahrscheinlichkeit für dieses Ereignis beträgt

$$P(Y_n = 1 \cap X_n = 0) = P(Y_n = 1) \cdot P(X_n = 0) = p\pi_0 = \frac{(1-p)p}{1-p+R}.$$

Durch Auflösen der Ungleichung $\frac{(1-p)p}{1-p+R} \leq \alpha$ bekommt man, dass

$$R \geq \frac{(p-\alpha)(1-p)}{\alpha}.$$

sein muss, damit die Wahrscheinlichkeit, dass Herr K nass wird, höchstens α beträgt.

(c) Setzen wir nun $\alpha = 0.05$ in die obige Ungleichung ein, so geht diese über in

$$R \geq (20p-1)(1-p) = -20p^2 + 21p - 1.$$

Auf der rechten Seite haben wir eine nach unten geöffnete quadratische Parabel mit Scheitelpunkt bei $p = \frac{21}{40}$. Die rechte Seite ist daher für alle $p \in [0,1]$ kleiner oder gleich $\frac{361}{80} = 4.51 < 5$. Wählt man die Anzahl der Regenschirme $R \geq 5$, so ist die Ungleichung aus (b) also für alle p erfüllt.

8.26 (a) Angenommen, $\gamma_i \geq 0, i \in S$, ist eine beliebige Lösung von

$$\beta_i = \sum_{j \in S} p_{ij} \beta_j, \qquad \text{für } i \in B^c,$$

$$\beta_i = 1, \qquad \text{für } i \in B.$$

Wir beweisen, dass dann $\gamma_i \geq \beta_i = P_i(\tau_B < \infty), B \subseteq S$. Zunächst sei $\gamma_i = 1 = \beta_i$ für alle $i \in B$ vermerkt, so dass

$$\gamma_i = \sum_{j \in S} p_{ij} \gamma_j = \sum_{j \in B} p_{ij} + \sum_{j \notin B} p_{ij} \gamma_j.$$

Die Struktur dieser Beziehung eröffnet die Möglichkeit, für γ_j aus der Gleichung selbst heraus einzusetzen:

$$\begin{aligned} \gamma_i &= \sum_{j \in B} p_{ij} + \sum_{j \notin B} p_{ij} \left(\sum_{k \in B} p_{jk} + \sum_{k \notin B} p_{jk} \gamma_k \right) \\ &= P_i(X_1 \in B) + P_i(X_1 \notin B \cap X_2 \in B) + \sum_{j \notin B} \sum_{k \notin B} p_{ij} p_{jk} \gamma_k. \end{aligned}$$

Wiederholen wir diesen Vorgang und setzen stets für das letzte der γ_s ein, dann erhalten wir nach n-facher Ausführung

$$\begin{aligned} \gamma_i &= P_i(X_1 \in B) + \ldots + P_i(X_1 \notin B \cap \ldots \cap X_{n-1} \notin B \cap X_n \in B) \\ &\quad + \sum_{j_1 \notin B} \cdots \sum_{j_n \notin B} p_{ij_1} p_{j_1 j_2} \cdots p_{j_{n-1} j_n} \gamma_{j_n}. \\ &= P_i(\tau_B \leq n) + c(n), \end{aligned}$$

wobei es sich bei $c(n)$ für alle $n \in \mathbb{N}$ um nichtnegative Konstanten handelt, da die γ_j jeweils nichtnegativ sind. Damit ist

$$\gamma_i \geq P_i(\tau_B \leq n), \qquad \forall n \in \mathbb{N},$$

und deshalb auch

$$\gamma_i \geq \lim_{n \to \infty} P_i(\tau_B \leq n) = P_i(\tau_B < \infty) = \beta_i.$$

(b) Wir überzeugen uns zunächst, dass die mittleren Absorptionszeiten $\mu_i = E_i \tau_B, B \subseteq S$, das angegebene Gleichungssystem lösen. Das geht ganz elementar: Ist $X_0 = i \in B$, dann ist $\tau_B = 0$ und $E\tau_B = 0$. Ist $X_0 = i \notin B$, dann ist $\tau_B \geq 1$ und
$$E_i(\tau_B | X_1 = j) = 1 + E_j \tau_B,$$
so dass
$$\mu_i = E_i \tau_B = \sum_{j \in S} E_i(\tau_B | X_1 = j) \cdot P_i(X_1 = j) = 1 + \sum_{j \notin B} p_{ij} \mu_j.$$

Nachdem das geschehen ist, nehmen wir nun an, dass $\nu_i, i \in S$, eine weitere nichtnegative Lösung des angegebenen Gleichungssystems sei. Zum einen gilt für alle $i \in B$ offensichtlich $\nu_i = 0 = \mu_i$. Für $i \notin B$ andererseits haben wir
$$\nu_i = 1 + \sum_{j \notin B} p_{ij} \nu_j,$$
und wenn darin für ν_j aus derselben Gleichung eingesetzt wird:
$$\nu_i = 1 + \sum_{j \notin B} p_{ij} \left(1 + \sum_{k \notin B} p_{jk} \nu_k \right)$$
$$= P_i(\tau_B \geq 1) + P_i(\tau_B \geq 2) + \sum_{j \notin B} \sum_{k \notin B} p_{ij} p_{jk} \nu_k.$$

Bei Fortsetzung dieses Vorgangs sind wir bei n-facher Ausführung bei
$$\nu_i = P_i(\tau_B \geq 1) + \cdots + P_i(\tau_B \geq \nu) + \sum_{j_1 \notin B} \cdots \sum_{j_n \notin B} p_{ij_1} p_{j_1 j_2} \cdots p_{j_{n-1} j_n} \nu_{j_n}. \quad (8.14)$$

Wegen Nichtnegativität aller ν_j ist der letzte Summand auf der rechten Seite von (8.14) ebenfalls nichtnegativ und somit gilt
$$\nu_i \geq P_i(\tau_B \geq 1) + \ldots + P_i(\tau_B \geq n), \qquad \forall n \in \mathbb{N}.$$

Im Grenzwert für $n \to \infty$ folgt
$$\nu_i \geq \sum_{n=1}^{\infty} P_i(\tau_B \geq n) = E_i \tau_B = \mu_i.$$

8.27 Gemäß AW, Beispiel 8.23, entspricht die stationäre Verteilung der $\mathbf{Geo}^*(\rho)$-Verteilung mit
$$\pi_j = (1-\rho)\rho^j, \qquad \forall j \in \mathbb{N}_0,$$
und $\rho = \lambda/\mu$, wenn die Zwischenankunftszeiten $\mathbf{Exp}(\lambda)$- und die Bedienungszeiten $\mathbf{Exp}(\mu)$-verteilt sind. Die Voraussetzung $\rho < 1$ bzw. $\mu > \lambda$ wird durchweg

getroffen. Die Anzahl der Kunden im System bezeichnen wir mit X. Ihre Verteilung entspricht der stationären Verteilung. Die Teilaufgaben (a), (b), (c) sind dann leicht lösbar. Die Wahrscheinlichkeit, dass sich mindestens ein Kunde im System befindet, beträgt $1 - \pi_0 = \rho$. Die mittlere Anzahl der Kunden im System in (c) berechnet man durch den Erwartungwert von X,

$$\sum_{j=0}^{\infty} j\rho^j(1-\rho) = \rho(1-\rho)\sum_{j=1}^{\infty} j\rho^{j-1} = \rho(1-\rho)\frac{d}{d\rho}\left(\sum_{j=1}^{\infty} \rho^j\right)$$
$$= \rho(1-\rho)\frac{d}{d\rho}\left(\frac{1}{1-\rho} - 1\right) = \frac{\rho}{1-\rho}.$$

Die Anzahl der Kunden in der Schlange ist $(X-1)^+$. Ihr Erwartungwert, der in (b) gefragt ist, beträgt

$$\sum_{j=1}^{\infty}(j-1)\rho^j(1-\rho) = \rho^2(1-\rho)\sum_{j=2}^{\infty}(j-1)\rho^{j-2} = \rho^2(1-\rho)\frac{d}{d\rho}\left(\sum_{j=1}^{\infty}\rho^{j-1}\right)$$
$$= \rho^2(1-\rho)\frac{d}{d\rho}\frac{1}{1-\rho} = \frac{\rho^2}{1-\rho}.$$

(d) Wenn ein Kunde eintrifft, so muss er warten, bis alle X sich im System befindenden Kunden bedient worden sind. Die Bedienungszeiten der X Kunden sind jeweils unabhängig voneinander und von X und sind $\mathbf{Exp}(\mu)$-verteilt. Unter der Bedingung $X = k > 0$ ist die Wartezeit W also $\mathbf{\Gamma}(\mu, k)$-verteilt (siehe AW, Satz 5.1.3). Wegen der Gedächtnislosigkeit der Exponentialverteilung spielt es keine Rolle, wie lange sich die X Kunden bereits vor dem Eintreffen des neuen Kunden im System aufgehalten haben. Diese Überlegungen setzen zur Ermittlung der Verteilung von W eine längere Rechnung in Gang:

$$F(t) = P(W \leq t) = P(X = 0) + P(W \leq t \cap X \neq 0)$$
$$= 1 - \rho + \sum_{k=1}^{\infty} P(W \leq t \mid X = k) \cdot \rho^k (1 - \rho)$$
$$= 1 - \rho + \sum_{k=1}^{\infty} \int_0^t \frac{\mu^k}{\Gamma(k)} x^{k-1} e^{-\mu x} (1 - \rho)$$
$$= 1 - \rho + (1-\rho)\rho\mu \int_0^t e^{-\mu x} \sum_{k=1}^{\infty} \frac{(\mu\rho x)^{k-1}}{(k-1)!} \, dx$$
$$= 1 - \rho + (1-\rho)\rho\mu \int_0^t e^{-\mu x} e^{\mu\rho x} \, dx$$
$$= 1 - \rho + (1-\rho)\rho\mu \int_0^t e^{-(1-\rho)\mu x} \, dx$$
$$= 1 - \rho + (1-\rho)\rho\mu \frac{1 - \exp(-(1-\rho)\mu t)}{(1-\rho)\mu}$$
$$= 1 - \rho \exp(-(\mu - \lambda)t), \qquad \forall t \geq 0,$$

unter Verwendung von $\rho = \lambda/\mu$. Da die Wartezeit selbstverständlich nicht negativ sein kann, hat die Verteilungsfunktion F die behauptete Gestalt.

(e) Hier gilt es nun den Erwartungswert T_Q der durch F repräsentierten Verteilung zu berechnen. Es ist

$$T_Q = \int_0^{\infty} [1 - F(t)] \, dt = \int_0^{\infty} \rho \exp(-(\mu - \lambda)t) \, dt = \frac{\rho}{\mu - \lambda}.$$

(f) Die Zeit, welcher ein Kunde im System verbringt, setzt sich additiv zusammen aus der Zeit, die der Kunde in der Schlange warten muss, und seiner Bedienungszeit. Den gesuchten mittleren Aufenthalt des Kunden im System berechnet man also durch den in (e) bestimmten mittleren Aufenthalt in der Schlange plus den Erwartungswert seiner Bedienungszeit, der $1/\mu$ beträgt. Letztlich genügt es folglich, die Additivität des Erwartungswertes auszunutzen, um den mittleren zeitlichen Aufenthalt als

$$\frac{\rho}{\mu - \lambda} + \frac{1}{\mu} = \frac{1}{\mu - \lambda}$$

zu bestimmen.

(g) Die Parameter λ und μ werden zu $\lambda^* = M\lambda$ bzw. $\mu^* = M\mu$ geändert. Der Parameter $\rho = \lambda/\mu$ ändert sich dadurch nicht. Die mittlere Anzahl der Kunden im System, die in (c) berechnet wurde, hängt nur von ρ ab und ändert sich folglich auch nicht. Die mittlere Zeit, die ein Kunde im System verbringt, beträgt nach (f) nun $\frac{1}{M\mu - M\lambda}$ und hat sich also um den Faktor $1/M$ reduziert.

8.30 Sei T der Zeitpunkt der Teilung der zur Zeit $t = 0$ einzig vorhandenen Zelle. Die Dichte von T ist
$$f(\tau) = \lambda e^{-\lambda \tau} \cdot 1_{[0,\infty)}(\tau),$$
und wir haben für festes $t > 0$

$$G_s(t) = E(s^{X_t}) = E[E(s^{X_t}|T)] = \int_0^\infty E(s^{X_t}|T=\tau)\lambda e^{-\lambda \tau} d\tau. \quad (8.15)$$

Ist der Zeitpunkt τ der ersten Zellteilung größer als t, dann ist $X_t \equiv 1$ und $E(s^{X_t}|T=\tau) = s$, $\forall \tau \in (t,\infty)$. Sei andererseits $\tau \leq t$. Zur Zeit τ liegen zwei Zellen vor. Sei X_t^i die Größe der Population, die aus der i. dieser Zellen zur Zeit t entstanden ist, $i = 1, 2$. Offensichtlich sind X_t^1 und X_t^2 unabhängig voneinander mit derselben bedingten Verteilung gegeben $T = \tau$. Diese Verteilung ist dieselbe wie die von $X_{t-\tau}$. Die Gesamtzahl der Zellen zur Zeit t ist
$$X_t = X_t^1 + X_t^2.$$

Für $\tau \leq t$ ist also
$$E\left(s^{X_t}|T=\tau\right) = E\left(s^{X_t^1 + X_t^2}|T=\tau\right) = E(s^{X_{t-\tau}}) \cdot E(s^{X_{t-\tau}}) = G_s^2(t-\tau).$$

Anknüpfend an (8.15) erhalten wir damit

$$\begin{aligned}G_s(t) &= \int_t^\infty s\lambda e^{-\lambda \tau} d\tau + \int_0^t \lambda e^{-\lambda \tau} G_s^2(t-\tau) d\tau \quad (8.16)\\ &= se^{-\lambda t} + \int_0^t \lambda e^{-\lambda \tau} G_s^2(t-\tau) d\tau.\end{aligned}$$

Nach der Substitution $\nu = t - \tau$ im Integral von (8.17) wird dies zu
$$G_s(t) = se^{-\lambda t} + \int_t^0 -\lambda e^{-\lambda(t-\nu)} G_s^2(\nu) d\nu = se^{-\lambda t} + \lambda e^{-\lambda t} \int_0^t e^{\lambda \nu} G_s^2(\nu) d\nu.$$

Ableiten nach t ergibt

$$\begin{aligned}\frac{d}{dt} G_s(t) &= -\lambda s e^{-\lambda t} - \lambda^2 e^{-\lambda t} \int_0^t e^{\lambda \nu} G_s^2(\nu) d\nu + \lambda e^{-\lambda t} e^{\lambda t} G_s^2(t)\\ &= -\lambda G_s(t) + \lambda G_s^2(t) = \lambda G_s(t)[G_s(t) - 1]. \quad (8.17)\end{aligned}$$

Die Differentialgleichung in (8.17) ist eine Bernoulli-Differentialgleichung. Schreiben wir $y(t) := G_s(t)$, so wird diese zu

$$y' + \lambda y - \lambda y^2 = 0, \qquad y(0) = G_s(0) = E(s^{X_0}) = s. \tag{8.18}$$

Das Standard-Lösungsverfahren besteht in der Multiplikation von (8.18) mit $-y^{-2}$, was diese Gleichung in

$$(y^{-1})' - \lambda y^{-1} + \lambda = 0$$

überführt. Die Funktion $z(t) = \frac{1}{y(t)}$ genügt dann der linearen Differentialgleichung

$$z' - \lambda z + \lambda = 0, \qquad z(0) = \frac{1}{y(0)} = \frac{1}{s}. \tag{8.19}$$

Die zugehörige homogene Differentialgleichung $z' = \lambda z$ wird von $z(t) = c \cdot e^{\lambda t}$ gelöst, wobei c eine Konstante ist. Die passende Lösung der inhomogenen Gleichung (8.19) erhalten wir durch Variation der Konstanten mit dem Ansatz

$$z(t) = C(t) \cdot e^{\lambda t}.$$

Dieser Ansatz stellt die Forderung

$$-\lambda = z'(t) - \lambda z(t) = [C'(t) + \lambda C(t) - \lambda C(t)]e^{\lambda t} = C'(t)e^{\lambda t}$$

auf, die von

$$C'(t) = -\lambda e^{-\lambda t}$$

bzw. von

$$C(t) = e^{-\lambda t} + C_0$$

erfüllt wird. Damit haben wir

$$z(t) = (e^{-\lambda t} + C_0)e^{\lambda t},$$

und wegen $z(0) = \frac{1}{s}$ ist $C_0 = \frac{1}{s} - 1$. Die eindeutige Lösung ist gefunden und lautet

$$z(t) = \left(e^{-\lambda t} + \frac{1}{s} - 1\right)e^{\lambda t},$$

und damit ist die eindeutig bestimmte wahrscheinlichkeitserzeugende Funktion gegeben durch

$$\begin{aligned} G_s(t) &= y(t) = \frac{e^{-\lambda t}}{(\frac{1}{s} - 1) + e^{-\lambda t}} = \frac{se^{-\lambda t}}{1 - [s(1 - e^{-\lambda t})]} \\ &= se^{-\lambda t} \cdot \sum_{n=0}^{\infty} [s(1 - e^{-\lambda t})]^n = \sum_{n=1}^{\infty} s^n [e^{-\lambda t}(1 - e^{-\lambda t})^{n-1}] \end{aligned}$$

nach Potenzreihenentwicklung $(1-x)^{-1} = \sum_{n=0}^{\infty} x^n, |x| < 1$. Wegen der Darstellung

$$G_s(t) = E(s^{X_t}) = \sum_{n=0}^{\infty} s^n P(X_t = n)$$

liest man nun unmittelbar die Wahrscheinlichkeiten

$$P(X_t = n) = e^{-\lambda t}(1 - e^{-\lambda t})^{n-1}, \qquad \forall n \in \mathbb{N}, \qquad (8.20)$$

ab. Die Anzahl X_t der Zellen zur Zeit n besitzt nach (8.20) eine Geometrische Verteilung auf $\mathbb{N}$ mit Parameter $e^{-\lambda t}$.

8.31 (a) Wegen rein zufälliger Kantenwahl bei jedem Schritt besitzt die Zufallsirrfahrt auf G offensichtlich die Markov-Eigenschaft. Wenn G zusammenhängend ist, dann sind zwei beliebige Ecken wechselseitig voneinander erreichbar und kommunizieren deshalb miteinander.

(b) Hat eine Verteilung $(\pi_n)_{n \in G}$ die Eigenschaft

$$\pi_i p_{ij} = \pi_j p_{ji}, \qquad \forall i, j \in G,$$

dann handelt es sich um eine stationäre Verteilung. Wir zeigen, dass dies für $\pi_n = v_n/v$ bei $v < \infty$ der Fall ist. Seien $i, j \in G$. Es muss überprüft werden, dass

$$\frac{v_i}{v} \cdot p_{ij} = \frac{v_j}{v} \cdot p_{ji}. \qquad (8.21)$$

Zwei Fälle können auftreten: Gibt es eine Kante $(i,j) = (j,i)$, dann haben wir $p_{ij} = \frac{1}{v_i}$ sowie $p_{ji} = \frac{1}{v_j}$, und (8.21) ist offensichtlich erfüllt. Gibt es keine Kante zwischen i und j, dann sind beide Seiten von (8.21) gleich 0.

(c) Da eine stationäre Verteilung existiert und die Zufallsirrfahrt des Springers auf dem Schachbrett irreduzibel ist, sind alle Felder positiv-rekurrent. Sei τ_{ii} die Wiederkehrzeit eines Eckfeldes i des Schachbretts. Nach dem Zusammenhang zwischen Wiederkehrzeiten und stationärer Verteilung ist

$$E\tau_{ii} = \frac{1}{\pi_i} = \frac{v}{v_i}.$$

Von einem Eckfeld hat der Springer nur zwei verschiedene Zugmöglichkeiten, also ist $v_i = 2$. Zur Bestimmung der Valenz v reicht es aus Symmetriegründen, die Zugmöglichkeiten eines Springers auf den 16 Feldern der linken unteren Ecke des Schachbretts zu betrachten und deren Summe mit 4 zu multiplizieren. Das ergibt

$$\begin{aligned} v &= 4 \cdot (2+3+4+4+3+4+6+6+4+6+8+8+4+6+8+8) \\ &= 336. \end{aligned}$$

Damit gelangt man zu

$$E\tau_{ii} = 168.$$

8.33 (a) Zur Vereinfachung der Bezeichnungsweise nummerieren wir die im Hinweis angegebenen Zustände « Spiel A » bis « Spiel B » fortlaufend von 1 bis 5. Wir modellieren den Verlauf eines Spiels als Markov-Kette $(X_n)_{n \in \mathbb{N}}$ auf dem Zustandsraum $S = \{1, \ldots, 5\}$ und definieren

$$B := \{1, 5\}$$

$$\tau_B := \min\{n \in \mathbb{N}_0 : X_n \in B\}$$

mit $\tau_B = \infty$, falls $X_n \notin B$ für alle $n \in \mathbb{N}_0$. Man überzeugt sich leicht, dass τ_B fast sicher endlich ist. Ferner schreiben wir

$$\beta_i(j) := P_i(\tau_B < \infty \cap X_{\tau_B} = j)$$

und $\pi_i, i = 1, \ldots, 5$, für die Wahrscheinlichkeit, den Zustand i vom Spielstand «$0:0$» direkt zu erreichen (ohne vorher in einen Zustand $j \neq i$ einzutreten). Sei A das Ereignis, dass die Markov-Kette $(X_n)_{n \in \mathbb{N}_0}$ mit Anfangsverteilung $(\pi_i)_{i \in S}$ den Zustand 1 vor dem Zustand 5 erreicht. Dann ist $P(A)$ die gesuchte Wahrscheinlichkeit, dass Spieler A ein Spiel gewinnt, und es gilt

$$P(A) = \sum_{i=1}^{5} P(A|X_0 = i) \cdot \pi_i = \sum_{i=1}^{5} \beta_i(1)\pi_i.$$

Zur expliziten Lösung werden die $\beta_i(1)$ und die π_i benötigt. Zum Beispiel erhält man π_1, wenn man die Wahrscheinlichkeiten für die Spielverläufe

15 : 0,	30 : 0,	40 : 0,	Spiel A
15 : 0,	30 : 0,	40 : 0,	40 : 15, Spiel A
15 : 0,	30 : 0,	30 : 15,	40 : 15, Spiel A
15 : 0,	15 : 15,	30 : 15,	40 : 15, Spiel A
0 : 15,	15 : 15,	30 : 15,	40 : 15, Spiel A

addiert. Es sind dies die Spielverläufe, bei denen A in höchstens 5 Punkten gewinnt, ohne über die Spielstände $30:30$, $40:30$ oder $30:40$ zu gehen. Damit ist

$$\pi_1 = p^4 + 4p^4 q.$$

Entsprechend führen die Spielverläufe

15 : 0,	30 : 0,	40 : 0,	40 : 15,	40 : 30
15 : 0,	30 : 0,	30 : 15,	40 : 15,	40 : 30
15 : 0,	15 : 15,	30 : 15,	40 : 15,	40 : 30
0 : 15,	15 : 15,	30 : 15,	40 : 15,	40 : 30

zum Spielstand $40:30$, ohne dass es vorher zum Spielstand $30:30$ kommt. Damit ist

$$\pi_2 = 4p^3 q^2.$$

Der Spielstand $30:30$ kann in 4 Spielen auf 6 verschiedene Arten erreicht werden, und es ist

$$\pi_3 = 6p^2 q^2.$$

Schließlich ergeben sich π_4 und π_5 aus Symmetrieüberlegungen als

$$\pi_4 = 4p^2 q^3, \qquad \pi_5 = q^4 + 4pq^4.$$

Die Wahrscheinlichkeiten $\beta_i(1), i = 1, \ldots, 5$, erfüllen die Gleichungen

$$\beta_i(1) = \sum_{k \in S} p_{ik}\beta_k(1), \quad \text{für } i \in B^c,$$

$$\beta_1(1) = 1$$

$$\beta_5(1) = 0.$$

Schreiben wir kurz $a := \beta_2(1)$ und $b := \beta_3(1)$, dann ist $\beta_4(1) = pb$ und a, b treten als Lösung der Gleichungen

$$a = p \cdot 1 + q \cdot b$$
$$b = q \cdot pb + p \cdot a$$

auf. Die Lösung ist

$$a = \frac{p(1 - pq)}{1 - 2pq}, \qquad b = \frac{p^2}{1 - 2pq}.$$

Nach all dem kann $P(A)$ bestimmt werden:

$$\begin{aligned}
P(A) &= p^4 + 4p^4q + 4p^3q^2 \cdot a + 6p^2q^2 \cdot b + 4p^2q^3 \cdot pb \\
&= p^4 + 4p^4q + 4p^3q^2 \cdot \frac{p(1-pq)}{1-2pq} + 6p^2q^2 \cdot \frac{p^2}{1-2pq} + 4p^2q^3 \cdot \frac{p^3}{1-2pq} \\
&= \frac{(1-2pq)(p^4 + 4p^4q) + 4p^4q^2(1-pq) + 6p^4q^2 + 4p^5q^3}{1-2pq} \\
&= \frac{p^4(1 + 4q - 2pq - 8pq^2 + 10q^2)}{1-2pq} = \frac{p^4(15 - 34p + 28p^2 - 8p^3)}{1 - 2p + 2p^2} \\
&= \frac{p^4(3-2p)(5-8p+4p^2)}{1 - 2p + 2p^2}.
\end{aligned}$$

(b) Sei N die Anzahl ausgespielter Punkte, die ein Spiel dauert. Die Aufgabenstellung fragt nach EN, doch wir ermitteln zunächst

$$E_i\tau_B = E(\tau_B|X_0 = i), \qquad i = 1, \ldots, 5,$$

die mittlere (Rest)-Spieldauer, ausgehend vom Zustand i. Wir schreiben

$$a := E(\tau_B|X_0 = 2), \ b := E(\tau_B|X_0 = 3).$$

Offensichtlich ist $E(\tau_B|X_0 = 1) = E(\tau_B|X_0 = 5) = 0$, und mit der Lösung von Aufgabe 8.26 (b), nach der die $E_i\tau_B$ die Gleichungen

$$E_i\tau_B = 1 + \sum_{j \neq B} p_{ij} E_j\tau_B, \qquad \text{falls } i \in B^c, \tag{8.22}$$

erfüllen, erhalten wir $E(\tau_B|X_0 = 4) = 1 + pb$. Man kann nun a, b aus den beiden Gleichungen

$$a = 1 + p \cdot 0 + q \cdot b$$
$$b = 1 + p \cdot a + q \cdot (1 + p \cdot b)$$

ermitteln (diese ergeben sich aus (8.22) für $i = 2$ bzw. $i = 3$) und erhält

$$a = \frac{3 - 4p + p^2}{1 - 2pq} \tag{8.23}$$

$$b = \frac{2}{1 - 2pq}. \tag{8.24}$$

Ferner muss vom Spielstand « 0 : 0 » noch die Ersteintrittszeit in die Zustandsmenge $\{1, \ldots, 5\}$ berücksichtigt werden. Um dabei $i = 2$ bzw. $i = 3$ bzw. $i = 4$ zu erreichen, müssen genau 5 bzw. genau 4 bzw. genau 5 Punkte ausgespielt werden. Die Zustände $i = 1$ und $i = 5$ können nach 4 oder nach 5 ausgespielten Punkten erreicht werden. Gegeben, dass Ersteintritt in die Menge $\{1, \ldots, 5\}$ bei $i = 1$ erfolgt ist, dann wurden dazu 4 Punkte benötigt mit der Wahrscheinlichkeit

$$\frac{p^4}{p^4 + 4p^4 q}$$

und 5 Punkte mit Wahrscheinlichkeit

$$\frac{4p^4 q}{p^4 + 4p^4 q}.$$

Wenn Ersteintritt bei $i = 1$ erfolgt ist, sind also im Mittel

$$4 \cdot \frac{p^4}{p^4 + 4p^4 q} + 5 \cdot \frac{4p^4 q}{p^4 + 4p^4 q}$$

Punkte ausgespielt worden. Entsprechend gilt wegen Symmetrie: Wenn Ersteintritt bei $i = 5$ erfolgt ist, sind im Mittel

$$4 \cdot \frac{q^4}{q^4 + 4q^4 p} + 5 \cdot \frac{4q^4 p}{q^4 + 4q^4 p}$$

Punkte ausgespielt worden. Damit können wir nun EN mittels

$$EN = \sum_{i=1}^{5} E(N|X_0 = i) \cdot \pi_i$$

berechnen mit

$$E(N|X_0 = 2) = 5 + a$$
$$E(N|X_0 = 3) = 4 + b$$
$$E(N|X_0 = 4) = 5 + 1 + pb$$
$$E(N|X_0 = 1) = \frac{4p^4 + 20p^4 q}{p^4 + 4p^4 q}$$
$$E(N|X_0 = 5) = \frac{4q^4 + 20q^4 p}{q^4 + 4q^4 p}$$

und a, b aus (8.23), (8.24). Die mittlere Spiellänge in Punkten ist dann

$$
\begin{aligned}
EN &= 4p^4 + 20p^4 q + \left(5 + \frac{3 - 4p + 2p^2}{1 - 2pq}\right) 4p^3 q^2 + \left(4 + \frac{2}{1 - 2pq}\right) 6p^2 q^2 \\
&\quad + \left(6 + \frac{2p}{1 - 2pq}\right) 4p^2 q^3 + 4q^4 + 20q^4 p. \\
&= 4 + 4p(1-p) \frac{1 + 6p^2 - 12p^3 + 6p^4}{1 - 2p + 2p^2}.
\end{aligned}
$$

8.34 (a) Die Punkte seien im Uhrzeigersinn mit $0, 1, \ldots, N-1$ durchnummeriert. Der Ausgangspunkt Q entspreche dem Punkt 0. Wir definieren eine Markov-Kette $(X_n)_{n \in \mathbb{N}}$ rekursiv durch

$$
X_0 = 0 \quad \text{f.s.},
$$
$$
X_{n+1} = \begin{cases} X_n + 1, & \text{mit Ws. } p \\ X_n - 1, & \text{mit Ws. } 1 - p = q. \end{cases}
$$

Dann entspricht $X_n \mod N$ dem Punkt, in dem sich das Teilchen nach n Sprüngen befindet. Wir definieren

$$
T := \min\{n \geq 1 : X_n \in \{-N, 0, N\}\}
$$

mit $T = \infty$, falls $X_n \notin \{-N, 0, N\}$ für alle $n \in \mathbb{N}$. Da $\{T = n\}$ in $\mathcal{A}_n := \sigma(X_0, \ldots, X_n)$ enthalten ist, handelt es sich bei T um eine Stoppzeit bezüglich $(\mathcal{A}_n)_{n \in \mathbb{N}_0}$. Gesucht ist die Wahrscheinlichkeit $P(X_T \neq 0)$ für eine Umrundung. Mit Hilfe von $(X_n)_{n \in \mathbb{N}_0}$ lassen sich zwei verschiedene Martingale konstruieren. Zum einen ist dies die Folge $(Y_n)_{n \in \mathbb{N}_0}$ mit $Y_n := X_n - n(p-q)$. Die Integrierbarkeit der X_n vererbt sich auf die Y_n, und wir erhalten für jedes $n \in \mathbb{N}_0$

$$
\begin{aligned}
E_{\mathcal{A}_n}(Y_{n+1}) &= E_{\mathcal{A}_n}(X_{n+1}) - (n+1)(p-q) \\
&= (X_n + 1)p + (X_n - 1)q - (n+1)(p-q) \\
&= X_n - n(p-q) = Y_n.
\end{aligned}
$$

Um den Satz vom optionalen Stoppen (AW, Satz 8.3.2) mit T als Stoppzeit anwenden zu können, müssen noch dessen Voraussetzungen (a) und (b) geprüft werden. Aus $|Y_{n+1} - Y_n| \leq 1 + |p-q|$ fast sicher und $\{T < n\} \in \mathcal{A}_{n-1}$ folgt Bedingung (b) sofort, wenn etwa $c = 2$ gesetzt wird. Um Bedingung (a) zu verifizieren, muss der Erwartungswert von T ermittelt werden. Dazu betrachten wir die Markov-Kette $(\tilde{X}_n)_{n \in \mathbb{N}_0}$ mit $\tilde{X}_n := X_n \mod N$, die – wie oben erwähnt – die Position des Teilchens nach n Sprüngen angibt und den Zustandsraum $\{0, \ldots, N-1\}$ besitzt. In der üblichen Notation der Markov-Ketten-Theorie gilt dann

8.2 Lösungen

$$T = \tau_{0,0} := \min\{n \geq 1 : \tilde{X}_n = 0 \mid \tilde{X}_0 = 0\}.$$

Die Übergangswahrscheinlichkeiten von $(\tilde{X}_n)_{n \in \mathbb{N}_0}$ lauten

$$p_{0,j} = P(\tilde{X}_{n+1} = j \mid \tilde{X}_n = 0) = p \cdot \delta_{j,1} + q \cdot \delta_{j,N-1},$$
$$p_{i,j} = P(\tilde{X}_{n+1} = j \mid \tilde{X}_n = i) = p \cdot \delta_{j,i+1} + q \cdot \delta_{j,i-1}, \quad \forall i \in \{1, \ldots, N-2\},$$
$$p_{N-1,j} = P(\tilde{X}_{n+1} = j \mid \tilde{X}_n = N-1) = p \cdot \delta_{j,0} + q \cdot \delta_{j,N-2}.$$

Man kann nachrechnen, dass $\pi_j = 1/N$ für alle $j \in \{0, \ldots, N-1\}$ stationäre Verteilung von $(\tilde{X}_n)_{n \in \mathbb{N}_0}$ ist. Darüber hinaus sieht man leicht, dass jeder Zustand von jedem Zustand mit positiver Wahrscheinlichkeit (im Uhrzeiger- und im Gegenuhrzeigersinn) erreicht werden kann, d.h. alle Zustände miteinander kommunizieren und die Markov-Kette folglich irreduzibel ist. Nach AW, Theorem 8.4.6, folgt

$$ET = E\tau_{0,0} = \pi_0^{-1} = N, \tag{8.25}$$

womit Bedingung (a) (d.h. die Endlichkeit von ET) des Satzes vom optionalen Stoppen verifiziert ist. Bei Anwendung des Satzes kommen wir zu

$$EX_T - (p-q)ET = EY_T = EY_0 = 0$$

und mit (8.25) zu

$$N \cdot P(X_T = N) - N \cdot P(X_T = -N) = EX_T = (p-q)N$$

bzw. zu

$$P(X_T = N) - P(X_T = -N) = p - q. \tag{8.26}$$

Gesucht ist aber die Summe der Wahrscheinlichkeiten $P(X_T = N)$ und $P(X_T = -N)$. Das mit (8.26) Erreichte genügt also noch nicht, um die Aufgabe zu lösen. Wir betrachten noch ein weiteres Martingal in Zusammenhang mit $(X_n)_{n \in \mathbb{N}}$, die Folge $(Z_n)_{n \in \mathbb{N}_0}$ mit $Z_n := \left(\frac{q}{p}\right)^{X_n}$: Jedes Z_n ist integrierbar, und es gilt

$$E_{\mathcal{A}_n}(Z_{n+1}) = \left(\frac{q}{p}\right)^{X_n+1} \cdot p + \left(\frac{q}{p}\right)^{X_n-1} \cdot q$$
$$= \left(\frac{q}{p}\right)^{X_n} \cdot \left(\frac{q}{p} \cdot p + \frac{p}{q} \cdot q\right) = Z_n.$$

Bedingung (a) des Satzes vom optionalen Stoppen ist dieselbe wie bei $(Y_n)_{n \in \mathbb{N}_0}$, Bedingung (b) ist erfüllt, da

$$E_{\mathcal{A}_{n-1}}(|Z_n - Z_{n-1}|) \leq 2 \cdot \left(\frac{q}{p}\right)^{Z_{n-1}} \leq 2 \cdot \left(\max\left\{\frac{q}{p}, \frac{p}{q}\right\}\right)^N$$

für jedes ω mit $T(\omega) \geq n$. Mithin ist

$$\left(\frac{q}{p}\right)^{-N} \cdot P(X_T = -N) + \left(\frac{q}{p}\right)^N \cdot P(X_T = N) + P(X_T = 0) = EZ_T = EZ_0 = 1$$

und folglich

$$\left[\left(\frac{p}{q}\right)^N - 1\right] \cdot P(X_T = -N) + \left[\left(\frac{q}{p}\right)^N - 1\right] \cdot P(X_T = N) = 0. \qquad (8.27)$$

Die Gleichungen (8.26) und (8.27) bilden ein lineares Gleichungssystem für die Wahrscheinlichkeiten $P(X_T = -N)$ und $P(X_T = N)$. Es ist eindeutig lösbar. Die Lösung ist

$$P(X_T = N) = \frac{((p/q)^N - 1) \cdot (p - q)}{(q/p)^N + (p/q)^N - 2},$$

$$P(X_T = -N) = \frac{(1 - (q/p)^N) \cdot (p - q)}{(q/p)^N + (p/q)^N - 2}.$$

Eine einfache Addition schließt nun den Lösungsgang ab:

$$P(X_T \neq 0) = P(X_T = N) + P(X_T = -N) = \frac{(p/q)^N - (q/p)^N}{(q/p)^N + (p/q)^N - 2} \cdot (p - q)$$

$$= (p - q) \cdot \frac{p^N + q^N}{p^N - q^N}.$$

(b) Für $p = q = 1/2$ ist die Folge $(X_n)_{n \in \mathbb{N}}$ selbst ein Martingal, ebenso die Folge $(V_n)_{n \in \mathbb{N}_0}$ mit $V_n := X_n^2 - n$, denn die zu fordernde Integrierbarkeit folgt leicht aus der quadratischen Integrierbarkeit von X_n, und zusätzlich ist

$$E_{\mathcal{A}_n}(V_{n+1}) = E_{\mathcal{A}_n}(X_{n+1}^2) - n - 1$$
$$= (X_n + 1)^2 \cdot \frac{1}{2} + (X_n - 1)^2 \cdot \frac{1}{2} - n - 1$$
$$= X_n^2 + 1 - n - 1 = V_n.$$

Bezüglich der in Lösungsteil (a) definierten Stoppzeit T gilt

$$E_{\mathcal{A}_{n-1}}(|V_n - V_{n-1}|) \leq N^2 + 1$$

für jedes ω mit $T(\omega) \geq n$, womit Bedingung (b) des Satzes vom optionalen Stoppen erfüllt ist. Bedenkt man noch, dass nach (8.25) auch Bedingung (a) erfüllt ist, so ist dieser Satz abermals anwendbar, und er sagt aus

$$EX_T^2 - ET = EV_T = EV_0 = 0.$$

Mit (8.25) wird dies zu

$$N^2 \cdot P(X_T = N) + N^2 \cdot P(X_T = -N) = N,$$

und die gesuchte Wahrscheinlichkeit für eine Umrundung beträgt demnach

$$P(X_T = N) + P(X_T = -N) = \frac{1}{N}.$$

8.36 Die Zahl X_{n+1} der Erkrankten zum Zeitpunkt t_{n+1} setzt sich additiv zusammen aus den zum Zeitpunkt t_n gesunden Personen, die zum Zeitpunkt t_{n+1} erkrankt sind, und den zum Zeitpunkt t_{n+1} erkrankten Personen, die zum Zeitpunkt t_{n+1} nicht gesundet sind: Dafür schreiben wir

$$X_{n+1} = Y_{n+1}^{(1)} + Y_{n+1}^{(2)}.$$

Ist $X_n = k$, so hat $Y_{n+1}^{(1)}$ eine $\mathbf{B}\left(N-k, \frac{k}{N}\right)$- und $Y_{n+1}^{(2)}$ eine $\mathbf{B}\left(k, \frac{k}{N}\right)$-Verteilung. Ferner sind unter der Bedingung $X_n = k$ die Zufallsgrößen $Y_{n+1}^{(1)}$ und $Y_{n+1}^{(2)}$ unabhängig für alle n und k.

(a) Die bedingte Verteilung von X_{n+1} gegeben $X_n = k$ ist somit $\mathbf{B}\left(N, \frac{k}{N}\right)$. Die bedingte Verteilung von X_{n+1} gegeben $X_n, X_{n-1}, \ldots$ ist gleich der bedingten Verteilung von X_{n+1} gegeben X_n. Damit ist $(X_n)_{n \in \mathbb{N}_0}$ eine Markov-Kette.

(b) Zunächst ist $E(|X_{n+1}|) \leq N$, und wir haben

$$E(X_{n+1} \mid X_n) = N \cdot \frac{X_n}{N} = X_n.$$

Damit ist $(X_n)_{n \in \mathbb{N}_0}$ ein Martingal.

(c) Ist $X_n = N$, so ist auch $X_{n+1} = N$. Ist $X_n = 0$, so ist auch $X_{n+1} = 0$. Für alle anderen X_n ist $X_n/N \in (0,1)$ und somit X_{n+1} mit positiver Wahrscheinlichkeit von X_n verschieden. Damit sind 0 und N die einzigen absorbierenden Zustände.

(d) Sei $B = \{0, N\}$ die Menge der absorbierenden Zustände. Die übrigen Zustände sind transient, Absorption findet von jedem Anfangszustand fast sicher in endlicher Zeit statt. Um sich davon zu überzeugen, sei

$$\tau_B := \min\{n \in \mathbb{N}_0 \,:\, X_n \in B\}$$

mit $\tau_B := \infty$, falls $X_n \notin B$, $\forall n \in \mathbb{N}$. Mit

$$\gamma := \max_{i \in B^c} P(X_{n+1} \in B \mid X_n = i) < 1$$

besteht für alle $m \in B^c$ die Abschätzung

$$\begin{aligned} E(\tau_B \mid X_0 = m) &= \sum_{k=0}^{\infty} P(\tau_B > k \mid X_0 = m) \\ &= 1 + \sum_{k=1}^{\infty} P(\text{keine Absorption nach } k \text{ Schritten} \mid X_0 = m) \\ &\leq 1 + \sum_{k=1}^{\infty} \gamma^k = \frac{1}{1-\gamma} < \infty. \end{aligned}$$

Also ist τ_B fast sicher endlich. Wir bestimmen nun

$$\beta_m(s) := P_m(\tau_B < \infty \cap X_{\tau_B} = s).$$

Da es sich bei $(X_n)_{n \in \mathbb{N}_0}$ um ein Martingal handelt, haben wir

$$EX_n = EX_{n-1} = \cdots = EX_0$$

und $E_m X_n := E(X_n \mid X_0 = m) = m$ nebst

$$\lim_{n \to \infty} E_m X_n = m, \qquad \forall m \in \{0, \ldots, N\}. \tag{8.28}$$

Da $(X_n)_{n \in \mathbb{N}_0}$ ebenfalls eine Markov-Kette ist, gilt zudem noch

$$E_m X_n = \sum_{j=0}^{N} j p_{mj}^{(n)} = \sum_{j=1}^{N-1} j p_{mj}^{(n)} + N p_{mN}^{(n)} = \sum_{j=1}^{N-1} j p_{mj}^{(n)} + N P_m(\tau_B \leq n \cap X_{\tau_B} = N).$$

Wegen der Transienz der inneren Zustände haben wir $\lim_{n \to \infty} p_{mj}^{(n)} = 0$ für alle $j \in \{1, \ldots, N-1\}$ und demnach also

$$\lim_{n \to \infty} E_m X_n = N P_m(\tau_B < \infty \cap X_{\tau_B} = N). \tag{8.29}$$

Aus (8.28) und (8.29) schließt man auf

$$P_m(\tau_B < \infty \cap X_{\tau_B} = N) = \frac{m}{N},$$

so dass

$$P_m(\tau_B < \infty \cap X_{\tau_B} = 0) = 1 - \frac{m}{N}$$

sein muss.

8.38 (a) Der Zustand X_{n+1} hängt nur von X_n sowie von den beiden zur Zeit t_n gezogenen Kugeln ab. Da diese rein zufällig ausgewählt werden, besitzt $(X_n)_{n \in \mathbb{N}_0}$ die Markov-Eigenschaft. Der Zustandsraum ist $S = \{0, 1, \ldots, 2s\}$.

Ist $X_n = i$, dann sind i schwarze und $s+w-i$ weiße Kugeln unter den $s+w = N$ Kugeln in Urne 1 sowie $2s - i$ schwarze und $2w - (s+w-i) = w - s + i$ weiße in Urne 2. Unter der Bedingung $X_n = i$ ist $X_{n+1} = i+1$ genau dann, wenn aus Urne 1 eine weiße und aus Urne 2 eine schwarze Kugel gezogen wird. Die Wahrscheinlichkeit dafür ist

$$p_{i,i+1} = \frac{(s+w-i)(2s-i)}{(s+w)^2} = \frac{(N-i)(2s-i)}{N^2}, \qquad i = 0, \ldots, 2s-1.$$

In ganz entsprechender Weise erhalten wir auch

$$p_{ii} = \frac{i(2s-i)}{(s+w)^2} + \frac{(s+w-i)(w-s+i)}{(s+w)^2} = \frac{i(2s-i)}{N^2} + \frac{(N-i)(w-s+i)}{N^2},$$
$$i = 1, \ldots, 2s-1,$$
$$p_{i,i-1} = \frac{i(w-s+i)}{(s+w)^2} = \frac{i(N-2s+i)}{N^2}, \quad i = 1, \ldots, 2s,$$
$$p_{00} = p_{2s,2s} = \frac{w-s}{s+w} = \frac{N(w-s)}{N^2}.$$

(b) Offensichtlich kommunizieren alle Zustände miteinander. Also sind alle Zustände transient oder alle Zustände rekurrent. Doch bei einer Markov-Kette auf endlichem Zustandsraum können nicht alle Zustände transient sein. Denn wären sie es, so würde nach einer endlichen Zeit T_i der Zustand i nicht mehr besucht, also nach der endlichen Zeit

$$\max_{i \in S} T_i$$

würde keiner der Zustände des Zustandsraums mehr besucht. Das ist unmöglich.

(c) Wir schreiben $p_{i,i+1} =: \beta_i$ und $p_{i,i-1} =: \delta_i$. Die stationäre Verteilung erfüllt die Gleichungen

$$\pi_j = \sum_{i \in S} \pi_i p_{ij}$$
$$\sum_{i \in S} \pi_i = 1.$$

Eine andere Art, dies auszudrücken, ist

$$\pi_0(1-\beta_0) + \pi_1\delta_1 = \pi_0$$

$$\pi_{j-1}\beta_{j-1} + \pi_j(1-\beta_j-\delta_j) + \pi_{j+1}\delta_{j+1} = \pi_j, \qquad j = 1,\ldots,2s-1,$$

bzw.

$$\pi_0\beta_0 = \pi_1\delta_1 \tag{8.30}$$

$$\pi_j(\beta_j + \delta_j) = \pi_{j-1}\beta_{j-1} + \pi_{j+1}\delta_{j+1}, \tag{8.31}$$

was auf die Beziehung

$$\pi_j\delta_j = \pi_{j-1}\beta_{j-1}, \qquad j = 1,\ldots,2s, \tag{8.32}$$

führt. Um (8.32) kurz zu begründen, setzen wir $\alpha_j := \pi_j\delta_j - \pi_{j-1}\beta_{j-1}$. Aus (8.31) folgt, dass $\alpha_n = \alpha_{n+1}$ ist für $n \geq 1$. Also, $\alpha_1 = \alpha_2 = \ldots = \alpha_{2s}$. Aber aus (8.30) folgt, dass $\alpha_1 = 0$ ist, also $\alpha_1 = \alpha_2 = \ldots = \alpha_{2s} = 0$. Aus diesem resultiert (8.32). Wegen $\delta_i > 0, i = 1,\ldots,2s$, erhält man nun aus (8.32) die Gleichung

$$\pi_j = \frac{\beta_0 \ldots \beta_{j-1}}{\delta_1 \ldots \delta_j}\pi_0$$

mit $1 = \pi_0 + \pi_1 + \ldots + \pi_{2s}$, also mit

$$\pi_0 = \left(1 + \sum_{j=1}^{2s} \frac{\beta_0 \ldots \beta_{j-1}}{\delta_1 \ldots \delta_j}\right)^{-1}.$$

Zum Abschluss muss für β_i und δ_i eingesetzt werden:

$$\begin{aligned}
\frac{\beta_0 \ldots \beta_{j-1}}{\delta_1 \ldots \delta_j} &= \frac{N \cdot 2s \cdot (N-1) \cdot (2s-1) \cdot \ldots \cdot (N-j+1) \cdot (2s-j+1)}{1 \cdot (N-2s+1) \cdot 2 \cdot (N-2s+2) \cdot \ldots \cdot j \cdot (N-2s+j)} \\
&= \frac{N!(2s)!(N-2s)!(2w)!(2w-N+j)!}{(N-j)!(2s-j)!j!(N-2s+j)!(2w)!(2w-N+j)!} \\
&= \binom{2s}{j}\binom{2w}{N-j} \cdot \frac{N!(N-2s)!}{(2w)!} \\
&= \frac{\binom{2s}{j}\binom{2w}{N-j}}{\binom{2N}{N}} \cdot \frac{(2N)!(N-2s)!}{N!(2w)!},
\end{aligned}$$

unter Verwendung von $2w - N + j = N - 2s + j$. Wir zeigen, dass das Reziproke des zweiten Bruches gerade π_0 ist:

$$\begin{aligned}
\pi_0 &= \left[1 + \frac{N!(N-2s)!}{(2w)!}\sum_{j=1}^{2s}\binom{2s}{j}\binom{2w}{N-j}\right]^{-1} \\
&= \left[1 + \frac{N!(N-2s)!}{(2w)!}\left[\binom{2N}{N} - \binom{2w}{N}\right]\right]^{-1}
\end{aligned}$$

bei Anwendung der Formel für die Vandermonde-Konvolution (siehe Aufgabe 4.9(b)). Damit ist

$$\pi_0 = \left[1 + \frac{(N-2s)!(2N)!}{N!(2w)!} - \frac{(N-2s)!}{(2w-N)!}\right]^{-1} = \frac{N!(2w)!}{(2N)!(N-2s)!}$$

wegen $N-2s = 2w-N$. Demzufolge gilt

$$\pi_j = \frac{\binom{2s}{j}\binom{2w}{N-j}}{\binom{2N}{N}},$$

und die stationäre Verteilung ist eine hypergeometrische Verteilung.

8.39 Aus der rekursiven Definition der Markov-Kette kann man das in Abbildung 8.1 dargestellte Schema ableiten.

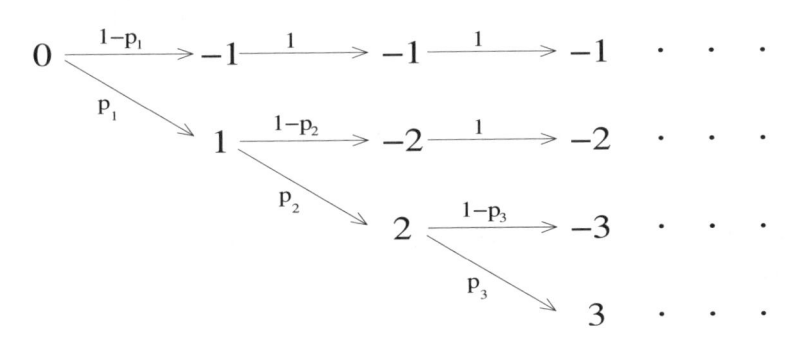

Abbildung 8.1: Mögliche Übergänge der Markov-Kette $(X_n)_{n \in \mathbb{N}_0}$.

Oberhalb der Pfeile sind jeweils die zugehörigen Übergangswahrscheinlichkeiten abzulesen. Mühelos ist daraus erkennbar, dass X_n fast sicher einen Wert in der Menge $\{-1, -2, \ldots, -n\} \cup \{n\}$ annimmt.

(a) Sei $\mathcal{A}_n$ die von $X_1, \ldots, X_n$ erzeugte σ-Algebra. Um zu zeigen, dass es sich bei $(X_n)_{n \in \mathbb{N}_0}$ um ein Martingal handelt, stützen wir uns auf AW, Satz 8.2.2, indem wir nachweisen, dass

$$E_{\mathcal{A}_n}(X_{n+1})$$
$$= E(X_{n+1} \mid X_n = n) \cdot 1_{\{X_n = n\}} + \sum_{k=1}^{n} E(X_{n+1} \mid X_n = -k) \cdot 1_{\{X_n = -k\}}$$
$$= [(n+1)p_{n+1} - (n+1)(1 - p_{n+1})] \cdot 1_{\{X_n = n\}} + \sum_{k=1}^{n} X_n \cdot 1_{\{X_n = -k\}}$$
$$= (2p_{n+1} - 1)(n+1) 1_{\{X_n = n\}} + X_n \cdot 1_{\{X_n < 0\}}$$
$$= \left(2\frac{2n+1}{2n+2} - 1\right)(n+1) \cdot 1_{\{X_n = n\}} + X_n \cdot 1_{\{X_n < 0\}}$$
$$= n \cdot 1_{\{X_n = n\}} + X_n \cdot 1_{\{X_n < 0\}} = X_n \qquad \text{f.s.}$$

(b) Das obige Schema erlaubt auch noch die Schlussfolgerung, dass für fast alle $\omega \in \Omega$ die Folge $(X_n(\omega))_{n \in \mathbb{N}_0}$ entweder der Folge $(n)_{n \in \mathbb{N}_0}$ identisch ist oder gegen eine negative ganze Zahl konvergiert. Das Komplementärereignis dazu, dass $(X_n)_{n \in \mathbb{N}_0}$ konvergiert, ist also äquivalent zu $X_n = n$, $\forall n \in \mathbb{N}$. Dessen Wahrscheinlichkeit beträgt $\prod_{j=1}^{\infty} p_j$. Um dies genauer zu untersuchen, bilden wir $q_n := \prod_{j=1}^{n} p_j$. Da wir die p_j nach (a) kennen, können wir folgende Abschätzung vornehmen:

$$q_n = \prod_{j=1}^{n}\left(1 - \frac{1}{2j}\right) = \exp\left[\sum_{j=1}^{n} \ln\left(1 - \frac{1}{2j}\right)\right]$$
$$= \exp\left[-\sum_{j=1}^{n}\left(\ln(1) - \ln\left(1 - \frac{1}{2j}\right)\right)\right].$$

Nach dem Mittelwertsatz der Differentialrechnung gibt es ein $\xi_j \in \left[1 - \frac{1}{2j}, 1\right]$, das die Identität

$$\ln(1) - \ln\left(1 - \frac{1}{2j}\right) = \frac{1}{\xi_j} \cdot \frac{1}{2j}$$

herstellt, woraus man wiederum

$$\frac{1}{j} \geq \ln(1) - \ln\left(1 - \frac{1}{2j}\right) \geq \frac{1}{2j}$$

gewinnen kann. Als zweiseitige Abschätzung für q_n resultiert daraus

$$\sqrt{\exp\left(-\sum_{j=1}^{n}\frac{1}{j}\right)} \geq q_n \geq \exp\left(-\sum_{j=1}^{n}\frac{1}{j}\right).$$

Die bekannte Divergenz der harmonischen Reihe erzwingt dann $\lim_{n\to\infty} q_n = 0$.
Als Fazit können wir notieren: Die Wahrscheinlichkeit, dass es sich bei $(X_n)_{n\in\mathbb{N}_0}$ um die Folge $(n)_{n\in\mathbb{N}_0}$ handelt, ist 0, und es existiert eine negative ganze Zahl, gegen die $(X_n)_{n\in\mathbb{N}}$ fast sicher konvergiert.

Widmen wir uns nun der Bestimmung von $E|X_n|$. Für die Beträge besteht die einfache Rekursionsformel

$$|X_{n+1}| = \begin{cases} |X_n| + 1, & \text{falls } X_n \geq 0 \\ |X_n|, & \text{sonst.} \end{cases}$$

Für die Erwartungswerte der Beträge bedeutet das

$$E|X_{n+1}| = E|X_n| + P(X_n \geq 0) = E|X_n| + q_n.$$

Induktiv kann man daraus auf $E|X_n| = \sum_{j=0}^{n-1} q_j$ mit $q_0 = E|X_1| = 1$ schließen. Die oben gefundene untere Schranke für q_n kommt nun zum Einsatz.

$$E|X_n| \geq 1 + \sum_{k=1}^{n-1} \exp\left[-\sum_{j=1}^{k} \frac{1}{j}\right] = 1 + \sum_{k=1}^{n-1} \frac{1}{k} \cdot \exp\left[\ln(k) - \sum_{j=1}^{k} \frac{1}{j}\right].$$

Die Folge $\left(\sum_{j=1}^{k} \frac{1}{j} - \ln(k)\right)_{k\in\mathbb{N}}$ konvergiert nach einem Resultat aus der Analysis gegen die Euler'sche Konstante. Daher muss auch $\left(\exp\left[\ln(k) - \sum_{j=1}^{k} \frac{1}{j}\right]\right)_{k\in\mathbb{N}}$ eine positive untere Schranke c besitzen. Aus all dem folgt die Abschätzung

$$E|X_n| \geq 1 + c\sum_{k=1}^{n-1} \frac{1}{k} \stackrel{n\to\infty}{\longrightarrow} +\infty.$$

8.41 (a) Angenommen, der Algorithmus führt nicht zu einer stabilen Verheiratung. Dann gibt es mindestens zwei Personen A und b, die mit der Verheiratung unzufrieden sind. Seien (A,a) und (B,b) die zugehörigen Paare. Da b ja A gegenüber B bevorzugt, muss er A einen Antrag gemacht haben, bevor er B geheiratet hat. Da A entweder b abgewiesen hat oder aber seinen Antrag angenommen und ihn später verlassen hat, müssen die Partner von A im weiteren Verlauf (einschließlich a) für sie attraktiver sein als b. (Eine Frau, die einmal verheiratet ist, bleibt es, und ihre Partner können nur attraktiver werden.) Dies ist ein Widerspruch zur Annahme, dass A und b unzufrieden sind und wechselseitig ihre Partner bevorzugen.

(b) Für jeden unverheirateten Mann gibt es mindestens eine Frau, der er einen Antrag machen kann. Denn jede Frau, der er je einen Antrag gemacht hat, ist gegenwärtig verheiratet. Gäbe es also keine Frau, der er einen Antrag stellen kann, dann wären alle Frauen verheiratet, folglich wären alle Männer verheiratet, also auch er. Nach jedem Antrag kann eine Frau von der Liste des Antragstellers gestrichen werden, da sie für ihn für spätere Anträge nicht mehr in Frage kommt. Da der Gesamtumfang aller n Listen der Männer n^2 beträgt, sind also höchstens n^2 Heiratsanträge nötig, um zu einer stabilen Verheiratung zu kommen.

(c) Ob alle Präferenzlisten vor Ausführung des Algorithmus unabhängig und rein zufällig ausgewählt werden oder ob bei jedem Antrag der Antragsteller rein zufällig eine Frau aus der Menge aller Frauen, die ihn noch nicht abgewiesen haben, für diesen Antrag auswählt, ist für die Verteilung der Zahl der benötigten Heiratsanträge bis zur vollständigen Verheiratung unerheblich. Also ist $P(N_A > m) = P(N_B > m)$ für $m \in \mathbb{N}_0$. Jeder Antrag eines Mannes an eine Frau, die ihn bereits vorher abgewiesen hat, wird abermals abgewiesen, da jede verheiratete Frau verheiratet bleibt und ihre Partner chronologisch in ihrer Attraktivität nicht abnehmen. Damit führt Algorithmus C zu derselben stabilen Verheiratung wie Algorithmus A, benötigt aber eventuell einige zusätzliche – abgelehnte – Heiratsanträge. Also ist $P(N_C > m) \geq P(N_A > m)$, $\forall m \in \mathbb{N}_0$. Da unter Algorithmus C jeder Antrag rein zufällig eine der Frauen trifft und der Algorithmus dann mit einer stabilen Verheiratung stoppt, wenn alle Frauen mindestens einen Antrag erhalten haben, entspricht die Anzahl der nötigen Anträge exakt der Anzahl benötigter Sammelbilder bis zu einem vollständigen Satz beim Problem der vollständigen Serie. Sei A_i^m die Wahrscheinlichkeit, dass sich unter den ersten m Heiratsanträgen kein Antrag an Frau i befindet. Wir haben

$$P(A_i^m) = \left(1 - \frac{1}{n}\right)^m,$$

was unter Beachtung von $(1 + x/n)^n \leq e^x, \forall n \geq 1$, und $|x| \leq n$ sofort zu

$$P(A_i^m) = \left[\left(1 - \frac{1}{n}\right)^n\right]^{m/n} \leq e^{-m/n}$$

führt. Damit haben wir

$$P(N_A > m) \leq P(N_C \geq m) = P\left(\bigcup_{i=1}^n A_i^m\right) \leq \sum_{i=1}^n P(A_i^m) \leq \sum_{i=1}^n e^{-m/n}.$$

Für $m = n(\ln n + c)$ ist $e^{-m/n} = \frac{1}{n}e^{-c}$, und man kann

$$P(N_A > m) \leq e^{-c}$$

schreiben. Das ist die gewünschte Abschätzung.

8.42 Wir befassen uns zunächst mit der Aussage des Hinweises, also mit

$$EN_n \leq \int_1^n \frac{1}{h(x)} dx. \tag{8.33}$$

Der Gedankengang basiert auf Induktion über n. Für $n = 1$ ist (8.33) offensichtlich richtig. Angenommen, (8.33) ist richtig für alle $n < m$. Sei $f(n) := \int_1^n \frac{1}{h(x)} dx$

für $n \geq 1$. Wir zeigen, dass unter der Induktionsannahme $EN_m \leq f(m)$ gilt. Dazu verfolgen wir den ersten Schritt der Markov-Kette, bei dem der Übergang von $X_0 = m$ nach $X_1 = m - X$ vollzogen wird, wobei für die Zufallsgröße X die Ungleichung $EX \geq h(m)$ erfüllt ist. Dann ist die folgende Abschätzung gerechtfertigt.

$$EN_m \leq 1 + E[f(m-X)] = 1 + E\left[\int_1^m \frac{1}{h(x)}dx - \int_{m-X}^m \frac{1}{h(x)}dx\right]$$

$$= 1 + f(m) - E\left[\int_{m-X}^m \frac{1}{h(x)}dx\right] \leq 1 + f(m) - E\left[\int_{m-X}^m \frac{1}{h(m)}dx\right]$$

$$= 1 + f(m) - \frac{EX}{h(m)} \leq f(m),$$

bei Verwendung von $EX \geq h(m)$ im letzten Schritt.
Wir überzeugen uns nun, dass dieses Ergebnis mit $h(x) \geq \frac{x}{4}$ auf die Problemstellung anwendbar ist. Dazu definieren wir eine Markov-Kette $(X_i)_{i \in \mathbb{N}}$ mit Zustandsraum $\mathbb{N}$ wie folgt: X_i sei - nachdem i-mal ein zufälliges Element gewählt worden ist und die Aufspaltung der Menge der in Frage kommenden Elemente in zwei Teilmengen vorgenommen ist – die Mächtigkeit der Menge, in der sich das gesuchte j-kleinste Element befinden muss. Wir zeigen, dass

$$E(X_i - X_{i+1} | X_i = m) \geq \frac{m}{4}, \qquad \forall m \geq 2.$$

Dazu bedenken wir, dass jeweils mit Wahrscheinlichkeit $\frac{1}{m}$ die Zufallsgröße $m - X_{i+1}$ den Wert

$m - 1$ annimmt, falls x so ist, dass $\#\mathcal{M}_1 = j - 1$
$m - k$ annimmt, falls x so ist, dass $\#\mathcal{M}_1 = k$, für $k = j, \ldots, m-1$
$k + 1$ annimmt, falls x so ist, dass $\#\mathcal{M}_1 = k$, für $k = 0, \ldots, j-2$.

Für alle $j = 1, \ldots, n$ kann man also schreiben:

$$E(m - X_{i+1} | X_i = m) = \frac{1}{m}\left[(m-1) + \sum_{k=j}^{m-1}(m-k) + \sum_{k=0}^{j-2}(k+1)\right]$$

$$= \frac{1}{m}\left[(m-1) + (m-j)m - \left(\sum_{k=0}^{m-1}k - \sum_{k=0}^{j-1}k\right) + \frac{(j-1)j}{2}\right]$$

$$= \frac{1}{m}\left[\frac{m^2}{2} + \frac{3}{2}m - 1 + j^2 - j(m+1)\right]$$

$$= \frac{1}{m}\left[\frac{m^2}{4} + m - \frac{5}{4} + \left(j - \frac{m+1}{2}\right)^2\right]$$

$$\geq \frac{m}{4} + 1 - \frac{5}{4m} \geq \frac{m}{4}, \qquad \forall m \geq 2.$$

Daran knüpfen wir an und erhalten für den FIND-Algorithmus mit $h(x) \geq \frac{x}{4}$

$$EN_n \leq \int_1^n \frac{4}{x} dx = 4 \ln n$$

als Schranke für die erwartete Anzahl der zufällig gewählten Elemente.

8.43 Die Übergangsdynamik der Markov-Kette $(X_n^k)_{n \in \mathbb{N}_0}$ kann man sich wie folgt veranschaulichen. In jedem Zustand i werfen wir zunächst eine symmetrische Münze. Bei *Zahl* verbleiben wir in i. Bei *Kopf* wählen wir rein zufällig eine Komponente von i und ändern diese; falls der resultierende Vektor j wiederum ein Element von $\mathcal{M}$ ist, wird der Übergang vollzogen, andernfalls verbleiben wir in i. Jedes beliebige Paar von Zuständen kann über den Zustand $(0, \ldots, 0) =: 0$ miteinander kommunizieren. Also ist die Markov-Kette irreduzibel. Da in jedem Zustand die Möglichkeit besteht, dort zu verharren, ist die Markov-Kette auch aperiodisch. Es existiert also eine stationäre Verteilung. Wir weisen nach, dass diese durch die Gleichverteilung auf $\mathcal{M}$ gegeben ist, d.h.

$$\pi_n = \frac{1}{\#\mathcal{M}}, \qquad \forall n \in \mathcal{M},$$

sind die stationären Wahrscheinlichkeiten. Dazu zeigen wir, dass

$$\pi_i p_{ij} = \pi_j p_{ji}, \qquad \forall i, j \in \mathcal{M}.$$

Doch dies trifft offensichtlich zu, da die Übergangsmatrix $(p_{ij})_{i,j \in \mathcal{M}}$ symmetrisch ist. Wir widmen uns nun der Beziehung

$$\#\mathcal{M}_i \leq \#\mathcal{M}_{i+1} \leq (n+1)\#\mathcal{M}_i, \qquad \forall i = 0, \ldots, n-1. \tag{8.34}$$

Die erste Ungleichung ist dabei trivial. Die zweite Ungleichung wird verständlich, wenn man bedenkt, dass aus jeder Lösung $x \in \mathcal{M}_{i+1} \setminus \{0\}$ durch Abändern einer 1 in eine 0 an einer Stelle j mit $x_j g_j = \max_{1 \leq k \leq n} x_k g_k$ (dies entspricht dem Entfernen eines Gegenstandes mit maximalem Gewicht) eine Lösung $x^* \in \mathcal{M}_i$ wird. Also,

$$\#\mathcal{M}_{i+1} \leq n\#\mathcal{M}_i + 1 \leq (n+1)\#\mathcal{M}_i, \qquad \forall i = 0, \ldots, n-1.$$

Um zu zeigen, dass der Schätzer $\hat{m}$ die Ungleichung (8.2) erfüllt, bemerken wir zunächst, dass

$$r\hat{\alpha}_i^{-1} = \sum_{j=1}^r 1_{\{\tilde{X}_j^{k_i} \in \mathcal{M}_{i-1}\}} \sim \mathbf{B}(r, \alpha_i^{-1}).$$

Ferner gilt:

$$P((1-\varepsilon)\hat{m} \leq m \leq (1+\varepsilon)\hat{m}) = P(|\hat{m}^{-1} - m^{-1}| \leq \varepsilon m),$$
$$= 1 - P(|\hat{m}^{-1} - m^{-1}| > \varepsilon m), \tag{8.35}$$

wobei benutzt wurde, dass $\hat{m} \geq \frac{m}{1+\varepsilon}$ auf $\hat{m}^{-1} \leq \frac{1+\varepsilon}{m}$ führt und $\hat{m} \leq \frac{m}{1-\varepsilon}$ auf $\hat{m}^{-1} \geq \frac{1-\varepsilon}{m}$ und somit $(1-\varepsilon)\hat{m} \leq m \leq (1+\varepsilon)\hat{m}$ äquivalent ist mit

$$-\varepsilon m \leq \hat{m}^{-1} - m \leq \varepsilon m.$$

Die Tschebyscheff-Ungleichung bewirkt nun eine Abschätzung der Wahrscheinlichkeit in (8.35) nach unten durch

$$1 - \frac{var(\hat{m}^{-1})}{\varepsilon^2 [E(\hat{m}^{-1})]^2}. \tag{8.36}$$

Abschließend bemühen wir uns noch um eine Schranke für den in (8.36) auftretenden Quotienten. Wir schreiben dazu $\beta_i = \alpha_i^{-1}, \hat{\beta}_i = \hat{\alpha}^{-1}$ und wissen, dass $r\hat{\beta}_i \sim \mathbf{B}(r, \beta_i)$. Wegen (8.34) ist $(1-\beta_i)/\beta_i \leq n$, und deshalb haben wir bei Beachtung der Formel für die Varianz der Binomialverteilung

$$\frac{var\hat{\beta}_i}{(E\hat{\beta}_i)^2} = \frac{1-\beta_i}{r\beta i} \leq \frac{n}{r}. \tag{8.37}$$

Also,

$$\frac{var(\hat{m}^{-1})}{[E(\hat{m}^{-1})]^2} = \left(\prod_{i=1}^n \frac{E(\hat{\beta}_i^2)}{(E\hat{\beta}_i)^2}\right) - 1 = \prod_{i=1}^n \left(1 + \frac{var\hat{\beta}_i}{(E\hat{\beta}_i)^2}\right) - 1 \leq \left(1 + \frac{n}{r}\right)^n - 1. \tag{8.38}$$

Wählt man $r \geq 2n^2 \varepsilon^{-2} \delta^{-1}$, wobei wir $\varepsilon^2 \delta < 1$ annehmen, so kann die rechte Seite von (8.38) nach oben abgeschätzt werden durch

$$e^{\varepsilon^2 \delta^2 / 2} - 1 \leq \varepsilon^2 \delta,$$

da einmal $(1 + a/n)^n$ monoton wachsend gegen e^a konvergiert und zum andern $e^z \leq 1 + 2z$ auf dem von uns benötigten Bereich, d.h. für $z \in [0, \frac{1}{2}]$. Damit haben wir für $r \geq 2n^2 \varepsilon^{-2} \delta^{-1}$ nun insgesamt wie gewünscht

$$P((1-\varepsilon)\hat{m} \leq m \leq (1+\varepsilon)\hat{m}) > 1 - \delta.$$

(Weitere Informationen enthält: J. Geiger: Algorithmen und Zufälligkeit, Vorlesungsskript, Universität Kaiserslautern)

8.44 Dem Hinweis folgend, wird x als Binärzahl dargestellt: $x = \sum_{n=1}^{\infty} x_n \cdot 2^{-n}$ mit $x_n \in \{0,1\}$. Die Entscheidung fällt im n. Wurf genau dann, wenn in den ersten $n-1$ Würfen stets *Zahl* gefallen ist und im n. Wurf *Kopf* fällt. Die Wahrscheinlichkeit für dieses Ereignis beträgt $(1/2)^n$. Untersuchen wir noch die Bedingung, unter der B die Münze unmittelbar vor dem n. Wurf besitzt. Die Binärdarstellung gestattet eine anschauliche Interpretation von Schuldenverdoppelung und Münzwechsel. Das Verdoppeln von x entspricht dem Verschieben der Binärentwicklung $(x_n)_{n \in \mathbb{N}}$ um eine Ziffer nach links. Das Wechseln des Besitzers der Münze bzw. die Änderung der Schulden zu $1-x$ wird bewerkstelligt, indem man jede Ziffer $x_n \in \{0,1\}$ durch die komplementäre $1-x_n$ ersetzt.

Fand vor dem $(n-1)$. Wurf eine gerade Anzahl von Münzwechseln statt, so besitzt unmittelbar nach dem $(n-1)$. Wurf Spieler A die Münze, und B erhält die Münze noch vor dem n. Wurf genau dann, wenn $x_n = 1$. Man bedenke dabei, dass die sich ändernden Schulden nach geradzahlig vielen Münzwechseln wiederum x betragen. Ist die Anzahl der Münzwechsel vor dem $(n-1)$. Wurf dagegen ungerade, so besitzt direkt nach dem $(n-1)$. Wurf Spieler B die Münze, und diese bleibt bis nach dem n. Wurf in seinem Besitz genau dann, wenn die führende Binärziffer der Schulden, also nun $1-x_n$, gleich 0 ist, also wenn $x_n = 1$ gilt. Beide Fälle fügen sich daher der zusammenfassenden Aussage, dass B unmittelbar vor dem n. Wurf die Münze genau dann besitzt, wenn $x_n = 1$ ist.

Diese Erkenntnis ist wertvoll: Die Wahrscheinlichkeit, dass die Entscheidung im n. Wurf zugunsten von B fällt, kann folglich als $(1/2)^n \cdot x_n$ angegeben werden. Die Wahrscheinlichkeit, dass die Entscheidung irgendwann zugunsten von B fällt, ergibt sich dann als

$$\sum_{n=1}^{\infty} \left(\frac{1}{2}\right)^n x_n = x.$$

Der Erwartungswert des Betrages, den B von A erhält, kann daher ausgedrückt werden als $1 \cdot x + 0 \cdot (1-x) = x$, wie in der Fragestellung behauptet.

8.45 (a) Die Wahrscheinlichkeit kann explizit errechnet werden:

$$\begin{aligned}P(N < \infty) &= 1 - P(N = \infty) = 1 - \lim_{n \to \infty} P\left(\bigcap_{k=1}^{n} \{X_k = b_k\}\right) \\ &= 1 - \lim_{n \to \infty} \prod_{k=1}^{n} P(X_k = b_k) = 1 - \lim_{n \to \infty} \left(\frac{1}{2}\right)^n = 1.\end{aligned}$$

(b) Aufgrund des Ergebnisses in (a) wird fast sicher eine Entscheidung zugunsten von A oder zugunsten von B getroffen. Die Entscheidung fällt zugunsten von A mit Wahrscheinlichkeit

$$\begin{aligned}P(X_N < b_N | N < \infty) &= P(X_N < b_N \cap N < \infty) \\ &= P\left(X_N < b_N \cap \bigcup_{n=1}^{\infty} \{N = n\}\right) = P\left(\bigcup_{n=1}^{\infty} [\{X_N < b_N\} \cap \{N = n\}]\right) \\ &= P\left(\bigcup_{n=1}^{\infty} \{X_1 = b_1 \cap \ldots \cap X_{n-1} = b_{n-1} \cap X_n < b_n\}\right) \\ &= \sum_{n=1}^{\infty} P(X_1 = b_1 \cap \ldots \cap X_{n-1} = b_{n-1} \cap X_n < b_n) \\ &= \sum_{n=1}^{\infty} \left(\frac{1}{2}\right)^{n-1} \cdot P(X_n < b_n) = \sum_{n=1}^{\infty} \left(\frac{1}{2}\right)^{n-1} \cdot \left(\frac{1}{2}\right) \cdot b_n = p,\end{aligned}$$

bei Berücksichtigung von $P(X_n < b_n) = \frac{1}{2} b_n,$ $\forall n \in \mathbb{N}.$

(c) Die erwartete Wurfzahl bis zur Entscheidung bestimmen wir mittels

$$
\begin{aligned}
EN &= \sum_{n=0}^{\infty} P(N > n) = 1 + \sum_{n=1}^{\infty} P(X_1 = b_1 \cap \ldots \cap X_n = b_n) \\
&= 1 + \sum_{n=1}^{\infty} \left(\frac{1}{2}\right)^n = \sum_{n=0}^{\infty} \left(\frac{1}{2}\right)^n = \frac{1}{1 - (1/2)} \\
&= 2.
\end{aligned}
$$

Erstaunlicherweise ist die mittlere Wurfzahl bis zur Entscheidung unabhängig von p.

8.49 (a) Schrittweiser Aufbau und Zerfall der konkurrierenden Sequenzen 1100 bzw. 000 kann durch eine Markov-Kette $(X_n)_{n \in \mathbb{N}_0}$ dargestellt werden. Das folgende Diagramm zeigt die Zustände $S, 1, 0, 11, 00, 110, 000, 1100$ der Markov-Kette und die möglichen Übergänge, die durch Pfeile dargestellt sind. Jeder mögliche Übergang besitzt die Übergangswahrscheinlichkeit $\frac{1}{2}$.

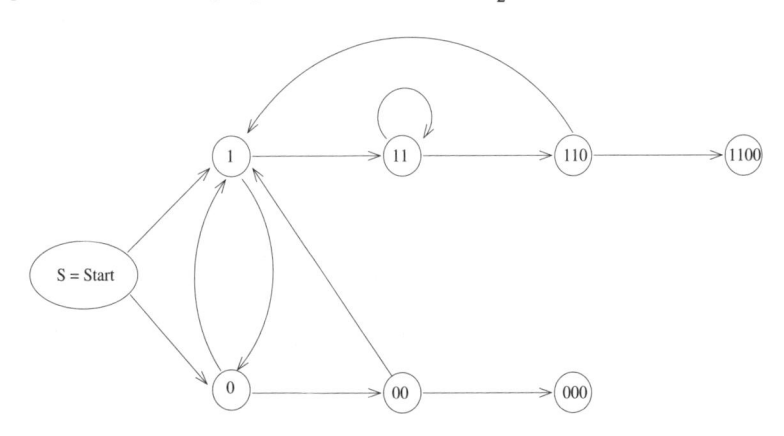

Abbildung 8.2: Zustände und mögliche Übergänge der Markov-Kette $(X_n)_{n \in \mathbb{N}_0}$.

Die Markov-Kette $(X_n)_{n \in \mathbb{N}_0}$ hat den Anfangszustand $X_0 = S$. Sei für $D = \{000, 1100\}$ die Ersteintrittszeit

$$\tau := \min\{n \in \mathbb{N}_0 : X_n \in D\}$$

in die Zustandsmenge D definiert, wiederum mit der Festsetzung $\tau = \infty$, falls $X_n \notin D$, $\forall n \in \mathbb{N}_0$. Die Zustände in D sind absorbierend. Mit Wahrscheinlichkeit 1 findet Absorption statt, wie man sich analog zu früheren diesbezüglichen Argumenten leicht überlegt. Ferner sei

$$\beta_i(j) := P_i(\tau < \infty \cap X_\tau = j)$$

die Wahrscheinlichkeit, bei Start in i schließlich in j absorbiert zu werden. Die $\beta_i(j)$ erfüllen das Gleichungssystem

$$\beta_i(j) = \sum_{k \in \mathcal{K}} p_{ik}\beta_k(j), \qquad \text{für } i \in D^c,$$
$$\beta_i(j) = 1, \qquad \text{für } i = j,$$
$$\beta_i(j) = 0, \qquad \text{für } i \in D\setminus\{j\}, \qquad (8.39)$$

wobei $\mathcal{K}$ den Zustandsraum bezeichnet und die p_{ik} jeweils entweder 0 oder $\frac{1}{2}$ sind. Für $i = S$ und $j = 1100$ bzw. $j = 000$ bezeichnet $\beta_i(j)$ die Gewinnwahrscheinlichkeit von A bzw. B. Wir setzen nun $\beta_1(1100) = a$ und $\beta_{11}(1100) = b$ und errechnen alle weiteren $\beta_i(1100)$ mittels (8.39). Das folgende Diagramm zeigt diese Wahrscheinlichkeiten an den entsprechenden Zuständen.

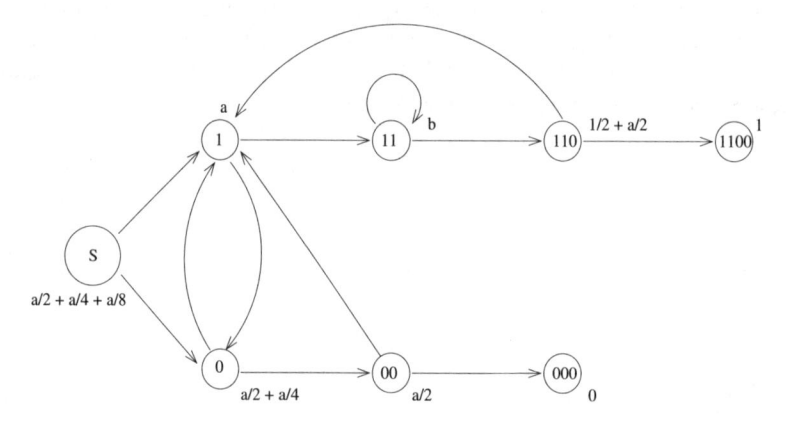

Abbildung 8.3: Die Wahrscheinlichkeiten $\beta_i(1100)$ in Abhängigkeit von $a = \beta_1(1100)$ und $b = \beta_{11}(1100)$.

Mit diesen Überlegungen sind wir angelangt bei $\beta_S(1100) = \frac{1}{2}a + \frac{1}{4}a + \frac{1}{8}a$, und um dies explizit zu ermitteln, muss noch a bestimmt werden. Dazu wenden wir (8.39) für $i = 1$ und $i = 11$ an und erhalten die beiden Gleichungen

$$a = \tfrac{1}{2}b + \tfrac{1}{2}\left(\tfrac{a}{2} + \tfrac{a}{4}\right) \qquad\qquad a = \tfrac{1}{2}b + \tfrac{3}{8}a$$
$$\text{bzw.}$$
$$b = \tfrac{1}{2}\left(\tfrac{1}{2} + \tfrac{a}{2}\right) + \tfrac{1}{2}b \qquad\qquad b = \tfrac{1}{4} + \tfrac{1}{4}a + \tfrac{1}{2}b$$

mit der Lösung $a = \tfrac{2}{3}$ (und $b = \tfrac{5}{6}$). Setzt man dies ein, erhält man

$$\beta_S(1100) = \frac{7}{12}$$

als Gewinnwahrscheinlichkeit von A. Da fast sicher einer der Spieler gewinnt, ist die Gewinnwahrscheinlichkeit von B gleich $5/12$.

(b) Wir bestimmen zunächst die mittlere Wartezeit bis zum erstmaligen Erscheinen der Sequenz 1100. Da es nunmehr allein um den schrittweisen Aufbau von 1100 geht, verwenden wir zur Bestimmung der mittleren Wartezeit eine Markov-Kette $(Y_n)_{n \in \mathbb{N}_0}$ mit Zuständen und möglichen Übergängen, wie im folgenden Diagramm dargestellt:

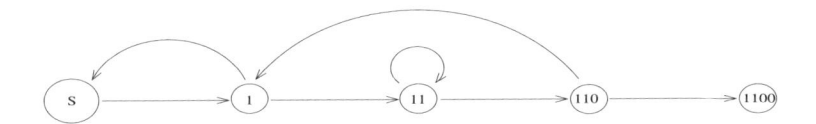

Abbildung 8.4: Zustände und mögliche Übergänge der Markov-Kette $(Y_n)_{n \in \mathbb{N}_0}$.

Wir schreiben $\tau = \min\{n \in \mathbb{N}_0 : Y_n = 1100\}$ für die Ersteintrittszeit in den Zustand 1100 sowie $\mu_i = E_i \tau$ für die mittleren Absorptionszeiten, wenn im Zustand i begonnen wird. Ist $Y_n \neq 1100$, $\forall n \in \mathbb{N}_0$, so setzt man wieder $\tau = \infty$, doch auch hier tritt dieses Ereignis nur mit Wahrscheinlichkeit 0 ein. Nach der Lösung von Aufgabe 8.26(b) für $D = \{1100\}$ erfüllen die mittleren Absorptionszeiten die Gleichungen

$$\begin{aligned} \mu_i &= 1 + \sum_{j \notin D} p_{ij} \mu_j, \qquad i \in D^c, \\ \mu_i &= 0, \qquad i \in D, \end{aligned} \qquad (8.40)$$

wobei die p_{ij} jeweils nur die Werte 0 oder $\frac{1}{2}$ annehmen. Wir sind speziell an μ_S interessiert. Wir setzen

$$\begin{aligned} \mu_1 &=: a \\ \mu_2 &=: b \\ \mu_S &=: m \end{aligned}$$

und ermitteln die weiteren μ_i mittels (8.40). Insgesamt erhalten wir die im folgenden Diagramm angegebenen Ausdrücke:

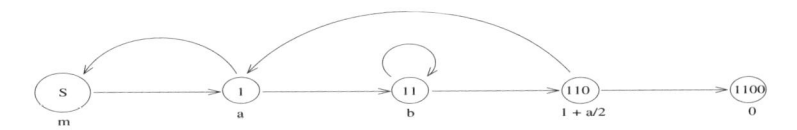

Abbildung 8.5: Mittlere Absorptionszeiten μ_i der Markov-Kette $(Y_n)_{n \in \mathbb{N}_0}$ in $D = \{1100\}$.

Für $i = S, 1$ und 11 ergibt dann (8.40) die Gleichungen

$$m = 1 + \tfrac{1}{2}m + \tfrac{1}{2}a \qquad\qquad m = 2 + a$$

$$a = 1 + \tfrac{1}{2}m + \tfrac{1}{2}b \qquad \text{bzw.} \qquad 2a - 2 - b = m \qquad (8.41)$$

$$b = 1 + \tfrac{1}{2}(1 + \tfrac{1}{2}a) + \tfrac{1}{2}b \qquad\qquad b = 3 + \tfrac{1}{2}a.$$

Setzt man für m und b aus der 1. und der 3. Gleichung in die 2. Gleichung ein, erhält man $a = 14$ als deren Lösung und somit

$$\mu_S = m = 2 + a = 16.$$

Die mittlere Wartezeit bis zum Erscheinen des Zustands 000 bestimmt man ganz analog. Mit

$$\mu_S = m$$
$$\mu_0 = a$$

erhält man aus (8.40) für $i = S$ und $i = 0$ die Gleichungen

$$m = 1 + \frac{1}{2}m + \frac{1}{2}a$$
$$a = 1 + \frac{1}{2}m + \frac{1}{2}(1 + \frac{1}{2}m)$$

mit der Lösung $a = 12$ und $m = 14$.

(c) Nun ist die Menge

$$D = \{000, 1100\}$$

der absorbierenden Zustände zweielementig, und die $\mu_i = E_i \tau$ für

$$\tau = \min\{n : X_n \in D\}$$

erfüllen wiederum die Gleichungen (8.40). Setzt man

$$\mu_1 = a$$
$$\mu_{11} = b,$$

so führt (8.40) mit den Überlegungen aus (a), (b) auf das Diagramm in Abbildung 8.6. Ferner haben wir die Gleichungen

$$a = 1 + \tfrac{1}{2}\left(\tfrac{3}{2} + \tfrac{3}{4}a\right) + \tfrac{1}{2}b \qquad\qquad \tfrac{5}{8}a = \tfrac{7}{4} + \tfrac{1}{2}b$$
$$\text{bzw.}$$
$$b = 1 + \tfrac{1}{2}\left(1 + \tfrac{1}{2}a\right) + \tfrac{1}{2}b \qquad\qquad \tfrac{1}{6}b = \tfrac{3}{2} + \tfrac{1}{4}a$$

mit der Lösung $a = \tfrac{26}{3}$ (und $b = \tfrac{22}{3}$), was nach Einsetzen zu

$$\mu_S = \frac{7}{4} + \frac{7}{8}a = 9\frac{1}{3}$$

führt.

8.2 Lösungen

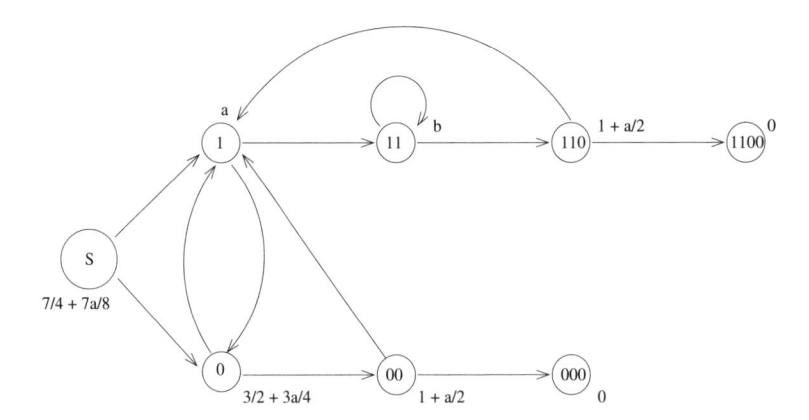

Abbildung 8.6: Mittlere Absorptionszeiten μ_i der Markov-Kette $(X_n)_{n \in \mathbb{N}_0}$ in $D = \{000, 1100\}$.

Kapitel 9

Modelle

9.1 Aufgaben

9.3 (Perkolation auf Graphen) Die Aufgabe behandelt das Perkolationsproblem auf einem binären Baum. Dieser hat eine Wurzel W, von der Kanten zu 2 Ecken führen. Von jeder dieser Ecken führen 2 weitere Kanten zu je 2 weiteren Ecken, usw. Von jeder Ecke außer der Wurzel führen also insgesamt 3 Kanten zu anderen Ecken. Jede Kante sei unabhängig von anderen Kanten mit der Wahrscheinlichkeit p geöffnet. Sei C die Menge der Ecken, die mit W durch einen Pfad über geöffnete Kanten verbunden sind.

(a) Bestimmen Sie $P(\#C = \infty)$ für alle $p \in [0,1]$, und zeigen Sie, dass die Perkolationsschwelle $p_c = \frac{1}{2}$ ist.

(b) In der Nähe der Perkolationsschwelle verhält sich $P(\#C = \infty)$ wie $(p-p_c)^\alpha$, d.h. es ist
$$\lim_{p \downarrow p_c} \frac{\ln P(\#C = \infty)}{\ln(p - p_c)} = \alpha.$$
Die Zahl α heißt *kritischer Exponent*.
Bestimmen Sie α.

(c) Bestimmen Sie $E(\#C)$ für alle $p \in [0,1]$.

(d) In der Nähe der Perkolationsschwelle verhält sich $E(\#C)$ wie $(p_c-p)^\beta$, d.h. es ist
$$\lim_{p \uparrow p_c} \frac{\ln E(\#C)}{\ln(p_c - p)} = \beta.$$
Bestimmen Sie den kritischen Exponenten β.

9.4 (Fraktale Perkolation) Diese Aufgabe bezieht sich auf die zufällige 2-dimensionale Cantor-Menge $G(p)$ aus Aufgabe 2.33(b). Wenn die Realisierung der zufälligen Menge $G(p)$ so strukturiert ist, dass sie die linke Seite des Einheitsquadrates mit

der rechten Seite verbindet, sagt man, es findet Perkolation statt.
Ermitteln Sie ein p_0, so dass für alle $p \geq p_0$ mit einer Wahrscheinlichkeit von mindestens 0.9999 Perkolation stattfindet.

Hinweis: Bei Verwendung der Bezeichnungen von Aufgabe 2.33(b): Wenn $J_{k,1}$ und $J_{k,2}$ zwei entlang einer Seite aneinander grenzende Teilquadrate der Menge J_k sind und beide mindestens 8 Teilquadrate der Menge J_{k+1} enthalten, dann gibt es zwei Teilquadrate der Länge $3^{-(k+1)}$, und zwar je eines in $J_{k,1}$ und in $J_{k,2}$, die aneinander grenzen. Ferner enthalten die Teilquadrate von J_{k+1} einen Pfad, der eine Seite von $J_{k,1} \cup J_{k,2}$ mit der gegenüberliegenden Seite verbindet.
Ein Teilquadrat von J_k heißt 1-*ausgefüllt*, wenn es mindestens 8 Teilquadrate von J_{k+1} enthält. Ein Teilquadrat von J_k heißt l-*ausgefüllt*, wenn es mindestens 8 Teilquadrate von J_{k+1} enthält, die $(l-1)$-ausgefüllt sind, $l \geq 2$. Bestimmen Sie die Wahrscheinlichkeit, dass J_0 für alle $l \in \mathbb{N}$ l-ausgefüllt ist.

9.5 (Perkolation auf $\mathbb{Z}^d$) Betrachten Sie das Perkolationsmodell auf dem d-dimensionalen Gitter $\mathbb{Z}^d$. Zwei Gitterpunkte $(x_1, \ldots, x_d)$ und $(y_1, \ldots, y_d)$ seien genau dann mit einer Kante verbunden, wenn $\sum_{i=1}^d |x_i - y_i| = 1$ ist. Jede Kante sei unabhängig von anderen Kanten mit der Wahrscheinlichkeit p geöffnet.

(a) Beweisen Sie, dass für alle $d \in \mathbb{N}$ die Perkolationsschwelle $p_c(d)$ positiv ist.

(b) Beweisen Sie, dass für alle $d \in \mathbb{N}$ $p_c(d+1) \leq p_c(d)$ ist.

9.10 (Fehlererkennende Codes) Bei der Übertragung von Nachrichten durch einen gestörten Kanal können Fehler auftreten. Konkret werde bei Übertragung einer aus den Bits 0 und 1 bestehenden binären Folge jedes Symbol unabhängig von allen anderen mit Wahrscheinlichkeit p fehlerhaft übertragen, eine 1 als 0 und eine 0 als 1. Der Empfänger möchte erkennen, ob die erhaltene Nachricht fehlerbehaftet ist. Deshalb wird vom Sender jeder Nachricht ein Prüfbit β angefügt: Statt $x_1 \ldots x_m$ wird dann $x_1 \ldots x_m \beta$ übertragen mit $\beta = (x_1 + \cdots + x_m) \mod 2$. Der Empfänger überprüft dann, ob $(x_1 + \cdots + x_m + \beta) = 0 \mod 2$ ist (*Paritätsprüfung*), und schließt daraus, dass die Nachricht wahrscheinlich fehlerfrei übertragen worden ist.

(a) Angenommen, bei der Paritätsprüfung wird festgestellt, dass $x_1 + \cdots + x_m + \beta = 1 \mod 2$ ist. Mit welcher Wahrscheinlichkeit enthält dann die Nachricht $x_1 \ldots x_m$ genau $k \in \{0, \ldots, m\}$ Fehler?

(b) Angenommen, bei der Paritätsprüfung wird festgestellt, dass $x_1 + \cdots + x_m + \beta = 0 \mod 2$ ist. Mit welcher Wahrscheinlichkeit wurde die Nachricht $x_1 \ldots x_m$ fehlerfrei übertragen? Mit welcher Wahrscheinlichkeit ist in diesem Fall bei $m = 5$ und $p = 0.01$ mindestens ein Fehler aufgetreten?

(c) Angenommen, die empfangene Nachricht $x_1 \ldots x_m \beta$ enthält unter den x_i mindestens einen Übertragungsfehler. Mit welcher Wahrscheinlichkeit wird dies dem Empfänger durch das Ergebnis $x_1 + \ldots + x_m + \beta = 1 \mod 2$ bei der Paritätsprüfung angezeigt?

9.11 (Fehlerkorrigierende Codes) Eine binäre Nachricht der Länge m soll über einen störungsanfälligen Kanal übertragen werden. Die Übertragung jedes Symbols ist unabhängig von allen anderen Symbolen fehlerbehaftet mit Wahrscheinlichkeit p und fehlerfrei mit Wahrscheinlichkeit $1-p$. Ein (n,m)-*Block-Code* besteht aus einer Codiervorschrift

$$c : \{0,1\}^m \longrightarrow \{0,1\}^n,$$

die ein Wort x der Länge m in das Codewort $c(x)$ der Länge n verwandelt, das dann gesendet wird. Der Quotient $r = m/n$ heißt *Übertragungsrate*. Wegen möglicher Störungen kommt beim Empfänger statt $c(x)$ aber

$$c(x) \oplus (\varepsilon_1, \ldots, \varepsilon_n)$$

an, wobei $\varepsilon_1, \ldots, \varepsilon_n$ unabhängige, $\mathbf{B}(p)$-verteilte Zufallsgrößen sind und $\oplus$ komponentenweise Addition modulo 2 bedeutet. Der Empfänger verwendet dann die Decodiervorschrift

$$d : \{0,1\}^n \longrightarrow \{0,1\}^m,$$

um aus der empfangenen Nachricht das ursprüngliche Wort zu rekonstruieren. Die Rekonstruktion ist fehlerfrei, falls

$$d[c(x) \oplus (\varepsilon_1, \ldots, \varepsilon_n)] = x$$

ist, und $P(d[c(x) \oplus (\varepsilon_1, \ldots, \varepsilon_n)] \neq x)$ heißt *Fehlerwahrscheinlichkeit*, wobei die Komponenten von x unabhängig voneinander und von den ε_i $\mathbf{B}(1/2)$-verteilt sind.

(a) Ein einfacher Block-Code ist der *Repetitions-Code*: Jedes Symbol wird genau $(2k+1)$-mal wiederholt, z.B. wird bei $k=1$ das Wort 0110 als 000111111000 gesendet. Die Decodierung erfolgt nach der Mehrheitsregel: Blöcke der Länge $(2k+1)$ werden durch das darin am häufigsten auftretende Symbol dekodiert. Bestimmen Sie die Übertragungsrate und für $k=1$ und $k=2$ mit $p=0.1$ die Wahrscheinlichkeit, dass ein Symbol fehlerhaft übertragen wird.

Repetitions-Codes sind unökonomisch. Zwar kann man durch Vergrößerung von k die Fehlerwahrscheinlichkeit verkleinern, doch geschieht dies um den Preis, dass auch die Übertragungsrate reduziert wird: Geht die Fehlerwahrscheinlichkeit gegen Null, so auch die Übertragungsrate. Es ist ein bemerkenswertes Resultat der Codierungstheorie, dass es Block-Codes gibt, deren Fehlerwahrscheinlichkeiten beliebig klein sind, während gleichzeitig die Übertragungsraten beliebig nahe bei einer positiven Konstante liegen: *Shannons Theorem*.

(b) Beweisen Sie Shannons Theorem: Sei $p \in (0, 1/2)$. Für alle $\varepsilon > 0$ existiert ein (m,n)-Block-Code, dessen Übertragungsrate mindestens $1 - H(p) - \varepsilon$ ist und dessen Fehlerwahrscheinlichkeit höchstens ε ist. Dabei ist $H(p) := -p\log_2 p - (1-p)\log_2(1-p)$ die Entropie der Fehlerverteilung.

Hinweis: Benutzen Sie die probabilistische Methode, siehe Aufgabe 2.32. Sei

$\tilde{p} \in (p, 1/2)$ so gewählt, dass $H(\tilde{p}) < H(p) + \varepsilon/2$. Zu gegebenem $n \in \mathbb{N}$ wird $m := \lceil n(1 - H(p) - \varepsilon) \rceil$ gesetzt. Die Codiervorschrift c sei ein aus der Menge aller Abbildungen von $\{0,1\}^m$ nach $\{0,1\}^n$ rein zufällig ausgewähltes Element. Die Decodierung erfolge nach diesem Prinzip: Gibt es zu $y \in \{0,1\}^n$ genau ein $x \in \{0,1\}^m$ dergestalt, dass sich $c(x)$ und y um höchstens $\lfloor n\tilde{p} \rfloor$ Stellen unterscheiden, so setze $d(y) = x$. Gibt es ein solches x nicht oder mehr als nur eines, so wähle $d(y)$ rein zufällig aus $\{0,1\}^m$. Mit welcher Wahrscheinlichkeit wird eine empfangene Nachricht $c(x) \oplus (\varepsilon_1, \ldots, \varepsilon_n)$ korrekt als x decodiert?

9.13 Ein Schachspieler will erraten, auf welchem Feld sein Gegner den König platziert hat. Dazu kann er Fragen stellen, die wahrheitsgemäß mit Ja oder Nein beantwortet werden müssen.

(a) Beweisen Sie: Es gibt eine Strategie, die es erlaubt, mit 6 Fragen das Königsfeld eindeutig zu bestimmen.

(b) Gibt es eine Strategie, die mit weniger als 6 Fragen das Königsfeld mit Sicherheit bestimmt?

9.15 Ein Aggregat besteht aus zwei in Serie geschalteten Komponenten mit $\mathbf{Exp}(\lambda_i)$-verteilten Lebensdauern. Die Hälfte der Aggregate dieses Typs ist nach einem Jahr Betrieb noch funktionsfähig. Bei der anderen Hälfte der Aggregate ist in 4 von 10 Fällen Komponente 1 für den Ausfall verantwortlich und in 6 von 10 Fällen Komponente 2. Eine technische Weiterentwicklung macht die Komponente 2 überflüssig. Welcher Anteil der Geräte wird nun nach einem Jahr noch funktionsfähig sein? Um wie viele Jahre hat die Weiterentwicklung die mittlere Lebensdauer des Gerätes verlängert?

9.16 Ein Zirkus besitzt 100 Löwen. Folgende Tabelle enthält eine Aufstellung der Altersverteilung:

Alter in Jahren	0	1	2	3	4	5	6
Anzahl der Löwen	31	23	18	13	9	5	1

(a) Angenommen, diese Anteile bleiben zeitlich konstant. Was ist die mittlere Lebenserwartung der Löwen des Zirkus?

(b) Was ist die mittlere verbleibende Lebenserwartung eines 2-jährigen Löwen?

9.17 (Volkswirtschaftliche Verflechtungsbeziehungen: Das Leontief-Modell)
Eine Volkswirtschaft bestehe aus n Industrien $I_1, \ldots, I_n$ sowie den von diesen produzierten Gütern $G_1, \ldots, G_n$ und einer Menge von zwischen den Industrien bestehenden Verflechtungen in Form von Input-Output-Beziehungen: In einer auf Arbeitsteilung beruhenden Wirtschaft bezieht jede Industrie von einigen oder allen anderen Industrien Güter (Inputs), und die von den Industrien produzierten Güter (Outputs) werden entweder von anderen Industrien benötigt oder dienen unmittelbar der Endverwendung in Form von Konsum oder Export.
Als *interne Nachfrage* an Industrie I_k bezeichnen wir die von allen Industrien

benötigte Gesamtmenge (in Geldeinheiten des Warenwertes) der Ware G_k. Als *externe Nachfrage* an Industrie I_k bezeichnen wir die für die Endverwendung vorgesehene Menge (in Geldeinheiten des Warenwertes) der Ware G_k.

Es sei α_{kj} der Geldwert des Outputs von Industrie I_j, den Industrie I_k erwerben muss, um eine Menge der Ware G_k im Wert von einer Geldeinheit zu produzieren. Sei
$$A = (\alpha_{kj})_{k,j=1,\ldots,n}$$
die Matrix dieser *Input-Output-Koeffizienten*. Wir treffen die Voraussetzung

$$\sum_{j=1}^{n} \alpha_{kj} \leq 1 \qquad (9.1)$$

und nennen die Industrie I_k *profitabel*, falls in (9.1) die strikte Ungleichung gilt. Gilt Gleichheit in (9.1), so heißt die Industrie I_k *profitlos*. Industrien, die weder profitabel noch profitlos sind, schließen wir aus. Ferner ist nach Definition

$$\alpha_{kj} \geq 0, \qquad \forall k,j \in \{1,\ldots,n\}. \qquad (9.2)$$

Sei $\nu = (\nu_1,\ldots,\nu_n)$ der Vektor, dessen k. Komponente die externe Nachfrage an Industrie I_k bezeichnet.

(a) Zeigen Sie: Produzieren die Industrien Güter mit Geldwerten $w = (w_1,\ldots,w_n)$, dann sind die internen Nachfragen an die Industrien als Komponenten des Vektors wA gegeben.

(b) Zeigen Sie: Damit alle internen und externen Nachfragen befriedigt werden können, müssen die Industrien Güter mit einem Geldwert w produzieren, wobei $w = wA + \nu$ ist.

(c) Mittels A definieren wir eine Markov-Kette auf dem Zustandsraum $\{0,\ldots,n\}$ mit Übergangsmatrix
$$P := \begin{Vmatrix} 1 & 0 \\ B & A \end{Vmatrix},$$
wobei B eine $(n \times 1)$-Matrix mit Komponenten $\beta_k := 1 - (\alpha_{k1} + \cdots + \alpha_{kn})$ ist und die Elemente α_{kj} von A als Übergangswahrscheinlichkeiten zwischen den Zuständen $1,\ldots,n$ gedeutet werden.

Zeigen Sie: Ist P die Übergangsmatrix einer absorbierenden Markov-Kette, dann können die n Industrien jede beliebige externe Nachfrage ν decken. Dabei heißt eine Markov-Kette *absorbierend*, falls es mindestens einen absorbierenden Zustand i gibt, also ein i mit $p_{ii} = 1$, und falls von jedem Zustand ein absorbierender Zustand erreichbar ist (nicht notwendigerweise in einem Schritt).

Hinweis: Sei I_n die $(n \times n)$-Einheitsmatrix. Damit jede externe Nachfrage gedeckt werden kann, muss wegen (b) $I_n - A$ invertierbar sein und darf nur nichtnegative Elemente enthalten. Bestätigen Sie: Ist die durch P definierte Markov-Kette absorbierend, dann findet fast sicher von jedem Anfangszustand Absorption in 0 statt. Dann muss $A^n \longrightarrow 0$ für $n \to \infty$ gelten und deshalb $I_n - A$ invertierbar sein. Verifizieren Sie, dass das Element k_{ij} von $(I_n - A)^{-1}$ die mittlere Zeit angibt, welche die in i startende Markov-Kette im Zustand j verbringt, bevor sie im Zustand 0 absorbiert wird.

(d) Zeigen Sie, dass k_{ij} auch die Warenmenge in Geldeinheiten ist, die Industrie I_j produzieren muss, damit eine externe Nachfrage von einer Geldeinheit der Ware G_i gedeckt werden kann.

9.18 (Ablaufplanung) Sie müssen n Aufträge in Reihenfolge abarbeiten. Für den i. Auftrag benötigen Sie die Zeit X_i. Die Zufallsgrößen $X_1, \ldots, X_n$ werden als unabhängig angenommen. Wird der i. Auftrag zur Zeit t abgeschlossen, so erhalten Sie dafür die Bezahlung $\beta^t B_i$ mit $\beta \in (0,1)$. Der Abwertungsfaktor β drückt aus, dass ein fester Geldbetrag B_i zu einem zukünftigen Zeitpunkt t Zeiteinheiten später gemäß $\beta^t B_i$ an Wert verliert.

(a) In welcher Reihenfolge sollten Sie die Aufträge abarbeiten, um den erwarteten Gesamtverdienst zu maximieren?
Antwort: Die optimale Strategie besteht darin, die Aufträge nach
$$\frac{B_i E(\beta^{X_i})}{1 - E(\beta^{X_i})}$$
zu ordnen und in fallender Reihenfolge dieser Werte abzuarbeiten.

Hinweis: Betrachten Sie die erwarteten Verdienste für eine beliebige Anordnung der Aufträge und für die sich daraus ergebende Anordnung, wenn die Reihenfolge zweier aufeinander folgender Aufträge i und j vertauscht wird.

(b) Wie hoch ist der maximale erwartete Gesamtverdienst, wenn $X_1, \ldots, X_n$ jeweils **Exp**(λ)-verteilt sind?

9.19 Die so genannte *Nutzenfunktion* – als Konzept ursprünglich von Ökonomen eingeführt, um zu beschreiben, wie Konsumenten zwischen verschiedenen Konsummöglichkeiten wählen – drückt die subjektiven Präferenzen einer Person für bestimmte Güter (Waren, Dienstleistungen, ideelle Werte) als numerische Größe aus. Ein Investor habe eine logarithmische Nutzenfunktion für Geld: $U(x) = \ln x$. Sein Anfangsvermögen betrage V. Er hat die Wahl zwischen zwei Geldanlagen. Eine ist sicher und bietet die Rendite r, d.h. aus einem Betrag K wird nach Ablauf eines Jahres der Betrag $K(1+r)$. Die andere Anlage ist unsicher. Ihre Rendite ist gleich r_1 mit Wahrscheinlichkeit p und gleich r_2 mit Wahrscheinlichkeit $1-p$. Es gilt $r_1 < r < r_2$. Durch Aufteilung des Vermögens V auf die beiden Anlageformen soll der erwartete Nutzen des Vermögens nach einem Jahr maximiert werden.

(a) Bestimmen Sie den optimalen Anteil α von V, der in die unsichere Geldanlage investiert werden sollte?
(b) Unter welchen Voraussetzungen ist α positiv?

9.20 Herr K hat eine Nutzenfunktion für Geld, die für ein $a \in \mathbb{R}^0_+$ durch
$$U(x) = \begin{cases} \frac{1}{a}(1 - e^{-ax}), & \text{falls } a > 0 \\ x, & \text{falls } a = 0 \end{cases}$$

gegeben ist. Angenommen, er kann wählen zwischen einem sicheren Gewinn von 1 Million Euro und einem Münzwurf, bei dem er im Falle des Ausgangs *Kopf* 10 Millionen Euro erhält und andernfalls leer ausgeht.
Was lässt sich über den Parameter a der Nutzenfunktion sagen, wenn Herr K sich für den Münzwurf entscheidet?

9.21 In einer Firma erhalten alle Mitarbeiter Urlaub an allen Tagen, an denen mindestens ein Mitarbeiter Geburtstag hat. Die Mitarbeiter wurden unabhängig von ihrem Geburtstag eingestellt. Was ist die maximal mögliche mittlere Anzahl von Personentagen pro Jahr, an denen gearbeitet wird, und für welche Mitarbeiterzahl wird sie erreicht?

9.22 (Bush-Mosteller-Lernmodell) Dieses Modell wurde zur Erklärung von Lernvorgängen entwickelt, wie sie im Zusammenhang mit folgenden Experimenten auftreten. In einer Serie von Versuchen zeigt ein Proband jeweils eine Aktion, die er aus einer endlichen Menge $A_1, \ldots, A_s$ auswählt. Dabei wird angenommen, dass im n. Versuch die Aktion A_k mit Wahrscheinlichkeit $p_k(n)$ gezeigt wird. Auf die beobachtete Aktion folgt eine (verstärkende) Reaktion des Experimentators aus einer endlichen Menge $R_1, \ldots, R_r$. Das Modell nimmt an, dass die Aktionswahrscheinlichkeit $p_k(n+1)$, $k = 1, \ldots, s$, des Probanden im nächsten Versuch eine lineare Funktion der Wahrscheinlichkeit $p_k(n)$ ist, wobei die Form der Funktion von der gezeigten Reaktion abhängt. Wir betrachten ein Beispiel: Eine Maus befindet sich vor einer T-förmigen Verzweigung eines Ganges und läuft entweder nach links (A_1) oder nach rechts (A_2). Der Experimentator hat links Futter ausgelegt (R_1), und wenn die Maus nach links läuft, wird sie durch das Futter dafür belohnt. Rechts befindet sich kein Futter (R_2). Wir betrachten die Zufallsgrößen $X_n := p_1(n)$, $n \in \mathbb{N}_0$, mit den Übergängen

$$X_{n+1} = aX_n + (1-b) \quad \text{mit Wahrscheinlichkeit } X_n$$

$$X_{n+1} = aX_n \quad \text{mit Wahrscheinlichkeit } 1 - X_n$$

für $0 < a \leq b < 1$. Dabei ist $X_0 = x_0 \in (0,1)$ die Anfangswahrscheinlichkeit, dass sich die Maus für die linke Abzweigung entscheidet. Das Modell (mit $a = b$) nimmt demnach an, dass aufgrund der Belohnung durch das Futter im nächsten Versuch die Wahrscheinlichkeit einer Entscheidung für die linke Abzweigung größer ist. Andernfalls wird die Wahrscheinlichkeit proportional reduziert.
Zeigen Sie:

(a) Für $a = b$ ist $(X_n)_{n \in \mathbb{N}_0}$ ein Martingal.

(b) Die Folge $(X_n)_{n \in \mathbb{N}}$ konvergiert entweder gegen 0 oder 1. Ermitteln Sie im Fall $a = b$ die Wahrscheinlichkeit für Konvergenz gegen 1 als Funktion von x_0.

(c) Für $a < b$ ist $(X_n)_{n \in \mathbb{N}_0}$ ein fast sicher gegen 0 konvergentes Supermartingal.

9.1 Aufgaben

9.24 (Ein Lernexperiment) Bei einem Lernexperiment soll einer Maus das Erkennen der Farbe Rot beigebracht werden. Dazu muss die Maus bei jedem Versuch zwischen 4 Türen wählen, eine davon trägt die Farbe Rot. Eine Wahl der roten Tür wird durch Futter belohnt. Das Experiment wird so lange wiederholt, bis die Maus beim N. Versuch erstmals die rote Tür wählt.
Bestimmen Sie den Erwartungswert von N unter den folgenden Hypothesen über die Lernfähigkeit der Maus:

- bei jedem Versuch wählt die Maus jede der 4 Türen mit gleicher Wahrscheinlichkeit; alle Versuche sind unabhängig.
- bei jedem Versuch wählt die Maus mit gleicher Wahrscheinlichkeit zwischen den Türen, die sie bei früheren Versuchen noch nicht gewählt hat.
- bei aufeinander folgenden Versuchen wählt die Maus niemals dieselbe Tür, doch ansonsten mit gleicher Wahrscheinlichkeit zwischen den drei unter dieser Nebenbedingung zur Verfügung stehenden Türen.

9.26 (Karten mischen: Top-in-at-random) Bei dieser Art ein Kartenspiel mit n Karten zu mischen besteht ein einzelner Mischvorgang darin, die oberste Karte an einer zufälligen Stelle des Kartenpakets einzufügen, d.h. mit Wahrscheinlichkeit $\frac{1}{n}$ nimmt sie anschließend die Position i ein, $i = 1, \ldots, n$. Sei π_0 die anfängliche Spielkarten-Anordnung, bevor eine Serie von Mischvorgängen durchgeführt wird. Nach nur wenigen Mischvorgängen unterscheidet sich die resultierende Spielkarten-Anordnung noch wenig von π_0. Ziel ist es, so lange zu mischen, bis alle möglichen Anordnungen gleich wahrscheinlich sind. Sei N die Anzahl der benötigten Mischvorgänge, bis dies erstmals der Fall ist. Zeigen Sie, dass

$$EN = 1 + n\sum_{i=1}^{n}\frac{1}{i} \sim n\ln n.$$

Hinweis: Verfolgen Sie die unterste Karte der Spielkarten-Anordnung π_0. Bei wiederholtem Mischen bleibt sie in dieser Position, bis erstmals eine Karte darunter eingefügt wird. Die Anzahl der dafür benötigten Mischvorgänge hat eine Geometrische Verteilung auf $\mathbb{N}$ mit Erwartungswert n. Bei fortgesetztem Mischen steigt die ursprünglich unterste Karte langsam nach oben. Wenn sie schließlich zuoberst liegt und anschließend noch zufällig eingeordnet wird, sind alle $n!$ möglichen Anordnungen gleich wahrscheinlich.

9.28 (Karten mischen und Entropie)

(a) Es sei X eine diskrete Zufallsgröße auf einem W-Raum $(\Omega, \mathcal{A}, P)$ mit Werten in $\mathbb{N}$ sowie $f : \mathbb{N} \to \mathbb{N}$ eine messbare Funktion. In welcher Beziehung stehen die Entropien $H(X) := H(P_X)$ und $H(Y) := H(P_Y)$ der Verteilungen von X und $Y := f \circ X$? Unter welchen Bedingungen an f gilt $H(Y) = H(X)$?

(b) Jedes Mischen der n Karten eines Kartenspiels kann als Permutation der Zahlen $1, \ldots, n$ aufgefasst werden. Sei X eine Zufallsgröße mit beliebiger Verteilung über der Menge $\mathcal{S}_n$ aller Permutationen der Zahlen $1, \ldots, n$.

X beschreibt die zufällige Anfangsanordnung des Kartenblatts. Sei M ein Mischvorgang, d.h. ein festes Element von $\mathcal{S}_n$. In welcher Beziehung stehen $H(MX)$ und $H(X)$, wenn MX die Anordnung bezeichnet, die sich durch Anwendung der Permutation M auf die Anfangsanordnung X ergibt?

9.29 (Abkühlungsvorgänge) Das sogenannte Ehrenfest-Modell soll zur Modellierung von Abkühlungsprozessen eingesetzt werden: Insgesamt $2N$ Kugeln sind auf zwei miteinander durchlässig durch eine Membran verbundene, aber nach außen isolierte Behälter verteilt, und es befinden sich anfangs i Kugeln in Behälter A und $2N - i$ Kugeln in Behälter B. Zu den Zeiten $n \in \mathbb{N}$ wird nun jeweils rein zufällig eine Kugel ausgewählt und in den anderen Behälter überführt, um einen Durchgang durch die Membran zu simulieren. Das *Newton'sche Abkühlungsgesetz* besagt, dass die zeitliche Rate der Temperatur-Änderung einer sich abkühlenden Substanz proportional ist zur Temperatur-Differenz zwischen der Substanz und dem sie umgebenden Medium. Bezeichnet T_t die Temperatur der Substanz zur Zeit t und U_0 die als konstant angenommene Temperatur der Umgebung, dann gilt

$$T_t = U_0 + (T_0 - U_0)e^{-\alpha t},$$

für eine positive Konstante α. Diese Konstante heißt *Abkühlungsrate*.
Im Ehrenfest-Modell mit insgesamt $2N$ Kugeln sei X_n die Anzahl der Kugeln in Behälter A nach dem n. Austausch und $T_n = E(X_n \mid X_0 = i)$. Wir interpretieren T_n als mittlere Temperatur zur Zeit n einer sich abkühlenden Substanz mit Anfangstemperatur $T_0 = i > N$ in einer Umgebung mit Temperatur $U_0 = N$.

(a) Zeigen Sie, dass

$$T_n = 1 + \left(1 - \frac{1}{N}\right) T_{n-1}, \qquad \forall n \in \mathbb{N},$$

und leiten Sie daraus ab, dass

$$T_n = N + (i - N)\left(1 - \tfrac{1}{N}\right)^n, \qquad \forall n \in \mathbb{N}_0,$$

$$\lim_{n \to \infty} T_n = N.$$

(b) Falls τ die Zeit zwischen aufeinander folgenden Übergängen im Ehrenfest-Modell ist, dann gibt es im Intervall $[0, t]$ etwa $n = t/\tau$ Übergänge; τ sei klein. Zeigen Sie, dass das Newton'sche Abkühlungsgesetz gilt, und ermitteln Sie die Abkühlungsrate.

9.30 (Familienplanung und Geschlechterquotient) Gegeben seien n Paare, die unabhängig voneinander Kinder bekommen. Jedes Kind des i. Paares ist unabhängig von allen anderen Kindern mit Wahrscheinlichkeit p_i ein Junge und mit Wahrscheinlichkeit $q_i := 1 - p_i$ ein Mädchen. Mehrfachgeburten treten nicht auf. Der Quotient

$$R = \frac{\text{erwartete Gesamtzahl der Jungen aller Paare}}{\text{erwartete Gesamtzahl der Kinder aller Paare}}$$

ist ein Maß für den Anteil der Jungen an den Geburten.

(a) Die Verteilung der Kinderzahl sei dieselbe für alle Familien und habe den Erwartungswert μ. Zeigen Sie, dass die erwartete Gesamtzahl der Jungen durch
$$\mu \sum_{i=1}^{n} p_i$$
gegeben ist. Bestimmen Sie R.

(b) Alle Paare zeugen so lange Kinder, bis sie erstmals einen Jungen bekommen. Zeigen Sie, dass $\frac{1}{p_i}$ die erwartete Kinderzahl des i. Paares ist, und bestätigen Sie die Formel
$$R = \frac{n}{\sum_{i=1}^{n} \frac{1}{p_i}}.$$

(c) Alle Paare zeugen so lange Kinder, bis sie erstmals ein Mädchen bekommen. Zeigen Sie, dass $\frac{1}{q_i}$ die erwartete Kinderzahl des i. Paares ist, und bestätigen Sie die Formel
$$R = 1 - \frac{n}{\sum_{i=1}^{n} \frac{1}{q_i}}.$$

(d) Alle Paare zeugen so lange Kinder, bis erstmals beide Geschlechter vertreten sind. Zeigen Sie (etwa durch Konditionierung auf das Geschlecht des ersten Kindes), dass die erwartete Kinderzahl des i. Paares durch $\frac{1}{p_i q_i} - 1$ gegeben ist, und bestätigen Sie die Formel
$$R = \frac{\sum_{i=1}^{n}\left(\frac{1}{q_i}\right) - \sum_{i=1}^{n} p_i}{\sum_{i=1}^{n}\left(\frac{1}{p_i q_i}\right) - n}.$$

(e) Was ergibt sich in (a)-(d) für $p_i = \frac{1}{2}$, $\forall i = 1, \ldots, n$?

9.32 (Modellierung des Fußball-Spiels) Beim Fußball treten 2 Mannschaften mit je 10 Feldspielern und einem Torhüter gegeneinander an. Eine Mannschafts-Aufstellung (i, j, k) bezeichne ein Spielsystem mit i Verteidigern, j Mittelfeldspielern und k Angreifern, $i + j + k = 10$. Wir teilen das Spielfeld in 5 Bereiche ein und modellieren den Spielverlauf, also die wechselnden Aufenthaltsorte des Balles, durch eine Markov-Kette auf den Zuständen { linkes Tor, linker Abwehrbereich, Mittelfeld, rechter Abwehrbereich, rechtes Tor }. Ferner nehmen wir an, dass sich der Ball in jeder Zeiteinheit nur nach links oder nach rechts bewegt und dass die Übergangswahrscheinlichkeiten proportional der Anzahl der Spieler in der jeweiligen Position für die gegebenen Spielsysteme sind. Spielt z.B. Mannschaft *Links* nach dem $(4, 3, 3)$-System und Mannschaft *Rechts* nach dem $(3, 4, 3)$-System, dann bewegt sich ein Ball aus dem Mittelfeld mit Wahrscheinlichkeit $4/7$ als Nächstes in den linken Abwehrbereich und mit Wahrscheinlichkeit $3/7$ in den rechten Abwehrbereich.

Unter der Annahme dieser Spielsysteme für Mannschaft *Links* und Mannschaft *Rechts* bestimmen Sie:

(a) die mittlere Zeit bis zum ersten Tor.

(b) die mittlere Zeit bis zum ersten Tor für Mannschaft *Links* und für Mannschaft *Rechts*.

(c) die Wahrscheinlichkeit, dass zuerst Mannschaft *Links* ein Tor erzielt.

(d) die stationäre Verteilung für den Aufenthaltsort des Balles.

(e) wie sich das Ergebnis in (d) ändert, wenn Mannschaft *Links* durch eine rote Karte einen Angreifer verliert.

9.33 (Travelling-Salesman-Problem) Gegeben seien n Städte $A_1, \ldots, A_n$ und eine symmetrische Matrix D, deren Eintrag d_{ij} die Entfernung zwischen A_i und A_j angibt, $i,j = 1, \ldots, n$. Gesucht ist eine Permutation $\pi = (\pi_1, \ldots, \pi_n)$ der Zahlen $1, \ldots, n$, welche

$$\sum_{i=1}^{n-1} d_{\pi_i \pi_{i+1}} + d_{\pi_n \pi_1}$$

minimiert. Jede Permutation legt eine Reiseroute durch die Städte fest, die jede Stadt genau einmal besucht und zum Ausgangspunkt zurückkehrt. Dies ist das *Travelling-Salesman-Problem*. Man stelle sich einen Handelsreisenden vor, der in einer Stadt wohnt, Kunden in $(n-1)$ anderen Städten aufsuchen muss und anschließend nach Hause zurückkehren will. In welcher Reihenfolge sollte er die Kunden besuchen, wenn er seinen Gesamtreiseweg minimieren möchte?

Wir behandeln das Problem für den Fall, dass die Städte durch n nach der Gleichverteilung ausgewählte Punkte $X_1, \ldots, X_n$ aus dem Einheitsquadrat $[0,1]^2$ symbolisiert werden, d.h. die gemeinsame Verteilung der Komponenten der X_i ist konstant auf $[0,1]^2$. Außerdem wird der euklidische Abstandsbegriff zugrunde gelegt: $d_{ij} = \|X_i - X_j\|$.

(a) Zeigen Sie: Es gibt eine Reiseroute, deren Gesamtlänge höchstens $14\sqrt{n}$ beträgt.

Hinweis: Die Aussage kann mit Induktion bewiesen werden. Für den Induktionsschritt sollte eine Einteilung des Einheitsquadrates in Δ^2 Quadrate der Seitenlänge $\frac{1}{\Delta}$ vorgenommen werden, mit $\Delta^2 < n+1 < (\Delta+1)^2$. Dann liegen in mindestens einem Teilquadrat mindestens zwei Punkte.

(b) Die *Streifenmethode* zur Bestimmung einer Reiseroute durch die n Städte teilt das Einheitsquadrat in horizontale Streifen der Breite δ ein. Die Reise beginnt in dem am weitesten links gelegenen Punkt im obersten Streifen und durchläuft alle Punkte dieses Streifens von links nach rechts, anschließend werden die Punkte des zweiten Streifens von rechts nach links durchlaufen, usw., bis der Weg schließlich vom letzten Punkt des untersten Streifens zurück zum Ausgangspunkt führt. Zeigen Sie, dass die mittlere Länge der mit der Streifenmethode bei optimaler Wahl von δ festgelegten Reiseroute eine maximale Länge von höchstens $2\sqrt{n} + \sqrt{2} + 1$ hat.

(c) Zeigen Sie, dass jede Reiseroute eine mittlere Länge von mindestens $\frac{1}{2}\sqrt{n}$ hat.

Hinweis: Sei $L_n(\pi)$ die mittlere Länge der durch die Permutation π festgelegten Reiseroute. Sei

$$d(X_i, \{X_1, \ldots, X_{i-1}, X_{i+1}, \ldots, X_n\}) =: \min_{j \neq i} d_{ij}$$

der kürzeste Abstand zwischen X_i und der Menge der übrigen Punkte. Für alle Permutationen π ist

$$L_n(\pi) \geq \sum_{i=1}^n E[d(X_i, \{X_1, \ldots, X_{i-1}, X_{i+1}, \ldots, X_n\})]$$
$$= n\, E[d(X_n, \{X_1, \ldots, X_{n-1}\})].$$

Bestimmen Sie eine untere Schranke für diesen Erwartungswert, indem Sie zunächst

$$P(d(X_n, \{X_1, \ldots, X_{n-1}\}) > r \mid X_n)$$

nach unten abschätzen.

9.34 (Spieltheorie) Wir behandeln das folgende Modell für eine Serie von Spielen zwischen zwei Kontrahenten. Beide Spieler haben die Wahl zwischen 2 Strategien. Wenn Spieler 1 die Strategie Γ_i wählt und Spieler 2 die Strategie Γ_j, dann gewinnt Spieler 1 von Spieler 2 den Betrag γ_{ij}. Ein negativer Gewinn wird als Verlust gedeutet. Die möglichen Auszahlungen können als Matrix

$$\left\| \begin{matrix} \gamma_{11} & \gamma_{12} \\ \gamma_{21} & \gamma_{22} \end{matrix} \right\|$$

dargestellt werden. Beide Spieler können ihre Strategien auch mischen und bei einigen Spielen einer Serie Γ_1 einsetzen, bei anderen Γ_2. Wählt Spieler i bei jedem einzelnen Spiel unabhängig von allen anderen Spielen mit Wahrscheinlichkeit $p_{i1} \in [0,1]$ die Strategie Γ_1 und mit Wahrscheinlichkeit $p_{i2} = 1 - p_{i1}$ die Strategie Γ_2, so wird diese gemischte Spielweise durch den Parameter p_{i1} charakterisiert, und wir sagen, er setzt die Strategie p_{i1} ein.

(a) Ermitteln Sie den mittleren Gewinn $G_1(p_{11}, p_{21})$ von Spieler 1, wenn er die gemischte Strategie p_{11} einsetzt und sein Kontrahent mit der Strategie p_{21} spielt.

(b) Zeigen Sie, dass die optimalen Strategien $\overset{\circ}{p}_{11}$ und $\overset{\circ}{p}_{21}$ für Spieler 1 bzw. Spieler 2 gegeben sind durch

$$\overset{\circ}{p}_{11} = \frac{\gamma_{22} - \gamma_{21}}{\gamma_{11} + \gamma_{22} - \gamma_{12} - \gamma_{21}},$$

$$\overset{\circ}{p}_{21} = \frac{\gamma_{11} - \gamma_{12}}{\gamma_{11} + \gamma_{22} - \gamma_{12} - \gamma_{21}}.$$

(c) Zeigen Sie, dass der maximale mittlere Gewinn $G_1^{\max}(\overset{\circ}{p}_{11})$ von Spieler 1 bei optimalem Spiel von Spieler 2 gegeben ist durch

$$G_1^{\max}(\overset{\circ}{p}_{11}) = \gamma_{11}\overset{\circ}{p}_{11} + \gamma_{21}(1 - \overset{\circ}{p}_{11}) = \gamma_{12}\overset{\circ}{p}_{11} + \gamma_{22}(1 - \overset{\circ}{p}_{11}).$$

Prüfen Sie, dass

$$G_1^{\max}(\overset{\circ}{p}_{11}) = G_1(\overset{\circ}{p}_{11}, \overset{\circ}{p}_{21}).$$

(d) Konkret sei nun eine Serie folgender Spiele betrachtet: Spieler 1 verbirgt in seiner Hand entweder eine 5-€-Note oder eine 20-€-Note. Spieler 2 rät, worum es sich handelt. Rät er richtig, so erhält er die entsprechende Banknote. Andernfalls zahlt er 15 € an Spieler 1. Ermitteln Sie die optimalen Strategien für beide Spieler und den maximalen mittleren Gewinn von Spieler 1.

9.35 (Selbstmeidende Pfade) Im chemischen Prozess der Polymerisation bilden sich aus oft vielen Tausend einzelnen Molekülen langkettige Makromoleküle unter Aufspaltung chemischer Bindungen. Diese heißen Polymere. Modelle für die Anordnung dieser Molekülketten sind die so genannten selbstmeidenden Pfade. Ein selbstmeidender Pfad auf $\mathbb{Z}^d$ ist eine Realisierung einer (analog zur Zufallsirrfahrt auf $\mathbb{Z}$ definierten) Zufallsirrfahrt auf $\mathbb{Z}^d$, die jeden Punkt höchstens einmal besucht. Sei α_n die Anzahl der im Ursprung startenden selbstmeidenden Pfade der Länge n.

(a) Unter allen im Ursprung beginnenden Pfaden der Länge n einer Zufallsirrfahrt auf $\mathbb{Z}^d$ wird ein Pfad rein zufällig ausgewählt. Schätzen Sie die Wahrscheinlichkeit ab, dass er selbstmeidend ist. Zeigen Sie dazu, dass

$$d^{n+1} \leq \alpha_{n+1} \leq (2d-1)\alpha_n, \qquad \forall n \in \mathbb{N}.$$

(b) Bestätigen Sie die Asymptotik

$$\lim_{n \to \infty} \frac{1}{n} \ln \alpha_n = \gamma,$$

für ein $\gamma \in [\ln d, \ln(2d-1)]$.

9.36 (Optimale Parkplatzsuche) Ein Autofahrer fährt, wie skizziert, auf einer geraden Straße in Richtung seines Ziels Z und schaut nach einem Parkplatz.

Während der Fahrt kann er jeweils nur einen Parkplatz sehen und dabei erkennen, ob dieser frei oder besetzt ist. Jeder Parkplatz ist unabhängig von allen anderen frei mit Wahrscheinlichkeit $p \in (0,1)$. Wenn ein Parkplatz frei ist, kann der Fahrer sich entschließen, dort zu parken oder aber seine Fahrt in der Hoffnung auf einen näher am Ziel gelegenen Parkplatz fortzusetzen. Falls er das Ziel erreicht, ohne zu parken, setzt er seine Fahrt über das Ziel hinaus fort und ergreift dann die erste Parkmöglichkeit. Seine Unzufriedenheit auf einer hypothetischen Skala ist proportional zum Abstand zwischen seinem Parkplatz und dem Ziel: Parkt er m Parkplätze vom Ziel entfernt, so beträgt sie $c|m|$, wobei $c > 0$ ist.

Der Fahrer wählt folgende Strategie: Solange er sich noch mehr als m^* Parkplätze

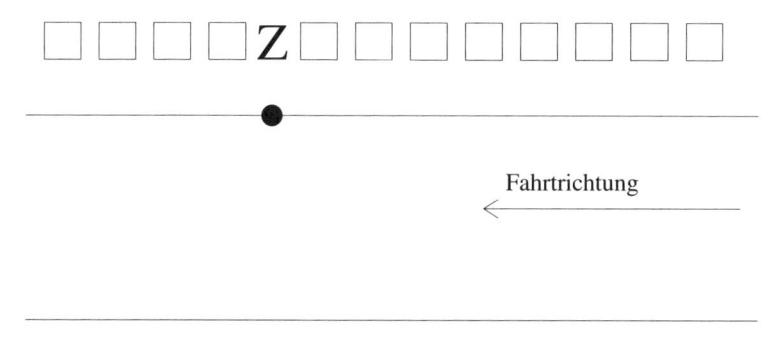

Abbildung 9.1: Fahrtrichtung, Parkplatzanordnung und Ziel.

vor dem Ziel befindet, ignoriert er jede sich eventuell bietende Parkmöglichkeit. Danach wählt er den ersten freien Parkplatz.

Ermitteln Sie m^* so, dass die erwartete Unzufriedenheit kleinstmöglich ist.

9.37 (Undiszipliniertes Parken) Ein Parkplatz bestehe aus n aneinander gereihten Intervallen der Länge 1. Jedes Fahrzeug benötige 2 aufeinander folgende Intervalle zum Parken. Kein Intervall werde von mehr als einem Fahrzeug besetzt. Ist n gerade, dann kann der Parkplatz bei diszipliniertem Parken $n/2$ Fahrzeuge aufnehmen. Ein stochastisches Modell für undiszipliniertes Parken ist dies: Der erste Fahrer stellt sein Auto zufällig ab. Dabei wählt er mit gleicher Wahrscheinlichkeit unter den $(n-1)$ möglichen Positionen. Sein Auto hinterlässt rechts und links zwei kleinere Parkplätze bestehend aus k bzw. $(n-k-2)$ Intervallen. Ist die Länge eines Teilstücks kleiner als 2 Intervalle, dann kommt es für die nachfolgenden Fahrer nicht mehr als Parkplatz in Frage. Der zweite Fahrer wählt unter allen für ihn möglichen Parkpositionen eine rein zufällig aus und nimmt sie ein. Dieser Vorgang wiederholt sich. Sind schließlich alle Abstände zwischen je zwei aufeinander folgenden Fahrzeugen kleiner als 2 Intervalle, so ist der Parkplatz belegt. Die Zahl X_n der dann parkenden Fahrzeuge ist eine von n abhängende Zufallsgröße. Der *Nutzfaktor* ist definiert als Quotient aus der Anzahl belegter Intervalle und ihrer Gesamtzahl n. Die *mittlere Nutzung* ist $2n^{-1}EX_n$.

(a) Sei $a_n := EX_n$ die mittlere Zahl parkender Fahrzeuge. Zeigen Sie, dass die a_n die Rekursionsformel

$$a_n = 1 + \frac{2}{n-1}\sum_{k=0}^{n-2} a_k, \qquad \forall n \geq 2,$$
$$a_0 = a_1 = 0$$

erfüllen.

(b) Sei $b_n := 2a_n/n$ die mittlere Nutzung. Zeigen Sie, dass die b_n die Rekursionsformel

$$b_n = \frac{2}{n(n-1)} + \frac{(n-2)}{n}b_n + \frac{2(n-2)}{n(n-1)}b_{n-2}, \qquad \forall n \geq 2,$$
$$b_0 = b_1 = 0$$

erfüllen.

(c) Zeigen Sie, dass die asymptotische mittlere Nutzung gegeben ist durch

$$\lim_{n\to\infty} b_n = 1 - e^{-2} = 0.865.$$

Bei zufälliger Raumausfüllung wird der Parkplatz also nicht effizient genutzt.

Hinweis: Es ist günstig, statt $(b_n)_{n\in\mathbb{N}}$ die Folge mit den Gliedern

$$b_n^* = \frac{2(1 + a_{n-2})}{n}$$

zu betrachten. Diese besitzt denselben Grenzwert und erfüllt die einfacher zu handhabende (homogene) Rekursionsformel

$$b_n^* = \frac{1}{n(n-3)}[2(n-2)b_{n-2}^* + (n-1)(n-4)b_{n-1}^*], \qquad \forall n \geq 4,$$

$$b_2^* = 1, \ b_3^* = \frac{2}{3}.$$

Dann gehe man zur Differenzenfolge mit den Gliedern $d_n := b_n^* - b_{n-1}^*$ über. Aus der expliziten Lösung für d_n kann eine explizite Lösung für b_n^* abgeleitet werden.

9.38 Die Mannschaften M_1, M_2, M_3 wollen ein Turnier austragen. Aus früheren Begegnungen sind die folgenden Wahrscheinlichkeiten bekannt:

$$P(M_1 \text{ besiegt } M_2) = 0.8, \qquad P(M_2 \text{ besiegt } M_3) = 0.7.$$

Vor Turnierbeginn interessieren wir uns für $P(M_1 \text{ besiegt } M_3)$ und ziehen drei Modelle in Betracht, um diese Wahrscheinlichkeit zu ermitteln.
• Modell 1: Die von den Mannschaften erzielten Punktzahlen sind unabhängige Zufallsgrößen X_1, X_2, X_3. Dann wird M_2 von M_1 besiegt, sofern $X_1 > X_2$ ist. Die Verteilungen der X_i werden als $\mathbf{N}(\mu_i, \sigma^2)$ modelliert, mit derselben Varianz σ^2 für alle Mannschaften. Ohne Beschränkung der Allgemeinheit kann $\sigma^2 = 1$ gewählt werden.
• Modell 2: Jeder Mannschaft wird eine Spielstärke ν_i, $i = 1, 2, 3$, zugeordnet. Die Wahrscheinlichkeit, dass eine Mannschaft mit Spielstärke ν_i eine Mannschaft mit Spielstärke ν_j besiegt, ist durch $F(\nu_i - \nu_j)$ gegeben für eine noch festzulegende Funktion F. Auch Modell 1 kann übrigens in diesem Sinne interpretiert

werden, wenn für F die Verteilungsfunktion der Standard-Normalverteilung eingesetzt wird. Hier wählen wir F als Verteilungsfunktion der Laplace-Verteilung mit Dichte

$$f(x) = \frac{1}{\sqrt{2}} e^{-\sqrt{2}|x|}, \qquad x \in \mathbb{R},$$

welche ebenfalls Erwartungswert 0 und Varianz 1 besitzt.

- Modell 3: Auch dieses Modell geht von Spielstärkeniveaus aus. Es arbeitet mit der Annahme, dass die Siegchance proportional zur Spielstärke ist, d.h. die Wahrscheinlichkeit, dass eine Mannschaft der Spielstärke ν_i eine Mannschaft der Spielstärke ν_j besiegt, beträgt $\nu_i/(\nu_i + \nu_j)$.

Natürlich hängt die Tauglichkeit der drei Modelle von der konkret betrachteten Sportart ab.
Bestimmen Sie die Wahrscheinlichkeit $P(M_1 \text{ besiegt } M_3)$ unter jedem der drei Modelle.

9.39 (**Optimalität der vorsichtigen Strategie**) Jemand wettet auf eine Folge von Bernoulli-Versuchen. Setzt er d Geldeinheiten ein, dann gewinnt er mit Wahrscheinlichkeit p weitere d Geldeinheiten hinzu, mit Wahrscheinlichkeit $q = 1 - p$ verliert er seinen Einsatz. Das Anfangskapital des Spielers beträgt k, sein Zielbetrag ist K und der minimale Einsatz sei 1 Geldeinheit. Zeigen Sie, dass für $p \geq 1/2$ die vorsichtige Strategie optimal ist.

Hinweis: Bringen Sie das Problem in Verbindung mit den Absorptionswahrscheinlichkeiten bei der Zufallsirrfahrt. Für $p = 1/2$ erfüllt $V(k) = k/K$ die Optimalitätsbedingung. Zeigen Sie, dass für $p > 1/2$ die Optimalitätsbedingung äquivalent ist mit

$$p\left[(q/p)^j + (p/q)^{j-1}\right] \geq 1, \qquad \forall i \in A, \forall j \in B_i.$$

Prüfen Sie, ob diese Ungleichung für $j = 1$ erfüllt ist und ob $(q/p)^j + (p/q)^{j-1}$ eine monoton wachsende Funktion in j ist für $j \in \mathbb{N}$ und $p > 1/2$.

9.41 (**Simulated Annealing**) Bei *Simulated Annealing* handelt es sich um einen stochastischen Algorithmus zur Bestimmung des Minimums einer Zielfunktion g über einer Menge von Zuständen S. Konkret sei

$$S = \{1, \ldots, n\}, \qquad n \in \mathbb{N},$$

und

$$g : S \longrightarrow \mathbb{R}$$

eine Funktion, welche den einzelnen Zuständen Kosten zuordnet. Das Ziel besteht in der Bestimmung eines kostenoptimalen Zustandes i_0 mit $g(i_0) \leq g(i)$ für alle $i \in S$. Es sei $S_0 := \{i \in S : g(i) \leq g(j) \text{ für alle } j = 1, \ldots, n\}$ die Menge der kostenoptimalen Zustände.
Simulated Annealing führt stochastische Schritte auf S durch. Bei jedem Schritt wird zunächst aus einer vorgegebenen Verteilung ein Zustand j generiert. Der

Zustand j wird akzeptiert und der Übergang von i nach j durchgeführt, wenn die mit j verbundenen Kosten $g(j)$ geringer sind als die mit i verbundenen Kosten $g(i)$. Wenn $g(j) \geq g(i)$ ist, wird Zustand j immerhin noch mit einer gegebenen Wahrscheinlichkeit akzeptiert. Diese Wahrscheinlichkeit wird im Verlauf der Durchführung des Algorithmus schließlich gegen 0 verkleinert. Auf diese Weise ist es möglich, lokale Minima der Zielfunktion wieder zu verlassen.

Zur Analyse von Simulated Annealing ziehen wir ein Markov-Modell heran. Dazu konstruieren wir eine Familie von Markov-Ketten auf S, deren Übergangsmatrizen $P(\varepsilon)$ die Einträge

$$p_{ij}(\varepsilon) = \begin{cases} \gamma_{ij}\alpha_{ij}(\varepsilon), & \text{falls } i \neq j \\ 1 - \sum_{\substack{k=1 \\ k \neq i}}^{n} \gamma_{ik}\alpha_{ik}(\varepsilon), & \text{falls } i = j \end{cases}$$

besitzen. Dabei ist γ_{ij} die Wahrscheinlichkeit, von Zustand i den Zustand j zu generieren. Unabhängig wird anschließend entschieden, ob der Übergang von i nach j tatsächlich realisiert wird. Dies geschieht mit Wahrscheinlichkeit $\alpha_{ij}(\varepsilon)$. Der *Steuerungsparameter* ε erlaubt eine Veränderung der *Annahmewahrscheinlichkeiten* $\alpha_{ij}(\varepsilon)$.

(a) Es seien $Y_1, \ldots, Y_n$ unabhängige Zufallsgrößen mit $P(Y_i = j) = \gamma_{ij}$. Ferner seien I_{ij} für $i, j \in S$ von den Y_i sowie auch voneinander unabhängige $\mathbf{B}(\alpha_{ij}(\varepsilon))$-verteilte Zufallsgrößen. Außerdem ist $X_0 = 0$, $I_{0i} = 1$ für $i \in S$ und Y_0 eine Zufallsgröße mit der gewünschten Anfangsverteilung $P(Y_0 = i) = q_i$, $\forall i \in S$, sowie

$$X_n = I_{X_{n-1}Y_{X_{n-1}}} Y_{X_{n-1}} + (1 - I_{X_{n-1}Y_{X_{n-1}}}) X_{n-1}.$$

Zeigen Sie, dass $(X_n)_{n \in \mathbb{N}}$ eine Markov-Kette auf S mit Übergangsmatrix $P(\varepsilon)$ und Anfangsverteilung $(q_1, \ldots, q_n)$ ist.

Wir untersuchen nun das Verhalten von Simulated Annealing für die Annahmewahrscheinlichkeiten

$$\alpha_{ij}(\varepsilon) := \min\left\{1, \exp\left(\frac{g(i) - g(j)}{\varepsilon}\right)\right\}, \qquad \forall i, j \in S, \, \varepsilon > 0.$$

(b) Zeigen Sie, dass unter den Voraussetzungen
  - $\forall i \in S$ ist $\gamma_{ii} > 0$, \hfill (9.3)
  - $\forall i, j \in S$ existieren $m = m(i,j) \in \mathbb{N}, \{l_1, \ldots, l_m\} \subseteq S$ mit $l_1 = i$, $l_m = j$ und $\gamma_{l_k l_{k+1}} > 0$ für alle $k = 1, \ldots, m-1$, \hfill (9.4)

die Markov-Kette $(X_n)_{n \in \mathbb{N}}$ für alle $\varepsilon > 0$ eine stationäre Verteilung besitzt.

Hinweis: Überzeugen Sie sich, dass es ein $r \in \mathbb{N}$ gibt, so dass $P^r(\varepsilon)$ lauter positive Einträge hat.

(c) Zeigen Sie: Unter den Voraussetzungen (9.3), (9.4) sowie der Symmetriebedingung $\gamma_{ij} = \gamma_{ji}$, $\forall i, j \in S$, sind die Wahrscheinlichkeiten der stationären Verteilung $\pi(\varepsilon) = (\pi_1(\varepsilon), \ldots, \pi_n(\varepsilon))$ gegeben durch

$$\pi_i(\varepsilon) = \frac{\alpha_{i_0 i}(\varepsilon)}{\sum_{j=1}^{n} \alpha_{i_0 j}(\varepsilon)},$$

wobei $i_0 \in S_0$ ein kostenoptimaler Zustand ist. Zusätzlich ist

$$\lim_{\varepsilon \downarrow 0} \pi(\varepsilon) = (\pi_1, \ldots, \pi_n)$$

mit

$$\pi_i = \begin{cases} \frac{1}{\#S_0}, & \text{falls } i \in S_0 \\ 0, & \text{falls } i \notin S_0. \end{cases}$$

Die stationäre Verteilung der Markov-Kette $(X_n)_{n \in \mathbb{N}}$ konvergiert also für $\varepsilon \downarrow 0$ bei beliebiger Anfangsverteilung gegen die Gleichverteilung auf den kostenoptimalen Zuständen.

Hinweis: Um zu zeigen, dass $\pi_k(\varepsilon) = \sum_{k=1}^{n} \pi_j(\varepsilon) p_{jk}(\varepsilon)$ ist, sind folgende Eigenschaften der Annahmewahrscheinlichkeiten nützlich: Aus $g(i) \leq g(j) \leq g(k)$ folgt

$$\alpha_{ik}(\varepsilon) = \alpha_{ij}(\varepsilon) \alpha_{jk}(\varepsilon), \qquad \forall i, j, k \in S, \forall \varepsilon > 0,$$

und aus $g(j) \leq g(i)$ folgt $\alpha_{ij}(\varepsilon) = 1$. Ferner ist

$$\lim_{\varepsilon \downarrow 0} \alpha_{ij}(\varepsilon) = 0, \qquad \forall i, j \in S \text{ mit } g(j) > g(i).$$

Mit der Normierungskonstante $c(\varepsilon) = \left[\sum_{j=1}^{n} \alpha_{i_0 j}(\varepsilon) \right]^{-1}$ gilt

$$\pi_j(\varepsilon) p_{jk}(\varepsilon) = c(\varepsilon) \alpha_{i_0 j}(\varepsilon) \gamma_{jk} \alpha_{jk}(\varepsilon) = c(\varepsilon) \gamma_{kj} \alpha_{i_0 j}(\varepsilon) \alpha_{jk}(\varepsilon).$$

Nun verwendet man, dass $\alpha_{i_0 j}(\varepsilon) \alpha_{jk}(\varepsilon) = \alpha_{i_0 k}(\varepsilon) \alpha_{kj}(\varepsilon)$ für $g(i_0) \leq g(j) \leq g(k)$ und auch für $g(i_0) \leq g(k) \leq g(j)$.

9.2 Lösungen

9.3 Wir stellen eine Beziehung zwischen binärem Baum und Galton-Watson-Verzweigungsprozess her und bringen unser Wissen über diese Prozesse zur Geltung. Sei $Y_0 = 1$, und für $n \in \mathbb{N}$ sei Y_n die Anzahl der Ecken der Tiefe n des binären Baumes, die mit der Wurzel durch einen Pfad über geöffnete Kanten verbunden sind.

(a) Für alle $n \in \mathbb{N}$ besteht die Darstellung

[Abbildung: Binärer Baum mit Tiefen 0 bis 3, wobei die Wurzel W an Tiefe 0 liegt.]

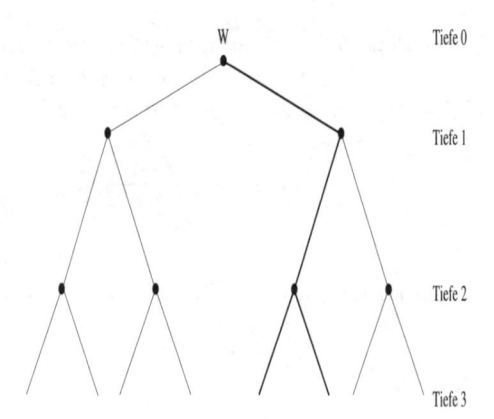

Abbildung 9.2: Binärer Baum mit geöffneten (fett markierten) Kanten.

$$Y_{n+1} = \sum_{i=1}^{Y_n} X_{i,n},$$

wobei die $X_{i,n}$ unabhängige, jeweils $\mathbf{B}(2,p)$-verteilte Zufallsgrößen sind. Demnach ist $(Y_n)_{n \in \mathbb{N}_0}$ ein Galton-Watson-Verzweigungsprozess. Ferner haben wir

$$\#C = \sum_{n=1}^{\infty} Y_n. \tag{9.5}$$

Es ist nun eine entscheidende Erkenntnis, dass

$$\theta(p) := P(\#C = \infty) = P(Y_n \geq 1, \forall n \in \mathbb{N}).$$

Man kann sagen: $P(\#C = \infty)$ entspricht der Wahrscheinlichkeit, dass die durch den Galton-Watson-Prozess beschriebene Population nicht ausstirbt. Demzufolge gilt $P(\#C = \infty) > 0$ genau dann, wenn $E(X_{i,n}) = 2p > 1$ ist, d.h. genau für $p > \frac{1}{2}$ ist. Die Perkolationsschwelle p_c ist also

$$p_c = \sup\{p : \theta(p) = 0\} = \frac{1}{2}.$$

(b) Für $p > \frac{1}{2}$ ist die Aussterbewahrscheinlichkeit im Galton-Watson-Prozess als eindeutig bestimmte Lösung $s \in [0,1)$ der Gleichung $s = G(s)$ gegeben, wobei G die wahrscheinlichkeitserzeugende Funktion der Verteilung der Nachkommen ist. Wegen $X_{i,n} \sim \mathbf{B}(2,p)$ liegt im konkreten Fall die Funktion

$$\begin{aligned} G(s) &= s^0 P(X_{i,n} = 0) + s^1 P(X_{i,n} = 1) + s^2 P(X_{i,n} = 2) \\ &= (1-p)^2 + 2p(1-p)s + p^2 s^2 \end{aligned}$$

vor, und die in Rede stehende Gleichung lautet

$$(1-p)^2 + 2p(1-p)s + p^2s^2 = s$$

bzw.

$$s^2 + \frac{[2p(1-p) - 1]}{p^2} + \frac{(1-p)^2}{p^2} = 0$$

mit den beiden Lösungen

$$s_{1,2} = -\frac{[p(1-p) - 1/2]}{p^2} \pm \sqrt{\frac{[p(1-p) - 1/2]^2}{p^4} - \frac{(1-p)^2}{p^2}}$$

$$= \frac{p^2 - p + 1/2 \pm |p - 1/2|}{p^2}.$$

Für $p > 1/2$ ist $s_1 = 1$ und $s_2 = (p-1)^2/p^2 < 1$, und wir sind in der Lage, die Überlebenswahrscheinlichkeit als

$$\theta(p) = 1 - \frac{(p-1)^2}{p^2} = \frac{2p-1}{p^2}, \qquad \forall p > \frac{1}{2},$$

anzugeben. Den kritischen Exponenten α berechnen wir daraus zu

$$\lim_{p \downarrow 1/2} \frac{\ln[\theta(p)]}{\ln(p - 1/2)} = \lim_{p \downarrow 1/2} \frac{\ln(2p-1) - \ln p^2}{\ln(p - 1/2)} = \frac{2 \cdot (2p-1)^{-1} - 2p}{(p-1/2)^{-1}}\bigg|_{p=1/2} = 1.$$

(c) Über Verzweigungsprozesse wissen wir, dass

$$EY_n = (EX_{i,1})^n = (2p)^n.$$

Mit (9.5) errechnet man daraus unmittelbar den gesuchten Erwartungswert

$$E(\#C) = E\left(\sum_{n=1}^{\infty} Y_n\right) = \sum_{n=1}^{\infty} (2p)^n = \begin{cases} \frac{2p}{1-2p}, & \text{falls } p < \frac{1}{2} \\ \infty, & \text{falls } p \geq \frac{1}{2}. \end{cases}$$

(d) Das Resultat in (c) liefert

$$\lim_{p \uparrow 1/2} \frac{\ln E(\#C)}{\ln(1/2 - p)} = \lim_{p \uparrow 1/2} \frac{\ln(2p) - \ln(1 - 2p)}{\ln(1/2 - p)} = \frac{p^{-1} + 2(1 - 2p)^{-1}}{-(1/2 - p)^{-1}}\bigg|_{p=1/2} = -1.$$

9.4 Unsere Argumentation basiert auf dem angegebenen Hinweis: Sei p_l die Wahrscheinlichkeit, dass J_0 l-ausgefüllt ist. Wenn J_0 l-ausgefüllt ist, dann werden gegenüberliegende Seiten von J_0 durch eine Menge von entlang einer Kante aneinander grenzenden Teilquadraten von J_l verbunden. Ferner ist ein l-ausgefülltes J_0 auch $(l-1)$-ausgefüllt, und wir sind bei der Aussage: Ist J_0 für alle $l \in \mathbb{N}$ l-ausgefüllt, so verbindet der Durchschnitt

$$G(p) = \bigcap_{l=0}^{\infty} J_l$$

gegenüberliegende Seiten von J_0. Es tritt also Perkolation ein. Nun ist J_0 l-ausgefüllt genau dann, wenn J_1

    9 Teilquadrate enthält, die alle $(l-1)$-ausgefüllt sind

oder

    9 Teilquadrate enthält, von denen genau 8 $(l-1)$-ausgefüllt sind

oder

    genau 8 Teilquadrate enthält, die alle $(l-1)$-ausgefüllt sind.

Für $l \geq 2$ gewinnt man daraus die Identität

$$p_l = p^9 p_{l-1}^9 + p^9 \cdot 9 p_{l-1}^8 (1-p_{l-1}) + 9p^8(1-p)p_{l-1}^8 = 9p^8 p_{l-1}^8 - 8p^9 p_{l-1}^9.$$

Außerdem ist offensichtlich $p_1 = p^9 + 9p^8(1-p) = 9p^8 - 8p^9$. Setzt man noch $p_0 := 1$ und definiert die Funktion $g(x) = 9p^8 x^8 - 8p^9 x^9$, dann kann man alle diese Gleichungen in der Form der Iteration $p_l = g(p_{l-1})$ für $l \geq 1$ fassen. Speziell ergibt sich z.B. für $p = 0.999$ die Funktion

$$g_*(x) = 8.9282515 x^8 - 7.9282873 x^9.$$

Eine Lösung der Gleichung $g_*(x) = x$ ist $x_0 = 0.9999613$, und für diesen Fixpunkt errechnet man

$$0 < g_*(x) - x_0 \leq \left(\sup_{x \in (x_0, 1]} g_*'(x) \right) \cdot (x - x_0) \leq \frac{1}{2}(x - x_0), \quad \forall x \in (x_0, 1],$$

da g_*' monoton fallend auf $(x_0, 1]$ ist mit $g_*'(x_0) \leq 1/2$. Nach all dem muss $(p_l)_{l \in \mathbb{N}_0}$ eine monoton fallende Folge sein, die gegen x_0 konvergiert. Setzt man $p^* = 0.999$, so können wir als Endereignis formulieren: Für alle $p \geq p^*$ findet mit einer Wahrscheinlichkeit von mindestens $x_0 > 0.9999$ Perkolation statt.

9.5 (a) Im Perkolationsmodell auf $\mathbb{Z}^d$ sei $N_n(d)$ die Anzahl der im Nullpunkt beginnenden, selbstmeidenden, aus n offenen Kanten bestehenden Pfade. Als wertvoll erweist sich die Abschätzung

$$EN_n(d) = \sum_{k=1}^{\infty} k P(N_n(d) = k) \geq \sum_{k=1}^{\infty} P(N_n(d) = k) = P(N_n(d) \geq 1)$$
$$\geq P(\#C_0^p = \infty), \tag{9.6}$$

wobei C_0^p das Cluster des Ursprungs bezeichnet und die letzte Ungleichung auf der Überlegung beruht, dass ein unendliches Cluster des Ursprungs offene selbstmeidende Pfade jeder beliebigen Länge enthält. Da selbstmeidende Pfade sich weder selbst kreuzen noch Kanten mehrfach durchlaufen, gibt es höchstens

$$2^d \cdot (2^d - 1)^{n-1}$$

in einem beliebigen Punkt beginnende, selbstmeidende Pfade der Länge n. Die erste Kante kann nämlich auf 2^d verschiedene Arten gewählt werden und jede weitere auf höchstens $2^d - 1$ verschiedene Arten. Hat ein Pfad n Kanten, so sind diese allesamt offen mit Wahrscheinlichkeit p^n. Aus beidem resultiert

$$EN_n(d) \leq p^n 2^d (2^d - 1)^{n-1}$$

und aufgrund von (9.6)

$$P(\#C_0^p = \infty) \leq 2^d p^n (2^d - 1)^{n-1}. \tag{9.7}$$

Wählt man $p^* \in \left(0, \frac{1}{2^d-1}\right)$, so erhält man aus (9.7) mit Grenzwertbildung für $n \to \infty$ sofort

$$P(\#C_0^{p^*}) = 0$$

und aufgrund von $p_c(d) = \sup\{p : \#C_0^p = \infty\}$ schließlich

$$p_c(d) \geq p^* > 0.$$

(b) Wir konstruieren die Perkolationsmodelle auf $\mathbb{Z}^d$ und $\mathbb{Z}^{d+1}$ gleichzeitig. Jedes unendliche offene Cluster im Perkolationsmodell auf $\mathbb{Z}^d$ ist auch ein unendliches offenes Cluster im Perkolationsmodell auf $\mathbb{Z}^{d+1}$. Bezeichnet also C_0^p das Cluster des Ursprungs im Modell auf $\mathbb{Z}^d$, so ist

$$P(\#C_0^p(d) = \infty) \leq P(C_0^p(d+1) = \infty).$$

Eine direkte Folgerung daraus ist

$$p_c(d+1) \leq p_c(d).$$

9.10 Wir führen Kurzschreibweisen für die Ereignisse

$$A(i) = \{x_1 + \cdots + x_m + \beta = i \mod 2\}, \qquad i = 0, 1,$$

und

$F_k = \{\text{genau } k \text{ der Symbole } x_1, \ldots, x_m \text{ werden falsch übermittelt}\}$

sowie für

$B = \{\text{das Prüfbit } \beta \text{ wird falsch übertragen}\}$

ein.

(a) Eine Darstellung von $A(1)$ als Vereinigung disjunkter Teilmengen ist

$$A(1) = \bigcup_{k=0}^{m} \left[\{F_k \cap B \cap A(1)\} \cup \{F_k \cap B^c \cap A(1)\}\right],$$

und infolgedessen kann die Wahrscheinlichkeit von $A(1)$ ausgedrückt werden als

$$P(A(1)) = \sum_{k=0}^{m} \left[P(F_k \cap B \cap A(1)) + P(F_k \cap B^c \cap A(1))\right].$$

Dieser Aufgabenteil fragt nach der bedingten Wahrscheinlichkeit

$$\begin{aligned}P(F_k \mid A(1)) &= P(F_k \cap B \mid A(1)) + P(F_k \cap B^c \mid A(1)) \\ &= \frac{P(F_k \cap B \cap A(1)) + P(F_k \cap B^c \cap A(1))}{P(A(1))}.\end{aligned}$$

Die Wahrscheinlichkeiten des Zählers hängen von der Parität von k ab. Ist k ungerade, so haben wir

$$P(F_k \cap B \cap A(1)) = P(\emptyset) = 0,$$
$$P(F_k \cap B^c \cap A(1)) = \binom{m}{k} p^k (1-p)^{m-k} (1-p).$$

Ist k gerade, so gilt

$$P(F_k \cap B^c \cap A(1)) = P(\emptyset) = 0, \qquad P(F_k \cap B \cap A(1)) = \binom{m}{k} p^k (1-p)^{m-k} p.$$

Damit ist für k gerade

$$P(F_k \mid A(1))$$
$$= \frac{\binom{m}{k} p^{k+1} (1-p)^{m-k}}{p \cdot \sum_{k \text{ gerade}} \binom{m}{k} p^k (1-p)^{m-k} + (1-p) \cdot \sum_{k \text{ ungerade}} \binom{m}{k} p^k (1-p)^{m-k}}.$$

Für ungerade k ist der Nenner unverändert, und der Zähler hat die Gestalt $\binom{m}{k}p^k(1-p)^{m+1-k}$.

(b) Gesucht ist die bedingte Wahrscheinlichkeit

$$P(F_0 \mid A(0)) = \frac{P(F_0 \cap B \cap A(0)) + P(F_0 \cap B^c \cap A(0))}{P(A(0))}$$
$$= \frac{P(F_0 \cap B^c \cap A(0))}{1 - P(A(1))} = \frac{(1-p)^{m+1}}{1 - P(A(1))}.$$

Die Wahrscheinlichkeit für mindestens einen Fehler unter der Bedingung $A(0)$ ist

$$1 - P(F_0 \mid A(0)) = 1 - \frac{(1-p)^{m+1}}{1 - P(A(1))} = 0.00153.$$

(c) Die Fragestellung handelt von der bedingten Wahrscheinlichkeit

$$P\Big(A(1) \,\Big|\, \bigcup_{k=1}^{m} F_k\Big) = P\Big(A(1) \cap B \,\Big|\, \bigcup_{k=1}^{m} F_k\Big) + P\Big(A(1) \cap B^c \,\Big|\, \bigcup_{k=1}^{m} F_k\Big)$$
$$= \frac{\sum_{i=1}^{m}\left[P(A(1) \cap B \cap F_i) + P(A(1) \cap B^c \cap F_i)\right]}{1 - P(F_0)}$$
$$= \frac{P(B^c \cap F_1) + P(B \cap F_2) + P(B^c \cap F_3) + \cdots + P(B \cap F_m)}{1 - (1-p)^m}.$$

Bei Verwendung der Ergebnisse von (a) ist dies gleich

$$\frac{(1-p)\binom{m}{1}p^1(1-p)^{m-1} + p\cdot\binom{m}{2}p^2(1-p)^{m-2} + (1-p)\cdot\binom{m}{3}p^3(1-p)^{m-3} + \cdots}{1 - (1-p)^m}.$$

9.11 (a) Einer Nachricht der Länge m wird in ein Codewort der Länge $(2k+1)m$ zugeordnet. Die Übertragungsrate ist deshalb

$$r = \frac{m}{(2k+1)m} = \frac{1}{2k+1}.$$

Die Anzahl der Fehler in den $(2k+1)$ übertragenen Zeichen ist eine $\mathbf{B}(2k+1, p)$-verteilte Zufallsgröße. Das Symbol wird fehlerhaft decodiert, falls mindestens $k+1$ Zeichen fehlerhaft übertragen werden. Die Wahrscheinlichkeit dafür ist

$$\sum_{i=k+1}^{2k+1} \binom{2k+1}{i} p^i (1-p)^{2k+1-i}.$$

Für $p = 0.1$ ist dies bei $k = 1$ gleich 0.028 und bei $k = 3$ gleich 0.009. Die Fehlerwahrscheinlichkeit wurde also von 0.028 auf 0.009 reduziert, aber die Übertragungsrate ist von $1/3$ auf $1/5$ gefallen.

(b) Wir verwenden den angegebenen Hinweis. Für gegebenes $\varepsilon > 0$ und hinreichend großes n zeigen wir, dass es einen (m,n)-Blockcode mit $m = \lceil n(1 - H(p) - \varepsilon) \rceil$ gibt, dessen Fehlerwahrscheinlichkeit höchstens ε ist. Für diesen Code ist die Übertragungsrate

$$\frac{m}{n} = \frac{\lceil n(1 - H(p) - \varepsilon) \rceil}{n} \geq 1 - H(p) - \varepsilon$$

wie gewünscht.

Die Codiervorschrift c sei ein aus der Menge aller Abbildungen von $\{0,1\}^m$ nach $\{0,1\}^n$ rein zufällig ausgewähltes Element. Jedes $c(x)$ ist also gleichverteilt über $\{0,1\}^n$. Dekodierung von y erfolgt durch $d(y)$ wie beschrieben. Es gibt zwei Möglichkeiten, dass eine als x gesendete und als y erhaltene Nachricht falsch decodiert werden kann.

Im ersten Fall unterscheidet sich $y = c(x) \oplus (\varepsilon_1, \ldots, \varepsilon_n)$ von $c(x)$ an mehr als $\lfloor n\tilde{p} \rfloor$ Stellen. Die Anzahl Y der Stellen, an denen sich diese beiden Zeichenketten unterscheiden, hat eine $\mathbf{B}(n,p)$-Verteilung. Die Wahrscheinlichkeit, mit der dieses Ereignis eintritt, ist nach dem zentralen Grenzwertsatz

$$P(Y > \lfloor n\tilde{p} \rfloor) = P\left(Z > \frac{\lfloor n\tilde{p} \rfloor - np}{\sqrt{np(1-p)}}\right) \cdot (1 + o(1)) = o(1),$$

wobei Z eine standard-normalverteilte Zufallsgröße bezeichnet. Der zweite Fall erfordert ein $x' \neq x$, für welches $c(x') \in \mathcal{M}$ ist, wobei $\mathcal{M}$ die Menge aller $y' \in \{0,1\}^n$ darstellt, die sich von y an höchstens $\lfloor n\tilde{p} \rfloor$ Stellen unterscheiden. Konditioniert man auf die Werte von $c(x)$ und $(\varepsilon_1, \ldots, \varepsilon_n)$, so ist $c(x')$ nach wie vor gleichverteilt über $\{0,1\}^n$ für jedes x'. Da es $2^m - 1$ mögliche x' gibt, ist die Gesamtwahrscheinlichkeit des in Rede stehenden Ereignisses beschränkt durch

$$2^m \cdot \#\mathcal{M} \cdot 2^{-n} = 2^{m-n} \sum_{k \leq n\tilde{p}} \binom{n}{k} \leq 2^{m-n}(1 - n\tilde{p})\binom{n}{\lfloor n\tilde{p} \rfloor}$$

$$= 2^{m-n} \cdot 2^{n(H(\tilde{p}) + o(1))}, \qquad (9.8)$$

wobei von Stirlings Formel Gebrauch gemacht wurde in der Form

$$\binom{n}{\lfloor n\tilde{p} \rfloor} = \frac{\sqrt{2\pi} n^{n+1/2} e^{-n}}{\sqrt{2\pi}(n\tilde{p})^{n\tilde{p}+1/2} e^{-n\tilde{p}} \cdot \sqrt{2\pi}[n(1-\tilde{p})]^{n(1-\tilde{p})+1/2} e^{-n(1-\tilde{p})}}(1 + o(1))$$

$$= \frac{1}{\tilde{p}^{n\tilde{p}} \cdot (1-\tilde{p})^{n(1-\tilde{p})}} \cdot \left(\frac{1}{\sqrt{2\pi}} + o(1)\right) = 2^{n(H(\tilde{p}) + o(1))}.$$

Setzt man für m ein und bedenkt die Definition von $\tilde{p}$, so kann die rechte Seite von (9.8) durch $o(1)$ ersetzt werden. Für die vorliegende Fragestellung bedeutet dies, dass die gesamte Wahrscheinlichkeit für einen Dekodierungsfehler also $o(1)$ ist, für hinreichend große n damit kleiner als ε. Das Mittel dieser Wahrscheinlichkeiten, gebildet über alle möglichen Auswahlen von c, x und $(\varepsilon_1, \ldots, \varepsilon_n)$, ist ebenfalls kleiner als ε. Damit haben wir bewiesen, dass ein Code c existieren muss, für welchen die Fehlerwahrscheinlichkeit kleiner als ε ist.

9.13 (a)   Ein Schachbrett besteht aus 64 Feldern, die in 8 Zeilen und 8 Spalten angeordnet sind, wenn wir die für Matrizen gebräuchliche Notation hier anwenden. Zur Identifizierung des Königsfeldes stelle man nacheinander die Fragen: «Befindet sich der König ...»

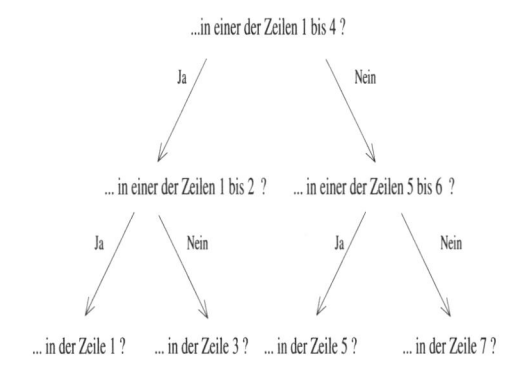

```
                        ...in einer der Zeilen 1 bis 4 ?
                       Ja /                       \ Nein
              ...in einer der Zeilen 1 bis 2 ?    ...in einer der Zeilen 5 bis 6 ?
            Ja /          \ Nein              Ja /         \ Nein
    ... in der Zeile 1 ?   ... in der Zeile 3 ?   ... in der Zeile 5 ?   ... in der Zeile 7 ?
```

Abbildung 9.3: Abfolge der Fragen.

Mit dieser Vorgehensweise kann man die Zeile, in der sich der König befindet, mit 3 Fragen ermitteln. Analog kann man vorgehen, um anschließend die Spalte des Königs zu bestimmen; man ersetze in dem obigen Fragenschema «Zeile» jeweils durch «Spalte». Nach insgesamt 6 Fragen ist bei dieser Strategie die Position des Königs eindeutig bestimmt.

(b) Als Grundmenge eines W-Raumes setzen wir die Menge aller Felder eines Schachbrettes in der Darstellung $\Omega = \{1, \ldots, 64\}$ an. Als Ausgangsverteilung kann eine beliebige Verteilung mit $P(\{j\}) > 0$ für alle $j \in \Omega$ gewählt werden. Die Antworten auf unsere nacheinander gestellten Fragen modellieren wir als nicht notwendig unabhängige Zufallsgrößen $X_1, X_2, \ldots$, die von Ω nach $\{0, 1\}$ abbilden, da jeweils nur mit «Ja» oder «Nein» geantwortet werden darf. Sei $\mathcal{A}_j$ die Menge aller Ereignisse $\bigcap_{k=1}^{j} \{X_k = b_k\}$ mit $b_k \in \{0, 1\}$. Eine Menge $A \in \mathcal{A}_j$ gibt die Information über die Position des Königs nach j Antworten wieder. Eindeutig bestimmt ist das Feld des Königs, wenn A einelementig ist. Wenn nach n Fragen jede mögliche Position also mit Sicherheit bestimmt ist, so muss $\mathcal{A}_n$ gerade aus den Mengen $\{1\}, \ldots, \{64\}$ bestehen und somit genau 64 Elemente enthalten. Andererseits kann $\mathcal{A}_n$ höchstens die Mächtigkeit 2^n besitzen, da die rekursive Beziehung

$$\mathcal{A}_{j+1} = \{A \cap \{X_{j+1} = 0\} : A \in \mathcal{A}_j\} \cup \{A \cap \{X_{j+1} = 1\} : A \in \mathcal{A}_j\}$$

gilt mit $\mathcal{A}_0 := \Omega$. Somit folgt $2^n \geq 64$ und schließlich $n \geq 6$. Es ist also nicht möglich, die Position des Königs mit Sicherheit durch weniger als 6 Fragen zu ermitteln.

9.15 Die Zufallsgrößen T_1, T_2 bezeichnen jeweils die Lebensdauer von Komponente 1 bzw. 2 in Jahren. Da die Komponenten in Serie geschaltet sind, kann die Lebensdauer des Aggregates als $T := \min\{T_1, T_2\}$ ausgedrückt werden. Die Lebensdauern T_1 und T_2 können als unabhängig angenommen werden. Wegen $P(T > x) = P(T_1 > x) \cdot P(T_2 > x) = \exp\bigl(-(\lambda_1 + \lambda_2)x\bigr)$ für $x > 0$ ist T eine $\mathbf{Exp}(\lambda_1 + \lambda_2)$-verteilte Zufallsgröße. Wir wissen, dass die Hälfte der Aggregate nach einem Jahr Betrieb noch funktionsfähig ist, also gilt $P(T > 1) = 1/2$ und

$$1/2 = \exp\bigl(-(\lambda_1 + \lambda_2) \cdot 1\bigr),$$

woraus $\lambda_1 + \lambda_2 = \ln 2$ folgt. Weiter entnehmen wir der Aufgabe, dass bei den im ersten Jahr ausgefallenen Aggregaten in 4 von 10 Fällen Komponente 1 verantwortlich ist, d.h. T_1 kleiner als T_2 ist. Deutet man wiederum relative Häufigkeiten als Wahrscheinlichkeiten, so kann diese Information mit einer bedingten Wahrscheinlichkeit durch die Gleichung

$$P(T_1 < T_2 \mid T < 1) = \frac{4}{10}$$

erfasst werden. Daraus folgt unmittelbar

$$P(T_1 < T_2 \cap T_1 < 1) = P(T_1 < T_2 \cap T < 1) = \frac{4}{10} \cdot P(T < 1) = \frac{1}{5}. \qquad (9.9)$$

Die linke Seite in (9.9) kann alternativ auch mittels Integration unter Verwendung von $\lambda_1 + \lambda_2 = \ln 2$ berechnet werden:

$$\frac{1}{5} = P(T_1 < T_2 \cap T_1 < 1) = \int_0^1 P(T_2 > t)\, \lambda_1 \exp(-\lambda_1 t)\, dt$$

$$= \lambda_1 \int_0^1 \exp(-\lambda_2 t)\exp(-\lambda_1 t)\, dt = -\frac{\lambda_1}{\lambda_1 + \lambda_2}\bigl[\exp\bigl(-(\lambda_1+\lambda_2)t\bigr)\bigr]_0^1$$

$$= \frac{\lambda_1}{\ln 2}\bigl(1 - \exp(-\ln 2)\bigr) = \frac{\lambda_1}{2\ln 2}.$$

Daraus liest man $\lambda_1 = \frac{2}{5}\ln 2$ ab nebst $\lambda_2 = \frac{3}{5}\ln 2$.
Nach der technischen Weiterentwicklung, durch die Komponente 2 überflüssig

wird, entspricht die Lebensdauer des Aggregates T^* der Lebensdauer von Komponente T_1. Anteilsmäßig werden deshalb $P(T_1 > 1)$ der Geräte nach einem Jahr noch funktionieren:

$$P(T_1 > 1) = \exp(-\lambda_1 \cdot 1) = 2^{-2/5} = \left(\frac{1}{4}\right)^{1/5} \doteq 0.76.$$

Die neue mittlere Lebensdauer ist der Erwartungswert der $\mathbf{Exp}(\lambda_1)$-Verteilung, also $\lambda_1^{-1} = \frac{5}{2\ln 2}$. Durch die Weiterentwicklung hat sich die mittlere Lebensdauer des Gerätetyps um

$$\lambda_1^{-1} - (\lambda_1 + \lambda_2)^{-1} = \frac{5}{2\ln 2} - \frac{1}{\ln 2} = \frac{3}{2\ln 2} \doteq 2.16$$

Jahre verlängert.

9.16 Die Zufallsgröße L gebe die Lebensdauer eines Löwen an. Nach den gegebenen Informationen ist die Verteilung von L auf $\{0, \ldots, 6\}$ konzentriert.

(a) Dieser Aufgabenteil fragt nach der mittleren Lebenserwartung der Löwen. Das ist der Erwartungswert

$$EL = \sum_{l=0}^{6} l\, P(L = l) = \sum_{l=0}^{5} P(L > l)$$
$$= P(L > 0) + \sum_{l=1}^{5} P(L > 0) \prod_{j=0}^{l-1} P(L > j+1 \mid L > j). \quad (9.10)$$

Der Tabelle entnimmt man

$$P(L > 1 \mid L > 0) = P(L \geq 2 \mid L \geq 1) = \frac{18}{23}$$
$$P(L > 2 \mid L > 1) = \frac{13}{18}, \qquad P(L > 3 \mid L > 2) = \frac{9}{13}$$
$$P(L > 4 \mid L > 3) = \frac{5}{9}, \qquad P(L > 5 \mid L > 4) = \frac{1}{5}$$
$$P(L > 0) = \frac{23}{31}.$$

Setzt man diese Werte in Formel (9.10) ein, so erhält man $EL = \frac{69}{31} \doteq 2.23$.

(b) Gesucht ist nun der bedingte Erwartungswert $E(L \mid L \geq 2) - 2$. Diese

Aufgabe bewältigen wir durch die Rechnung

$$E(L \mid L \geq 2) - 2 = \sum_{l=0}^{5} P(L > l \mid L \geq 2) - 2 = \sum_{l=2}^{5} P(L > l \mid L \geq 2)$$
$$= P(L > 2 \mid L > 1)$$
$$+ P(L > 2 \mid L > 1) \cdot P(L > 3 \mid L > 2)$$
$$+ P(L > 2 \mid L > 1) \cdot P(L > 3 \mid L > 2) \cdot P(L > 4 \mid L > 3)$$
$$+ P(L > 2 \mid L > 1) \cdot P(L > 3 \mid L > 2) \cdot P(L > 4 \mid L > 3) \cdot P(L > 5 \mid L > 4)$$
$$= \frac{14}{9} \doteq 1.56.$$

9.17 (a) Da die i. Industrie insgesamt $w_i \alpha_{ij}$ des Outputs der j. Industrie benötigt, um w_i zu produzieren, enthalten die Komponenten des Vektors wA die internen Nachfragen an die einzelnen Industrien.

(b) Einem Output-Vektor w entsprechen nach (a) die internen Nachfragen wA. Zu diesen kommen noch die externen Nachfragen ν. Der Output w muss gleich der Summe aus internen und externen Nachfragen sein. Das bedeutet $w = wA + \nu$.

(c) Aus (b) folgt
$$w(I - A) = \nu.$$

Ist also $(I - A)$ invertierbar, mit ausschließlich nichtnegativen Einträgen, dann kann jede beliebige externe Nachfrage ν gedeckt werden, und der zugehörige Vektor w ist
$$w = \nu(I - A)^{-1}.$$

Wir zeigen:

- *(i)* Ist P die Übergangsmatrix einer absorbierenden Markov-Kette, dann folgt $A^n \to 0$ für $n \to \infty$.
- *(ii)* Gilt $A^n \to 0$, dann ist $I - A$ invertierbar mit
$$K := (I - A)^{-1} = I + A + A^2 + \dots.$$

Zur Begründung von *(i)* werden wir überlegen, dass in der durch P definierten absorbierenden Markov-Kette mit Wahrscheinlichkeit 1 schließlich Absorption stattfindet. Dieser Ansatz ist erfolgreich, da zum einen aufgrund elementarer Matrix-Algebra

$$P^n = \left\| \begin{matrix} 1 & 0 \\ B^* & A^n \end{matrix} \right\|$$

ist und zum anderen A^n als Einträge $\alpha_{ij}^{(n)}$ die Wahrscheinlichkeiten enthält, vom i. Zustand ausgehend in n Schritten zum Zustand j zu gelangen – für jede Kombination von nichtabsorbierenden Zuständen i, j. Wenn fast sicher schließlich Absorption stattfindet, muss $A^n \to 0$ gelten. Von jedem nichtabsorbierenden Zustand i kann der absorbierende Zustand erreicht werden. Sei dafür m_i die mindestens benötigte Schrittzahl. Sei p_i die Wahrscheinlichkeit, dass – mit i als Anfangszustand – in m_i Schritten Absorption noch nicht stattgefunden hat. Dann ist $p_i < 1$. Mit

$$m := \max_i m_i$$
$$p := \max_i p_i$$

formulieren wir: Die Wahrscheinlichkeit, dass in m Schritten keine Absorption stattgefunden hat, ist nicht größer als $p < 1$, dass in $2m$ Schritten keine Absoprtion stattgefunden hat, nicht größer als p^2, usw.; und diese Wahrscheinlichkeiten gehen gegen 0. Da die Wahrscheinlichkeiten für das Ereignis, in n Schritten keine Absorption zu haben, monoton fallend in n sind, gehen auch sie gegen 0.

Zur Begründung von (ii) zeigen wir, dass die Gleichung

$$(I - A)x = 0 \tag{9.11}$$

nur die triviale Lösung $x = 0$ zulässt. Das geht schnell: Aus (9.11) kann man

$$x = Ax = A^2 x = \ldots = A^n x$$

erhalten. Wegen $A^n \to 0$ haben wir $A^n x \to 0$ und somit schon $x = 0$.

Nach diesem Einschub setzen wir unsere ursprüngliche Gedankenführung fort. Um $K := (I - A)^{-1}$ zu ermitteln, bilden wir

$$(I - A)(I + A + A^2 + \ldots + A^n) = I - A^{n+1}.$$

Multiplikation beider Seiten dieser Gleichung mit K ergibt

$$I + A + A^2 + \ldots + A^n = K(I - A^{n+1}),$$

und mit $n \to \infty$ sind wir bei

$$K = I + A + A^2 + \ldots \tag{9.12}$$

Da die Einträge von A nichtnegativ sind, müssen es auch die Einträge von K sein. Alternativ und um weitere Informationen zu gewinnen, können wir uns überzeugen, dass die Elemente k_{ij} von K die mittleren Zeiten angeben, welche die in i startende Markov-Kette im Zustand j verbringt, bevor Absorption im Zustand 0 erfolgt. Dazu sei $X^{(k)} = 1$, falls – beginnend in i – die Markov-Kette nach k Schritten in j ankommt, und $X^{(k)} = 0$ andernfalls, d.h.

$$P(X^{(k)} = 1) = \alpha_{ij}^{(k)}$$
$$P(X^{(k)} = 0) = 1 - \alpha_{ij}^{(k)}.$$

Wegen $A^0 = I_n$ gelten diese Gleichungen auch für $k = 0$. Die mittlere Zeit, die die Markov-Kette bis zur Zeit n in j verbringt, ist $E(X^{(0)} + X^{(1)} + \ldots + X^{(n)}) = \alpha_{ij}^{(0)} + \alpha_{ij}^{(1)} + \ldots + \alpha_{ij}^{(n)}$. Lässt man $n \to \infty$ gehen, erhält man aufgrund von (9.12)

$$E(X^{(0)} + X^{(1)} + \ldots) = \alpha_{ij}^{(0)} + \alpha_{ij}^{(1)} + \ldots = k_{ij}.$$

(d) Es gilt $w = \nu K$ für $\nu = (0, \ldots 0, 1, 0, \ldots, 0)^t$ mit der 1 in der i. Komponente. Damit enthält w als Komponenten die Einträge der i. Reihe von K und speziell ist $w_j = k_{ij}$.

9.18 (a) Sei $\pi = (g, \ldots, h, i, j, \ldots, k)$ eine Permutation der Zahlen $\{1, \ldots, n\}$. Mit π wird ausgedrückt, dass der g. Auftrag als erster ausgeführt wird und der k. Auftrag schließlich als letzter. Der erwartete Gesamtverdienst bei Wahl dieser Reihenfolge ist

$$G_{i,j} := B_g E(\beta^{X_g}) + \cdots + B_i E(\beta^{X_g + \cdots + X_h + X_i}) \\ + B_j E(\beta^{X_g + \cdots + X_h + X_i + X_j}) + \cdots + B_k E(\beta^{X_g + \cdots + X_h + X_i + X_j + \cdots + X_k}).$$

Für die Reihenfolge, die man erhält, wenn die aufeinander folgenden Aufträge i und j vertauscht werden, ist der erwartete Gesamtverdienst gegeben durch

$$G_{j,i} := B_g E(\beta^{X_g}) + \cdots + B_j E(\beta^{X_g + \cdots + X_h + X_j}) \\ + B_i E(\beta^{X_g + \cdots + X_h + X_j + X_i}) + \cdots + B_k E(\beta^{X_g + \cdots + X_h + X_j + X_i + \cdots + X_k}).$$

Die Beziehung $G_{i,j} \geq G_{j,i}$ besteht genau dann, wenn

$$B_i E(\beta^{X_g + \cdots + X_h + X_i}) + B_j E(\beta^{X_g + \cdots + X_h + X_i + X_j}) \\ \geq B_j E(\beta^{X_g + \cdots + X_h + X_j}) + B_i E(\beta^{X_g + \cdots + X_h + X_j + X_i}).$$

Nach Division durch $E(\beta^{X_g + \cdots + X_h})$ erkennt man dies als äquivalent mit

$$B_i E(\beta^{X_i}) + B_j E(\beta^{X_i + X_j}) \geq B_j E(\beta^{X_j}) + B_i E(\beta^{X_j + X_i})$$

bzw. mit

$$B_i E(\beta^{X_i})[1 - E(\beta^{X_j})] \geq B_j E(\beta^{X_j})[1 - E(\beta^{X_i})]$$

oder mit

$$\frac{B_i E(\beta^{X_i})}{1 - E(\beta^{X_i})} \geq \frac{B_j E(\beta^{X_j})}{1 - E(\beta^{X_j})}. \tag{9.13}$$

Diese Überlegungen bedeuten: Der i. Auftrag sollte vor dem j. Auftrag bearbeitet werden, wenn (9.13) erfüllt ist. Daraus ergibt sich, dass die optimale Strategie darin besteht, die Aufträge nach den Werten

$$\frac{B_i E(\beta^{X_i})}{1 - E(\beta^{X_i})}$$

zu ordnen und in fallender Reihenfolge dieser Werte abzuarbeiten.

(b) Seien die Aufträge so nummeriert, dass $B_1 \geq B_2 \geq \cdots \geq B_n$ ist. Dann ist der maximale erwartete Gesamtverdienst G, wenn die X_i jeweils $\mathbf{Exp}(\lambda)$-verteilt sind, gegeben durch

$$G = \sum_{k=1}^n B_k E(\beta^{X_1+\cdots+X_k}) = \sum_{k=1}^n B_k E(\beta^{Y_k}),$$

wobei Y_k eine $\mathbf{\Gamma}(\lambda,k)$-verteilte Zufallsgröße ist. Mit $\alpha := -\ln\beta + \lambda$ haben wir für alle $k \in \mathbb{N}$

$$E(\beta^{Y_k}) = \frac{\lambda^k}{\Gamma(k)} \int_0^\infty \beta^x x^{k-1} e^{-\lambda x}\, dx = \frac{\lambda^k}{\Gamma(k)} \int_0^\infty x^{k-1} e^{-\alpha x}\, dx = \left(\frac{\lambda}{\alpha}\right)^k.$$

Damit ist der maximale erwartete Gesamtverdienst

$$G = \sum_{k=1}^n B_k \left(\frac{\lambda}{\lambda - \ln\beta}\right)^k.$$

9.19 (a) Das Kapital des Investors am Ende des Jahres beträgt

$$(1-\alpha)V(1+r) + \alpha V(1+\hat{r}) = V(1+r) + \alpha V(\hat{r}-r),$$

wobei $\hat{r}$ eine Zufallsgröße ist, die mit Wahrscheinlichkeit p den Wert r_1 und andernfalls den Wert r_2 annimmt. Als erwarteten Nutzen errechnet man daher

$$\begin{aligned}
& E\left[\ln(V(1+r) + \alpha V(\hat{r}-r))\right] \\
&= p \cdot \ln(V(1+r) + \alpha V(r_1-r)) + (1-p) \cdot \ln(V(1+r) + \alpha V(r_2-r)) \\
&= \ln\left\{[V(1+r) + \alpha V(r_1-r)]^p \cdot [V(1+r) + \alpha V(r_2-r)]^{1-p}\right\}.
\end{aligned}$$

Dieser Term ist nun über $\alpha \in [0,1]$ zu maximieren. Da die natürliche Logarithmusfunktion monoton wächst, kann man äquivalent und einfacher auch die Funktion

$$\begin{aligned}
f(\alpha) &:= [V(1+r) + \alpha V(r_1-r)]^p \cdot [V(1+r) + \alpha V(r_2-r)]^{1-p} \\
&= V \cdot \left[(1+r+\alpha(r_1-r))^p (1+r+\alpha(r_2-r))^{1-p}\right]
\end{aligned}$$

maximieren. In üblicher Vorgehensweise bestimmen wir ihre Ableitung:

$$\begin{aligned}
f'(\alpha) &= V \cdot \left[p(r_1 - r)(1 + r + \alpha(r_1 - r))^{p-1}(1 + r + \alpha(r_2 - r))^{1-p} \right. \\
&\quad \left. + (1 + r + \alpha(r_1 - r))^p (1 - p)(r_2 - r)(1 + r + \alpha(r_2 - r))^{-p} \right] \\
&= V(1 + r + \alpha(r_1 - r))^{p-1}(1 + r + \alpha(r_2 - r))^{-p} \\
&\quad \cdot \left[p(r_1 - r)(1 + r + \alpha(r_2 - r)) + (1 + r + \alpha(r_1 - r))(1 - p)(r_2 - r) \right] \\
&= V(1 + r + \alpha(r_1 - r))^{p-1}(1 + r + \alpha(r_2 - r))^{-p} \\
&\quad \cdot \left[(1 + r)(pr_1 + (1 - p)r_2 - r) - (r_2 - r)(r - r_1)\alpha \right].
\end{aligned}$$

Daraus sieht man, dass $f'(\alpha)$ im Intervall $[0, 1]$ genau dann negativ ist, wenn α den Wert

$$\alpha^* := \frac{(1 + r)[pr_1 + (1 - p)r_2 - r]}{(r_2 - r)(r - r_1)} \qquad (9.14)$$

überschreitet. Da α^* nicht zwingend in $[0, 1]$ liegt, beträgt der gesuchte optimale Anteil

$$\alpha = \begin{cases} 0, & \text{wenn } \alpha^* < 0 \\ \alpha^*, & \text{wenn } \alpha^* \in [0, 1] \\ 1, & \text{sonst.} \end{cases}$$

(b) Der optimale Anteil α ist genau dann positiv, wenn $\alpha^* > 0$ gilt. Nach (9.14) ist dies äquivalent zu

$$pr_1 + (1 - p)r_2 > r.$$

Dieser Fall tritt genau dann ein, wenn die mittlere Rendite der unsicheren Geldanlage größer ist als die Rendite der sicheren Geldanlage.

9.20 Herr K kann sicher $m = 1$ Millionen Euro erhalten oder mit Wahrscheinlichkeit von jeweils $\frac{1}{2}$ entweder $10m$ Euro oder 0 Euro. Da er sich zugunsten der zweiten Alternative entscheidet, muss

$$U(m) < \frac{1}{2}U(0) + \frac{1}{2}U(10m) \qquad (9.15)$$

sein. Für den Parameterwert $a = 0$ der Nutzenfunktion ist diese Ungleichung erfüllt. Sei nun $a > 0$. Die Ungleichung (9.15) führt dann zu

$$\frac{1}{a}(1 - e^{-am}) < \frac{1}{2a}(1 - e^{-10am}),$$

und setzt man darin $x = am$, so gelangt man zu

$$e^{-10x} - 2e^{-x} + 1 < 0. \qquad (9.16)$$

Diese Ungleichung ist erfüllt für $x \in [0, x_0)$, wobei x_0 als positive Lösung der Gleichung
$$2 - e^x = e^{-9x} \qquad (9.17)$$
auftritt. Das sieht man bei Multiplikation von (9.16) mit e^x sofort. Aus (9.17) kann leicht eine Approximation für x_0 abgelesen werden: Für $x = \ln 2$ ist die linke Seite von (9.17) gleich 0 und die rechte Seite gleich $2^{-9} \doteq 0$. Wir benutzen deshalb die Approximation $x_0 \doteq \ln 2$. Aus der Entscheidung von Herrn K für den Münzwurf kann man deshalb schließen, dass der Parameterwert a seiner Nutzenfunktion für Geld kleiner ist als $\frac{1}{m} \ln 2$.

9.21 Sei $N(= 365)$ die Zahl der Tage eines Jahres und m die Anzahl der in der Firma angestellten Mitarbeiter. Mit Wahrscheinlichkeit $(1 - \frac{1}{N})^m$ ist der i. Tag ein Arbeitstag; denn dieser Fall tritt ein, wenn alle m Mitarbeiter an anderen Tagen Geburtstag haben. Die mittlere Anzahl von Personentagen, die der i. Tag zur Gesamtzahl beiträgt, ist $m(1 - \frac{1}{N})^m$. Denselben Beitrag leistet auch jeder der anderen Tage. Also haben wir
$$mN \left(1 - \frac{1}{N}\right)^m$$
als mittlere Anzahl von Personentagen, wenn die Firma m Mitarbeiter beschäftigt. Wir ermitteln nun m^* so, dass
$$(m^* - 1)N \left(1 - \frac{1}{N}\right)^{m^*-1} \leq m^* N \left(1 - \frac{1}{N}\right)^{m^*} \geq (m^* + 1)N \left(1 - \frac{1}{N}\right)^{m^*+1}.$$
Die erste Ungleichung liefert $(m^* - 1) \leq m^*(1 - 1/N)$ bzw.
$$m^* \leq N.$$
Die zweite Ungleichung liefert $(m^* + 1)(1 - 1/N) \leq m^*$ bzw.
$$m^* \geq N - 1.$$
Beides erlaubt nur $m^* = N$ oder $m^* = N - 1$. Die maximale mittlere Anzahl von Personentagen pro Jahr ist in beiden Fällen
$$N^2 \left(1 - \frac{1}{N}\right)^N \doteq \frac{N^2}{e}.$$
Für $N = 365$ ergeben sich $48\,944$ Personentage.

9.22 Die Folge $(X_n)_{n \in \mathbb{N}_0}$ kann durch eine einfache Rekursion dargestellt werden:
$$X_{n+1} = aX_n + (1-b)1_{[0, X_n]}(Y_n), \qquad \forall n \in \mathbb{N}_0,$$
wobei Y_n eine von $X_1, \ldots, X_n$ unabhängige, $\mathbf{U}[0,1]$-verteilte Zufallsgröße ist. Da der Startwert $X_0 = x_0$ in $(0,1)$ liegt, sieht man induktiv leicht, dass alle X_n fast sicher in $[0,1]$ liegen.

(a) Wegen $|X_n| \leq 1$ f.s. sind alle X_n integrierbar. Sei $\mathcal{A}_n$ die von $X_1, \ldots, X_n$ erzeugte σ-Algebra. Dann gilt für $a = b$

$$\begin{aligned}E_{\mathcal{A}_n}(X_{n+1}) &= E_{\mathcal{A}_n}\bigl(aX_n + (1-a)1_{[0,X_n]}(Y_n)\bigr) \\ &= aX_n + (1-a)E_{\mathcal{A}_n}\bigl(1_{[0,X_n]}(Y_n)\bigr) = aX_n + (1-a)P_{\mathcal{A}_n}(Y_n \leq X_n) \\ &= aX_n + (1-a)X_n = X_n \qquad \text{f.s.}\end{aligned}$$

Insgesamt ist $(X_n)_{n \in \mathbb{N}_0}$ für $a = b$ als Martingal nachgewiesen.

(b) Für $a < b$ führt obige Rechnung zu

$$E_{\mathcal{A}_n}(X_{n+1}) = E_{\mathcal{A}_n}\bigl(aX_n + (1-b)1_{[0,X_n]}(Y_n)\bigr) = (1 + a - b) \cdot X_n \leq X_n \qquad \text{f.s.}$$

Die Folge $(-X_n)_{n \in \mathbb{N}_0}$ ist damit als Submartingal identifiziert, für welches $E((-X_n)^+) = E|X_n| \leq 1$ gilt. Der Sachverhalt fällt daher unter den Martingal-Konvergenzsatz (AW, Theorem 8.2.9), und seine Anwendung ergibt, dass $(-X_n)_{n \in \mathbb{N}_0}$ und demnach auch $(X_n)_{n \in \mathbb{N}_0}$ fast sicher konvergieren; X bezeichne die integrierbare, $[0,1]$-wertige Grenzzufallsgröße von $(X_n)_{n \in \mathbb{N}_0}$. Natürlich konvergiert auch $(X_{n+1})_{n \in \mathbb{N}_0}$ fast sicher gegen X. Gemäß der rekursiven Definition von X_{n+1} ist es deshalb gerechtfertigt, zu schreiben

$$Z_n := 1_{[0,X_n]}(Y_n) = \frac{X_{n+1} - aX_n}{1 - b} \xrightarrow{n \to \infty} \frac{1 - a}{1 - b} \cdot X \qquad \text{f.s.} \qquad (9.18)$$

Die Folge $(Z_n(\omega))_{n \in \mathbb{N}_0}$ konvergiert also für P-fast alle ω. Alle übrigen ω spielen in der weiteren Betrachtung keine Rolle. Da alle Z_n in $\{0, 1\}$ liegen, konvergiert für P-fast alle ω die Folge $(Z_n(\omega))_{n \in \mathbb{N}_0}$ entweder gegen 0 oder gegen 1. Eine Fallunterscheidung bietet sich an, und wir richten unser Augenmerk zunächst auf jene ω, für die $(Z_n(\omega))_{n \in \mathbb{N}_0}$ gegen 0 konvergiert. Aus (9.18) folgt dann

$$\frac{1-a}{1-b} \cdot X = 0$$

und somit $X = 0$ für fast alle dieser ω.

Nun untersuchen wir diejenigen ω, für die $(Z_n(\omega))_{n \in \mathbb{N}_0}$ gegen 1 konvergiert. Dazu ist es hilfreich zu wissen, dass die Menge

$$\{X < 1\} \cap \{Z_n \xrightarrow{n \to \infty} 1\} = \bigcup_{m \in \mathbb{N}} \bigl(\{X < 1 - 1/m\} \cap \{Z_n \xrightarrow{n \to \infty} 1\}\bigr)$$

eine P-Nullmenge ist. Äquivalent dazu ist die Gültigkeit der Gleichung

$$P\Bigl(X < 1 - \frac{1}{m} \cap Z_n \xrightarrow{n \to \infty} 1\Bigr) = 0$$

für jedes $m \in \mathbb{N}$. Wegen der fast sicheren Konvergenz von $(X_n)_{n \in \mathbb{N}_0}$ gegen X und von $(Z_n)_{n \in \mathbb{N}_0}$ gegen 1 existiert für fast alle dieser ω ein N, so dass $X_n(\omega) \leq X(\omega) + \frac{1}{2m}$ und $Y_n(\omega) \leq X_n(\omega)$ für alle $n \geq N$ gilt, d.h. es besteht die Inklusion

$$\{X < 1 - \frac{1}{m}\} \cap \{Z_n \stackrel{n\to\infty}{\longrightarrow} 1\} \subseteq \bigcup_{N} \bigcap_{n \geq N} \{Y_n \leq 1 - \frac{1}{2m}\} \qquad (9.19)$$

für jedes $m \in \mathbb{N}$. Die Unabhängigkeit der Y_n erlaubt die Rechnung

$$P\left(\bigcap_{n \geq N} \{Y_n \leq 1 - \frac{1}{2m}\}\right) = \prod_{n=N}^{\infty} P\left(Y_n \leq 1 - \frac{1}{2m}\right) = \prod_{n=N}^{\infty} \underbrace{\left(1 - \frac{1}{2m}\right)}_{<1} = 0.$$

Mit (9.19) schließt man daraus, dass $\{X < 1 - \frac{1}{m}\} \cap \{Z_n \stackrel{n\to\infty}{\longrightarrow} 1\}$ als Teilmenge der Vereinigung abzählbar vieler P-Nullmengen selbst das P-Maß 0 besitzt, womit auch

$$P\left(X < 1 \cap Z_n \stackrel{n\to\infty}{\longrightarrow} 1\right) = 0$$

sein muss. Für P-fast alle ω, die $Z_n(\omega) \stackrel{n\to\infty}{\longrightarrow} 1$ erfüllen, muss demnach $X(\omega) = 1$ sein.

Zusammenfassend ist nun klar, dass die Grenzzufallsgröße X fast sicher nur die Werte 0 und 1 annehmen kann.

Nun widmen wir uns der Bestimmung der Wahrscheinlichkeit, dass $(X_n)_{n \in \mathbb{N}_0}$ im Martingal-Fall $a = b$ gegen 1 konvergiert. Dazu notieren wir als Erstes, dass die fast sichere Konvergenz von $(X_n)_{n \in \mathbb{N}_0}$ gegen X gemeinsam mit der Existenz der integrablen Majorante 1 für alle $|X_n|$ nach dem Satz von der majorisierten Konvergenz die Gleichung

$$\lim_{n \to \infty} EX_n = EX$$

impliziert. Für $(X_n)_{n \in \mathbb{N}_0}$ als Martingal muss für jedes $n \in \mathbb{N}$ stets

$$x_0 = EX_0 = EX_n$$

und somit $EX = x_0$ sein. Da X ausschließlich Werte in $\{0,1\}$ annimmt, folgt $P(X = 1) = EX = x_0$. Die Wahrscheinlichkeit für Konvergenz gegen 1 im Falle $a = b$ ist folglich gleich dem Startwert x_0.

(c) Im Fall $a < b$ ist $(X_n)_{n \in \mathbb{N}_0}$ ein Supermartingal. Wir zeigen, dass $P(X = 1) = 0$ sein muss. In der Untersuchung des zweiten Falles in (b) wurde deutlich, dass das Ereignis $\{X = 1\}$ nur dann eintritt, wenn $(Z_n)_{n \in \mathbb{N}_0}$ gegen 1 konvergiert. Ebenso konnten wir feststellen, dass $(Z_n)_{n \in \mathbb{N}_0}$ fast sicher gegen $\frac{1-a}{1-b}X$ konvergiert. Wegen der Eindeutigkeit des Grenzwertes müsste immer dann, wenn $X = 1$ ist, daher

$$1 \stackrel{!}{=} \frac{1-a}{1-b}X = \frac{1-a}{1-b}$$

und somit $a = b$ gelten, womit ein Widerspruch zu $a < b$ erzielt wäre. Folglich konvergiert $(X_n)_{n \in \mathbb{N}_0}$ für $a < b$ fast sicher gegen 0.

9.24 Die Zufallsgrößen $X_1, X_2, \ldots$ nehmen jeweils Werte in $\{1, 2, 3, 4\}$ an, und sie drücken auf diese Weise aus, welche Tür die Maus im jeweiligen Versuch wählt. Das Ereignis $\{X_i = 1\}$ soll die Wahl der roten Tür im i. Versuch bezeichnen. Dann ist

$$N = \inf\{n \in \mathbb{N} : X_n = 1\}.$$

mit $\inf \emptyset = \infty$. Beschäftigen wir uns nun nacheinander mit den verschiedenen Modellannahmen:

- Wenn $X_1, X_2, \ldots$ unabhängig sind, dann gilt

$$P(N > n) = P(X_j \neq 1, \forall j \in \{1, \ldots, n\}) = \left(\frac{3}{4}\right)^n.$$

  Demnach ist N eine **Geo**$(1/4)$-verteilte Zufallsgröße auf $\mathbb{N}$ und besitzt den Erwartungswert 4.

- Nun wählt die Maus mit gleicher Wahrscheinlichkeit zwischen den Türen, die sie bei keinem vorhergehenden Versuch gewählt hat. Dies entspricht der Situation des Ziehens ohne Zurücklegen. Somit ergibt sich eine Gleichverteilung von N über $\{1, 2, 3, 4\}$. Der Erwartungswert von N ist $\frac{1+2+3+4}{4} = 2.5$.

- Wir ermitteln in diesem Fall $P(N = n)$ zunächst für $n = 1, 2, 3, 4$:

$$P(N = 1) = \frac{1}{4}, \quad P(N = 2) = \frac{3}{4} \cdot \frac{1}{3},$$
$$P(N = 3) = \frac{3}{4} \cdot \frac{2}{3} \cdot \frac{1}{3}, \quad P(N = 4) = \frac{3}{4} \cdot \frac{2}{3} \cdot \frac{2}{3} \cdot \frac{1}{3}.$$

  Ein allgemeines Bildungsgestz kündigt sich an. Man erkennt, dass jede weitere Wahrscheinlichkeit sich durch Multiplikation der vorhergehenden mit $2/3$ gewinnen lässt. Also ist

$$P(N = n) = \begin{cases} \frac{1}{4}, & \text{für } n = 1 \\ \frac{1}{4} \cdot \left(\frac{2}{3}\right)^{n-2}, & \text{für } n \geq 2. \end{cases}$$

Den Erwartungswert errechnet man direkt mit

$$EN = \frac{1}{4} + \frac{1}{4} \sum_{n=2}^{\infty} n \cdot \left(\frac{2}{3}\right)^{n-2} = \frac{1}{4} + \frac{3}{8} \frac{d}{dp}\left[\frac{p^2}{1-p}\right]_{p=2/3}$$
$$= \frac{1}{4} + \frac{3}{8}\left[\frac{2p - p^2}{(1-p)^2}\right]_{p=2/3} = 3.25.$$

9.26 Wir verwenden den angebotenen Hinweis. Man überlegt sich leicht, dass erstmals dann alle $n!$ möglichen Anordnungen des Kartenspiels gleich wahrscheinlich sind, wenn die ursprünglich unterste Karte (wir nennen sie Karte 1) zuoberst liegt und anschließend noch zufällig eingeordnet wird. Sei N_i die Anzahl der benötigten Mischvorgänge, bis erstmals genau i Karten unter Karte 1 liegen. Es bestehen die Zusammenhänge

$$N_{n-1} = N_1 + (N_2 - N_1) + \cdots + (N_{n-1} - N_{n-2})$$

und

$$N = 1 + N_{n-1}.$$

Offensichtlich hat N_1 eine Geometrische Verteilung auf $\mathbb{N}$ mit Parameter $p = 1/n$ und mit Erwartungswert $EN_1 = n$. Nach N_i Mischvorgängen sind genau i Karten unter Karte 1 angeordnet, und $N_{i+1} - N_i$ ist die Anzahl benötigter Mischvorgänge, bis eine weitere Karte unter Karte 1 liegt. Bei jedem dieser Mischvorgänge besteht die Wahrscheinlichkeit $\frac{i+1}{n}$ für das Ereignis, dass die entsprechende Karte unterhalb von Karte 1 eingeordnet wird. Also hat $N_{i+1} - N_i$ für $i = 1, \ldots, n-2$ eine Geometrische Verteilung auf $\mathbb{N}$ mit Parameter $p = \frac{i+1}{n}$ und mit Erwartungswert $\frac{n}{i+1}$.

Als Ergebnis dieser Überlegungen haben wir

$$EN_{n-1} = EN_1 + \sum_{i=2}^{n-1} E(N_i - N_{i-1}) = n \sum_{i=1}^{n-1} \frac{1}{i}$$

und schließlich

$$EN = 1 + EN_{n-1} = 1 + n \sum_{i=1}^{n-1} \frac{1}{i} \sim n \ln n.$$

9.28 (a) Wir nehmen ohne Beschränkung der Allgemeinheit an, dass die gegebene Zufallsgröße X die Werte $k \in \mathcal{K} \subseteq \mathbb{N}$ mit zugehörigen Wahrscheinlichkeiten $p_k > 0$ annimmt. Dann ist

$$H(X) = -\sum_{k \in \mathcal{K}} p_k \log_2 p_k$$

die Entropie von X. Wir werden zeigen, dass für jede beliebige messbare Funktion $f : \mathbb{N} \longrightarrow \mathbb{N}$ die Ungleichung

$$H(f \circ X) \leq H(X) \qquad (9.20)$$

gilt. Auf dieses Ziel hin setzen wir $P(f \circ X = i) =: q_i$, und

$$A_i := \{k \in \mathcal{K} : f(k) = i\}, \qquad \forall i \in \mathbb{N}.$$

Für jedes i mit $q_i > 0$ bilden die Zahlen $\{p_k/q_i : k \in A_i\}$ eine Verteilung $\mathbb{P}_i$ über A_i. Die Entropie von $\mathbb{P}_i$ ist

$$H(\mathbb{P}_i) = -\sum_{k \in A_i} \frac{p_k}{q_i} \log_2 \frac{p_k}{q_i} = -\frac{1}{q_i} \sum_{k \in A_i} [p_k \log_2 p_k - p_k \log_2 q_i]$$

$$= -\frac{1}{q_i} \sum_{k \in A_i} (p_k \log_2 p_k) + \log_2 q_i,$$

da $\sum_{k \in A_i} p_k = q_i$ ist. Weiß man das, so auch

$$\sum_{\{i : q_i > 0\}} q_i H(\mathbb{P}_i) = -\sum_i \sum_{k \in A_i} p_k \log_2 p_k + \sum_i q_i \log_2 q_i$$

$$= -\sum_{k \in \mathcal{K}} p_k \log_2 p_k - H(f \circ X) = H(X) - H(f \circ X). \qquad (9.21)$$

Da die linke Seite von (9.21) ein gewichtetes Mittel von Entropien ist, die allesamt nichtnegativ sind, folgt (9.20).
Die Identität

$$H(X) = H(f \circ X)$$

besteht genau dann, wenn die linke Seite von (9.21) gleich 0 ist, also genau dann, wenn jedes nicht leere A_i genau ein Element enthält, so dass unter $\mathbb{P}_i$ dieses Element Wahrscheinlichkeit 1 hat. Das bedeutet aber, dass f injektiv ist.

(b) Wir nummerieren die $n!$ Permutationen von 1 bis $n!$. Dann können wir X als Zufallsgröße mit Werten in $\mathcal{N} = \{1, \ldots, n!\}$ auffassen und jedes feste Element von $\mathcal{S}_n$ als injektive Abbildung von $\mathcal{N}$ nach $\mathcal{N}$. Aufgrund von (a) ist demnach

$$H(MX) = H(X).$$

9.29 (a) Die Schreibweise

$$X_n = X_{n-1} + (X_n - X_{n-1})$$

ist zwar trivial, doch nützlich. Durch Konditionierung auf $X_0 = i$ und Erwartungswertbildung erhalten wir daraus

$$T_n = T_{n-1} + E(X_n - X_{n-1} | X_0 = i). \qquad (9.22)$$

Um den bedingten Erwartungswert in (9.22) zu ermitteln, schreiben wir diesen als

$$\sum_{k=0}^{2N}\sum_{j=0}^{2N}(k-j)p_{ij}^{(n-1)}p_{jk},$$

wobei die $p_{ij}^{(n-1)}$ jeweils $(n-1)$-Schritt-Übergangswahrscheinlichkeiten bezeichnen. Da nur für $k-j = \pm 1$ diese Übergangswahrscheinlichkeiten von 0 verschieden sind, kann man wegen

$$p_{j,j-1} = \frac{j}{2N}, \text{ für } j = 1,\ldots,2N,$$

$$p_{j,j+1} = 1 - \frac{j}{2N}, \text{ für } j = 0,\ldots,2N-1,$$

die obige Doppelsumme schreiben als

$$\sum_{j=0}^{2N}\left[1\cdot p_{ij}^{(n-1)}\left(1-\frac{j}{2N}\right)+(-1)\cdot p_{ij}^{(n-1)}\cdot\frac{j}{2N}\right] = \sum_{j=0}^{2N}\left(1-\frac{j}{N}\right)p_{ij}^{(n-1)} = 1-\frac{T_{n-1}}{N},$$

wenn man $T_{n-1} = \sum_{j=0}^{2N} jp_{ij}^{(n-1)}$ bedenkt. Damit wird (9.22) zu

$$T_n = 1 + \left(1-\frac{1}{N}\right)T_{n-1}, \quad \forall n \in \mathbb{N}.$$

Schreibt man c für $1 - N^{-1}$, so kann man dies weiter umwandeln in

$$\begin{aligned}T_n &= 1 + cT_{n-1} = 1 + c(1+cT_{n-2}) = 1 + c + c^2 T_{n-2} = 1 + c + \ldots + c^{n-1} + c^n i \\ &= N(1-c^n) + c^n i = N + (i-N)\left(1-\frac{1}{N}\right)^n, \quad \forall n \in \mathbb{N}_0.\end{aligned}$$

Daraus liest man sofort den Grenzwert $\lim_{n\to\infty} T_n = N$ ab.

(b) Wir haben

$$\left(1-\frac{1}{N}\right)^n = \left(1-\frac{t/N\tau}{n}\right)^n \doteq e^{-t/N\tau}$$

für kleine τ bzw. große n. Das Newton'sche Abkühlungsgesetz gilt demnach mit der Abkühlungsrate $\alpha = (N\tau)^{-1}$.

9.30 Die Zufallsgrößen $N_1,\ldots,N_n$ teilen jeweils die Kinderzahl des betreffenden Paares mit. Die Zufallsgrößen $X_{j,i}$ geben jeweils an, ob es sich bei dem j. Kind des i. Paares um einen Jungen handelt; diesen Fall markieren wir mit $X_{j,i} = 1$, andernfalls ist $X_{j,i} = 0$.

(a) Die Gesamtzahl der Jungen wird durch

$$\sum_{i=1}^{n}\sum_{j=1}^{N_i} X_{j,i}$$

dargestellt. Der Erwartungswert ist

$$E \sum_{i=1}^{n} \sum_{j=1}^{N_i} X_{j,i} = \sum_{i=1}^{n} E \sum_{j=1}^{N_i} X_{j,i} = \sum_{i=1}^{n} \sum_{k=1}^{\infty} E \left(1_{\{N_i = k\}} \cdot \sum_{j=1}^{k} X_{j,i} \right)$$

$$= \sum_{i=1}^{n} \sum_{k=1}^{\infty} P(N_i = k) \cdot \sum_{j=1}^{k} E X_{j,i} = \sum_{i=1}^{n} \sum_{k=1}^{\infty} P(N_i = k) \cdot k \cdot p_i$$

$$= \sum_{i=1}^{n} p_i \cdot \mu.$$

Die Gesamtzahl der Kinder aller Paare beträgt $\sum_{i=1}^{n} N_i$, ihr Erwartungswert ist also $n\mu$. Folglich gilt

$$R = \frac{1}{n} \sum_{i=1}^{n} p_i.$$

(b) Nun gilt $N_i = \inf\{j \geq 1 : X_{j,i} = 1\}$ mit der Festsetzung $\inf \emptyset = \infty$. Um die Verteilung der N_i zu ermitteln, rechnen wir $P(N_i > m) = P(X_{j,i} = 0, \forall j \leq m) = q_i^m$, woraus sich $P(N_i = m) = P(N_i > m - 1) - P(N_i > m) = q_i^{m-1} - q_i^m = q_i^{m-1} p_i$ ergibt. Demnach hat N_i eine **Geo**(p_i)-Verteilung auf $\mathbb{N}$ und besitzt den Erwartungswert p_i^{-1}. Da jedes Paar fast sicher genau einen Jungen zeugt, ist die erwartete Gesamtzahl der Jungen aller Paare gleich n. Die erwartete Gesamtzahl der Kinder aller Paare beträgt $E \sum_{i=1}^{n} N_i = \sum_{i=1}^{n} \frac{1}{p_i}$. Die behauptete Formel für den Quotienten R ist damit bestätigt.

(c) Eine einfache Bestätigung der Formel ist diese: Die erwartete Kinderzahl erhält man analog zur Vorgehensweise in (b) durch Rollentausch von p_i und q_i. Ebenso in Analogie beträgt die erwartete Anzahl der Mädchen aller Paare dann n. Die erwartete Anzahl der Jungen ist die Differenz zwischen der erwarteten Kinderzahl und der erwarteten Anzahl der Mädchen, und somit gilt die behauptete Formel für R.

(d) Die Wahrscheinlichkeit, dass $N_i > m$ für $m \geq 2$ ist, kann explizit dargestellt werden als

$$P(X_{1,i} = \cdots = X_{m,i} = 0) + P(X_{1,i} = \cdots = X_{m,i} = 1) = q_i^m + p_i^m.$$

Daran anknüpfend erhalten wir die Verteilung von N_i:

$$P(N_i = m) = P(N_i > m - 1) - P(N_i > m) = q_i^{m-1} + p_i^{m-1} - q_i^m - p_i^m.$$

Die erwartete Anzahl von Kindern des i. Paares berechnet man schließlich durch

$$EN_i = \sum_{m=2}^{\infty} m \cdot \left(q_i^{m-1} + p_i^{m-1} - q_i^m - p_i^m\right)$$

$$= \sum_{m=2}^{\infty} m \cdot q_i^{m-1} + \sum_{m=2}^{\infty} m \cdot p_i^{m-1} - q_i \sum_{m=2}^{\infty} m \cdot q_i^{m-1} - p_i \sum_{m=2}^{\infty} m \cdot p_i^{m-1}$$

$$= p_i \sum_{m=2}^{\infty} m \cdot q_i^{m-1} + q_i \sum_{m=2}^{\infty} m \cdot p_i^{m-1}$$

$$= p_i \frac{d}{dq_i} \left(\sum_{m=0}^{\infty} q_i^m - 1 - q_i\right) + q_i \frac{d}{dp_i} \left(\sum_{m=0}^{\infty} p_i^m - 1 - p_i\right)$$

$$= p_i \left(\frac{1}{(1-q_i)^2} - 1\right) + q_i \left(\frac{1}{(1-p_i)^2} - 1\right)$$

$$= \frac{1}{p_i q_i} - 1$$

bei Berücksichtigung von $p_i + q_i = 1$. Die erwartete Gesamtzahl aller Kinder beträgt dann also $\sum_{i=1}^{n} \frac{1}{p_i q_i} - n$. Die Anzahl der Jungen des i. Paares bezeichnen wir mit der Zufallsgröße

$$J_i = \begin{cases} 1, & \text{für } X_{1,i} = 0 \\ \min\{j \geq 2 : X_{j,i} = 0\} - 1, & \text{für } X_{1,i} = 1. \end{cases}$$

Wir ermitteln nun die Verteilung von J_i:

$$P(J_i = m) = P(\{J_i = m\} \cap \{X_{1,i} = 0\}) + P(\{J_i = m\} \cap \{X_{1,i} = 1\})$$
$$= \delta_{m,1} q_i + p_i^m q_i.$$

Schließlich beträgt die erwartete Anzahl der Jungen des i. Paares

$$EJ_i = \sum_{m=0}^{\infty} m \cdot (\delta_{m,1} q_i + p_i^m q_i) = q_i + q_i \sum_{m=1}^{\infty} m p_i^m$$

$$= q_i + q_i p_i \sum_{m=1}^{\infty} m p_i^{m-1} = q_i + q_i p_i \frac{d}{dp_i} \left(\sum_{m=1}^{\infty} p_i^m - 1\right)$$

$$= q_i + q_i p_i \frac{1}{q_i^2} = \frac{1}{q_i} - p_i.$$

Die erwartete Gesamtzahl der Jungen ist demnach $\sum_{i=1}^{n} \frac{1}{q_i} - \sum_{i=1}^{n} p_i$ und die Gültigkeit der Formel für R ist abermals bewiesen.

(e) Einsetzen von $p_i = 1/2$ in die Berechnungsformeln für R ergibt in (a)-(d) jeweils $R = 1/2$.

9.32 Mit der Zufallsgröße X_n beschreiben wir die Position des Balles nach n Spielzügen. Es sei $X_n \in \{-2,-1,0,1,2\}$, wobei -2 für linkes Tor, -1 für linker Abwehrbereich, 0 für Mittelfeld, 1 für rechter Abwehrbereich und 2 für rechtes Tor stehe. Nach Modellannahme handelt es sich bei $(X_n)_{n\in\mathbb{N}_0}$ um eine Markov-Kette. Ihre Übergangsmatrix hat die Gestalt

$$P = \begin{pmatrix} 0 & 4/7 & 0 & 3/7 & 0 \\ 3/7 & 0 & 4/7 & 0 & 0 \\ 0 & 4/7 & 0 & 3/7 & 0 \\ 0 & 0 & 1/2 & 0 & 1/2 \\ 0 & 4/7 & 0 & 3/7 & 0 \end{pmatrix}.$$

Da das Spiel vom Anstoßpunkt aus beginnt, gilt $X_0 = 0$ fast sicher. Zudem merken wir an, dass der Ausgangszustand *Tor* jeweils dieselben Übergangswahrscheinlichkeiten aufweist wie das *Mittelfeld*, denn wir gehen davon aus, dass das Zurücklegen des Balles vom Tor nicht als gesonderter Spielzug zu erachten ist.

(a) Das erste Tor kann frühestens nach 2 Spielzügen fallen, und zwar auf dem Weg $0 \to 1 \to 2$ oder $0 \to -1 \to -2$. Die Wahrscheinlichkeit dafür beträgt $p := \frac{4}{7} \cdot \frac{3}{7} + \frac{3}{7} \cdot \frac{1}{2} = \frac{45}{98}$. Fällt dagegen nach 2 Spielzügen kein Tor, so befindet sich der Ball wieder im Mittelfeld ($X_2 = 0$); dies tritt entsprechend mit Wahrscheinlichkeit $1 - p = \frac{53}{98}$ ein. Dann haben wir wieder dieselbe Situation wie beim Anpfiff, und das erste Tor kann in diesem Fall erst nach insgesamt 4 Spielzügen fallen. Die Wahrscheinlichkeit, dass das erste Tor nach genau 4 Spielzügen fällt, beträgt $(1-p)p$. Fällt auch nach 4 Spielzügen nicht das erste Tor, so gilt $X_4 = 0$, und erneut tritt die Situation des Spielbeginns wieder auf, so dass nach genau 6 Spielzügen das erste Tor mit Wahrscheinlichkeit $(1-p)^2 p$ fällt, usw.
Die Anzahl der Spielzüge bis zum ersten Tor werden mit N bezeichnet. Gesucht ist der Erwartungswert dieser Zufallsgröße; nach obigen Vorarbeiten sind wir in der Lage, ihn zu berechnen.

$$EN = \sum_{j=1}^{\infty} 2j(1-p)^{j-1} p = -2p \sum_{j=1}^{\infty} \frac{d}{dp}\left[(1-p)^j\right] = -2p \frac{d}{dp}\left[\sum_{j=1}^{\infty}(1-p)^j\right]$$

$$= -2p \frac{d}{dp}\left[\frac{1}{p} - 1\right] = 2p \frac{1}{p^2} = \frac{2}{p} = \frac{196}{45} \doteq 4.36.$$

(b) Wir wissen bereits, dass sich Tore nur nach einer geraden Anzahl von ausgeführten Spielzügen ereignen können. Die Zufallsgröße M_k sei genau dann gleich 1, wenn die Mannschaft *Links* zwischen dem $(2k-1)$. und einschließlich dem $2k$. Spielzug ein Tor erzielt; andernfalls ist $M_k = 0$. Da für beliebiges, aber festes l die Übergangswahrscheinlichkeiten $P(X_{n+1} = l \mid X_n = k)$ für alle $k \in \{-2, 0, 2\}$ dieselben sind, wie eingangs erläutert, sind die M_k unabhängig und identisch verteilt. Es gilt $P(M_k = 1) = \frac{3}{7} \cdot \frac{1}{2} = \frac{3}{14}$. Die Anzahl aller Spielzüge bis zum ersten Tor der Mannschaft *Links* beträgt somit $L = \min\{2k : M_k = 1\}$. Dies ist ausreichend, um die Verteilung von L herzuleiten:

$$P(L=2l) = \left(1 - \frac{3}{14}\right)^{l-1} \cdot \frac{3}{14},$$

woraus sich mit derselben Berechnungsweise wie in (a) als Erwartungswert von L

$$EL = \sum_{l=1}^{\infty} 2l \frac{3}{14} \cdot \left(1 - \frac{3}{14}\right)^{l-1} = \frac{28}{3} \doteq 9.33$$

ergibt. Analog kann man für die Mannschaft *Rechts*, die mit Wahrscheinlichkeit $\frac{4}{7} \cdot \frac{3}{7} = \frac{12}{49}$ zwischen dem $(2k-1)$. und dem $2k$. Spielzug ein Tor erzielt, die mittlere Anzahl der Spielzüge bis zu deren erstem Tor berechnen durch

$$\sum_{l=1}^{\infty} 2l \frac{12}{49} \cdot \left(1 - \frac{12}{49}\right)^{l-1} = \frac{49}{6} \doteq 8.17.$$

(c) Das zu untersuchende Ereignis Z, dass Mannschaft *Links* vor Mannschaft *Rechts* ein Tor erzielt, kann disjunkt zerlegt werden in die Ereignisse Z_k, welche die Situation erfassen, dass in den ersten $2k-2$ Spielzügen kein Tor fällt und mit dem $2k$. Spielzug Mannschaft *Links* zum ersten Tor kommt. Es gilt somit $P(Z_k) = \left(1 - \frac{45}{98}\right)^{k-1} \cdot \frac{3}{14}$. Daraus folgt

$$P(Z) = \sum_{k=1}^{\infty} P(Z_k) = \frac{3}{14} \cdot \frac{1}{1 - 53/98} = \frac{7}{15} \doteq 0.47.$$

(d) Nach Definition der stationären Verteilung π kann diese durch Lösen des linearen Gleichungssystems $\pi^t(I-P) = 0$ mit der eingangs definierten Übergangsmatrix P und der (5×5)-Einheitsmatrix ermittelt werden. Nach Transponieren ist das lineare Gleichungssystem äquivalent zu $(I - P^t)\pi = 0$, d.h.

$$\begin{pmatrix} 1 & -3/7 & 0 & 0 & 0 \\ -4/7 & 1 & -4/7 & 0 & -4/7 \\ 0 & -4/7 & 1 & -1/2 & 0 \\ -3/7 & 0 & -3/7 & 1 & -3/7 \\ 0 & 0 & 0 & -1/2 & 1 \end{pmatrix} \begin{pmatrix} p_{-2} \\ p_{-1} \\ p_0 \\ p_1 \\ p_2 \end{pmatrix} = \begin{pmatrix} 0 \\ 0 \\ 0 \\ 0 \\ 0 \end{pmatrix},$$

das elementar (z.B. mit dem Gauß'schen Verfahren) gelöst werden kann. Es ergibt sich der eindimensionale Lösungsraum

$$\{\lambda \cdot (24, 56, 53, 42, 21)^t : \lambda \in \mathbb{R}\}.$$

Normierung führt schließlich auf die stationäre Verteilung

$$P(X_n = -2) = 6/49 \doteq 0.12, \qquad P(X_n = -1) = 2/7 \doteq 0.29,$$
$$P(X_n = 0) = 53/196 \doteq 0.27, \qquad P(X_n = 1) = 3/14 \doteq 0.21,$$
$$P(X_n = 2) = 3/28 \doteq 0.11.$$

(e) Nach dem Platzverweis eines Angreifers der Mannschaft *Links* spielt diese Mannschaft im $(4,3,2)$-System, die Mannschaft *Rechts* spielt in unverändertem System. Der Platzverweis zieht eine Modifikation der Übergangsmatrix nach sich:

$$P^* = \begin{pmatrix} 0 & 4/7 & 0 & 3/7 & 0 \\ 3/7 & 0 & 4/7 & 0 & 0 \\ 0 & 4/7 & 0 & 3/7 & 0 \\ 0 & 0 & 3/5 & 0 & 2/5 \\ 0 & 4/7 & 0 & 3/7 & 0 \end{pmatrix}.$$

Wie in (d) erhält man die stationäre Verteilung durch Lösen des linearen Gleichungssystems $(I - P^*)^t \pi = 0$ und anschließendes Normieren der Lösung. Die stationäre Verteilung lautet

$$P(X_n = -2) = 6/49 \doteq 0.12, \qquad P(X_n = -1) = 2/7 \doteq 0.29,$$
$$P(X_n = 0) = 143/490 \doteq 0.29, \qquad P(X_n = 1) = 3/14 \doteq 0.21,$$
$$P(X_n = 2) = 3/35 \doteq 0.09.$$

9.33 (a) Der Beweis wird mit Induktion über n geführt. Das Resultat ist deterministisch: Für beliebige Punkte $X_1, \ldots X_n, n \geq 2$, aus dem Einheitsquadrat gibt es einen Streckenzug durch diese Punkte, der ausgehend von einem Punkt jeden anderen Punkt genau einmal besucht und zum Ausgangspunkt zurückkehrt (kurz: ein *geschlossener Streckenzug*). Für $n = 2$ ist der Weg von X_1 nach X_2 und zurück offenkundig nicht länger als $2\sqrt{2}$. Angenommen, für ein $n \geq 2$ und beliebige Punkte $X_1, \ldots, X_n$ gibt es einen geschlossenen Streckenzug mit Gesamtlänge nicht größer als $14\sqrt{n}$. Wir unterteilen das Einheitsquadrat in $\triangle^2$ Quadrate der Seitenlänge $\frac{1}{\triangle}$ mit $\triangle^2 < n+1 < (\triangle+1)^2$. Dann liegen in mindestens einem Teilquadrat mindestens 2 Punkte, etwa die Punkte X_i und X_j. Nach Voraussetzung gibt es durch die n Punkte $X_1, \ldots, X_{i-1}, X_{i+1}, \ldots X_{n+1}$ einen geschlossenen Streckenzug T, der nicht länger als $14\sqrt{n}$ ist. Dieser führe von X_i als Nächstes zu X_k. Dann ist der Streckenzug T', der von X_i über X_j nach X_k führt und ansonsten denselben Verlauf hat wie T, ein geschlossener Streckenzug, dessen Länge nicht größer ist als die Länge von T plus zweimal die Entfernung zwischen X_i und X_j (da die Länge jeder Seite eines Dreiecks nicht größer ist als die Summe der Längen der übrigen Seiten).

Die Länge von T' ist also nicht größer als

$$14\sqrt{n} + \frac{2\sqrt{2}}{\triangle} \leq 14\sqrt{n} + \frac{2\sqrt{2}}{\sqrt{n+1}-1} \leq 14\sqrt{n+1},$$

9.2 Lösungen

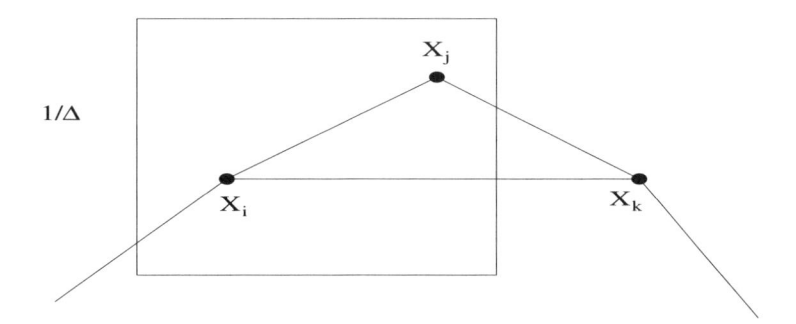

Abbildung 9.4: Die Streckenzüge T und T'.

wobei die letzte Ungleichung nach Multiplikation beider Seiten mit $\sqrt{n+1}-1$ und anschließender Berücksichtigung von

$$14\sqrt{n+1}(\sqrt{n+1}-\sqrt{n}) \geq 14(\sqrt{n+1}-\sqrt{n})+2\sqrt{2}$$
$$\Longleftarrow \quad 14\sqrt{n+1} \geq 14+2\sqrt{2}\cdot 2\sqrt{n+1}$$

für alle $n \geq 2$ zustande kommt.

(b) Die beschriebene Reiseroute ist nicht länger als der in folgendem Diagramm gestrichelt dargestellte Weg.

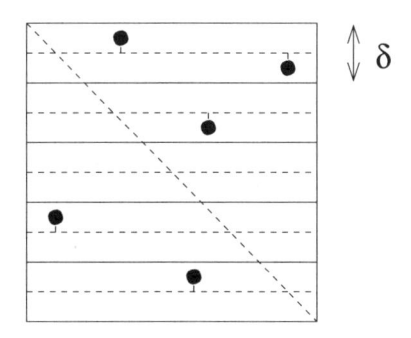

Abbildung 9.5: Reiseroute (gestrichelt) bei der Analyse der Streifenmethode.

Der im i. Streifen der insgesamt (etwa) $\frac{1}{\delta}$ Streifen durchlaufene Weg ist nicht länger als $1+$ (Anzahl der Punkte im i. Streifen) δ. Also ist bei Berücksichtigung der Diagonale sowie der vertikalen Abschnitte der Gesamtweg nicht länger als

$$\frac{1}{\delta}+n\cdot\delta+1+\sqrt{2},$$

was bei Wahl von $\delta = n^{-1/2}$ die in der Aufgabenstellung angegebene Schranke

$$2\sqrt{n}+\sqrt{2}+1$$

ergibt.

(c) Die im Hinweis angegebene Schranke

$$L_n(\pi) \geq \sum_{i=1}^{n} E[d(X_i, \{X_1, \ldots, X_{i-1}, X_{i+1}, \ldots, X_n\})]$$
$$= nE[d(X_n, \{X_1, \ldots, X_{n-1}\})]$$

ist offensichtlich gültig. Wir setzen die Rechnung fort mit der Abschätzung des Erwartungswertes

$$E[d(X_n, \{X_1, \ldots, X_{n-1}\})] = \int_0^\infty P(d(X_n, \{X_1, \ldots, X_{n-1}\}) > r) dr,$$

und das weitere Vorgehen besteht in der Überlegung

$$P(d(X_n, \{X_1, \ldots, X_{n-1}\}) > r | X_n = x_n) = P(\min_{i<n} \|X_i - X_n\| > r | X_n = x_n)$$
$$= \prod_{i=1}^{n-1} P(\|X_i - X_n\| > r | X_n = x_n)$$
$$\geq (1 - \pi r^2)^{n-1}, \qquad \forall x_n \in [0,1]^2, \ \forall r \leq \pi^{-1/2}.$$

Für die mittlere Länge der durch π festgelegten Reiseroute bedeutet dies

$$L_n(\pi) \geq n \cdot \int_0^{\pi^{-1/2}} (1 - \pi r^2)^{n-1} dr = n \cdot \frac{1}{2\sqrt{\pi}} \int_0^1 x^{-1/2}(1-x)^{n-1} dx$$
$$= \frac{n}{2\sqrt{\pi}} \frac{\Gamma(n) \cdot \Gamma(\frac{1}{2})}{\Gamma(n + \frac{1}{2})} = \frac{n}{2} \frac{\Gamma(n)}{\Gamma(n + \frac{1}{2})} \geq \frac{1}{2}\sqrt{n}, \qquad (9.23)$$

bei Berücksichtigung von

$$\int_0^1 x^{a-1}(1-x)^{b-1} dx = \frac{\Gamma(a)\Gamma(b)}{\Gamma(a+b)}, \qquad \forall a, b > 0,$$

und $\Gamma(\frac{1}{2}) = \pi^{1/2}$. Die in (9.23) vorgenommene Abschätzung $\Gamma(n)/\Gamma(n + \frac{1}{2}) \geq \frac{1}{\sqrt{n}}$ tritt als Resultat nach Erweitern mit $\Gamma(n)$ und Verwendung der Gauß'schen Multiplikationsformel

$$\Gamma(x) \cdot \Gamma(x + \frac{1}{k}) \cdot \ldots \cdot \Gamma(x + \frac{k-1}{k}) = 2\pi^{(k-1)/2} k^{\frac{1}{2} - kx} \Gamma(kx)$$

für $k = 2$ und $x = n$ auf, wenn die Stirling'sche Approximation

$$2\pi^{\frac{1}{2}} n^{n + \frac{1}{2}} e^{-n + \frac{1}{12n+1}} < n! < 2\pi^{\frac{1}{2}} n^{n + \frac{1}{2}} e^{-n + \frac{1}{12n}}.$$

bedacht wird.

9.2 Lösungen

9.34 Die Findung optimaler Strategien wird einfach, wenn die Beziehung

$$\min(\gamma_{11}, \gamma_{12}) \geq \max(\gamma_{21}, \gamma_{22}) \tag{9.24}$$

besteht. Denn unabhängig davon, welche Strategie Spieler 2 wählt, sollte Spieler 1 in diesem Fall immer Strategie Γ_1 wählen. Sie garantiert ihm einen Gewinn von mindestens $\min(\gamma_{11}, \gamma_{12})$. Spieler 2 wählt dann jene Strategie Γ_j, welche den Gewinn von Spieler 1 so klein wie möglich hält, d.h. Γ_j mit

$$\gamma_{1j} = \min(\gamma_{11}, \gamma_{12}).$$

Wir nehmen deshalb im weiteren Verlauf an, dass das Gegenteil von (9.24) gewährleistet ist.

(a) Die offenkundige Antwort lautet

$$G_1(p_{11}, p_{21}) = \sum_{i=1}^{2} \sum_{j=1}^{2} \gamma_{ij}\, p_{1i}\, p_{2j}.$$

(b) Unsere Überlegungen beginnen mit einer Untersuchung der Funktion

$$G_1(x, y) = \gamma_{11} xy + \gamma_{12} x(1-y) + \gamma_{21}(1-x)y + \gamma_{22}(1-x)(1-y)$$

für $x \in [0,1], y \in [0,1]$. In beiden Argumenten ist G_1 linear. Hält man x fest, so wird deshalb $G_1(x,y)$ für dieses x in y minimiert entweder für $y = 0$ oder für $y = 1$. Das heißt

$$\min_{0 \leq y \leq 1} G_1(x,y) = \min(\gamma_{12} x + \gamma_{22}(1-x), \gamma_{11} x + \gamma_{21}(1-x))$$

$$=: G_1^*(x).$$

Sind γ_{11}, γ_{22} positiv und γ_{12}, γ_{21} negativ, so sieht eine Darstellung von G_1^* im Prinzip wie in Abbildung 9.6 aus.

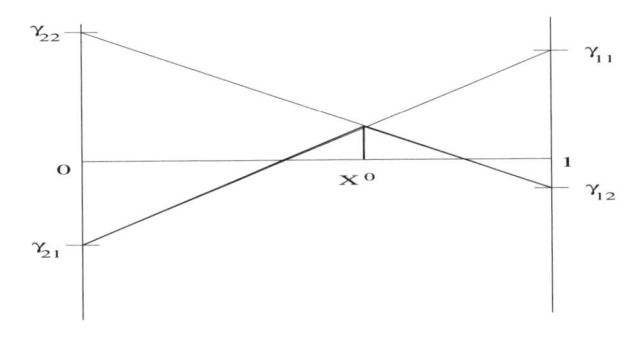

Abbildung 9.6: Die Funktion $G_1^*(x)$ für $x \in [0,1]$, fett dargestellt.

Die Stelle x°, wo $G_1^*(x)$ das Maximum annimmt, erfüllt die Gleichung

$$\gamma_{11} x^\circ + \gamma_{21}(1 - x^\circ) = \gamma_{12} x^\circ + \gamma_{22}(1 - x^\circ). \tag{9.25}$$

Daraus entnimmt man

$$x^\circ = \frac{\gamma_{22} - \gamma_{21}}{\gamma_{11} + \gamma_{22} - \gamma_{12} - \gamma_{21}}. \tag{9.26}$$

Offenkundig ist die Maximalstelle x° von G_1^* die optimale Wahrscheinlichkeit, mit der Spieler 1 Strategie Γ_1 einsetzen sollte, d.h. $x^\circ = p_{11}^\circ$. Genauso könnte man mit Blick auf den zweiten Spieler argumentieren. Noch schneller kann man aus Symmetriegründen die optimale Strategie p_{21}° von Spieler 2 durch Vertauschung der Indizes 1 und 2 aus (9.26) erhalten:

$$p_{21}^\circ = \frac{\gamma_{11} - \gamma_{12}}{\gamma_{11} + \gamma_{22} - \gamma_{12} - \gamma_{21}}.$$

(c) Nach den Berechnungen in (b) kann man zum einen schreiben

$$\begin{aligned} G_1^{\max}(p_{11}^\circ) = G_1^*(x^\circ) &= \gamma_{12} p_{11}^\circ + \gamma_{22}(1 - p_{11}^\circ) \\ &= \gamma_{11} p_{11}^\circ + \gamma_{21}(1 - p_{11}^\circ). \end{aligned}$$

Zweitens stellen wir fest, dass

$$\begin{aligned} G_1(p_{11}^\circ, y) &= y[\gamma_{11} p_{11}^\circ + \gamma_{21}(1 - p_{11}^\circ)] + (1 - y)[\gamma_{12} p_{11}^\circ + \gamma_{22}(1 - p_{11}^\circ)] \\ &= [y + (1 - y)] \cdot [\gamma_{11} p_{11}^\circ + \gamma_{21}(1 - p_{11}^\circ)] = G_1^{\max}(p_{11}^\circ) \end{aligned}$$

für alle $y \in [0, 1]$, also unabhängig von der von Spieler 2 gewählten Strategie. Setzt man darin $y = p_{21}^\circ$, so wird dies zu

$$G_1(p_{11}^\circ, p_{21}^\circ) = G_1^{\max}(p_{11}^\circ).$$

(d) Wir wenden die Ergebnisse von (a) - (c) an:
Spieler 1: Seine erste Strategie besteht im Verbergen einer 5-Euro-Note. Seine zweite Strategie besteht im Verbergen einer 20-Euro-Note.
Spieler 2: Seine erste Strategie besteht darin, auf eine 5-Euro-Note zu tippen. Seine zweite Strategie besteht darin, auf eine 20-Euro-Note zu tippen.
Damit haben wir

$$\begin{aligned} \gamma_{11} &= -5, & \gamma_{12} &= +15, \\ \gamma_{21} &= +15, & \gamma_{22} &= -20, \end{aligned}$$

sowie

$$p_{11}^\circ = \frac{-20 - 15}{-5 - 20 - 15 - 15} = \frac{7}{11},$$

$$p_{21}^\circ = \frac{-5 - 15}{-5 - 20 - 15 - 15} = \frac{4}{11},$$

und $G_1^{\max}(p_{11}^\circ) = 15 \cdot \frac{7}{11} + (-20) \cdot \frac{4}{11} = \frac{25}{11}$.

9.35 (a) Die Abschätzung $\alpha_{n+1} \leq (2d-1)\alpha_n$ ist leicht zu begründen und wird schon klar, wenn man bedenkt, dass ein selbstmeidender Pfad nicht zum zuletzt besuchten Punkt zurückkehren kann.
Ferner ist ein Pfad, bei dem in jedem Schritt genau eine der Komponenten stets um 1 größer wird, also z.B. $(0,\ldots,0) \to (0,1,0,\ldots,0) \to (1,1,0,\ldots,0) \to (2,1,0,\ldots,0)$ offensichtlich selbstmeidend. Da es bei jedem Schritt dafür d Möglichkeiten gibt, erhält man mit $\alpha_{n+1} \geq d^{n+1}$ die zweite Abschätzung.
Insgesamt gibt es $(2d)^n$ Pfade der Länge n. Damit ist die gesuchte Wahrscheinlichkeit
$$p_n = \frac{\alpha_n}{(2d)^n},$$
und mit $\alpha_n \leq (2d-1)\alpha_{n-1} \leq (2d-1)^2\alpha_{n-2} \leq (2d-1)^{n-1}\alpha_1 = (2d-1)^{n-1}2d$ sowie mit $\alpha_n \geq d^n$ kommt man zu
$$\left(\frac{1}{2}\right)^n \leq p_n \leq \left(1 - \frac{1}{2d}\right)^{n-1}, \quad \forall n \in \mathbb{N}, \forall d \in \mathbb{N}.$$

(b) In (a) haben wir gesehen, dass
$$d^n \leq \alpha_n \leq (2d-1)^{n-1}2d$$
ist. Der Grenzwert von $\frac{1}{n}\ln \alpha_n$ muss deshalb im Intervall $[\ln d, \ln(2d-1)]$ liegen. Dieser Schluss enthält noch eine Lücke. Wir müssen uns noch überzeugen, dass ein Grenzwert überhaupt existiert. Das geschieht wie folgt. Ein selbstmeidender Pfad der Länge $n+m$ besteht aus einem selbstmeidenden Pfad der Länge n und einem selbstmeidenden Pfad der Länge m. Demzufolge muss
$$\alpha_{n+m} \leq \alpha_n \cdot \alpha_m$$
sein, woraus sich für $c_n := \ln \alpha_n$ die entscheidende Beziehung
$$c_{n+m} \leq c_n + c_m, \quad \forall n, m \in \mathbb{N}, \tag{9.27}$$
ergibt. Wir zeigen nun, dass
$$\lim_{n \to \infty} \frac{c_n}{n} = \inf_{k \geq 1} \frac{c_k}{k}$$
ist und also existiert. Einerseits ist nämlich
$$\liminf_{n \to \infty} \frac{c_n}{n} = \sup_{n \in \mathbb{N}} \inf_{k \geq n} \frac{c_k}{k} \geq \inf_{k \geq 1} \frac{c_k}{k},$$
und andererseits überlegt man sich, dass auch
$$\limsup_{n \to \infty} \frac{c_n}{n} \leq \inf_{k \geq 1} \frac{c_k}{k}$$
gelten muss, etwa indem man die Ungleichung
$$\limsup_{n \to \infty} \frac{c_n}{n} \leq \frac{c_k}{k}, \quad \forall k \in \mathbb{N}, \tag{9.28}$$

bestätigt. Dazu schreibt man für festes k und $n \in \mathbb{N}$

$$n = a_n k + \varepsilon_n$$

mit $\varepsilon_n \in \{0, 1, \ldots, k-1\}$ und geeigneter natürlicher Zahl $a_n \leq n/k$. Wegen (9.27) ist

$$c_{a_n k} \leq a_n c_k$$

und daran anknüpfend

$$c_n = c_{a_n k + \varepsilon_n} \leq c_{a_n k} + c_{\varepsilon_n} \leq a_n c_k + c_{\varepsilon_n} \leq n \frac{c_k}{k} + \max_{0 \leq i \leq k-1} c_i,$$

wobei $c_0 := 0$ gesetzt wurde. Division durch n und Bildung des Limes superior ergibt (9.28), und unsere Antwort auf die Fragestellung ist vollständig.

9.36 Es reicht offensichtlich, das optimale m^* für $c = 1$ zu bestimmen. Auf dieses Ziel hin kommt nun eine längere Überlegung in Gang. Angenommen, der Autofahrer verwendet ein bestimmtes $m^* \in \mathbb{N}$. Für $m \leq m^*$ sei D_m der (mit c multiplizierte) Abstand seines schließlich gewählten Parkplatzes vom Ziel, wenn der Autofahrer sich aktuell m Parkplätze vor dem Ziel befindet. Sei $\Delta_m := ED_m$ die zugehörige erwartete Unzufriedenheit. Wir beginnen mit Δ_0. Der Autofahrer hat also das Ziel erreicht und ergreift nun die erste sich bietende Parkmöglichkeit. Diese befindet sich genau j Parkplätze vom Ziel entfernt, wenn die ersten $j-1$ Plätze links vom Ziel belegt sind und der j. Parkplatz frei ist. Die Wahrscheinlichkeit hierfür ist – wenn wir $q := 1 - p$ setzen – gerade $q^{j-1} p$. Also erhalten wir

$$\Delta_0 = \sum_{j=1}^{\infty} j q^{j-1} p = p \frac{d}{dq} \left(\sum_{j=0}^{\infty} q^j \right) = p \frac{d}{dq} \left(\frac{1}{1-q} \right) = \frac{1}{p}. \qquad (9.29)$$

Angenommen, der Fahrer befindet sich nun m Parkplätze vor dem Ziel, $0 < m \leq m^*$. Der offensichtliche Zusammenhang

$$D_m = \begin{cases} m, & \text{falls der } m. \text{ Parkplatz vor dem Ziel frei ist} \\ D_{m-1}, & \text{sonst} \end{cases}$$

ist nützlich. Daraus erhält man

$$ED_m = \Delta_m = pm + q\Delta_{m-1}, \qquad (9.30)$$

und die Folge der Δ_n kann mit (9.29) und (9.30) rekursiv bestimmt werden. Die ersten Terme sind

$$\Delta_0 = \frac{1}{p}, \ \Delta_1 = p + \frac{q}{p}, \ \Delta_2 = p(2+q) + \frac{q^2}{p},$$

$$\Delta_3 = p(3 + 2q + q^2) + \frac{q^3}{p}, \ \Delta_4 = p(4 + 3q + 2q^2 + q^3) + \frac{q^4}{p}.$$

Nimmt man diese in Augenschein, so kann man das Bildungsgesetz

$$\Delta_m = p\sum_{i=1}^{m} iq^{m-i} + \frac{q^m}{p} = pq^m \sum_{i=1}^{m} i\left(\frac{1}{q}\right)^i + \frac{q^m}{p} = m - \frac{q}{p} + \frac{q^m(1+q)}{p} \quad (9.31)$$

vermuten. Dass dies tatsächlich zutrifft, wird leicht durch Induktion bestätigt. Für $m = 0$ ergibt (9.31) wiederum (9.29). Gilt nun (9.31) für ein $m \geq 0$, so ist mit (9.30)

$$\Delta_{m+1} = p(m+1) + q\Delta_m = p(m+1) + qm - \frac{q^2}{p} + \frac{q^{m+1}(1+q)}{p}$$
$$= m + p - \frac{q^2}{p} + \frac{q^{m+1}(1+q)}{p} = (m+1) - \frac{q}{p} + \frac{q^{m+1}(1+q)}{p},$$

was wiederum von der Form (9.31) ist.
Typischerweise fällt Δ_m zunächst monoton in m und steigt schließlich wieder an. Wegen

$$\Delta_{m+1} - \Delta_m = 1 - (1+q)q^m$$

ergibt sich m^* als kleinste ganze Zahl m mit der Eigenschaft

$$1 - (1+q)q^m \geq 0.$$

9.37 **(a)** Der erste Fahrer nimmt jede der für ihn möglichen $n-1$ Parkpositionen mit Wahrscheinlichkeit $(n-1)^{-1}$ ein. Dann verbleiben kleinere Parkplätze bestehend aus k bzw. $(n-k-2)$ Intervallen. Somit erfüllen die a_n die Rekursionsformel

$$a_n = 1 + \frac{1}{n-1} \sum_{k=0}^{n-2} (a_k + a_{n-k-2})$$

oder

$$a_n = 1 + \frac{2}{n-1} \sum_{k=0}^{n-2} a_k, \quad \forall n \geq 2, \quad (9.32)$$

mit den offensichtlichen Anfangsbedingungen $a_0 = a_1 = 0$.

(b) Schreibt man die Rekursionsgleichung (9.32) für zwei aufeinander folgende Indizes n und $n-1$ auf, so erhält man daraus

$$a_n = \frac{1}{n-1} + \frac{n-2}{n-1} a_{n-1} + \frac{2}{n-1} a_{n-2}, \quad \forall n \geq 2, \quad (9.33)$$

mit

$$a_0 = a_1 = 0.$$

Durch Multiplikation mit $2/n$ lässt sich die Formel (9.33) in eine Rekursion für die $b_n = 2a_n/n$ umschreiben:

$$b_n = \frac{2}{n(n-1)} + \frac{n-2}{n}b_{n-1} + \frac{2(n-2)}{n(n-1)}b_{n-2}, \qquad \forall n \geq 2,$$

mit
$$b_0 = b_1 = 0.$$

(c) Mit $b_n^* = 2(1 + a_{n-2})/n$ für alle $n \geq 2$ ist

$$\begin{aligned} a_{n-2} &= \frac{n}{2}b_n^* - 1, \\ a_{n-1} &= \frac{n+1}{2}b_{n+1}^* - 1, \\ a_n &= \frac{n+2}{2}b_{n+2}^* - 1, \end{aligned}$$

was nach Einsetzen in (9.33) zu

$$\frac{n+2}{2}b_{n+2}^* - 1 = \frac{1}{n-1} + \frac{n-2}{n-1}\left[\frac{(n+1)}{2}b_{n+1}^* - 1\right] + \frac{2}{n-1}\left(\frac{n}{2}b_n^* - 1\right)$$

führt. Dem entnimmt man

$$b_{n+2}^* = \frac{(n-2)(n+1)}{(n-1)(n+2)}b_{n+1}^* + \frac{2n}{(n-1)(n+2)}b_n^*$$

bzw., wenn man $n+2$ durch n ersetzt:

$$b_n^* = \frac{1}{n(n-3)}\left[2(n-2)b_{n-2}^* + (n-1)(n-4)b_{n-1}^*\right], \qquad n \geq 4, \qquad (9.34)$$

mit
$$b_2^* = \frac{2(1+a_0)}{2} = 1, \quad b_3^* = \frac{2(1+a_1)}{3} = \frac{2}{3}.$$

Wir gehen nun über zur Differenzenfolge und schreiben

$$\begin{aligned} d_n &= b_n^* - b_{n-1}^*, \\ d_{n-1} &= b_{n-1}^* - b_{n-2}^*. \end{aligned}$$

Ausgehend von (9.34) ist zunächst

$$\begin{aligned} b_n^* &= \frac{(n-1)(n-4)}{n(n-3)}b_{n-1}^* + \frac{2(n-2)}{n(n-3)}b_{n-2}^* \\ &= \left[\frac{n(n-3)}{n(n-3)} - \frac{2(n-2)}{n(n-3)}\right]b_{n-1}^* + \frac{2(n-2)}{n(n-3)}b_{n-2}^*, \end{aligned}$$

also
$$b_n^* - b_{n-1}^* = -\frac{2(n-2)}{n(n-3)}(b_{n-1}^* - b_{n-2}^*),$$
und wir haben die handliche Rekursion
$$d_n = -\frac{2(n-2)}{n(n-3)}d_{n-1}, \qquad \forall n \geq 4, \tag{9.35}$$
mit
$$d_3 = b_3^* - b_2^* = -\frac{1}{3}.$$
Aus (9.35) kann man durch geschickte Umformung die explizite Form gewinnen:
$$\begin{aligned}d_n &= \frac{(-2)(n-2)}{n(n-3)}d_{n-1} = \frac{(-2)(n-2)}{n(n-3)} \cdot \frac{(-2)(n-3)}{(n-1)(n-4)}d_{n-2} \\ &= \frac{(-2)(n-2)}{n(n-3)} \cdot \frac{(-2)(n-3)}{(n-1)(n-4)} \cdot \frac{(-2)(n-4)}{(n-2)(n-5)}d_{n-3} \\ &= -\frac{1}{3} \cdot \frac{(-2)^{n-3}(n-2)!3!}{n!(n-3)!} = \frac{(-2)^{n-2}(n-2)}{n!} \\ &= \frac{(-2)^{n-2}}{(n-1)!} + \frac{(-2)^{n-1}}{n!} = -\frac{1}{2}\left[\frac{(-2)^{n-1}}{(n-1)!} + \frac{(-2)^n}{n!}\right], \qquad \forall n \geq 3.\end{aligned}$$

Aus der Differenzenfolge der d_n ergibt sich anschließend die Folge der b_n^* durch Summation:
$$\begin{aligned}b_n^* &= b_2^* + \sum_{k=3}^{n} d_k = 1 - \frac{1}{2}\left[\sum_{k=2}^{n-1}\frac{(-2)^k}{k!} + \sum_{k=3}^{n}\frac{(-2)^k}{k!}\right] \\ &= 1 - \sum_{k=0}^{n-1}\frac{(-2)^k}{k!} - \frac{1}{2} \cdot \frac{(-2)^n}{n!}.\end{aligned}$$

Ihr Grenzwert ist
$$\lim_{n\to\infty} b_n^* = 1 - \sum_{k=0}^{\infty}\frac{(-2)^k}{k!} = 1 - e^{-2}.$$
(Für weitere Informationen siehe Rost (1999).)

9.38 Wir arbeiten die drei Modelle nacheinander ab.
Modell 1: Die Zufallsgröße
$$Z := \frac{1}{\sqrt{2}}[X_1 - X_2 - (\mu_1 - \mu_2)]$$
ist unter den getroffenen Modellannahmen standard-normalverteilt. Schreibt man Φ für die $\mathbf{N}(0,1)$-Verteilungsfunktion, so liefert das mit den gegebenen Informationen
$$0.8 = P(X_1 > X_2) = P\left(Z > \frac{\mu_2 - \mu_1}{\sqrt{2}}\right) = \Phi\left(\frac{\mu_1 - \mu_2}{\sqrt{2}}\right).$$

Der Tabelle der Standard-Normalverteilung entnehmen wir

$$\frac{\mu_1 - \mu_2}{\sqrt{2}} = 0.84.$$

Entsprechend verwerten wir die Information

$$0.7 = P(X_2 > X_3) = \Phi\left(\frac{\mu_2 - \mu_3}{\sqrt{2}}\right),$$

die auf

$$\frac{\mu_2 - \mu_3}{\sqrt{2}} = 0.52$$

führt. Wegen

$$\frac{\mu_1 - \mu_3}{\sqrt{2}} = \frac{\mu_1 - \mu_2}{\sqrt{2}} + \frac{\mu_2 - \mu_3}{\sqrt{2}} = 0.84 + 0.52 = 1.36$$

erhalten wir für die gesuchte Wahrscheinlichkeit schließlich den Wert

$$P(M_1 \text{ besiegt } M_3) = P(X_1 > X_3) = \Phi\left(\frac{\mu_1 - \mu_3}{\sqrt{2}}\right) = \Phi(1.36) = 0.91.$$

Modell 2:   Die Funktion F hat die Gestalt

$$F(x) = \begin{cases} \frac{1}{2}\exp(\sqrt{2}x), & \text{falls } x \leq 0 \\ 1 - \frac{1}{2}\exp(-\sqrt{2}x), & \text{falls } x > 0. \end{cases}$$

Wegen $F(\nu_i - \nu_j) + F(\nu_j - \nu_i) = 1$ ist die Wahrscheinlichkeit für ein Unentschieden stets gleich 0. Modellannahmen und gegebene Informationen übersetzt man dann in die Gleichungen

$$0.2 = P(M_2 \text{ besiegt } M_1) = F(\nu_2 - \nu_1) = \frac{1}{2}e^{\sqrt{2}(\nu_2 - \nu_1)} \qquad (9.36)$$

$$0.3 = P(M_3 \text{ besiegt } M_2) = F(\nu_3 - \nu_2) = \frac{1}{2}e^{\sqrt{2}(\nu_3 - \nu_2)}. \qquad (9.37)$$

Aus (9.36) und (9.37) bekommt man

$$\nu_2 - \nu_1 = \frac{1}{\sqrt{2}} \ln 0.4$$

$$\nu_3 - \nu_2 = \frac{1}{\sqrt{2}} \ln 0.6,$$

was auf

$$\nu_3 - \nu_1 = \nu_3 - \nu_2 + \nu_2 - \nu_1 = \frac{1}{\sqrt{2}}(\ln 0.6 + \ln 0.4)$$

führt. Unter diesem Modell hat die gesuchte Wahrscheinlichkeit damit den Wert

$$P(M_1 \text{ besiegt } M_3) = 1 - P(M_3 \text{ besiegt } M_1) = 1 - F(\nu_3 - \nu_1)$$
$$= 1 - \frac{1}{2}e^{\sqrt{2}\ln(0.6 \cdot 0.4)} \doteq 0.93.$$

Modell 3: Unser Ausgangspunkt hier ist der Zusammenhang
$P(M_1 \text{ besiegt } M_2) = \frac{\nu_1}{\nu_1+\nu_2} = 0.8$, dem wir $\frac{\nu_1}{\nu_2} = 4$ entnehmen. Entsprechend ermitteln wir aus

$$P(M_2 \text{ besiegt } M_3) = \frac{\nu_2}{\nu_2 + \nu_3} = 0.7,$$

dass $\frac{\nu_2}{\nu_3} = \frac{7}{3}$ sein muss. Aus beidem folgt

$$\frac{\nu_1}{\nu_3} = \frac{\nu_1}{\nu_2} \cdot \frac{\nu_2}{\nu_3} = \frac{28}{3}$$

und schließlich

$$P(M_1 \text{ besiegt } M_3) = \frac{\nu_1}{\nu_1 + \nu_3} = \left(1 + \frac{\nu_3}{\nu_1}\right)^{-1} = \left(1 + \frac{3}{28}\right)^{-1} = 0.90.$$

Unter den drei Modellen ergibt sich für die gesuchte Wahrscheinlichkeit also annähernd der gleiche Wert:

Modell 1 : 0.91
Modell 2 : 0.93
Modell 3 : 0.90.

9.39 Die Gewinnfunktion ist definiert als

$$V(k) = P(\text{mit dem Anfangskapital } k \text{ mindestens } K \text{ zu erreichen}).$$

Unter der vorsichtigen Strategie verhält sich das Kapital des Spielers wie eine bei k beginnende Zufallsirrfahrt auf $\{0, \ldots, K\}$ mit absorbierenden Rändern. Also ist $V(k) =: \beta_k$ gleich der Wahrscheinlichkeit, dass die Zufallsirrfahrt den Zustand K vor dem Zustand 0 erreicht. Die β_k lösen das Gleichungssystem

$$\beta_k = p\beta_{k+1} + q\beta_{k-1}, \qquad \forall k = 1, \ldots, K-1 \qquad (9.38)$$
$$\beta_0 = 0,$$
$$\beta_K = 1.$$

Dieses System behandeln wir für $p \neq \frac{1}{2}$ mit dem Ansatz

$$\beta_k = c + d\left(\frac{q}{p}\right)^k.$$

Die Konstanten c und d werden durch $\beta_0 = 0$ und $\beta_K = 1$ festgelegt: Man findet $d = -[1 - (q/p)^K]^{-1}, c = [1 - (q/p)^K]^{-1}$, und somit ist

$$V(k) = \beta_k = \frac{1-(q/p)^k}{1-(q/p)^K}, \qquad \forall k = 0,1,\ldots,K;\ \forall p \neq \frac{1}{2}. \qquad (9.39)$$

Für $p = \frac{1}{2}$ sagt (9.38) anschaulich, dass drei benachbarte Punkte des Graphen von $V(k)$ auf einer Geraden liegen. Wegen $V(0) = 0$ und $V(K) = 1$ geht diese Gerade durch die Punkte $(0,0)$ und $(K,1)$. Daraus folgt

$$V(k) = \frac{k}{K}, \qquad \forall k = 0,1,\ldots,K;\ p = \frac{1}{2}.$$

Sei $A = \{1,\ldots,K-1\}$ und $B_i = \{1,\ldots,\min\{i, K-i\}\}$. Wir wissen: Eine Strategie mit Gewinnfunktion V ist optimal, sofern

$$pV(i+j) + qV(i-j) \leq V(i), \qquad \forall i \in A, \forall j \in B_i. \qquad (9.40)$$

Falls $p = \frac{1}{2}$ ist, so erfüllt $V(k) = k/K$ offensichtlich die Optimalitätsbedingung (9.40). Also ist die vorsichtige Strategie für $p = \frac{1}{2}$ optimal.

Sei nun $p > \frac{1}{2}$. Wir zeigen, dass (9.40) für die Gewinnfunktion $V(k)$ in (9.39) erfüllt ist. Das erfordert

$$\frac{1-(q/p)^i}{1-(q/p)^K} \geq p \cdot \left[\frac{1-(q/p)^{i+j}}{1-(q/p)^K}\right] + q \cdot \left[\frac{1-(q/p)^{i-j}}{1-(q/p)^K}\right]$$

oder nach Multiplikation mit dem Nenner:

$$(q/p)^i \leq p(q/p)^{i+j} + q(q/p)^{i-j}.$$

Division durch $(q/p)^i$ bringt dies in die Form

$$1 \leq p(q/p)^j + q(p/q)^j$$

bzw.

$$1 \leq p[(q/p)^j + (p/q)^{j-1}], \qquad \forall i \in A, \forall j \in B_i. \qquad (9.41)$$

Für $j = 1$ ist (9.41) erfüllt, denn die rechte Seite ist dann $p[(q/p) + 1] = q + p = 1$. Wir haben (9.41) für alle j bestätigt, wenn wir zeigen, dass $(q/p)^j + (p/q)^{j-1}$ eine monoton wachsende Funktion in j ist für jedes feste $p > \frac{1}{2}$. Mit diesem Ziel betrachten wir die Funktion

$$g(x) := \left(\frac{q}{p}\right)^x + \left(\frac{p}{q}\right)^{x-1}.$$

Wegen $(a^x)' = a^x \cdot \ln a$ ist ihre Ableitung

$$\begin{aligned}g'(x) &= \left(\frac{q}{p}\right)^x \ln\left(\frac{q}{p}\right) + \left(\frac{p}{q}\right)^{x-1} \ln\left(\frac{p}{q}\right) \\ &= \left[\left(\frac{p}{q}\right)^{x-1} - \left(\frac{q}{p}\right)^x\right] \ln\left(\frac{p}{q}\right) > 0,\end{aligned}$$

für $p > \frac{1}{2}$ und $x \geq 1$; denn dann ist stets $\ln\left(\frac{p}{q}\right) > 0$, $\left(\frac{p}{q}\right)^{x-1} > 1$ und $\left(\frac{q}{p}\right)^x < 1$. Damit haben wir gesehen, dass für $p > 1/2$ die Gewinnfunktion der vorsichtigen Strategie die Optimalitätsbedingungen erfüllt. Also ist die vorsichtige Strategie auch für $p > \frac{1}{2}$ optimal.

9.41 (a) Unser erstes Ziel ist die Bestimmung der Anfangsverteilung von $(X_n)_{n \in \mathbb{N}}$. Dies ist die Verteilung von X_1. Wegen $I_{0i} = 1$ und $X_0 = 0$ kann man direkt rechnen

$$\begin{aligned} P(X_1 = j) &= P(I_{0,Y_0}Y_0 + (1 - I_{0,Y_0})X_0 = j) \\ &= P(Y_0 = j) = q_j, \qquad \forall j \in S, \end{aligned}$$

und die gesuchte Anfangsverteilung ist $(q_1, \ldots, q_n)$.
Ferner haben wir für $i \neq j$

$$\begin{aligned} P(X_n &= j | X_{n-1} = i \cap X_{n-2} = i_{n-2} \cap \ldots \cap X_1 = i_1) \\ &= P(X_n = j | X_{n-1} = i) = P(I_{i,Y_i} + (1 - I_{i,Y_i})i = j) \\ &= P(I_{i,Y_i} = 1 \cap Y_i = j) = P(I_{ij} = 1)P(Y_i = j) \\ &= \alpha_{ij}(\varepsilon)\gamma_{ij}. \end{aligned} \qquad (9.42)$$

Für $i = j$ argumentiert man einfach folgendermaßen:

$$\begin{aligned} P(X_n &= i | X_{n-1} = i \cap X_{n-2} = i_{n-2} \cap \ldots \cap X_1 = i_1) \\ &= 1 - P(X_n \neq i | X_{n-1} = i \cap X_{n-2} = i_{n-2} \cap \ldots \cap X_1 = i_1) \\ &= 1 - \sum_{\substack{k=1 \\ k \neq i}}^n \alpha_{ik}(\varepsilon)\gamma_{ik}, \end{aligned}$$

wobei die letzte Identität auf (9.42) beruht. Damit ist alles gezeigt.

(b) Eine irreduzible Markov-Kette besitzt eine stationäre Verteilung genau dann, wenn alle Zustände positiv-rekurrent sind. Um positive Rekurrenz zu zeigen, kommt nun eine längere Untersuchung in Gang. Wir überzeugen uns zunächst von der Irreduzibilität der Kette. Diese folgt offensichtlich, wenn es ein $r \in \mathbb{N}$ gibt, so dass $P^r(\varepsilon)$ lauter positive Einträge besitzt. Das sehen wir so: Nach Voraussetzung ist $\alpha_{ij}(\varepsilon) > 0$, so dass für alle $i \neq j$ (9.4) auch für $p_{ij}(\varepsilon)$ anstelle von γ_{ij} gilt. Wir setzen nun

$$r = \max\{m(i,j) : i, j \in S\}$$

und erhalten mit den Chapman-Kolmogorov-Gleichungen diese Aussage: Für alle $i, j \in S$ und für die Indizes l_i aus (9.4) ist

$$p_{ij}^{(r)}(\varepsilon) \geq p_{ij}^{(m(i,j))}(\varepsilon) p_{jj}^{(r-m(i,j))}(\varepsilon) \geq \left(\prod_{s=1}^{m(i,j)-1} p_{l_s l_{s+1}}(\varepsilon)\right) p_{jj}^{(r-m(i,j))} > 0,$$

da $p_{jj}^{(r-m(i,j))}$ positiv ist wegen

$$\sum_{\substack{k=1\\k\neq j}}^{n}\gamma_{jk}\alpha_{jk}(\varepsilon) \leq \sum_{\substack{k=1\\k\neq j}}^{n}\gamma_{jk} = 1 - \gamma_{jj} < 1.$$

Damit ist die Irreduzibilität der Markov-Kette $(X_n)_{n\in\mathbb{N}}$ gesichert. Unser verbleibendes Ziel besteht darin, alle Zustände des Zustandsraumes als positiv-rekurrent zu erkennen. Generell ist das bei irreduziblen Markov-Ketten immer der Fall, wenn der Zustandsraum wie hier endlich ist. Angenommen, alle Zustände sind nullrekurrent. Sei $X_1 = i$. Mit Wahrscheinlichkeit 1 besucht $(X_n)_{n\in\mathbb{N}}$ den Zustand i unendlich oft. Wir definieren

$$\tau_i^{(1)} = \min\{n > 1 : X_n = i\}, \qquad \tau_i^{(r)} = \min\{n > \tau_i^{(r-1)} : X_n = i\}$$

mit der Vereinbarung, dass $\tau_i^{(r)} = \infty$ gesetzt wird, sofern es kein $n > \tau_i^{(r-1)}$ mit $X_n = i$ gibt. Ferner sei $N_n = \max\{r \geq 1 : \tau_i^{(r)} \leq n\}$ die Anzahl der Besuche in i bis zur Zeit n, sowie

$$W_i^{(1)} = \tau_i^{(1)}, \qquad W_i^{(r)} = \tau_i^{(r)} - \tau_i^{(r-1)}, \qquad \forall r = 2, 3, \ldots,$$

die Wartezeit zwischen dem $(r-1)$. und r. Besuch in i. Die Zufallsgrößen $W_i^{(r)}$ sind unabhängig und identisch verteilt mit $E_i W_i^{(r)} = E_i \tau_i^{(1)} = \infty$, da i als nullrekurrent angenommen ist. Wir haben $\tau_i^{(n)} = W_i^{(1)} + \ldots + W_i^{(n)}$ und nach dem starken Gesetz der großen Zahlen auch noch

$$\lim_{n\to\infty} \frac{W_i^{(1)} + \ldots + W_i^{(n)}}{n} = \infty \qquad \text{f.s.},$$

also $\tau_i^{(n)}/n \to \infty$ f.s. Wegen $\tau_i^{(N_n)} \leq n$ gilt die Abschätzung

$$\frac{\tau_i^{(N_n)}}{N_n} \leq \frac{n}{N_n}.$$

Da $N_n \to \infty$ mit Wahrscheinlichkeit 1, folgt daraus $n/N_n \to \infty$ und somit

$$\lim_{n\to\infty} \frac{N_n}{n} = 0 \qquad \text{f.s.} \tag{9.43}$$

Beginnt nun die Markov-Kette nicht in $X_0 = i$, sondern in $X_0 = j$, dann wird i fast sicher in endlicher Zeit erreicht, und die wertvolle Gleichung (9.43) behält auch in diesem Fall ihre Gültigkeit. Wegen $0 \leq N_n/n \leq 1$, $\forall n \in \mathbb{N}$ kann man sich auf den Satz von der majorisierten Konvergenz berufen und schließen, dass

$$0 = E_j\left(\lim_{n\to\infty}\frac{N_n}{n}\right) = \lim_{n\to\infty}\left(\frac{1}{n}E_j N_n\right) = \lim_{n\to\infty}\frac{1}{n}E_j\sum_{k=1}^{n}1_{\{i\}}(X_k) = \lim_{n\to\infty}\frac{1}{n}\sum_{k=1}^{n}p_{ji}^{(k)}.$$

Da für alle $i \in S$ stets $n^{-1} \sum_{k=1}^{n} p_{ji}^{(k)} \leq 1$ ist und es nur endlich viele Zustände gibt, erhalten wir nun abermals mit dem Satz von der majorisierten Konvergenz den eklatanten Widerspruch

$$\begin{aligned} 0 &= \sum_{i \in S} \lim_{n \to \infty} \left(\frac{1}{n} \sum_{k=1}^{n} p_{ji}^{(k)} \right) = \lim_{n \to \infty} \sum_{i \in S} \left(\frac{1}{n} \sum_{k=1}^{n} p_{ji}^{(k)} \right) = \lim_{n \to \infty} \left(\frac{1}{n} \sum_{k=1}^{n} \sum_{i \in S} p_{ji}^{(k)} \right) \\ &= \lim_{n \to \infty} \left(\frac{1}{n} \sum_{k=1}^{n} 1 \right) = 1. \end{aligned}$$

Ergo ist die Annahme unhaltbar, und alle Zustände sind positiv-rekurrent.

(c) Unsere Vorarbeiten zeigen, dass eine stationäre Verteilung existiert, und wir wissen, dass sie eindeutig bestimmt ist. Wir widmen uns nun zunächst den Annahmewahrscheinlichkeiten $\alpha_{ij}(\varepsilon)$ und sammeln die Eigenschaften

1. Falls $g(j) \leq g(i)$, so $\alpha_{ij}(\varepsilon) = 1$, $\quad \forall \varepsilon > 0$.
   Falls $g(j) > g(i)$, so $\alpha_{ij}(\varepsilon) \in (0, 1)$, $\quad \forall \varepsilon > 0$.
2. Falls $g(j) > g(i)$, so $\lim_{\varepsilon \to \infty} \alpha_{ij}(\varepsilon) = 1$ und $\lim_{\varepsilon \downarrow 0} \alpha_{ij}(\varepsilon) = 0$.
3. Ist $g(i) \leq g(j) \leq g(k)$, so $\alpha_{ik}(\varepsilon) = \alpha_{ij}(\varepsilon) \alpha_{jk}(\varepsilon)$, $\forall i, j, k \in S, \forall \varepsilon > 0$.

Wir schreiben nun abkürzend

$$c(\varepsilon) := \left(\sum_{j=1}^{n} \alpha_{i_0 j}(\varepsilon) \right)^{-1}$$

und überzeugen uns, dass die angegebenen $\pi_j(\varepsilon)$ in der folgenden Beziehung stehen:

$$\pi_j(\varepsilon) p_{jk}(\varepsilon) = \pi_k(\varepsilon) p_{kj}(\varepsilon), \quad \forall k, j \in S.$$

Wegen der Symmetriebedingung $\gamma_{ij} = \gamma_{ji}$, $\forall i, j \in S$, gilt nämlich

$$\pi_j(\varepsilon) p_{jk}(\varepsilon) = c(\varepsilon) \alpha_{i_0 j}(\varepsilon) \gamma_{jk} \alpha_{jk}(\varepsilon) = c(\varepsilon) \gamma_{kj} \alpha_{i_0 j}(\varepsilon) \alpha_{jk}(\varepsilon).$$

Da i_0 kostenoptimal ist, haben wir $g(i_0) \leq g(j)$ und $g(i_0) \leq g(k)$. In beiden Fällen der Reihung $g(i_0) \leq g(j) \leq g(k)$ und $g(i_0) \leq g(k) \leq g(j)$ verifiziert man mit 3. und 1. sofort, dass

$$\alpha_{i_0 j}(\varepsilon) \alpha_{jk}(\varepsilon) = \alpha_{i_0 k}(\varepsilon) \alpha_{kj}(\varepsilon).$$

Also haben wir wie behauptet

$$\pi_j(\varepsilon) p_{jk}(\varepsilon) = c(\varepsilon) \alpha_{i_0 k}(\varepsilon) \alpha_{kj}(\varepsilon) = \pi_k p_{kj}(\varepsilon), \quad \forall j, k \in S.$$

Das aber heißt: Die $\pi_i(\varepsilon)$ bilden die stationäre Verteilung. Nach 1. ist für alle $\varepsilon > 0$ $\alpha_{i_0 i}(\varepsilon) = 1$, falls $i \in S_0$, und nach 2. gilt $\lim_{\varepsilon \downarrow 0} \alpha_{i_0 j}(\varepsilon) = 0$, falls $j \in S/S_0$. Aus beidem zusammen schließt man auf

$$\lim_{\varepsilon \downarrow 0} \sum_{j \in S} \alpha_{i_0 j}(\varepsilon) = \#S_0$$

und erhält somit

$$\lim_{\varepsilon \downarrow 0} \pi_i(\varepsilon) = \begin{cases} \frac{1}{\#S_0}, & \text{falls } i \in S_0 \\ 0, & \text{falls } i \notin S_0. \end{cases}$$

Kapitel 10

Simulation

10.1 Aufgaben

10.4 Die Dichten der Familie der Weibull-Verteilungen können in der Form

$$f(x) = \frac{a}{b} x^{a-1} \exp\left(-\frac{x^a}{b}\right) \cdot 1_{\mathbb{R}_+}(x)$$

mit den nichtnegativen Parametern a und b dargestellt werden. Wie kann man mit der Inversionsmethode aus diesen Verteilungen Zufallszahlen erzeugen?

10.6 (Varianz-Reduktion) Für eine Zufallsgröße X mit bekanntem Erwartungswert EX soll die Wahrscheinlichkeit $P(X \leq \alpha)$ bei gegebener Konstante α durch Simulation geschätzt werden. Ein einfacher unverfälschter Schätzer basierend auf nur einer Realisierung ist

$$\hat{\theta}_0 = \begin{cases} 1, & \text{falls } X \leq \alpha \\ 0, & \text{falls } X > \alpha. \end{cases}$$

Allgemeiner betrachten wir die Familie unverfälschter Schätzer

$$\hat{\theta}_c = \hat{\theta}_0 + c(X - EX), \qquad c \in \mathbb{R}.$$

(a) Kann bei Verwendung von $\hat{\theta}_c$ für geeignetes c die Varianz gegenüber $\hat{\theta}_0$ verringert werden? Wenn ja, wie groß ist die Varianz-Reduktion maximal, falls X eine **U**$[0,1]$-verteilte Zufallsgröße ist? Für welches c wird sie erreicht?

(b) Wie groß ist die Varianz-Reduktion maximal, falls X eine **Exp**(1)-verteilte Zufallsgröße ist? Für welches c wird sie erreicht?

10.9 Sei $(x_n)_{n \in \mathbb{N}}$ eine nach der linearen Kongruenzmethode $x_{n+1} = a x_n \mod m$ erzeugte Zahlenfolge, wobei m eine Primzahl ist.

(a) Zeigen Sie: Die Periode p erfüllt die Gleichung

$$a^p - 1 = 0 \mod m.$$

(b) Falls $m = 19$ ist, berechnen Sie die Periode für $a = 13$.

10.10 Die Zahlen $a, b \in \{1, \ldots, m-1\}$ seien *multiplikativ invers* zueinander mod m, d.h. es gilt $a \cdot b \mod m = 1$. In welcher Beziehung stehen die durch die Rekursionen

$$x_{n+1} = ax_n \mod m,$$
$$y_{n+1} = by_n \mod m$$

erzeugten Zahlenfolgen?

10.15 Es sei n eine Primzahl und $\mathcal{N} = \{0, \ldots, n-1\}$. Ferner seien a und b unabhängig und gleichverteilt auf $\mathcal{N}$. Wir definieren

$$X = (ai + b) \mod n, \tag{10.1}$$

$$Y = (aj + b) \mod n. \tag{10.2}$$

Zeigen Sie, dass für $i \mod n \neq j \mod n$ die Zufallsgrößen X und Y unabhängig und gleichverteilt auf $\mathcal{N}$ sind.

Hinweis: In $\mathcal{N}$ sind bei gegebenem $X = x$ und $Y = y$ die Gleichungen (10.1), (10.2) eindeutig für a, b lösbar.

10.18 (Erzeugung geordneter Zufallszahlen) Sie benötigen n unabhängige Standard-Zufallszahlen, die nach zunehmender Größe geordnet sind. Konstruieren Sie ein Verfahren, das einen Sortiervorgang überflüssig macht, indem es Standard-Zufallszahlen bereits in dieser Weise geordnet direkt erzeugt.

10.19 (Antithetische Variable) Das Integral

$$I = \int_0^1 f(x)dx$$

der monotonen Funktion f soll mit der Monte-Carlo-Methode geschätzt werden. Dazu stehen Realisierungen von n unabhängigen, $U[0,1]$-verteilten Zufallsgrößen $U_1, \ldots, U_n$ zur Verfügung. Vergleichen Sie die beiden Schätzer

$$\frac{1}{n} \sum_{i=1}^n f(U_i) \quad \text{und} \quad \frac{1}{2n} \sum_{i=1}^n [f(U_i) + f(U_i^*)],$$

wobei $U_i^* = 1 - U_i$ ist. Die U_i^* heißen *antithetische* Variable (zu U_i).

Hinweis: Welches Vorzeichen hat $Cov(f(U_i), f(U_i^*))$?

10.20 Zur Erzeugung von Zufallszahlen aus der Menge $\mathcal{N} := \{0, \ldots, 10\}$ wird die lineare Kongruenzmethode

$$x_{n+1} = 2x_n \quad \text{mod } 11$$

verwendet.

Zeigen Sie: Für $(x_n, x_{n+1}) \in \mathcal{N}^2$ wird durch $ax_n + bx_{n+1} = 0 \mod 11$ mit $a, b \in \mathbb{Z}$ und $a + 2b = 0 \mod 11$ jeweils eine parallele Geradenschar definiert, auf denen alle Punkte (x_n, x_{n+1}) liegen.

10.21 Es seien $a \in \mathbb{Z}\setminus\{0\}$ und $c \in \mathbb{R}$ Konstanten sowie U eine $\mathbf{U}[0,1]$-verteilte Zufallsgröße. Zeigen Sie, dass

$$X = (aU + c) \quad \text{mod } 1$$

gleichverteilt auf $[0, 1]$ ist.

10.2 Lösungen

10.4 Die Verteilungsfunktionen der Familie der Weibull-Verteilungen ergeben sich durch einfache Integration als

$$F(x) = \left[1 - \exp\left(-\frac{x^a}{b}\right)\right] \cdot 1_{\mathbb{R}_+}(x).$$

Die Umkehrfunktion ist

$$F^{-1}(u) = [-b \ln(1-u)]^{1/a}, \qquad \forall u \in (0,1).$$

Bei $\mathbf{U}[0,1]$-verteiltem U ist die Zufallsgröße

$$X = [-b \ln(1-U)]^{1/a}$$

also Weibull-verteilt, ebenso die Zufallsgröße $X' = [-b \ln U]^{1/a}$.

10.6 Wir schreiben $\theta := P(X \leq \alpha)$ für den zu schätzenden Parameter.

(a) Die Varianz des Schätzers $\hat{\theta}_c$ ist

$$\text{var}\, \hat{\theta}_c = \text{var}\, \hat{\theta}_0 + c^2 \text{var}\, X + 2c\, \text{Cov}(\hat{\theta}_0, X - EX)$$
$$= \text{var}\, \hat{\theta}_0 + c^2 \text{var}\, X + 2c[E(\hat{\theta}_0 X) - \theta\, EX]$$

wegen $E\hat{\theta}_0 = \theta = E\hat{\theta}_c$. Damit man $\text{var}\, \hat{\theta}_c < \text{var}\, \hat{\theta}_0$ und somit Varianz-Reduktion erreicht, muss

$$f(c) := c^2 \text{var}\, X + 2c[E(\hat{\theta}_0 X) - \theta\, EX] < 0$$

sein. Zur Bestimmung des Minimums von $f(c)$ bilden wir

$$f'(c) = 2c\,var\,X + 2[E(\hat{\theta}_0 X) - \theta\,EX],$$

und die Gleichung $f'(c^*) = 0$ wird von

$$c^* = \frac{\theta\,EX - E(\hat{\theta}_0 X)}{var\,X} \qquad (10.3)$$

gelöst. Wegen $f''(c^*) = 2var\,X > 0$ handelt es sich bei c^* um das (absolute) Minimum von $f(c)$ mit einem Funktionswert von

$$f(c^*) = -\frac{[\theta\,EX - E(\hat{\theta}_0 X)]^2}{var\,X}.$$

Das bedeutet: Varianz-Reduktion ist erreichbar im Falle von

$$\theta\,EX - E(\hat{\theta}_0 X) \neq 0,$$

und die maximale Varianz-Reduktion beträgt $-f(c^*)$ mit c^* aus (10.3). Wir ermitteln nun c^* und $f(c^*)$ für den konkreten Fall einer $\mathbf{U}[0,1]$-verteilten Zufallsgröße X. Für $\alpha \in [0,1]$ ist dann

$$\theta = \alpha,\ EX = \frac{1}{2},\ var\,X = \frac{1}{12}$$

und

$$\begin{aligned}E(\hat{\theta}_0 X) &= E(\hat{\theta}_0 X \mid \hat{\theta}_0 = 1) \cdot P(\hat{\theta}_0 = 1) + E(\hat{\theta}_0 X \mid \hat{\theta}_0 = 0) \cdot P(\hat{\theta}_0 = 0) \\ &= E(X \mid X \leq \alpha) \cdot \theta.\end{aligned}$$

Diesen bedingten Erwartungswert bestimmen wir mit

$$P(X > x \mid X \leq \alpha) = \frac{P(X > x \cap X \leq \alpha)}{P(X \leq \alpha)} = \begin{cases} \frac{\alpha - x}{\alpha}, & \text{falls } x \in [0, \alpha] \\ 0, & \text{sonst} \end{cases}$$

als

$$E(X \mid X \leq \alpha) = \int_0^\alpha \frac{\alpha - x}{\alpha} dx = \frac{\alpha}{2}.$$

Setzt man all dies ein, so ergibt sich $c^* = 6(\alpha - \alpha^2)$, und $\hat{\theta}_{c^*}$ liefert eine Varianz-Reduktion von

$$\frac{[\theta\,EX - E(\hat{\theta}_0 X)]^2}{var\,X} = 3(\alpha - \alpha^2)^2.$$

(b) Bei **Exp**(1)-verteiltem X hat man entsprechend

$$P(X > x \mid X \leq \alpha) = \frac{P(X > x \cap X \leq \alpha)}{P(X \leq \alpha)} = \frac{1 - e^{-\alpha} - (1 - e^{-x})}{1 - e^{-\alpha}}$$

$$= \begin{cases} \frac{e^{-x} - e^{-\alpha}}{1 - e^{-\alpha}}, & \text{falls } x \in [0, \alpha] \\ 0, & \text{sonst} \end{cases}$$

und dann

$$E(X \mid X \leq \alpha) = \frac{1}{1 - e^{-\alpha}} \int_0^\alpha (e^{-x} - e^{-\alpha}) dx = \frac{1 - e^{-\alpha} - \alpha e^{-\alpha}}{1 - e^{-\alpha}},$$

was wegen $\theta = 1 - e^{-\alpha}$ in

$$E(\hat{\theta}_0 X) = 1 - e^{-\alpha} - \alpha e^{-\alpha}$$

mündet. Ferner ist in diesem Fall $EX = 1 = \text{var } X$. Mit all dem wird $c^* = \alpha e^{-\alpha}$, und die damit erhaltene maximale Varianz-Reduktion beträgt

$$\frac{[\theta EX - E(\hat{\theta}_0 X)]^2}{\text{var } X} = \alpha^2 e^{-2\alpha}.$$

10.9 (a) Die mit der gegebenen Kongruenzmethode erzeugten Zahlen x_n besitzen die explizite Darstellung

$$x_n = a^n x_0 \mod m, \qquad \forall n \in \mathbb{N}_0. \tag{10.4}$$

Davon kann man sich leicht mittels vollständiger Induktion überzeugen: Für $n = 0$ ist die Gleichung (10.4) erfüllt. Angenommen, (10.4) gilt für x_n, d.h. es existiert ein $j \in \mathbb{N}_0$ mit

$$x_n = a^n x_0 - jm.$$

Dann ist der nächste Wert

$$x_{n+1} = [a(a^n x_0 - jm)] \mod m = (a^{n+1} x_0 - ajm) \mod m$$
$$= a^{n+1} x_0 \mod m,$$

und (10.4) gilt erkennbar auch für x_{n+1}.
Nach Definition der Periode muss p die kleinste natürliche Zahl sein mit $x_0 = a^p x_0$ mod m. Das bedeutet: m teilt die Differenz $x_0 - a^p x_0 = x_0(1 - a^p)$. Wegen $\text{ggT}(x_0, m) = 1$ muss m auch $1 - a^p$ teilen, so dass $a^p = 1 \mod m$ gilt.

Bei dieser Gedankenführung wurde der folgende Satz verwendet: Falls c das Produkt $d \cdot e$ teilt und $\mathrm{ggT}(c,d) = 1$ ist, dann teilt c den Faktor e.

(b) Nach (a) ist die Periode p die kleinste natürliche Zahl mit $a^p = 1 \mod m$. Aufgrund von Eulers Theorem aus der Zahlentheorie (siehe Hinweis zu Aufgabe 3.11) folgt $a^{\varphi(m)} = 1 \mod m$, und da für eine Primzahl m stets $\varphi(m) = m-1$ gilt, erhalten wir die nützliche Information

$$a^{m-1} = 1 \mod m.$$

Wir überlegen nun, dass die Periode p die Zahl $m-1$ teilt. Das ist ein Spezialfall der allgemeinen Aussage: Ist $a^d = 1 \mod m$, dann wird d von p geteilt. Sie ist aus folgendem Grund richtig: Wenn $a^d = 1 \mod d$ ist, so muss $d = q \cdot p + r$ für $q, r \in \mathbb{N}_0$ und $0 \leq r < p$ gelten. Berücksichtigt man dies, so erhalten wir

$$a^d = a^{q \cdot p + r} = (a^p)^q \cdot a^r = a^r \mod m.$$

Und daraus folgt $a^r = 1 \mod m$, da $a^d = 1 \mod m$ ist. Dies ist nur dann kein Widerspruch zur Definition von p als der kleinsten natürlichen Zahl mit $a^p = 1 \mod m$, wenn $r = 0$ ist. Dann hat man $d = q \cdot p$, und p teilt d. Der Beweis ist erbracht.

Im konkret gegebenen Fall mit $m = 19$ teilt die Periode p also die Zahl $m-1 = 18$. Daraus schließen wir: Für die Periode kommen nur die Zahlen $p = 2, 3, 6, 9, 18$ in Frage. Für $a = 13$ überprüfe man, dass

$$a^2 \neq 1 \mod 19, \, a^3 \neq 1 \mod 19, \, a^6 \neq 1 \mod 19, \, a^9 \neq 1 \mod 19.$$

Die Periode muss deshalb $p = 18$ sein.

10.10 In Beantwortung der Fragestellung weisen wir nach, dass in der Zahlenfolge der y_n, die von der ersten Rekursion erzeugten Zahlen in umgekehrter Reihenfolge durchlaufen werden. Anders gesagt: Ist $y_i = x_j$, so auch

$$y_{i+1} = x_{j-1}, \, y_{i+2} = x_{j-2}, \text{ etc.} \tag{10.5}$$

Es genügt, sich von der ersten dieser Identitäten zu überzeugen. Wir halten zuallererst fest, dass

$$ab = 1 + k_1 m$$

und

$$y_{i+1} = by_i + k_2 m$$
$$x_j = ax_{j-1} + k_3 m$$

für geeignete $k_i \in \mathbb{Z}$. Wegen $y_i = x_j$ ergibt sich dann die erlaubte Rechnung

$$y_{i+1} = bx_j + k_2 m = abx_{j-1} + bk_3 m + k_2 m$$
$$= (1 + k_1 m)x_{j-1} + bk_3 m + k_2 m = x_{j-1} + m \underbrace{(k_1 x_{j-1} + bk_3 + k_2)}_{\in \mathbb{Z}}.$$

Aufgrund von $y_{i+1}, x_{j-1} \in \{0, \ldots, m-1\}$ muss $y_{i+1} = x_{j-1}$ sein, und (10.5) ist bewiesen.

10.15 Unsere Vorgehensweise ist geprägt vom Einsatz der Restklassenarithmetik. Für die vorliegende Fragestellung besitzt die Arbeit im Restklassenring den entscheidenden Vorteil, dass es sich bei dem Restklassenring der Primzahl-Ordnung n nach einem Resultat der Algebra sogar um einen Körper handelt. Somit dürfen wir alle Körperaxiome als Rechenregeln benutzen. Seien $k, l \in \mathcal{N}$ beliebig, dann ist das Ereignis $\{X = x\} \cap \{Y = y\}$ unter Verwendung der Restklassenschreibweise äquivalent zu $\{[ai + b]_n = [x]_n\} \cap \{[aj + b]_n = [y]_n\}$. Der Vektor $([a]_n, [b]_n)^t$ ergibt sich daher als Lösung des linearen Gleichungssystems (LGS)

$$\begin{pmatrix} [i]_n & [1]_n \\ [j]_n & [1]_n \end{pmatrix} \begin{pmatrix} [a]_n \\ [b]_n \end{pmatrix} = \begin{pmatrix} [x]_n \\ [y]_n \end{pmatrix} \qquad (10.6)$$

über dem Restklassenkörper der Ordnung n. Nach Voraussetzung ist $[i]_n \neq [j]_n$; daher besitzt die Matrix in diesem LGS die Inverse

$$([i]_n - [j]_n)^{-1} \begin{pmatrix} [1]_n & -[1]_n \\ -[j]_n & [i]_n \end{pmatrix},$$

und (10.6) ist eindeutig lösbar. Wir merken an, dass der zugrunde liegende Gauß'sche Lösungsalgorithmus nicht nur zur Lösung reeller oder komplexer LGS herangezogen werden kann, sondern auch für Systeme über einem beliebigen Körper einsetzbar ist.

Was wir gewonnen haben, ist dies: Es gibt von x und y abhängende Restklassen $[m]_n$ und $[\tilde{m}]_n$, so dass das betrachtete Ereignis $\{X = x\} \cap \{Y = y\}$ äquivalent zu $\{[a]_n = [m]_n\} \cap \{[b]_n = [\tilde{m}]_n\}$ ist. Aufgrund der Unabhängigkeit von a und b gilt ferner

$$P(X = k \cap Y = l) = P([a]_n = [m]_n) \cdot P([b]_n = [\tilde{m}]_n).$$

Da sowohl a als auch b über $\mathcal{N}$ gleichverteilt sind, besitzen auch $[a]_n$ und $[b]_n$ jeweils eine Gleichverteilung über dem Restklassenkörper der Ordnung n, womit die Wahrscheinlichkeiten $P([a]_n = [m]_n)$ und $P([b]_n = [\tilde{m}]_n)$ unabhängig von l, k jeweils $1/n$ betragen. Für die gemeinsame Verteilung von X und Y bedeutet das

$$P(X = k \cap Y = l) = \frac{1}{n^2}, \qquad \forall k, l \in \mathcal{N}.$$

Daraus folgt, dass X und Y unabhängig und auf $\mathcal{N}$ jeweils gleichverteilt sind.

10.18 Es seien $X_1, \ldots, X_n$ unabhängige, jeweils $\mathbf{U}([0,1])$-verteilte Zufallsgrößen, und $(Y_1, \ldots, Y_n)$ bezeichne das n-Tupel, welches entsteht, wenn man die X_j aufsteigend ordnet, d.h.

$$Y_1 := \min\{X_1, \ldots, X_n\},$$
$$Y_{k+1} := \min\{X_j : X_j > Y_k\}, \qquad k \in \{1, \ldots, n-1\}.$$

Im Sinne der Aufgabenstellung suchen wir ein Verfahren, das Realisierungen der Zufallsgrößen $Y_1, \ldots, Y_n$ erzeugt, ohne zuvor Realisierungen von $X_1, \ldots, X_n$ generiert zu haben.

Das Minimum Y_1 wird zuerst generiert. Es besitzt die Verteilungsfunktion

$$F_1(x) = \begin{cases} 0, & \text{wenn } x < 0 \\ 1 - (1-x)^n, & \text{wenn } x \in [0,1) \\ 1, & \text{sonst,} \end{cases}$$

denn für $x \in [0,1]$ gilt

$$P(Y_1 \leq x) = 1 - P(Y_1 > x) = 1 - P(X_j > x, \forall j \in \{1, \ldots, n\})$$
$$= 1 - \left[P(X_1 > x)\right]^n = 1 - (1-x)^n.$$

Wir erzeugen also eine Realisierung y_1 von Y_1 aus einer Verteilung mit Verteilungsfunktion F_1.

Um anschließend eine Realisierung von Y_{k+1} zu erzeugen, kann die bereits generierte Realisierung von Y_k verwendet werden. Untersuchen wir die bedingte Verteilung von Y_{k+1} gegeben $Y_k = y_k$. Diese wollen wir mit

$$G_k(x, y) := P(Y_{k+1} \leq x \mid Y_k = y)$$

bezeichnen. Das Ereignis $\{Y_k \leq x\}$ für $x \in [0,1]$ ist äquivalent dazu, dass mindestens k der $X_1, \ldots, X_n$ kleiner oder gleich x sind. Als (unbedingte) Verteilung von Y_k ergibt sich daher

$$F_k(x) = P(Y_k \leq x) = \sum_{j=k}^{n} \binom{n}{j} x^j (1-x)^{n-j}.$$

Die Zufallsgröße Y_k, deren Verteilung auf $[0,1]$ konzentriert ist, besitzt somit eine Dichte f_k, da F_k differenzierbar ist. Nach Differentiation von F_k ist

$$f_k(x) = \sum_{j=k}^{n} \binom{n}{j} \left[jx^{j-1}(1-x)^{n-j} - x^j(n-j)(1-x)^{n-j-1} \right]$$

$$= n \cdot \sum_{j=k}^{n} \binom{n-1}{j-1} x^{j-1}(1-x)^{n-j} - n \cdot \sum_{j=k}^{n-1} \binom{n-1}{j} x^j(1-x)^{n-j-1}$$

$$= n \cdot \left\{ \sum_{j=k-1}^{n-1} \binom{n-1}{j} x^j(1-x)^{n-j-1} - \sum_{j=k}^{n-1} \binom{n-1}{j} x^j(1-x)^{n-j-1} \right\}$$

$$= n \cdot \binom{n-1}{k-1} x^{k-1}(1-x)^{n-k}.$$

Die bedingte Verteilung $G_k(x,y)$ ist dann durch die Funktionalgleichung

$$F_{k+1}(x) = \int_0^1 G_k(x,y) f_k(y)\, dy, \qquad \forall x \in [0,1],$$

definiert, die zugehörige bedingte Dichte $g_k(x,y)$ entsprechend durch

$$f_{k+1}(x) = \int_0^1 g_k(x,y) f_k(y)\, dy, \qquad \forall x \in [0,1],$$

was sich nach Einsetzen als gleichbedeutend erweist mit

$$\frac{n-k}{k} x^k (1-x)^{n-k-1} = \int_0^x g_k(x,y)\, y^{k-1}(1-y)^{n-k}\, dy. \qquad (10.7)$$

Dabei wurde verwendet, dass wegen $Y_{k+1} \geq Y_k$ f.s. die Dichte $g_k(x,y)$ für $x<y$ verschwindet. Die Gleichung (10.7) bestimmt die bedingte Dichte g_k eindeutig und wird durch

$$g_k(x,y) = (n-k) \cdot \frac{(1-x)^{n-k-1}}{(1-y)^{n-k}} \cdot 1_{\{x \geq y\}}$$

gelöst. Durch Integration gelangen wir zur bedingten Verteilungsfunktion

$$P(Y_{k+1} \leq x \mid Y_k = y_k) = G_k(x, y_k) = \begin{cases} 0, & \text{für } x < y_k \\ 1 - \left(\frac{1-x}{1-y_k}\right)^{n-k}, & \text{für } x \in [y_k, 1] \\ 1, & \text{sonst.} \end{cases}$$

$$(10.8)$$

Haben wir also die Realisierungen $y_1, \ldots, y_k$ bereits erzeugt, so wird eine Realisierung von Y_{k+1} mittels der Verteilungsfunktion (10.8) unter Verwendung von y_k erzeugt. Auf diese Weise können sukzessive Realisierungen von $Y_1, \ldots, Y_n$ erzeugt werden.

10.19 Was man unmittelbar erkennt, ist die Unverfälschtheit beider Schätzer. Als Nächstes vergleichen wir die beiden Schätzer hinsichtlich ihrer Varianz. Im ersten Fall ergibt sich

$$\frac{1}{n} var\, f(U_1) \qquad (10.9)$$

und im zweiten Fall

$$\frac{1}{n} var\left(\frac{f(U_1)+f(U_1^*)}{2}\right) = \frac{1}{n}\left(var\frac{f(U_1)}{2} + var\frac{f(U_1^*)}{2} + \frac{1}{2}Cov(f(U_1),f(U_1^*))\right)$$
$$= \frac{1}{n}\left(\frac{1}{2} var\, f(U_1) + \frac{1}{2}Cov(f(U_1),f(U_1^*))\right), \qquad (10.10)$$

da U_1 und U_1^* dieselbe Verteilung besitzen. Wir zeigen nun die entscheidende Ungleichung

$$Cov(f(U_1), f(U_1^*)) \leq 0. \qquad (10.11)$$

Dazu definieren wir die Funktionen $h_1(x) := f(x)$ und $h_2(x) := -f(1-x)$, die beide entweder monoton wachsend oder monoton fallend sind. Deshalb gilt für alle x, y

$$[h_1(x) - h_1(y)] \cdot [h_2(x) - h_2(y)] \geq 0$$

und, falls X, Y unabhängige, identisch verteilte Zufallsgrößen sind:

$$[h_1(X) - h_1(Y)] \cdot [h_2(X) - h_2(Y)] \geq 0$$

nebst

$$E\big([h_1(X) - h_1(Y)] \cdot [h_2(X) - h_2(Y)]\big) \geq 0.$$

Nach Ausmultiplizieren erhält man daraus

$$E[h_1(X)h_2(X)] + E[h_1(Y)h_2(Y)] \geq E[h_1(X)h_2(Y)] + E[h_1(Y)h_2(X)]$$
$$= E[h_1(X)] \cdot E[h_2(Y)] + E[h_1(Y)] \cdot E[h_2(X)],$$

und wir können

$$E[h_1(X)h_2(X)] \geq E[h_1(X)] \cdot E[h_2(Y)] = E[h_1(X)] \cdot E[h_2(X)]$$

als Zwischenergebnis notieren. Mit $X = U_1$ ergibt sich nun $h_1(U_1) = f(U_1)$ und $h_2(U_1) = -f(U_1^*)$ nebst

$$E[h_1(U_1)h_2(U_1)] \geq E[h_1(U_1)] \cdot E[h_2(U_1)],$$

bzw.

$$E[f(U_1)f(U_1^*)] \leq E[f(U_1)] \cdot E[f(U_1^*)],$$

was dasselbe sagt wie (10.11). Wird dies berücksichtigt, kommen wir bei einem Vergleich von (10.9) und (10.10) zu folgendem Fazit: Die Varianz des Schätzers

$$\frac{1}{2n} \sum_{i=1}^{n} [f(U_i) + f(U_i^*)]$$

ist gegenüber der des Schätzers

$$\frac{1}{n} \sum_{i=1}^{n} f(U_i)$$

um mindestens den Faktor 1/2 kleiner.

10.20 Leicht zu erkennen ist, dass es sich bei $ax_n + bx_{n+1} = 0 \mod 11$ um die Gleichung einer Geradenschar handelt, wenn x_n und x_{n+1} auf den Koordinatenachsen abgetragen werden, denn diese Gleichung ist gleichbedeutend mit $ax_n + bx_{n+1} = 11k$ für ein $k \in \mathbb{Z}$, und für jedes feste k handelt es sich dabei um eine gewöhnliche Geradengleichung.

Dass alle durch die angegebene Kongruenzmethode erzeugten Punkte (x_n, x_{n+1}) auf einer dieser Geraden liegen, kann man durch Rechnen im Restklassenring der Ordnung 11 feststellen. Als Konsequenz von $[a + 2b]_{11} = [0]_{11}$ ist nämlich

$$[ax_n + bx_{n+1}]_{11} = [ax_n]_{11} + [b]_{11} \cdot [x_{n+1}]_{11} = [ax_n]_{11} + [b]_{11} \cdot [2x_n]_{11}$$
$$= [ax_n + 2bx_n]_{11} = [a + 2b]_{11} \cdot [x_n]_{11} = [0]_{11},$$

und wir sind schon fertig.

10.21 Wir bemühen uns zunächst, eine Darstellung der Dichte von X zu finden. Für ein beliebiges $x \in (0, 1)$ gilt

$$P(X \leq x) = \sum_{k \in \mathbb{Z}} P(k \leq aU + c \leq x+k) = \sum_{k \in \mathbb{Z}} \int_{k-c}^{x+k-c} f_{aU}(t)\, dt$$

$$= \int_0^x \sum_{k \in \mathbb{Z}} f_{aU}(t+k-c)\, dt,$$

wobei f_{aU} die Dichte von aU bezeichnet. Diese Schreibweise gibt Auskunft über die Dichte von X als

$$f_X(x) = \sum_{k \in \mathbb{Z}} f_{aU}(x+k-c).$$

Zur weiteren Untersuchung ist eine Unterscheidung der Fälle $a > 0$ und $a < 0$ ratsam. Beginnen wir mit $a > 0$. Dann gilt $f_{aU}(x) = \frac{1}{a} 1_{[0,a]}(x)$, und wir erhalten

$$f_X(x) = \frac{1}{a} \sum_{k \in \mathbb{Z}} 1_{[0,a]}(x+k-c) = \frac{1}{a} \sum_{k \in \mathbb{Z}} 1_{[c-x, c-x+a]}(k).$$

Nach dieser Schreibweise ist $f_X(x)$ gleich der Anzahl aller ganzen Zahlen im Intervall $[c-x, c-x+a]$ geteilt durch a. Daher ist $f_X(x) = 1$, wenn $c-x \notin \mathbb{Z}$, und $f_X(x) = \frac{a+1}{a}$, wenn $c-x$ ganzzahlig ist. Doch $c-x$ kann nur für höchstens ein $x \in (0,1)$ eine ganze Zahl sein. Folglich lautet die Dichte $f_X(x) = 1$ für fast alle $x \in [0,1]$, und es ist gezeigt, dass X auf $[0,1]$ gleichverteilt ist.

Im Falle $a < 0$ ist als Konsequenz von $f_{aU}(x) = \frac{1}{|a|} \cdot 1_{[a,0]}(x)$ nun

$$f_X(x) = \frac{1}{|a|} \sum_{k \in \mathbb{Z}} 1_{[a,0]}(x+k-c).$$

Im weiteren Verlauf kann man analog zum Fall $a > 0$ argumentieren, und auch hier folgt schließlich $X \sim \mathbf{U}[0,1]$. Damit ist unsere Antwort auf die Fragestellung vollständig.

Anhang A

Wertetabelle

Tabelle der Standard-Normalverteilung
Die Tabelle enthält Werte der Funktion $\Phi(x) = \frac{1}{\sqrt{2\pi}} \int_{-\infty}^{x} e^{-t^2/2} dt = 1 - \Phi(-x)$.
Es ist z.B. $\Phi(1.23) = 0.890651$.

x	.00	.01	.02	.03	.04	.05	.06	.07	.08	.09
0.0	.500000	.503989	.507978	.511966	.515953	.519939	523922	.527903	.531881	.535856
0.1	.539828	.543795	.547758	.551717	.555670	.559618	.563559	.567495	.571424	.575345
0.2	.579260	.583166	.587064	.590954	.594835	.598706	.602568	.606420	.610261	.614092
0.3	.617911	.621720	.625516	.629300	.633072	.636831	.640576	.644309	.648027	.651732
0.4	.655422	.659097	.662757	.666402	.670031	.673645	.677242	.680822	.684386	.687933
0.5	.691462	.694974	.698468	.701944	.705401	.708840	.712260	.715661	.719043	.722405
0.6	.725747	.729069	.732371	.735653	.738914	.742154	.745373	.748571	.751748	.754903
0.7	.758036	.761148	.764238	.767305	.770350	.773373	.776373	.779350	.782305	.785236
0.8	.788145	.791030	.793892	.796731	.799546	.802337	.805105	.807850	.810570	.813267
0.9	.815940	.818589	.821214	.823814	.826391	.828944	.831472	.833977	.836457	.838913
1.0	.841345	.843752	.846136	.848495	.850830	.853141	.855428	.857690	.859929	.862143
1.1	.864334	.866500	.868643	.870762	.872857	.874928	.876976	.879000	.881000	.882977
1.2	.884930	.886861	.888768	.890651	.892512	.894350	.896165	.897958	.899727	.901475
1.3	.903199	.904902	.906582	.908241	.909877	.911492	.913085	.914657	.916207	.917736
1.4	.919243	.920730	.922196	.923641	.925066	.926471	.927855	.929219	.930563	.931888
1.5	.933193	.934478	.935745	.936992	.938220	.939429	.940620	.941792	.942947	944083
1.6	.945201	.946301	.947384	.948449	.949497	.950529	.951543	.952540	953521	.954486
1.7	.955435	.956367	.957284	.958185	.959070	.959941	.960796	.961636	.962462	.963273
1.8	.964070	.964852	.965620	.966375	.967116	.967843	968557	.969258	.969946	.970621
1.9	.971284	.971933	.972571	.973197	.973810	.974412	.975002	.975581	.976148	.976705
2.0	.977250	.977784	.978308	.978822	.979325	.979818	.980301	.980774	.981237	.981691
2.1	.982136	.982571	.982997	.983414	.983823	.984222	.984614	.984997	.985371	.985738
2.2	.986097	.986447	.986791	.987126	.987455	.987776	.988089	.988396	.988696	.988989
2.3	.989276	.989556	.989830	.990097	.990358	.990613	.990863	.991106	.991344	.991576
2.4	.991802	.992024	.992240	.992451	.992656	.992857	.993053	.993244	.993431	.993613
2.5	.993790	.993963	.994132	.994297	.994457	.994614	.994766	994915	.995060	.995201
2.6	.995339	.995473	.995604	.995731	.995855	.995975	.996093	.996207	.996319	.996427
2.7	.996533	.996636	.996736	.996833	.996928	.997020	.997110	.997197	.997282	.997365
2.8	.997445	.997523	.997599	.997673	.997744	.997814	.997882	.997948	.998012	.998074
2.9	.998134	.998193	.998250	.998305	.998359	.998411	.998462	.998511	.998559	.998605

x	.0	.1	.2	.3	.4	.5	.6	.7	.8	.9
3	.998650	.999032	.999313	.999517	.999663	.999767	.999841	.999892	.999928	.999952
4	.999968	.999979	.999987	.999991	.999995	.999997	.999998	.999999	.999999	1.00000

Anhang B

Symbolverzeichnis

$Cov(X, Y)$	Kovarianz von X und Y
$Corr(X, Y)$	Korrelation zwischen X und Y
$d(\cdot, \cdot)$	Metrik
EX, $E_\theta(X)$	Erwartungswert von X, unter θ
$E(X \mid Y)$, $E_\theta(X \mid Y)$	bedingter Erwartungswert von X gegeben Y, unter θ
$E(X \mid Y)_\omega$	bedingter Erwartungswert von X gegeben Y an der Stelle ω
$E(X \mid Y = y)$	bedingter Erwartungswert von X gegeben $Y = y$
$E_\mathcal{F}(X)$	bedingter Erwartungswert von X gegeben die σ-Algebra $\mathcal{F}$
$F, F_i, \tilde{F}, G, G_i, \tilde{G}, \ldots$	Verteilungsfunktionen
F_X, F_P	Verteilungsfunktion der Zufallsgröße X, des Maßes P
$F_{X,Y}(x, y)$	gemeinsame Verteilungsfunktion von X und Y
$\hat{F}_n$	empirische Verteilungsfunktion
$f, f_i, \tilde{f}, g, g_i, \tilde{g}, \ldots$	Dichtefunktionen
f_X, f_P	Dichtefunktion der Zufallsgröße X, des Maßes P
G_X	Wahrscheinlichkeitserzeugende Funktion der Zufallsgröße X
$H(f), H(\mathbb{P}), H(X), H(\mu)$	Entropie der Dichte f, der Verteilung $\mathbb{P}$, der Zufallsgröße X, des Maßes μ
$H(p)$	Entropie eines Ereignisses mit Wahrscheinlichkeit p
$H(X \mid \mathbb{P}), H(\mu \mid \nu)$	relative Entropie der Verteilung von X bezüglich $\mathbb{P}$, des Maßes μ bezüglich des Maßes ν

$\mathcal{L}(X)$	Verteilung von X
$\mathcal{L}^r(I,\nu)$	Menge der quadratisch ν-integrierbaren Funktionen auf I
$\mathcal{L}^r$	Menge der in r. Potenz integrablen Zufallsgrößen
$\mathcal{O}, o$	Landau-Symbole
$P_R(n)$	Anzahl der Partitionen von n mit Summanden aus R
$R(t)$	Zuverlässigkeit
S_n	Partialsumme
$\text{sign}(x)$	Vorzeichen von x, $\text{sign}(0) = 0$
$\text{var } X, \text{var}_\theta(X), \text{var}_P(X)$	Varianz von X, unter θ, unter P
$X, X_i, \tilde{X}, X^*, X', Y, \ldots$	Zufallsgrößen
$\overline{X}$	$n^{-1}\sum_{i=1}^n X_i$
$X_{(i)}$	Ordnungstatistiken $X_{(1)} \leq X_{(2)} \leq \ldots$
$\Gamma(x)$	Gamma-Funktion
δ_x	Dirac-Maß, Dirac-Verteilung im Punkt x
δ_{ij}	Kronecker-Symbol
$\varepsilon, \varepsilon', \tilde{\varepsilon}, \varepsilon^*$	positive Konstanten
$\lambda(t)$	Ausfallrate
$\lambdabar$	Lebesgue-Maß
ξ_α	α-Quantil
$\xi_{\frac{1}{2}}$	Median
$\sigma(\cdot)$	die von $(\cdot)$ erzeugte σ-Algebra
σ^2	Varianz
M_X, M_P, M_F, M_f	Momenterzeugende Funktion der Zufallsgröße X, des Maßes P, der Verteilungsfunktion F, der Dichte f
$\Psi_X, \Psi_P, \Psi_F, \Psi_f$	Charakteristische Funktion der Zufallsgröße X, des Maßes P, der Verteilungsfunktion F, der Dichte f
$\omega, \omega_\theta, \omega', \tilde{\omega}, \omega^*, \ldots$	Elemente eines Stichprobenraumes
$\Omega, \Omega_i, \Omega', \tilde{\Omega}, \ldots$	Stichprobenräume
$\mathbf{B}(p)$	Bernoulli-Verteilung
$\mathbf{B}(n, p)$	Binomialverteilung
$\boldsymbol{\chi}_n^2$	Chi-Quadrat-Verteilung
$\boldsymbol{\Gamma}(\lambda, r)$	Gamma-Verteilung
$\mathbf{Exp}(\lambda)$	Exponentialverteilung
$\mathbf{Geo}(p)$	Geometrische Verteilung auf $\mathbb{N}$
$\mathbf{Geo}^*(p)$	Geometrische Verteilung auf $\mathbb{N}_0$
$\mathbf{H}(N, M, n)$	Hypergeometrische Verteilung
$\mathbf{M}(n; p_1, \ldots, p_k)$	Multinomialverteilung
$\mathbf{N}(\mu, \sigma^2)$	Normalverteilung
$\mathbf{NB}(k, p)$	Negative Binomialverteilung
$\mathbf{P}(\lambda)$	Poisson-Verteilung
$\mathbf{U}[a, b]$	Gleichverteilung auf $[a, b]$
$P, \tilde{P}, P^*, \mu, \nu$	Maße
$P_1 \otimes P_2, \bigotimes P_i$	Produkt-Maße

$d\nu/d\mu$	Dichte von ν bezüglich μ
P-f.s.	fast sicher bezüglich P
P-f.ü.	fast überall bezüglich P
P_X	Bildmaß von X
$P(\cdot\mid A)$	bedingte Wahrscheinlichkeit gegeben das Ereignis A
$P_{\mathcal{F}}$	bedingte Wahrscheinlichkeit gegeben die σ-Algebra $\mathcal{F}$
$\rightarrow$	konvergiert
$\mapsto$	wird abgebildet auf
$\uparrow$	konvergiert isoton
$\downarrow$	konvergiert antiton
$\xrightarrow{p}$	konvergiert nach Wahrscheinlichkeit
$\xrightarrow{d}$	konvergiert nach Verteilung
$\xrightarrow{\mathcal{L}}$	konvergiert im Mittel
$\xrightarrow{\mathcal{L}^r}$	konvergiert im r-ten Mittel
$\xrightarrow{\text{f.s.}}, \xrightarrow{P\text{-f.s.}}$	konvergiert fast sicher, bezüglich P
$X \sim F$	X ist nach F verteilt
$:=, =:$	gleich nach Definition
$\doteq$	ungefähr gleich
$\sim$	asymptotisch gleich (bei Zahlenfolgen)
$\|\cdot\|_p$	$\mathcal{L}^p$-Norm
$<\cdot,\cdot>$	Skalarprodukt
$\mathbb{N}, \mathbb{N}_0$	Menge der natürlichen Zahlen, einschließlich der Null
$\mathbb{R}_+, \mathbb{R}_+^0$	Menge der positiven reellen Zahlen, einschließlich der Null
$\mathcal{B}, \mathcal{B}^k, \mathcal{B}(\mathcal{M})$	Borel'sche σ-Algebra über $\mathbb{R}, \mathbb{R}^k$, über einer Menge $\mathcal{M}$
$\mathcal{A}_1 \otimes \mathcal{A}_2$	Produkt-σ-Algebra
A^c	Komplement von A
$A \setminus B$	A ohne B
$\#A$	Mächtigkeit von A
$1_A(\cdot)$	Indikator-Funktion von A
$\mathcal{P}(\Omega)$	Potenzmenge von Ω
$\{A_n \text{ u.o.}\}, A_n \text{ u.o.}$	$\bigcap_{n=1}^{\infty} \bigcup_{k=n}^{\infty} A_k$, A_n unendlich oft
$\{a_n\}, \{a_n\}_{n\in I}$	Menge mit Indexmenge I
$(a_n), (a_n)_{n\in I}$	Folge mit (geordneter) Indexmenge I
$\lceil x \rceil$	kleinste ganze Zahl $\geq x$
$\lfloor x \rfloor$	größte ganze Zahl $\leq x$

$[i]_n$	Restklassenschreibweise
$x \wedge y$	Minimum von x und y
$x \vee y$	Maximum von x und y
f^{-1}	Umkehrabbildung von f
$f^{-1}(A)$	$\{x : f(x) \in A\}$
$f^+(x)$	Maximum von Null und $f(x)$
$f^-(x)$	Maximum von Null und $-f(x)$
$(f * g)(x)$	Konvolution der Funktionen f und g
$f(x+)$	$\lim_{h \downarrow 0} f(x+h)$
$f(x-)$	$\lim_{h \downarrow 0} f(x-h)$
$[f(x)]_a^b$	$f(b) - f(a)$

$\begin{Vmatrix} a_{11} & \ldots & a_{1m} \\ \vdots & \vdots & \vdots \\ a_{n1} & \ldots & a_{nm} \end{Vmatrix}$	Matrix mit Elementen a_{ij}
$A = (a_{ij}) = (a_{ij})_{i,j}$	Matrix A mit Elementen a_{ij}
A^t	Transponierte der Matrix A
A^{-1}	Inverse der Matrix A
$\det A$	Determinante von A

$(\Omega, \mathcal{A})$	Messraum
$(\Omega, \mathcal{A}, P)$	Wahrscheinlichkeitsraum
$\mathcal{L}(\Omega, \mathcal{A}, P)$	Raum der P-integrierbaren Zufallsgrößen auf $(\Omega, \mathcal{A})$
$\mathcal{L}^r(\Omega, \mathcal{A}, P)$	Raum der r-fach P-integrierbaren Zufallsgrößen auf $(\Omega, \mathcal{A})$
$\mathcal{S}(\mathcal{M})$	Menge aller Permutationen auf $\mathcal{M}$
$\mathcal{S}_n$	Menge aller Permutationen auf $\{1, \ldots, n\}$

Abkürzungen

f.s.	fast sicher
f.ü.	fast überall
u.o.	unendlich oft
W-Dichte	Wahrscheinlichkeitsdichte
W-Maß	Wahrscheinlichkeitsmaß
W-Raum	Wahrscheinlichkeitsraum

Konventionen

$0! = 1$ $\pm\infty \cdot c = \pm\infty, c > 0$
$(+\infty) + (+\infty) = +\infty$ $\pm\infty \cdot 0 = 0$
$\pm\infty + c = \pm\infty, c \in \mathbb{R}$ $(-\infty) + (-\infty) = -\infty$

Anhang C

Literaturverzeichnis

Wir geben im Folgenden eine alphabetische Liste der verwendeten und der weiterführenden Literatur.

ALEXANDERSON, G., KLOSINSKI, L. und LARSON, L. (1985). *The William Lowell Putnam Mathematical Competition, Problems and Solutions: 1965-1984*. The Mathematical Association of America.

ALLIGOOD, K., SAUER, T. und YORKE, J.A. (1997). *Chaos: An Introduction to Dynamical Systems*. Springer, New York.

BADDELEY, A.J. (1999). *A Crash Course in Stochastic Geometry*. In Stochastic Geometry, Likelihood and Computation, O.E. Barndorff-Nielsen, W.S. Kendall, M.N.M. van Lieshout, ed. Chapman and Hall.

BASLER, H. (1989). *Grundbegriffe der Wahrscheinlichkeitsrechnung und Statistischen Methodenlehre. 10. Auflage*. Physika-Verlag, Heidelberg.

BAUER, H. (1990). *Maß- und Integrationstheorie*. de Gruyter, Berlin.

BAUER, H. (2001). *Wahrscheinlichkeitstheorie. 5. Auflage*. de Gruyter, Berlin.

BEHNEN, K. und NEUHAUS, G. (1995). *Grundkurs Stochastik. 3. Auflage*. Teubner, Stuttgart.

BEISEL, E.-P. und MENDEL, M. (1987). *Optimierungsmethoden des Operations Research, Band 1: Lineare und ganzzahlige Optimierung*. Vieweg, Braunschweig-Wiesbaden.

BHATTACHARYA, R.N. und WAYMIRE, E. (1990). *Stochastic Processes with Applications*. Wiley, New York.

BILLINGSLEY, P. (1995). *Probability and Measure. 3. Auflage.* Wiley, New York.

BRÉMAUD, P. (1999). *Markov Chains: Gibbs Fields, Monte Carlo Simulation, and Queues.* Springer, New York.

BROCKWELL, P.J. und DAVIS, R.A. (1987). *Time Series: Theory and Methods.* Springer, New York.

BUFFON, G.L.L. COMTE DE (1777). Essai d'arithmétique morale. In: *Supplément à l'Histoire Naturelle, 4.* Imprimerie Royale, Paris.

COVER, T. (1989). Do longer games favor the stronger player? *The American Statistician, 43, 277-278.*

DEVROYE, L. (1986). *Non-Uniform Random Variate Generation.* Springer, New York.

DINGES, H. und ROST, H. (1982). *Prinzipien der Stochastik.* Teubner, Stuttgart.

DODGE, Y. (1996). A natural random number generator. *International Statistical Review, 64, 329-344.*

DORFMAN, R. (1943). The detection of defective members of large populations. *Annals of Mathematical Statistics, 14, 436-440.*

DURRETT, R. (1991). *Probability: Theory and Examples.* Wadsworth & Brooks/Cole, Pacific Grove.

EHRENFEST, P. und EHRENFEST, T. (1907). Über zwei bekannte Einwände gegen das Boltzmannsche H-Theorem. *Physikalische Zeitschrift, 8, 311-314.*

ENGEL, A. (1973). *Wahrscheinlichkeitsrechnung und Statistik, Band 1.* Klett, Stuttgart.

ENGEL, A. (1976). *Wahrscheinlichkeitsrechnung und Statistik, Band 2.* Klett, Stuttgart.

FALCONER, K. (1990). *Fractal Geometry: Mathematical Foundations and Applications.* Wiley, Chichester.

FELDSTEIN, A. und TURNER, P. (1986). Overflow, underflow, and severe loss of significance in floating-point addition and subtraction. *IMA Journal of Numerical Analysis, 6, 241-251.*

FELLER, W. (1968). *An Introduction to Probability Theory and its Applications, Volume 1. 3. Auflage.* Wiley, New York.

FELLER, W. (1971). *An Introduction to Probability Theory and its Applications, Volume 2. 2. Auflage.* Wiley, New York.

FISHMAN, G.S. (1996). *Monte Carlo Concepts, Algorithms and Applications.* Springer, New York.

FOX, P.G. (1961). Optimal length of play for a binomial game. *Mathematics Teacher, 54, 411-412.*

GÄNSSLER, P. und STUTE, W. (1977). *Wahrscheinlichkeitstheorie.* Springer, Berlin.

GALAMBOS, J. (1988). *Advanced Probability Theory. 1. Auflage.* Marcel Dekker, New York.

GEIGER, J. *Algorithmen und Zufälligkeit.* Vorlesungsskript, Universität Kaiserslautern.

GNEDENKO, B.V. (1997). *Theory of Probability. 6. Auflage.* Gordon and Breach, Amsterdam.

GOLOMB, S.W. (1961). Permutations by cutting and shuffling. *SIAM Review, 3, 293-297.*

GREGORAC, R.J. und MEANY, R. (1992). Stenger's conjecture on independent events. *American Mathematical Monthly, 99, 456 - 458.*

GRINSTEAD, C.M. und SNELL, J. L. (1997). *Introduction to Probability.* American Mathematical Society, Providence.

HAMMING, R.W. (1950). Error detecting and error correcting codes. *The Bell System Technical Journal, 26, 147-160.*

HENZE, N. (1999). *Stochastik für Einsteiger. 2. Auflage.* Vieweg, Braunschweig/Wiesbaden.

HESSE, C. (2003). *Angewandte Wahrscheinlichkeitstheorie.* Vieweg, Braunschweig/Wiesbaden.

HOEL, P.G., PORT, S.C. und STONE, C.J. (1972). *Introduction to Stochastic Processes.* Houghton Mifflin, Boston.

HOFRI, M. (1987). *Probabilistic Analysis of Algorithms.* Springer, New York.

HÜBNER, G. (2003). *Stochastik. 4. Auflage.* Vieweg, Braunschweig/Wiesbaden.

HUNEKE, C. (2002). The Friendship Theorem. *American Mathematical Monthly, 109, 192-194.*

JEGER, M. (1973). *Einführung in die Kombinatorik, Band 1.* Klett, Stuttgart.

KARLIN, S. und TAYLOR, H.M. (1975). *A First Course in Stochastic Processes.* Academic Press, New York.

KARLIN, S. und TAYLOR, H.M. (1981). *A Second Course in Stochastic Processes.* Academic Press, New York.

KNUTH, D.E. (1997). *The Art of Computer Programming, Volume 2, Seminumerical Algorithms, 3. Auflage.* Addison-Wesley, Reading.

KRENGEL, U. (2003). *Einführung in die Wahrscheinlichkeitstheorie und Statistik. 7. Auflage.* Vieweg, Braunschweig/Wiesbaden.

KRICKEBERG, K. und ZIEZOLD, H. (1995). *Stochastische Methoden, 4. Auflage*. Springer, Berlin.

LAGRANGE, J.L. (1775). Recherches sur les suites recurrentes dont les termes varient de plusieurs manières différentes, ou sur l'intégration des équations linéaires aux différences finies et partielles; et sur l'usage de ces équations dans la théorie des hazards. *Nouveaux Mémoires de l'Académie Royale des Sciences et Belles Lettres, 183-272.*

LAHA, R.G. und ROHATGI, V.K. (1979). *Probability Theory*. Wiley, New York.

LAPLACE, P.S. (1774). Mémoire sur la probabilité des causes par les évènements. *Mémoires de l'Académie Royale des Sciences presentés par divers savans, 6, 621-656.*

LARSEN, R.J. und MARX, M.L. (1985). *An Introduction to Probability and its Applications*. Prentice-Hall, Englewood Cliffs.

MAHLER, K. (1953). On the approximation of π. *Indagationes Mathematicae, 15, 30-42.*

MAHMOUD, H.M. (2000). *Sorting. A Distribution Theory*. Wiley, New York.

MARDIA, K.V., KENT, J.T. und BIBBY, J.M. (1979). *Multivariate Analysis*. Academic Press, London.

MATHAR, R. (1996). *Informationstheorie*. Teubner, Stuttgart.

MATHAR, R. und PFEIFER, D. (1990). *Stochastik für Informatiker*. Teubner, Stuttgart.

MEHLHORN, K. (1986). *Datenstrukturen und Effiziente Algorithmen, Band 1. Sortieren und Suchen*. Teubner, Stuttgart.

MOTWANI, R. und RAGHAVAN, P. (1995). *Randomized Algorithms*. Cambridge University Press.

NELSON, R. (1995). *Probability, Stochastic Processes and Queueing Theory. 3. Auflage*. Wiley, New York.

PARK, S.K. und MILLER, K.W. (1988). Random number generators: good ones are hard to find. *Communications of the Association for Computing Machinery, 31, 1192-1201.*

PFANZAGL, J. (1991). *Elementare Wahrscheinlichkeitsrechnung. 2. Auflage*. de Gruyter, Berlin.

PORT, S.C. (1994). *Theoretical Probability for Applications*. Wiley, New York.

RABIN, M.O. (1980). Probabilistic Algorithm for Testing Primality. *Journal of Number Theory, 12, 128-139.*

RESNICK, S.I. (1999). *A Probability Path*. Birkhäuser, Boston.

Roman, S. (1997). *Introduction to Coding and Information Theory.* Springer, New York.

Rosanov, J.A. (1974). *Wahrscheinlichkeitstheorie.* Rowohlt, Hamburg.

Ross, S.M. (1983). *Introduction to Stochastic Dynamic Programming.* Academic Press, New York.

Ross, S.M. (1996). *Stochastic Processes. 2. Auflage.* Wiley, New York.

Ross, S.M. (1997). *Simulation, 2. Auflage.* Academic Press, Boston.

Ross, S.M. (2000). *Introduction to Probability Models, 7. Auflage.* Academic Press, San Diego.

Rost, H. (1999). Das Parkplatzproblem. *Mathematische Semesterberichte, 46, 97-113.*

Samuels, S.M. (1978). The exact solution of the two-stage group-testing problem. *Technometrics, 20, 497-500.*

Schinazi, R.B. (1999). *Classical and Spatial Stochastic Processes.* Birkhäuser, Boston.

Schmitz, N. (1996). *Vorlesungen über Wahrscheinlichkeitstheorie.* Teubner, Stuttgart.

Serfling, R.J. (1980). *Approximation Theorems of Mathematical Statistics.* Wiley, New York.

Shannon, C.E. (1948). A mathematical theory of communication. *Bell Systems Technical Journal, 27, 379-423 und 623-656.*

Shiryayev, A.N. (1984). *Probability.* Springer, New York.

Simpson, T. (1757). *Miscellaneous Tracts on Some Curious, and Very Interesting Subjects in Mechanics, Physical-Astronomy, and Speculative Mathematics.* Nourse, London.

Solomon, F. (1990). Residual lifetimes in random parallel systems. *Mathematics Magazine, 63, 37-48.*

Sterboul, F. (1978). Le problème du Loto. *Cahiers du Centre d'Etude de Recherche Operationelle, 20, 443-449.*

Varadhan, S.R.S. (2001). *Probability Theory.* American Mathematical Society, Providence.

Warner, S.L. (1965). Randomized response: a survey technique for eliminating evasive answer bias. *Journal of the American Statistical Association, 60, 63-69.*

Welsh, D. (1991). *Codes und Kryptographie.* VCH, Weinheim.

Witzel, W. (1984). Vergleich der Zählweise beim Tennis und Tischtennis. *Praxis der Mathematik, 6, 161-167.*

Anhang D

Index

Abbildung
  iterierte, 57
  maßerhaltende, 1
Abkühlungsgesetz
  Newton'sches, 308
Abkühlungsrate, 308
Abkühlungsvorgang, 308
Ablaufplanung, 305
absolute Mehrheit, 105
Abstand
  Lévy-, 162
Algorithmus
  Average-case-Analyse, 244
  Bubble Sort, 201
  FIND, 244
  randomisierter, 74
  Simplex-, 236
  Worst-case-Analyse, 243
Attraktor, 56
Ausbreitung
  von Krankheiten, 242
Auslastungsgrad, 240
Axiome
  der Entropie, 10

Barndorff-Nielson, O., 2
Belegungsproblem, 163
Bernoulli, J., 242
Bernoulli-Versuch, 112
Beschattungs-Eigenschaft, 57
Beschleunigung, 240
Binomialkoeffizient, 71
  größter, 162
  Iteration, 73

Cantor-Menge, 56
  probabilistische Konstruktion, 56
  zufällige, 7, 300
Chernoff-Schranke, 162
Code
  Block-, 302
  fehlererkennender, 301
  fehlerkorrigierender, 302
  Repetitions-, 302

Dirac-Maß, 3
Dorfman, R., 114

Effektivität, 236
Ehegatten-Splitting, 71
Entropie, 10, 239, 307
  empirische, 12
  maximale, 11
  relative, 11
Erfolgsserie, 2
Erneuerungen, 198
Erwartungswert, 8
Expertensystem, 13
Exponent
  kritischer, 300
Exponentialverteilung, 11, 108

Familienplanung, 308
Fermat'sche Vermutung, 4
Fibonacci-Zahl, 59, 71
Fingerabdrücke, 9
Flächenbestimmung
  stochastische, 111
Formel
  Euler'sche, 56
Fraktal, 7
  stochastisches, 7
Funktion
  charakteristische, 4
  Rademacher-, 7
  Zeta-, 56
Fußball, 309

Gauß'sches Maß, 1
Geburtstagsproblem, 107
Geometrie
  stochastische, 112

Index

Gesetz
    Hardy-Weinberg-, 3
    Null-Eins-, 165
    vom universellen Freund, 70
Gleichverteilung, 11
Gruppen-Screening, 114

Hauptsatz
    der Thermodynamik, 239
heikle Fragen, 109
Heisenberg'sche Unschärferelation, 14

Indikatorfunktion, 7
Integralberechnung
    probabilistische, 196

Karten mischen, 58, 307
Kettenbruchdarstellung, 1
Koalition, 112
Koeffizient
    Input-Output-, 304
Konvolution
    Vandermonde-, 71

Lagrange, J.L., 200
Laplace, P.S., 200, 242
Lemma
    Borel-Cantelli-, 2
Lernexperiment, 307
Lernmodell
    Bush-Mosteller-, 306
lineare Kongruenzmethode, 360
Liouville-Zahl, 55
Liste
    selbstorganisierende, 237

Mahler, K., 55
Markov-Kette
    absorbierende, 304
Maß
    mit Dichte, 2, 11
maßerhaltend, 1
Mathematikwettbewerb
    Eötvös-, 72
    William Lowell Putnam-, 5, 164
Median, 164
Methode
    lineare Kongruenz-, 360
    Maximum-Likelihood-, 107
    probabilistische, 9, 162, 302
Modell
    Bernoulli-Laplace-, 242
    Ehrenfest-, 308
    Leontief-, 303
Morra, 114
Münze, 56
    ideale, 246

Münzwurf, 3, 113, 306
multiplikativ invers, 361
Muster, 199

Nachfrage
    externe, 304
    interne, 303
Nutzenfunktion, 305

Paccioli, L., 4
Paradoxon
    Simpson'sches, 6
    Wartezeiten-, 108
Paritätsprüfung, 301
Parkplatzsuche
    optimale, 312
Perkolation
    auf $\mathbb{Z}^d$, 301
    auf binärem Baum, 300
    auf einem Graphen, 300
    fraktale, 300
Perkolationsschwelle, 300
Pfad
    selbstmeidender, 312
π, 55
Prämienbestimmung, 195
Primzahlsatz, 10
Primzahltest
    probabilistischer, 112
Prinzip
    Maximum-Likelihood-, 106
probabilistische Arithmetik, 5
probabilistische Methode, 9, 162, 302
Problem
    der vollständigen Serie, 198
    des garantierten Lotto-Gewinns, 72
    Drei-Türen-, 5
    Heirats-, 243
    Such-, 236
    Teilungs-, 4
    Travelling Salesman-, 310
    Verpackungs-, 116
    Zuordnungs-, 9

Quadrat-Mitten-Methode, 58
Qualitätskontrolle, 235
Quotenmethode, 15

Rabin, M.O., 113
RANDU, 55
Regel
    H-, 237
    NV-, 237
    T-, 237
Regenschirme, 239
Regressionsgerade, 12
Riffle-Shuffle, 58

perfekter, 58
Roulette, 201
Runden
    probabilistisches, 117

Samuels, S.M., 114
Satz
    von Fubini, 3
    von Ramsey, 72
Schachturnier, 70
Schachweltmeisterschaft, 13
Schuldentilgung, 246
Serienschaltung, 303
Shadowing-Eigenschaft, 58
Shapley-Index, 73
Simpson, T., 200
Simulated Annealing, 315
Sortieren, 201
Spiel
    Covers, 10
    Zara-, 6
Spieltheorie, 311
Statistik
    Bose-Einstein-, 74
stetig
    bzgl. eines Maßes, 2
Stetigkeitsstelle, 3
Stichprobe
    stratifizierte, 8
Stichprobenmittel, 197
Stichprobenvarianz, 197
Strategie
    vorsichtige, 315
Stratum, 8
Streifenmethode, 310
Submartingal, 234
Suchen, 244

Tennis, 241
    optimaler Service, 110
Theorem
    Eulers, 59
    von Shannon, 302
Top-in-at-random, 307
Trajektorie
    unverrauschte, 57
    verrauschte, 57

Übertragungsfehler, 301
Übertragungsrate, 302
Umrundung, 242
undiszipliniertes Parken, 313
Ungleichung
    Doob'sche Maximal-, 234
    Gibbs'sche, 11
    Hölder'sche, 7
    Markov-, 163

selbstverschärfende, 234

Variable
    antithetische, 361
Varianz, 8
Varianz-Reduktion, 360
Versicherungs-Insolvenz, 234
Verteilung
    Exponential-, 11, 108
    Extremwert-, 163
    Gleich-, 11
    Lotka'sche, 238
    Raleigh-, 201
    Weibull-, 360
Vorzeichen
    zufällige, 167

Wahrscheinlichkeit
    Absorptions-, 239
    Annahme-, 316
    Aussterbe-, 235
    Fehler-, 302
Walk, H., 199
Warner, S.L., 109
Warteschlange, 240
    ungeduldige Kunden, 108
Weibull-Verteilung, 360
Weltsicherheitsrat, 73
Würfel, 14, 113

Zählen
    probabilistisches, 244
Zählmaß, 3
Zählweise
    Tennis, 115
    Tischtennis, 115
Zahlenlotto, 72, 106, 108
Zahlensystem
    binäres, 246
    faktorielles, 75
Zellteilung, 240
Zeltabbildung, 57
Zufallsgröße
    gestutzte, 198
Zufallsirrfahrt
    auf einem Graphen, 241
    auf einem Kreis, 242
    eines Springers, 241
Zufallszahlen, 58
    Fibonacci-, 59
    geordnete, 361
zusammenhängend, 241

Stochastik als mathematische und interdisziplinäre Wissenschaft

Christian Hesse
Angewandte Wahrscheinlichkeitstheorie
Eine fundierte Einführung mit über 500 realitätsnahen
Beispielen und Aufgaben
2003. X, 505 S. Br. € 29,90

ISBN 3-528-03183-2

Grundlagen – Zufälligkeit – Kombinatorik – Verteilungen – Konvergenz – Grenzwertsätze – Abhängigkeit – Modelle – Simulation – Wahrscheinlichkeitstheoretische Grundbegriffe – Verteilungen – Grenzwertsätze – stochastische Abhängigkeit – stochastische Modelle – statistische Verfahren

Das Buch bietet eine Einführung in die Stochastik für Studierende der Mathematik, Informatik, der Ingenieur- und Wirtschaftswissenschaften. Neben einer intuitiven Verankerung der Theorie wird großer Wert auf realitätsnahe Beispiele gelegt. Das Buch enthält eine Vielzahl dieser Anwendungen aus den verschiedensten Gebieten.

vieweg

Abraham-Lincoln-Straße 46
65189 Wiesbaden
Fax 0611.7878-400
www.vieweg.de

Stand 1.10.2004. Änderungen vorbehalten.
Erhältlich im Buchhandel oder im Verlag.

Ideal auch als Stochastik-Modul für Bachelor-Studiengänge

Norbert Henze,
Stochastik für Einsteiger
Eine Einführung in die faszinierende Welt des Zufalls
5., überarb. Aufl. 2004. IX, 287 S. Br. € 19,90

ISBN 3-528-46894-7

Einleitung – Zufallsexperimente, Ergebnismengen – Ereignisse – Zufallsvariablen – Relative Häufigkeit – Grundbegriffe der deskriptiven Statistik – Endliche Wahrscheinlichkeitsräume – Elemente der Kombinatorik – Urnen- und Teilchen/Fächer-Modelle – Das Paradoxon der ersten Kollision – Die Formel des Ein- und Ausschließens – Der Erwartungswert – Stichprobenentnahme: Die hypergeometrische Verteilung – Mehrstufige Experimente – Das Pólyasche Urnenschema – Bedingte Wahrscheinlichkeiten – Stochastische Unabhängigkeit – Gemeinsame Verteilung von Zufallsvariablen – Binomial- und Multinomialverteilung – Pseudozufallszahlen und Simulation – Varianz – Kovarianz – Korrelation – Diskrete Wahrscheinlichkeitsräume – Wartezeitprobleme – Die Poisson Verteilung – Gesetz großer Zahlen – Zentraler Grenzwertsatz – Schätzprobleme – Statistische Tests – Lösungen zu den Übungsaufgaben

Dieses Lehrbuch zwischen gymnasialem Mathematikunterricht und Universität ist eine elementare, gut lesbare und spannende Einführung in die Grundbegriffe, die Grundtechniken und die Denkweisen der Stochastik.

Abraham-Lincoln-Straße 46
65189 Wiesbaden
Fax 0611.7878-400
www.vieweg.de

Stand 1.12.2004. Änderungen vorbehalten.
Erhältlich im Buchhandel oder im Verlag.

vieweg